国家重点研发计划项目（2016YFC0500300）、中国科学院野外站联盟项目（KFJ-SW-YW026）、中国科学院战略性先导科技专项子课题（XDA19040503）和国家地球系统科学数据中心黑土与湿地分中心联合资助出版

谨以此书献礼
中国科学院东北地理与农业生态研究所成立60周年
(1958～2018)

东北地区重大生态工程生态成效评估

Assessment of Ecological Impacts of Key Ecological Projects in Northeast China

何兴元　王宗明　郑海峰 等　著

科 学 出 版 社
北　京

内 容 简 介

本书是在总结国家重点研发计划项目“东北森林区生态保护及生物资源开发利用技术及示范”、中国科学院野外站联盟项目“东北地区生态变化评估”、中国科学院战略性先导科技专项“地球大数据科学工程”子课题“基于地球大数据的典型区 SDGs 评价应用示范”和国家地球系统科学数据中心黑土与湿地分中心研究成果的基础上完成的。本书以东北地区野外长期定位观测和研究数据与遥感数据为主要数据源，综合应用其他空间化与非空间化数据源，对东北地区退耕还林工程、天然林资源保护工程、三江平原湿地保护工程实施区的生态系统宏观结构、主要生态系统服务能力、工程实施的生态成效、工程实施存在的主要问题与生态保护建议等进行了系统分析。

本书可供生态环境保护和自然资源管理的各级政府部门，从事生态学、地理学、环境科学技术、资源科学技术研究的专业人员以及各高等院校相关专业的师生参阅。

审图号：GS（2020）4043 号

图书在版编目(CIP)数据

东北地区重大生态工程生态成效评估 / 何兴元等著 . —北京：科学出版社，2020. 10

ISBN 978-7-03-066160-9

Ⅰ. ①东…　Ⅱ. ①何…　Ⅲ. ①生态工程-项目评价-研究-东北地区
Ⅳ. ①X321. 23

中国版本图书馆 CIP 数据核字（2020）第 179543 号

责任编辑：李轶冰 / 责任校对：樊雅琼
责任印制：肖　兴 / 封面设计：无极书装

科学出版社 出版
北京东黄城根北街 16 号
邮政编码：100717
http://www.sciencep.com

三河市春园印刷有限公司 印刷
科学出版社发行　各地新华书店经销

*

2020 年 10 月第　一　版　开本：787×1092　1/16
2020 年 10 月第一次印刷　印张：23 1/2
字数：557 000

定价：280. 00 元

科学指导组成员

傅伯杰　刘兴土　冯仁国　欧阳志云

于贵瑞　黄铁青　杨　萍

撰写委员会

主　笔：何兴元

副主笔：王宗明　郑海峰

成　员：(按姓氏笔画排序)

王传宽　王慧慧　石福习　田艳林

朱教君　杜保佳　李慧颖　宋长春

张　晶　张全智　张新厚　郑　晓

相恒星　高　添　甄　硕　满卫东

谭稳稳　潘少安

前　言

建设生态文明，是关系人民福祉、关乎民族未来的长远大计。党中央、国务院高度重视生态保护工作，生态保护工作取得重要进展与积极成效。但从总体上看，我国生态环境脆弱，生态系统质量较低，生态安全形势依然严峻，生态保护与经济社会发展矛盾突出。面对我国资源约束趋紧、环境污染严重、生态系统退化的严峻形势，党的十八大首次把生态文明建设提升至与经济、政治、文化、社会四大建设并列的高度，列为建设中国特色社会主义“五位一体”的总体布局之一，成为全面建成小康社会任务的重要组成部分。《中华人民共和国国民经济和社会发展第十三个五年规划纲要（2016—2020年）》（简称“十三五规划”）首次将“加强生态文明建设”写入五年规划，提出“筑牢生态安全屏障，实施山水林田湖生态保护和修复工程，全面提升自然生态系统稳定性和生态服务功能”的生态理念。党的十九大报告中43次使用生态一词，4次提及生态修复，单辟专章阐述生态文明与美丽中国建设。报告明确指出“实施重要生态系统保护和修复重大工程，优化生态安全屏障体系，构建生态廊道和生物多样性保护网络，提升生态系统质量和稳定性。完成生态保护红线、永久基本农田、城镇开发边界三条控制线划定工作。开展国土绿化行动，推进荒漠化、石漠化、水土流失综合治理，强化湿地保护和恢复，加强地质灾害防治；完善天然林资源保护制度，扩大退耕还林还草。严格保护耕地，扩大轮作休耕试点，健全耕地草原森林河流湖泊休养生息制度，建立市场化、多元化生态补偿机制。”

东北地区（包括黑龙江、吉林、辽宁三省和内蒙古东部）是我国重要的农业、林业基地和著名的老工业基地，也是我国重要的生态屏障。《中共中央国务院关于加快推进生态文明建设的意见》和《全国农业可持续发展规划（2015—2030年）》等均把东北地区作为生态文明建设和农业可持续发展的重点地区。然而长期以来，粗放型的发展模式导致东北地区土地退化，支撑区域可持续发展的能力严重受损。近年来，国家先后出台系列政策，加强东北地区生态保护和生态环境建设。国务院出台的《东北地区振兴规划》指出，要把东北建设成为“国家生态安全的重要保障区”。2016年4月，《中共中央 国务院关于全面振兴东北地区等老工业基地的若干意见》明确指出，要打造北方生态屏障和山青水绿的宜居家园；生态环境也是民生，要牢固树立绿色发展理念，坚决摒弃损害甚至破坏生态环境的发展模式和做法；努力使东北地区天更蓝、山更绿、水更清，生态环境更美好。良好的生态环境是促进东北地区全面振兴的重要基础和物质保障，为加快实施党中央、国务院提出的全面振兴东北地区等老工业基地的战略目标，必须大力保护和改善东北地区生态环境。近年来，国家在东北地区已相继启动实施了一系列重大的生态保护与建设工程，如退耕还林工程、天然林资源保护工程、湿地保护工程等，局部地区自然生态系统得到一定程度的恢复，但是总体上仍面临森林生态功能退化、草地和湿地快速减少、农田质量退化和城镇化占用等威胁。随着城市化进程加快、国家粮食安全战略基地作用的进一步强化和经济转型发展，东北地区生态系统面临的压力必将进一步加大。科学、客观地评估重大生态工程的生态效应，明确重大生态工程实施过程中的主要问题，进而提出相应的解决对策，是东北地区生态文明建设的重大现实需求。环境保护部与中国科学院组织了“全国生态环境十年变化（2000—2010 年）”调查评估，分析了东北地区生态系统服务能力的变化趋势。但该评估的时间尺度仍较短，且以宏观的遥感调查为主，缺乏长期生态学观测基础，使用的评估模型为国家尺度，区域适用性不强。

2015 年中国科学院启动了野外站联盟项目“东北地区生态变化评估”（KFJ-SW-YW026）。此项目联合中国科学院东北地理与农业生态研究所、中国科学院沈阳应用生态研究所、中国农业科学院农业资源与农业区划研究所、东北林业大学和内蒙古农业大学，基于院内外主要生态站长期监测、研究数据和区域尺度长时间序列遥感数据，对东北地区重要生态功能区和重大生态工程区生态变化进行科学评估，提出生态保护和生态建设对策建议，为东北地区国土空间格局优化和生态安全格局构建提供科学决策依据，此项目成果是编著本书的重要基础。国家重点研发计划项目“东北森林区生态保护及生物资源开发利用技术及示范”（2016YFC0500300）、中国科学院战略性先导科技专项“地球大数据科学工程”子课题“基于地球大数据的典型区 SDGs 评价应用示范”（XDA19040503）和“应对气候变化的碳收支认证及相关问题”子课题“东北地区固碳参量遥感监测”（XDA05050101）、环境保护部“全国生态环境十年变化遥感调查与评估”专项课题“东北地区土地覆盖遥感监测”（STSN-01-02）和国家地球系统科学数据中心黑土与湿地分中心为本书提供了坚实的数据和技术方法基础。

本书利用东北地区野外长期定位观测和研究数据并辅之遥感数据，在《全国生态环境十年变化（2000~2010 年）遥感调查与评估报告》的基础上，构建适合东北地区重大生态工程生态成效评估综合监测与评估的指标体系和评价方法，全面评估了重大生态工程实施前后生态系统宏观结构变化和主要生态系统服务能力的变化，并在此基础上提出生态保护和恢复的建议。本书由主编和副主编组织撰写。在各章作者完成初稿后，由何兴元、王宗明、郑海峰审阅和统稿并提出修改意见，各章编著者按照主编的审阅意见进行认真修改，最后由主编审定。

全书共分为四章：第一章阐述了东北地区重大生态工程概况及评估的基本思路和技术

方法；第二章评估了东北地区退耕还林工程区生态系统结构、主要生态系统服务能力变化及工程实施的综合成效，提出退耕还林工程区生态保护及生态效益监测的对策建议；第三章评估了东北地区天然林资源保护工程区生态系统结构、主要生态系统服务能力变化及工程实施的综合成效，提出天然林资源保护工程实施存在的主要问题和对策建议；第四章评估了三江平原湿地保护工程区生态系统结构、主要生态系统服务能力变化及工程实施的综合成效，提出水资源利用、湿地保护、景观格局优化配置等方面的对策建议。

我们衷心感谢中国科学院野外站联盟项目、国家重点研发计划项目、中国科学院战略性先导科技专项课题和国家地球系统科学数据中心黑土与湿地分中心联合资助，感谢东北地区生态变化评估科学指导组傅伯杰院士、刘兴土院士、冯仁国研究员、欧阳志云研究员、于贵瑞研究员、黄铁青研究员、杨萍研究员的指导、支持和帮助。感谢中国科学院东北地理与农业生态研究所、中国科学院沈阳应用生态研究所、中国农业科学院农业资源与农业区划研究所、东北林业大学和内蒙古农业大学各级领导和同行专家的帮助。感谢参加本书撰写的全体研究人员的共同努力和通力协作。感谢科学出版社的支持与帮助。本书为东北地区生态变化评估研究成果的系统总结，限于作者水平，本书尚存在一定的局限性，且不足之处实难避免，真诚地希望读者给予批评、指正。

作　者

2018年8月

目　录

第一章 东北地区重大生态工程生态成效评估的基本思路、数据源与方法

第一节 重大生态工程生态成效评估的基本思路

一、总体工作思路

本研究以基础数据集—指标体系与模型—成效评估—生态对策为主线（图1-1）。

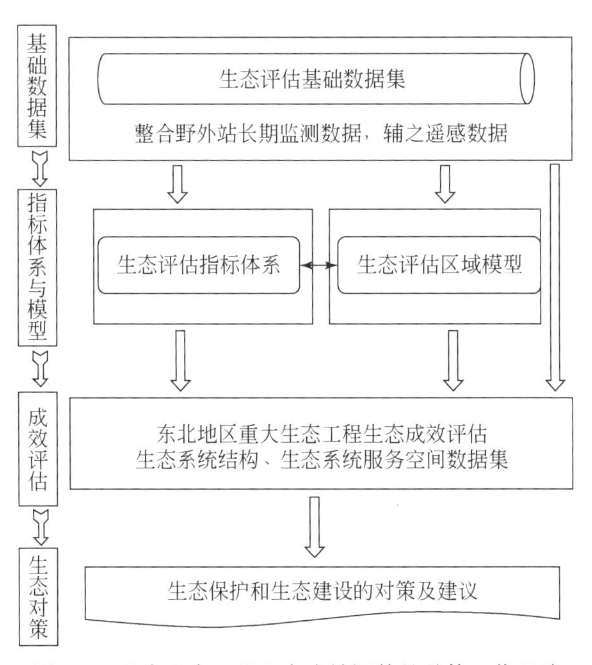

图1-1 重大生态工程生态成效评估的总体工作思路

二、总体实施方案

（一）重大生态工程生态成效评估基础数据集成

本研究依托位于东北地区具备长期观测工作基础的8个生态系统野外观测站

（图 1-2，表 1-1），包括森林生态系统观测研究野外站联盟的大兴安岭森林站、长白山森林站、清原森林站、帽儿山森林站；农田生态系统观测研究野外站联盟的大安农田站；湿地生态系统观测研究野外站联盟的三江平原湿地站；荒漠-草地生态系统观测研究野外站联盟的呼伦贝尔草地站、长岭草地站，整合并构建东北地区主要生态系统（森林、草地、湿地、农田等）长期定位观测与研究数据集，包括水、土、气等环境因子和生物群落长期监测数据，并收集、处理与整合不同管理方式与利用方式下的生态系统长期定位试验与研究数据。

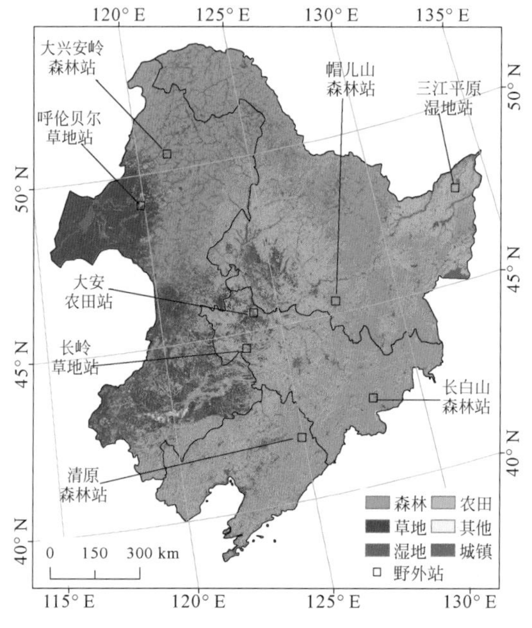

图 1-2　东北地区主要野外站空间分布

表 1-1　东北地区主要野外站基本信息

野外站名称	野外站类型	依托单位
内蒙古大兴安岭森林生态系统国家野外观测研究站	森林站	内蒙古农业大学
吉林长白山森林生态系统国家野外科学观测研究站	森林站	中国科学院沈阳应用生态研究所
中国科学院清原森林生态系统观测研究站	森林站	中国科学院沈阳应用生态研究所
黑龙江帽儿山森林生态系统国家野外科学观测研究站	森林站	东北林业大学
中国科学院大安碱地生态试验站	农田站	中国科学院东北地理与农业生态研究所
中国科学院三江平原沼泽湿地生态试验站	湿地站	中国科学院东北地理与农业生态研究所

续表

野外站名称	野外站类型	依托单位
内蒙古呼伦贝尔草原生态系统国家野外科学观测研究站	草地站	中国农业科学院农业资源与农业区划研究所
中国科学院长岭草地农牧生态研究站	草地站	中国科学院东北地理与农业生态研究所

获取覆盖东北地区的长时间序列（主要为1990～2015年）、不同时间和空间分辨率的遥感数据，收集、整理其他基础地理信息要素数据，形成地理空间数据集；收集、整理长时间序列气象水文数据，收集、整理相关行业部门的生态系统监测数据、国家和地方行业部门发布的生态系统研究报告、工程报告等（图1-3）。

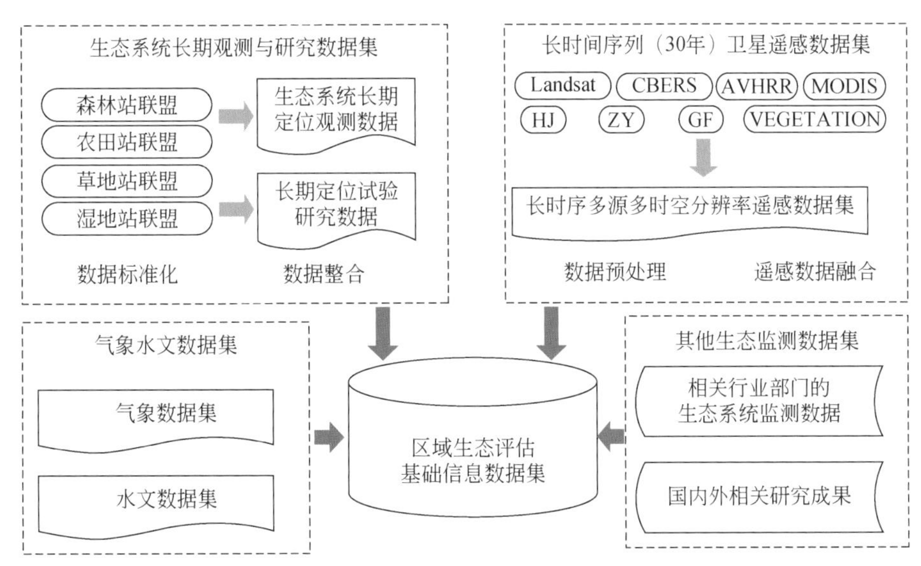

图1-3　东北地区重大生态工程生态成效评估基础数据集成

（二）重大生态工程生态成效评估流程

参考国内外研究成果，例如《千年生态系统评估综合报告》（*The Millennium Ecosystem Assessment*）、《三江源区生态保护和建设工程生态成效综合评估（2005～2012年）》、《全国生态环境十年变化（2000～2010年）遥感调查与评估》等，并结合东北地区实际情况（图1-4），拟从以下两个方面进行重大生态工程生态成效评估：生态系统宏观结构、主要生态系统服务能力（图1-5）。其中，生态系统宏观结构评估的主要指标包括各生态系统类型面积、动态度、平均斑块面积、群落结构特征等；主要生态系统服务能力评估的主要指标包括植被净初级生产力（net primary productivity，NPP）、生态系统碳储量、水源涵养能力、防风固沙量、土壤保持量等。根据不同重大生态工程的核心目标（天然林保护、湿地保护、退耕还林等），选择相应的评价指标。此外，还包括叶面积指数（leaf area index，LAI）、叶面积指数年变异系数、植被覆盖度（fractional vegetation cover，FVC）、植被覆盖度年变异系数等反映宏观生态环境状态的指标。

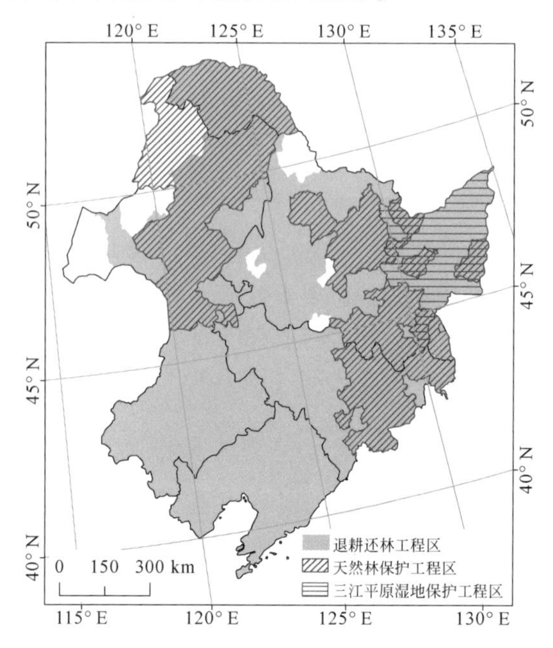

图 1-4 东北地区重大生态工程空间范围图

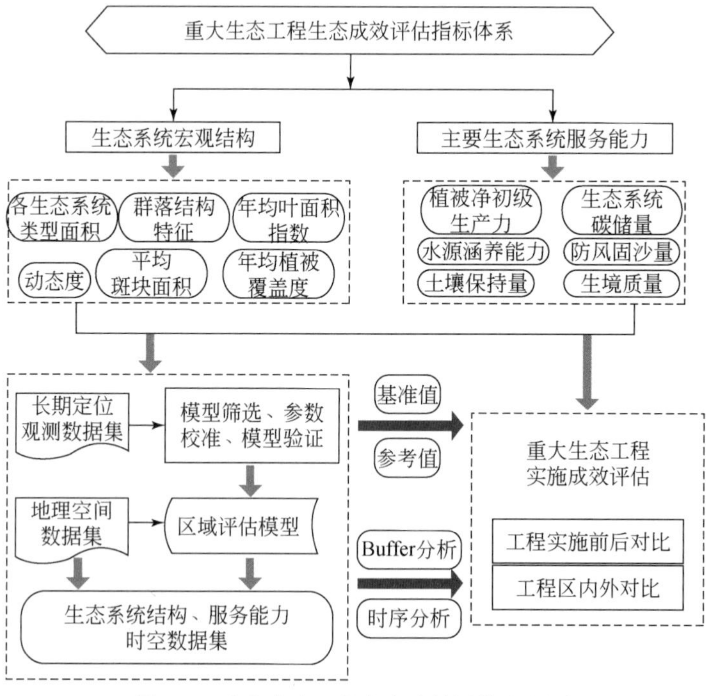

图 1-5 重大生态工程生态成效评估流程图

基于野外站长期监测数据，提取生态系统宏观结构和生态系统服务评估的重要指标；选用适合于东北地区的区域评估模型与方法，应用长时间序列生态系统定位观测数据集进行评估模型的参数校准、尺度扩展和精度验证；结合遥感数据和 GIS，生成不同时期、重大生态工程区生态系统宏观结构和生态系统服务能力空间数据集。在数据集的基础上，针对重大生态工程实施目标，进行工程实施前后（1990 ~ 2000 年、2000 ~ 2015 年）、工程区内外对比分析，综合评价重大生态工程的实施成效，并分析其原因。

（三）东北地区生态建设和重大生态工程实施对策建议

在重大生态工程成效评估的基础上，分析重大生态工程实施过程中存在的主要问题，进行经济建设、资源开发等对生态环境的影响分析，针对东北地区生态建设及未来实施的重大生态工程提出对策建议（图 1-6）。

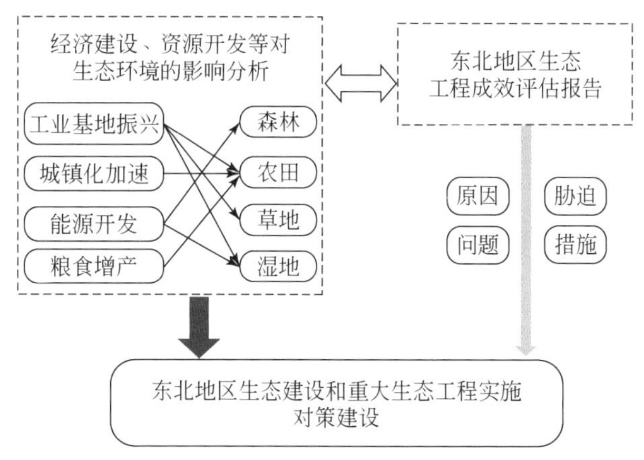

图 1-6 东北地区生态建设和重大生态工程实施对策建议研究路径

第二节 基础地理信息数据

东北地区重大生态工程生态成效评估应用的基础地理信息数据主要包括：河流水系数据、道路交通数据、行政区划数据、地形数据、地貌类型数据、植被类型数据、土壤类型数据等矢量和栅格数据。其中，河流水系、道路交通等基础地理信息数据主要来源于国家基础地理信息中心，比例尺为 1∶25 万；地形、地貌类型、植被类型、土壤类型等环境背景数据主要来源于中国科学院东北地理与农业生态研究所遥感与地理信息研究中心。

一、河流水系数据

东北地区有六大水系：黑龙江、松花江、辽河、鸭绿江、图们江和绥芬河。水能资源主要分布在东北地区东部的松花江、鸭绿江和北部的黑龙江水系。东北地区河流水系图如图 1-7 所示。

二、道路交通数据

道路交通数据包括国道、省道、铁路等不同级别和类型道路分布的矢量数据。东北地区道路交通图如图 1-8 所示。

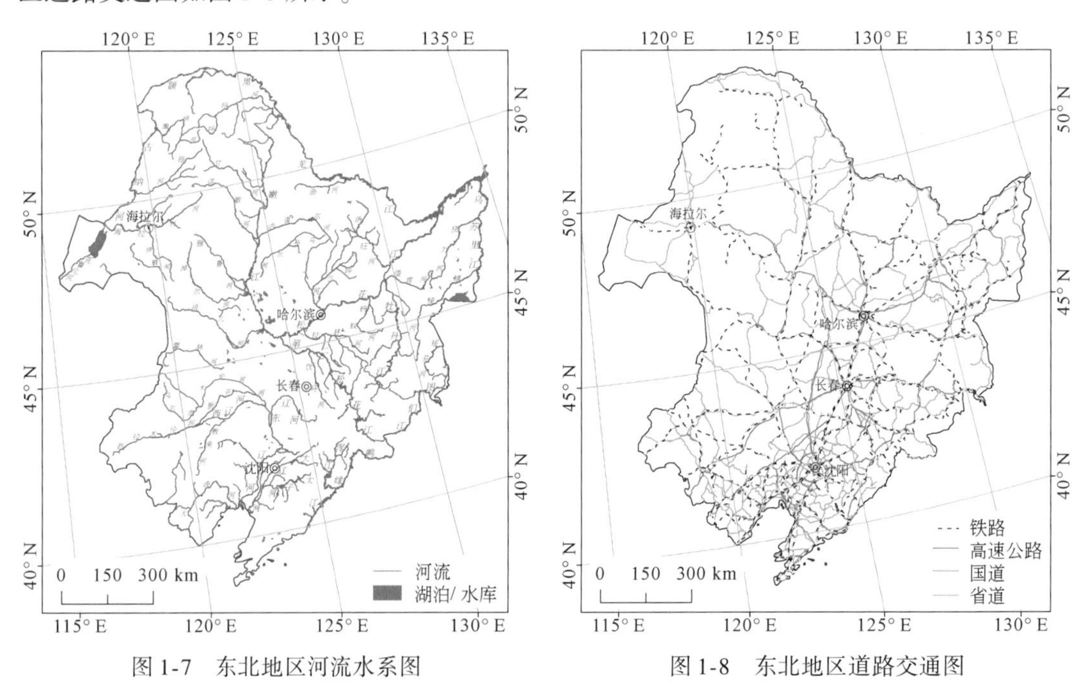

图 1-7 东北地区河流水系图

图 1-8 东北地区道路交通图

三、行政区划数据

东北地区行政区划上包括辽宁、吉林、黑龙江三省及内蒙古东部三市一盟（呼伦贝尔市、通辽市、赤峰市、兴安盟）。行政区划数据包括省界、地区界、县界等不同行政等级界线的矢量数据。东北地区行政区划图如图 1-9 所示。

四、高程数据

高程数据为空间分辨率为 30m 的数字高程模型（digital elevation model，DEM）数据，来自 ASTER GDEM，通过国际科学数据服务平台下载获得。数据下载后，经过拼接与投影转换等处理，获得覆盖整个研究区的 DEM 数据。东北地区高程图如图 1-10 所示。

五、地貌类型数据

收集得到研究区 1∶50 万地貌图，通过扫描矢量化处理，得到整个东北地区的地貌类型分布图。东北地区地貌类型分布图如图 1-11 所示。

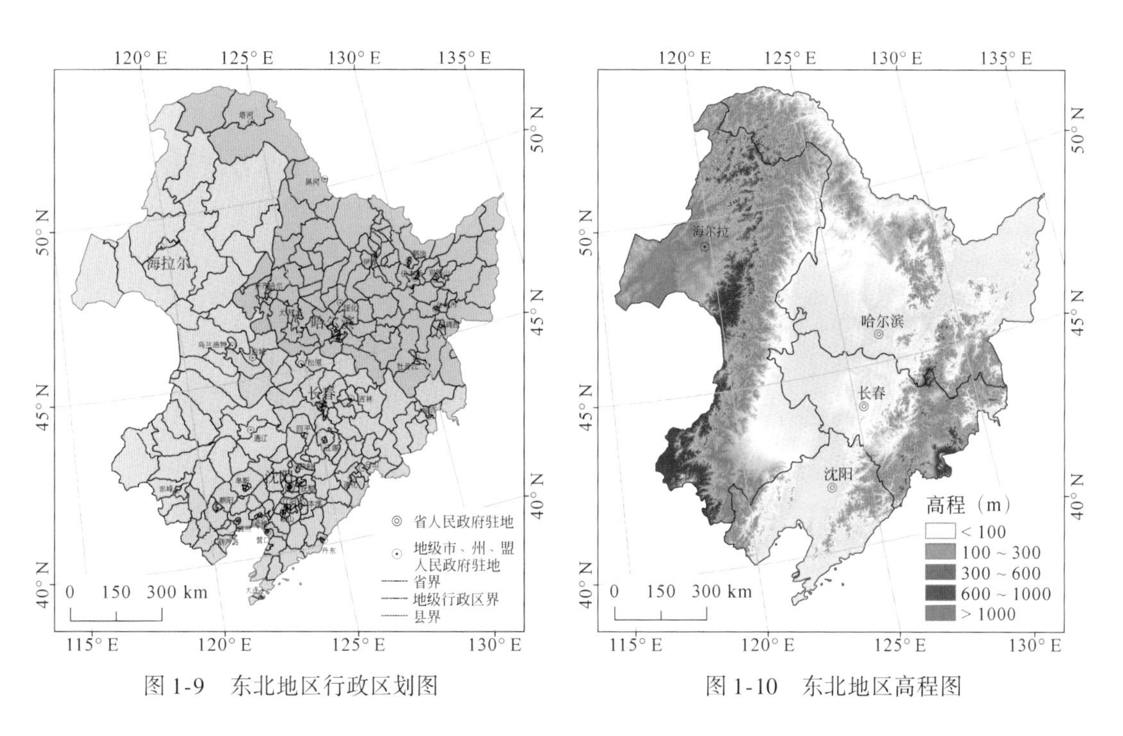

图 1-9　东北地区行政区划图

图 1-10　东北地区高程图

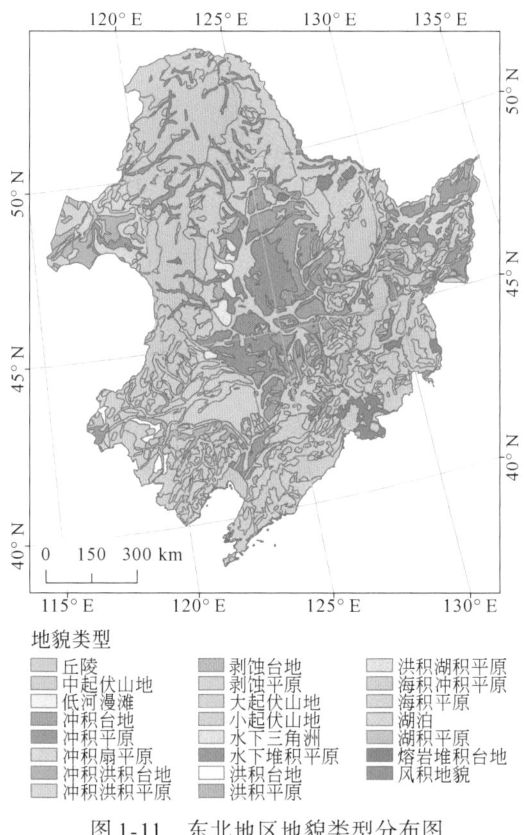

图 1-11　东北地区地貌类型分布图

六、植被类型数据

研究区植被类型分布数据主要来源于张新时等编制的全国 1∶100 万植被类型图，通过裁切处理得到研究区植被类型分布数据。东北地区植被类型分布图如图 1-12 所示。

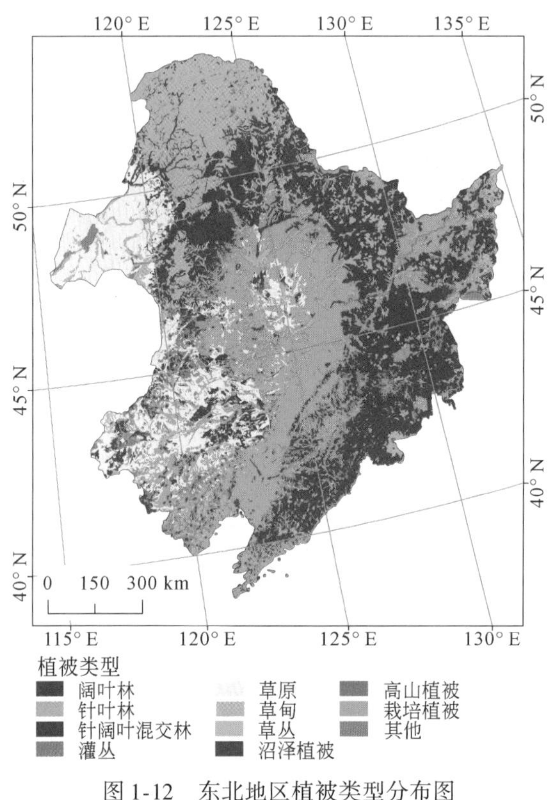

图 1-12 东北地区植被类型分布图

七、土壤类型数据

研究区土壤类型分布数据主要通过收集各省（自治区）土壤类型图件资料获取，经扫描数字化得到 1∶50 万的研究区土壤类型分布数据。东北地区土壤类型分布图如图 1-13 所示。

八、气象数据

研究区气温和降水数据主要来源于中国气象数据网（http://data.cma.cn），通过克里格插值获取气温和降水空间格局分布数据。东北地区气温和降水空间格局分布图如图 1-14 所示。

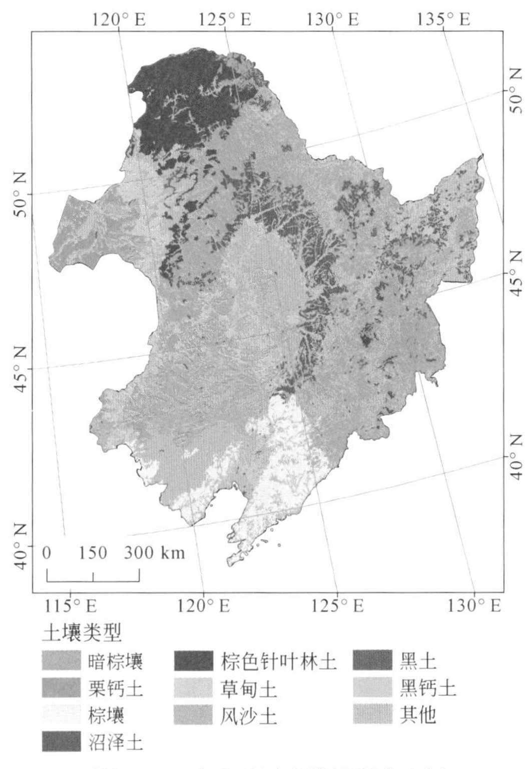

图 1-13　东北地区土壤类型分布图

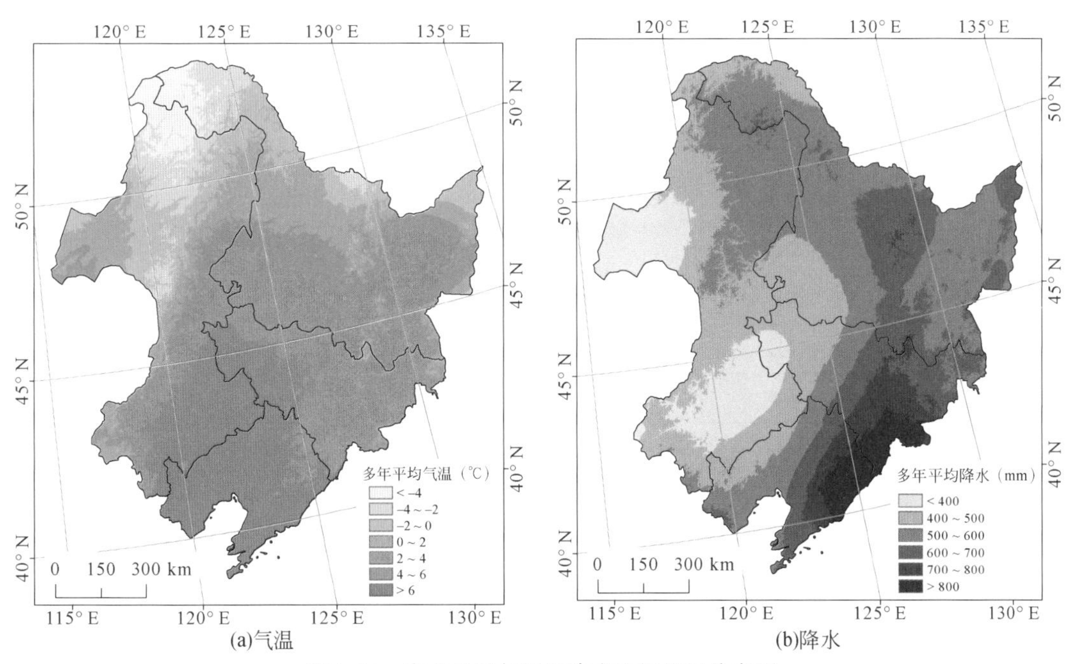

图 1-14　东北地区气温和降水空间格局分布图

第三节　基于遥感技术的生态系统分类数据源与方法

一、生态系统分类流程

（一）生态系统分类体系与定义

以生态系统为对象，考虑地方植被类型特征，并参照全国土地覆盖分类体系（吴炳方，2017），设计东北地区生态系统分类体系，其中包括Ⅰ级类 6 类，Ⅱ级类 38 类（表 1-2）。该分类体系能够体现生态系统类型的变化，对生态系统服务能力变化监测起到基础作用。

表 1-2　基于遥感技术的东北地区生态系统分类体系

Ⅰ级分类	Ⅱ级分类	指标
森林	常绿阔叶林	$3m \leq H \leq 30m$，$C \geq 0.2$，常绿，阔叶
	落叶阔叶林	$3m \leq H \leq 30m$，$C \geq 0.2$，落叶，阔叶
	常绿针叶林	$3m \leq H \leq 30m$，$C \geq 0.2$，常绿，针叶
	落叶针叶林	$3m \leq H \leq 30m$，$C \geq 0.2$，落叶，针叶
	针阔混交林	$3m \leq H \leq 30m$，$C \geq 0.2$，$25\% < F < 75\%$
	常绿阔叶灌丛	$0.3m \leq H \leq 5m$，$C \geq 0.2$，常绿，阔叶
	落叶阔叶灌丛	$0.3m \leq H \leq 5m$，$C \geq 0.2$，落叶，阔叶
	常绿针叶灌丛	$0.3m \leq H \leq 5m$，$C \geq 0.2$，常绿，针叶
	稀疏林	$3m \leq H \leq 30m$，$0.04 \leq C \leq 0.2$
	稀疏灌丛	$0.3m \leq H \leq 5m$，$0.04 \leq C \leq 0.2$
	乔木园地	人工植被，$3m \leq H \leq 30m$，$C \geq 0.2$
	灌木园地	人工植被，$0.3m \leq H \leq 5m$，$C \geq 0.2$
	乔木绿地	人工植被，人工表面周围，$3m \leq H \leq 30m$，$C \geq 0.2$
	灌木绿地	人工植被，人工表面周围，$0.3m \leq H \leq 5m$，$C \geq 0.2$
草地	温性草原	$K<1$，$0.03m \leq H \leq 3m$，$C \geq 0.2$
	温性草甸	$K \geq 1$，土壤湿润，$0.03m \leq H \leq 3m$，$C \geq 0.2$
	草丛	$K \geq 1$，$0.03m \leq H \leq 3m$，$C \geq 0.2$
	稀疏草地	$0.03m \leq H \leq 3mm$，$0.04m \leq C \leq 0.2$
	草本绿地	人工植被，人工表面周围，$0.03m \leq H \leq 3m$，$C \geq 0.2$

续表

Ⅰ级分类	Ⅱ级分类	指标
农田	水田	人工植被，土地扰动，水生作物，收割过程
	旱地	人工植被，土地扰动，旱生作物，收割过程
湿地	乔木湿地	$W>2$ 或湿土，$3\text{m}\leq H\leq 30\text{m}$，$C\geq 0.2$
	灌木湿地	$W>2$ 或湿土，$0.3\text{m}\leq H\leq 5\text{m}$，$C\geq 0.2$
	草本湿地	$W>2$ 或湿土，$0.03\text{m}\leq H\leq 3\text{m}$，$C\geq 0.2$
	湖泊	自然水面，静止
	水库/坑塘	人工水面，静止
	河流	自然水面，流动
	运河/水渠	人工水面，流动
城镇	建设用地	人工硬表面，包括居住地和工业用地
	交通用地	人工硬表面，线状特征
	采矿场	人工挖掘表面
其他	苔藓/地衣	自然，苔藓或地衣覆盖
	裸岩	自然，坚硬表面，石质，$C<0.04$
	戈壁	自然，砾石表面，砾漠，$C<0.04$
	裸土	自然，松散表面，壤质，$C<0.04$
	沙漠	自然，松散表面，沙质，$C<0.04$
	盐碱地	自然，松散表面，高盐分
	冰川/永久积雪	自然，水的固态

注：C 为覆盖度/郁闭度；H 为植被高度（m）；F 为针叶树与阔叶树的比例；W 为一年中被水覆盖的时间（月）；K 为湿润指数

（二）遥感数据源与预处理

1. 多源遥感数据的收集与购置

收集、购买、整理覆盖研究区的 1990 年、2000 年、2010 年和 2015 年四期遥感数据。其中，1990 年、2000 年、2015 年遥感数据以 Landsat TM/ETM+/OLI 为主；2010 年遥感数据以 HJ-1A/B 为主，辅以 Landsat TM 遥感数据，东北地区共有 89 块遥感影像，遥感影像处理作业分区如图 1-15 所示。环境背景数据集主要用于面向对象分类技术的辅助信息提取，包括河流水系数据、道路交通数据、行政区划数据、高程数据、地貌类型数据、植被类型数据、土壤类型数据、气象数据等。环境背景数据集的来源和处理方法详见本章第二节。

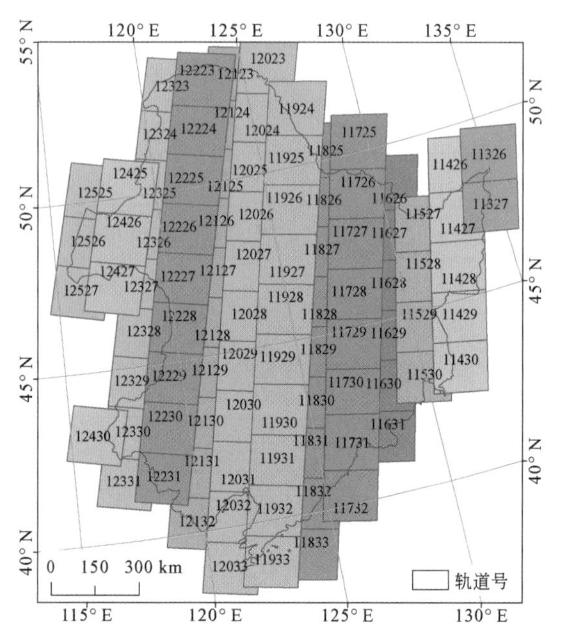

图 1-15　东北地区生态系统类型影像处理作业分区

2. 遥感数据预处理

本研究利用已经具备空间参考系统的 Landsat TM/ETM+数据作为控制空间来完成对其他遥感影像（如环境星影像等）的配准。具体步骤为：①选取地面控制点，主要选择如道路交叉口、城镇边缘、堤坝等明显且不易发生变化的地区，并且在地物复杂的地区多选控制点，同时在影像边缘部分均选取一定控制点；②利用控制点建立校正数学模型，一般选择二次多项式的拟合校正方法；③重采样，选择最临近法的重采样方式，完成像元空间位置变换。

将经过几何精纠正的遥感数据根据地理坐标进行影像镶嵌。在进行影像镶嵌的时候首先要指定一幅参照影像，作为镶嵌过程中对比度匹配以及镶嵌后输出影像的地理投影、像元大小、数据类型的基准；重复覆盖区各个像元之间应该有较高的配准精度，必要时要在影像之间利用控制点进行配准；尽管其像元大小可以不一样，但应包含与参照影像相同数量的层数据。影像匹配或配准后，需要选取合适的方法来决定重复覆盖区的输出亮度值。用东北地区的矢量边界将镶嵌好的影像进行裁剪，获得研究区所需的影像区域。

为了高效、精确地完成东北地区生态系统分类任务，将整个区域分割成若干个制图子区域，确保子区域内生态系统类型相对均质或分类特征明显。

（三）建立解译标志

1. 样本采集

整个野外采样工作基于沿公路两旁2km视觉范围内的地物采样，野外采样与标定在车载GPS导航系统和屏幕勾绘中实现。在野外逐点进行标定，并将描述的信息填写在野外采样表和矢量属性表中，在检索和到达采样地物时，利用空间相对关系确定地块的准确位置（GPS有一定误差），并在样点库中输入属性信息，依据野外采样表的内容逐一进行描述和照相，采样人员应该与后期的分类人员一致。

2. 解译标志库建立及分区参量择取

解译标志库建立主要基于遥感野外核查和地面调查数据，为决策树指标划分、阈值设定提供主要数据，解译标志库以采样区为单元，建立各类型的信息标志库。

（四）面向对象的生态系统分类技术

采用面向对象的遥感影像分类软件 eCognition 作为分类平台，以多尺度分割得到的影像对象为基础，结合多源辅助信息，运用分层分类、逐级掩膜，成员函数法和最邻近距离法相结合的方法对中国环境星数据、Landsat TM/ETM+/OLI 数据等遥感数据进行分类，从而获得较高精度的东北地区生态系统类型分布数据。

面向对象的自动分割技术是影像分类的核心技术。遥感影像分割是基于面向对象的遥感影像分类的基础步骤，是指根据需要选定一些特征（纹理、亮度、颜色、形状等），将遥感影像分割成不同的特征区域，并从中提取出感兴趣区域的技术和过程，从而使具有相同或相近特征性质的像元在同一区域内，而具有明显差异特征性质的像元在不同区域内（Baatz and Schäpe，2000）。在实际分类过程中，根据遥感影像的特点，需要采用不同尺度进行分割。地表信息在不同的时间跨度上和空间跨度上有着不同的表现（Weiers et al.，2004），如一块稻田在夏季获得的真彩色影像显示为绿色，在秋季则显示为黄色；当视线贴近城市影像观察时识别的只是单个的房屋，而当视线远离城市影像观察时识别的则是城市。这只是尺度在人们生活中常见的例子之一，说明相同的地表在不同的尺度上有不同的表现。因此，在面向对象的自动分割中，需要进行多尺度的分割和最优尺度的选择。面向对象的自动分割技术在 eCognition Developer 8.64 中能够实现。实现界面如图 1-16 所示。

面向对象的自动分割技术实施的具体步骤如下：首先设置分割参数，主要包括波段选择、最佳分割尺度确定及形状因子权重的设定等。在形状因子中，根据大多数地物类别的结构属性，确定紧致度和光滑度因子的权重。其次以影像中任意一个像元为中心开始分割（周春艳等，2008）。

面向对象的自动分割是给影像对象多个特定的尺度，根据指定的光谱和形状的同质准则，使整幅影像的同质分割达到高度优化的程度，从而获得满意的分割结果。在影像多尺度分割过程中，主要的分割参数包括波段权重、分割尺度、光谱形状特征权重。下面根据东北地区不同生态系统类型的特点，阐述面向对象的自动分割过程中参数的选择

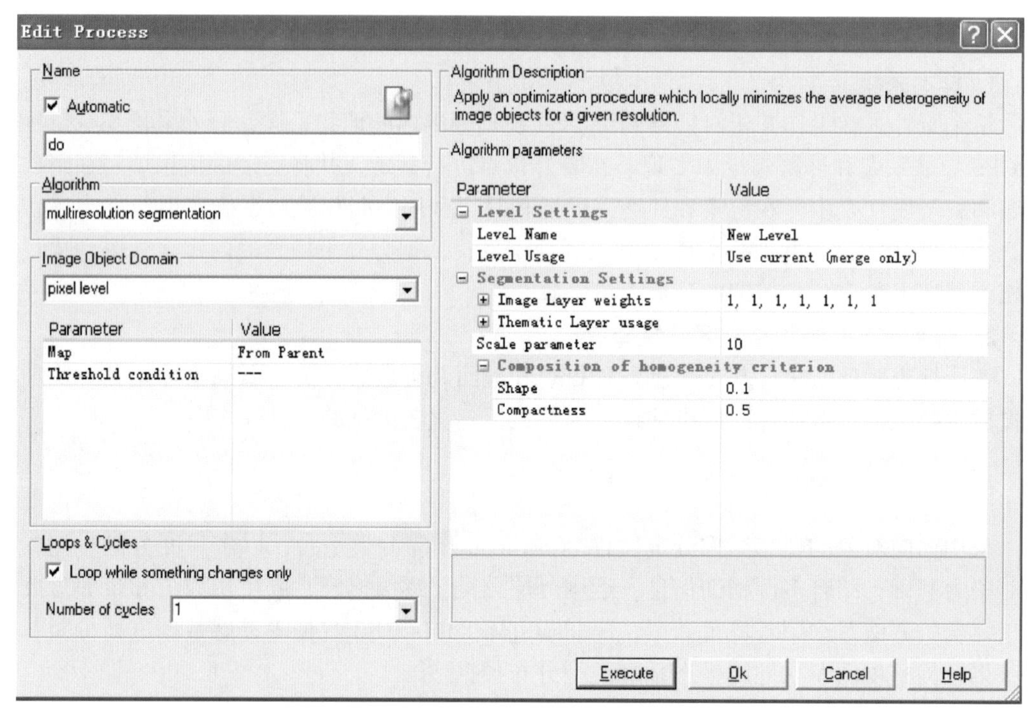

图 1-16　面向对象的自动分割技术实现界面

方法。

1. 波段权重的选择

根据专题应用任务中感兴趣信息的特征，来设置参与分割波段的权重。如果需提取的信息在某一个波段影像中特别明显，易于识别，则此波段权重就较高。对特定类别信息提取没有很大贡献的波段影像，则赋予此波段较小的权重或权重为 0。例如，在彩红外数据中近红外波段对于植被信息的显示效果较好，绿波段其次，红波段与蓝波段的贡献最小。因此，分割前设置波段权重存在差异，近红外波段的权重最大，为 1；其他波段的权重可以相对小一些。在分类过程中，针对不同地物类型的提取，采用不同的波段权重选择。

2. 分割尺度的选择

尺度在遥感影像分析中可以理解为人类识别目标的抽象程度，在多尺度影像分割中，影像对象的抽象程度由尺度参数决定。多尺度影像分割中的尺度是一个关于多边形对象异质性最小的阈值，决定生成最小多边形的级别大小，与空间分辨率是两个不同的概念。多尺度影像分割表示在分割过程中可采用不同的分割尺度值，所生成的对象大小取决于分割前确定的尺度值；分割尺度值越大，所生成的对象层内多边形面积越大而数目越小，反之亦然。如果尺度选得不合适，则难以取得理想的结果（Frohn et al.，2011）。影像对象具有尺度依赖性，在同一幅影像上，可以根据需要建立不同尺度下的影像对象。因此，影像分割时尺度的选择很重要，它直接决定影像对象的大小、感兴趣地理信息所处的尺度层次及信息提取的精度。对每一幅影像进行多尺度分割都要求有其特殊的尺度（黄慧萍，2003）。例如，对于同一幅影像，识别城镇需要用大尺度，识别建筑物需要用小尺度；提取房子和树木需要的尺度明显小于提取森林和草地需要的尺度。分割尺度不同，形成的多边形差异很大；尺度越小，形成的多边形越多，单个多边形的面积越小。对于一种确定的地物类型，最优分割尺度值是分割后的多边形将这种地物类型的边界显示得十分清楚，并且能用一个对象或几个对象表示这种地物类型，既不能太破碎，也不能边界模糊。因为进行分割层之间的叠加所需要的时间很长，所以选择的分割层要尽可能少；当然，在运算效率与分割质量之间的权衡，需要根据具体情况而定。

1）东北地区森林生态系统类型分割尺度的选择主要从平原地区和山区两方面考虑。平原地区地物比较复杂，因此在分割时需要选择小尺度分割；而山区地物比较单一，而且林区中地物光谱特征接近，因此在分割时需要选择大尺度分割。针对平原地区和山区不同的特征，分别选择5、10、20、50的分割尺度进行实验（图1-17～图1-24）。

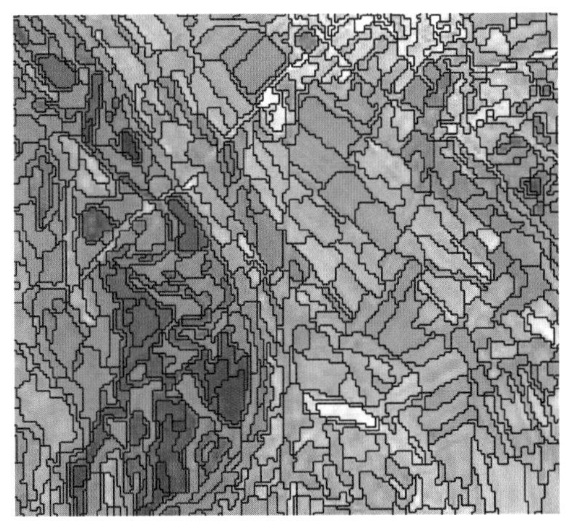

图1-17　平原地区分割尺度5

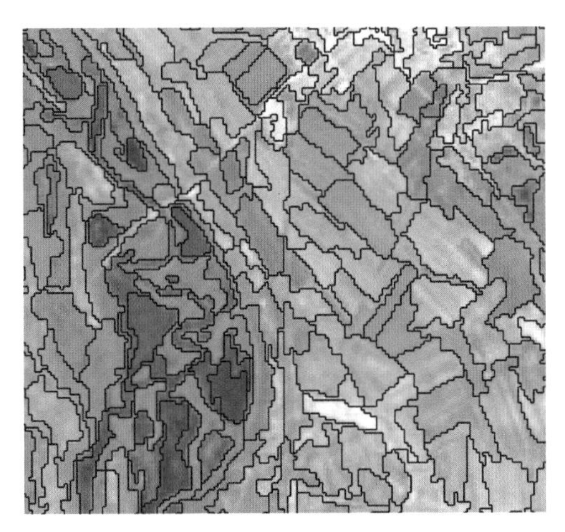

图1-18　平原地区分割尺度10

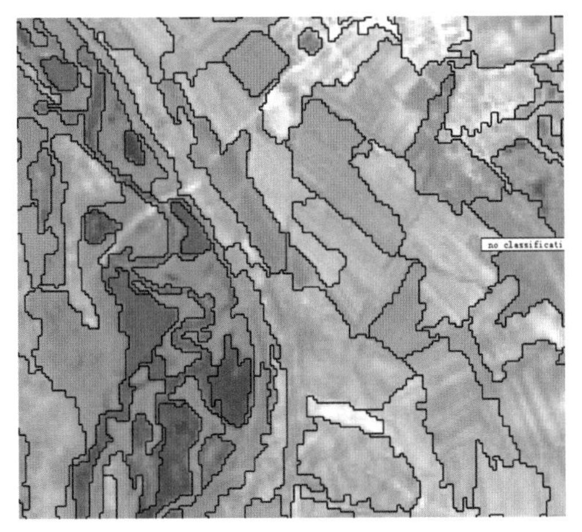

图1-19　平原地区分割尺度20

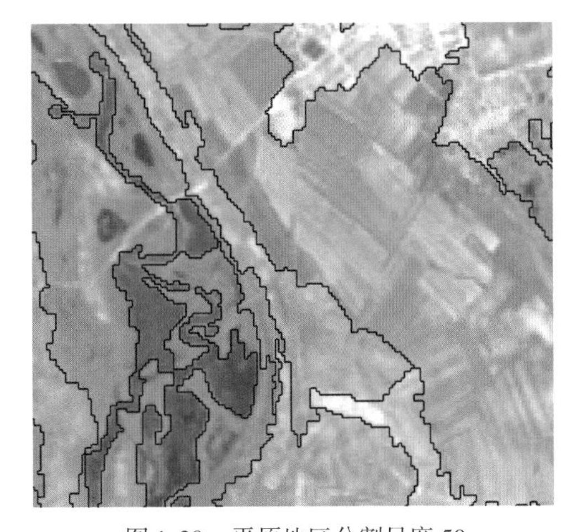

图1-20　平原地区分割尺度50

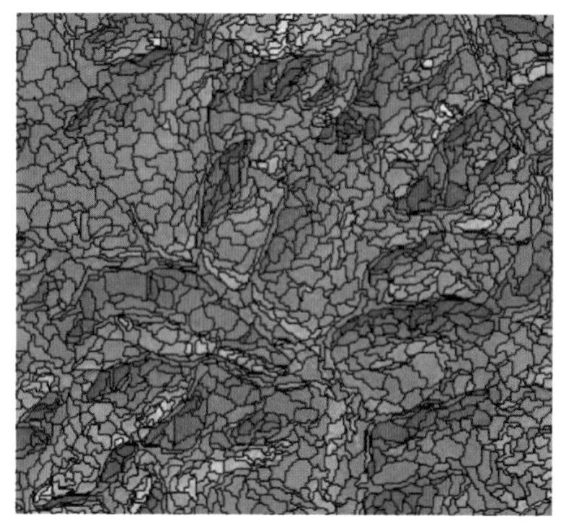

图 1-21　林区分割尺度 5

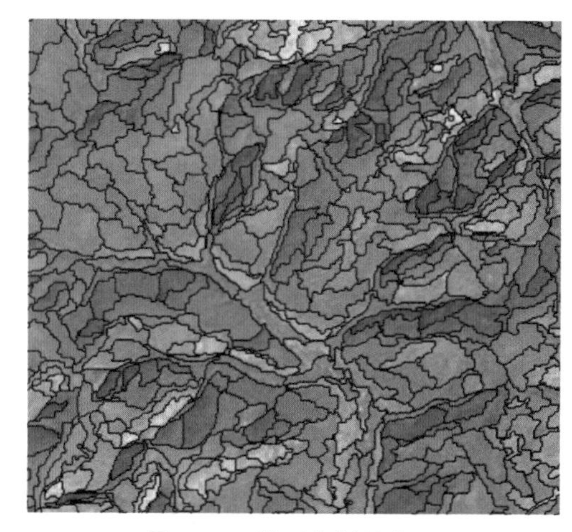

图 1-22　林区分割尺度 10

图 1-23　林区分割尺度 20

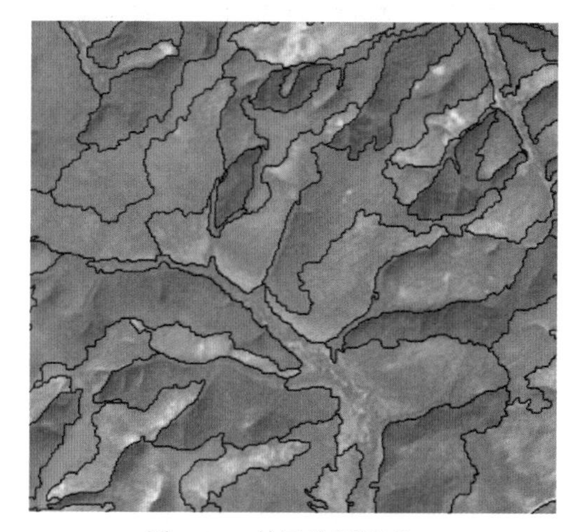

图 1-24　林区分割尺度 50

通过多次反复试验，结果发现，平原地区分割尺度设置为 5 时比较合适，既能精确地提取信息，也能保证分割和运行的速度；而山区分割尺度设置为 10 时便能满足精度的需求。

2）在城镇生态系统类型的提取中，城镇居民点和乡村居民点提取时的尺度也不一样，如图 1-25 和图 1-26 所示。

3）在湿地生态系统类型的提取中，为确保不同沼泽湿地类型的质地、形状大小、光谱特性、几何特征、纹理及其他对象的关系能被充分利用，经过反复试验，多季相影像数据是在三个不同的尺度（分割尺度分别为 50、10 和 5）进行选择性分割（图 1-27）。对多季相影像数据集进行全局多尺度分割，选择粗尺度分割（分割尺度 50），主要作用是屏蔽干扰信息和初级预分类。直接用于分类的对象则基于更细的分割尺度（分割尺度 10 和 5）以提高分类精度，分割尺度 10 分割水体矢量层，用于水体的二级分类；分割尺度 5 分割植被矢量层，用于沼泽湿地植被层的提取和分类。

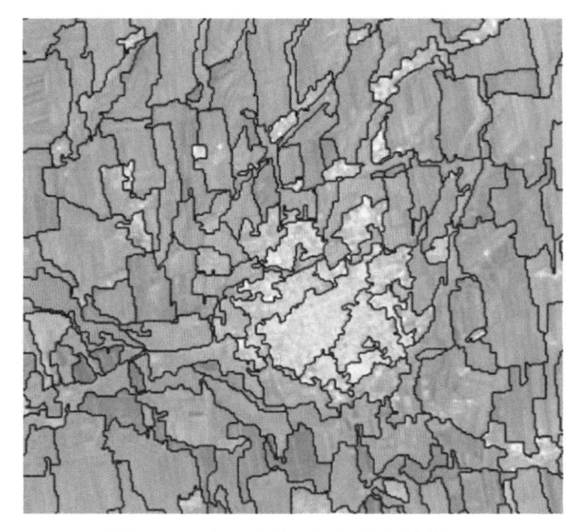

图 1-25　城镇居民点分割尺度 20

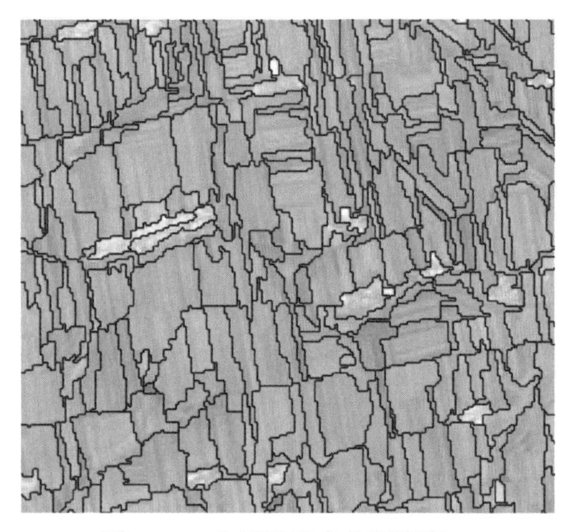

图 1-26　乡村居民点分割尺度 10

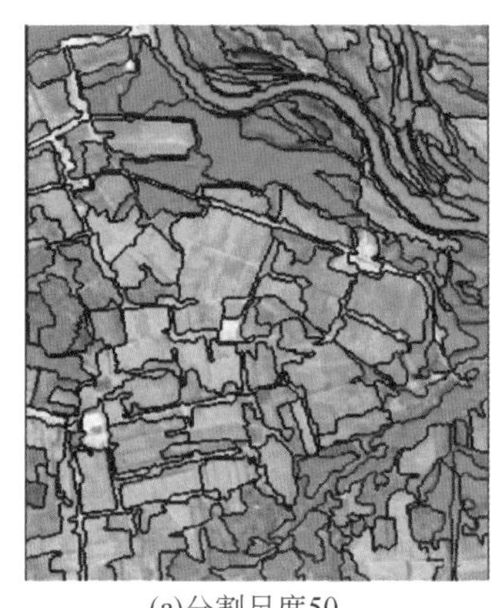

(a)分割尺度50

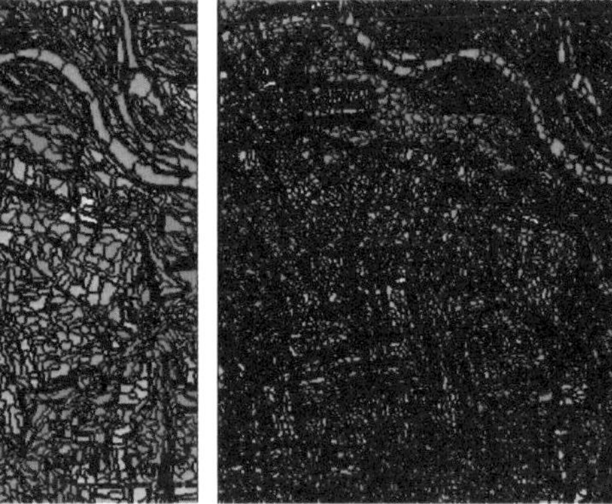

(b)分割尺度10　　(c)分割尺度5

图 1-27　影像数据集的不同分割尺度下对象的形状和数量对比

3. 形状特征参数

影像分割结果的质量不仅取决于分割尺度、波段权重，还取决于光谱、形状特征的权重及两个形状参数。形状参数指影像对象的紧致度和光滑度，即形状异质性的两个方面。紧致度用来描述对象形状是否接近矩形，在城市区域提取建筑物时，由于屋顶大多是矩形的，可以将紧致度的权重调高。希望得到近似矩形的分割对象时，可以增大紧致度的权重。光滑度用来描述对象边界的光滑程度，对于异质性较大的影像，如雷达影像，这一参数的设置可以避免形成边界呈锯齿状的对象。在提取较窄的河流、道路时，适当设置光滑度参数，可以得到边界光滑且连续性较好的对象。紧致度和光滑度并不是相互对立的两个参数，高紧致度的对象也可能具有高光滑度。在实际应用中需要合理设置这两个参数，得到更理想的分割结果。通常情况下光谱特征较为重要，然而形状特征的参与有助于避免影像对象形状的不完整，可以用于提高分割的质量。光谱特征是影像数据中所包含的主要信息，形状特征的权重太高会导致光谱均质性的损失。因此，在进行影像分割的过程中要遵循两条原则：一是尽可能地将光谱特征的权重值设得较大；二是对于那些边界不光滑但聚集度较高的影像对象，使用尽可能必要的形状特征。一般情况下光谱特征的权重值为 0.8 或 0.9，形状因子的权重值为 0.2 或 0.1，其中光滑度为 0.7，紧致度为 0.3。

总之，在对新的影像数据进行分割时，应采用多次反复尝试的方法，使用不同的参数进行分割，直到取得令人满意的分割结果。由于待分析影像数据量较大，可在分类前裁出一块具有代表性的子集进行分割试验，找到适合的分割参数后，则把它们用于整个影像或影像数据库。如果分类的范围较大，遥感影像获取的状态或时相有所差异，即使对所有影像进行了色彩的平衡处理，相邻不同景的影像在色彩与亮度上还是有所差异的，这种情况下影像分割的因子权重值需要进行适当的调整，并不能将确定的分割因子权重值统一使用于所有的影像中。

4. 均质因子权重的确定

均质因子包括颜色和形状（紧致度和光滑度）。在分割过程中，因为光谱信息是影像数据中所包含的主要信息，所以认为光谱信息最重要，应该充分利用光谱信息，因此光谱信息（颜色）的权重不能小于 0。颜色因子与形状因子之和为 1，形状因子权重太高则颜色因子权重就会降低，会导致光谱均质性的损失，不利于光谱信息的提取。然而形状因子的参与作用有助于避免影像对象形状的不完整，从而提高分类精度。形状因子又包含了紧密度和光滑度两个因子，即形状异质性的两个方面，这两个因子之和也为 1。

5. 影像对象信息提取

采用逐级分层分类的方法，把不同尺度分割作为分层分类的依据，在生态系统分类体系的基础上建立生态系统分类规则库，最终实现影像对象信息的自动提取。技术流程包括以下 3 个步骤。

（1）分类层次建立

根据遥感影像中某一生态系统类型的光谱特征和纹理特征，从分析该生态系统类型在各个特征空间的特点及其组合的可行性出发，将影像上的生态系统类型划分为若干一级层，每一个一级层包含若干种生态系统类型，然后在每一个一级层的基础上划分为一个以上的二级层，以此类推，直到将所有的生态系统类型提取出来。

（2）分类特征选取与分类规则建立

计算影像对象包含像元的光谱信息，多边形的形状、纹理、位置等信息及多边形之间的拓扑关系信息等。具体分类规则可以根据所提取的地物的特点，将影像对象所提供的各种信息进行组合，以达到充分利用特征来提取具体地物类型的目的。分类过程中可以用到的影像对象特征主要包括均值、标准方差、面积、长度、长宽比、密度、纹理等。根据所提取的地物特征信息，选择典型特征，使对象可以区别其他对象的特征建立分类规则。不同的层次可以根据本层次待提取的地物特点建立各自的规则，不同的层次间可以传递不同的分类规则，因此，分类规则的建立还可以利用其相邻层次的对象信息。在本研究中，选取的特征参数包括以下几方面（张晶，2016）。

1）归一化植被指数（normalized differential vegetation index，NDVI）。NDVI 是植被生长状态的最佳指示因子，与植被覆盖度、生物量及叶面积有密切的相关性，在特征参数的选取中，NDVI 的应用最为广泛。其公式为

$$NDVI=\frac{\rho_{nir}-\rho_{red}}{\rho_{nir}+\rho_{red}} \tag{1-1}$$

2）归一化水体指数（normalized differential water index，NDWI）。利用 NDWI 提取遥感影像中的水体信息，该方法具有较好的效果。与 NDVI 相比，它能有效地提取植被冠层的水分含量，NDWI 能及时在植被冠层受水分胁迫时做出响应，对于旱情监测具有重要意义。

$$NDWI=\frac{\rho_{green}-\rho_{nir}}{\rho_{green}+\rho_{nir}} \tag{1-2}$$

3）地表水分指数（land surface water index，LSWI）。LSWI 已被用于植被生长动态的识别，由于短波红外波段对土壤含水量和植被含水量敏感，短波红外波段比近红外波段对植被含水量变化敏感，这两个波段被用来获取对水分敏感的植被指数（贾明明，2014）。

$$LSWI=\frac{\rho_{nir}-\rho_{swir}}{\rho_{nir}+\rho_{swir}} \tag{1-3}$$

4）比值居民地指数（ratio resident-area index，RRI）。通过 RRI 可以反映居民地的特征指标，蓝波段和近红外波段的城镇光谱特征对比度最大，是最佳比值波段（吴宏安等，2006）。RRI 是一种提取城镇居民地信息的理想方法，尤其适合裸地较多的干旱半干旱地区。

$$RRI=\frac{\rho_{blue}}{\rho_{nir}} \tag{1-4}$$

式中，ρ_{nir}、ρ_{red}、ρ_{swir}、ρ_{green}、ρ_{blue}分别为近红外、红波段、短波红外、绿波段以及蓝波段反射率。光谱特征参数为 R：G：B=TM5：TM4：TM3 的色调组合；几何特征参数为各对象的形状指数，即各对象的周长与面积的 4 次根方的比值；拓扑特征参数为不同对象间的距离大小。

基于分割完成对象的特征参数，利用 See 5.0 软件建立分类决策树，如图 1-28 所示。

由图 1-28 建立的分类决策树可知，对于东北地区，适当地选取 Landsat 影像 NDVI 的值可以区分植被与非植被；调整影像色调（R：G：B= TM 5：TM 4：TM 3）可以提取森林和草地；调整 NDVI 和与水体的距离可以提取沼泽湿地；调整 LSWI 可以提取旱地和水田；调整 NDWI 可以提取水体；调整 RRI 与形状指数可以提取交通用地；调整 RRI 可以提取居住地和裸地。其中，由于采矿场与工矿用地、湖泊与水库/坑塘遥感影像信息相近，不易区分，采取手动方法提取。

（3）影像分类

在分类过程中，遵循由易到难的原则，根据不同的需要选择不同的特征影像和不同的分类方法，逐层提取对象信息，并制作相应的模板，将已提取的生态系统类型作为掩膜剔除掉，以消除它对其他未分类信息的影响，使剩下的生态系统类型越来越少，最后将逐级分层分类的结果叠加起来，形成最终的分类结果。

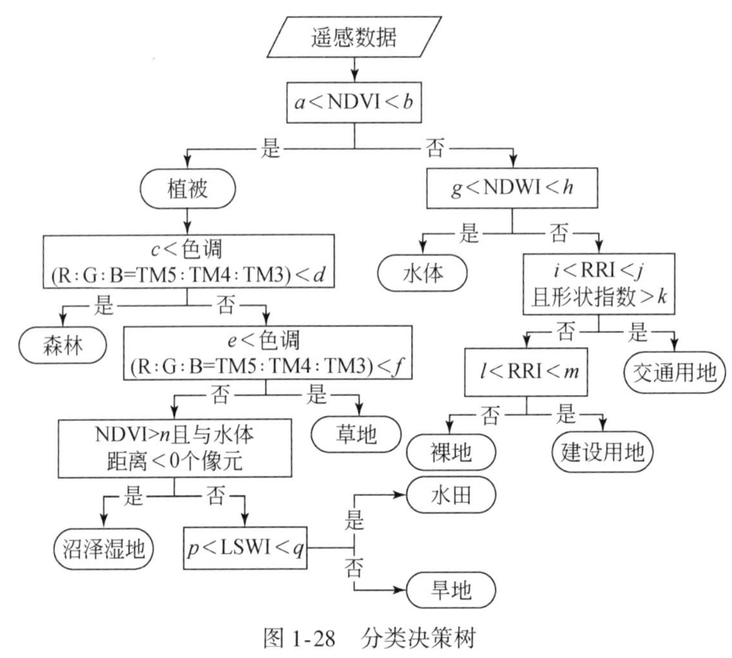

图 1-28 分类决策树

图中英文小写字母代表各特征参数阈值，研究区不同，阈值不同

（五）东北地区典型生态系统类型提取案例

东北地区主要的生态系统类型为森林、湿地和耕地，耕地的分类可以按照形状指数提取得到，耕地中的水田和旱地可以按照不同时相波段组合的光谱特征提取得到。下面针对森林和湿地的决策树模型的构建进行说明。

在森林信息提取过程中，植被生长状态及植被分布密度的最佳指示因子是 NDVI，其与植被分布密度呈线性相关。通过实践证明，NDVI 对土壤背景的变化确实较为敏感。为了区别植被与非植被，选取 NDVI 作为判断依据。NDVI 被用来对遥感数据进行分析，以确定被观测的目标区是否为绿色植被覆盖，以及植被覆盖度的指标值，用来检测植被生长状态、植被覆盖度和消除部分辐射误差等。通过典型地物波谱分析以及反复试验结果表明，NDVI>0.3 即为植被区；否则为非植被区域。在植被区域，为了区别耕地与其他森林，可以选取环境星第一波段（HJ1），该波段对水体的穿透力强，易于调查水质或水深的情况，对叶绿素和叶绿素浓度反应敏感，对区分干燥的土壤及茂密的植被效果较好。85<HJ1<100 即为耕地，否则为森林。在区分落叶针叶林和落叶阔叶林时，通过试验以及波谱分析，最终确定 HJ1>75 即为落叶阔叶林，否则为落叶针叶林。具体的森林决策树分类模型如图 1-29所示。

东北地区是我国最大的沼泽湿地集中分布区，也是我国重要的淡水沼泽湿地分布区。湿地是东北地区重要的生态系统，并具有复杂多变的自然特性。因此，湿地决策树分类模型的制定直接影响东北地区土地覆盖分类的精度。不同的水体类型在光谱上区分度不大，

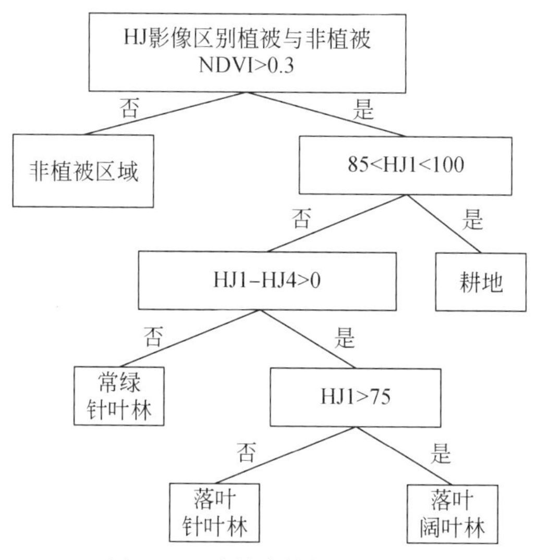

图 1-29　森林决策树分类模型

利用光谱信息无法很好地区分；但不同类型的水体空间特征（大小、形状、位置）各有特点，因而可利用这些特点对水体进行分类。湖泊、较大的河流、水库、坑塘呈面状，而小的河流呈线状。对于面状水体而言，不同类型的水体其形状有较大的区别：湖泊的边界一般较平坦光滑；河流的边界呈弯曲的长条状，近似椭圆；水库的边界也较圆滑，但边界有一部分呈直线；而坑塘的边界一般呈规则的四边形。由此可见，湖泊、河流、水库、坑塘具有明显的形状信息，利用形状信息加以识别是最有效的办法之一；而形状指数是形状信息很好的表现方式，表现水体形状的规则程度。

形状指数的计算公式为

$$I=\frac{\sqrt{A}}{P} \tag{1-5}$$

式中，I 为形状指数；A 为面积；P 为周长。

一般情况下，形状越不规则，其形状指数越小。因此，河流比湖泊、水库、坑塘的形状指数要小；人工湖泊、水库等比天然湖泊和河流的形状指数要大。水体的面积和周长也可作为一个重要的形状指标来衡量物体的形状：一般情况下，湖泊的面积较大，水库、河流、坑塘等的面积依次减小；湖泊、面状河流、大的水库周长较长，而小的水库、坑塘等周长较短。经过分析和反复试验，用形状指数使河流与湖泊、水库、坑塘相区别。通过穗帽（tasseled cap）变换对 TM 影像进行线性变换，使各波段的像元亮度值在坐标空间发生旋转，旋转后的坐标轴指向与地物类别有密切联系的 3 个分量："亮度指数""绿度指数""湿度指数"。将这 3 个分量作为测试变量，根据 NDWI 和波段的纹理特征，实现湿地信息与其他信息提取的决策树分类模型如图 1-30 所示。

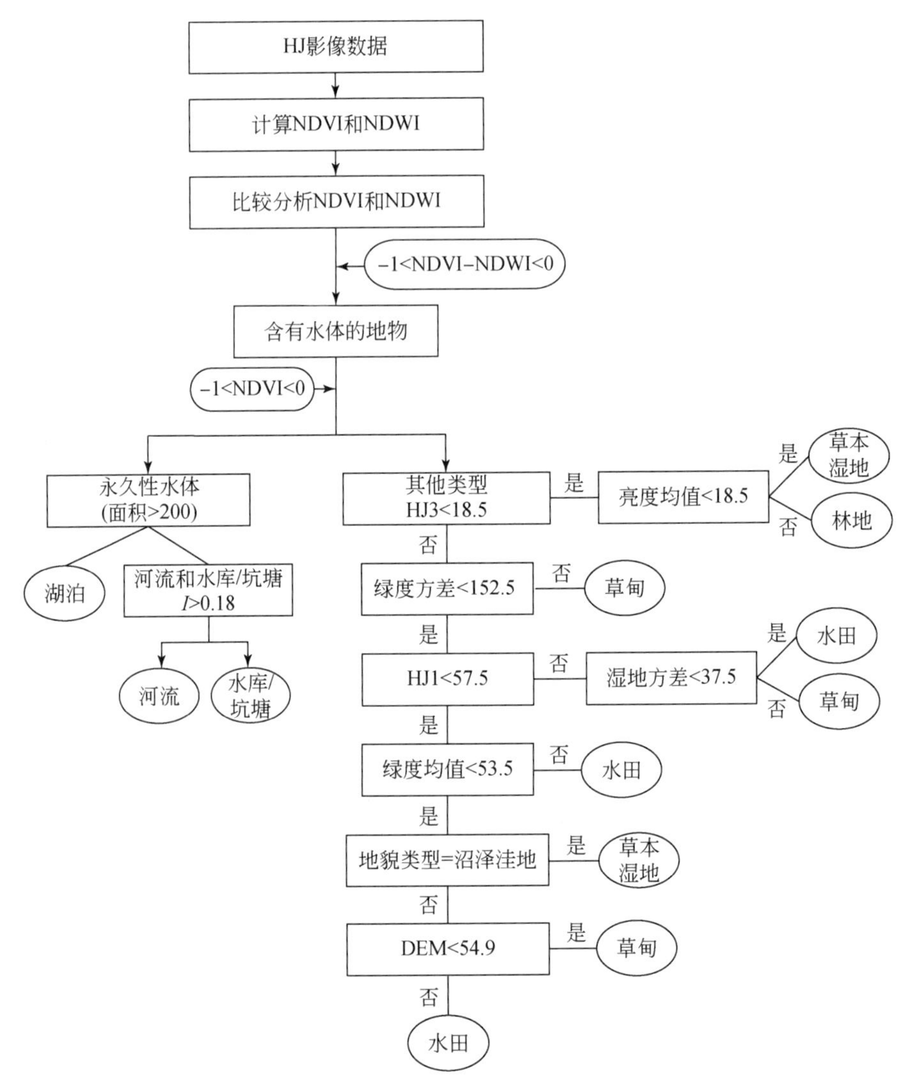

图 1-30　湿地决策树分类模型

二、野外调查数据获取与生态系统分类结果验证

（一）野外调查数据获取

野外调查数据获取主要针对生态系统类型的空间分布，合理地选择采样路线、布设采样点，达到节约时间、人力、财力，验证遥感影像分类准确性，提高分类精度的目的。野外调查设备包括 GPS、望远镜、照相机、钢卷尺等。首先，建立东北地区（或典型样区）生态系统类型 1km×1km 格网数据，并将其与遥感影像自动分类获得的生态系统类型图进行叠加，这样每一个格网包含了所覆盖的每一个生态系统类型面积占整个格网面积的比

例，通过栅格属性提取每一个格网中生态系统类型的最大面积比例，达到降低数据量和突出生态系统类型空间分布规律的目的。比例越低的地区，生态系统类型越复杂，应选择为采样区并选择较多的采样点。其次，将县级行政区划、道路网等信息与上面的格网比例数据叠加进行综合分析。由于野外调查受诸多因素的影响，野外调查应综合考虑经费、人力条件以及道路可达性等因素，考察路线选择尽可能短并且不重复；结合气候、植被、地貌等环境分异特征，设计采样路线；每一个生态系统类型的采样点不少于 20 个；针对影像上不易识别和无法确定的地物，尽量增加样点；考虑各个制图分区内部的采样路线合理性，自然景观单一、景观异质性小，采样路线尽量少；生态系统类型变化快，则要提高采样路线布设的密度。

确定采样路线后，在实施采样的过程中，参照遥感影像，选择典型地点，进行定点观测记录。首先用 GPS 记录经纬度。其次用数码相机拍摄野外景观照片，对特殊的地点可以用 GPS 摄像机跟踪摄像；对有代表性的道路、沟渠、防护林网等可以实地测量记录。最后将野外调查 GPS 数据生成 shp 格式文件，添加经纬度、生态系统类型等信息。2010 年主要针对三江平原、内蒙古东部、辽宁南部生态系统类型进行野外调查，记录调查点 9323 个。2016 年针对东北地区所有生态系统类型进行野外调查，验证生态系统遥感分类精度，累计调查天数 178 天，累计调查里程 48 646km，累计拍摄照片 22 746 张，累计记录调查样点 40 699 个，如图 1-31 所示。

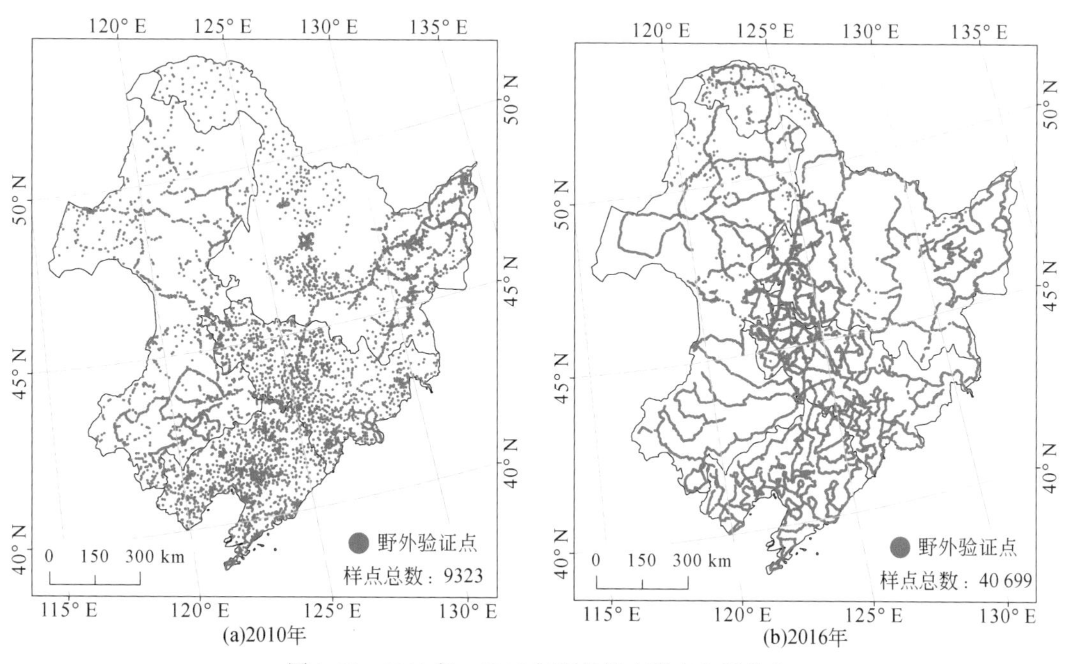

图 1-31　2010 年、2016 年野外调查样点空间分布

（二）精度评价方法

遥感影像分类的精度评价是指比较分类结果与地表真实数据，以确定分类过程的准确

程度。本研究利用误差矩阵（error matrix）（也称混淆矩阵）对生态系统分类结果进行精度评价，该方法简单直接，是目前遥感技术中应用最广的精度评价方法之一（Foody，2009）。误差矩阵是一个用于表示分为某一类别的像元个数与地面检验为该类别数的比较阵列。通常，阵列中纵列代表参考数据，行列代表由遥感数据分类得到的类别数据。误差矩阵主要包括总体分类精度、用户精度、制图精度和 Kappa 系数等评价指标（贾明明，2014）。

1. 总体分类精度

总体分类精度（Pc）表示具有概率意义的一个统计量，表述的是对每一个随机样本分类的结果与地面对应的区域的实际类型相一致的概率。

$$\mathrm{Pc} = \sum_{i=1}^{n} P_{ii}/P \tag{1-6}$$

2. 用户精度（对于地 *i* 类）

用户精度（Pu_i）表示从分类结果中任取一个随机样本，其所具有的类型与地面实际类型相同的条件概率。

$$\mathrm{Pu}_i = P_{ii}/P_{i+} \tag{1-7}$$

3. 制图精度（对于地 *j* 类）

制图精度（Pa_i）表示相对于地面获得的真实样点中的任意一个随机样本，分类图上同一地点的分类结果与其相一致的条件概率。

$$\mathrm{Pa}_i = P_{ii}/P_{+i} \tag{1-8}$$

4. Kappa 系数

考虑误差矩阵的所有因素，测定两幅图之间吻合度或精度的指标。

$$\mathrm{Kappa} = \frac{P\sum_{i=1}^{n} P_{ii} - \sum_{i=1}^{n}(P_{i+}P_{+i})}{P^2 - \sum_{i=1}^{n}(P_{i+}P_{+i})} \tag{1-9}$$

Kappa 计算结果为-1.00～1.00，但通常 Kappa 落在 0～1.00，可分为五组来表示不同级别的一致性：0.81～1.00 表示几乎完全一致，0.61～0.80 表示高度的一致性，0.41～0.60 表示中等的一致性，0.21～0.40 表示一般的一致性，0.00～0.20 表示极低的一致性（路春燕，2015）。

式中，P 为样本的总和；P_{ii} 为误差矩阵中第 i 行第 i 列的样本数；P_{+i} 为分类结果中第 i 类的总和；P_{i+} 为地表真实数据中第 i 类的总和；n 为类别的数量。

（三）精度评价结果

精度评价结果表明：东北地区 2010 年生态系统分类遥感解译数据的精度分别为一级类型 94.2%，二级类型 85.3%。其中，森林、草地、湿地、农田、城镇和其他的总体分类精度分别为 93.42%、94.23%、86.45%、95.22%、92.72% 和 92.45%。东北地区 2015 年生态系统分类遥感解译数据精度分别为一级类型 95.9%，二级类型 86.5%。其中，森林、草地、湿地、农田、城镇和其他的总体分类精度分别为 95.92%、96.26%、89.86%、96.82%、96.77%和93.90%。辽宁一级类型总精度为96.2%，二级类型总精度为 86.5%；吉林一级类型总精度为 95.6%，二级类型总精度为 87.4%；黑龙江一级类型总精度为95.0%，二级类型总精度为 86.0%。内蒙古东部一级类型总精度为 95.2%，二级类型总精度为 85.1%。项目组利用 Landsat TM/ETM+遥感数据结合变化监测方法，获取 1990 年、2000 年生态系统分类数据，并利用已有的野外调查样点数据及其他参考数据，如植被图、部分地区的土地利用图等，进行 1990 年、2000 年生态系统分类数据的精度验证。结果表明，1990 年、2000 年东北地区生态系统分类遥感解译数据一级类型总精度在 90%以上，二级类型总精度在 80%以上。

（四）空间数据的集成与标准化

针对研究目的和内容，采用 GIS 技术，将生态系统类型空间数据在内部属性、空间数据精度、空间分析尺度及数据时间序列等方面进行调整与优化，使其有效地组织在一起，客观地、科学地反映 1990 ~ 2015 年东北地区生态系统类型的分布特征及其动态变化。为了便于对空间数据库各数据进行检索、查询和空间分析，需要统一的坐标系和投影方式。数据集成环境以 ArcGIS 9.2、ArcView 3.3 为核心软件。

第四节　植被生态参数数据集构建

一、叶面积指数

（一）叶面积指数数据来源与精度验证

植被叶面积指数（LAI）通常定义为单位地表面积上的叶投影面积，可为植物冠层表面最初能量交换描述提供结构化定量信息，是生态系统研究中最重要的结构参数之一。

本研究中 LAI 的计算基于冠层辐射传输模型，采用查找表（look-up table，LUT）的方法来反演 LAI，该方法是在冠层辐射传输模型的基础上建立查找表，进而通过遥感影像中每个像元的波段反射率或者相应的植被指数（如 NDVI 等）在查找表中进行查找匹配，实现 LAI 的遥感反演。具体步骤如下：运行冠层辐射传输模型，按一定的步长输入相应的 LAI，及其他所需要的辅助参数（如植被类型、叶倾角等），模拟冠层反射率或植被指数，建立查找表；根据标准化处理后的遥感影像反射率或植被指数，构建代价函数，在查找表中查找最接近的项，并进行插值，然后获取该像元对应的 LAI 值。

本研究所采用的遥感数据为 EOS/Terra 卫星的 MODIS（moderate resolution imaging spectroradiometer，中分辨率成像光谱仪）产品之一 MOD15A2（第 6 版本），时间范围为 2000 ~ 2015 年的遥感影像，每年均获取 46 期影像，所有数据从 NASA 网站下载。MOD15A2 是由 8 天合成的 500m 分辨率的 hdf 格式文件，具体包括 LAI、光合有效辐射分量（FPAR）、质量评价等数据层。作为L4级产品，MOD15A2已根据参数文件中的参数，对影像进行了几何纠正；还根据质量评价数据集，对LAI进行了基本质量评估，LAI数据总体质量较好。另外，本研究还运用MODIS Reprojection Tool（MRT）对MOD15A2进行了拼接与重投影，将初始的正弦曲线坐标重投影为WGS84坐标系，然后剪切出研究范围的tif格式的LAI图，在输出的LAI图中，其值范围为0～255。其中，根据MOD15A2用户指南中的说明，LAI的单位为m^2/m^2，有效值范围为0～100，填充值范围为249～255，变换尺度为0.1。

MODIS LAI数据产品已在东北地区得到广泛的验证。项目组的Yang等（2012）（图1-32）和中国科学院东北地理与农业生态研究所Ding等（2014）（图1-33）分别于2007年和2013年在位于松嫩平原中部的德惠，针对玉米LAI，对MODIS LAI数据产品进行了验证。结果表明，MODIS LAI与地面实测数据吻合度较高，数据精度符合应用需求。项目组依托呼伦贝尔草原生态系统国家野外科学观测研究站，于2013年在呼伦贝尔草甸草原区针对MODIS LAI数据进行了验证。结果表明，在时间上，MODIS LAI数据产品能够较好地反映草甸草原区的长势与物候变化（图1-34）。

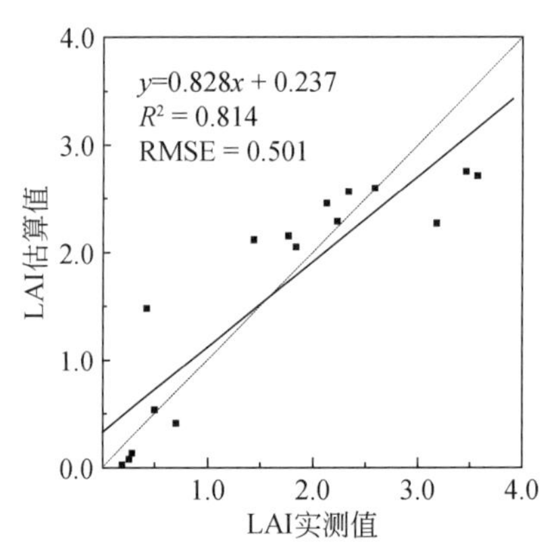

图1-32　2007年MODIS LAI数据产品在玉米种植区的验证结果

资料来源：Yang等（2012）

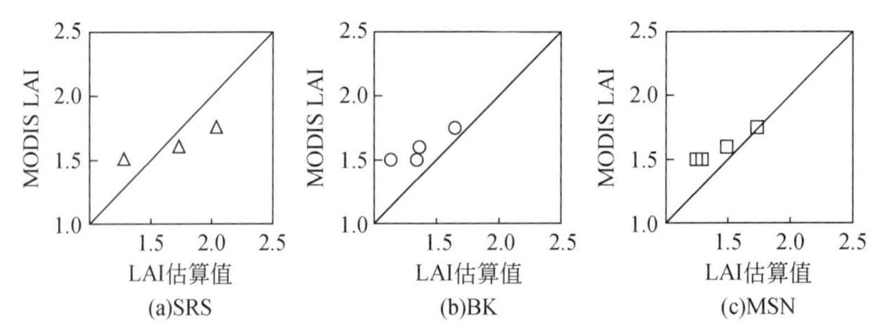

图1-33　2013年MODIS LAI数据产品在玉米种植区的验证结果

资料来源：Ding等（2014）

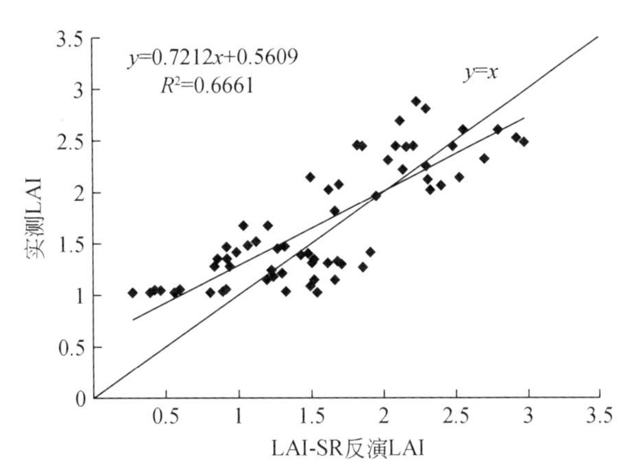

图 1-34　2013 年 MODIS LAI 数据产品在呼伦贝尔草甸草原区的验证结果

资料来源：李振旺等（2015）

MODIS LAI 数据产品具体验证方法如下：

根据 MODIS LAI 数据产品的像元大小，把 3km×3km 样区分成 9 个 1km×1km 的小样区，在每个 1km×1km 的小样区内布设 3 ~4 个 30m×30m 的样方。样方设置要求覆盖所有 3 个植被类型，且周围地势平坦，优势物种单一，空间分布均匀。最终样区内共布设 29 个样方获取样区内的 LAI 信息。

LAI 的获取使用 LAI-2000 冠层分析仪，并加装 90°遮光盖避免直射光的干扰。采样时，观测者背对太阳，在每个 30m×30m 的样方内，采用“十”字形的模式在 5 个角（交）点布设采样点，采用“一上六下”的方式获取各采样点的 LAI 值，通过平均获得样方的 LAI 值。测量同时利用 GPS 对实验场地精确定位，从而获取经纬度和地面高程信息（李振旺等，2015）。

由于尺度不匹配、地理位置误差及地面植被异质性等原因，利用地面实测点对 MODIS LAI 产品直接验证的方法存在很多的不确定性（孙晨曦等，2013）。本研究利用高分辨率卫星影像作为中间桥梁，通过建立地面实测 LAI 值与影像植被指数的统计关系，生成高分辨率 LAI 影像，通过对比分析，检验 MODIS LAI 数据产品的生产精度。结果表明，MODIS LAI 数据产品与地面实测数据吻合度较高，数据精度符合应用需求。

（二）叶面积指数年变异系数计算方法

叶面积指数年变异系数（CV_LAI）计算方法为

$$\mathrm{CV\_LAI} = \frac{\sqrt{\sum_{j=1}^{36} (L_{ij} - \mathrm{M\_LAI}_i)^2 / 35}}{\mathrm{M\_LAI}_i} \tag{1-10}$$

式中，CV_LAI 为叶面积指数年变异系数；i 为年数；j 为旬数；L_{ij} 为第 i 年第 j 旬 LAI 值；$\mathrm{M\_LAI}_i$ 为年均叶面积指数。

二、植被覆盖度

（一）MODIS NDVI 数据产品

1. MODIS NDVI 数据获取

从20世纪80年代初开始，NASA着手地球观测系统（earth observation system，EOS）项目，其目的是更精确地预测全球气候及环境变化。1999年12月18日，NASA成功发射了EOS的第一颗极地轨道环境遥感卫星Terra；2002年5月4日，NASA又成功发射了Aqua卫星，两颗卫星上均搭载了MODIS传感器。MODIS是当前世界上新一代图谱合一的光学和红外遥感仪器，具有36个波段，分布在0.4～14μm的电磁波谱范围内。MODIS的空间分辨率有250m、500m、1000m三种，扫描宽度为2330km，在对地观测过程中，每秒钟可同时获得6.1兆比特的来自大气、海洋和陆地表面的信息。多波段数据可以同时提供反映陆地、云边界、云特性、海洋水色、浮游植物、生物地理、化学、大气水汽、地表温度、云顶温度、大气温度、臭氧和云顶高度等特征信息，用于地表、生物圈、固体地球、大气和海洋长期监测。

MODIS数据作为大尺度的遥感数据有助于我们从宏观上了解地球，提高预测未来变化以及评价人类活动和自然变化对环境的影响程度，其目标是构建全球动力模型，检测大气、海洋和陆地，预测地球的变化。因此，MODIS数据可以辅助全世界的政策制定者在保护和管理环境资源方面做出合理决策。

2. MODIS NDVI 数据预处理

本研究中所使用的MODIS数据为MOD13A3的植被指数数据集，时间分辨率为月，空间分辨率为250m×250m，来源于NASA/EOS陆地数据分发中心（Land Processes Distribution Archive Center，LPDAAC）的MODIS产品（https://lpdaac.usgs.gov/），时间跨度为2000～2015年。原始MODIS产品采用分级数据格式（hierarchical data format，HDF），其投影为正弦投影（sinusoidal projection）。为构建与研究区实际地理基础一致的MODIS时间序列数据集，需进行：①格式转换，即利用遥感处理软件提取原始数据中的NDVI，并转换成该软件易识别的常规格式（贾明明等，2010）。②轨道镶嵌，即以每幅影像的地理坐标为基准，将多幅影像拼接成完整的东北地区全图。③投影变换，即根据研究区地理位置和范围，将遥感数据与辅助数据均转换为经纬度坐标系-WGS 84。④子区域裁剪，即裁剪已经转换好的数据，使其空间位置为研究区的外接四边形。⑤波段叠加，即将处理好的数据按照时间顺序进行排序叠加，整合为一个含有25层同一研究区不同时间的NDVI时序数据。经过以上多步预处理操作，最终实现在遥感处理软件中的分析。

利用ArcGIS软件环境对MODIS NDVI数据进行标准化处理，结合植被覆盖类型数据将非植被区设为掩膜，并将NDVI =0的像元设为空值。

3. MODIS NDVI 时间序列数据的去云算法

HANTS（harmonic analysis of time series）算法是以傅里叶变换为基础的谐波分析法，

它将 NDVI 时间序列表示为不同相位、频率和幅度的正弦函数组合。其中，植被的生长过程可用几个低频正弦函数描述，而 NDVI 影像中以斑点形式出现的云被认为是高频噪声。该算法的具体实现过程如下（梁守真等，2011）：首先，针对每个像元点的时间序列进行傅里叶变换；其次，选择几个低频分量进行反傅里叶变换，得到一个新时间序列；再次，计算原始时间序列和新时间序列的差值，如果差值大于设定的阈值，那么该像元点将被认为受到了污染，应从原始时间序列中去掉，用新时间序列中对应的值来填充；最后对改变的原始时间序列重复上述过程，直到没有受云污染的像元点被找到或者达到设定的迭代结束条件为止。该过程的输出结果为平滑曲线。HANTS 算法在进行 NDVI 时间序列处理时，需要设置频率个数、误差阈值、最大删除点个数及有效数据范围等参数，这些参数的设置没有客观标准，只能根据经验或多次试验来确定。

Savizky-Golay 滤波方法是 Savizky 和 Golay 于 1964 年提出的一种最小二乘卷积拟合方法来平滑和计算一组相邻值或光谱值的导数，可以简单地理解为一种权重滑动平均滤波，其权重取决于在一个滤波窗口范围内做多项式最小二乘拟合的多项式次数。这个多项式的设计是为了保留高的数值而减少异常值，可以应用于任何具备相同间隔的连续且多少有些平滑的数据，NDVI 的时间序列是满足此条件的。Savizky-Golay 滤波方法的概念框架和详细过程参见 Chen 等（2004）。基于可视化交互语言（interactive data language）IDL6. 3 实现 Savizky-Golay 滤波方法，重建研究区高质量 NDVI 时间序列数据集。对比 Savizky-Golay 滤波迭代前后各生态系统类型 NDVI 时间序列曲线，可以看出，原始 NDVI 数据存在噪声，通过 Savizky-Golay 滤波迭代，可以有效地平滑原始 NDVI 曲线，最大限度地逼近原始 NDVI 数据的包络线，反映出各种生态系统类型的 NDVI 变化特征（贾明明等，2010）。

（二）植被覆盖度计算方法与精度验证

植被覆盖度是描述生态系统的重要基础数据，也是全球变化检测、水文、土壤侵蚀等研究中的重要参数指标。植被覆盖度已经成为一个重要的植物学参数和评价指标，并在农业、林业及生态学领域得到广泛应用，同时也是研究全球和区域生态系统变化及变化监测中的重要参数指标（韩佶兴，2012）。

像元二分法（赵英时，2003）的原理是假定遥感数据中每一个像元的反射率可分为纯植被部分反射率 R_v 和非植被纯土壤部分反射率 R_s 两部分，因此每一个像元的反射率都可以定义为纯植被部分反射率与非植被纯土壤部分反射率的线性加权的和，其公式如下：

$$R = R_v + R_s \tag{1-11}$$

假定遥感数据中一个像元内植被覆盖度的值为 f_c，即有植被覆盖面积的比例，那么像元中非植被覆盖面积的比例为（$1-f_c$）。如果该像元完全有植被覆盖，则该像元反射率为纯植被的反射率 R_{veg}，如果该像元无植被覆盖，则该像元反射率为纯土壤的反射率 R_{soil}。由此可见，混合像元中植被部分反射率 R_v 可以认为是纯植被的反射率 R_{veg} 与像元中植被覆盖度 f_c 的乘积，而非植被土壤部分反射率 R_s 可以认为是纯土壤的反射率 R_{soil} 与（$1-f_c$）的乘积：

$$R_v = f_c \times R_{veg} \tag{1-12}$$

$$R_s = (1-f_c) \times R_{soil} \tag{1-13}$$

通过对以上公式求解可得到计算植被覆盖度的公式，如下：

$$f_c = (R-R_{soil})/(R_{veg}-R_{soil}) \tag{1-14}$$

式中，R_{soil}与R_{veg}为像元二分法的两个参数。只要求得这两个参数就能够利用遥感数据来计算每个像元的植被覆盖度。根据像元二分法的原理，也可以利用植被指数计算植被覆盖度。每个像元的 NDVI 值可以表示为由有植被覆盖部分地表与无植被覆盖部分地表组成的形式。因此，计算植被覆盖度的公式可表示为

$$f_c = (\text{NDVI}-\text{NDVI}_{soil})/(\text{NDVI}_{veg}-\text{NDVI}_{soil}) \tag{1-15}$$

式中，NDVI 为所求像元的植被指数；NDVI_{soil}为完全是裸土或无植被覆盖区域的纯土壤像元的 NDVI 值；NDVI_{veg}为完全有植被覆盖区域的纯植被像元的 NDVI 值。对于大多数类型的裸土表面，NDVI_{soil}理论上应该接近 0，并且是不易变化的，但受众多因素的影响，NDVI_{soil}会随着空间而变化，其变化范围一般在-0.1～0.2。同时，NDVI_{veg}值也会随着植被类型和植被的时空分布而变化。计算植被覆盖度时，即使是对同一景观影像，NDVI_{soil}和NDVI_{veg}也不能取固定值，通常此数值需要借助经验来判断。

项目组依托三江站、黑龙江海伦农田生态系统国家野外科学观测研究站、长白山站，于 2011 年 7～8 月，进行了三江样区、海伦样区、长白山样区不同植被类型植被覆盖度的野外实测，应用单反数码相机和鱼眼镜头（图 1-35），共获得 68 个样点的植被覆盖度数据，拍摄 216 幅照片。应用地面观测植被覆盖度数据，对应用 MODIS NDVI 数据产品计算得到的植被覆盖度数据进行了精度验证(图 1-36)。

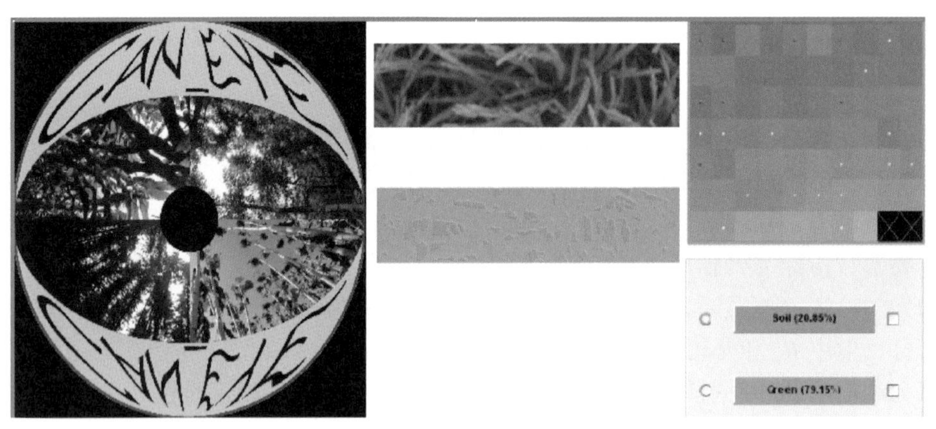

图 1-35　基于鱼眼镜头拍摄数据和 Can-EYE 软件的地面观测植被覆盖度计算方法

资料来源：韩佶兴（2012）

（三）年均植被覆盖度计算方法

年均植被覆盖度（M_f_c）计算方法为

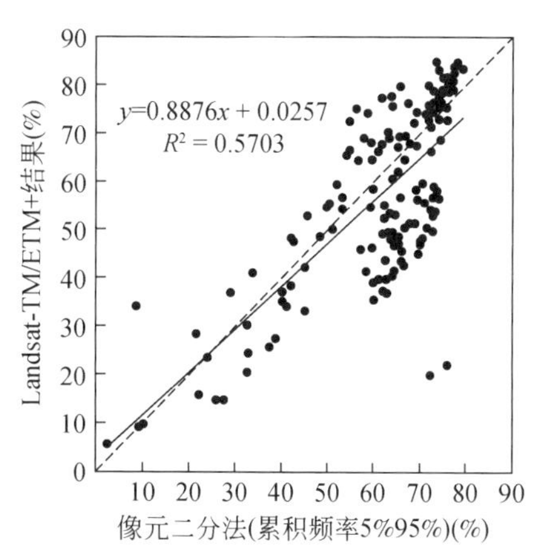

图 1-36　植被覆盖度地面观测样区分布及精度验证结果

资料来源：韩佶兴（2012）

$$M\_f_{ci} = \frac{\sum_{j=1}^{36} f_{cij}}{36} \tag{1-16}$$

式中，M_f_{ci}为年均植被覆盖度；i 为年数；j 为旬数；f_{cij}为第 i 年第 j 旬影像植被覆盖度。

（四）植被覆盖度年变异系数计算方法

植被覆盖度年变异系数（CV_f_{ci}）计算方法为

$$CV\_f_{ci} = \frac{\sqrt{\sum_{j=1}^{36} (f_{cij} - M\_f_{ci})^2 /35}}{M\_f_{ci}} \tag{1-17}$$

式中，CV_f_{ci}为植被覆盖度年变异系数；i 为年数；j 为旬数；f_{cij}为第 i 年第 j 旬影像植被覆盖度；M_f_{ci}为年均植被覆盖度。

三、植被净初级生产力

（一）植被净初级生产力估算主要数据源

东北地区植被净初级生产力（net primary productivity，NPP）估算所用的 NDVI 数据为来源于 NASA/EOS LPDAAC 数据分发中心的 MODIS 产品 MOD13A3 数据集，时间分辨率为月，空间分辨率为 250m×250m，时间跨度为 2000～2015 年。利用 MODIS 网站提供的专业处理软件 MRT TOOLS 对该数据进行投影转换、拼接、裁切等处理。所需的气象数据来源于中国气象数据网，包括 2000～2015 年的逐月气温、降水和日照百分率数据。根据气候经验模型，利用日照百分率数据，计算得到太阳总辐射；将气温、降水、太阳总辐射数据转成 shp 格式后，在 ArcInfo 的 GRID 模块下，考虑数据本身特点，气温、降水和太阳总辐射分别采用克里格、IDW 和 IDW 插值法批量完成气象数据栅格化，得到像元大小与 NDVI 数据一致的多年逐月气象因子栅格数据集。

（二）植被 NPP 计算方法

植被 NPP 指绿色植物在单位面积、单位时间内所累积的有机物数量，是从光合作用所产生的有机质总量中扣除自养呼吸后的剩余部分，反映了植物固定和转化光合产物的效率，也决定了可供异养生物（包括各种动物和人）利用的物质和能量（王宗明等，2009）。本研究采用修订后的 CASA（Carnegie-Ames-Stanford Approach）模型，模拟得到东北地区 2000 ~ 2015 年植被 NPP 数据。CASA 模型利用植被吸收的光合有效辐射（absorbed photosynthe tically active radiation，APAR）和光能利用率 ε 计算 NPP，能够实现基于光能利用率原理的陆地植被 NPP 全球估算（毛德华等，2012）。

本研究根据研究区特点对 CASA 模型进行改进，利用改进后的模型模拟以月为时间步长的植被 NPP，模型原理为

$$\mathrm{NPP}(x,t)=\mathrm{APAR}(x,t)\times\varepsilon(x,t) \tag{1-18}$$

式中，t 为时间；x 为空间位置；APAR 为像元 x 在 t 月吸收的光合有效辐射；ε（x，t）为像元 x 在 t 月的实际光能利用率。

1. 太阳辐射因子子模型

植被吸收的光合有效辐射取决于太阳总辐射和植被本身的特性，公式为

$$\mathrm{APAR}(x,t)=\mathrm{SOL}(x,t)\times\mathrm{FPAR}(x,t)\times0.5 \tag{1-19}$$

式中，SOL（x，t）为 x 在像元 t 月的太阳总辐射量，可由大气上界太阳辐射量和日照百分率计算（Seaquist et al.，2003）。通过太阳常数、太阳赤纬和日序（day of year，DOY），每日不同纬度大气上界太阳辐射可由如下公式计算（Allen et al.，1998）：

$$S_0=\frac{24(60)}{\pi}Q_0d_{\mathrm{r}}[\omega_{\mathrm{s}}\sin(\varphi)\sin(\delta)+\cos(\varphi)\cos(\delta)\sin(\omega_{\mathrm{s}})] \tag{1-20}$$

式中，S_0为大气外界辐射[MJ/(m^2·d)]；Q_0为太阳常数，等于 0.0820 MJ/(m^2·min)，表示大气上界太阳辐射总量；d_{r}为大气外界相对日地距离（无量纲）；ω_{s}为太阳时角（弧度），天体时角是指某一时刻观察者子午面与天体子午面在天极处的夹角，该夹角从观察者子午面向西度量；φ 为纬度（弧度）；δ 为太阳赤纬（弧度）。

计算太阳辐射时，需要确定太阳在天空中的位置。地球的纬度和经度平行线，可形成天球的天纬度平行线和天经度子午线；天球纬度从天赤道向南或向北以度数表示，即天体偏角或赤纬。纬度以弧度表示，在北半球为正值，在南半球为负值。大气外界相对日地距离d_{r}，赤纬 δ 通过下列方程计算：

$$d_{\mathrm{r}}=1+0.033\cos\left(\frac{2\pi}{365}J\right)$$

$$\delta=0.409\sin\left(\frac{2\pi}{365}J-1.39\right) \tag{1-21}$$

式中，J 为该年中所处的天数。日落时角ω_{s}经如下公式计算：

$$\omega_{\mathrm{s}}=\arccos\left[-\tan(\varphi)\tan(\delta)\right] \tag{1-22}$$

太阳总辐射 SOL 可通过大气外界辐射S_0与日照百分率$\frac{n}{N}$之间的经验关系求得

$$\mathrm{SOL}=\left(a+b\frac{n}{N}\right)S_0$$

$$N=\frac{24}{\pi}\omega_s \tag{1-23}$$

式中，SOL 为陆表太阳辐射（又称陆表短波辐射）[MJ/(m^2·d)]；n 为实际日照时数(h)，通过气象资料获得；N 为最大日照时数（h）；$\frac{n}{N}$为日照百分率（无量纲）；a 和 b 为晴天（$n=N$）大气外界辐射到达地面的分量，随大气条件（湿度、沙尘状况）和日落时角（纬度和月份）而变化。本研究 a 和 b 的取值来源于侯光良等（1993）所建立的经验关系（表 1-3），该经验关系通过中国多年实测辐射数据的经验回归得到，本研究区位于第四分区，a 和 b 分别取 0.207 和 0.725。

表 1-3　中国陆表太阳总辐射计算分区参数表

分量	Ⅰ	Ⅱ	Ⅲ	Ⅳ	Ⅴ
a	0.353	0.216	0.229	0.207	0.191
b	0.543	0.758	0.679	0.725	0.758

注：Ⅰ～Ⅴ分别表示分区

资料来源：侯光良等（1993）

FPAR 为植被层对入射光合有效辐射的吸收比例；常数 0.5 为植被所能利用的太阳有效辐射（波长为 0.38～0.71μm）占太阳总辐射的比例。计算公式为

$$\mathrm{FPAR}(x,\ t)=\min\left[\frac{\mathrm{SR}-\mathrm{SR}_{\min}}{\mathrm{SR}_{\max}-\mathrm{SR}_{\min}},\ 0.95\right] \tag{1-24}$$

式中，$\mathrm{SR}_{\min}$取值为 1.08；$\mathrm{SR}_{\max}$与植被类型有关；SR 由 NDVI 求得

$$\mathrm{SR}(x,\ t)=\left[\frac{1+\mathrm{NDVI}(x,\ t)}{1-\mathrm{NDVI}(x,\ t)}\right] \tag{1-25}$$

2. 光能利用率子模型

在理想条件下植被具有最大光能利用率，而在现实条件下的光能利用率主要受温度和水分的影响（图 1-37）。

$$\varepsilon(x,t)=T_{\varepsilon1}(x,t)\times T_{\varepsilon2}(x,t)\times W_{\varepsilon}(x,t)\times\varepsilon_{\max} \tag{1-26}$$

式中，$T_{\varepsilon1}(x,\ t)$ 和$T_{\varepsilon2}(x,\ t)$ 为低温和高温对光能利用率的胁迫作用；$W_{\varepsilon}(x,\ t)$ 为水分胁迫系数，反映水分条件的影响；$\varepsilon_{\max}$为理想条件下的最大光能利用率，本研究参考朱文泉等（2006）模拟的最大光能利用率。

$T_{\varepsilon1}(x,\ t)$ 反映在低温和高温条件下植被内在的生化作用对光合的限制而导致的净初级生产力降低，计算如下：

$$T_{\varepsilon1}(x,t)=0.8+0.02\times T_{\mathrm{opt}}(x)-0.0005\times[T_{\mathrm{opt}}(x)]^2 \tag{1-27}$$

式中，$T_{\mathrm{opt}}(x)$ 为某一区域一年内 NDVI 达到最高时的当月平均气温。已有许多研究表明，

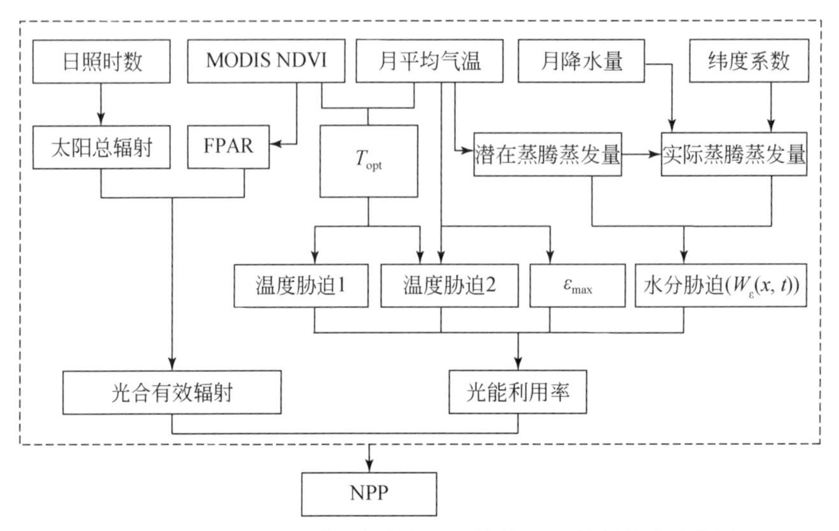

图 1-37　基于 CASA 模型的东北地区植被 NPP 估算技术路线图

NDVI 的大小及其变化可以反映植被的生长状况，NDVI 达到最高时植被生长最快，此时的气温可以在一定程度上代表植被生长的最适温度。

$T_{\varepsilon 2}(x, t)$ 表示环境温度从最适温度$T_{opt}(x)$ 向高温和低温变化时植被光能利用率逐渐变小的趋势，这是因为低温和高温时高的呼吸消耗必然降低光能利用率，生长在偏离最适温度的条件下，光能利用率也一定会降低。

$$T_{\varepsilon 2}(x,t)=1.1814/\{1+\exp[0.2\times(T_{opt}(x)-10-T(x,t))]\}\times 1/\{1+\exp[0.3\times(-T_{opt}(x)-10+T(x,t))]\} \quad (1\text{-}28)$$

水分胁迫系数$W_\varepsilon(x, t)$ 反映植被所能利用的有效水分条件对光能利用率的影响。随着环境中有效水分的增加，$W_\varepsilon(x, t)$ 逐渐增大，取值范围为 0.5（在极端干旱条件下）~1（非常湿润条件下），公式为

$$W_\varepsilon(x,t)=0.5+0.5\times EET(x,t)/PET(x,t) \quad (1\text{-}29)$$

当月均温≤0℃时，认为 PET 和 EET 为 0；则该月的$W_\varepsilon(x, t)$ 等于前一个月的值（Potter et al., 1993），即

$$W_\varepsilon(x,t)=W_\varepsilon(x,t-1) \quad (1\text{-}30)$$

式中，蒸腾 PET(x, t) 为潜在蒸腾蒸发量，由 Thornthwaite 法（张新时，1989；刘晓英等，2006）计算求得；EET(x, t) 为实际蒸腾蒸发量，根据周广胜和张新时（1995）的区域实际蒸腾蒸发模型求得。

$$EET(x,t)=\frac{P(x,t)\times R_n(x,t)\times\{[P(x,t)]^2+[R_n(x,t)]^2+P(x,t)\times R_n(x,t)\}}{[P(x,t)+R_n(x,t)]\times\{[P(x,t)]^2+[R_n(x,t)]^2\}} \quad (1\text{-}31)$$

式中，$P(x, t)$ 为像元 x 在 t 月的降水量（mm）；$R_n(x, t)$ 为像元 x 在 t 月的地表净辐射量（mm），一般的气象观测站均不进行地表净辐射观测，计算地表净辐射需要的气象要素也很多，不易求取，因此本研究利用周广胜和张新时（1996）建立的经验模型求取。

$$R_n(x,t)=[E_{p0}(x,t)\times P(x,t)]^{0.5}\times\left\{0.369+0.598\times\left[\frac{E_{p0}(x,t)}{P(x,t)}\right]^{0.5}\right\}$$

$$\mathrm{PET}(x,t)=[\mathrm{EET}(x,t)+E_{p0}(x,t)]/2 \tag{1-32}$$

式中，$E_{p0}(x, t)$ 为局地潜在蒸腾蒸发量（mm）。

$$E_{p0}(x,t)=\begin{cases}16\times\left[\dfrac{10\times T(x,t)}{I(x)}\right]^{a(x)}\times\mathrm{CF}(x,t)\\ [-415.85+32.24\times T(x,t)-0.43\times T^2(x,t)]\times\mathrm{CF}(x,t)\end{cases}$$

$$\begin{cases}0\leqslant T(x,t)<26.5\\ T(x,t)<0\ \text{或}\ T(x,t)\geqslant 26.5\end{cases} \tag{1-33}$$

式中，$I(x)$ 为 12 个月总和的热量指标；$T(x, t)$ 为像元 x 在 t 月的月平均温度；$\mathrm{CF}(x, t)$ 为因纬度而异的日长时数与每月日数的系数。

$$a(x)=[0.6751\times I^3(x)-77.1\times I^2(x)+17\,920\times I(x)+492\,390]\times 10^{-6}$$

$$I(x)=\left[\frac{T(x,t)}{5}\right]^{1.514} \qquad 0<T(x,t)<26.5 \tag{1-34}$$

式中，$a(x)$ 为因地而异的常数，是 $I(x)$ 的函数。

（三）东北地区植被净初级生产力模拟结果验证

项目组依托东北师范大学松嫩草地生态研究站、中国科学院大安碱地生态试验站，于 2008 年 8 月、2009 年 7 ~8 月、2015 年 8 月开展了东北地区松嫩西部草地地上生物量采样，采样时期为松嫩西部草地地上生物量最大时期。共设置 162 个样地，每处样地设置大小为 10m×10m 的大样方，每个大样方内部设置 3 个或 5 个小样方，作为重复，并用 GPS 记录各样方编号及中心经纬度，齐地面收集每个样方内地上的绿色部分，将剪下的样品以小样方为单位装袋，并做好标记。采样结果带回实验室后，仍以小样方为单位 65℃ 烘干，至恒重，用电子天平称重，取各样地所有小样方生物量的平均值，得到各样地地上生物量数据。根据温性草甸草地地下净初级生产力（belowground net primary productivity，BNPP）与地上净初级生产力（aboveground net primary productivity，ANPP）的比值（5.26）（朴世龙等，2004），结合生物量与 NPP 的转换系数（0.45）（方精云等，1996）得到松嫩西部草地总净初级生产力（total net primary productivity，TNPP）。利用 ArcGIS 软件，以采样点为中心提取其对应的模拟 NPP，将二者进行对比，得到如图 1-38 所示的散点图（R^2 = 0.64，$P<0.05$）。由图 1-38 可知，模拟值与实测值相关关系显著，草地 NPP 的模拟精度能够满足长时间植被 NPP 的趋势分析。

项目组依托三江站等沼泽湿地生态站，于 2012 年 8 ~9 月开展了东北地区沼泽湿地野外调查，构建沼泽湿地植被生产力观测数据集。野外观测依托遥感影像湿地信息提取结果，结合典型湿地保护区分布状况，拟定野外调查采样路线。总结前期调查成果和文献积累，考虑湿地植被群落类型分布，初步拟定样地分布。松嫩平原典型湿地有扎龙湿地、珰奈湿地、向海湿地、莫莫格湿地；三江平原典型湿地有兴凯湖湿地、珍宝岛湿地、东升湿地、七星河湿地、东方红湿地、洪河湿地、三江湿地、挠力河湿地、嘟噜河湿地。以保护

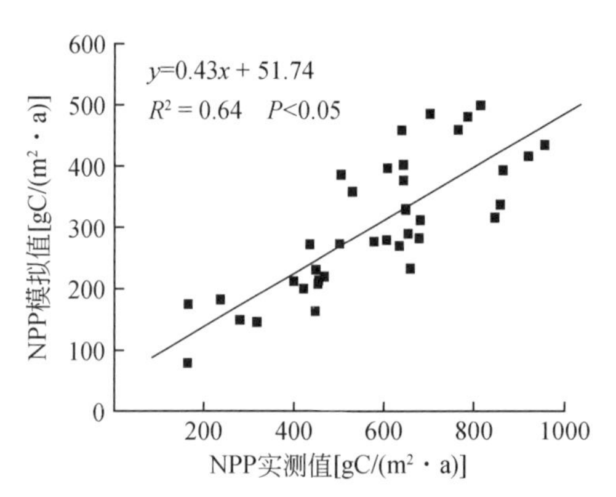

图 1-38 东北地区松嫩平原草地 NPP 模拟结果验证

资料来源：罗玲等（2011）

区为中心进行辐射野外调查。野外调查采取可视化导航（高精度 GPS 与笔记本电脑相连，实现遥感影像与调查路线叠加可视化）和样地调查方式开展，每个样地为 100m × 100m，样地内设 3 ~5 个样方（1m×1m）。三江平原湿地共采集 100 个样地，松嫩平原湿地共采集 31 个样地。用 GPS 记录各样方的地理坐标和高程信息，同时分别调查各样方内的主要植被群落类型、植被种类数目和盖度，测量样方内湿地水深、植被平均层高和穗高。采用 LAI-2000 重复测量法来测定湿地植被冠层的有效叶面积指数。收割样方内植被地上生物量，并带回实验室，风干后进行 65℃条件下 48h 烘干至恒重。将每个样地获取的植被样方地上生物量和叶面积指数进行平均，取均值分别作为本样地的地上生物量值和叶面积指数值。以 0. 45 将干物质生物量进行碳系数转换，获取样地 ANPP。与计算草地 NPP 的方法相同，利用 BNPP 与 ANPP 的比值系数，计算每个样点的实测湿地 NPP。结果表明，野外 NPP 实测值与 NPP 模拟值误差在 87% 以内，相关系数为 0. 861，本研究中沼泽湿地 NPP 模拟值精度在模型模拟可控范围内，精度可靠（图 1-39）。

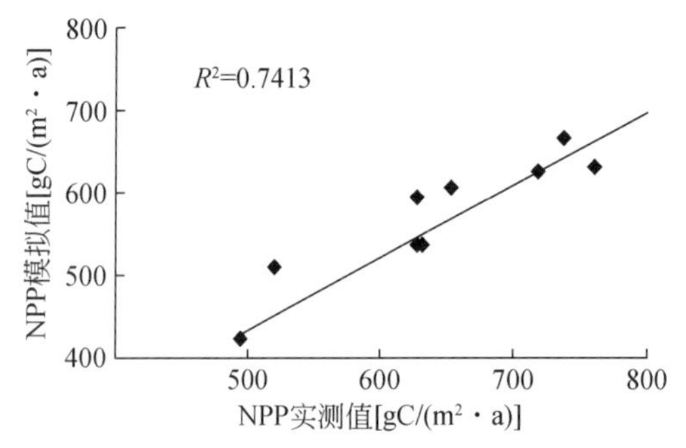

图 1-39 东北地区沼泽湿地植被 NPP 模型结果验证

资料来源：毛德华（2014）

农业统计数据包含每一个县级行政单元的数据而且有连续的记载，因此应用农业统计数据进行 NPP 模拟、NPP 模型模拟结果验证与 NPP 年际变化分析是可行的。其原理是根据不同作物收获部分的含水量和收获指数（经济产量与作物地上部分干重的比值）将农业统计数据的产量转换为植被碳储量。作物产量和收获面积均来源于东北地区各省农业统计数据中的作物产量数据和农作物播种面积数据；依据东北地区的特点，并参考国内外相关研究成果，确定主要农作物收获部分的含水量和收获指数。应用上述方法，将东北分县农业统计数据计算的农田 NPP 与基于遥感数据模拟的农田 NPP 进行拟合（图 1-40）。由图 1-40可以看出，由统计数据计算的 NPP 稍高于基于遥感数据模拟的农田 NPP，且二者相关显著，R^2 为 0.6688。

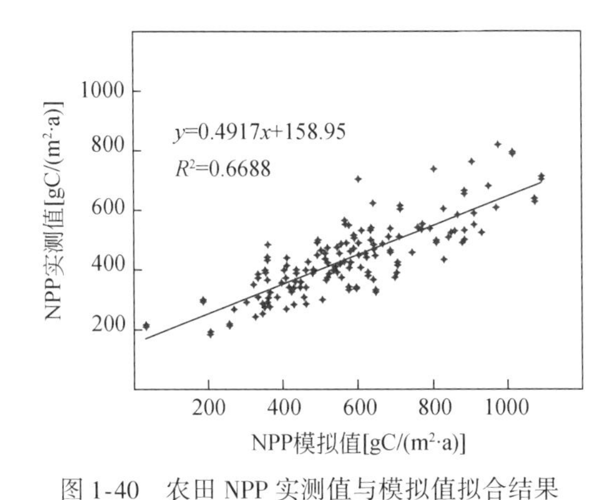

图 1-40　农田 NPP 实测值与模拟值拟合结果

资料来源：王宗明等（2009）

森林生物量样方实测数据获取困难，故本研究采用与其他研究结果相比较的方式进行森林 NPP 的验证。从表 1-4 的对比分析结果来看，本研究模拟森林 NPP 的相对误差在模型精度以内，本研究中对森林的 NPP 模拟结果精度可靠，结果可信。

表 1-4　不同模型模拟结果与本研究模拟结果对比

项目		本研究	朱文泉等（2006）	国志兴等（2008）	赵国帅等（2011）
研究区与时间段		东北地区 2000～2015 年	中国 1982～1999 年	东北地区 2000～2006 年	东北地区 2000～2008 年
模型与分辨率		CASA-1km	CASA-8km	BIOME-1km	CEVSA-1km
NPP［gC/(m² · a)］	常绿针叶林	618±156	396	454	470
	落叶针叶林	630±134	490		451
	落叶阔叶林	694±125	672	474	638
	针阔混交林	614±161	472	573	722

（四）净初级生产力年总量计算方法

净初级生产力年总量（T_NPP）计算方法为

$$T\_NPP_i = \sum_{j=1}^{36} \sum_{k=1}^{n} NT\_N_{ijk} \times S_k \tag{1-35}$$

式中，T_NPP_i为净初级生产力年总量；NT_N_{ijk}为第 i 年第 j 旬影像中第 k 像元 NPP 值；S_k为第 k 像元面积。

第五节　生态系统服务能力估算方法

一、生态系统碳储量估算方法

（一）原理简介

陆地生态系统中碳储存，一般分为四种基本碳库：地上部分碳、地下部分碳、土壤碳、死亡有机碳。InVEST 模型的评估单元为植被覆盖类型，计算四种基本碳库的同时还考虑第五碳库，即木材产品或林副产品储碳量（如建材、家具等）。中国木材经营缺乏标准的采伐计划、营林策略，无法获得木材产品或林副产品衰减率，因而在本研究中第五碳库不予考虑。地上部分碳包括土壤上所有活的植被生物量（如树皮、树干、树枝、树叶）；地下部分碳包括植物活的根系系统；土壤碳包括矿质土壤有机碳、有机土壤碳；死亡有机碳包括凋落物、倒木、枯立木中储存的碳量（Sharp et al.，2015）。

碳储量计算方式如下：

$$C_i = C_{i(\text{above})} + C_{i(\text{below})} + C_{i(\text{dead})} + C_{i(\text{soil})} \tag{1-36}$$

式中，i 为某种生态系统类型；C_i 为生态系统类型 i 的碳密度（t/hm^2）；$C_{i(\text{above})}$、$C_{i(\text{below})}$、$C_{i(\text{dead})}$、$C_{i(\text{soil})}$分别为生态系统类型 i 的地上部分碳、地下部分碳、死亡有机碳和土壤碳的碳密度（t/hm^2）（Jiang et al.，2017）。

$$C = \sum_{i}^{n} (C_i \times S_i) \tag{1-37}$$

式中，S_i 为生态系统类型 i 的面积（hm^2）；n 为生态系统类型的数量；C 为总碳储量（t）。

（二）模型输入数据及其获取途径

InVEST 模型的碳模块（图 1-41），是基于生态系统类型图、不同地类对应的四大碳库（地上部分碳、地下部分碳、土壤碳、死亡有机碳）的碳密度等，来计算不同地类固定的碳储量及研究时段内固定或释放的碳总量。碳密度参数主要来源于研究区参考文献以及野外台站长期观测数据，主要区分不同生态系统类型和不同植被类型的碳密度。

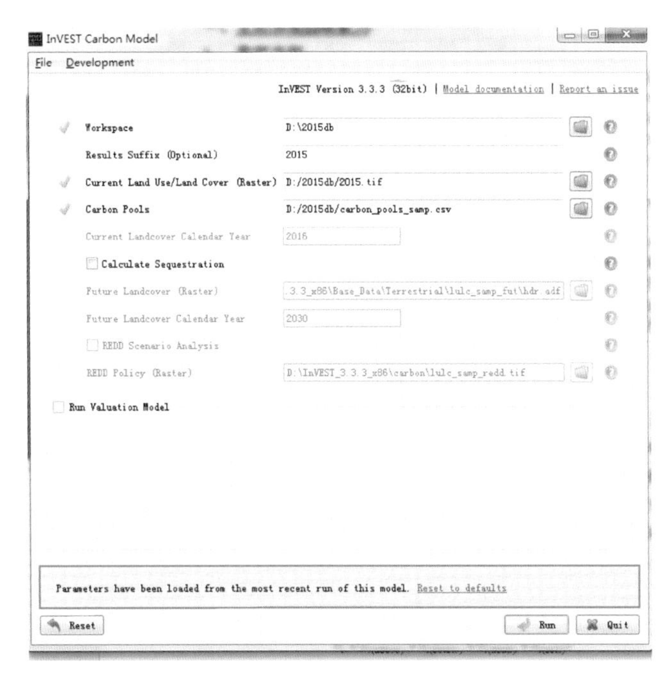

图 1-41　InVEST 模型的碳模块

（三）模型参数优化与调整

在生态系统类型一定的情况下，就需对碳密度参数进行检验，本研究基于东北地区各野外站长期观测数据和相关参考文献（王治良，2016；包玉斌，2015；曹扬等，2014；牟长城等，2013；米楠等，2013）（可参考《黑龙江省乔木林和生态系统碳储量表》以及林业科学数据中心黑龙江分中心（http：//hljsdc. nefu. edu. cn/index. php）对该模块进行优化。表 1-5 是 InVEST 模型的碳储量参数表。

表 1-5　各生态系统类型碳密度参数表　（单位：t/hm²）

Ⅰ级生态系统	Ⅱ级生态系统	C_{above}	C_{below}	C_{soil}	C_{dead}
森林	落叶阔叶林	53. 50	26. 75	170. 51	2. 51
	常绿针叶林	147. 37	73. 68	189. 91	2. 16
	落叶针叶林	68. 10	34. 05	166. 2	2. 16
	针阔混交林	60. 03	30. 01	160. 92	2. 16
	落叶阔叶灌丛	9. 37	4. 69	118. 61	2. 23
	常绿针叶灌丛	9. 37	4. 69	118. 61	2. 23
	稀疏林	7. 14	3. 09	64. 29	2. 00
	稀疏灌丛	1. 31	2. 42	29. 90	0. 35

续表

Ⅰ级生态系统	Ⅱ级生态系统	C_{above}	C_{below}	C_{soil}	C_{dead}
森林	乔木园地	18. 30	8. 69	82. 29	13. 00
	灌木园地	18. 30	8. 69	82. 29	13. 00
	乔木绿地	17. 28	8. 64	25. 44	2. 26
	灌木绿地	17. 28	8. 64	25. 44	2. 26
草地	温性草原	2. 33	7. 3	43. 72	3. 80
	温性草甸	90. 00	60. 00	110. 00	30. 00
	草丛	3. 37	7. 48	44. 36	55. 00
	稀疏草地	1. 66	3. 41	10. 93	2. 00
	草本绿地	1. 52	3. 11	34. 80	1. 99
湿地	草本湿地	4. 80	2. 40	382. 80	1. 50
	灌木湿地	15. 90	7. 95	330. 60	1. 80
	乔木湿地	65. 33	32. 66	239. 90	3. 75
	湖泊	2. 75	0	144. 13	0
	水库/坑塘	2. 30	0	146. 26	0
	河流	3. 25	0	0	0
	运河/水渠	1. 31	2. 42	29. 90	0. 35
农田	旱地	4. 70	0	33. 46	0
	水田	4. 70	0	33. 46	0
城镇	采矿场	0	0	0	0
	建设用地	0	0	0	0
	交通用地	0	0	0	0
其他	裸土	0	0	0	0
	裸岩	0	0	0	0
	沙漠	0	0	0	0
	盐碱地	0	0	0	0
	苔藓/地衣	0	0	0	0

二、区域产水量估算方法

（一）主要数据源

InVEST 模型产水量模块所使用的数据包括生态系统类型栅格数据、年降水量栅格数据、潜在蒸发量栅格数据、土壤有效含水量栅格数据、土壤深度栅格数据，需要确定的参数包括 Zhang 系数、植被蒸发系数、植物根深及生态系统类型是否有植被（有植被为 1，无植被为0)。

本研究使用的东北地区1990年、2000年和2015年生态系统类型数据来源于中国科学院东北地理与农业生态研究所地理景观遥感学科组，空间分辨率为30m，研究区共涉及森林、草地、农田、湿地、城镇及其他6种生态系统类型。降水量数据来源于中国气象数据网，年潜在蒸腾蒸发量数据利用Modified-Hargreaves计算，植被可利用含水量利用土壤质地计算，土壤深度数据来源于全国第二次土壤普查数据，植被蒸腾蒸发系数、植物根深数据均来源于参考文献。

(二) 产水量模型原理

InVEST模型中的产水量模块主要是用于计算生态系统的产水量（即水源供给量），此模块基于水量平衡的原理，各栅格的降水量减去实际蒸腾蒸发后的水量即得到该栅格产水量。具体计算公式如下（Tallis et al., 2011; Wu et al., 2018）：

$$Y_{xj}=\left(1-\frac{\mathrm{AET}_{xj}}{P_x}\right)\times P_x \tag{1-38}$$

式中，Y_{xj}为j类生态系统类型、栅格x的产水量；AET_{xj}为j类生态系统类型 、栅格x的实际蒸腾蒸发量；P_x为栅格x中的年降水量。$\frac{\mathrm{AET}_{xj}}{P_x}$为布德科曲线（Budyko curve）的近似值，其计算公式如下（Zhang and Walker, 2001）：

$$\frac{\mathrm{AET}_{xj}}{P_x}=\frac{1+\omega_x R_{xj}}{1+\omega_x R_{xj+}\frac{1}{R_{xj}}} \tag{1-39}$$

式中，R_{xj}为生态系统类型j、栅格x的布德科干燥度指数，其是潜在蒸腾蒸发量与降水量的比值；ω_x为改进的、无量纲的植被可利用含水量与年预期降水量的比值；根据Zhang和Walker（2001）的定义，其是一个用于描述自然的气候-土壤属性的非物理参数，其计算方法如下：

$$\omega_x=Z\frac{\mathrm{AWC}_x}{P_x} \tag{1-40}$$

式中，AWC_x为植被可利用的体积含水量（mm），其值由土壤质地和有效土壤深度决定；Z为季节降水分布和降水深度参数。对于冬季降水为主的地区，Z值接近10；而对于降水均匀分布的湿润地区和夏季降水为主的地区，Z值接近1。

布德科干燥度指数R_{xj}的计算公式如下：

$$R_{xj}=\frac{K_{xj}\mathrm{ETo}_x}{P_x} \tag{1-41}$$

式中，ETo_x为栅格x的潜在蒸腾蒸发量；K_{xj}为植被蒸腾蒸发系数。

(三) 数据处理

1. 年降水量数据

东北地区及周边128个气象站点的降水量数据利用反距离权重插值法获得研究区1990

年、2000年、2015年降水量空间分布数据（吴健等，2017）。

2. 潜在蒸发量数据

通过Modified-Hargreaves计算年潜在蒸腾蒸发量（孙兴齐，2017），公式如下：

$$ET_o = 0.0013 \times 0.408 \times RA \times (T_{avg} + 17) \times (TD - 0.0123P)^{0.76} \tag{1-42}$$

式中，ET_o为潜在蒸腾蒸发量（mm/d）；RA为太阳大气顶层辐射[MJ/(mm·d)]；T_{avg}为日最高温均值和日最低温均值的平均值（℃）；TD为日最高温均值和日最低温均值的差值（℃）；P为月均降水量（mm）。

3. 植被可利用含水量

植被可利用含水量是为了评估出土壤为植物所存储和释放的总水量的参数，是由土壤的机械组成和植被根系的深度决定的，根据周文佐等（2003）的算法进行计算，具体计算方法如下：

$$\begin{aligned} PAWC = & 54.509 - 0.132sand - 0.003(sand)^2 - 0.055(silt)^2 - 0.738clay \\ & + 0.007(clay)^2 - 2.688OM + 0.501(OM)^2 \end{aligned} \tag{1-43}$$

式中，PAWC为植被可利用含水量；sand为土壤砂粒的含量（%）；silt为土壤粉粒的含量（%）；clay为土壤黏粒的含量（%）；OM为土壤有机质的含量（%）。

4. 生物物理量参数表

实际蒸腾蒸发量与潜在蒸腾蒸发量的比值称为植被蒸腾蒸发系数，其用来反映作物的栽培条件和作物本身的生物学性状对需水量和耗水量的影响。本研究主要参考联合国粮食及农业组织（Food and Agriculture Organization of the United Nations，FAO）提供的灌溉和园艺手册中的作物蒸腾蒸发数据并结合研究区地表植被覆盖实际情况确定（傅斌等，2013），参数见表1-6。

表1-6 产水量模块参数表

生态系统类型	植被蒸发系数	植物根深	是否为植被
落叶阔叶林	1	5000	1
常绿针叶林	1	5000	1
落叶针叶林	1	5000	1
针阔混交林	1	5000	1
落叶阔叶灌丛	0.9	2000	1
常绿针叶灌丛	0.9	2000	1
稀疏林	0.9	3000	1
稀疏灌丛	0.9	2000	1
乔木园地	0.9	3000	1
灌木园地	0.8	700	1
乔木绿地	0.9	3000	1
灌木绿地	0.9	2000	1

续表

生态系统类型	植被蒸发系数	植物根深	是否为植被
温性草原	0.6	500	1
温性草甸	0.6	500	1
草丛	0.6	500	1
稀疏草地	0.65	500	1
草本绿地	0.6	500	1
水田	0.7	300	1
旱地	0.75	300	1
乔木湿地	0.9	3000	1
灌木湿地	0.9	3000	1
草本湿地	0.5	300	1
湖泊	1	1	0
水库/坑塘	1	1	0
河流	1	1	0
运河/水渠	1	1	0
建设用地	0.001	1	0
交通用地	0.001	1	0
采矿场	0.001	1	0
苔藓/地衣	0.65	1	1
裸岩	0.001	1	0
裸土	0.001	1	0
沙漠	0.001	1	0
盐碱地	0.001	1	0

5. Zhang 系数

Zhang 系数是地区降水量特征的一个参数，表征降水的季节性分布特征，范围在 1 ~ 10，在模型中输入不同的系数值对其进行校验，在产水量模拟效果最优时得到 Zhang 系数（张媛媛，2012）。经过多次校验，将 Zhang 系数设置为 3.2 时，InVEST 模型模拟产水量结果最佳。所以本研究选取 3.2 为研究区的 Zhang 系数。

三、生境质量评价方法

（一）主要数据源

本研究中评价生境质量所使用的基础数据包括 MODIS NDVI，来源于 MOD13A3 的植被指数数据集，时间分辨率为月，空间分辨率为250m×250m，来源于NASA/EOS LPDAAC数据分发中心的MODIS产品，时间跨度为2000～2015年。湖泊分布、河流分布、居民地和道路分布数据、生态系统类型数据等来源于生态系统遥感分类数据。

（二）生境质量评价方法与结果验证

如何选取关键的评价因子对生境质量评价至关重要。生境质量评价因子的选择基于以下两个原则：①环境因素对生境质量是否有直接影响；②气候、地形等大尺度因素对生境质量影响程度如何（董张玉等，2014）。基于以上原则，结合研究区特点，选取对生境质量具有直接影响的生存环境控制因子，包括水源状况（湖泊密度和河流密度）、干扰因子（居民地密度和道路密度）、遮蔽条件（生态系统类型和坡度）和食物丰富度（NDVI）。湖泊、河流、居民地、道路和生态系统类型等数据可通过遥感影像解译获得，并利用ArcGIS 10.3.1中的Density模块得到研究区湖泊、河流、居民地和道路等密度数据。

因为每个因子对生境质量的影响程度不同，所以需要对每个因子设置可靠的权重（Tang et al.，2016）。结合熵值法和层次分析法确定每个因子的权重，这样可以有效地避免人为主观因子的干扰。各因子的权重结果见表1-7。

表1-7　生境质量评价因子权重

目标层	准则层		决策层	
	影响因子	权重	影响因子	权重
生境质量	水源状况	0.3	河流密度	0.35
			湖泊密度	0.65
	干扰因子	0.2	道路密度	0.45
			居民地密度	0.55
	遮蔽条件	0.2	生态系统类型	0.75
			坡度	0.25
	食物丰富度	0.3	NDVI	1

生境质量计算公式如下：

$$\text{HSI} = \sum_{i=1}^{n} w_i f_i \tag{1-44}$$

式中，HSI为生境质量；n为指标因子个数；w_i为权重；f_i为指标因子计算值。指标因子权重见表1-7。

为便于对1990年、2000年和2015年生境质量进行比较，将三期生境质量进行标准化，并按照适宜性得分，分为适宜性最好（75～100）、适宜性良好（50～75）、适宜性一般(5～50)、适宜性差（0～25）4个等级，生境质量评价具体流程如图1-42所示。

利用实测数据对生境质量评价结果进行验证非常困难。项目组采用如下方法进行生境质量评价结果的验证：因野生水禽对生境质量的条件要求较高，本研究收集了位于松嫩平原西部典型湿地保护区的28个湿地水禽鸟巢位置信息（图1-43）、三江平原典型湿地保护

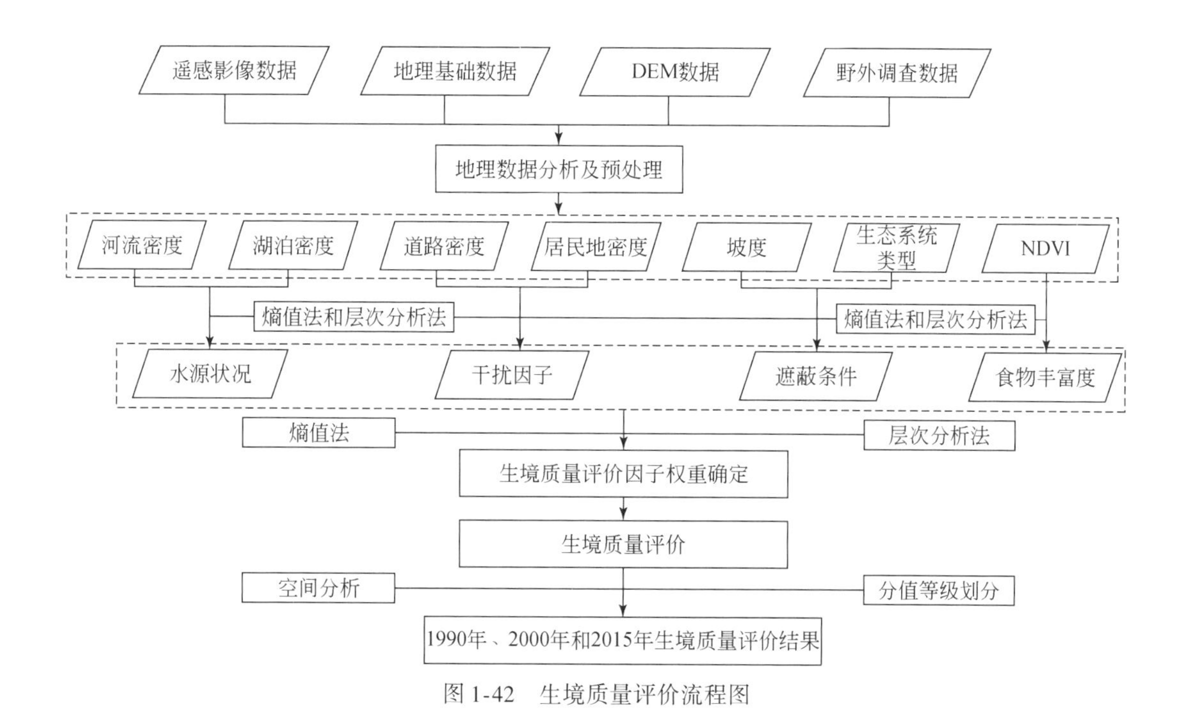

图 1-42　生境质量评价流程图

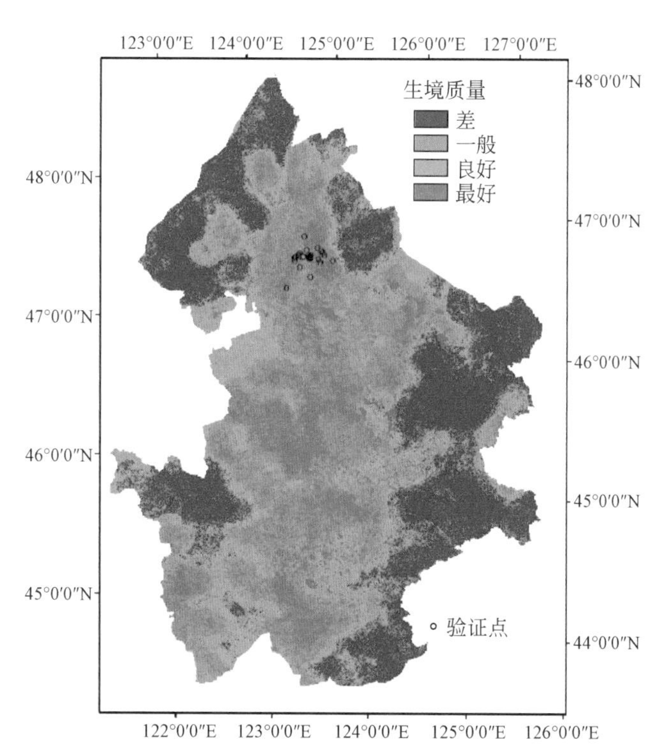

图 1-43　松嫩平原西部生境质量评价结果验证

资料来源：Dong 等（2013）

区的 12 个湿地水禽鸟巢位置信息（图 1-44）；确定各湿地水禽鸟巢所处的经纬度，将其与本研究得出的区域生境质量评价结果进行叠加。结果表明，所有湿地水禽鸟巢都位于本研究评价得到的生境质量最好的区域，这从一定程度上表明，本研究的评价结果具有合理性。

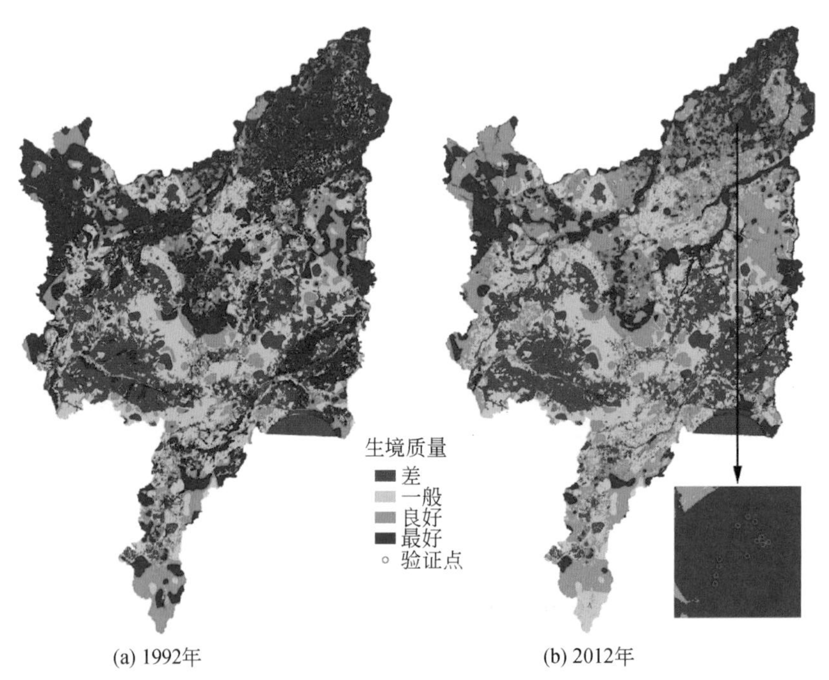

图 1-44　三江平原生境质量评价结果验证

资料来源：Wang 等（2011），右下方小图为典型区鸟巢分布

四、防风固沙能力

（一）主要数据源

估算区域防风固沙量所使用的气象因子包括风速、积雪覆盖天数、气温、降水等，数据来源于中国气象数据网，网址为 http：//data. cma. cn/site/index. html。土壤性质数据包括土壤粗砂含量、土壤粉砂含量、土壤黏粒含量、有机质含量及碳酸含量等。本研究土壤数据来源于 FAO 和国际应用系统分析研究所（International Institute for Applied Systems Analysis，IIASA）构建的世界土壤数据库。坡度数据在 ArcGIS 软件中对 DEM 进行 Slope 命令计算获得，DEM 数据来源于地理空间数据云，网址为 http：//www. gscloud. cn/。NDVI 数据来源于地理空间数据云 MODIS NDVI 产品，在 ArcGIS 中拼接和裁剪，最终获得 NDVI 数据产品。

（二）防风固沙量的估算方法与精度分析

防风固沙量采用修正风蚀方程（revised wind erosion equation，RWEQ）进行估算（Ouyang et al.，2016；江凌等，2016）。通过风速、土壤、植被覆盖等因素估算潜在和实际风蚀强度，以两者差值作为生态系统固沙量，评价生态系统防风固沙功能的强弱。潜在风蚀量的计算公式如下：

$$S_L=\frac{2z}{S^2}Q_{max}\times e^{-(z/s)^2}$$

式中，S_L为潜在风蚀量（kg/m^2）；S为区域侵蚀系数；Q_{max}为风蚀最大转移量（kg/m）；z为距离上风向不可蚀地面的距离，这里假设$z=S$。

$$S=150.71\times(WF\times EF\times SCF\times K'\times C)^{-0.3711}$$

$$Q_{max}=109.8\times(WF\times EF\times SCF\times K'\times C) \tag{1-45}$$

式中，WF为气象因子（kg/m）；EF为土壤可蚀性因子（无纲量）；SCF为土壤结皮因子；K'为地表粗糙因子；C为植被覆盖因子。

防风固沙量的计算公式如下：

$$SL=\frac{2z}{S^2}Q_{max}\times e^{-(z/s)^2}$$

式中，SL为防风固沙量（kg/m^2）。

$$S=150.71\times[WF\times EF\times SCF\times K'\times(1-C)]^{-0.3711}$$

$$Q_{max}=109.8\times[WF\times EF\times SCF\times K'\times(1-C)] \tag{1-46}$$

1. 气象因子

$$WF=Wf\times\frac{\rho}{g}\times SW\times SD$$

$$Wf=\frac{\sum_{i=1}^{N}u_2(u_2-u_1)^2}{500}\times N_d$$

$$SW=\frac{ET_p-(R+I)(R_d/N_d)}{ET_p}$$

$$ET_p=0.0162\times\frac{SR}{58.5}(DT+17.8) \tag{1-47}$$

式中，Wf为风场强度因子[$(m/s)^3$]；ρ为空气密度（kg/m^3）；g为重力加速度（m/s^2）；SW为土壤湿度因子；SD为雪盖因子，无积雪覆盖天数研究总天数；u_2为监测风速（m/s）；为减小误差，u_2>5m/s；u_1为起沙风速（取5m/s）；N_d为计算周期的天数；R_d为月平均降水日数；SR为太阳辐射（cal①/cm^2）；DT为平均温度（℃）；ET_p为潜在蒸腾蒸发量（mm）；R为平均降水量（mm）；I为灌溉量（mm，本次取0）。

① 1cal=4.184J。

2. 土壤可蚀性因子

$$EF=\frac{29.09+0.31Sa+0.17Si+0.33(Sa/Cl)-2.59OM-0.95CaCO_3}{100} \tag{1-48}$$

式中，Sa 为土壤粗砂含量（%）；Si 为土壤粉砂含量（%）；Cl 为土壤黏粒含量（%）；OM 为土壤有机质含量（%）；$CaCO_3$为土壤碳酸钙含量（%）。

3. 土壤结皮因子

$$SCF=\frac{1}{1+0.0066(Cl)^2+0.021(OM)^2} \tag{1-49}$$

在 RWEQ 标准数据库中，适用于方程的各种物质含量的范围见表 1-8，超过这个范围的值是否仍然适用于这两个方程，目前还没有进行验证。

表 1-8　RWEQ 标准数据库中物质含量范围表　（单位：%）

Sa	Si	Cl	Sa/Cl	OM	$CaCO_3$
5.5～93.6	0.5～69.5	5～39.3	1.2～53.0	0.18～4.79	0～25.2

4. 植被覆盖因子

$$C=EXP\left(-\alpha\times\frac{NDVI}{\beta-NDVI}\right) \tag{1-50}$$

式中，α、β 为常数系数，α 为 2，β 为 1；NDVI 为归一化植被指数。

5. 地表粗糙因子

$$K'=\cos\alpha \tag{1-51}$$

式中，α 为地形坡度，以 ArcGIS 软件中的 Slope 工具实现。

表 1-9 为本研究 2010 年防风固沙模拟结果与其他相关研究模拟结果的比较。通过与其他相关研究对比分析，本研究中的防风固沙能力数据计算较为合理。

表 1-9　本研究 2010 年防风固沙模拟结果与其他相关研究模拟结果的比较

（单位：t/km^2）

本研究		其他相关研究		
地区	单位面积固沙量	地区	单位面积固沙量	文献来源
东北地区	2720.16	全国	86.77	全国生态环境十年变化遥感调查与评估项目（2010）
吉林	1632.53	吉林	1008.23	全国生态环境十年变化遥感调查与评估项目（2010）
黑龙江	2879.48	黑龙江	216.92	全国生态环境十年变化遥感调查与评估项目（2010）
辽宁	2121.23	辽宁	2605.61	全国生态环境十年变化遥感调查与评估项目（2010）

续表

本研究		其他相关研究		
地区	单位面积固沙量	地区	单位面积固沙量	文献来源
内蒙古（东部）	3224.06	内蒙古全区	2850.44	全国生态环境十年变化遥感调查与评估项目（2010）
		内蒙古全区	4879.66	江凌等（2016）
		浑善达克沙地防风固沙功能区	1262.22	申陆等（2016）
		黑河下游重要生态功能区	5653	韩永伟等（2011）

五、土壤保持能力

（一）主要数据源

降水量数据来源于中国气象数据网，网址为 http://data.cma.cn。土壤属性数据来源于寒区旱区科学数据中心，网址为 http://westdc.westgis.ac.cn/。DEM 数据来源于地理空间数据云，网址为 http://www.gscloud.cn/。

（二）土壤保持量估算方法

运用土壤流失方程（revised universal soil loss equation，RUSLE）（Renard et al.，1997）来估算东北地区不同生态系统的土壤保持量，土壤侵蚀量和潜在土壤侵蚀量之差即土壤保持量。潜在土壤侵蚀量是指无植被覆盖和无水土保持措施时土壤的侵蚀量。不考虑地表覆盖因子和土壤保持措施因子，即 $C=1$ 和 $P=1$。现实土壤侵蚀量考虑了地表覆盖因子和土壤保持措施因子。土壤保持量公式为

$$A=A_c-A_r=R\times K\times \mathrm{LS}\times(1-C\times P) \tag{1-52}$$

式中，A 为土壤保持量 [t/(hm^2·a)]；A_c 为潜在土壤侵蚀量 [t/(hm^2·a)]；A_r 为现实土壤侵蚀量 [t/(hm^2·a)]；R 为降水侵蚀力因子 [MJ·mm/(hm^2·h)]；K 为土壤可蚀性因子 [t·hm^2·h/(hm^2·MJ·mm)]；LS 为坡度坡长因子；C 为植被覆盖因子；P 为土壤保持措施因子。LS、C、P 为无量纲因子。

1. 土壤可蚀性因子

土壤可蚀性因子表征土壤性质对侵蚀敏感程度的指标。本研究采用 Williams 等（1984）的侵蚀生产力评价模型 EPIC，土壤可蚀性因子仅与土壤砂粒、粉粒、黏粒的含量和土壤有机质有关，计算公式为

$$K=\left\{0.2+0.3\times\exp\left[-0.0256\,S_a\left(1-\frac{S_i}{100}\right)\right]\right\}\left(\frac{S_i}{C_i+S_i}\right)^{0.3}\times\left[1-\frac{0.025C}{C+\exp(3.72-2.95C)}\right]$$
$$\left[1-\frac{0.7\,S_n}{S_n+\exp(22.9\,S_n-5.51)}\right]\times 0.1317 \tag{1-53}$$

式中，S_a、S_i、C_i、C 分别为土壤砂粒、粉砂、黏粒、土壤有机碳的含量（%），$S_n=1-Sa/100$，0.1317 为美制向公制的转化系数。

2. 降水侵蚀力因子

降水侵蚀力因子反映的是由降水引起土壤潜在侵蚀能力的大小，是导致土壤侵蚀的首要因子。本研究利用 Wischmeier 和 Smith（1958）的月降水量模型计算降水侵蚀力因子，计算公式为

$$R=\sum_{i=1}^{12}1.735\times10^{[1.5\times\lg(P_i^2/P)-0.8088]} \tag{1-54}$$

式中，P_i 为第 i 个月降水量（mm）；P 为年降水量（mm）。对公式所得 R 进行多年取平均后即可得出多年平均降水侵蚀力。

3. 坡度坡长因子

坡长坡度因子也称地形因子，反映的是地形地貌特征对土壤侵蚀的作用。在流域尺度上，可以通过 DEM 计算坡度坡长。本研究采用 ArcGIS、ERDAS 计算坡度坡长，在栅格计算器中计算。

4. 植被覆盖因子

植被覆盖因子是指在其他条件相同的情况下，有植被覆盖或田间管理的土地土壤流失量与同等条件下裸地土壤流失量的比值，反映的是植被覆盖或田间管理措施对土壤侵蚀的影响，与土壤侵蚀量成反比，对土壤侵蚀起抑制作用，其值为 0～1。本研究采用蔡崇法等（2000）的计算公式：

$$C=\begin{cases}1 & f=0\\ 0.6508-0.3436\lg f & 0<f\leqslant 78.3\%\\ 0 & f>78.3\%\end{cases} \tag{1-55}$$

式中，f 为植被覆盖度。

5. 土壤保持措施因子

土壤保持措施因子是指实施特定土壤保持措施的坡地土壤流失量与相应未实施任何土壤保持措施的坡地土壤流失量的比值，反映的是水土保持措施对土壤侵蚀的抑制作用。本研究参考相关学者的研究结果，并结合当地的实际情况对土壤保持措施因子进行赋值（Li et al.，2009），见表 1-10。

表 1-10　东北地区生态系统类型土壤保持措施因子

水田	旱地	森林	灌木	草地	湿地	城镇	其他
0.01	0.4	1	0.7	1	0	0	0

六、食物生产能力

（一）主要数据源

本研究进行食物生产能力评估的数据主要为统计年鉴数据，来源于辽宁、吉林、黑龙江、内蒙古历年的统计年鉴。

（二）数据指标

本研究以各县级行政单元主要作物总产量为基本数据项，根据各研究区的报告，汇总各研究区的作物总产量。主要考虑的作物包括玉米、水稻、大豆、小麦等。

第二章　东北地区退耕还林工程生态成效评估

第一节　东北地区退耕还林工程区基本情况与工程概况

一、地理概况

退耕还林工程从保护生态环境出发，将水土流失严重的耕地，沙化、盐碱化、石漠化严重的耕地以及粮食产量低而不稳的耕地，有计划、有步骤地停止耕种，因地制宜地造林种草，恢复植被。我国东北地区位于山海关以东以北，广义上包括辽宁、吉林、黑龙江以及内蒙古东部的三市一盟。东北地区退耕还林工程区土地总面积为112.80万km^2，位于116°E～136°E、38°N～54°N，自南向北跨中温带与寒温带，属温带季风气候，四季分明，夏季温热多雨，冬季寒冷干燥，整体上热量资源较少，自东南向西北，从湿润区、半湿润区过渡到半干旱区。该地区拥有肥沃的土壤和丰富的农产品结构，东北平原是我国最大的平原，也是我国重要的商品粮生产基地，被誉为中国北方的“鱼米之乡”（丁杨，2015）（图2-1）。

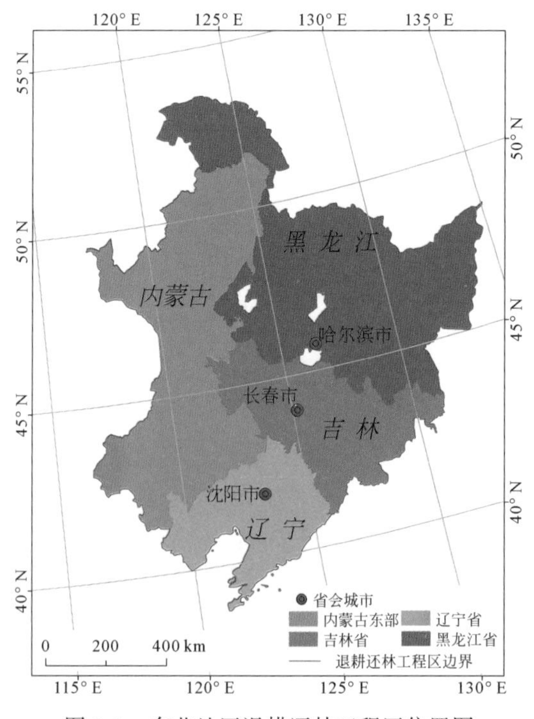

图2-1　东北地区退耕还林工程区位置图

二、地形地貌

本研究考虑的地形因子主要有高程和坡度两个方面。高程对于土地景观格局影响明显（许倍慎，2012），不同高程范围内，植被类型差异明显。高程相对较低的地区，多为人工种植植被，如玉米、大豆和水稻等农作物类型，人工育林的杨树、白桦和红松等森林植被。高程相对较高的地区，多为自然生长植被。坡度因子是影响自然环境的重要因子，坡度的大小决定土地利用情况，是退耕还林工程的重要标准。通常坡度较小的地区，人类利用程度较大，而坡度较大的地区，如坡度>25°的地区，是不适合耕种和建设的。

东北地区退耕还林工程区总体呈中间低、四周高的地势，全区海拔为0～2691m。空间特征同高程分布类似，坡度随山体的走向发生变化；中部地区坡度较缓，多为2°以下；四周坡度较高，多为5°以上。全区坡度为2°以下的地区约占全区总面积的48%，随着坡度的升高，面积比例逐渐下降。其中黑龙江地势大致为西北、东南、北部地势偏高，西南部、东北部地势偏低；吉林地形地貌形态差异相对明显，地势自东南部向西北部倾斜，明显呈东南偏高、西北偏低的地形特征；辽宁地势大致为自北向南，自东西两侧向中部倾斜；内蒙古地势由中部向东北部和西南部倾斜（图2-2～图2-4）。

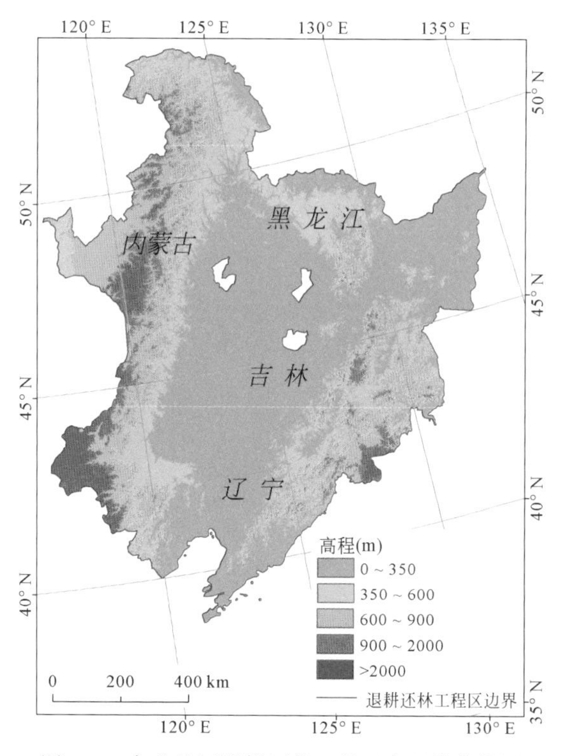

图2-2　东北地区退耕还林工程区高程分布格局

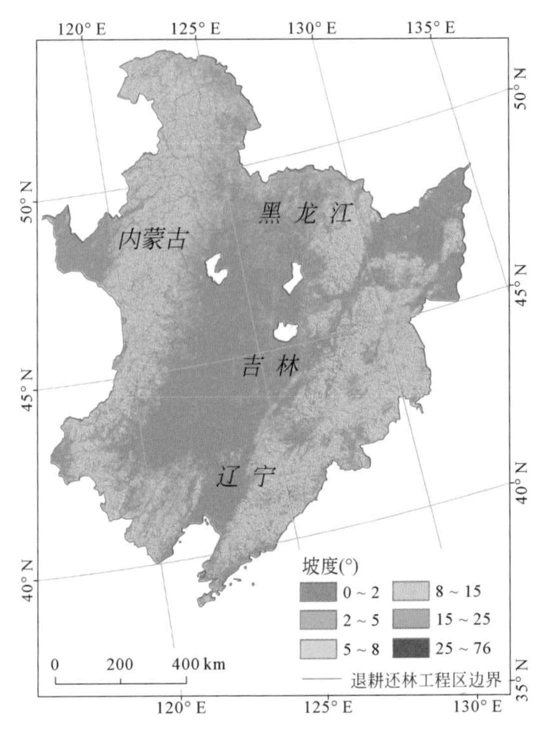

图 2-3 东北地区退耕还林工程区坡度分布格局

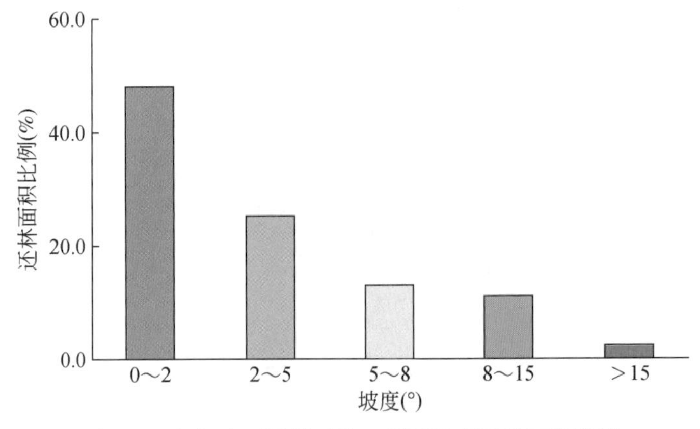

图 2-4 东北地区退耕还林工程区坡度还林面积统计

东北地区退耕还林工程区地貌类型以低海拔小起伏山地、低海拔冲积平原为主；该区中部地势相对较低平，多是低海拔平原和低海拔台地，向外发育起伏山地及丘陵地貌，局部地区呈广阔低平的地貌特征。其中黑龙江主要由平原、台地、山地和水面构成；吉林以中部的大黑山为界，可分为东部山地和中西部平原两大地貌区；辽东、辽西两侧是平均海拔为 800m 和 500m 的山地丘陵，中部是平均海拔为 200m 的辽河平原，辽西为狭长的海滨平原。该区山地、平原、丘陵、台地地貌分别占总面积的 41.66%、32.58%、14.16%、

11.29%，湖泊分布很少，仅占总面积的0.31%（图2-5，图2-6）。

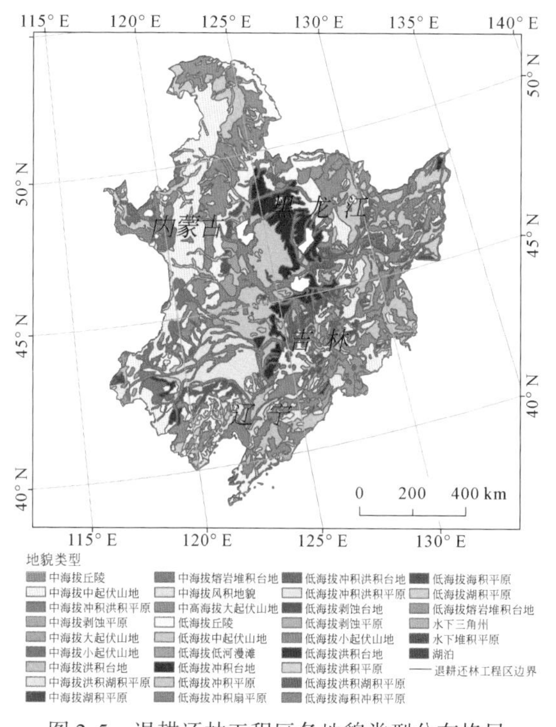

图2-5　退耕还林工程区各地貌类型分布格局

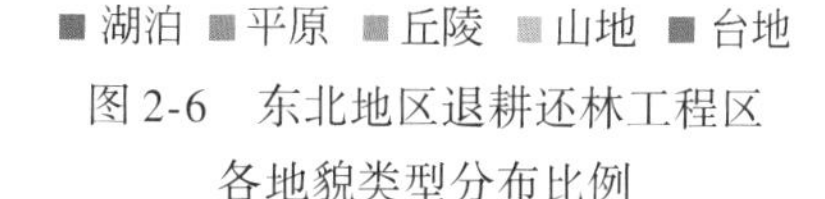

图2-6　东北地区退耕还林工程区各地貌类型分布比例

三、气候条件

东北地区退耕还林工程区大体属于温带季风气候，该区热量资源较少，是全国热量资源较少的地区，无霜期为90～180天；夏季气温高，冬季漫长而严寒，春、秋季时间短，1月平均气温为-28～-8℃，7月平均气温为18～24℃，≥0℃积温为2500～4000℃；年降水量为250～1100mm，由东向西减少，主要集中在夏季，属于雨热同季，适于农作物（尤其是优质水稻和高油大豆）的生长；年太阳辐射量为4800～5860MJ/m^2，与全国同纬度地区相比偏少，其分布由西南向北、向东减少。以下主要从气温、降水、平均风速三个方面来描述东北退耕还林工程区的气候状况。

（一）气温

东北地区退耕还林工程区年平均气温呈现由北向南逐渐增高的趋势，全区多年平均气温基本维持在-4～12℃，平均气温为4.04℃。其中辽宁的平均气温明显高于吉林、黑龙江和内蒙古东部三市一盟的平均气温，低温普遍分布在黑龙江北部的大兴安岭地区，在过去的几十年里东北地区退耕还林工程区年平均气温呈现明显的上升趋势（图2-7）。

（二）降水

东北地区退耕还林工程区降水量分布具有明显的空间异质性，总体上呈现由东北向西南递增的趋势，全区多年平均降水量基本维持在 250 ~ 1050mm，全区 1990 ~ 2015 年的年平均降水量为 523.6mm，全年降水量的 60% ~70% 集中在夏季。其中辽宁的平均降水量明显高于吉林、黑龙江和内蒙古东部三市一盟的平均降水量，最高年降水量出现在辽宁东部地区，而内蒙古东四盟的多年平均降水量普遍不高，最低年降水量出现在内蒙古东四盟的西南部地区（图 2-8）。

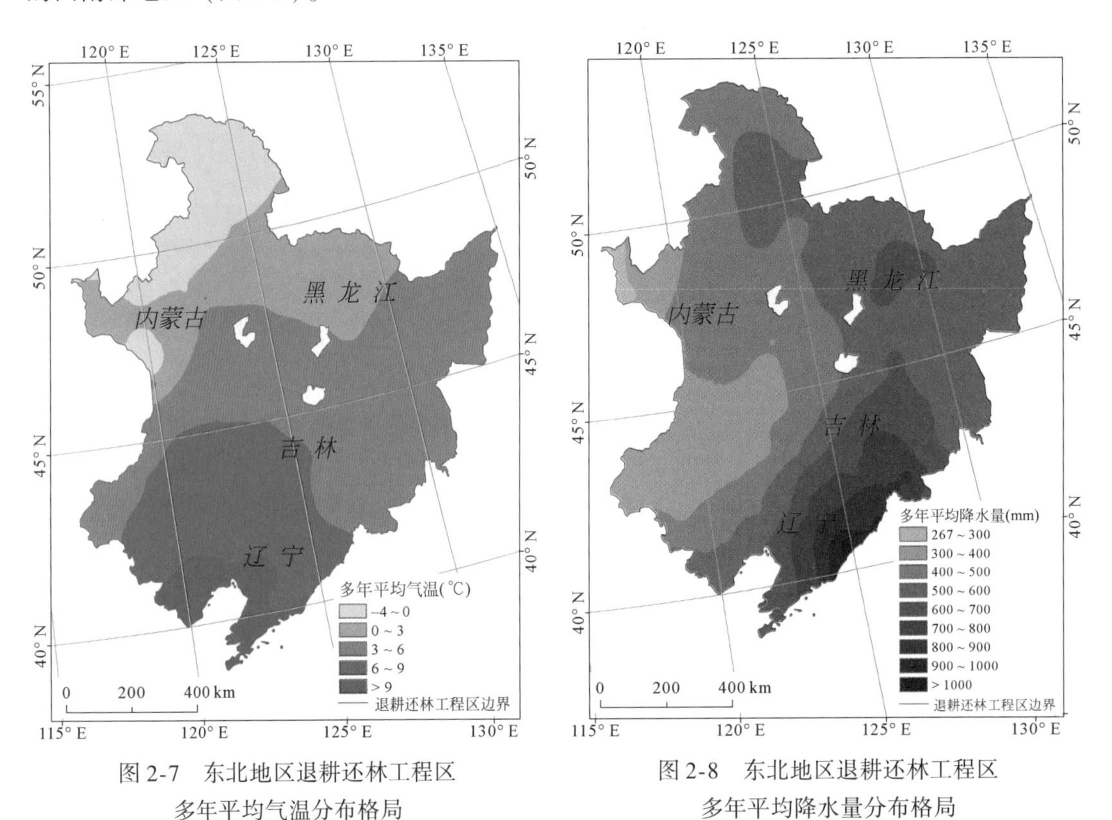

图 2-7　东北地区退耕还林工程区多年平均气温分布格局

图 2-8　东北地区退耕还林工程区多年平均降水量分布格局

（三）平均风速

东北地区退耕还林工程区经常受中高纬大气环流形势的影响，在低层增温增湿的同时，中层有干空气侵入，使对流风暴发展旺盛，下沉气流外流，导致地面出现强风。全区年平均风速为 2.55m/s，月平均最大风速为 3.89m/s，月平均最小风速为 1.78m/s。全区大风以冷锋后部偏北大风、高压后部偏南大风、低压大风为主，且大风的空间分布不均匀，大风多发区大多位于内蒙古东部三市一盟的中西部地区、吉林中西部平原地区、黑龙江东南部鸡西盆地以及辽宁沿海地区（图 2-9）。

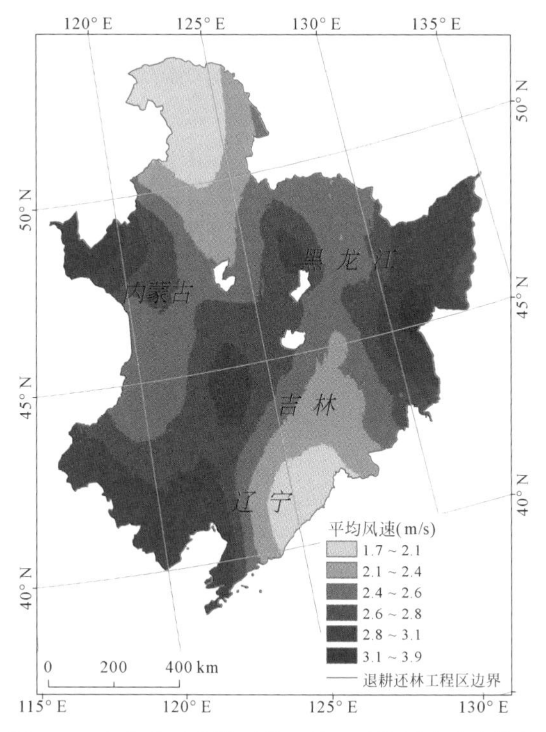

图 2-9　东北地区退耕还林工程区平均风速分布格局

四、土壤类型

东北地区退耕还林工程区土壤条件优越，土壤肥沃，有利于农作物生长。土壤类型主要包括暗棕壤、草甸土、棕壤、沼泽土、黑钙土、栗钙土、黑土、风沙土等。各土壤类型的分布，明显受到地表岩性和地貌条件的控制，退耕还林工程区的东部山地和丘陵为发育在温带针阔混交林或针叶林下的暗棕壤分布地区；草甸土、沼泽土主要分布于辽阔低平的平原地区；棕壤为发育在夏绿阔叶林或针阔混交林下的中性至微酸性的土壤，主要分布于暖温带的辽东半岛；黑土主要分布于我国松辽流域，大兴安岭中南段山地的东西两侧，东北松嫩平原的中部以及松花江、辽河的分水岭地区（图 2-10），

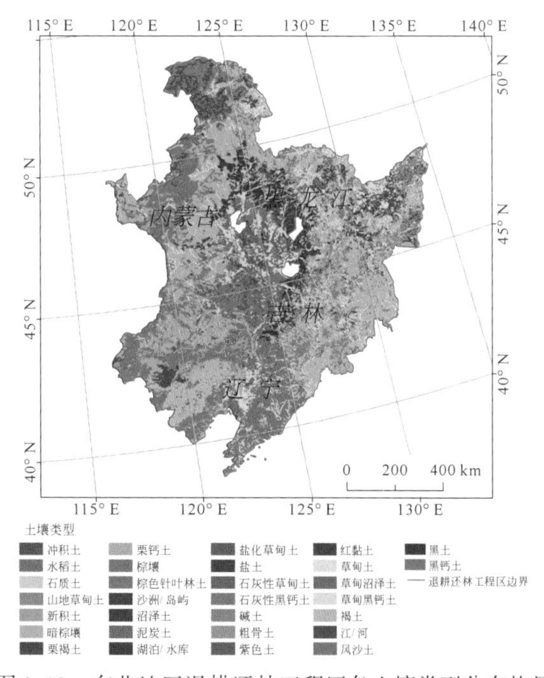

图 2-10　东北地区退耕还林工程区各土壤类型分布格局

各土壤类型分别占全区土壤总面积的比例如图 2-11 所示。

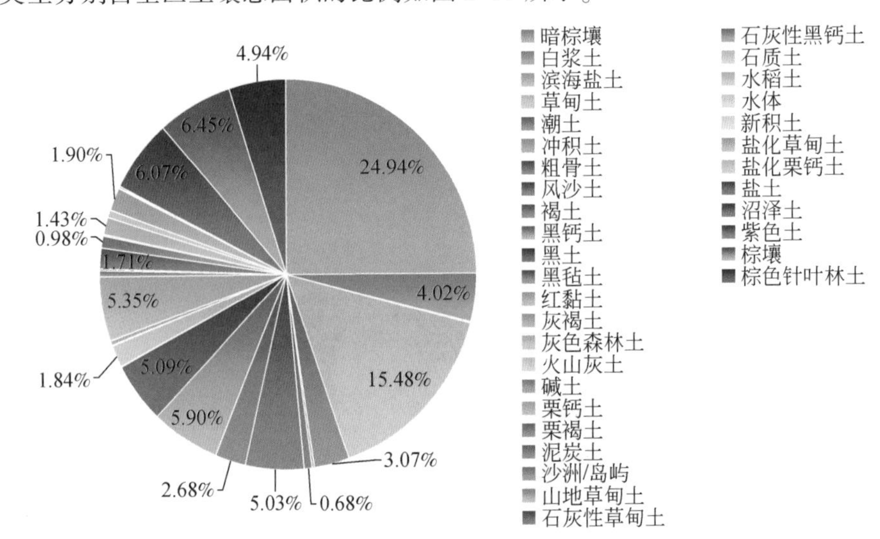

图 2-11　东北地区退耕还林工程区各土壤类型分布比例

图中面积比例小于 0.68% 的土壤类型未标注数据

五、植被类型

受地形、地貌、土壤、气候等诸多因素的影响，东北地区退耕还林工程区植被呈明显的地理区域特征。该区开阔低平地带植被类型以栽培植被为主，一年熟玉米、水稻、大豆分布广泛，部分地区分布有少量的春小麦、高粱等作物。沼泽湿地、草甸多沿河流分布或分布于保护区内，湿生和沼生植物主要有小叶章、沼柳、薹草和芦苇等；其中以薹草沼泽分布最广，其次是芦苇沼泽。森林主要分布于该区北部以及东部的小起伏山地、丘陵地区，类型主要包括阔叶林、针叶林以及针阔混交林；其中阔叶林有白桦、小叶白杨、紫椴、蒙古栎、色木槭等；针叶林有兴安落叶松、云杉等；草原广泛分布于内蒙古东部三市一盟的西部、南部地区以及松嫩平原的西部地区（图 2-12）。

六、土地利用

受自然因素、人类活动两方面因素驱动，东北地区退耕还林工程区土地利用强度较大。截至 2015 年，东北地区退耕还林工程区森林分布最为广泛，面积达 460 765. 2km^2，占整个工程区面积的 40. 85%，主要分布于大兴安岭、小兴安岭和长白山地等山地丘陵地带；农田次之，面积为 404 961. 6km^2，主要分布于辽河平原、松嫩平原和三江平原的平原地带，该区已发展成为我国重要的商品粮种植基地；草地面积为 126 993. 92km^2，占整个工程区面积的 11. 26%；湿地主要包括河流、湖泊、草本沼泽、水库/坑塘、运河/水渠等，面积为 85 771. 84km^2；城镇面积扩张明显，面积已达 38 613. 16km^2；其他类型分布较少，仅占整个工程区总面积的 0. 97%（图 2-13，图 2-14）。

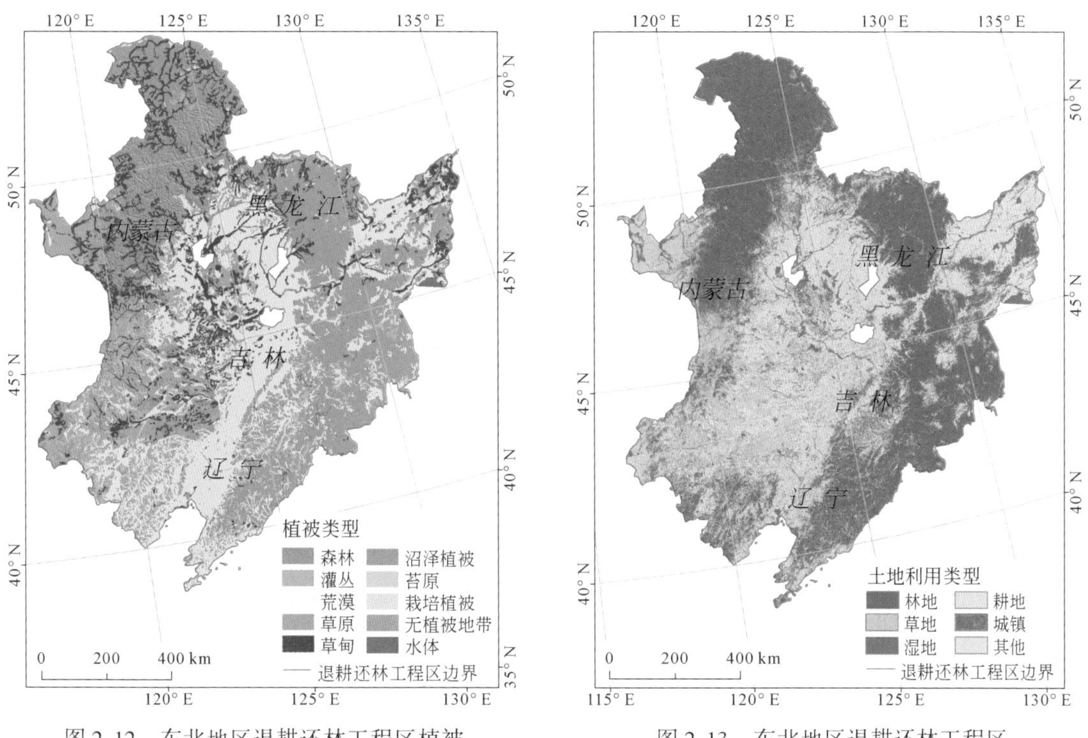

图 2-12　东北地区退耕还林工程区植被类型分布格局

图 2-13　东北地区退耕还林工程区土地利用类型分布格局

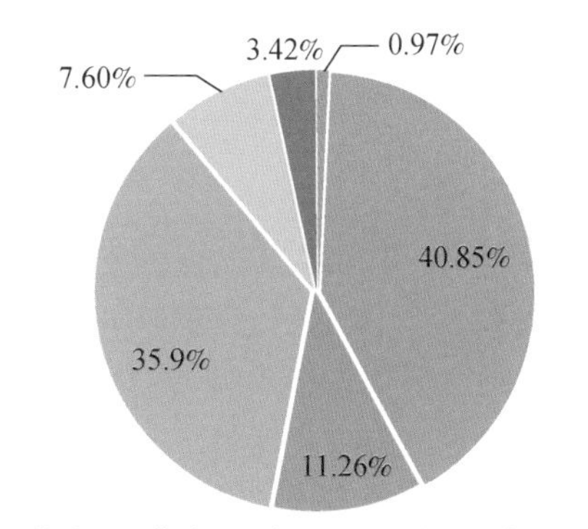

图 2-14　退耕还林工程区土地利用类型分布比例

七、社会经济

自 1990 年以来东北地区退耕还林工程区 GDP 呈上升趋势，该区 1990 年的 GDP 为 2066. 8 亿元，至 2000 年达 10 816. 7 亿元，至 2010 年增加为 45 551. 9 亿元。人均 GDP 自 1990 年以来也呈增长趋势，其中大庆市人均 GDP 增长最快，2000 年比 1990 年增加了

25 332元，2010 年比 2000 年增加了 62 100 元；其次是盘锦市、大连市、鞍山市、沈阳市、长春市，其人均 GDP 在 1990 ~ 2000 年的增加值均突破 10 000 元，自 2000 年以来人均 GDP 增加值突破 30 000 元。另外，该区第二产业发展也很迅速，大庆市、大连市、沈阳市、长春市、哈尔滨市、鞍山市第二产业 1990 ~ 2010 年增加值均突破 1000 亿元，其中大庆市、大连市、沈阳市、长春市的工业增加值的增幅也均突破 1000 亿元，大兴安岭地区、黑河市、伊春市、兴安盟的第二产业增加值的涨幅较少，均不足 100 亿元。另外大兴安岭地区、黑河市、伊春市、兴安盟、阜新市以及佳木斯市的工业增加值的增幅较低，均不足 100 亿元。

八、退耕还林工程概况

（一）工程背景与总体规划

长期以来，盲目毁林开垦和陡坡地、沙化地耕种，造成严重的水土流失和风沙危害，洪涝、干旱、沙尘暴等自然灾害频频发生，人民群众的生产、生活受到严重影响，国家的生态安全受到严重威胁。为缓解上述问题，我国于 1999 年规划了退耕还林工程，并率先在四川、陕西、甘肃三省开展了退耕还林还草试点示范工程，并于 2002 年 1 月在全国全面启动退耕还林工程。退耕还林工程的核心内容是在适宜退耕还林的地区，农民可自愿把不宜耕种的坡耕地转变为森林和草地，政府按统一标准向退耕户提供粮食和现金补助，以及用于造林的种苗和补助。退耕还林工程是我国乃至世界上投资最大、政策性最强、涉及面最广、群众参与程度最高的一项重大生态工程，对于改善生态环境，促进经济可持续发展具有重要意义。

（二）工程实施过程与预期目标

退耕还林工程于 1999 年在陕西、甘肃、四川三省率先启动，工程初期的基本措施是退耕还林还草、封山绿化、以粮代赈、个体承包。这是有别于以往林草业建设的重要政策，得到各级政府与群众的积极响应。工程大体可分为以下阶段（刘那日苏，2005）。

试点阶段（1999 ~ 2001 年）：四川、陕西、甘肃三省率先启动退耕还林还草试点示范工程，并在全国部分省（自治区、直辖市）得到推广，到 2001 年退耕还林还草试点示范工程增加到 20 个省（自治区、直辖市）的 224 个县。

全面启动阶段（2002 年）：2002 年在前期试点的基础上，我国政府果断决定全面启动退耕还林还草工程，为实现生态环境的可持续发展奠定了坚实的基础。

大幅度调整阶段（2003 年底至 2004 年初）：2003 年底至 2004 年初，中央政府决定 2004 年新增耕地面积指标由 2003 年的 5000 万亩①压缩为 1000 万亩，并把粮食补助改为现金补助，具体做法是把粮食按每千克 1.4 元折算成现金直接发给农民。

① 1 亩≈666.67 m^3。

第一轮退耕还林工程截至2013年。截至2013年，东北三省（辽宁、吉林、黑龙江）总计新增林草植被18 669km^2，其中退耕地造林7649km^2，荒山荒地造林11 020km^2。

第二轮退耕还林工程于2014年启动，截止时间为2020年（谢晨等，2016）。

（三）东北地区退耕还林工程区概况

东北地区是退耕还林工程的重点区域，本研究中退耕还林工程区总面积为112.80万km^2，覆盖了东北大部分区域（除绥化市、哈尔滨市双城区①、齐齐哈尔市、额尔古纳市、陈巴尔虎旗、新巴尔虎旗），占东北地区总面积的90.9%。全国退耕还林工程总体规划将全国划分为10个类型区，东北地区被划分为"东北山地及沙地区"，其中，沙地工程区面积为52.40万km^2，山地工程区面积为60.40万km^2，主要对象（生态林）为大于25°坡耕地、15°~25°水源地耕地、严重沙化耕地②。根据因害设防的原则，"东北山地及沙地区"需要解决的核心生态问题为防风固沙、水土保持。截至2015年退耕还林工程已经在东北地区实施了约15年，科学、客观地评估退耕还林工程的实施成效，明确存在问题的症结，以及如何规避退耕还林工程可能带来的负面效应，可持续发挥工程的正面效应，成为工程实施最重要的现实需求。

（四）本研究评估的总体目标与任务

本研究采用遥感监测与地面观测相结合的方法和手段，发挥多学科交叉、多技术集成的优势，建立适合退耕还林工程成效综合监测与评估的技术体系，对退耕还林工程1990~2015年实施成效与生态效应进行了科学、客观、相对完整的评估研究。通过评估研究，拟回答以下关键问题：①耕地退多少？森林造多少？②退耕还林工程的森林质量如何？③退耕还林工程的生态效益如何？④退耕还林工程存在哪些问题？后期如何推进？

第二节　东北地区退耕还林工程区生态系统宏观结构变化

一、生态系统构成与空间分布特征

受水热条件及地形影响，东北地区退耕还林工程区生态系统类型众多。自然生态系统主要包括森林生态系统、草地生态系统、湿地生态系统；人工生态系统主要包括农田生态系统及城市生态系统。

（一）森林生态系统

东北地区退耕还林工程区以森林生态系统为主要类型，分布集中，局部覆盖率极

① 2014年5月2日，国务院批准撤县级双城市，设哈尔滨市双城区。
② 国家林业局. 2015. 中国林业统计年鉴2014. 北京：中国林业出版社.

高，多以天然林为主，2000～2015年森林覆盖率呈递增趋势，2000年森林覆盖率为40.74%，2015年森林覆盖率为40.95%。森林主要分布于大、小兴安岭山脉及长白山脉地区。其中，大兴安岭北部地区以寒温带针叶林生态系统为主，建群种为针叶乔木，又被称为北方针叶林或泰加林。该区夏季温湿、冬季寒冷而漫长的水热配置为寒温带针叶林生态系统的形成提供了条件。大兴安岭地区由北向南，森林覆盖类型由针叶林逐步向针阔混交林、阔叶林过渡，森林生态系统的分布具有典型的水平地带性特征。小兴安岭地区森林生态系统地带性典型植被是以红松为主构成的温带针阔混交林，一般称为红松阔叶混交林。长白山地区受海拔的影响，具有明显的垂直地带性分布，随着海拔的升高，自然带由林带向积雪带逐步过渡。一般将长白山植被由下至上划分为红松阔叶混交林带、暗针叶林带、亚高山岳桦林带及高山冻原带，不同的景观带对应着不同的生态系统类型。以北坡为例，500m以下为落叶阔叶林，500～1100m为红松阔叶混交林带，1100～1700m或1800m为暗针叶林带，1700～1900m或2000m为亚高山岳桦林带，1900m或2000m以上为高山冻原带。

（二）草地生态系统

草地生态系统主要分布于内蒙古，是我国温带草甸草原分布最集中、最具代表性的地区，东侧与大兴安岭森林区相连，在大兴安岭西麓山前的波状丘陵地貌上，发育了多种类型的草甸草原生态系统。从东到西经由草甸草原逐渐向半干旱气候的典型草原地带过渡，受气候干燥度的影响形成了自东向西递变的植被分布格局。呼伦贝尔草甸草原在典型草原地带与森林带之间形成一个东西宽50～60km、南北长超过300km的狭长地带，主要群落类型为羊草+杂类草草原、贝加尔针茅草原、线叶菊草原等，是世界著名的天然草场之一，是我国东北地区乃至京津地区重要的生态屏障。近年来，草地退化较为严重，气候变化、过度放牧及工业污染是草地退化的主要原因。为保护草地生态系统，防止草原沙化，实施合理的封育保护，休牧、禁牧和规范矿产资源开采十分必要。

（三）湿地生态系统

湿地生态系统主要分布于大兴安岭地区的河漫滩或沟谷，沼泽类型丰富，林区河网密布，是黑龙江、嫩江的发源地，且森林植被及其凋落物阻碍了地表径流和雨水的蒸发，使地下水冻结层上水资源和冻结层下水资源较为丰富，为该区湿地生态系统的形成提供了条件。大兴安岭山脉南部地区以草本沼泽为主，河谷以蒿柳灌丛沼泽为主，北部以森林沼泽为主，多分布于河流上游的河谷。大兴安岭森林湿地生态系统具有寒温带针叶林区的典型森林湿地代表性，其地理位置、气候特征和冻土条件决定了大兴安岭山脉地区独特的湿地和水生特征（王晓莉等，2014）。大兴安岭湿地生态系统类型多样，包括森林湿地生态系统、草甸湿地生态系统等。大兴安岭湿地生态系统还具有稀有性特征，为许多珍稀野生动植物提供栖息和繁育基地。多年冻土的存在是维护大兴安岭寒温带森林生态系统和湿地环境的关键，全球气候变暖和人类活动的增加，导致冻土南缘北退，上限下降，冻土厚度变薄，使其隔水板作用减弱，造成湿地退化，使我国仅有的寒温带针叶林南缘北移，森林面积减小。小兴安岭及长白山脉地区也分布有森林湿地、灌丛湿地及草本湿地，但属温带湿润森林生命地带。近年来，该区湿地覆盖率逐年递减，湿地退化严重，主要转化为农田生态系统，气候变化及人类活动开垦湿地是湿地退化的主要原因。

（四）农田生态系统

农田生态系统主要分布于平原或山地向平原过渡地带，该区主要位于五大连池、北安、绥棱、庆安、巴彦、五常、宁安、虎林、萝北、桦南等东北中部地区（图 2-15），主要作物类型包括玉米、水稻、大豆等。近年来，该区农田面积逐年递增，农田面积的增加主要来源于对湿地、草地以及裸地的开垦。

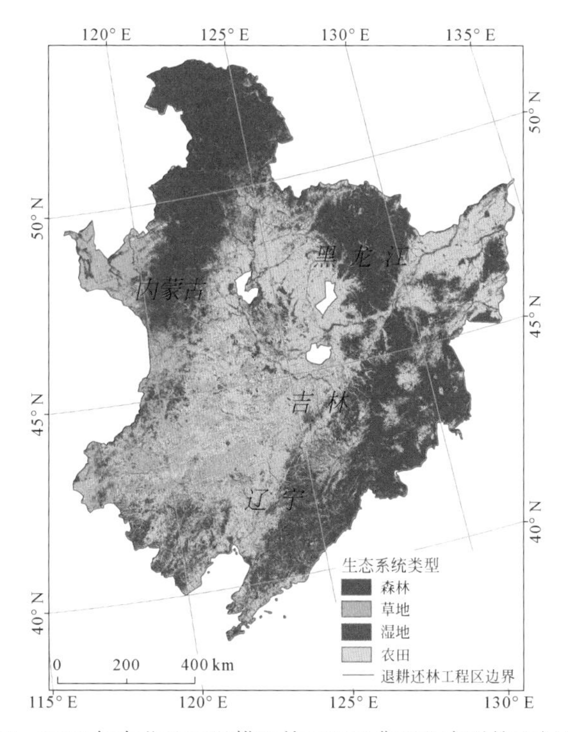

图 2-15　2015 年东北地区退耕还林工程区典型生态系统空间分布图

二、森林时空格局

（一）森林空间分布

东北地区退耕还林工程区森林分布集中且广泛，覆盖率高，约占全区总面积的 41%，以天然林为主，主要分布于大、小兴安岭山脉及长白山脉（图 2-16）。

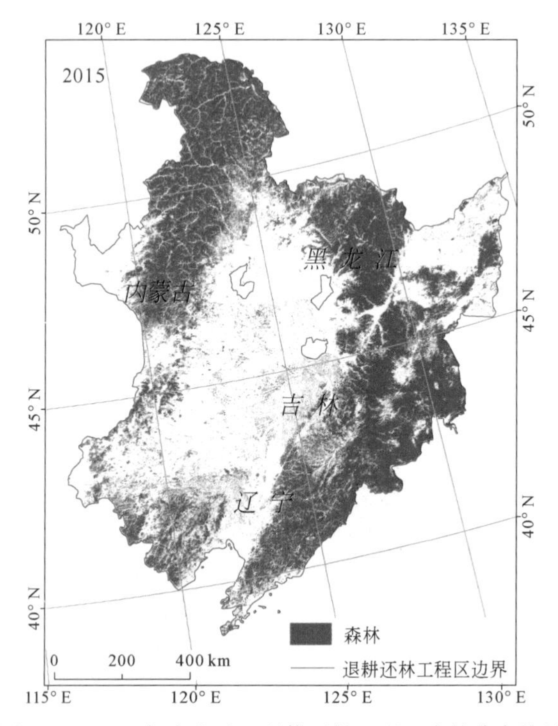

图 2-16　2015 年东北地区退耕还林工程区森林分布格局

（二）森林时空变化

2000 年东北地区退耕还林工程区森林覆盖率为 40.74%，面积约为 459 549.4km²，与 1990 年相比，减少了 2902.5km²。此后，受退耕还林工程的影响，2000～2010 年有大量农田转化为森林，森林面积不断增加，2010 年该区森林面积增加至 461 206.3km²。2010～2015 年该区森林覆盖率继续升高。截至 2015 年，森林覆盖率升高至 40.95%，森林面积为 461 885.0km²。森林变化主要发生在森林向农田过渡的地带，或沟谷、缓坡坡麓等地带，同时城市扩张及交通建设也会占用一定面积的森林。2000～2015 年该区森林面积共增加 2335.7km²，但森林空间分布总体变化不大（图 2-17，图 2-18）。

2000～2010 年及 2010～2015 年东北地区退耕还林工程区森林转化情况见表 2-1 和表 2-2，其中 2000～2010 年森林主要来源于农田，其次为草地，转化面积分别为 4861.39km²、1805.31km²。2000～2010 年森林转化为农田最多，面积达 4134.15km²，其次为草地、城镇，转化面积分别为 1149.39km²、595.53km²。由森林转化为城镇，代表城市扩张对森林造成了一定程度的破坏。

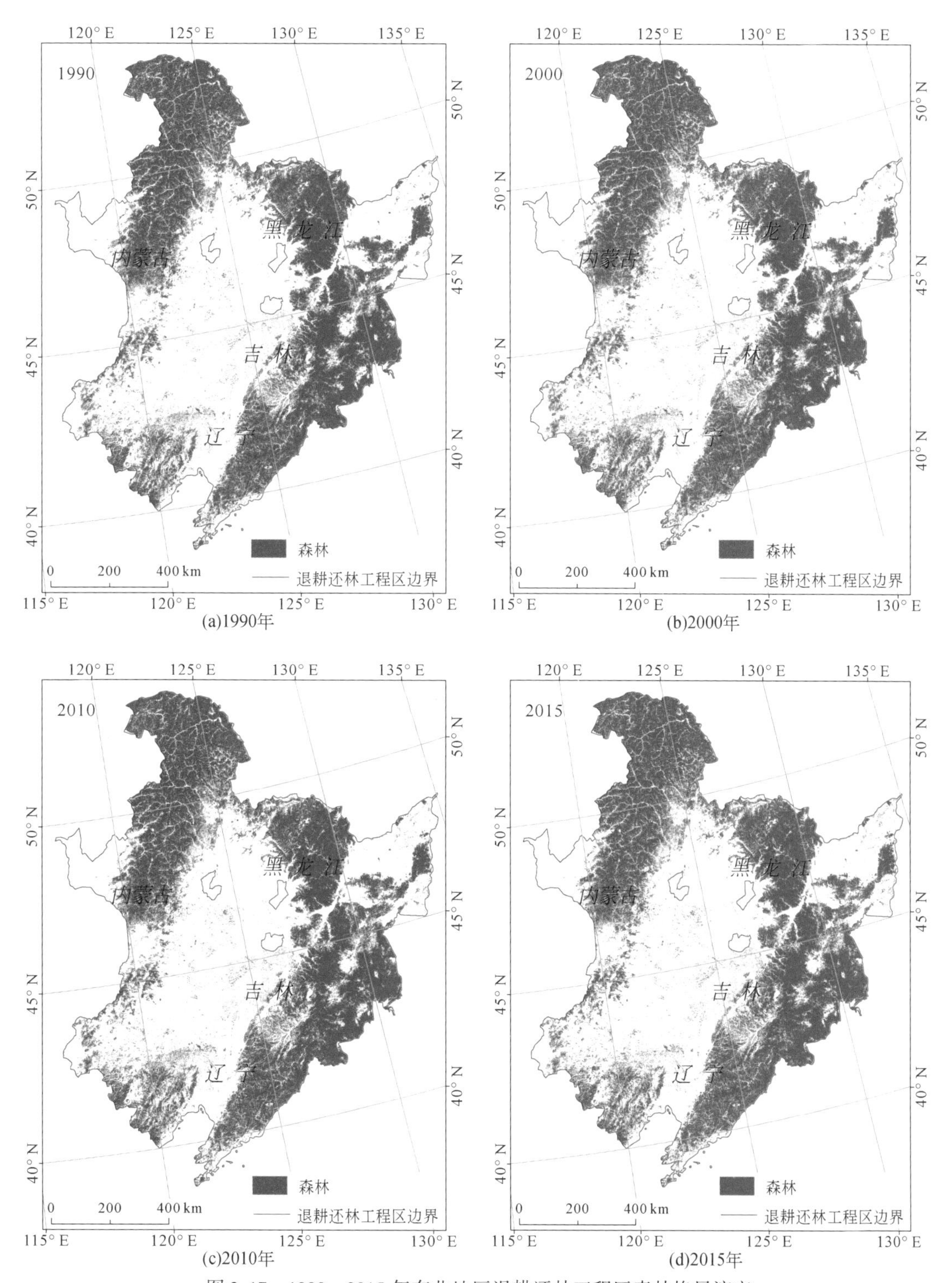

(a)1990年

(b)2000年

(c)2010年

(d)2015年

图 2-17　1990～2015 年东北地区退耕还林工程区森林格局演变

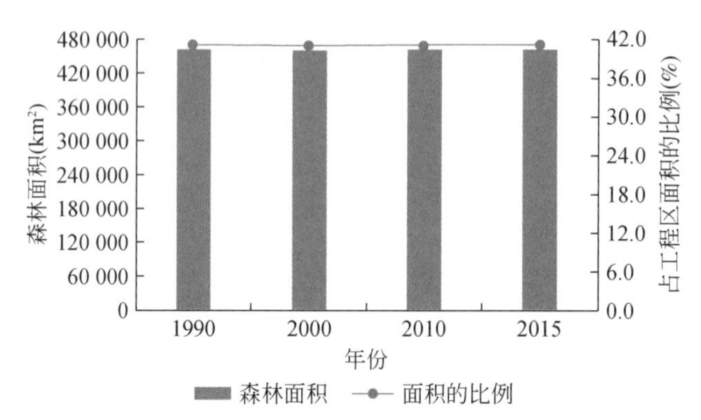

图 2-18　1990～2015 年东北地区退耕还林工程区森林面积变化

表 2-1　2000～2010 年东北地区退耕还林工程区森林转化表　　（单位：km^2）

生态系统类型		2010 年				
		森林	草地	其他	农田	城镇
2000 年	森林	452 796. 03	1 149. 39	26. 94	4 134. 15	595. 53
	草地	1 805. 31	—	—	—	—
	其他	119. 20	—	—	—	—
	农田	4 861. 39	—	—	—	—

表 2-2　2010～2015 年东北地区退耕还林工程区森林转化表　　（单位：km^2）

生态系统类型		2015 年				
		森林	草地	其他	农田	城镇
2010 年	森林	452 941. 31	1 148. 29	62. 14	4 982. 98	605. 99
	草地	1 646. 39	—	—	—	—
	其他	47. 91	—	—	—	—
	农田	5 015. 40	—	—	—	—

2010～2015 年，增加的森林主要来源于农田，其次为草地，转化面积分别为 5015. 40km^2、1646. 39km^2。2010～2015 年森林转化为农田最多，面积达 4982. 98km^2，但由 2010～2015 年森林与农田之间的净转化不难发现，由农田转化为森林的净转化面积是 32. 42km^2；森林转化类型其次为草地，转化面积为 1148. 29km^2，另外有 605. 99km^2的森林转化为了城镇用地，说明气候环境以及城市扩张对森林造成了一定程度的破坏。与 1990～2000 年森林转化情况相比，2000～2015 年，农田转化为森林的面积较 1990～2000 年大幅度提升。

（三）景观参数变化

景观格局分析是指利用各种定量化的指数进行景观结构描述与评价。景观格局指数是指能够高度浓缩景观格局信息，反映其结构组成和空间配置某些方面特征的简单定量指标（刘洪柱等，2017）。景观格局指数可划分为三类，分别是斑块水平指数、斑块类型水平指数、景观水平指数（朱耀军，2010）。本研究基于斑块类型水平，选取斑块数量（NP）、斑块密度（PD）、平均斑块面积（AREA_MN）、景观分割指数（DIVISION）和聚合度指数（AI）来定量描述森林景观变化情况。

基于 Fragstats 景观分析软件计算 1990～2015 年森林景观的斑块数量、斑块密度、平均斑块面积、景观分割指数和聚合度指数（表 2-3）。结果表明，1990～2015 年，森林景观总体上较为集中，但有破碎化趋势。斑块数量及斑块密度均先增加后减少，2010 年达到最大，总体呈增加趋势。从景观分割指数与聚合度指数来看，景观分割指数先增加后减少，而聚合度指数先减少后增加，2010 年达到最低值，故森林景观在 1990～2015 年分布较为集中，但分散程度稍有加强，在 1990～2010 年出现破碎化趋势，2010 年后逐渐好转。

表 2-3　1990～2015 年东北地区退耕还林工程区森林景观指数变化表

年份	NP（个）	PD（斑块数/100hm^2）	AREA_MN（hm^2）	DIVISION	AI
1990	131 205	4.1886	9.8176	0.9644	91.2215
2000	133 718	4.2688	9.5580	0.9671	91.0314
2010	136 383	4.3539	9.4029	0.9653	91.0183
2015	133 309	4.2548	9.6219	0.9651	91.0727

（四）省域尺度对比

森林是东北地区退耕还林工程区主要的生态系统类型。截至 2015 年，黑龙江、内蒙古是退耕还林工程区森林面积分布较大的地区，其中，黑龙江的退耕还林工程区森林面积最大，达 190 617.89km^2。吉林和辽宁的退耕还林工程区森林面积较少，分别为 85 397.57km^{2}和 61 717.15km^2。2000～2015 年黑龙江森林面积呈增加的趋势，2015 年比 2000 年增加了 1200.32km^2。吉林森林面积趋势为连续增加，2000～2015 年共增加森林 756.09km^2。辽宁森林面积呈先减少后增加的趋势，2000～2010 年森林面积略有减少，减少了 40.92km^2，2010～2015 年森林面积有所恢复，增加了 14.86km^2。内蒙古森林面积在 2000～2015 年持续增加，共增加了 405.26km^2。1990～2000 年东北地区退耕还林工程区森林面积大幅度降低，吉林森林面积增加了 289.98km^2，黑龙江、辽宁和内蒙古森林面积均减少，其中黑龙江森林面积减少最多，减少了 2568.70km^2，2000～2015 年与 1990～2000 年的变化对比分析发现，自退耕还林工程实施以来，森林面积不断得到恢复（表 2-4）。

表 2-4　1990～2015 年东北地区退耕还林工程区各地区森林面积统计结果

（单位：km^2）

地区	1990 年	2000 年	2010 年	2015 年
黑龙江	191 986.26	189 417.56	190 333.96	190 617.89
吉林	84 351.51	84 641.49	85 112.25	85 397.57

续表

地区	1990 年	2000 年	2010 年	2015 年
辽宁	61 855. 31	61 743. 22	61 702. 30	61 717. 15
内蒙古	124 241. 93	123 747. 13	124 057. 75	124 152. 39

三、草地时空格局

（一）草地空间分布

2015 年东北地区退耕还林工程区草地覆盖范围约占全区总面积的 11. 2%，以优良牧草为主，生长着碱草、针茅、苜蓿、冰草等 120 多种营养丰富的牧草，有“牧草王国”之称。草地主要分布于内蒙古；大兴安岭北部局地也有草地分布，但面积较小（图 2-19）。

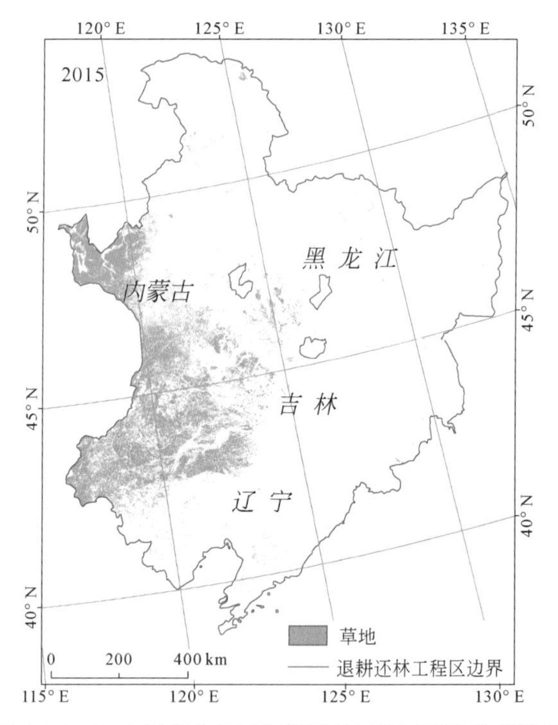

图 2-19　2015 年东北地区退耕还林工程区草地分布格局

（二）草地时空变化

2000 年东北地区退耕还林工程区草地面积约为 129 994. 32km²，2010 年该区草地面积为 129 356. 52km²，与 2000 年相比，草地面积减少了 637. 80km²，草地所占比例由 11. 52% 下降到 11. 47%。截至 2015 年，该区草地面积为 127 399. 47km²（图 2-20），与 2010 年相比，

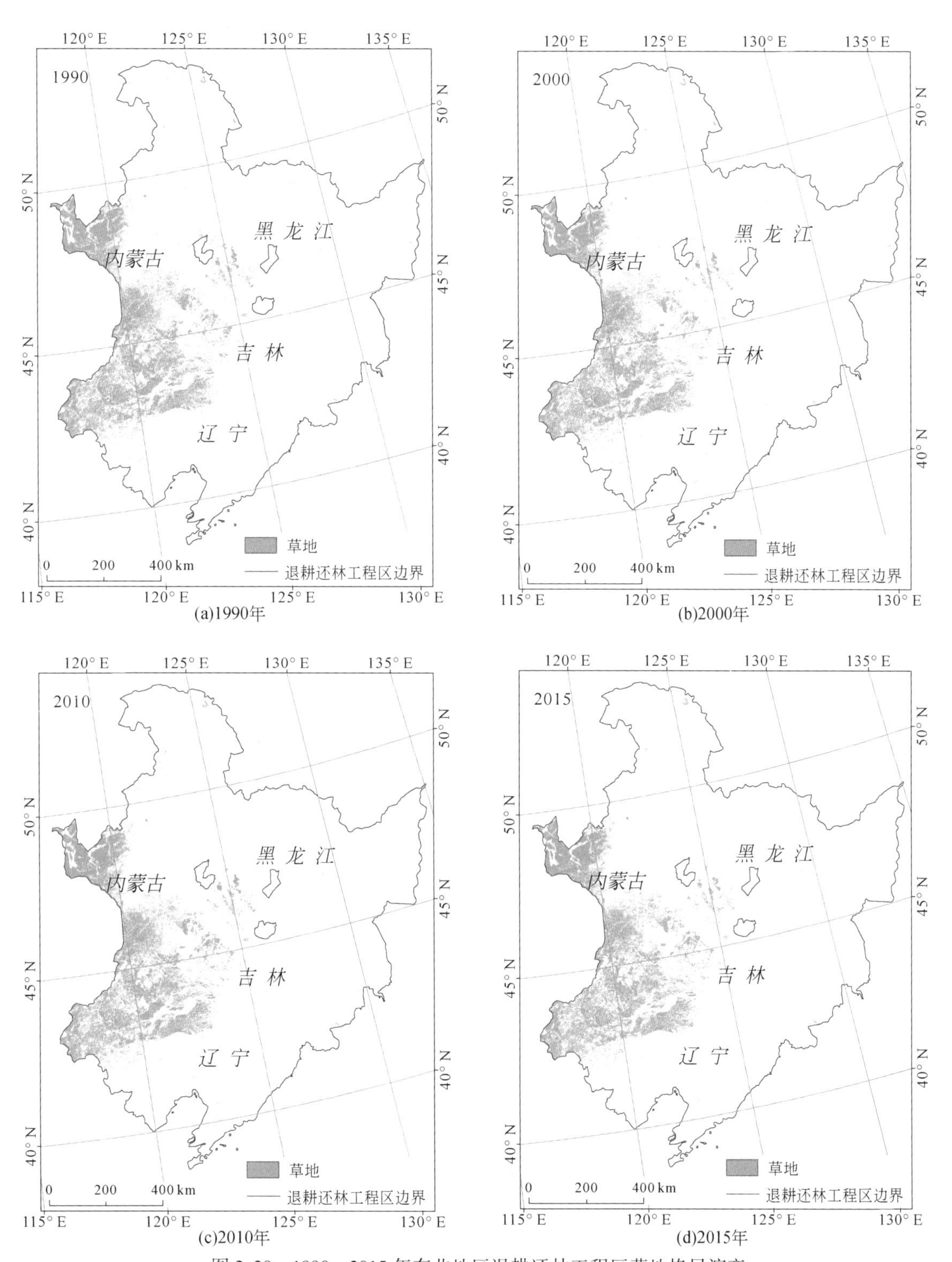

(a)1990年

(b)2000年

(c)2010年

(d)2015年

图 2-20　1990～2015 年东北地区退耕还林工程区草地格局演变

草地面积减少了 1957.05km²，所占比例为 11.29% 左右（图 2-21）。2000～2015 年，草地面积共减少了 2594.85km²。与 2000～2015 年相比，1990～2000 年草地减少面积最大，减少面积达 6115.01km²。2000 年以后，随着退耕还草工程的逐步实施，草地退化有所减缓。草地转化主要发生在草地向农田过渡地带，主要转化为农田，森林次之。另外，人类对草原的不合理利用，因滥垦沙质草地，导致草场退化和土壤盐化等。

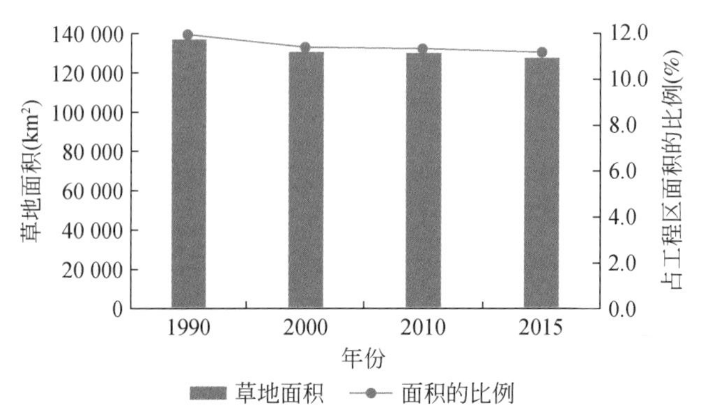

图 2-21　1990～2015 年东北地区退耕还林工程区草地面积变化

2000～2010 年及 2010～2015 年东北退耕还林工程区草地转化情况见表 2-5 和表 2-6，其中 2000～2010 年新增草地主要来源于湿地、农田、森林及其他，转化面积分别为 1244.55km²、1221.35km²、1149.39km² 及 1039.26km²。2000～2010 年草地转化为农田最多，面积达 1910.21km²，其次为森林、湿地和其他，转化面积分别为 1805.31km²、636.09km² 和 610.35km²（表 2-5）。

表 2-5　2000～2010 年东北退耕还林工程区草地转化表　　（单位：km²）

生态系统类型		2010 年					
		森林	草地	湿地	农田	城镇	其他
2000 年	森林	—	1 149.39	—	—	—	—
	草地	1 805.31	124 518.21	636.09	1 910.21	512.97	610.35
	湿地	—	1 244.55	—	—	—	—
	农田	—	1 221.35	—	—	—	—
	其他	—	1 039.26	—	—	—	—

2010～2015 年新增草地主要来源于农田、森林和湿地，转化面积分别为 1328.29km²、1148.29km²、766.25km²。2010～2015 年草地转化为农田最多，面积达 2137.59km²，其次为森林、湿地，转化面积分别为 1646.39km²、1307.70km²（表 2-6）。而 1990～2000 年草地转化为森林的面积净值为 928.04km²，对比 1990～2000 年的转化可以发现，2000 年以来，草地转化为森林的面积大幅度增加，2000～2015 年，草地转化为森林的面积净值为 1145.50km²。

表 2-6 2010 ~ 2015 年东北地区退耕还林工程区草地转化表 （单位：km^2）

生态系统类型		2015 年					
		森林	草地	湿地	农田	城镇	其他
2010 年	森林	—	1 148.29	—	—	—	—
	草地	1 646.39	123 534.70	1 307.70	2 137.59	267.39	462.79
	湿地	—	766.25	—	—	—	—
	农田	—	1 328.29	—	—	—	—
	其他	—	526.83	—	—	—	—

（三）景观参数变化

基于 Fragstats 景观分析软件计算 1990 ~ 2015 年草地景观的斑块数量、斑块密度、平均斑块面积、景观分割指数和聚合度指数（表 2-7），结果表明，1990 ~ 2015 年，草地景观破碎化程度先增后减。1990 ~ 2015 年，斑块数量先增加后减少，2015 年最低，总体呈下降趋势；斑块密度先增加后减少，2010 年开始减少；平均斑块面积先增加后减少，2010 年达最大。从景观分割指数与聚合度指数来看，景观分割指数先减少后增加，说明 1990 ~ 2015 年草地景观分布先聚集后分散；而聚合度指数与之相反，先增加后减少。综合所有指标可得出，草地景观在 1990 ~ 2015 年先聚集后分散。

表 2-7 1990 ~ 2015 年东北地区退耕还林工程区草地景观指数变化表

年份	NP（个）	PD（斑块数/100hm^2）	AREA_MN（hm^2）	DIVISION	AI
1990	70 423	2.2482	5.3916	0.9975	85.6716
2000	113 792	3.6327	9.8904	0.9439	87.8499
2010	112 803	3.6011	9.9887	0.9434	87.9102
2015	63 725	2.0339	5.5535	0.9987	85.6399

（四）省域尺度对比

草地是东北地区退耕还林工程区重要的生态系统类型，呼伦贝尔草原及科尔沁草原均是我国的优良牧场和旅游胜地（朱天龙，2015）。截至 2015 年，内蒙古草地面积最大且分布集中，面积达 114 000.55km^2。其次是吉林和黑龙江。辽宁草地面积为 1711.28km^2，是退耕还林工程区草地分布面积最少的省份。2000 ~ 2015 年吉林草地面积总体呈增加的趋势，增加了 200.26km^2，其余的三个省（自治区）草地面积均处于减少状态。内蒙古草地面积减少最多，达 1334.23km^2。黑龙江和辽宁的减少面积分别为 1068.16km^2 和 392.72km^2。其中，草地面积减少速度最快的阶段为 1990 ~ 2000 年（表 2-8）。

表 2-8 1990～2015 年东北地区退耕还林工程区各地区草地面积统计结果

（单位：km^2）

地区	1990 年	2000 年	2010 年	2015 年
辽宁	2 273.47	2 104.00	1 902.99	1 711.28
吉林	7 189.66	6 326.28	6 883.15	6 526.54
黑龙江	7 450.35	6 229.26	5 471.95	5 161.10
内蒙古	119 339.84	115 334.78	115 098.43	114 000.55

四、湿地时空格局

（一）湿地空间分布

2015 年东北地区退耕还林工程区湿地覆盖范围约占全区总面积的 7.62%，湿地面积为 85 967.14km^2，主要分布于大兴安岭、小兴安岭、松嫩平原、三江平原（图 2-22）。主要湿地类型为自然湿地和人工湿地。自然湿地主要包括河流、湖泊、森林沼泽、灌丛沼泽和草本沼泽，人工湿地主要包括运河、水渠、水库、坑塘。其中，大兴安岭、小兴安岭、

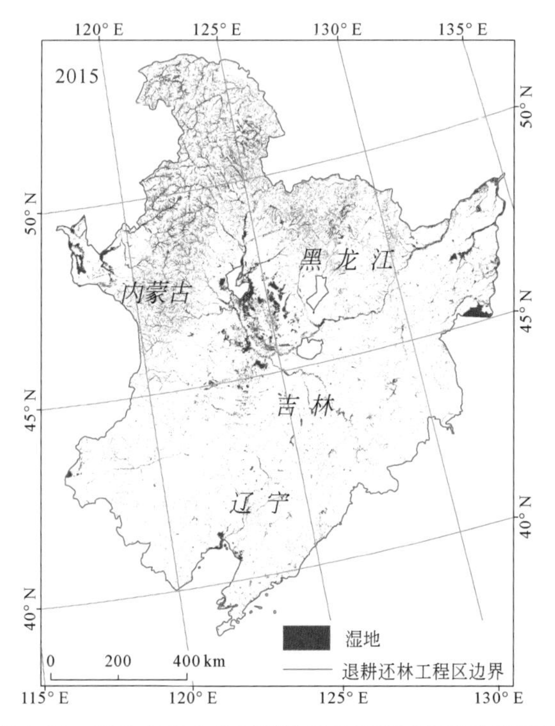

图 2-22 2015 年东北地区退耕还林工程区湿地分布格局

松嫩平原、三江平原地区山地丘陵分布广泛，河网密布，雨热同期，气候冷湿，使沟谷及河漫滩易发育森林沼泽、灌丛沼泽和草本沼泽，通常向北侧多分布森林沼泽、灌丛沼泽，向南逐步发育为草本沼泽。

（二）湿地时空变化

2000 年东北地区退耕还林工程区湿地覆盖率为 8.08%，面积约为 91 129.75km^2，2010 年该区湿地面积比例下降至 7.74%，面积约为 87 269.50km^2，2000 ~ 2010 年湿地减少面积达 3860.25km^2。2000 ~ 2015 年湿地面积持续减少。2015 年该区湿地面积比 2010 年减少了 1302.36km^2，比 2000 年减少了 5162.61km^2。与 1990 ~ 2000 年湿地面积减少程度（12 315.83km^2）相比，2000 ~ 2015 年湿地减少速度有所放缓。湿地变化以转化为农田为主，森林次之。湿地减少主要发生在黑龙江中部、东部（图 2-23，图 2-24）。

2000 ~ 2010 年及 2010 ~ 2015 年东北地区退耕还林工程区湿地转化情况见表 2-9 和表 2-10，其中 2000 ~ 2010 年湿地变化以向农田和草地转化为主，转化面积分别为 4739.49km^2 和 1244.55km^2。湿地转化为城镇的面积为 372.98km^2，城市扩张对湿地退化存在较大的影响，湿地开垦、改变天然湿地用途和城镇扩张占用天然湿地是湿地减少的主要动因。2000 ~ 2010 年湿地的增加部分主要来源于农田，面积达 2193.99km^2，其次为草地，转化面积为 636.09km^2（表 2-9）。

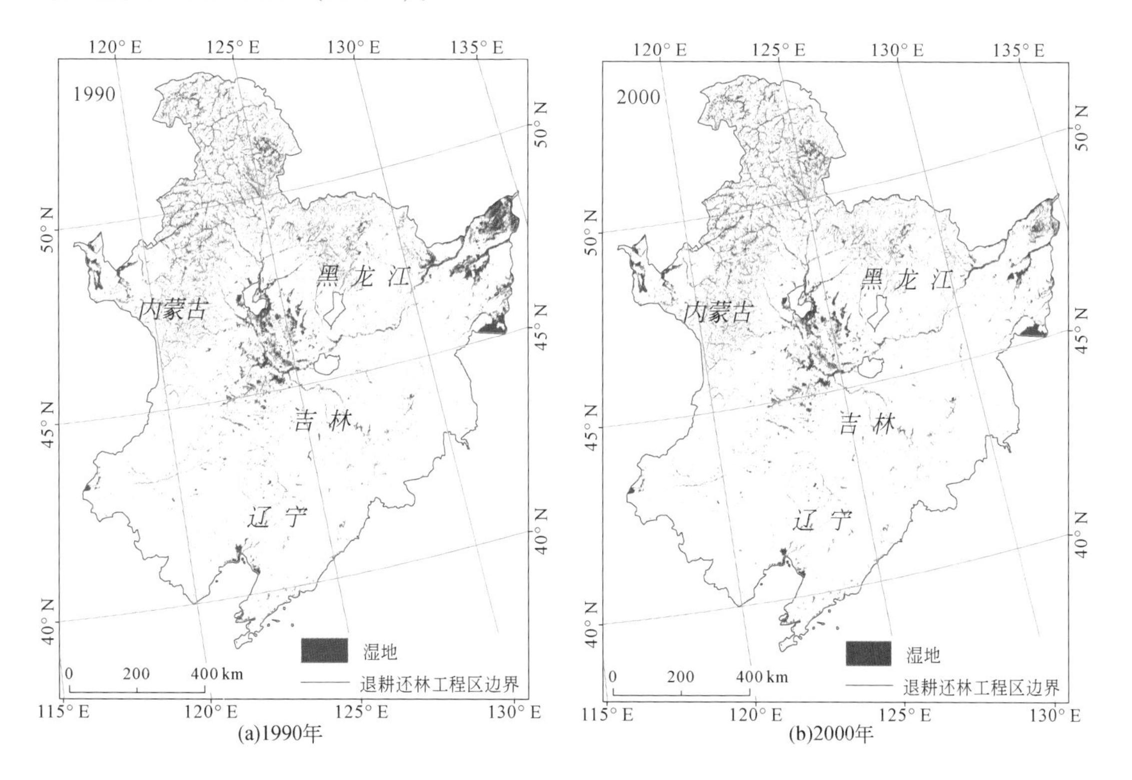

(a)1990年 (b)2000年

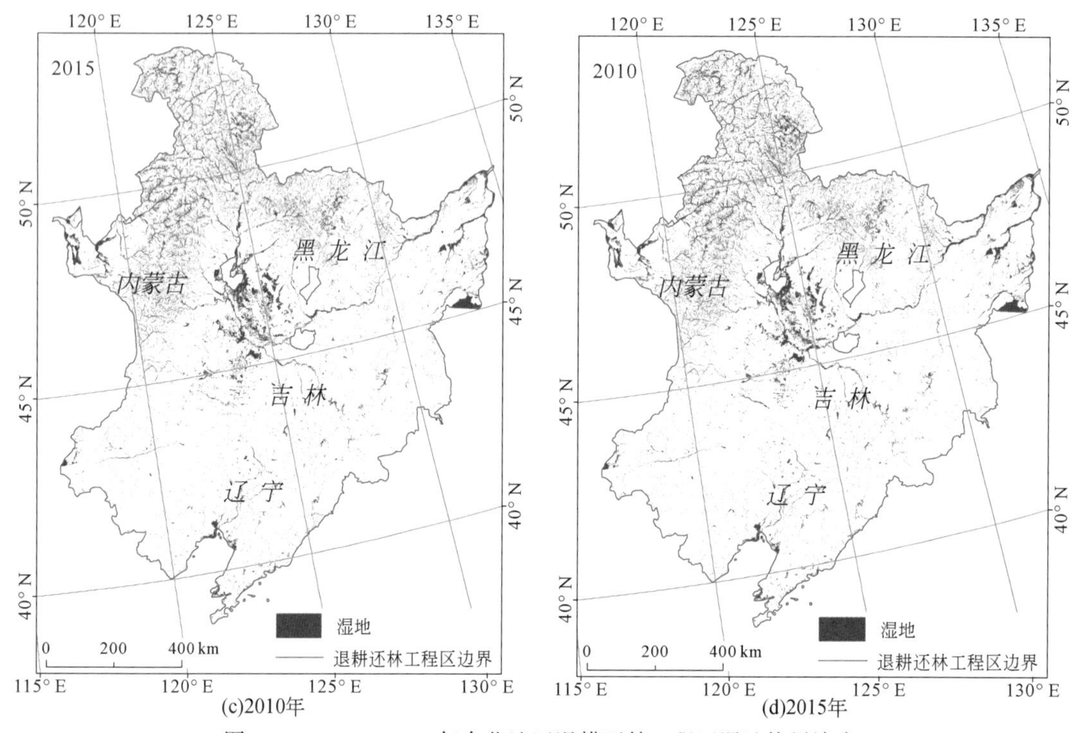

(c)2010年

(d)2015年

图 2-23　1990～2015 年东北地区退耕还林工程区湿地格局演变

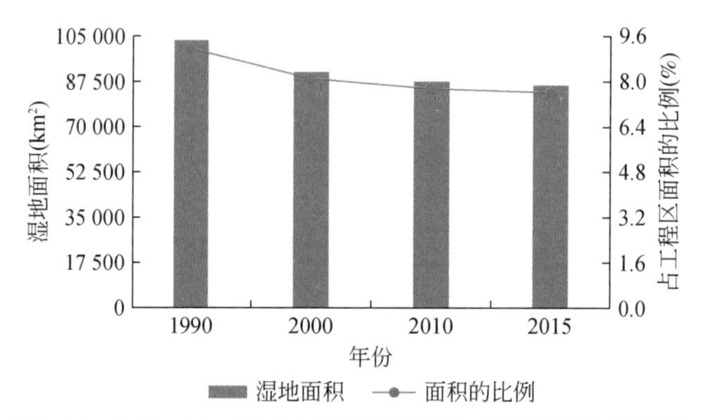

图 2-24　1990～2015 年东北地区退耕还林工程区湿地面积变化

表 2-9　2000～2010 年东北地区退耕还林工程区湿地转化表　　（单位：km²）

生态系统类型		2010 年				
		草地	湿地	农田	城镇	其他
2000 年	草地	—	636.09	—	—	—
	湿地	1 244.55	82 924.00	4 739.49	372.98	517.22
	农田	—	2 193.99	—	—	—
	其他	—	516.44	—	—	—

2010 ~ 2015 年湿地大面积向农田和草地转化，转化面积分别为 3883.72km² 和 766.25km²。湿地转化为其他及城镇的面积分别为 518.15km²、259.20km²，可见人类活动占用湿地及气候环境等因素对湿地退化产生了很大影响。2010 ~ 2015 年湿地的增加部分主要来源于农田，面积达 2373.75km²，其次为草地，转化湿地的面积为 1307.70km²（表 2-10）。

表 2-10　2010 ~ 2015 年东北地区退耕还林工程区湿地转化表　（单位：km²）

生态系统类型		2015 年				
		草地	湿地	农田	城镇	其他
2010 年	草地	—	1 307.70	—	—	—
	湿地	766.25	79 883.38	3 883.72	259.20	518.15
	农田	—	2 373.75	—	—	—
	其他	—	759.10	—	—	—

（三）景观参数变化

基于 Fragstats 景观分析软件计算 1990 ~ 2015 年湿地景观的斑块数量、斑块密度、平均斑块面积、景观分割指数和聚合度指数（表 2-11）。结果表明，1990 ~ 2015 年，湿地景观不仅面积不断减少，分散程度也逐渐增大，总体呈退化趋势。1990 ~ 2015 年，斑块数量先减少后增加，以 2010 年为转折点，之前减少，之后增加。斑块密度先减小后增加，平均斑块面积不断降低。从景观分割指数与聚合度指数来看，景观分割指数基本保持 1.0000 不变，湿地分布较为分散，而聚合度指数处于不断减少的趋势，综合所有指标可得出湿地景观在 1990 ~ 2015 年呈退化趋势。

表 2-11　1990 ~ 2015 年东北地区退耕还林工程区湿地景观指数变化表

年份	NP（个）	PD（斑块数/100hm²）	AREA_MN（hm²）	DIVISION	AI
1990	117 332	3.7458	2.4050	0.9999	78.6149
2000	114 104	3.6426	2.1749	1.0000	77.2908
2010	109 580	3.4982	2.1692	1.0000	77.4089
2015	112 918	3.6040	2.0657	1.0000	76.6096

（四）省域尺度对比

东北地区退耕还林工程区各地区湿地面积统计结果见表 2-12。自然因素为湿地的退化提供内在原因，而人为因素则加速这种变化，人为影响叠加在自然因素上，对湿地的退化产生放大作用。人们对湿地保护工作的意义认识不够，湿地面积减少、生态环境退化、生物多样性降低等问题仍很严重。截至 2015 年，东北地区退耕还林工程区，黑龙江湿地面积最大，为 42 861.29km^2。内蒙古次之，湿地面积为 29 836.85km^2。吉林和辽宁湿地面积较少，分别为 7730.94km^2 和 5538.07km^2。

2000 ~ 2015 年，黑龙江和内蒙古的湿地面积均处于持续减少中，分别减少了 3102.18km^2 和 979.86km^2。其中，以 2000 ~ 2010 年减少较为明显。吉林湿地面积呈先减少后增加的趋势，转折点为 2010 年，总体趋势为减少。辽宁湿地面积呈先增加后减少的趋势。与 1990 ~ 2000 年湿地减少速度相比，2000 ~ 2015 年，湿地减少速度有所放缓。

表 2-12　1990 ~ 2015 年东北地区退耕还林工程区各地区湿地面积统计结果

（单位：km^2）

地区	1990 年	2000 年	2010 年	2015 年
辽宁	5 784.31	5 683.31	5 735.65	5 538.07
吉林	9 849.39	8 666.27	7 504.33	7 730.94
黑龙江	55 619.08	45 963.47	44 068.46	42 861.29
内蒙古	32 112.01	30 816.71	29 961.07	29 836.85

五、农田时空格局

（一）面积动态、转化分析

2000 年农田总面积为 401 465.93km^2，占全区总面积的 35.59%；2010 年农田总面积为 402 101.97km^2，占全区总面积的 35.65%；2015 年农田总面积为 403 009.35km^2，占全区总面积的 35.73%。与 1990 年退耕还林工程区农田面积（381 458.97km^2）相比，2000 年以来，东北地区退耕还林工程区农田面积呈持续增加的趋势。退耕还林工程区农田主要分布于中部地势较低的平原地区（图 2-25）。

从农田面积变化（图 2-26）可以看出，2000 ~ 2015 年农田面积增加缓慢，共增加 1543.42km^2，增长率为 0.38%；其中 2010 年农田面积较 2000 年增加了 636.04km^2，2015 年农田面积较 2010 年增加了 907.38km^2。相比较而言，1990 ~ 2000 年，农田面积增长较快，增加了 20 006.96km^2；显然 2000 年以后农田面积增加速度得到一定的控制。

2000 ~ 2010 年，农田转出面积为 11 649.04km^2，其中转化为森林的面积最大，为 4861.39km^2，其次是转化为城镇的面积，为 3285.72km^2，转化为湿地的面积为 2193.99km^2，转化为草地的面积为 1221.35km^2。同时，2000 ~ 2010 年对农田面积增加贡献最大的为湿地，即湿地转化为农田的面积最大，为 4739.49km^2；森林转化为农田的面积为 4134.15km^2，其次是草地，转化为农田的面积为 1910.21km^2（表 2-13）。

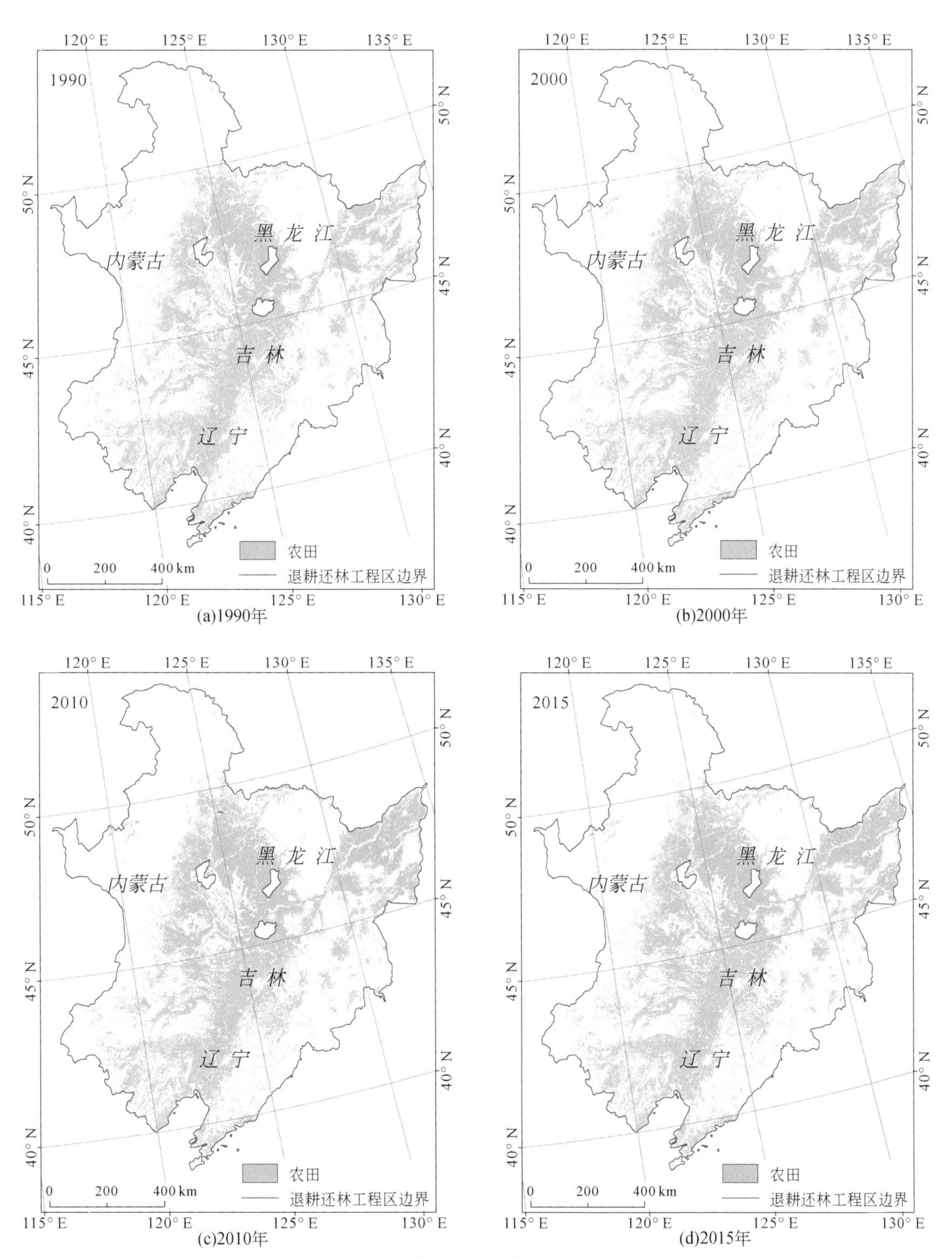

(a)1990年

(b)2000年

(c)2010年

(d)2015年

图 2-25 1990～2015 年东北地区退耕还林工程区农田格局演化

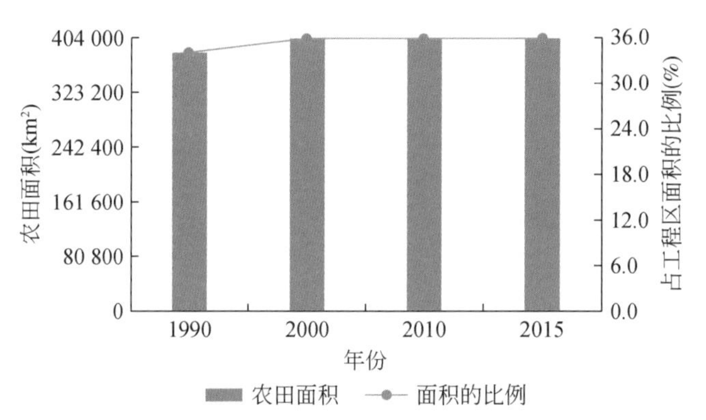

图 2-26　1990～2015 年东北地区退耕还林工程区农田面积变化

表 2-13　2000～2010 年东北退耕还林工程区农田转化表　（单位：km^2）

生态系统类型		2010 年					
		森林	草地	湿地	农田	城镇	其他
2000 年	森林	—	—	—	4 134. 15	—	—
	草地	—	—	—	1 910. 21	—	—
	湿地	—	—	—	4 739. 49	—	—
	农田	4 861. 39	1 221. 35	2 193. 99	389 810. 30	3 285. 72	86. 59
	其他	—	—	—	401. 61	—	—

2010～2015 年，农田转出面积为 11 065. 81km^2，农田转入面积为 11 189. 52km^2，农田面积净增加值 123. 71km^2。其中农田转化为森林的面积最大，为 5015. 40km^2，其次是转化为湿地和城镇的面积，分别为 2373. 75km^2和 2130. 60km^2；由此可见，自退耕还林工程实施以来，农田大面积转化为了森林。农田转化为草地的面积为 1328. 29km^2，另外，有 217. 75km^2转化为了其他。同时，2010～2015 年对农田面积增加贡献最大的为森林，即森林转化为农田的面积最大，为 4982. 98km^2。其次是湿地和草地，转化为农田的面积分别为3883. 72km^2和2137. 59km^2，其他转化为农田的面积相对较少，为 185. 23km^2（表 2-14）。

表 2-14　2010～2015 年东北退耕还林工程区农田转化表　（单位：km^2）

生态系统类型		2015 年					
		森林	草地	湿地	农田	城镇	其他
2010 年	森林	—	—	—	4 982. 98	—	—
	草地	—	—	—	2 137. 59	—	—
	湿地	—	—	—	3 883. 72	—	—
	农田	5 015. 40	1 328. 29	2 373. 75	391 035. 86	2 130. 60	217. 75
	其他	—	—	—	185. 23	—	—

（二）景观参数变化

从 1990 ~ 2015 年东北地区退耕还林工程农田景观指数变化表（表 2-15）可知，退耕还林工程区农田斑块数量 1990 ~ 2010 年，呈增加趋势，2010 ~ 2015 年减小，表明景观破碎化程度加大；斑块密度先增加后减小；景观分割指数基本没有变化；聚合度指数 1990 ~ 2015 年先减后增，说明在 2010 年之前农田镶嵌体连通性较高，农田分布较完整，也说明了人类对农田分布的干扰较小，到 2015 年，聚合度指数增高，表明农田生态系统镶嵌体连通性变差，受人为干扰加强。

表 2-15　1990 ~ 2015 年东北地区退耕还林工程区农田景观指数变化表

年份	NP（个）	PD（斑块数/100hm^2）	DIVISION	AI
1990	127 531	4. 0714	0. 9749	87. 1932
2000	155 336	4. 9589	1	56. 9962
2010	159 832	5. 1025	1	59. 0788
2015	112 912	3. 6038	0. 9404	87. 8321

（三）省域尺度对比

东北地区退耕还林工程区各地区农田面积统计结果见表 2-16。截至 2015 年，东北退耕还林工程区黑龙江农田面积最大，为 177 225. 77km^2。吉林次之，农田面积为 81 476. 97km^2。内蒙古农田面积为 79 460. 16km^2，辽宁农田面积最小，为 64 846. 45km^2。

2000 ~ 2015 年黑龙江和内蒙古的农田面积均处于持续增加中，分别增加了 2217. 81km^2 和 1372. 30km^2。其中，黑龙江在 2000 ~ 2010 年农田增加较为明显，增加面积为 1789. 86km^2，内蒙古在 2010 ~ 2015 年农田增加较为明显，增加面积为 1086. 82km^2。辽宁和吉林农田面积均呈持续减少的趋势，分别减少了 1469. 21km^2 和 577. 48km^2，其中吉林以 2000 年为转折点，在 1990 ~ 2000 年农田面积呈增加的趋势，增加了 1540. 76km^2。

表 2-16　1990 ~ 2015 年东北地区退耕还林工程区各地区农田面积统计结果　（单位：km^2）

地区	1990 年	2000 年	2010 年	2015 年
辽宁	66 338. 82	66 315. 66	65 157. 71	64 846. 45
吉林	80 513. 69	82 054. 45	81 773. 10	81 476. 97
黑龙江	162 097. 36	175 007. 96	176 797. 82	177 225. 77
内蒙古	72 503. 66	78 087. 86	78 373. 34	79 460. 16

六、裸地时空格局

（一）面积动态、转化分析

东北地区退耕还林工程区的裸地主要分布于西南部（图 2-27），2000 年裸地总面积为

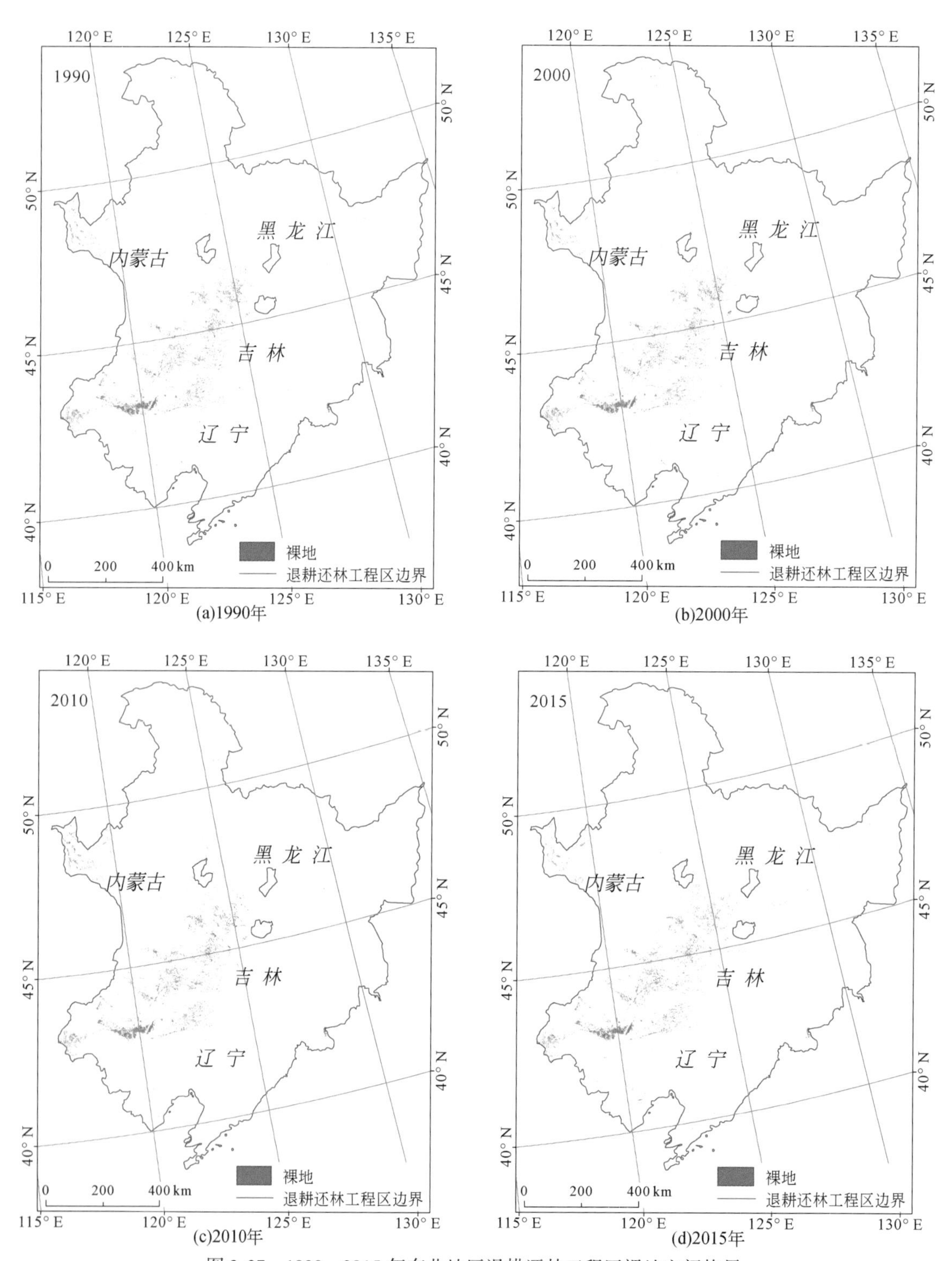

图 2-27 1990～2015 年东北地区退耕还林工程区裸地空间格局

12 045. 95km²，占全区总面积的 1. 07%；2010 年裸地总面积为 11 159. 69km²，占全区总面积的 0. 99%；2015 年裸地总面积为 10 893. 21km²，占全区总面积的 0. 97%。与 1990 年该区裸地总面积（11 904. 56km²）相比，2000 年裸地面积略微增加后持续减少。

与 1990 年相比，2000 年裸地面积有少量增加，约增加了 141. 39km²。2000 ~ 2015 年，裸地面积变化呈持续降低的趋势，其中 2000 ~ 2010 年，裸地面积急剧减少，约减少了 886. 26km²；2015 年较 2010 年略微减少，减少面积为 266. 48km²；2000 ~ 2015 年，裸地面积共减少了 1152. 74km²（图 2-28）。

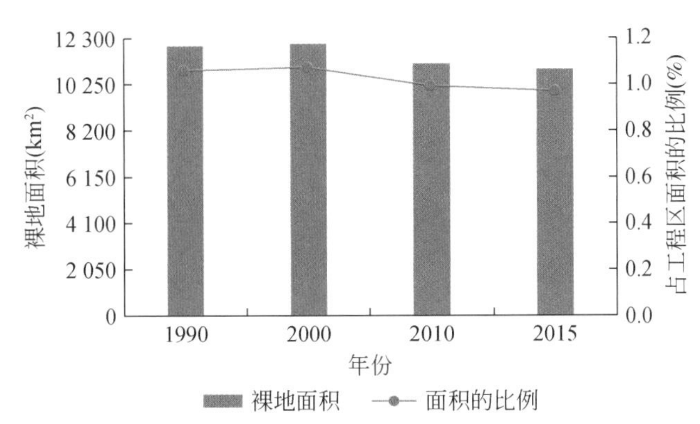

图 2-28　1990 ~ 2015 年东北地地区退耕还林工程区裸地面积变化

2000 ~ 2010 年共有 2144. 44km²的裸地转化为其他类型的生态系统，其中转化为草地的面积最大，为 1039. 26km²；其次是转化为湿地和农田的面积，分别为 516. 44km² 和 401. 61km²；另外转化为森林和城镇的面积相对较少，分别为 119. 20km² 和 67. 93km²。2000 ~ 2010 年裸地转入面积有 1241. 10km²，其中草地和湿地各有 610. 35km² 和 517. 22km² 转化为裸地，农田和森林各有 86. 59km² 和 26. 94km² 转化为裸地，表明 2000 ~ 2010 年湿地、草地均有不同程度退化（表 2-17）。

表 2-17　2000 ~ 2010 年东北地区退耕还林工程区裸地转化表　（单位：km²）

生态系统类型		2010 年					
		森林	草地	湿地	农田	城镇	裸地
2000 年	森林	—	—	—	—	—	26. 94
	草地	—	—	—	—	—	610. 35
	湿地	—	—	—	—	—	517. 22
	农田	—	—	—	—	—	86. 59
	裸地	119. 20	1039. 26	516. 44	401. 61	67. 93	9901. 25

2010 ~ 2015 年共有 1557. 41km²的裸地转化为其他类型的生态系统，其中转化为湿地和草地的较多，面积分别为 759. 10km² 和 526. 83km²；其次是转化为农田的面积，为 185. 23km²；另外转化为森林和城镇的面积相对较少，分别为 47. 91km² 和 38. 34km²。2010 ~ 2015 年裸地转入面积有 1260. 83km²，其中对裸地面积增加贡献较大的是湿地和草

地，即湿地和草地转化为裸地的面积较多，分别为 518.15km^{2}和 462.79km^2；其次是农田，有 217.75km^{2}转化为裸地；森林贡献较少，有 62.14km^{2}转化为裸地。整体分析可以发现，2010～2015 年裸地与草地、裸地与湿地之间的净转化均呈现转出面积大于转入面积，表明 2010～2015 年，湿地、草地均有不同程度的改善（表 2-18）。

表 2-18　2000～2015 年东北地区退耕还林工程区裸地转化表　（单位：km^2）

生态系统类型		2015 年					
		森林	草地	湿地	农田	城镇	裸地
2010 年	森林	—	—	—	—	—	62.14
	草地	—	—	—	—	—	462.79
	湿地	—	—	—	—	—	518.15
	农田	—	—	—	—	—	217.75
	裸地	47.91	526.83	759.10	185.23	38.34	9602.27

（二）景观参数变化

裸地集中分布于西南区，从 1990～2015 年东北地区退耕还林工程区裸地景观指数变化表（表 2-19）可知，退耕还林工程区裸地斑块数量先增后减，表明景观破碎化程度变小；斑块密度也是先增后减，景观分割指数基本没有变化，表示退耕还林工程区裸地生态系统分布集中。聚合度指数先增后减，说明裸地镶嵌体连通性较高，裸地分布较为集中。

表 2-19　1990～2015 年东北地区退耕还林工程区裸地景观指数变化表

年份	NP（个）	PD（斑块数/100hm^2）	DIVISION	AI
1990	25 974	0.8292	1	69.6588
2000	65 755	2.0992	0.9985	85.8282
2010	61 687	1.9693	0.9985	86.0866
2015	26 055	0.8316	1	68.3708

（三）省域尺度对比

东北地区退耕还林工程区各地区裸地面积统计结果见表 2-20。自然因素和人类活动是引起这种变化的主要因素。截至 2015 年，东北退耕还林工程区内蒙古裸地面积最大，为 7545.60km^2。吉林和黑龙江次之，面积分别为 1896.84km^{2}和 1165.68km^2。辽宁裸地面积最小，为 285.08km^2。

2000～2015 年黑龙江和辽宁的裸地面积均呈先减少后增加的趋势，2000～2010 年黑龙江和辽宁的裸地面积分别减少了 521.01km^{2}和 108.44km^2，2010～2015 年裸地面积分别增加了 132.34km^{2}和 86.51km^2。黑龙江和辽宁 2000～2010 年裸地减少的趋势较 2010～2015 年裸地增加的趋势明显得多，两地区在 2000～2015 年裸地面积分别减少了

388.67km²和21.93km²。吉林裸地面积在2000～2015年持续减少，减少为460.46km²。内蒙古裸地面积在2000～2015年呈先增加后减少的趋势，以2010～2015年减少为主，内蒙古2000～2015年裸地面积共减少了281.69km²。与1990年相比，各地区2015年的裸地面积均低于1990年的面积。

表2-20　1990～2015年东北地区退耕还林工程区各地区农田面积统计结果　（单位：km²）

地区	1990年	2000年	2010年	2015年
辽宁	339.15	307.01	198.57	285.08
吉林	2267.72	2357.30	2068.14	1896.84
黑龙江	1445.49	1554.35	1033.34	1165.68
内蒙古	7849.13	7827.29	7859.64	7545.60

七、退耕还林面积与特征

（一）退耕还林面积与空间分布

退耕还林工程可分为退耕地造林、荒山荒地造林与封山育林三种类型；其中封山育林一般未发生土地利用类型的变化，因此本研究主要关注两种工程类型，即退耕地造林与荒山荒地造林。根据本节退耕还林工程区生态系统变化的结果，2000～2015年共有8186.20km²的农田转化为森林。荒山荒地的土地类型一般为草地和裸地，按此计算，荒山荒地造林面积共有3256.25km²。在评估期内，东北地区共完成退耕还林面积11 442.45km²（表2-21）。

表2-21　2000～2015年东北地区退耕还林工程主要土地利用类型的转移矩阵　（单位：km²）

类型		2015年	
		林地	草地
2000年	草地	3099.65	
	农田	8186.20	2134.88
	裸地	156.60	1298.68

从空间分布来看，退耕还林工程的实际发生区域主要有内蒙古东部三市一盟的南部、黑龙江中西部、吉林与辽宁的大部分地区。从不同土地利用类型的变化情况来看，退耕地还林（农田转为林地）的区域主要发生在吉林大部分地区、辽宁西部与东部、黑龙江东南部、内蒙古东部三市一盟的东北部；荒山荒地造林（草地、裸地转为森林）主要发生在内蒙古东部三市一盟的中部与南部；此外，内蒙古东部三市一盟有大量农田转为草地（图2-29）。

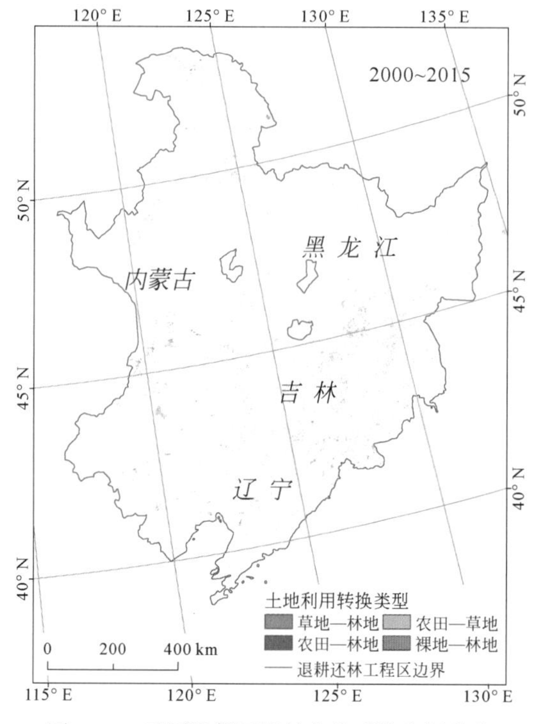

图 2-29　不同退耕还林转化类型的空间分布

（二）退耕还林工程区的地形特征

坡度是退耕还林的关键标准，根据遥感解译与地形图叠加结果，不同坡度范围发生退耕还林面积如下：①坡度<5°的退耕还林面积共 5112.56km²，占工程区总退耕还林面积的 44.68%，其中退耕地（农田）转为森林的面积为 4046.50km²，荒山荒地造林面积为 1066.06km²；②坡度为 5°～15°的退耕还林面积共 5268.16km²，占工程区总退耕还林面积的 46.04%，其中退耕地转为森林的面积为 3621.07km²，荒山荒地造林面积为 1647.09km²；③坡度为 15°～25°的退耕还林面积共 950.77km²，占工程区总退耕还林面积的 8.31%，其中退耕地转为森林的面积为 470.01km²，荒山荒地造林面积为 480.76km²；④坡度>25°的退耕还林面积共 110.72km²，占工程区总退耕还林面积的 0.97%，其中退耕地转为森林的面积为 48.51km²，荒山荒地造林面积为 62.20km²。综上所述，退耕还林工程主要集中在坡度<15°的区域，占工程区总退耕还林面积的 90.72%（表 2-22）。

表 2-22　东北地区退耕还林工程区的坡度特征　（单位：km²）

坡度分级	各类型面积			
	草地—林地	农田—林地	农田—草地	裸地—林地
<5°	981.89	4046.50	1540.42	84.17
5°～15°	1589.67	3621.07	556.23	57.42

续表

坡度分级	各类型面积			
	草地—林地	农田—林地	农田—草地	裸地—林地
15°~25°	469.06	470.01	34.39	11.70
>25°	58.90	48.51	3.80	3.30

(三) 退耕还林工程区的造林情况

东北地区退耕还林工程总计造林 11 442.45km²，根据造林类型可分为落叶阔叶林、常绿针叶林、落叶针叶林、针阔混交林与其他类型（灌木等）。①退耕地造林中，落叶阔叶林面积为 7453.44km²，占比 91.05%；常绿针叶林面积为 197.47km²，占比 2.41%；落叶针叶林面积为 148.35km²，占比 1.81%；针阔混交林面积为 287.52km²，占比 3.51%；其他类型面积为 99.42km²；占比 1.22%。②荒山荒地造林中，落叶阔叶林面积为 2497.06km²，占比 76.69%；常绿针叶林面积为 74.94km²，占比 2.30%；落叶针叶林面积为 298.31km²，占比 9.16%；针阔混交林面积为 55.69km²，占比 1.71%；其他类型面积为 330.25km²，占比 10.14%。综上所述，退耕还林主要造林类型为落叶阔叶林，占比 86.96%（表 2-23）。

表 2-23　2000~2015 年东北地区退耕还林工程的造林类型　（单位：km²）

生态系统类型	落叶阔叶林	常绿针叶林	落叶针叶林	针阔混交林	其他类型*
农田	7453.44	197.47	148.35	287.52	99.42
草地	2401.59	53.68	270.10	54.35	319.93
裸地	95.47	21.26	28.21	1.34	10.32

*其他类型包括稀疏林、灌木林等

第三节　东北地区退耕还林工程区主要生态系统服务能力变化

本节通过对本底（2000 年）与现状（2015 年）退耕还林工程区 6 类生态系统服务能力的变化评估，分析东北地区退耕还林工程的成效。其中，土壤保持、水源涵养、防风固沙为退耕还林工程需要解决的核心生态问题；碳储量变化反映了退耕还林工程的碳汇状况，可为国际碳贸易提供参考；造林改善生境，为动植物提供优越环境；木材储备是退耕还林提供的主要供给功能。主要评估结果如下：①东北地区退耕还林实际发生区土壤保持能力上升，但对整个东北工程区贡献有限。东北地区退耕还林工程区 2000~2015 年土壤保持能力及总量变化均不大，土壤保持总量从 2000 年的 59 480.57×10⁶t 略微下降到 2015 年的 59 467.83×10⁶t，降幅仅为 0.02%；土壤保持能力从 2000 年的 52 727.40t/km² 下降到 2015 年的 52 716.10 t/km²，降幅 0.02%。②东北地区退耕还林工程区水源涵养总量呈现下降趋势。水源涵养总量由 2000 年的 1190.08 亿 m³ 下降到 2015 年的 1047.6 亿 m³，降幅为 10.9%。③东北地区退耕还林工程区固沙能力有所上升，东北两大主要沙区（呼伦贝尔沙地与科尔沁沙地）防风固沙总量从 2000 年的 6.66×10^6t 增加到 2015 年的 6.95×10^6t，增幅 4.17%。④东北地区退耕还林工程区固碳能力减弱。2000 ~ 2015 年区域碳储量呈现略微降低的趋势，由 2000 年的 17.12×10^3Tg 降低到 2015 年的 16.93×10^3Tg，降低了约 0.19×10^3Tg。实际退耕还林工程区区域碳储量增加趋势明显，从 2000 年的 0.53Tg 增加到 2015 年的 2.69Tg，增加约 4 倍，表明了森林生态系统在碳固持方面的巨大优势。⑤东北地区退耕还林工程区生境质量逐渐提高。生境质量最好区域的面积整体呈现增长趋势，生境质量良好区域的面积波动不大，生境质量一般区域的面积呈现降低趋势，生境质量差的区域面积也是减少的。

一、主要生态系统植被覆盖度与净初级生产力变化

植被覆盖度（FVC）和净初级生产力（NPP）是反映生态系统状况的重要指标。其中，FVC 与生态服务能力密切相关，生态服务能力在减少雨水引起的水土流失、防风固沙等方面具有重要的指示作用。NPP 能反映植物的生长状态（光合作用），与固碳和木材生产密切相关。

基于遥感技术和模型方法，对 2000 ~ 2015 年东北地区退耕还林工程生态系统的质量变化进行了评价。评价结果表明，东北地区退耕还林工程生态系统质量良好。FVC 总体呈线性增加趋势，年平均增量约为 0.006。自 2007 年以来，FVC 的增长速度有所加快，2013 年以来略有下降。森林覆盖面积增加区域为 28.3%，下降区域为 2.4%，持平区域为 69.3%。FVC 的年变异系数为 15% ~ 25%，属于低等变异。NPP 呈线性增长趋势，年平均增量约为 3.861。2000 ~ 2005 年，NPP 的增长速度相对较慢；2006 ~ 2010 年，NPP 的波动呈下降趋势；从 2011 年开始逐渐上升。NPP 的增加面积占整个区域的 13.19%，减少面积占 14.46%，持平面积占 72.35%。NPP 年变异系数为 30% ~ 50%，属于中等变异。东北地区退耕还林工程区各生态系统质量参数均呈上升趋势，说明东北地区退耕还林工程对生态系统质量的提高有积极作用。

（一）植被覆盖度变化评估

植被覆盖度（FVC）通常定义为植被（包括叶、茎、枝）在地面的垂直投影面积占统计区总面积的比例，陆地自然地理环境中，FVC 是区域地表植被覆盖状况最直观的衡量指标，同时也是生态系统的重要基础数据，是全球变化检测、水文、土壤侵蚀等研究中的重要参数指标（贾坤，2013）。FVC 在一定程度上解决了 NDVI 容易使高覆盖度植被饱和，而难以区分低覆盖度植被的问题（邵霜霜，2015），很好地反映了地表植被的情况。它已成为重要的植物学参数和评价指标，在农业、林业和生态等领域有着广泛的应用。

从东北地区退耕还林工程区 2000 ~ 2015 年不同年份平均 FVC 的年际变化（图 2-30）可以看出，FVC 总体上呈线性增加趋势，年均增量约为 0.006。从 2007 年开始 FVC 增长速度变快，2013 年开始略有下降。2015 年 FVC 空间分布见图 2-31。

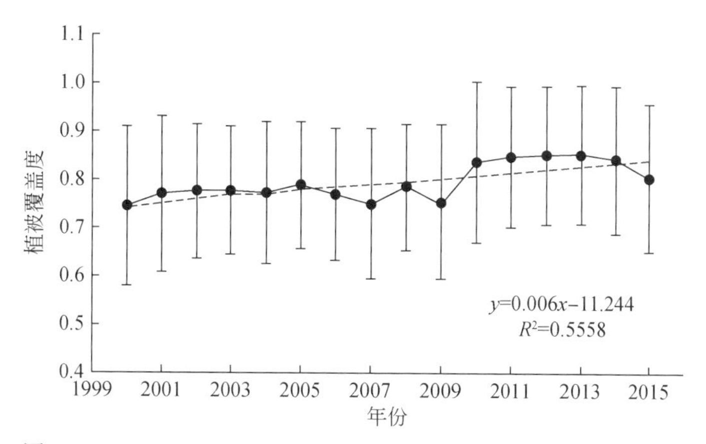

图 2-30　2000 ~ 2015 年东北地区退耕还林工程区植被覆盖度变化

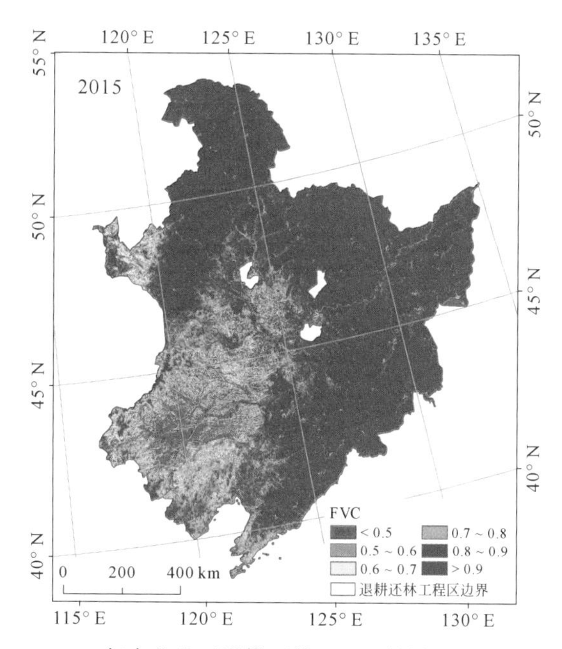

图 2-31　2015 年东北地区退耕还林工程区植被覆盖度空间分布图

从表 2-24 可以看出，2000 ~ 2015 年东北地区退耕还林工程区大部分地区 FVC 整体上以无显著变化为主，面积约为 77.6 万 km^2，占比约为 68.82%；其次是 FVC 以显著上升趋势为主，面积约为 28.9 万 km^2，占比约为 25.61%；FVC 显著下降、极显著上升和极显著下降区面积相对较小，占比均小于 3%，其中极显著下降区域面积占比仅为 0.48%。

表 2-24　2000 ~ 2015 年植被覆盖度变化统计

变化趋势	FVC 变化范围	面积（km^2）	占比（%）
极显著下降	FVC<-0.3	5410.09	0.48
显著下降	-0.3<FVC<-0.1	30 243.32	2.68

续表

变化趋势	FVC 变化范围	面积（km^2）	占比（%）
无显著变化	-0. 1<FVC<0. 1	77 6294. 7	68. 82
显著上升	0. 1<FVC<0. 3	288 887. 8	25. 61
极显著上升	FVC>0. 3	27 241. 18	2. 41

从区域分布上看，2000～2015 年退耕还林工程区 FVC 极显著上升和显著上升区集中分布在中部（黑龙江西南部和吉林西部）和西南部（内蒙古的东部），无显著变化区主要分布在大兴安岭、小兴安岭及以东、长白山大部分地区。FVC 下降区域主要集中分布在黑龙江呼兰区和巴彦县、内蒙古新巴尔虎左旗和鄂温克族自治旗，其他下降区域零星分布于辽宁千山（图 2-32）。

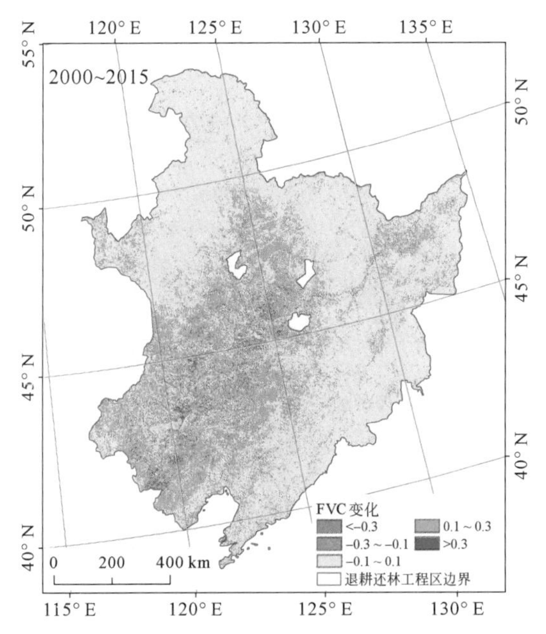

图 2-32　2000～2015 年东北地区退耕还林工程区植被覆盖度空间变化图

（二）植被生产力变化评估

植物净初级生产力（NPP）是指在单位面积、单位时间的绿色植物所累积的有机物数量，是由光合作用所产生的有机质总量中扣除自养呼吸后的剩余部分，反映了植物固定和转化光合产物的效率，也决定了可供异养生物（包括各种动物和人）利用的物质和能量（石兆勇，2012）。

从东北地区退耕还林工程区 2000～2015 年不同年份平均 NPP 的年际变化（图 2-33）可以看出，NPP 总体上呈线性增加趋势，年均增量约为 3. 861gC/m^2。2000～2005 年 NPP 增长速度较慢，2006～2010 年 NPP 呈现波动减少趋势，2011 年以后又逐步升高。2015 年

NPP 空间分布见图 2-34。

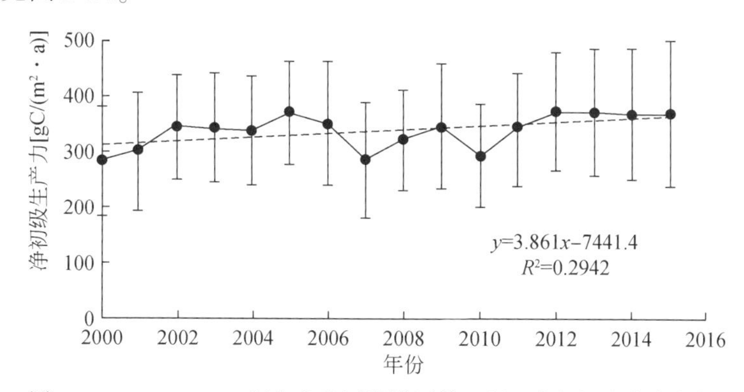

图 2-33　2000 ~ 2015 年东北地区退耕还林工程区净初级生产力变化

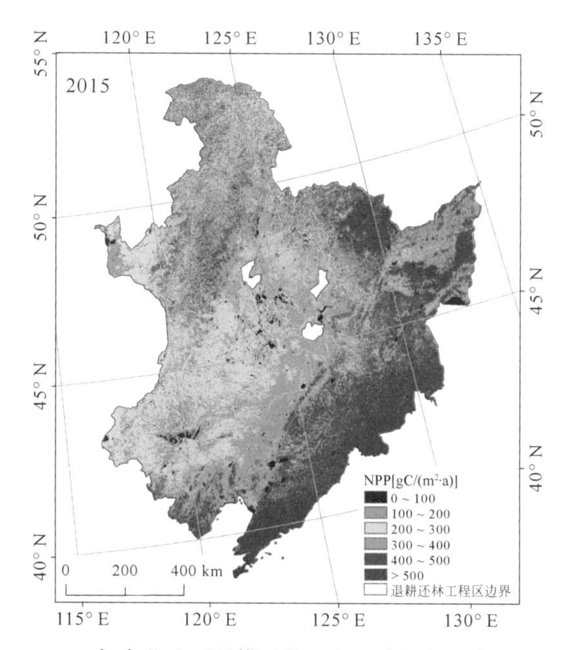

图 2-34　2015 年东北地区退耕还林工程区净初级生产力空间分布图

从表 2-25 中可以看出，2000 ~ 2015 年东北地区退耕还林工程区 NPP 变化以极显著上升为主，占比约为 39.76%，其次为显著上升变化区域，占比约为 30.92%。退耕还林工程区 NPP 上升的区域面积为 135.99 万 km^2，而 NPP 下降的地区仅为 23.0 万 km^2，仅占全区的 14.47%。2000 ~ 2015 年东北地区退耕还林工程区 NPP 空间变化见图 2-35。

表 2-25　2000 ~ 2015 年净初级生产力变化统计

变化趋势	NPP 变化范围（gC/m^2）	面积（km^2）	占比（%）
极显著下降	NPP<-100	75 164.22	4.73
显著下降	-100<NPP<-50	41 569.38	2.62

续表

变化趋势	NPP 变化范围（gC/m²）	面积（km²）	占比（%）
略微下降	-50<NPP<0	113 229. 21	7. 12
略微上升	0<NPP<50	236 154. 01	14. 85
显著上升	50<NPP<100	491 632. 70	30. 92
极显著上升	NPP>100	632 088. 72	39. 76

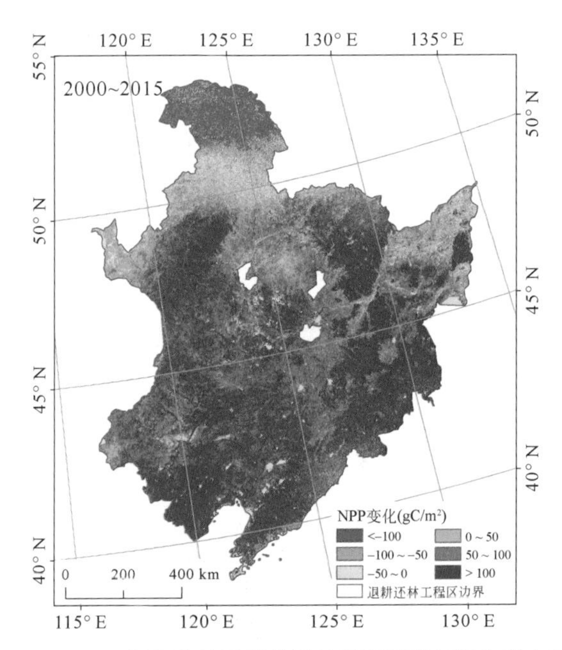

图 2-35　2000 ~ 2015 年东北地区退耕还林工程区净初级生产力空间变化图

二、土壤保持能力变化评估

土壤保持是退耕还林工程需要解决的核心生态问题之一，一般指生态系统对土壤侵蚀所起到的削减和改善作用（陆传豪，2017）。不同生态系统的土壤保持产水量是不同的，而土壤保持能力的评估，可以帮助我们深入认识退耕还林工程对保护土壤的重要性。

生态系统土壤保持能力受气候和人类活动的影响，从空间分布（图 2-36）来看，东北地区退耕还林工程区土壤保持能力从四周向中部逐渐降低，高值地区多分布在东南部，中部土壤保持能力较低；2000 ~ 2015 年土壤保持能力增加的区域主要分布在黑龙江东部的三江平原地区，另外吉林、辽宁和内蒙古土壤保持能力也有增加的区域；2000 ~ 2015 年土壤保持能力下降的区域主要分布在吉林西部的部分地区，三江平原区也有明显下降，说明三江平原地区的土壤保持能力变化较大。

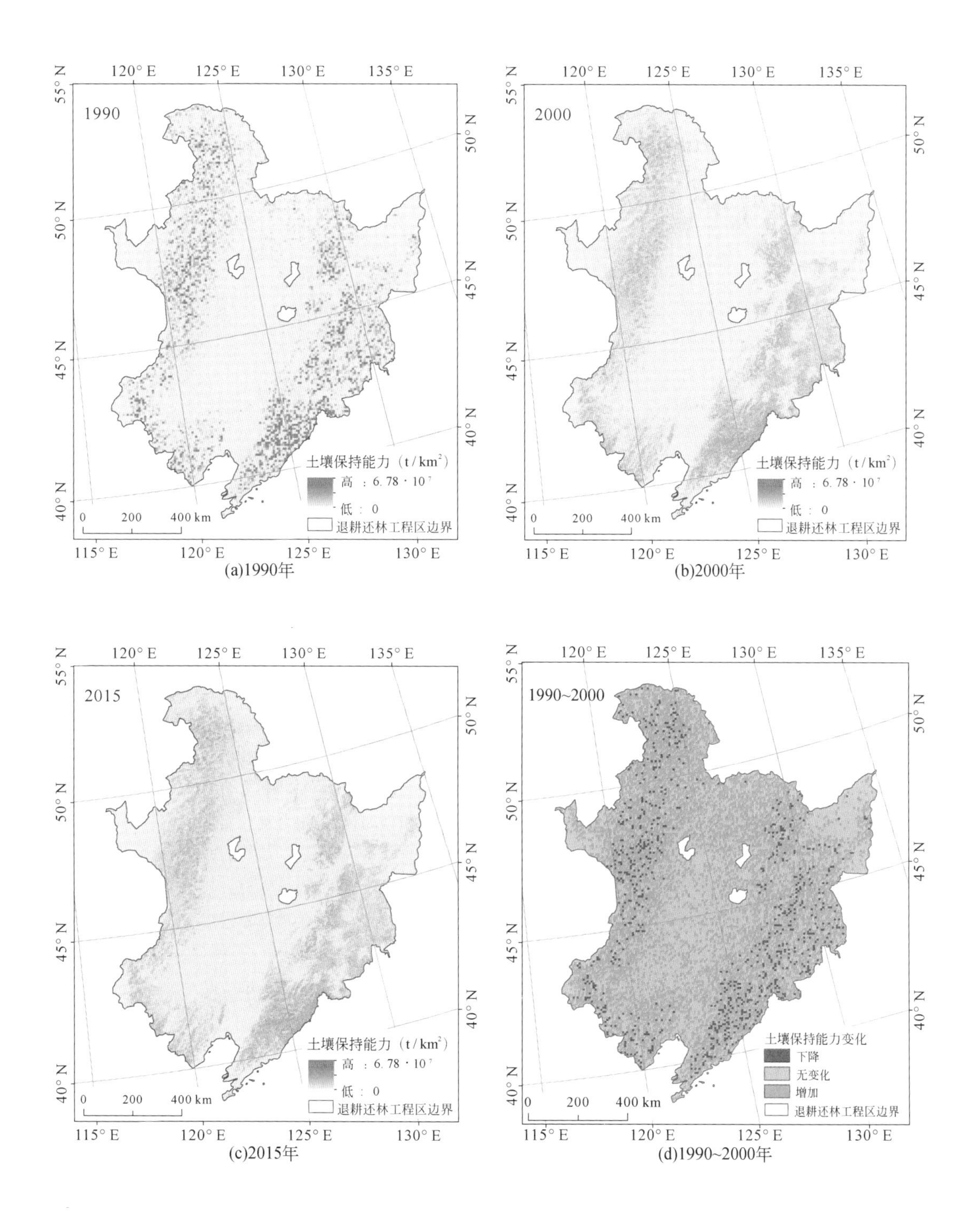

(a)1990年

(b)2000年

(c)2015年

(d)1990~2000年

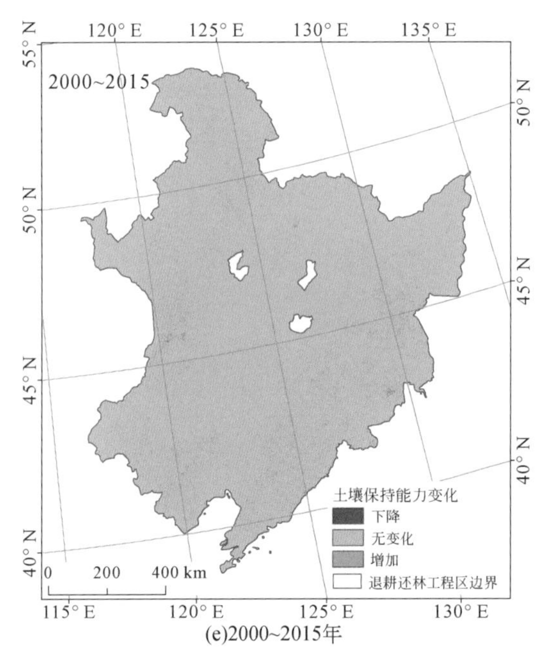

(e)2000~2015年

图 2-36　1990 ~ 2015 年东北地区退耕还林工程区土壤保持能力及变化特征分布图

东北地区退耕还林工程区 2000 ~ 2015 年土壤保持能力及总量变化均不大，其中土壤保持能力由 2000 年的 52 727.40t/km² 略微下降到 2015 年的 52 716.10t/km²，下降了 11.30t/km²。土壤保持总量与土壤保持能力的变化保持一致，2000 年退耕还林工程区的土壤保持总量是 59 480.57×10⁶t，到 2015 年土壤保持总量是 59 467.83×10⁶t，降低了 12.74×10⁶t（表 2-26），这些变化与各年降水的不同及生态系统宏观结构的变化密切相关。

表 2-26　东北地区退耕还林工程区 2000 ~ 2015 年土壤保持能力及总量变化

项目	2000 年	2015 年	2000 ~ 2015 年
土壤保持能力（t/km²）	52 727.40	52 716.10	-11.30
土壤保持总量（10⁶t）	59 480.57	59 467.83	-12.74

由于地理位置、气候条件、植被结构存在空间差异，土壤保持能力也表现出明显的差异。各地级市土壤保持能力在不同年份表现各不相同，2000 年土壤保持能力最高的是本溪市，为 361 879.00t/km²，最低的是盘锦市，为 850.68t/km²；到 2015 年各地级市土壤保持能力均有所变化，其中土壤保持能力增加的地级市较多，增加最多的是丹东市，2000 ~ 2015 年增加了 134.00t/km²，其次是通化市和辽源市，土壤保持能力分别增加了 117.00t/km² 和 108.30t/km²，再次是辽阳市、白山市、营口市、哈尔滨市、鞍山市、葫芦岛市和长春市，土壤保持能力分别增加了 62.90t/km²、58.00t/km²、50.70t/km²、41.70t/km²、37.70t/km²、24.50t/km² 和 11.19t/km²；2000 ~ 2015 年有 12 个地级市的土壤保持能力呈现降低趋势，其中大兴安岭地区、抚顺市、本溪市和铁岭市降低较多，分别降低了 142.90t/km²、209.00t/km²、

307.00t/km^{2}和388.10t/km^2，其次是七台河市、黑河市、呼伦贝尔市、通辽市、兴安盟和延边朝鲜族自治州，2000～2015年分别降低了2.10t/km^2、5.00t/km^2、5.60t/km^2、9.00t/km^2、15.70t/km^{2}和35.00t/km^2；阜新市、白城市、赤峰市、松原市和盘锦市的土壤保持能力变化幅度不大，2000～2015年变化幅度不足1.00t/km^2。

从各地级市的土壤保持总量来看，2000年各地级市土壤保持总量最高的是呼伦贝尔市，为8.73×10^9t，其次是延边朝鲜族自治州、丹东市、赤峰市、大兴安岭地区、通化市、牡丹江市、白山市和本溪市，土壤保持总量均高于3.00×10^9t，土壤保持总量最低的是盘锦市，为2.76×10^6t；到2015年各地级市土壤保持总量均有所变化，其中土壤保持总量增加的地级市较多，增加量最多的是哈尔滨市，2000～2015年增加了2.09×10^6t，其次是丹东市、通化市和白山市，土壤保持总量分别增加了1.96×10^6t、1.82×10^6t和1.01×10^6t，赤峰市和松原市的土壤保持总量在2000～2015年增加量均不足0.01×10^6t；2000～2015年有11个地级市的土壤保持总量呈现降低趋势，其中延边朝鲜族自治州、抚顺市、本溪市、铁岭市和大兴安岭地区降低较多，分别降低了1.51×10^6t、2.35×10^6t、2.59×10^6t、5.02×10^6t和9.23×10^6t，其次是黑河市、通辽市、兴安盟和呼伦贝尔市，2000～2015年分别降低了0.26×10^6t、0.53×10^6t、0.86×10^6t和0.91×10^6t；盘锦市的土壤保持能力降低幅度最小，2000～2015年降低了0.002×10^6t。

三、水源涵养能力变化评估

本研究用产水量来表征水源涵养能力。产水量概念较广，包括生态系统的拦蓄降水、调节径流、影响降水量、净化水质等主要表现的形式。不同生态系统的产水量是不相同的，包括不同类型的森林、草地和不同群落之间的产水量的差异。产水量受到气候和人类活动影响，尤其是降水的影响，当降水超过截留、填塞洼地、渗入下垫面时，就会产生地表径流。地表径流随着降水的增加而增加，降水是决定地表径流的最重要因子，从而影响产水量（龚诗涵，2017）。

从空间分布（图3-37）来看，东北地区退耕还林工程实施区的产水量由东南部向西北部逐渐减少，高值地区主要分布在吉林和辽宁东南部，而黑龙江和内蒙古的产水量相对较低；1990～2000年产水量呈下降趋势，下降区域主要分布在内蒙古东部三市一盟的部分地区。此外，辽宁西部和吉林西部也存在产水量下降的地区。1990～2000年，产水量增加的地区主要分布在黑龙江东部和吉林东部，辽宁和内蒙古东部三市一盟地区也有产水量增加的地区。2000～2015年，内蒙古东部三市一盟地区的产水量显著提高，说明2000～2015年，该地区的产水能力得到恢复。黑龙江东部和吉林东部的产水量虽然有明显增加，但也有明显下降的区域。

东北地区退耕还林工程区2000～2015年水源涵养量（表2-27）呈下降趋势，由2000年的1190.08亿m^{3}下降到2015年的1047.61亿m^3，下降率为11.97%。水源涵养能力的变化与水源涵养总量的变化保持一致，这些变化与各年的气温和降水差异及生态系统宏观结构的变化密切相关。

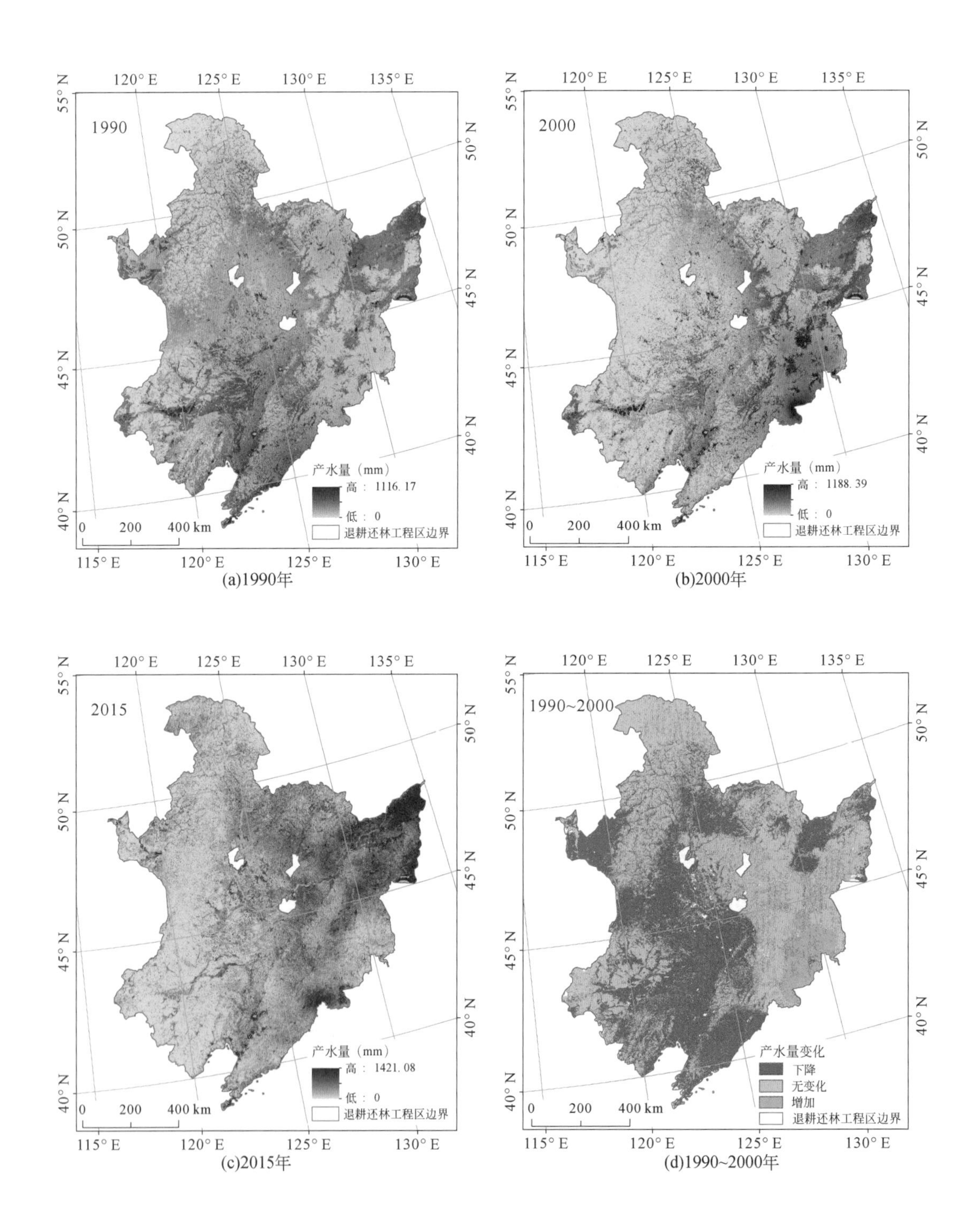

(a)1990年

(b)2000年

(c)2015年

(d)1990~2000年

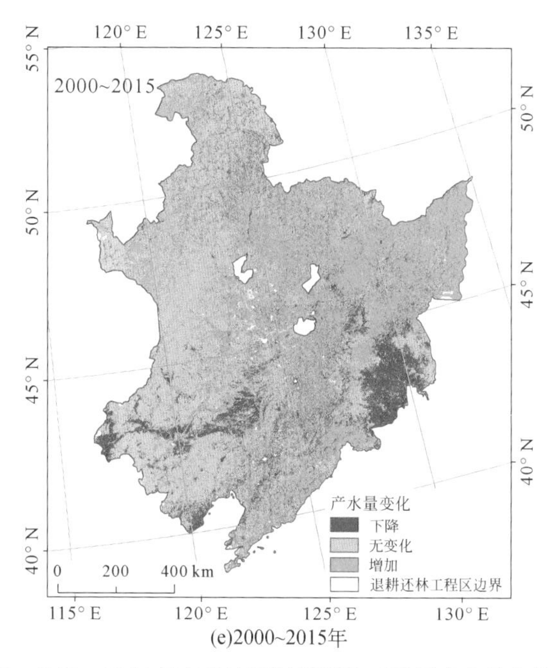

(e)2000~2015年

图 2-37　1990 ~ 2015 年东北地区退耕还林工程区产水量空间分布图

表 2-27　东北地区退耕还林工程区 2000 ~ 2015 年水源涵养变化

项目	2000 年	2015 年	2000 ~ 2015 年
水源涵养量（亿 m^3）	1190.08	1047.61	-142.47
水源涵养能力（m^3/hm^2）	1059.02	932.67	-126.35

由于地理位置、气候条件、植被结构存在空间差异，水源涵养能力也表现出明显的区别。由表 2-28 可以看出，各地级市水源涵养能力在不同年份表现各不相同，2000 年水源涵养能力最高的是白山市，为 4488.49m^3/hm^2，最低的是呼伦贝尔市，为 278.61m^3/hm^2；2015 年各地级市水源涵养能力最高的是白山市，为 4713.91m^3/hm^2，最低的为兴安盟，为 114.11m^3/hm^2，其次是齐齐哈尔市，为 204.39m^3/hm^2。

表 2-28　各地级市水源涵养能力及其变化率

地级市	水源涵养能力（m^3/hm^2）		2000 ~ 2015 年变化率（%）
	2000 年	2015 年	
鞍山市	1485.31	1620.09	9.07
白城市	737.46	287.09	-61.07
白山市	4488.49	4713.91	5.02
本溪市	2493.28	2481.74	-0.46
朝阳市	559.46	235.35	-57.93

续表

地级市	水源涵养能力（m^3/hm^2）		2000～2015年变化率（%）
	2000年	2015年	
赤峰市	555.89	281.02	-49.45
大连市	1383.40	1589.26	14.88
大庆市	969.89	452.73	-53.32
大兴安岭地区	767.74	981.47	27.84
丹东市	2441.35	2489.54	1.97
抚顺市	2169.38	2239.53	3.23
阜新市	740.11	311.45	-57.92
哈尔滨市	1112.75	893.36	-19.72
鹤岗市	1525.15	1403.20	-8.00
黑河市	499.21	651.29	30.46
呼伦贝尔市	278.61	283.65	1.81
葫芦岛市	322.29	341.66	6.01
鸡西市	2000.42	1909.73	-4.53
吉林市	2055.61	1876.24	-8.73
佳木斯市	1864.36	1796.98	-3.61
锦州市	705.11	572.02	-18.88
辽阳市	1462.21	1612.53	10.28
辽源市	2244.35	1863.62	-16.96
牡丹江市	1487.77	1472.75	-1.01
盘锦市	650.06	905.17	39.24
七台河市	1527.66	1405.22	-8.01
齐齐哈尔市	501.53	204.39	-59.25
沈阳市	1456.81	1374.71	-5.64
双鸭山市	1658.47	1544.89	-6.85
四平市	1326.40	683.44	-48.47
松原市	1203.60	482.16	-59.94
绥化市	931.43	584.14	-37.29
铁岭市	1423.05	1152.99	-18.98
通化市	2843.05	2898.27	1.94
通辽市	587.26	250.89	-57.28
兴安盟	340.05	114.11	-66.44
延边朝鲜族自治州	2274.13	2319.86	2.01
伊春市	1218.95	1291.65	5.96

续表

地级市	水源涵养能力（m^3/hm^2）		2000～2015 年变化率（%）
	2000 年	2015 年	
营口市	1127.64	1204.86	6.85
长春市	1321.97	751.04	-43.19

从各地级市的水源涵养量（表 2-29）来看，2000 年各地级市水源涵养量最高的是延边朝鲜族自治州，为 97.84 亿 m^3；其次是白山市和佳木斯市，水源涵养量为 77.72 亿 m^3 和 60.40 亿 m^3；水源涵养量最低的是盘锦市，为 2.10 亿 m^3。2015 年各地级市水源涵养量最高的是延边朝鲜族自治州，为 99.81 亿 m^3；最低的是阜新市和盘锦市，分别为 3.24 亿 m^3 和 2.93 亿 m^3。

表 2-29　各地级市水源涵养量及其变化率

地级市	水源涵养量（亿 m^3）		2000～2015 年变化率（%）
	2000 年	2015 年	
鞍山市	13.73	14.97	9.07
白城市	18.98	7.39	-61.07
白山市	77.72	81.62	5.02
本溪市	21.06	20.96	-0.46
朝阳市	10.97	4.61	-57.93
赤峰市	47.24	23.88	-49.45
大连市	17.23	19.79	14.88
大庆市	20.49	9.56	-53.32
大兴安岭地区	49.52	63.31	27.84
丹东市	35.73	36.43	1.97
抚顺市	24.41	25.20	3.23
阜新市	7.69	3.24	-57.92
哈尔滨市	55.66	44.69	-19.72
鹤岗市	22.18	20.40	-8.00
黑河市	26.24	34.24	30.46
呼伦贝尔市	45.02	45.83	1.81
葫芦岛市	3.29	3.49	6.01
鸡西市	44.76	42.73	-4.53
吉林市	56.98	52.01	-8.73
佳木斯市	60.40	58.22	-3.61
锦州市	6.86	5.57	-18.88
辽阳市	6.84	7.54	10.28

续表

地级市	水源涵养量（亿 m^3）		2000 ~ 2015 年变化率（%）
	2000 年	2015 年	
辽源市	11.57	9.61	-16.96
牡丹江市	57.65	57.06	-1.01
盘锦市	2.10	2.93	39.24
七台河市	9.54	8.77	-8.01
齐齐哈尔市	19.36	7.89	-59.25
沈阳市	18.77	17.71	-5.64
双鸭山市	36.59	34.09	-6.85
四平市	19.13	9.86	-48.47
松原市	25.55	10.23	-59.94
绥化市	29.94	18.77	-37.29
铁岭市	18.42	14.92	-18.98
通化市	44.24	45.10	1.94
通辽市	34.52	14.75	-57.28
兴安盟	18.65	6.26	-66.44
延边朝鲜族自治州	97.84	99.81	2.01
伊春市	39.98	42.37	5.96
营口市	5.84	6.24	6.85
长春市	27.04	15.36	-43.19

四、防风固沙能力变化

防风固沙是退耕还林工程重要的防护功能之一。防风固沙量的多少直接反映了防风固沙能力的强弱，本节中防风固沙量采用修正风蚀方程（RWEQ）进行估算。通过风速、土壤、植被覆盖等因素估算防风固沙量（Ouyang et al.，2016），最终求得 2000 年和 2015 年东北地区退耕还林工程区的防风固沙量。

（一）区域防风固沙能力及变化分析

1990 ~ 2015 年东北地区退耕还林工程区防风固沙能力分布及变化见图 2-38。2000 年东北地区退耕还林工程区的固沙量为 38.24 亿 t。区域防风固沙能力整体呈现由中心到四周增强的趋势，2000 年工程区的平均防风固沙能力为 3445.29t/km^2。防风固沙能力较好的地区主要分布在内蒙古西部和南部、黑龙江东部、辽宁西北地区以及吉林省西部的个别地区。该区内大部分地区防风固沙能力较低，其中大部分地区防风固沙能力不到 500t/km^2，约占整个工程区面积的 48.53%。

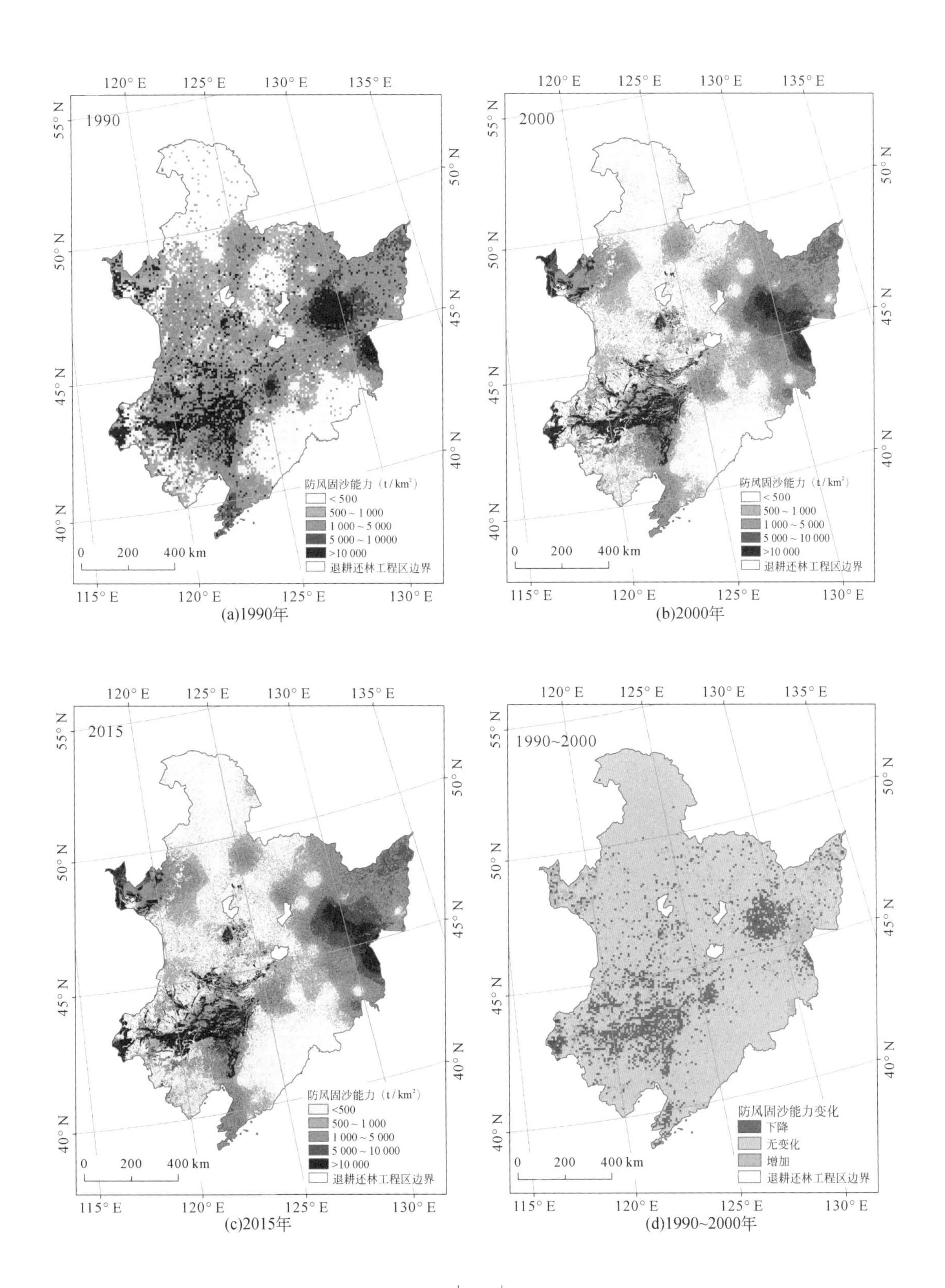

(a)1990年

(b)2000年

(c)2015年

(d)1990~2000年

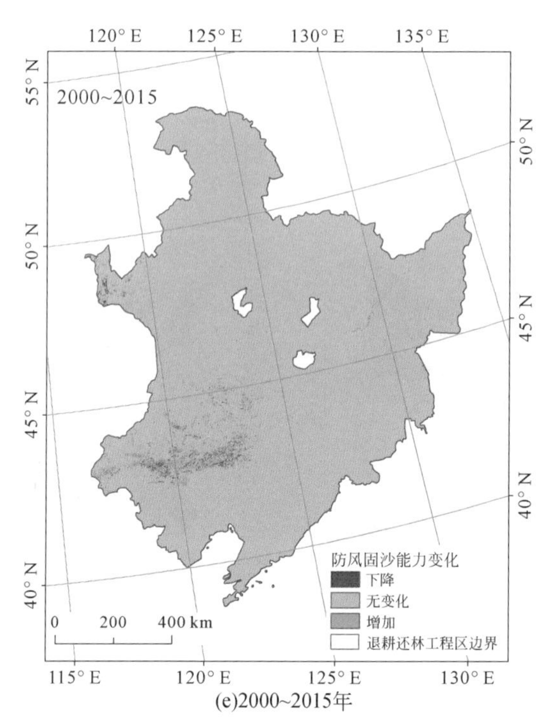

(e)2000~2015年

图 2-38　1990 ~ 2015 年东北退耕还林工程区防风固沙能力分布及变化

2015 年东北退耕还林工程区的防风固沙量为 39. 08 亿 t。整体防风固沙能力高于 2000 年，防风固沙能力空间分布特征整体上与 2000 年的分布差别不大，2015 年平均防风固沙能力为 3492. 03t/km^2，15 年间，平均防风固沙能力提高了 46. 74t/km^2。与 2000 年相比，2015 年大部分区域防风固沙能力较为稳定，防风固沙能力较好的地区主要分布在内蒙古西部和南部、黑龙江东部、辽宁西北部以及吉林西部的个别地区。大部分地区防风固沙能力较低，其中黑龙江以及东部三市一盟的北部和中部，吉林东部、辽宁东部及西部地区防风固沙能力不到 500t/km^2，约占整个退耕还林工程区面积的 48. 11%。

2000 ~ 2015 年，东北地区退耕还林工程区防风固沙总量呈现整体增加的趋势，总计增加了 0. 84 亿 t，总增长幅度达到 2. 22%，年均增加量为 5. 67×10^{6}t。该时间段内东北地区退耕还林工程区的平均防风固沙能力变化与防风固沙总量变化一致，呈增加趋势，防风固沙能力增强。

从各省份防风固沙能力（表 2-30）上看，2000 ~ 2015 年防风固沙能力增加量最大的是内蒙古，增加量为 159. 12t/km^2；出现负增长的是黑龙江，减少量约为 30. 06t/km^2。从变化幅度分析，2000 ~ 2015 年防风固沙能力增加最为显著的是内蒙古，增加幅度为 3. 38%，其次是辽宁和吉林，增加幅度分别是 1. 20% 和 1. 13%。

从防风固沙总量来看，2000 ~ 2015 年东北地区退耕还林工程区防风固沙总量减少的是黑龙江，减少量为 0. 13 亿 t，防风固沙总量增加最大的是内蒙古，增加量为 0. 65 亿 t，其次是吉林和辽宁，增加量分别是 0. 07 亿 t 和 0. 05 亿 t。从变化幅度分析，2000 ~ 2015 年防风固沙量增加最为显著的是内蒙古，增加幅度为3.88%，其次是吉林和辽宁，增加幅度分别是1.79%和1.68%。

表 2-30　东北地区退耕还林工程区各省份防风固沙量变化情况

省份	2000 年		2015 年	
	防风固沙能力（t/km²）	防风固沙量（亿 t）	防风固沙能力（t/km²）	防风固沙量（亿 t）
辽宁	2320.12	3.32	2346.27	3.37
吉林	2119.13	4.01	2144.5	4.08
黑龙江	3354.96	14.08	3324.9	13.95
内蒙古	4701.87	16.83	4860.99	17.48

（二）东北主要沙区防风固沙能力及其变化

东北地区的两个主要沙区为呼伦贝尔沙地与科尔沁沙地，是退耕还林工程改善防风固沙能力的关键区。根据三北防护林的评估结果（朱教君等，2015），造林对改善防风固沙能力的影响主要集中在造林区。因此，本节评估了东北地区退耕还林工程区典型沙区退耕还林对防风固沙能力的影响。结果（表2-31）显示，2000～2015年，东北两大主要沙区防风固沙总量从2000年的6.66×10^6t增加到2015年的6.95×10^6t，总计增加0.29×10^6t，增幅4.17%。两个沙区均呈现增加趋势，但增幅有所差异。科尔沁沙区退耕还林区防风固沙总量从2000年的6.09×10^6t增加到2015年的6.37×10^6t，总计增加了0.28×10^6t，总增长幅度达到4.60%，年均增加量为0.02×10^6t；单位面积防风固沙能力从2000年的16 071.39t/km²增加到2015年的16 824.61t/km²，共增加753.22t/km²，年均增加50.21t/km²。退耕还林工程对呼伦贝尔沙区防风固沙能力的作用十分有限。呼伦贝尔沙区退耕还林区防风固沙总量呈微弱增加趋势，2000～2015年来仅增加0.002×10^6t，增幅为0.35%；单位面积防风固沙能力从2000年的36 412.31t/km²增加到2015年的36 536.66t/km²，增加124.35t/km²，年均增加8.29t/km²。

表 2-31　东北地区退耕还林工程区典型沙区防风固沙变化情况

沙区	2000 年		2015 年		2000～2015 年	
	防风固沙能力（t/km²）	防风固沙量（10^6t）	防风固沙能力（t/km²）	防风固沙量（10^6t）	防风固沙能力（t/km²）	防风固沙量（10^6t）
科尔沁沙区	16 071.39	6.09	16 824.61	6.37	753.22	0.28
呼伦贝尔沙区	36 412.31	0.57	36 536.66	0.57	124.35	0.002
合计	52 483.70	6.66	53 361.27	6.95	877.56	0.29

五、生态系统碳储量变化评估

碳储量是重要的生态系统服务之一。生态系统固碳主要指森林、草地、农田和湿地等生态系统在光合作用过程中自然捕获大气中 CO_2 的过程（高扬等，2013）。碳汇（carbon sink）是指健康的陆地生态系统通过植物等在光合作用过程中捕获的碳量。通过生态系统各种固碳方式与固碳潜力的科学认识，制定适合我国国情的生态固碳工程，对促进中国的碳管理及其在全球温室气体减排中的地位具有重要意义。生态系统固碳方式包括两种：一种是自然固碳，即生态系统中的固碳，包括光合作用固定在植被中的碳、残留在土壤中的植被凋落物和根系分泌物，以及通过迁移到水中的生物固碳；另一种是人为固碳，即通过 CO_2 捕获和储存的人工碳封存。生态系统自然固碳主要通过保护森林和土壤，增加碳存储（如恢复和新建林地、湿地和草原）或减少 CO_2 排放量（如采用合理的农业耕作制度和生物固碳等）来实现。

生态系统碳储量（carbon storage）是生态系统长期积累碳蓄积的结果，是生态系统现存的植被生物量有机碳、凋落物有机碳和土壤有机总固碳能力的总和（于贵瑞等，2011）。森林生态系统中的大部分碳储存在树干、树枝和树叶中，通常被称为生物量；碳也直接储存在土壤中。对于海洋和湿地来说，固碳不仅是由水生植物和藻类光合作用固定和转化的 CO_2 引起的，也是由河流输入的有机物沉积引起的。陆地生态系统碳储量是指通过光合作用将 CO_2 固定转化为有机碳的总量，可以是一定时期内总初级生产量（gross primary productivity，GPP）或净初级生产量（NPP）的积分值。

从各地级市的碳储量来看，呼伦贝尔市的碳储量最高，达 3430.74Tg，除此之外区域碳储量在 1000Tg 以上的地级市还有大兴安岭地区，2015 年碳储量达 1761.64Tg；其次，延边朝鲜族自治州、黑河市、伊春市、牡丹江市、赤峰市、哈尔滨市和兴安盟的碳储量较高，分别达到 953.04Tg、951.57Tg、790.28Tg、767.28Tg、756.93Tg、700.71Tg 和 619.55Tg；区域碳储量较低的地级市有阜新市、四平市、锦州市、七台河市、沈阳市、营口市、辽源市、辽阳市和盘锦市，碳储量均不足 100Tg，其中区域碳储量最低的地级市是盘锦市，仅 33.00Tg。

从变化趋势分析可知，东北地区退耕还林工程区 2000～2015 年区域碳储量呈现略微降低的趋势，由 2000 年的 17.12×10^3 Tg 降低到 2015 年的 16.93×10^3 Tg，降低了约 0.19×10^3 Tg（表 2-32）。这与区域内降水、蒸散、气温以及生态系统变化有关。

表 2-32　2000～2015 年东北地区退耕还林工程区碳储量变化

项目	2000 年	2015 年	2000～2015 年
平均碳储量（t/km^2）	15 172.67	15 007.00	165.67
区域碳储量（10^3 Tg）	17.12	16.93	-0.19

从空间分布（图 3-39）来看，东北地区退耕还林工程区碳储量从四周向中部逐渐降低，高值地区多分布在东南部，除中部碳储量值较低之外，东部的黑龙江和吉林西部及西南部碳储量变化幅度较大，黑龙江西南部以及内蒙古部分地区 2000～2015 年碳储量增加更明显，而黑龙江东部的碳储量降低较为明显；吉林西部碳储量增减明显，碳储量减少面积较为集中，相对来言，碳储量增加较为分散；内蒙古和辽宁区域内，2000～2015 年碳储量的变化较为零散。

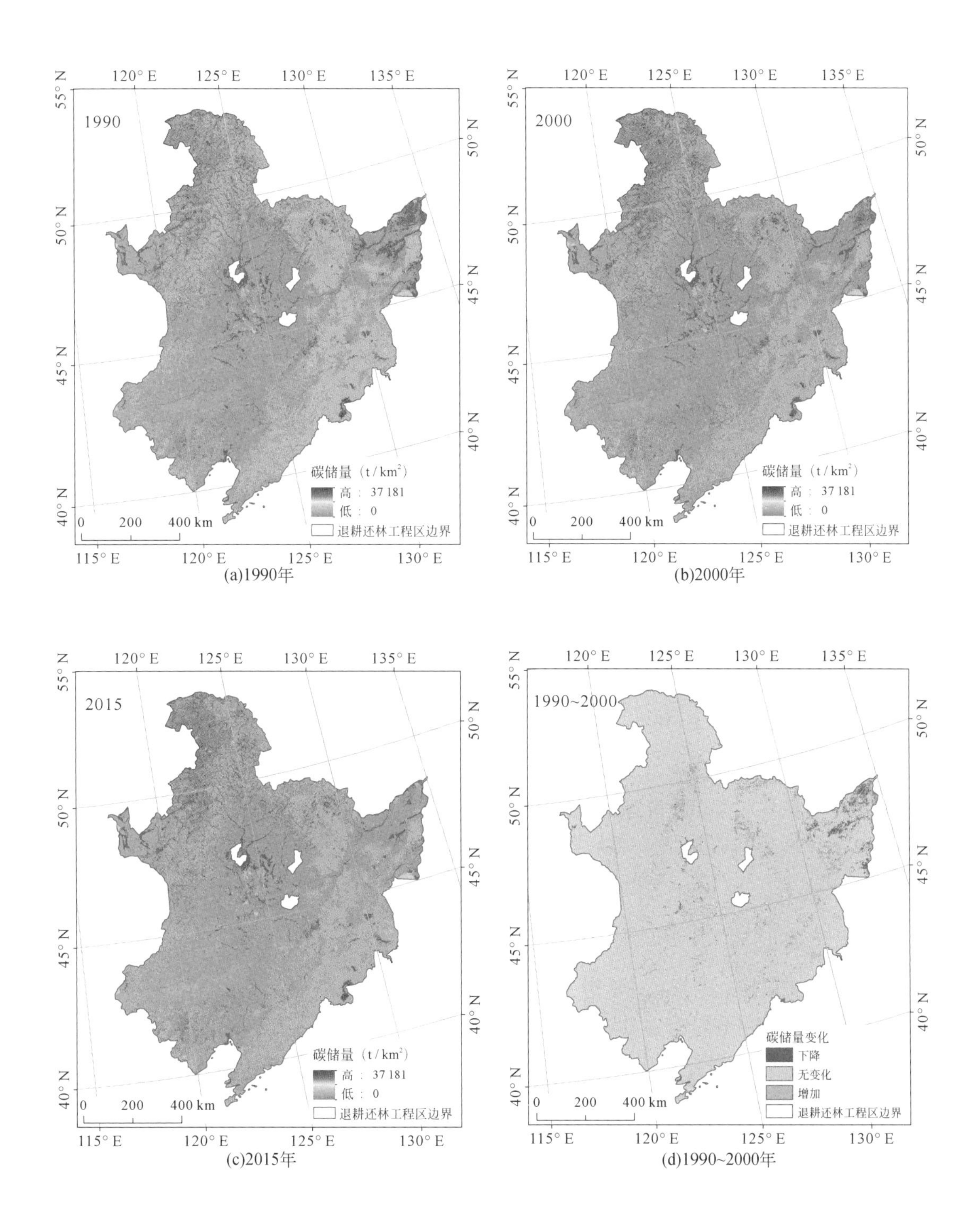

(a)1990年 (b)2000年 (c)2015年 (d)1990~2000年

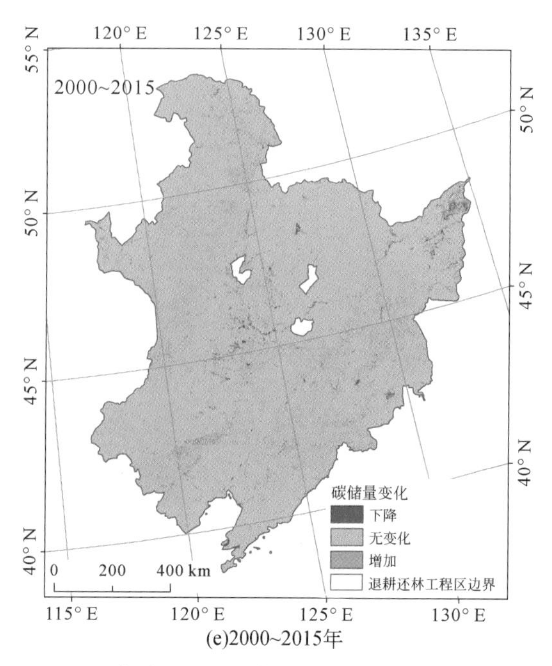

图 2-39　1990 ~ 2015 年东北地区退耕还林工程区碳储量及变化特征分布图

六、生境质量变化评估

（一）生境质量影响因子分析

对生境质量具有直接影响的生存环境控制因子包括水源状况（湖泊和河流密度）、干扰条件（居民地和道路密度）、遮蔽物（土地覆被类型和坡度）和食物来源（NDVI），如图 2-40 所示。

（二）生境质量适宜性动态监测

基于生境质量评价系统和环境因子数据集为基础，获取东北地区退耕还林工程区生境质量空间分布特征和不同质量级别的面积及其比例。可以看出，退耕还林工程在东北地区，栖息地质量最好的地区与湿地和森林空间分布是一致的，主要分布于大庆市西南部的扎龙湿地，七台河地区以及大兴安岭地区、吉林东部和辽宁东部的大片林区，这些地区水源与食物相对充足，比较适合各生物的栖息和生存。良好的生境质量区域广泛分布于退耕还林工程区的西北地区以及东部和中部的部分区域内，包括兴安盟、大兴安岭北部以及黑龙江中部及东部区域以及吉林和辽宁的部分地区。栖息地质量一般的地区主要分布在齐齐

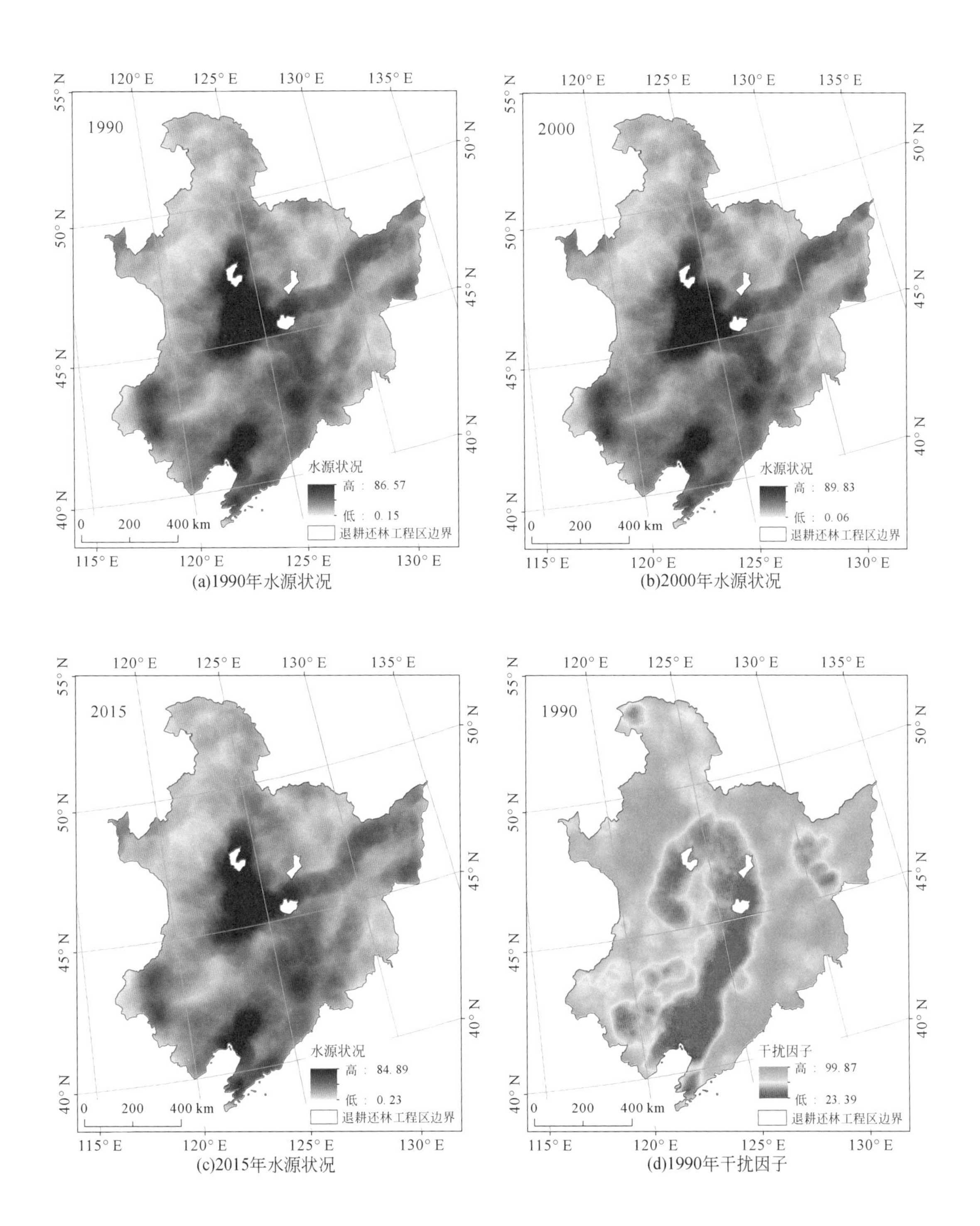

(a)1990年水源状况

(b)2000年水源状况

(c)2015年水源状况

(d)1990年干扰因子

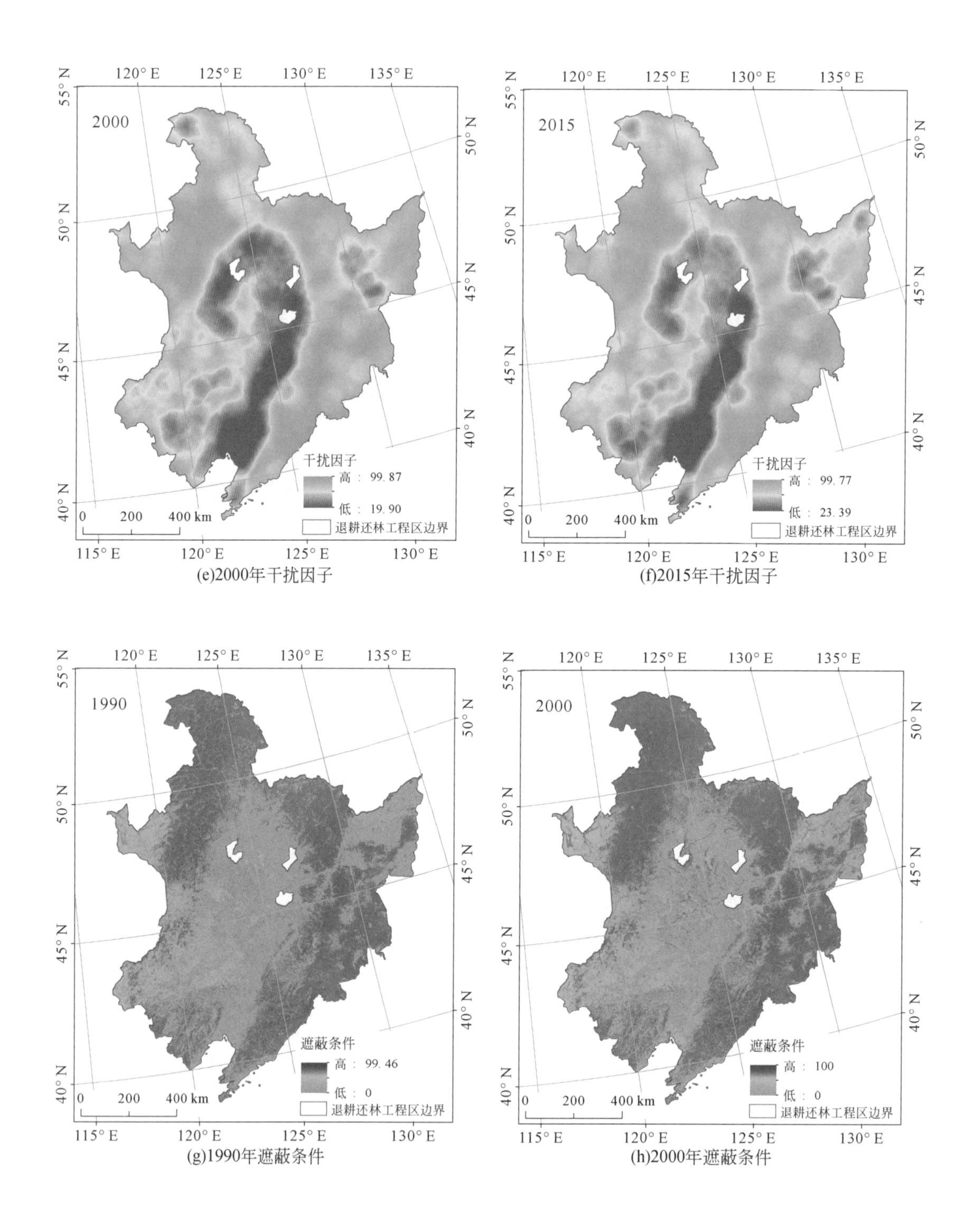

(e)2000年干扰因子

(f)2015年干扰因子

(g)1990年遮蔽条件

(h)2000年遮蔽条件

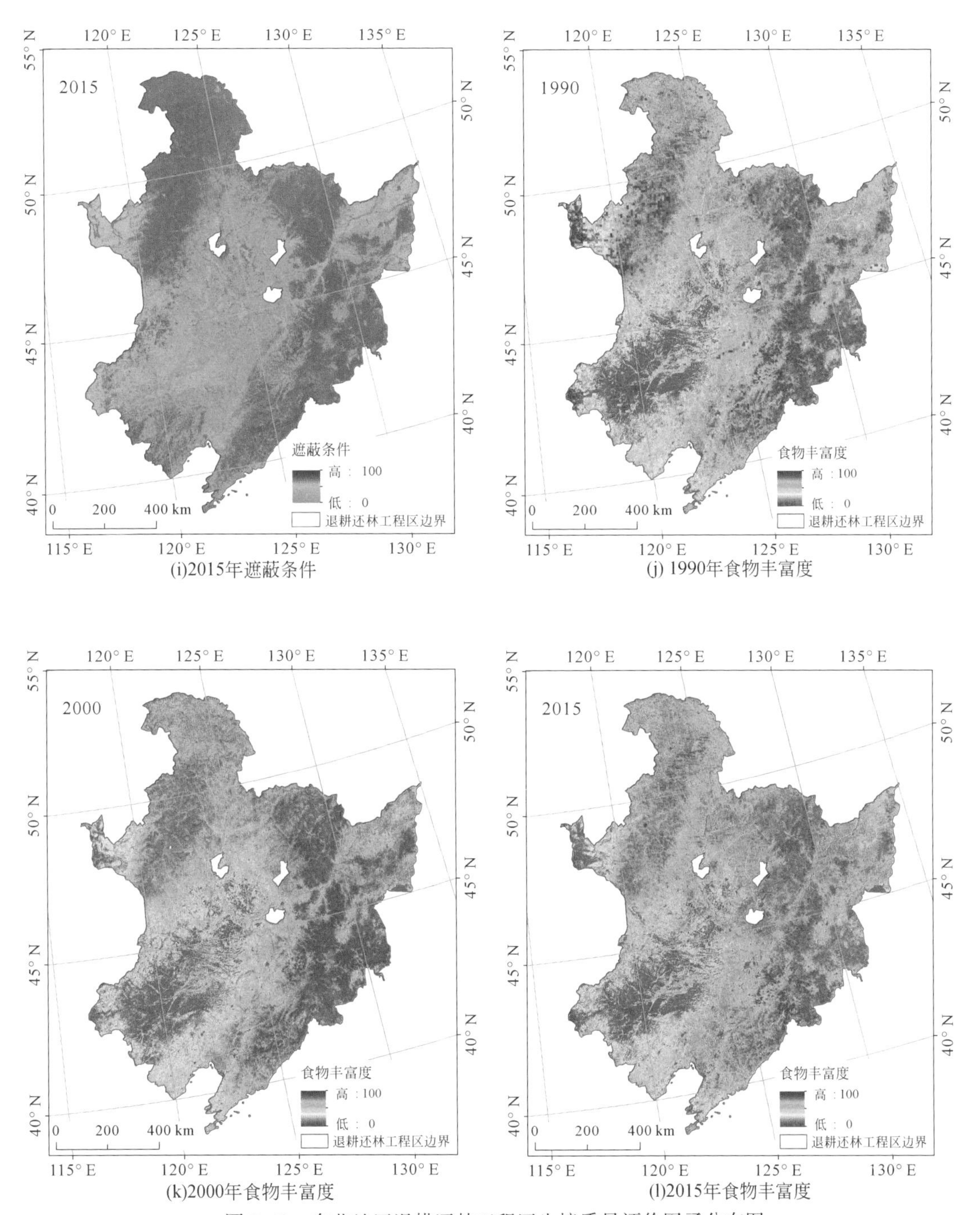

(i)2015年遮蔽条件

(j) 1990年食物丰富度

(k)2000年食物丰富度

(l)2015年食物丰富度

图 2-40　东北地区退耕还林工程区生境质量评价因子分布图

哈尔市、绥化市、四平市、通辽市、赤峰市以及辽宁北部地区，这些地区多是农田大量分布的中产田区，其遮蔽条件和 NDVI 值都比较低，遮蔽条件和食物条件均一般。生境质量差的区域集中分布于赤峰市、通辽市以及长春市等交通比较发达、居民地较密集的区域以及以及道路和居民密度较大的缓冲区，这些地区经常受到人类活动的严重干扰。到 2015 年，部分生境质量较差的区域逐渐得到改善，而生境质量较差的区域则分布很少（图 2-41）。

东北地区退耕还林工程区生境质量最好区域的面积在 2000 ~ 2015 年呈现增长的趋势，主要因为该区内生态环境保护较好；2015 年生境质量最好区域的面积比 2000 年略高。总体来看，2000 ~ 2015 年生境质量最好区域面积呈增长趋势，生境质量有所提高（表 2-33，图 2-42）。

生境质量良好区域的面积波动不大，2000 ~ 2015 年，其面积呈逐年增长的趋势，生境质量良好的面积增加了 42 372. 87km^2，主要由生境质量一般的区域转化而来，主要分布于齐齐哈尔市和绥化市的部分地区。总体来看，2000 ~ 2015 年退耕还林工程区内的生境质量逐步提高，越来越适合生物的生存与栖息。

2000 ~ 2015 年，生境质量一般区域的面积呈现减少的趋势，减少了 4. 07%。2000 ~ 2015 年，生境质量差的区域面积是减少的，退耕还林工程区内生境质量差的区域面积减少了 8399. 25km^2。总体来看，在 2000 ~ 2015 年生境质量还是向好的趋势发展的。从整体上看，东北地区退耕还林工程区生境质量越来越高，生物的生活环境逐渐提高。

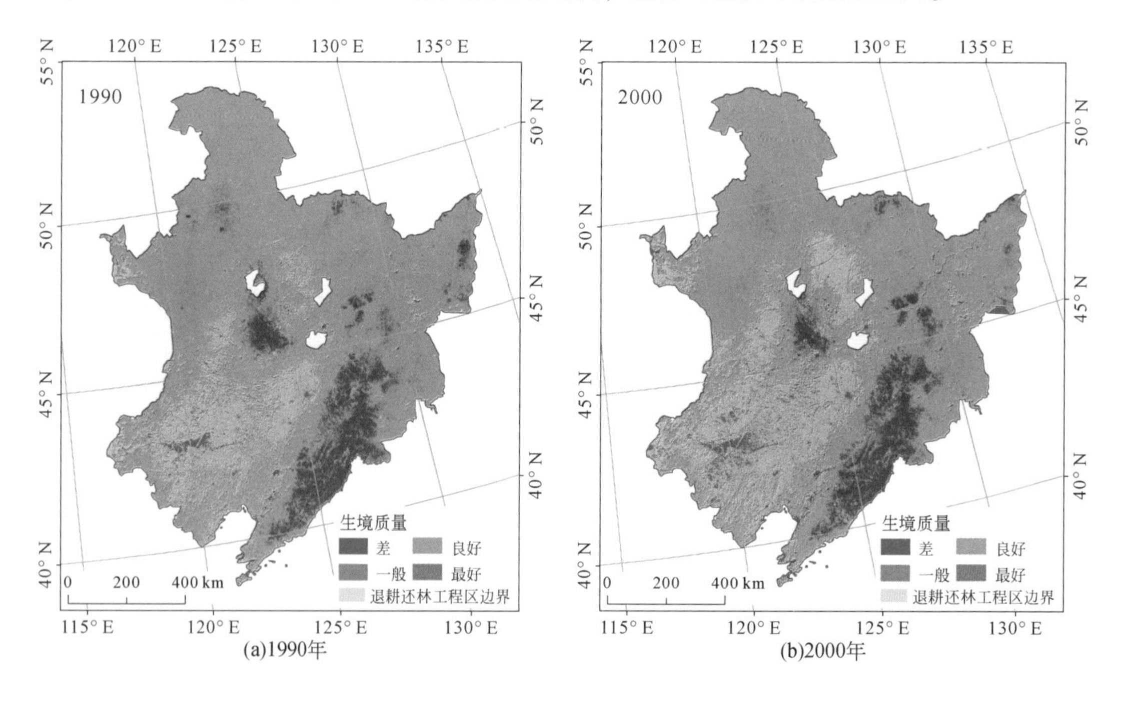

(a)1990年　　(b)2000年

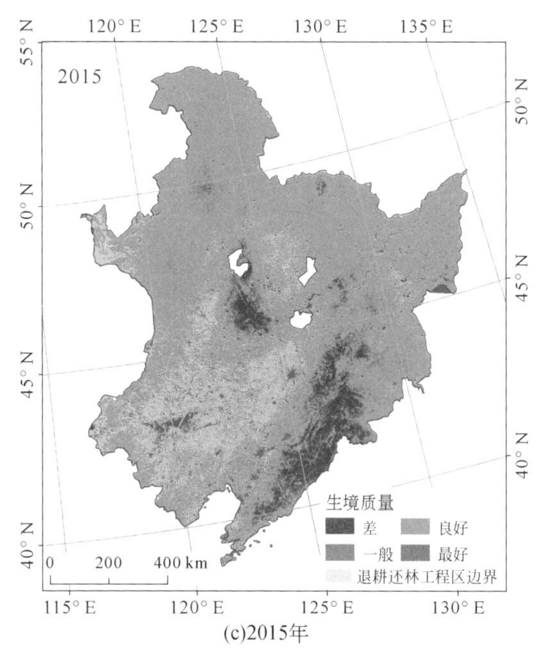

(c)2015年

图 2-41　1990～2015 年东北地区退耕还林工程区生境质量分布图

表 2-33　退耕还林工程区生境质量等级面积及其百分比

年份	最好（km^2）	比例（%）	良好（km^2）	比例（%）	一般（km^2）	比例（%）	差（km^2）	比例（%）
2000	417 983.25	37.08	419 059.38	37.18	245 956.06	21.82	44 222.63	3.92
2015	430 054.63	38.14	461 432.25	40.93	200 120.31	17.75	35 823.38	3.18

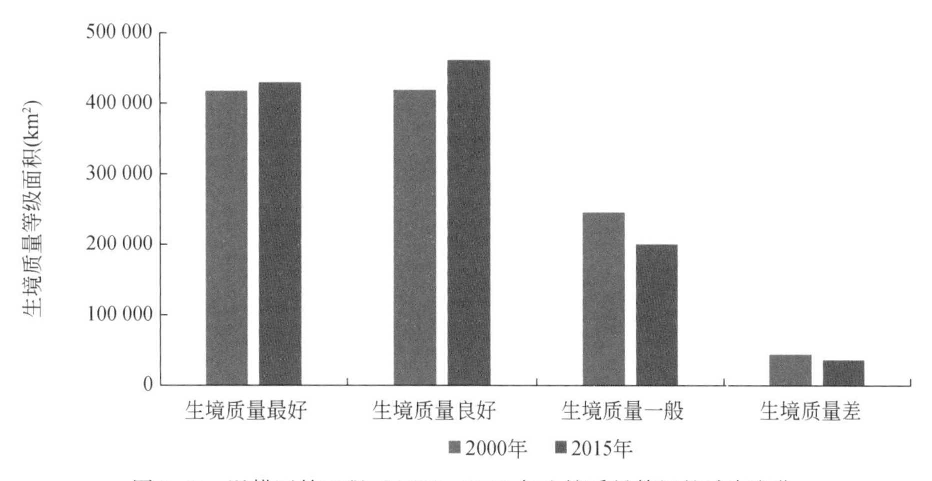

图 2-42　退耕还林工程区 2000～2015 年生境质量等级的动态变化

（三）生境质量变化的驱动因素分析

1. 土地利用变化的影响

土地利用变化是影响生境质量的最重要因素。不同的土地利用类型为不同的生物提供了不同的生存环境。森林和湿地是动植物最适宜生存的环境。2000 ~ 2015 年，湿地面积减少，森林面积增加了 2487.84km^2。从空间上看到，生境质量最好区域与森林和湿地空间分布具有明显的空间一致性，同时，湿地面积减少与旱地面积增加具有相对明显的空间一致性，所以湿地开垦会导致生境质量最好区域面积减少，森林增加使得生境质量最好的区域面积增加。

与水体和裸地相比，湿地和森林生态系统能为生物提供充足的食物和遮蔽条件，其生境质量更好；耕地和草地的生境质量次之。2000 ~ 2015 年，裸地面积呈下降趋势。从各土地覆被类型之间的转化来看，大部分裸地转化为林地、湿地和草地，减少了生境质量一般的区域面积，提高了东北退耕还林工程区的整体生境质量。城市用地面积呈增加趋势，对生境质量有较强的干扰。但与森林、湿地、草地、耕地相比，城区所占面积比例较小，且受研究区内其他生态系统类型的干扰作用减弱，生境质量差的区域面积变化不大。

2. 经济政策因素的影响

GDP 作为经济发展的重要指标，对生境质量有一定的影响。东北地区退耕还林工程区的 GDP 呈上升趋势。经济的发展加速了城市化进程，城市规模及其配套交通网络不断扩大，使得干扰条件在生境质量评价体系中的作用增大。但是在退耕还林工程区内建立若干自然保护区，不仅保护了重要的个体物种，而且保护了生态环境和生物资源，为当地社会经济发展和居民带来了良好的经济效益，达到了可持续利用的目的。随着保护区保护效果的提高和退耕还林工程的实施，整体生境质量呈现出较好的趋势。

3. 自然因素变化的影响

东北地区退耕还林工程区的水资源主要来源于大气降水。退耕还林工程区域温度呈现波动上升趋势，降水波动，特别是 2010 年以来降水较多，很多较干旱地区的气候环境变得适宜，使得生境质量不好的区域面积在 2000 ~ 2010 年呈降低趋势。2010 ~ 2015 年降水减少，环境干燥、变暖，导致湿地的退化和面积损失，进而引起生境质量不好的区域面积有所回升，但与 2000 年相比，工程区内生境质量总体上是变好的。

第四节　东北地区退耕还林工程实际发生区主要生态系统服务能力变化

一、主要生态系统植被覆盖度与生产力变化

（一）植被覆盖度变化

从 2000 ~ 2015 年东北地区退耕还林工程实际发生区植被覆盖度变化（图 2-43）可以

看出，植被覆盖度总体上呈线性增加趋势，年均增量约为0.006。从2007年开始植被覆盖度增长速度变快，2013年开始略有下降。2015年植被覆盖度空间分布见图2-31。

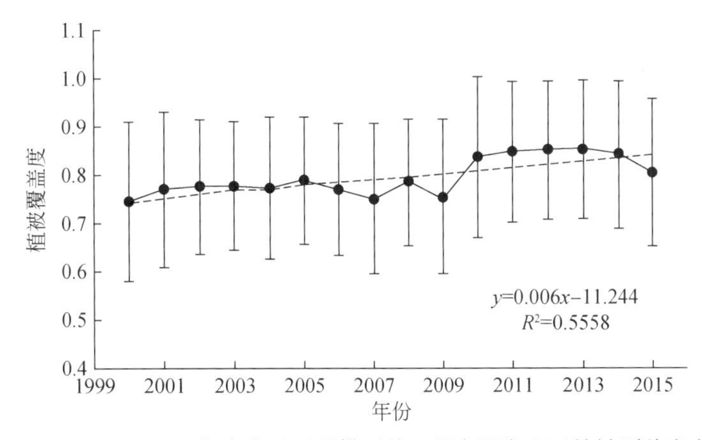

图2-43　2000～2015年东北地区退耕还林工程实际发生区植被覆盖度变化

从表2-34可以看出，2000～2015年东北地区退耕还林工程区植被覆盖度整体上以无显著变化为主，面积为8250.19km^2，占比约为72.10%。其次植被覆盖度以显著上升为主，面积为2791.04km^2，占比约为24.39%；植被覆盖度显著下降、极显著上升和极显著下降区面积相对较小，占比均小于2%，其中极显著下降区域占比仅为0.15%。

表2-34　2000～2015年东北地区退耕还林工程实际发生区植被覆盖度变化统计

变化趋势	变化范围	面积（km^2）	占比（%）
极显著下降	<−0.3	17.71	0.16
显著下降	−0.3～−0.1	217.16	1.90
无显著变化	−0.1～0.1	8250.19	72.10
显著上升	0.1～0.3	2791.04	24.39
极显著上升	>0.3	166.34	1.45

从区域分布上看，2000～2015年东北地区退耕还林工程实际发生区植被覆盖度极显著上升和显著上升区集中分布在工程区的中部（黑龙江西南部和吉林西部）和西南部（内蒙古的东部），无显著变化区主要分布在大兴安岭、小兴安岭及以东、长白山大部分地区。植被覆盖度极显著下降和显著下降区主要分布在黑龙江的呼兰区和巴彦县、内蒙古的新巴尔虎左旗和鄂温克族自治旗，其他减少区域零星分布在辽宁千山（图2-44）。

（二）植被生产力变化

从2000～2015年东北地区退耕还林工程实际发生区净初级生产力变化（图2-45）可以看出，净初级生产力总体上呈线性增加趋势，从2000年的282.26gC/(m^2·a)增加到

2015 年的 368. 50gC/(m^2 · a)，年均增量约为 3. 861gC/m^2。2000 ~ 2005 年净初级生产力增长速度较慢，2006 ~ 2010 年净初级生产力呈波动减少趋势，2011 年以后又逐步升高。

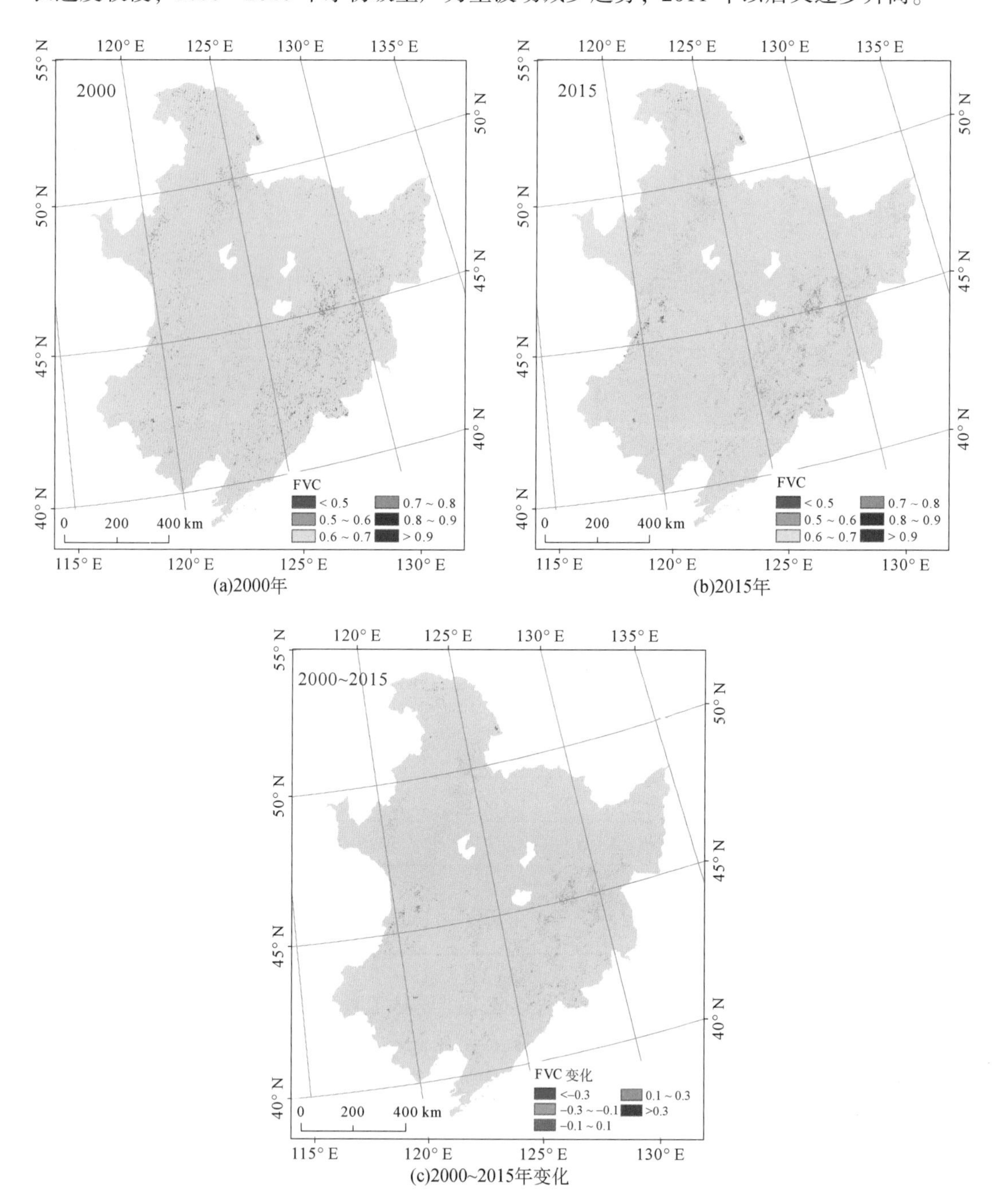

(a)2000年

(b)2015年

(c)2000~2015年变化

图 2-44　2000 ~ 2015 年东北地区退耕还林工程区植被覆盖度及变化空间分布图

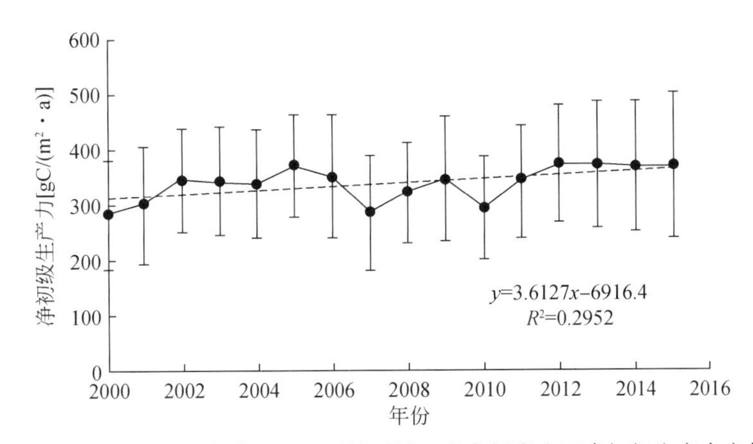

图 2-45　2000 ~ 2015 年东北地区退耕还林工程实际发生区净初级生产力变化

从空间分布上看，2015 年东北地区退耕还林工程实际发生区的净初级生产力整体相对较高，净初级生产力最高值为 1008.60gC/(m^2·a)。退耕还林工程实际发生区净初级生产力最高的为吉林的延吉市和辽宁的丹东市、大连市，2015 年东北地区退耕还林工程实际发生区的年均净初级生产力为 368.50gC/(m^2·a)。净初级生产力相对较低的地区主要分布在吉林西部、科尔沁沙区和新巴尔虎及鄂温克族自治旗部分地区（图 2-46）。

从表 2-35 可以看出，2000 ~ 2015 年东北地区退耕还林工程实际发生区净初级生产力变化以极显著上升为主，占比约为 42.93%，其次为显著上升，占比约为 36.51%。退耕还林工程实际发生区净初级生产力上升的区域面积为 10 415.58km^2，而净初级生产力下降的区域面积仅为 1026.88km^2，仅占全区的 8.97%。

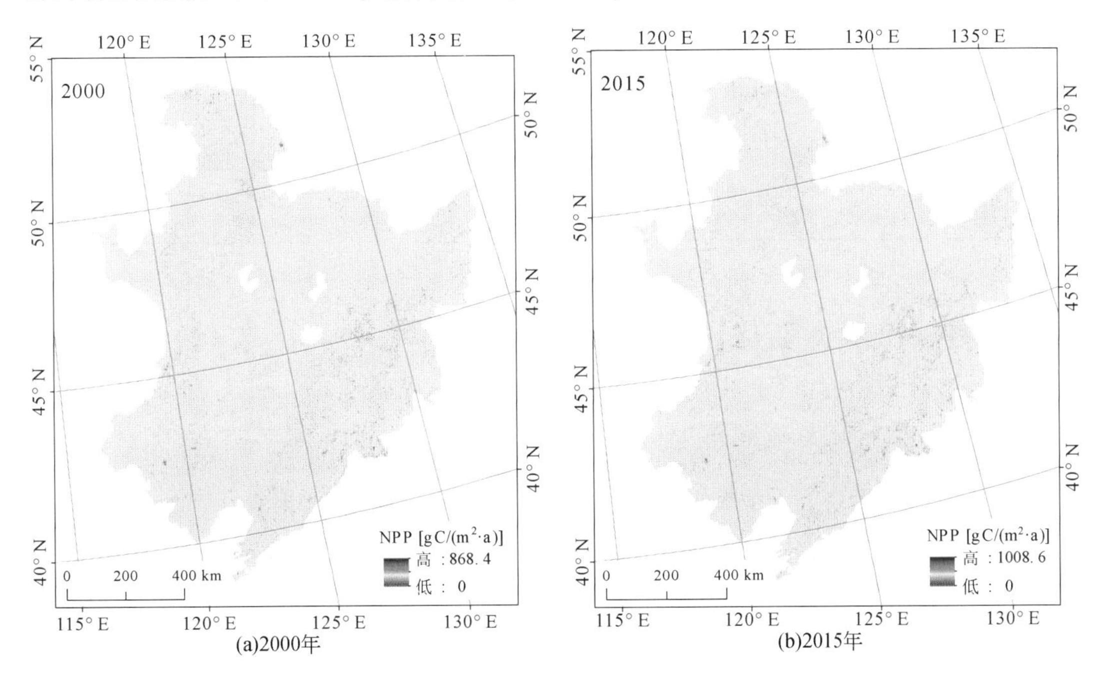

(a)2000年　(b)2015年

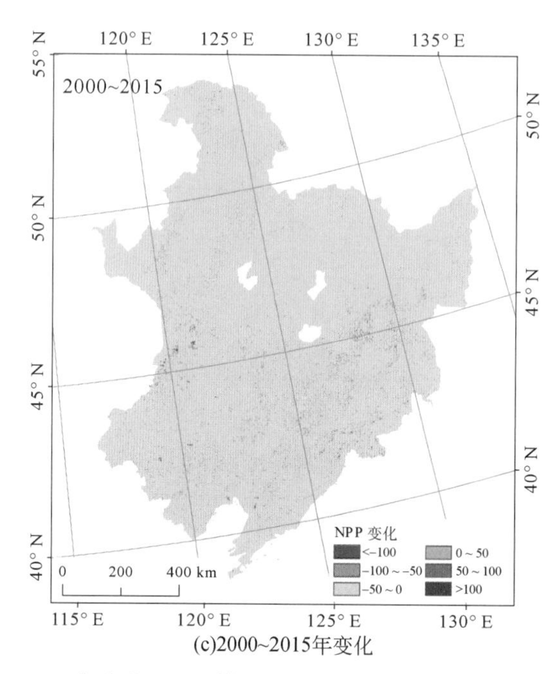

(c)2000~2015年变化

图 2-46　2000 ~ 2015 年东北地区退耕还林工程实际发生区净初级生产力空间分布图

表 2-35　2000 ~ 2015 年东北地区退耕还林工程实际发生区净初级生产力变化统计

变化趋势	变化范围	面积（km^2）	占比（%）
极显著下降	<-100	227.79	1.99
显著下降	-100 ~ -50	242.41	2.12
略微下降	-50 ~ 0	556.68	4.87
略微上升	0 ~ 50	1325.32	11.58
显著上升	50 ~ 100	4178.17	36.51
极显著上升	>100	4912.09	42.93

二、土壤保持能力变化评估

（一）区域土壤保持能力及变化分析

生态系统土壤保持能力受气候和人类活动的影响。从空间分布来看（图 2-47），东北地区退耕还林工程实际发生区土壤保持能力从四周向中部逐渐降低，高值地区多分布在东南部，中部土壤保持能力较低；由图 2-47 可知，1990 ~ 2000 年土壤保持能力略有降低，降低的区域主要分布在吉林东南部的一些地区，另外内蒙古东北部地区、黑龙江南部地区土壤保持能力也有降低的趋势。2000 ~ 2015 年土壤保持能力增加的区域主要分布在黑龙江东部的三江平原地区，另外吉林、辽宁和内蒙古土壤保持能力也有增加的区域；2000 ~ 2015 年土壤保持能力降低的区域主要分布在吉林西部的一些地区，同时三江平原地区也存在明显下降的区域，说明三江平原地区的土壤保持能力变化较大。

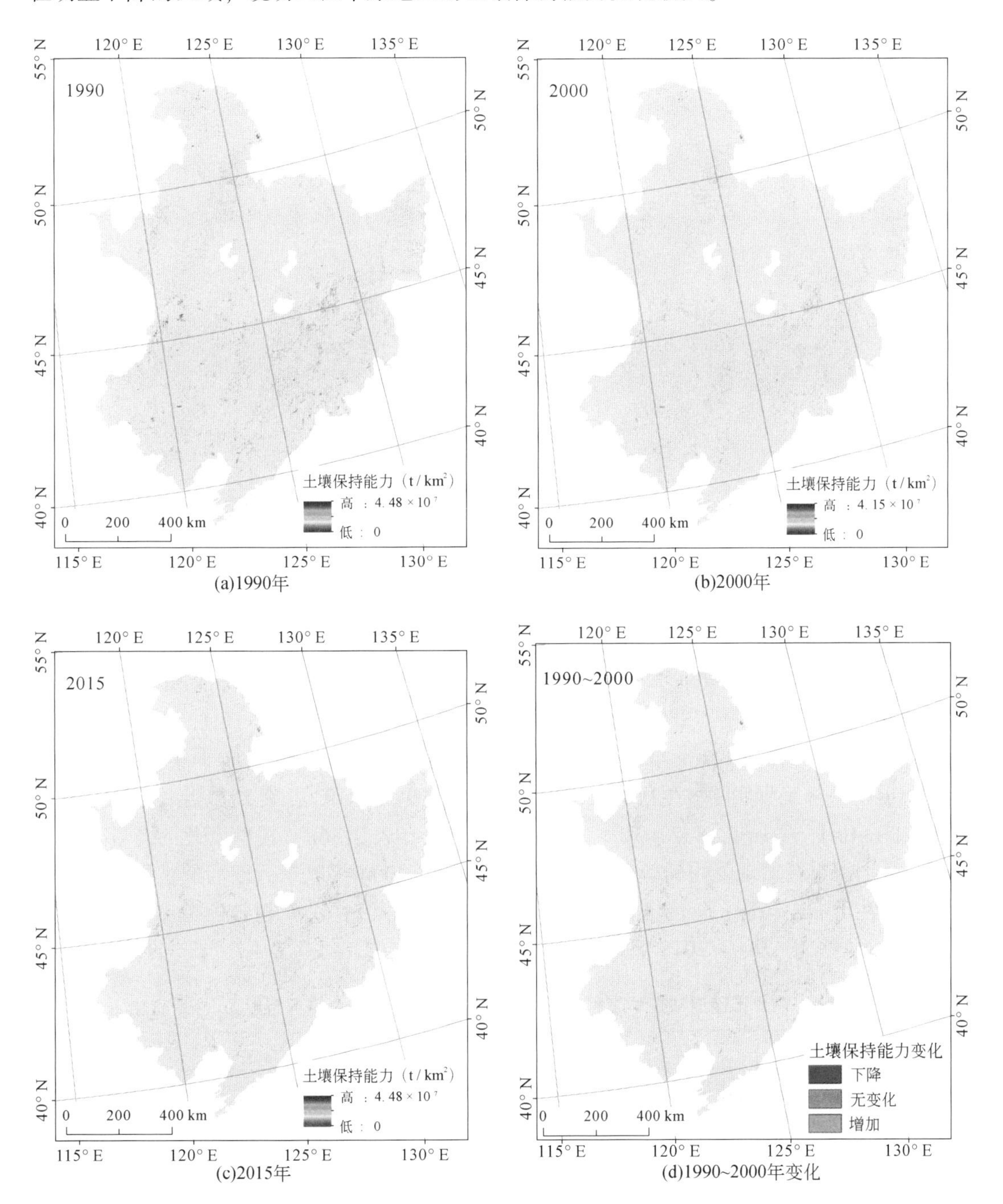

(a)1990年

(b)2000年

(c)2015年

(d)1990~2000年变化

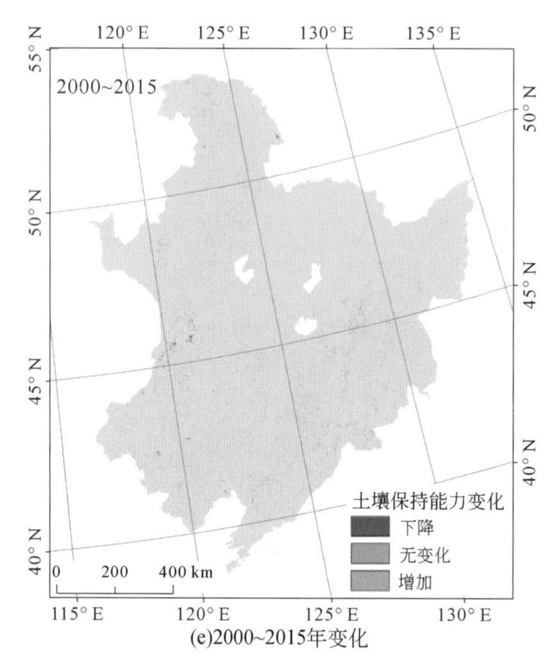

(e)2000~2015年变化

图 2-47　1990 ~ 2015 年东北地区退耕还林工程实际发生区土壤保持能力及变化特征分布图

2000 ~ 2015 年东北地区退耕还林工程区总计造林 11 442. 45km²，在退耕还林工程实际发生区内，土壤保持能力及总量呈先降低后上升的趋势，其中土壤保持能力由 1990 年的 57 796. 15t/km²略微降低到 2000 年的 57 611. 59t/km²，降低了 184. 56t/km²。土壤保持总量与土壤保持能力的变化一致，1990 年退耕还林工程实际发生区的土壤保持总量是 661. 33×10⁶t，到 2000 年土壤保持总量是 659. 22×10⁶t，降低了 2. 11×10⁶t；土壤保持能力由 2000 年的 57 611. 59t/km² 增加到 2015 年的 59 252. 83t/km²，增加了 1641. 24t/km²。2000 年退耕还林工程实际发生区的土壤保持总量是 659. 22×10⁶t，到 2015 年土壤保持总量是 678. 00×10⁶t，增加了 18. 78×10⁶t，增幅为 2. 85%（表 2-36）。这些变化与各年降水量的不同及生态系统宏观结构的变化密切相关，尤其是 2000 年以来，该区的植被覆盖度总体上呈线性增加的趋势，年均增量约为 0. 006，而土壤保持能力与植被覆盖度正相关，植被覆盖度的增加使 2000 ~ 2015 年该区的土壤保持能力增强。

表 2-36　东北地区退耕还林工程实际发生区 1990 ~ 2015 年土壤保持能力/总量变化

指标	1990 年	2000 年	2015 年	1990 ~ 2000 年	2000 ~ 2015 年
土壤保持能力（t/km^2）	57 796. 15	57 611. 59	59 252. 83	-184. 56	1 641. 24
土壤保持总量（10^6t）	661. 33	659. 22	678. 00	-2. 11	18. 78

（二）基于地面样地数据的土壤保持能力评估

东北地区土地肥沃，地域辽阔，人口相对较少，是我国重要的商品粮基地。近年来，保护不当或者无保护开垦引发水土流失，导致土地退化，对土地生产力和粮食生产乃至国家粮食安全造成严重威胁，这也是退耕还林工程重点关注的内容。

刘宝元等（2008）以东北松嫩黑土区面积约2080万hm^2的区域为研究对象，根据950个野外调查点资料，推算研究区2008年农地面积为1727.40万hm^2。通过径流小区和^{137}Cs监测资料，估算研究农地水土流失强度，结果表明，水土流失面积已达到1339.45万hm^2，占研究区总土地面积的64.40%，占研究区农地面积的77.54%。可以发现，东北地区水土流失已经十分严重，开展针对性研究已经刻不容缓，为全面了解东北地区水土流失状况，需要进一步加强对整个东北地区水土流失监测和土壤侵蚀规律的研究。李桂芳等（2015）通过室内模拟降水实验，研究降水强度和地形因子（坡度和坡长）对黑土区坡面土壤侵蚀过程的影响，分析降水强度、坡度、坡长及其交互作用在黑土区坡面侵蚀过程中的作用机理，发现坡面径流量与降水强度的关系最密切，其次是降雨强度-坡长交互作用和降雨强度-坡度-坡长交互作用；坡面侵蚀量与降水强度-坡度-坡长交互作用的相关关系最显著，其次是降水强度和降水强度-坡长交互作用，这些研究可以为黑土区坡面土壤侵蚀动态监测、土壤侵蚀规律的认识、水土流失防治措施的布设提供理论依据。土壤侵蚀是一个复杂的过程，受多种因素的共同影响（如上方汇水流量等），综合考虑各种因素，对明确土壤侵蚀机理有重要意义。

三、产水量变化

（一）单位面积产水量及变化分析

从空间分布来看（图2-48），东北地区退耕还林工程实际发生区产水量从东南部向西北部逐渐降低，高值地区多分布在吉林和辽宁东南部，黑龙江和内蒙古的产水量相对较低；由图2-48可知，1990～2000年产水量呈降低的趋势，降低的区域主要分布在内蒙古东部三市一盟的一些地区，另外辽宁西部和吉林西部产水量也有降低的区域；1990～2000年产水量增加的区域主要分布在黑龙江东部和吉林东部地区，辽宁和内蒙古东部三市一盟也有产水量增加的区域，但主要还是分布在黑龙江和吉林。2000～2015年内蒙古东部三市一盟产水量有明显增加，说明内蒙古东部三市一盟的单位面积产水量在2000～2015年有所恢复，但黑龙江东部和吉林东部地区的产水量虽然增加明显，但也存在大幅度下降的区域。

1990～2000年东北地区退耕还林工程实际发生区产水量呈持续下降趋势（表2-37），1990～2000年该区产水总量下降了$318.40\times10^6\,m^3$，单位面积产水量由1990年的131 730m^3/km^2下降到2000年的103 900m^3/km^2；退耕还林工程实际发生区产水总量由2000年的$1188.91\times10^6m^3$下降到2015年的$1010.74\times10^6m^3$，降幅为14.99%。单位面积产水量的变化与区域产水总量的变化一致，这些变化与各年的气温和降水量的不同及生态系统宏观结构的变化密切相关。

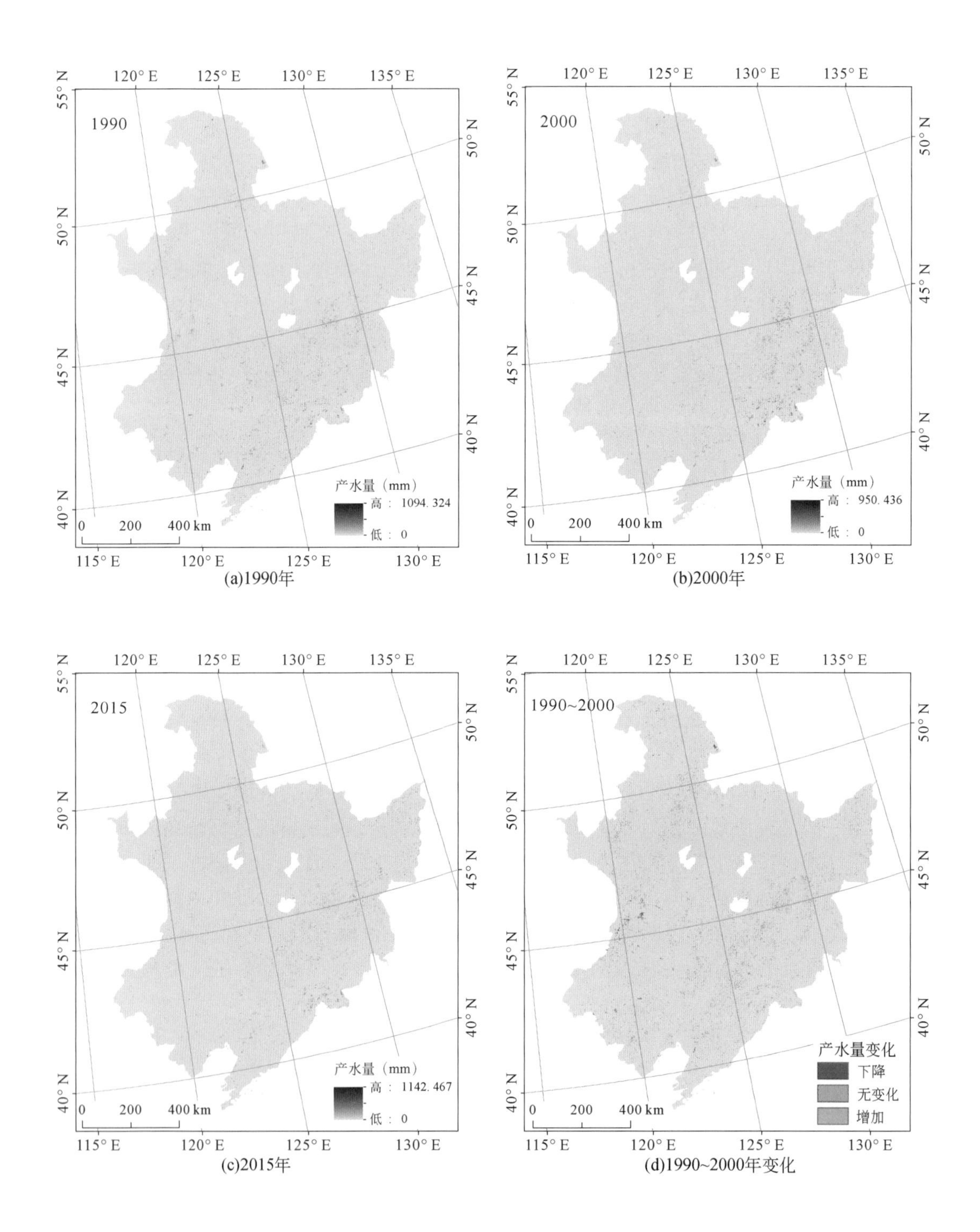

(a)1990年

(b)2000年

(c)2015年

(d)1990~2000年变化

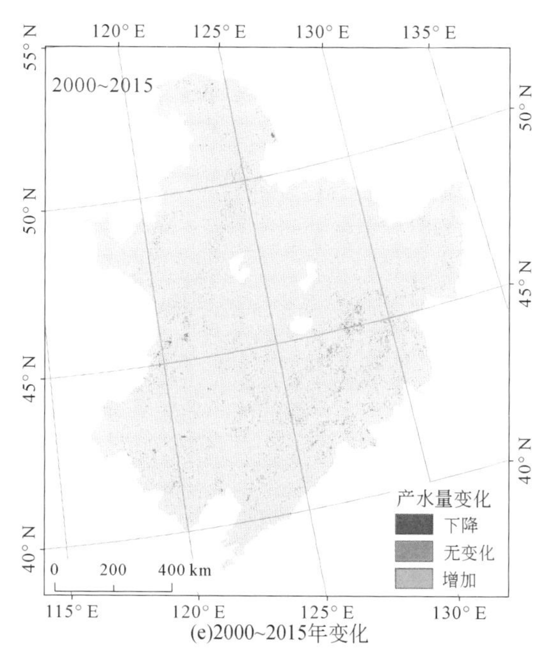

(e)2000~2015年变化

图 2-48 1990~2015 年东北地区退耕还林工程实际发生区产水量空间分布图

表 2-37 东北地区退耕还林工程实际发生区 1990~2015 年产水量变化

指标	1990 年	2000 年	2015 年	1990~2000 年	2000~2015 年
单位面积产水量（m^3/km^2）	131 730	103 900	88 330	-27 830	-15 570
产水总量（$10^6 m^3$）	1 507.31	1 188.91	1 010.74	-318.40	-178.17

（二）基于不同退耕还林模式的单位面积产水量

地面监测与试验研究对评估单位面积产水量至关重要。辽宁东部山区是辽宁中部城市群的天然绿色屏障及主要水源地，森林生态功能的强弱直接关系辽宁中部城市群发展的现在和未来。由于对森林的持续破坏及生态环境问题的日益突出，2002 年辽宁东部山区被规划在重点退耕还林工程范围内。然而，退耕后什么样的恢复模式才能最大限度地发挥生态效益还不明确。

贾云等（2010）在辽宁东部山区腹地本溪县草河口境内，设立监测场，监测区历经 20 余年耕作，于 2002 年退耕还林。通过野外布设固定样地，监测退耕还乔木模式区、退耕还乔灌木混交模式区、退耕后不施加任何人为措施依靠天然恢复模式区、不执行退耕仍采用传统方法继续耕作区的植被组成、地表径流量、土壤物理变动过程、微小动物群落变动过程。结果表明，退耕后 3 年植被开始进入激烈竞争阶段，多年生草本、半木质化植物、灌木等开始占据主导，人工辅助造林可在 6 年后形成较稳定的森林植被群落，单位面积生物产量尤其是木质化根系以退耕还乔灌木混交模式为最高，虽然其固土蓄水功能恢复的速度比自然恢复模式晚 1~2 年，但其综合效果明显高于其他模式；其次为退耕还乔木模式。若依对照（持续农作物耕作）的地表径流量为100%，则6年平均值退耕还乔木模式为11.9%，退耕还乔灌木混交模式为14.49%，天然恢复模式为10.65%。依相同方法计算，泥沙流失量在退耕还乔木模式下为1.95%，退耕还乔灌木混交模式下为0.15%，天然恢复模式下为0.04%。在由农田演变为森林的同时，微小动物（尤其昆虫）系统也在发生相应变化。在几年生态恢复进程中，与对照比，三种恢复模式不但植物物种相对多样，而且寄生或依附类微小动物种群相对繁杂并初步形成链状结构。通过综合分析，评定植被恢复的速度和质量，指出退耕还乔灌木混交模式能发挥最大的生态效益，其次是退耕还乔木模式和退耕后不施加任何人为措施依靠天然恢复模式。

（三）产水量变化的驱动因素分析

1. 土地利用变化的影响

土地利用变化是影响产水量的重要因素。不同土地利用类型产水量差异较大。土地利用变化会引起产水量的变化，因为土地利用能够改变水文循环，影响水分蒸发格局、土壤渗透及水存储能力。森林及湿地是单位面积产水量较大的两大生态系统类型。1990～2015年，该区内森林面积先降低后有所恢复，但整体变化不大，该区湿地面积呈持续减少的趋势。其中1990～2000年湿地面积减少了12 315.83km^2，2000～2015年减少面积达5162.61km^2，与1990～2000年该区湿地面积减少程度相比，2000年以来，湿地减少速度得到一定的控制。该区产水量变化的趋势与湿地的空间分布有明显的一致性，1990～2000年产水量下降较为明显，但2000年之后，产水量下降趋势减缓，说明随着森林及湿地两大生态系统类型的恢复，东北地区退耕还林工程区的产水量减少速度得到一定的控制。但该区农田面积的持续增加，使产水量的恢复效果受到制约。

2. 经济政策因素的影响

经济发展加快城市化进程，城市规模及其配套交通网络不断扩增，城市扩张对湿地退化存在较大的影响，湿地开垦、改变天然湿地用途和城镇扩张占用天然湿地成为湿地减少的主要动因，从而改变了该区生态系统的产水量。

3. 自然因素变化的影响

东北地区退耕还林工程区水资源主要来源于大气降水，气候变化通过降水量和潜在蒸发量影响该区的产水量。该区气温呈波动上升的趋势，降水量的波动性较大，特别是2000～2015年，降水减少，环境变干、变暖，引起湿地退化以及湖泊消退，进而引起产水量的降低。

四、防风固沙能力变化

（一）区域防风固沙能力及变化分析

东北地区退耕还林工程区1990～2000年防风固沙能力呈下降的趋势，该区实际发生退耕还林的总面积为11 442.45km^2。1990年东北地区退耕还林工程实际发生区的防风固沙总量为 5921.91 万 t，平均防风固沙能力为 5175.39t/km^2；2000 年平均防风固沙能力为 3199.23t/km^2，防风固沙总量为 3660.70 万 t，1990～2000 年整体防风固沙能力降低了 1976.16t/km^2，防风固沙总量减少了 2261.21 万 t。东北地区退耕还林工程实际发生区 2000～2015 年防风固沙能力呈上升的趋势，该区防风固沙能力整体呈由中心向四周增强的

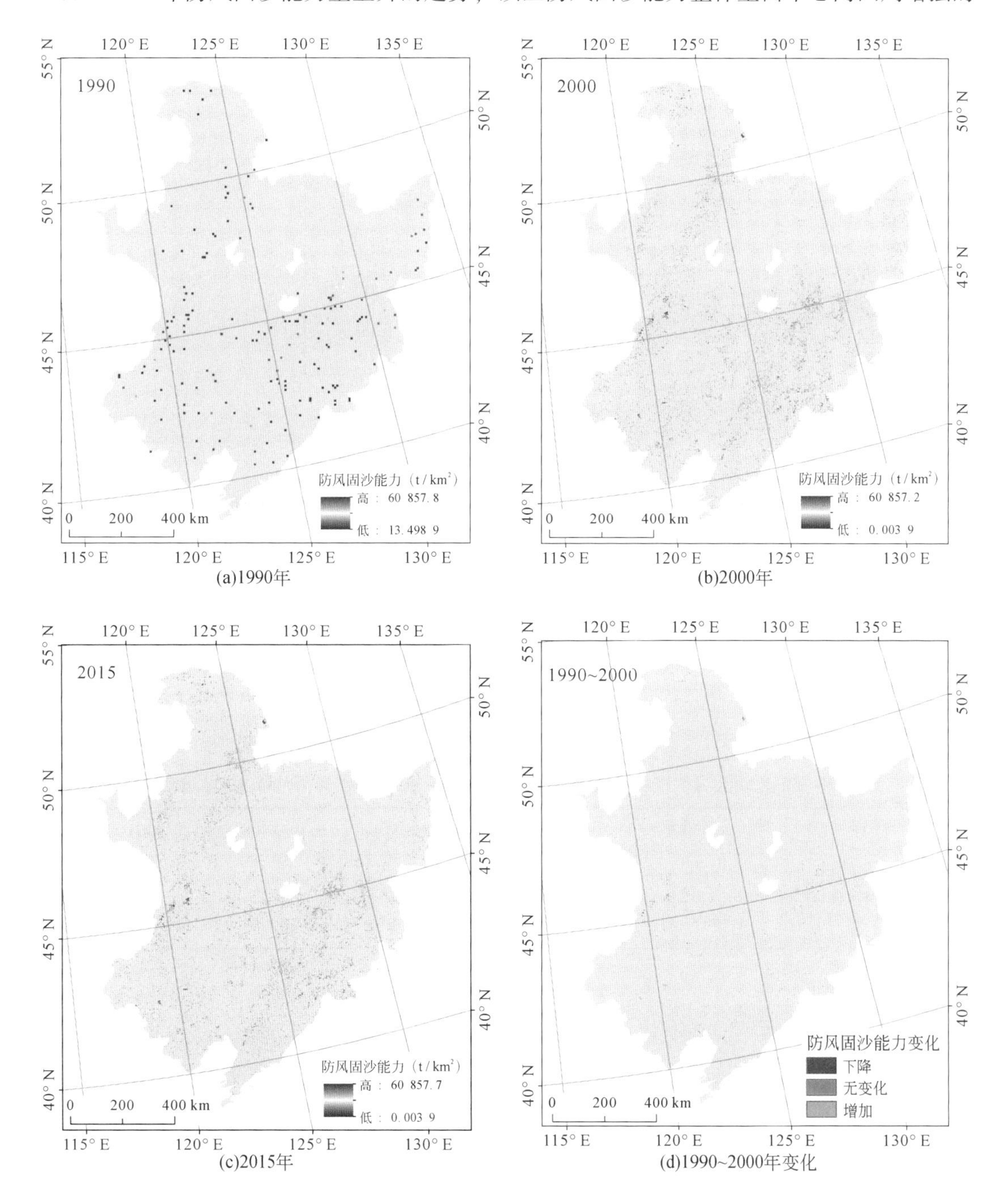

(a)1990年

(b)2000年

(c)2015年

(d)1990~2000年变化

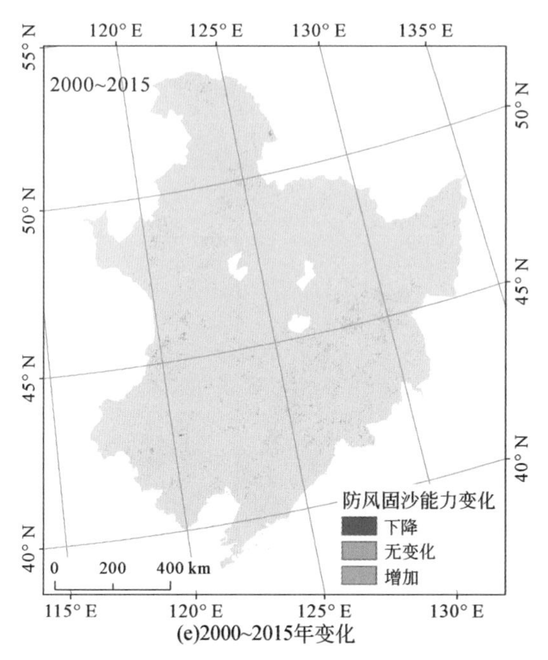

(e)2000~2015年变化

图 2-49　东北地区退耕还林工程实际发生区防风固沙能力分布

趋势，2015 年东北地区退耕还林工程实际发生区的平均防风固沙能力为 3223.54t/km²，与 2000 年相比，防风固沙能力提高了 24.31t/km²。2015 年东北地区退耕还林工程实际发生区的防风固沙总量为 3688.52 万 t，整体防风固沙能力高于 2000 年，防风固沙总量较 2000 年增加了 27.82 万 t（表 2-38）。该区的防风固沙能力空间分布特征整体上差别不大，与 2000 年相比，2015 年大部分区域防风固沙能力较为稳定，防风固沙能力较好的地区主要分布在内蒙古的东部和南部、黑龙江的东部、辽宁的西北地区以及吉林的西部个别地区（图 2-49）。

表 2-38　东北地区退耕还林工程实际发生区 1990 ~ 2015 年防风固沙能力/总量变化

指标	1990 年	2000 年	2015 年	1990 ~ 2000 年	2000 ~ 2015 年
防风固沙能力（t/km²）	5175.39	3199.23	3223.54	-1976.16	24.31
防风固沙总量（万 t）	5921.91	3660.70	3688.52	-2261.21	27.82

（二）东北典型沙区防风固沙能力分析

1990 ~ 2000 年，东北两大主要沙区防风固沙总量从 1990 年的 10.29×10^6t 减少到 2000 年的 6.66×10^6t，总计减少了 3.63×10^6t，下降幅度达到 35.37%。其中科尔沁沙区的防风固沙能力降低了 10 513.78t/km²，呼伦贝尔沙区的防风固沙能力略有提高，防风固沙量从 1990 年的 0.22×10^6t 增加到 2000 年的 0.57×10^6t，增加了 0.35×10^6t。2000 ~ 2015 年，东北两大主要沙区防风固沙总量从 2000 年的 6.66×10^6t 增加到 2015 年的 6.95×10^6t，总计增

加了 0. 29×10^6t，增幅 4. 35% 。两个沙区的防风固沙总量和防风固沙能力均呈现增加趋势，但增幅有所差异。科尔沁沙区实际退耕还林区防风固沙总量从 2000 年的 6. 09×10^6t 增加到 2015 年的 6. 37×10^6t，总计增加了 0. 29×10^6t，增长幅度达到 4. 76% ，年均增加量为 0. 02×10^6t；防风固沙能力从 2000 年的 16 071. 39t/km^2增加到 2015 年的 16 824. 61t/km^2，增加了 753. 22t/km^2，年均增加 50. 21t/km^2。退耕还林工程对呼伦贝尔沙区防风固沙能力的作用十分有限。呼伦贝尔沙区实际退耕还林区防风固沙总量呈微弱增加趋势，2000 ~ 2015 年仅增加 0. 002×10^6t，增幅为 0. 35% ；防风固沙能力从 2000 年的 36 412. 31t/km^2增加到 2015 年的 36 536. 66t/km^2，增加了 124. 35t/km^2，年均增加 8. 29t/km^2（表 2-39）。

表 2-39　东北地区退耕还林工程实际发生区典型沙区防风固沙变化情况

沙区	1990 年		2000 年		2015 年		1990 ~ 2000 年		2000 ~ 2015 年	
	防风固沙能力（t/km^2）	防风固沙总量（10^6t）	防风固沙能力（t/km^2）	防风固沙总量（10^6t）	防风固沙能力（t/km^2）	防风固沙总量（10^6t）	防风固沙能力（t/km^2）	防风固沙总量（10^6t）	防风固沙能力（t/km^2）	防风固沙总量（10^6t）
科尔沁沙区	26 585. 17	10. 07	16 071. 39	6. 09	16 824. 61	6. 37	-10 513. 78	-3. 98	753. 22	0. 29
呼伦贝尔沙区	14 152. 35	0. 22	36 412. 31	0. 569	36 536. 66	0. 571	22 259. 96	0. 35	124. 35	0. 002
平均/合计	40 737. 51	10. 29	52 483. 70	6. 66	53 361. 27	6. 95	11 746. 19	-3. 63	877. 56	0. 29

（三）防风固沙能力变化的驱动因素分析

1. 土地利用变化的影响

生态系统类型是影响防风固沙能力的重要因素。不同生态系统类型的防风固沙能力差异较大。森林是防风固沙能力最好的生态系统类型。1990 ~ 2000 年，森林生态系统的面积减少了 1902. 5km^2，2000 ~ 2015 年，特别是 2003 年退耕还林工程实施以来森林面积共增加 2335. 6km^2，主要来源于退草还林、退耕还林以及荒地造林等，由此可见 2000 年以来森林生态系统逐渐好转。同样，由于 1990 ~ 2000 年森林面积的减少，防风固沙能力降低，防风固沙总量减少；2000 ~ 2015 年，随着森林面积的恢复，该区防风固沙能力增强，防风固沙总量总体上升。1990 ~ 2000 年草地面积显著减少，该区防风固沙能力在此期间大幅度降低。

2. 经济政策因素的影响

经济发展加快城市化进程以及经济发展水平和发展方向、产业结构与资源利用情况，如过度放牧使草地退化，城市建设占用森林等都会影响该区的防风固沙能力。但是自东北地区退耕还林工程实施以来，森林生态系统持续恢复，草地生态系统的破坏得到控制，防风固沙能力总体呈变好的趋势。

五、区域生态系统碳储量变化评估

（一）区域碳储量及变化分析

从空间分布来看，东北地区退耕还林工程实际发生区碳储量高值地区多分布在东南部，此外内蒙古北部地区也有部分高值，从空间分布变化来看，东北地区退耕还林工程实际发生区的碳储量 1990～2015 年变化剧烈，1990～2000 年区域碳储量明显下降，其中黑龙江西南部、吉林西部和南部及内蒙古的部分地区碳储量下降较为明显；2000～2015 年东北地区退耕还林工程实际发生区的区域碳储量明显增加，黑龙江的东部和西南部以及吉林西部碳储量变化幅度较大，其中黑龙江西南部以及内蒙古的部分地区碳储量增加较为明显，而黑龙江东部的碳储量降低较为明显；吉林西部碳储量有明显的增加和降低，且碳储量降低的区域较为集中，相对来讲，碳储量增加的区域较为零散；内蒙古和辽宁 2000～2015 年碳储量发生变化的区域多呈零散分布（图 2-50）。

基于东北地区退耕还林面积的评估结果，估算了东北地区退耕还林工程实际发生区碳储量变化。结果显示，东北地区退耕还林工程实际发生区 1990～2000 年区域碳储量降低趋势明显，从 1990 年的 121Tg 降低到 2000 年的 53Tg，降低了 68Tg，降低幅度达 56.20%；2000～2015 年区域碳储量增加趋势明显，从 2000 年的 53Tg 增加到 2015 年的 269Tg，增加了约 4 倍，表明了森林生态系统在固碳方面的巨大优势（表 2-40）。

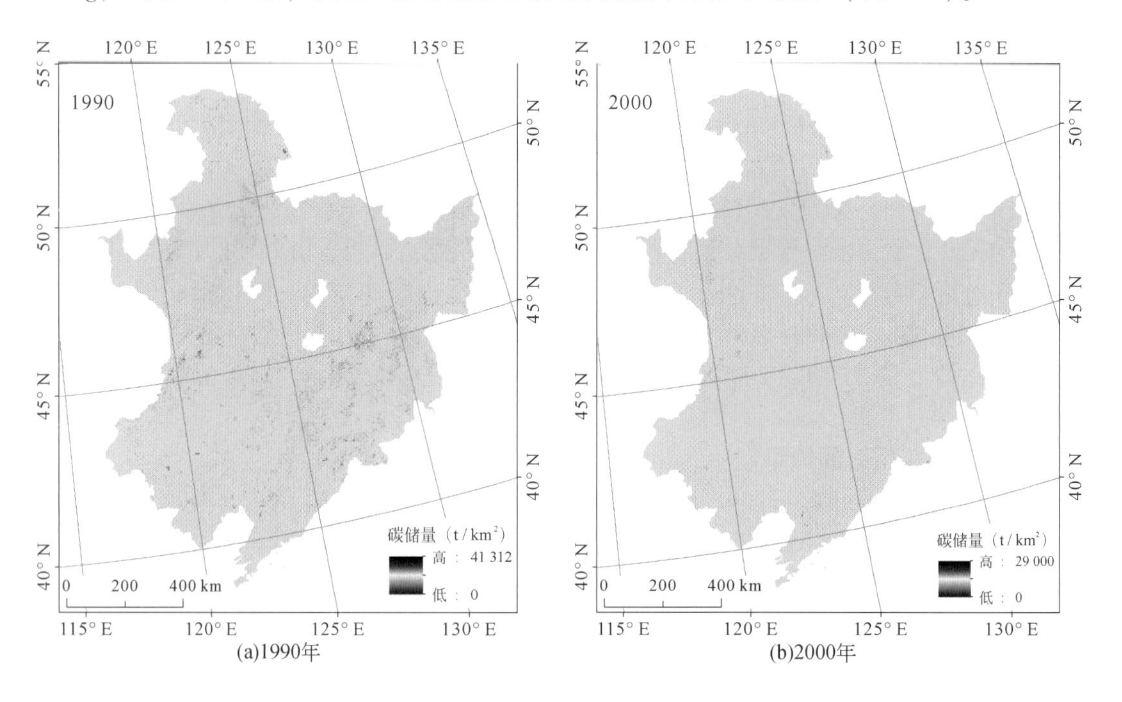

(a)1990年　　(b)2000年

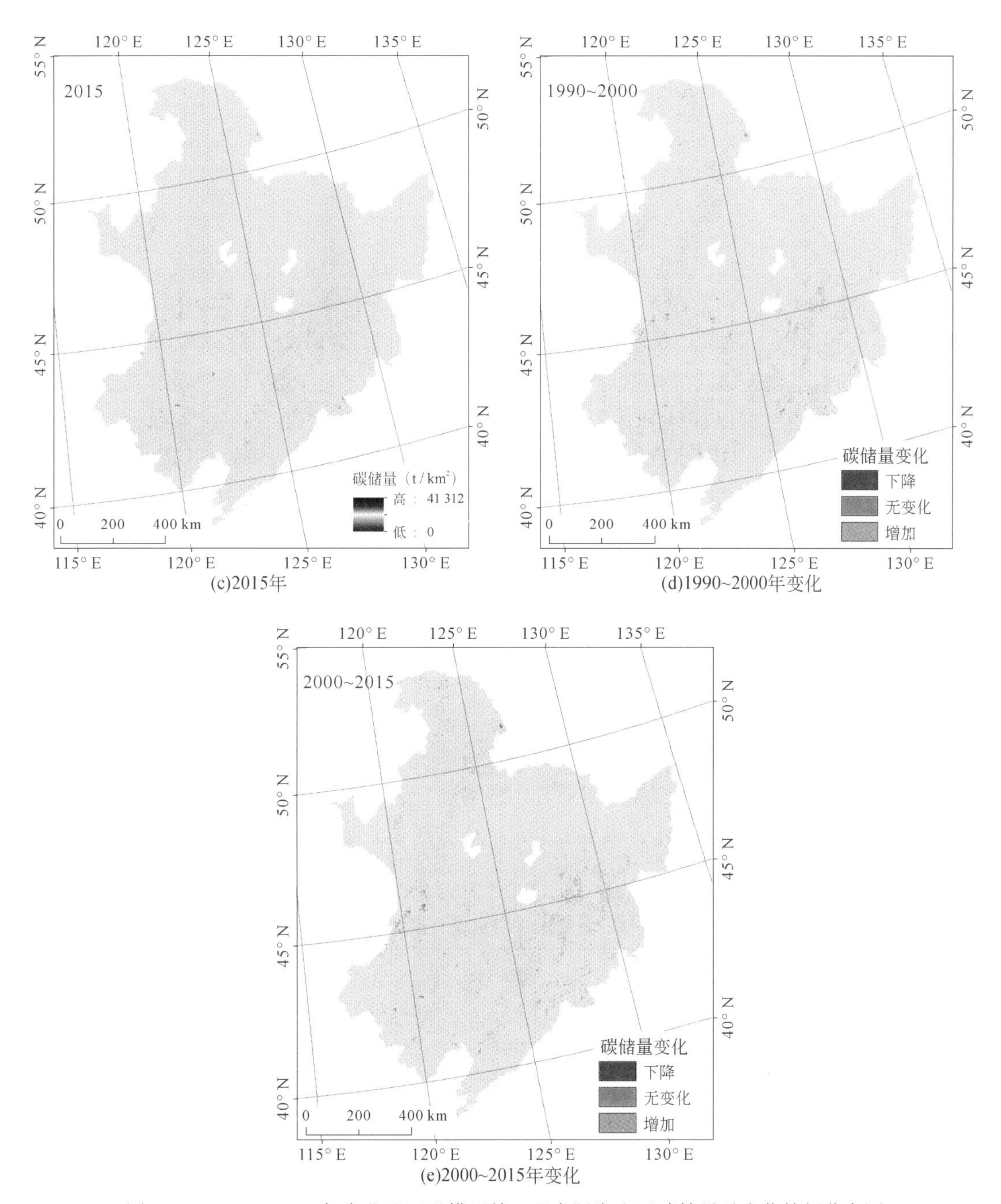

(c)2015年

(d)1990~2000年变化

(e)2000~2015年变化

图 2-50　1990～2015 年东北地区退耕还林工程实际发生区碳储量及变化特征分布图

表 2-40　东北地区退耕还林工程实际发生区 1990 ~ 2015 年碳储量变化

指标	1990 年	2000 年	2015 年	1990 ~ 2000 年	2000 ~ 2015 年
单位面积碳储量（t/km^2）	10 567	4605	23 473	-5962	18 868
区域碳储量（Tg）	121	53	269	-68	216

（二）基于地面样地数据的碳储量评估

目前也有一些文献报道了退耕还林工程对碳储量变化的影响。Shi 和 Han（2014）采用 Meta 分析的方法，报道了退耕还林工程对土壤固碳能力的影响。研究指出，中国实施的重大林业项目退耕还林工程有效吸收大气中的二氧化碳，是减缓气候变化的重要战略；然而，在重大林业项目退耕还林工程中，造林地区的土壤固碳能力尚不明确。在该研究中，通过 Meta 分析（来源于 211 篇文献和野外实测数据）量化了 1999 ~ 2012 年土壤表层以下 20cm 的土壤碳固持量，估算在省级区域尺度上碳固持量的年际变化和影响因素（林龄、林区和造林类型）。结果显示，在 2013 年以前的造林区，土壤碳固持量估计值是（156±108）Tg（95% 的置信区间），平均每年碳固持量是（12±8）Tg。在所有人工林正常存活的前提下，预测碳固持量将由 2013 年的（156±108）Tg 增加到 2050 年的（383±188）Tg，80% 的土壤碳固持量来源于西北、南方和西南部的人工林，而东北地区的碳固持量价值更高，耕地造林、荒地造林和自然更新的土壤有机库分别为 38.45Mg/hm^2、43.71Mg/hm^2 和 42.88Mg/hm^2，变化速率分别为-0.05$Mg/(hm^2 \cdot a)$、-0.07$Mg/(hm^2 \cdot a)$ 和 1.54$Mg/(hm^2 \cdot a)$（表 2-41）。增加数据源，同时考虑有机质层的碳固持量，增加土壤的取样深度，取样点的空间分布更加均匀，都会降低研究中的不确定性。在该研究中，突出了东北地区土壤有机碳固持量增加的重要价值，揭示了退耕还林工程对于提高东北地区土壤有机碳的重要意义。

表 2-41　退耕还林对土壤有机碳的影响

类型	土壤有机碳库（文献）		有机碳变化率		有机碳相对变化率	时间跨度（年）
	均值（Mg/hm^2）	95% 置信区间（%）	均值 $Mg/(hm^2 \cdot a)$	95% 置信区间（%）	均值±S. E.	
耕地造林	38.45	27.64 ~ 51.56	-0.05	-0.24 ~ 0.18	无数据	18
荒地造林	43.71	30.81 ~ 56.74	-0.07	-0.23 ~ 0.08	无数据	20.7
自然更新	42.88	31.11 ~ 54.67	1.54	0.64 ~ 2.46	8.75±3.52	8.8

资料来源：Shi 和 Han（2014）

（三）碳储量变化的驱动因素分析

生态系统类型变化是影响陆地生态系统碳循环的因素之一，是引起碳储量变化的重要因素。不同生态系统类型的碳储量差异较大。森林生态系统在碳固持方面有着巨大优势。东北地区退耕还林工程区的碳储量变化主要体现为受森林生态系统面积变化的影响。1990～2000年，东北地区退耕还林工程区受自然和人为因素影响，森林生态系统类型的面积减少了2902.5km^2，这直接导致了森林碳储量的下降，尤其是1990～2000年森林、湿地转为农田是碳储量下降的主要原因。2000～2015年，该区碳储量明显增加，导致这种现象的原因是森林面积的增加。特别是2002年退耕还林工程实施以来，森林面积共增加2335.6km^2，主要来源于退草还林、退耕还林以及荒地造林等，由此可见，2000年以来森林生态系统逐渐好转，随着森林面积的恢复，该区碳储量增加了216Tg。另外，气温升高也是影响森林碳储量的一个重要自然因素。

六、生境质量变化

（一）生境质量影响因子分析

对生境质量具有直接影响的生存环境控制因子包括水源状况（湖泊密度和河流密度）、干扰条件（居民地密度和道路密度）、遮蔽物（土地覆被类型和坡度）和食物丰富度（NDVI），如图2-51所示。

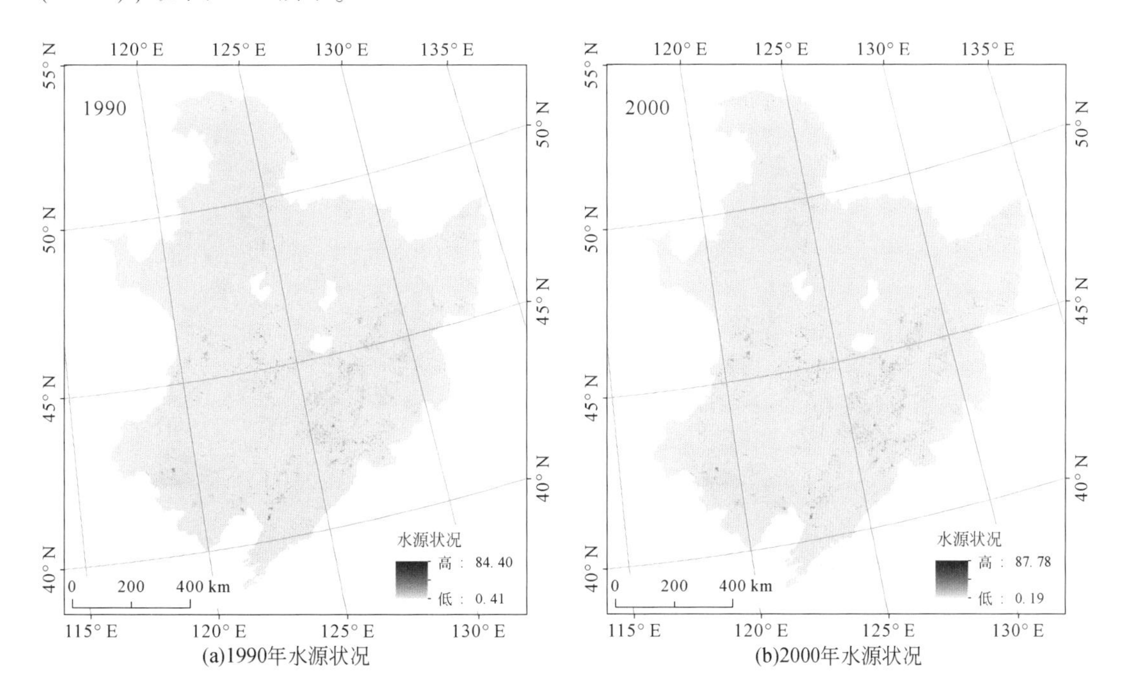

(a)1990年水源状况　(b)2000年水源状况

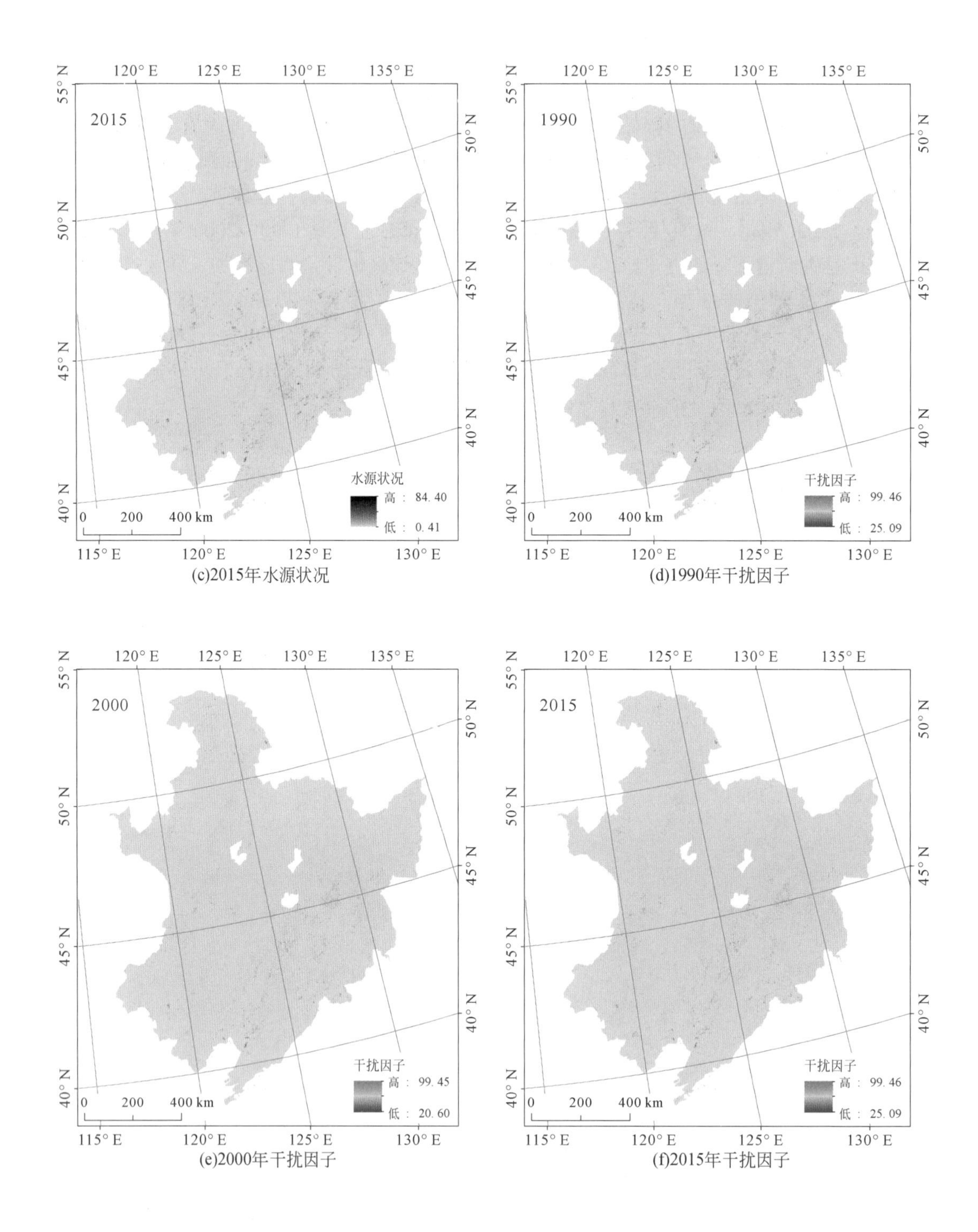

(c)2015年水源状况

(d)1990年干扰因子

(e)2000年干扰因子

(f)2015年干扰因子

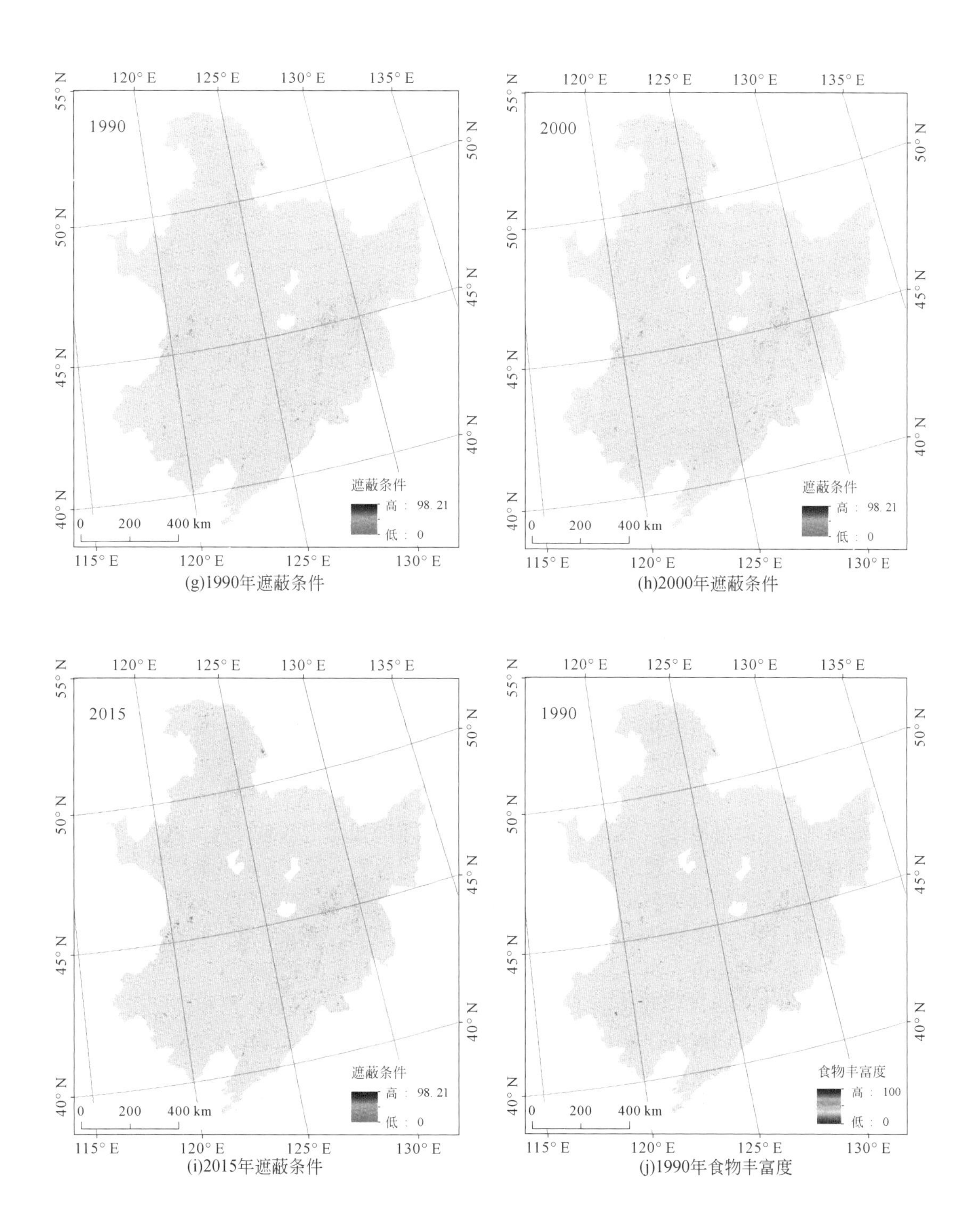

(g)1990年遮蔽条件

(h)2000年遮蔽条件

(i)2015年遮蔽条件

(j)1990年食物丰富度

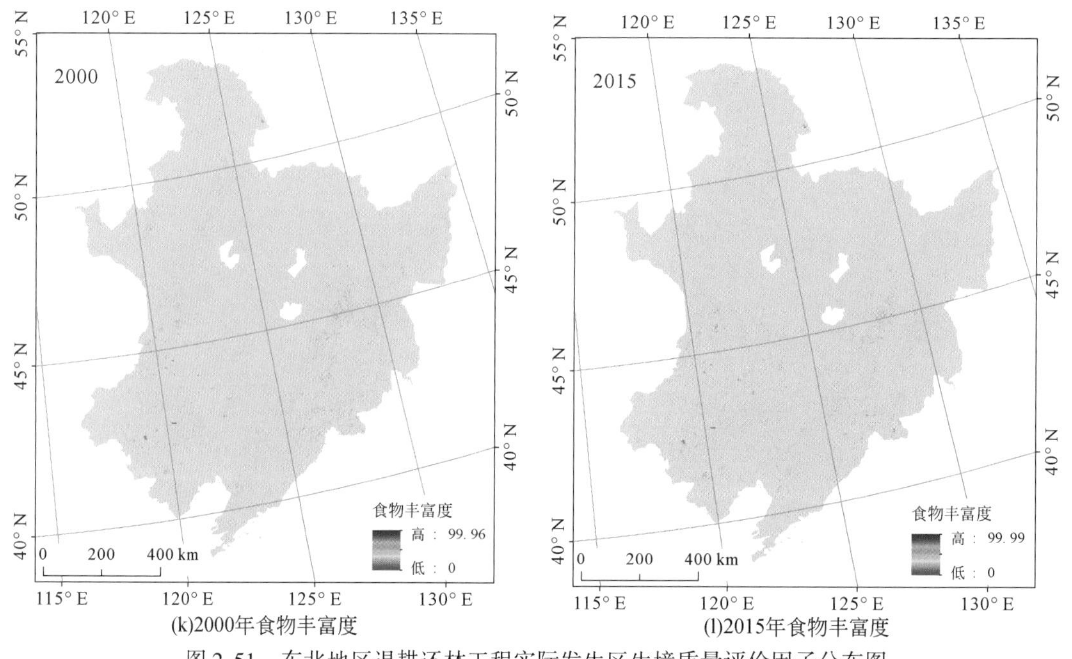

(k)2000年食物丰富度　　(l)2015年食物丰富度

图 2-51　东北地区退耕还林工程实际发生区生境质量评价因子分布图

（二）生境质量动态监测

基于生境质量评价系统和环境因子数据集，获取东北地区退耕还林工程实际发生区生境质量空间分布特征和不同质量级别的面积及比例。可以看出，东北地区退耕还林工程实际发生区生境质量最好的区域与湿地和林地的空间分布较为一致，主要分布于大庆市西南部的扎龙湿地，七台河地区以及大兴安岭地区、吉林东部和辽宁东部的大片林区，这些地区水源与食物相对充足，比较适合生物的栖息和生存。生境质量良好的区域广泛分布于退耕还林工程区的西北部以及东部和中部的部分地区，涵盖内蒙古东部的兴安盟、大兴安岭北部以及黑龙江的中部及东部地区及吉林和辽宁的部分地区。生境质量一般的区域主要分布于齐齐哈尔市、绥化市、四平市、通辽市、赤峰市以及辽宁的北部地区，这些地区多是农田大量分布的中产田区，其遮蔽条件和 NDVI 值都比较低，遮蔽条件和食物条件均一般。生境质量差的区域集中分布于赤峰市、通辽市以及长春市等交通比较发达，居民地较密集的地区以及道路和居民地集中分布的地区，这些地区往往是受人类活动干扰比较强的区域。到 2015 年部分生境质量差的地区逐渐变好，较差的生境质量只有很少分布（图2-52）。

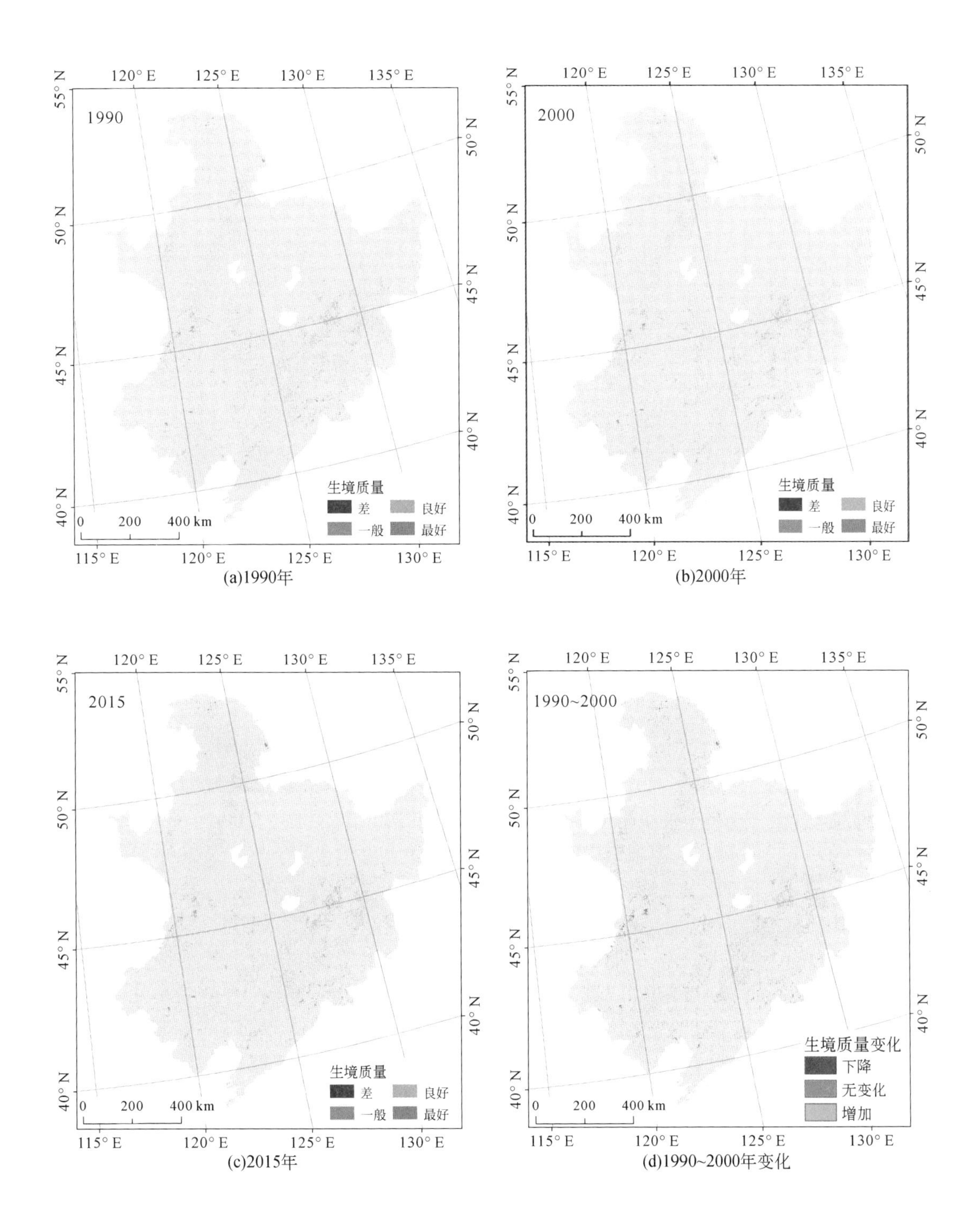

(a)1990年

(b)2000年

(c)2015年

(d)1990~2000年变化

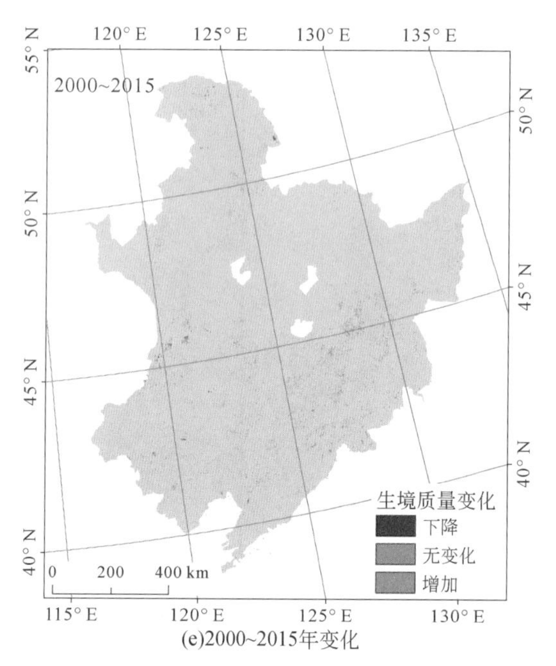

(e)2000~2015年变化

图 2-52　东北地区退耕还林工程实际发生区生境质量分布图

东北地区退耕还林工程实际发生区适宜生物生存与栖息（生境质量最好和生境质量良好）的面积在 1990 ~ 2000 年下降了 6.72%，主要因为该区生态环境遭到破坏；2000 年生境质量最好的区域面积是 3188.94km²，比 1990 年减少了 464.12km²，生境质量良好的区域面积由 1990 年的 6313.50km²下降到 2000 年的 6005.75km²，减少了 307.75km²；生境质量良好的区域面积在 2000 ~ 2015 年有所降低，但是生境质量最好的区域面积在 2000 ~ 2015 年明显增加，2015 年生境质量最好的区域面积比 2000 年增加了 1235.94km²，增加幅度为 38.75%（表 2-42），说明该区生态环境保护较好。总体来看，1990 ~ 2000 年该区生境质量遭到破坏，2000 ~ 2015 年适宜生物生存和栖息的生境质量面积增加，这说明东北地区实施退耕还林工程后生境质量显著提高，越来越适合生物的生存和栖息。

1990 ~ 2000 年生境质量一般的区域面积增加了 5.22%，生境质量差的区域面积由 1990 年的 68.00km²增加到 2000 年的 238.50km²，增加了 170.50km²，说明东北地区退耕还林工程区的生境质量在 1990 ~ 2000 年恶化；2000 ~ 2015 年生境质量一般的区域面积呈降低的趋势，降低了 5.46%。2000 ~ 2015 年生境质量差的区域面积是减少的，减少了 45.50km²（表 2-42）。总体来看，2000 ~ 2015 年生境质量还是向好的趋势发展的。从整体来看，东北地区退耕还林工程实际发生区生境质量越来越高，生物的生活环境逐渐变好（图 2-53）。

表 2-42　东北地区退耕还林工程实际发生区生境质量等级面积及其比例

年份	最好		良好		一般		差	
	面积（km^2）	比例（%）	面积（km^2）	比例（%）	面积（km^2）	比例（%）	面积（km^2）	比例（%）
1990	3653.06	31.96	6313.50	55.24	1394.19	12.20	68.00	0.59
2000	3188.94	27.92	6005.75	52.57	1990.44	17.42	238.50	2.09
2015	4424.88	38.72	5443.81	47.63	1366.75	11.96	193.00	1.69

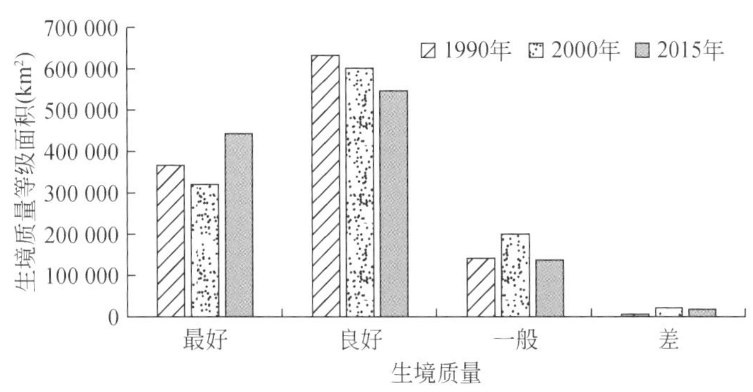

图 2-53　东北地区退耕还林工程实际发生区 1990 ~ 2015 年生境质量等级的动态变化

（三）生境质量变化的驱动因素分析

1. 土地利用变化的影响

土地利用变化是影响生境质量的最重要因素。不同土地利用类型为不同生物提供的生存环境差异较大。森林及湿地是最适宜动植物生存的环境。2000 ~ 2015 年，湿地有所减少，但森林增加了 2487.84km^2；从空间来看，生境质量最好的区域与森林及湿地的空间分布有明显的空间一致性，同时，湿地减少的区域与旱田增加的区域有较为明显的空间一致性，所以湿地开垦使生境质量最好的区域面积减少，森林增加使生境质量最好的区域面积增加。

相较于水体及裸地，农田及草地的生境质量一般，比湿地及森林要差一些；从农田及草地的空间分布变化来看，东北地区退耕还林工程区农田面积持续增长，草地面积减少 0.20%，与农田的变化相比，它的变化较为微小，对于生境质量良好的区域面积变化的贡献较小。2000 ~ 2015 年裸地的面积呈减少趋势，从空间分布变化来看，大部分裸地转化为森林、湿地及草地，促使退耕还林工程区生境质量一般的区域面积减少，生境质量总体转好。城镇面积呈增加趋势，对生境质量有较强烈的干扰，但与森林、湿地、草地和农田相比，城镇面积所占比例较小，反映到研究区内，其干扰作用被其他生态系统类型弱化，所以生境质量差的区域面积变化不大。

2. 经济政策因素的影响

经济发展加快城市化进程，城市规模及其配套交通网络不断扩增，使生境质量评价系统中干扰条件的作用增加。此外，退耕还林工程区建立了多个自然保护区，不仅保护了重要物种，也保护了生态环境和生物资源，同时促进了地方经济的发展。随着自然保护区的保护有效性增加，以及退耕还林工程的实施，生境质量总体呈变好的趋势。

3. 自然因素变化的影响

东北地区退耕还林工程实际发生区水资源主要来源于大气降水，气候变化通过影响水源状况进而影响该区的生境质量。退耕还林工程区气温呈波动上升趋势，降水量的波动性较大，特别是2010年降水较多，使生境质量差的区域面积在2000～2010年呈减少趋势，2010～2015年，降水减少、环境暖干化引起湿地退化以及湖泊消退，进而引起生境质量差的区域面积有所回升，但与2000年相比，东北地区退耕还林工程实际发生区的生境质量总体是变好的。

七、木材储备能力变化评估

木材储备（供给）是森林重要的生态服务功能之一。截至2015年，东北地区退耕还林工程实际发生区营建的林地最长已达15年，其木材储备能力初步显现。木材储备能力可通过树木材积直接表示。根据《第八次全国森林资源清查》结果（表2-43），估算东北地区主要造林树种0～15年林龄的单位面积蓄积量，根据本研究遥感解译结果，评估2000～2015年退耕还林（退耕地造林）所增加的蓄积，即木材产量。

表2-43　东北地区主要造林树种与面积

地区	总面积（hm^2）										
	杨树	落叶松	油松	刺槐	针阔混	樟子松	红松	云杉	栎类	硬阔类	阔叶混类
内蒙古	200	56	23.7	0.66	0	9.9	0	0.66	0	1.98	0
辽宁	38.6	40.8	40.4	21.2	9.83	3.49	5.1	—	8.54	5.06	3.47
吉林	47.8	57.4	—	2.58	15.2	7.88	4.9	2.38	0	0	1.27
黑龙江	65.3	108	0	0	17.9	19.5	17.2	5.12	0	0	1.28
合计	351.7	262.2	64.10	24.44	42.93	40.77	27.2	8.16	8.54	7.04	6.02
地区	0～15年生主要树种的单位面积蓄积量（m^3/hm^2）										
	杨树	落叶松	油松	刺槐	针阔混	樟子松	红松	云杉	栎类	硬阔类	阔叶混类
内蒙古	15.1	11.3	4.5	0.7	—	5.1	—	13.3	—	6.3	—
辽宁	32.5	39.5	8.0	10.9	45.1	19.2	65.3	—	18.0	1.8	11.3
吉林	10.2	25.0	—	18.1	53.0	38.5	31.6	6.8	—	—	34.4
黑龙江	34.8	21.7	—	—	49.4	9.2	64.1	21.7	—	—	27.0
平均	20.0	23.0	6.7	11.4	49.7	14.7	58.5	16.7	18.0	3.1	19.5

注：数据整理于《第八次全国森林资源清查》；上述11个造林树种/林型占东北人工林面积的94.5%；杨树、刺槐的龄级分别为幼龄林（0～10年）、中龄林（10～15年）；落叶松、油松、樟子松、栎类的龄级为幼龄林（0～20年）；红松、云杉的龄级为幼龄林（0～40年）

评估结果显示，2000～2015年退耕还林（退耕地造林）所供给的木材产量为3724.5万m^3。其中，常绿针叶林提供木材52.0万m^3，落叶针叶林提供木材96.3万m^3，阔叶林提供木材3409.0万 m^3，针阔混交林提供木材167.2万 m^3（表2-44）。

表2-44　东北地区退耕还林（退耕地造林）提供的木材储备

遥感解译森林类型	对应树种/林型	单位面积蓄积量（m^3/hm^2）	解译面积（万 hm^2）	木材产量（万 m^3）
常绿针叶林	油松、樟子松、红松、云杉	19.7	2.6	52.0
落叶针叶林	落叶松	21.7	4.4	96.3
阔叶林	杨树、刺槐、硬阔类、栎类、阔叶混	34.7	98.2	3409.0
针阔混交林	针阔混类	49.4	3.4	167.2
合计/平均	—	34.6	108.7	3724.5

注：常绿针叶林包括油松、樟子松、红松、云杉；落叶针叶林包括落叶松；阔叶林包括杨树、刺槐、硬阔类、栎类、阔叶混；针阔混交林包括针阔混类；根据遥感解译结果，对应林型与表中的蓄积量对应，计算木材产量；上述蓄积量按照各造林树种/林型的权重，计算对应遥感解译类型的单位面积蓄积量，与解译面积相乘，获得木材产量。上述统计未计算灌木、疏林地

八、典型案例分析

根据评估结果，退耕还林工程区占东北地区的面积不足1%，对区域生态效益的提升有限。在典型县（市、旗）域，其生态效益发挥更为明显，对地方生态环境改善贡献更大。东北地域辽阔，退耕还林工程所产生的生态效益也有所不同。因此，针对退耕还林工程在不同县（市、旗）域所提升的主导生态服务功能，评估了3个生态服务类型（产水量、土壤保持、防风固沙）、6个县（市、旗）域工程实际发生区的生态服务能力变化情况。县（市、旗）域选择主要遵循两个原则，一个是典型性，即反映区域主要生态问题；另一个是选择退耕还林面积较大的县（市、旗）域，可以突出退耕还林工程成效。其中，产水量的典型县（市、旗）域选择了东北地区东部长白山山系范围内的清原满族自治县（简称清原县）与抚松县；土壤保持（保护黑土资源）选择了松嫩平原的德惠市与三江平原的虎林市。防风固沙的典型县域选择了西部科尔沁沙区的扎鲁特旗与科尔沁左翼后旗。上述县（市、旗）域总面积共计5.7万 km^2，其中退耕还林面积共计822km^2；上述县（市、旗）的分布范围与信息如表2-45和图2-54所示。

表2-45　东北退耕还林区典型县（市、旗）域特征信息

县（市、旗）	代表类型	特征	退耕地面积/总面积（km^2）
清原县	东部山地水源涵养区	辽宁东部山区，山地丘陵：80%	47/3 921
抚松县	东部山地水源涵养区	长白山西，山地丘陵：77%	170/6 737
德惠市	中部平原黑土区	松嫩平原，东南隆起边缘，平原占77%	46/3 947
虎林市	中部平原黑土区	三江平原，平原面积90%以上	99/10 838
扎鲁特旗	西部风沙区	山地丘陵，科尔沁沙区西北边缘	369/18 858
科尔沁左翼后旗	西部风沙区	科尔沁沙区东南部，沙丘、沙地为主要类型	91/12 834

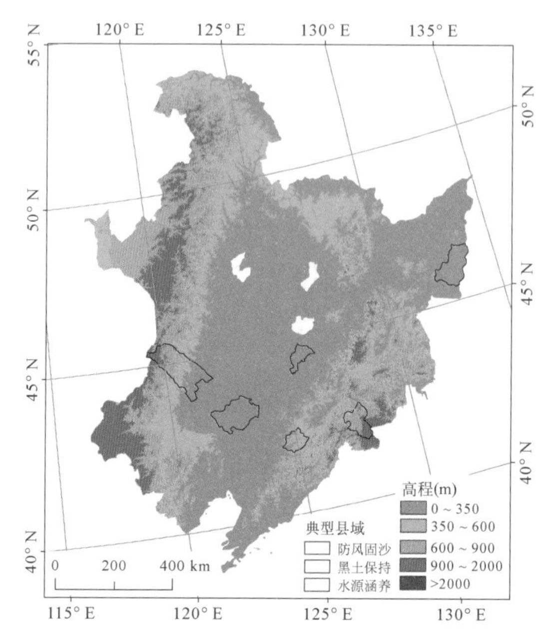

图 2-54　东北退耕还林区典型县（市、旗）域的空间分布

（一）东部山地区

清原县与抚松县退耕还林工程实际发生区总面积为 217km²，1990 ~ 2015 年两县产水量总体呈上升的趋势，由 1990 年的 3564.77 万 m³增加到 2015 年的 3707.43 万 m³，产水量增加了 142.66 万 m³，增幅为 4.00%。退耕还林工程实施前，产水量呈先增加（增幅为 44.58%）后降低（降幅为 28.06%）的趋势。退耕还林工程实施后，逐渐郁闭的森林可能在一定程度上增加了蒸腾耗水量，进而减少了区域产水量。

其中，清原县产水量由 1990 年的 510.76 万 m³降低到 2015 年的 313.15 万 m³，产水量降低了 197.61 万 m³，降幅为 35.82%。退耕还林工程实施前，产水量呈先降低（降幅为 38.69%）后增加（增幅为 4.68%）的趋势。抚松县产水量趋势与清原县相反，由 1990 年的 3054.01 万 m³增加到 2015 年的 3379.64 万 m³，产水量增加了 325.63 万 m³，增幅为 10.67%。退耕还林工程实施前，产水量呈先增加（增幅为 58.50%）后降低（降幅为 30.18%）的趋势（图 2-55）。

（二）中部平原黑土区

德惠市与虎林市退耕还林工程实际发生区总面积为 145km²，两市土壤保持量呈增加趋势，由 1990 年的 28.02 万 t 增加到 2015 年的 31.24 万 t，土壤保持量上升了 3.22 万 t，增幅为 11.51%。退耕还林工程实施后，土壤保持量由 2000 年的 30.64 万 t，增加到 2015 年的 31.24 万 t，增幅为 3.93%；单位面积土壤保持量由 2000 年的 2073.38t/km²增加到 2015 年的 2154.82t/km²，单位面积土壤保持量增加 81.44t/km²；按两市总人口（121.59 万人）平均计算，退耕还林工程人均提升土壤保持量 97.11kg（图 2-56）。

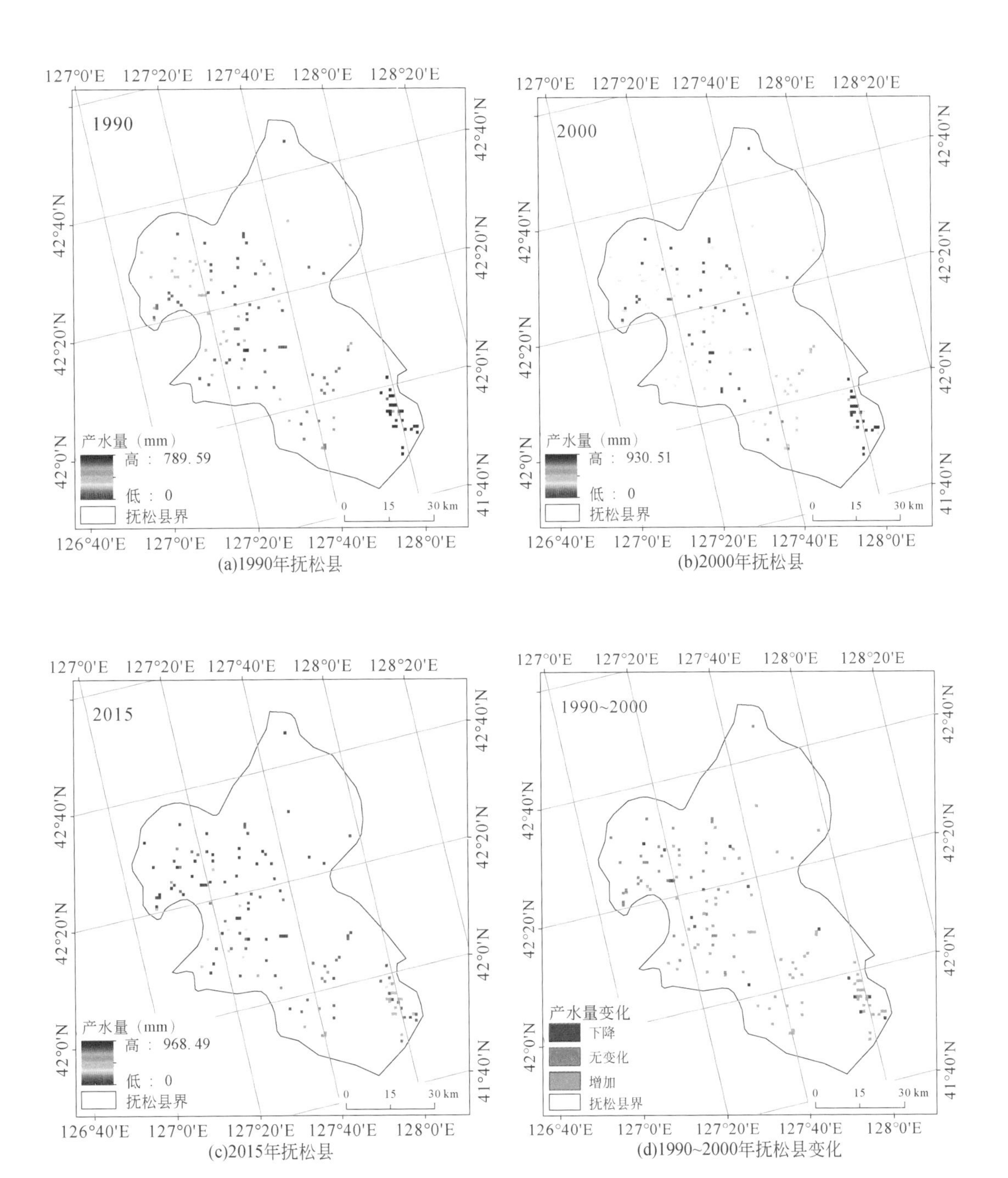

(a)1990年抚松县
(b)2000年抚松县
(c)2015年抚松县
(d)1990~2000年抚松县变化

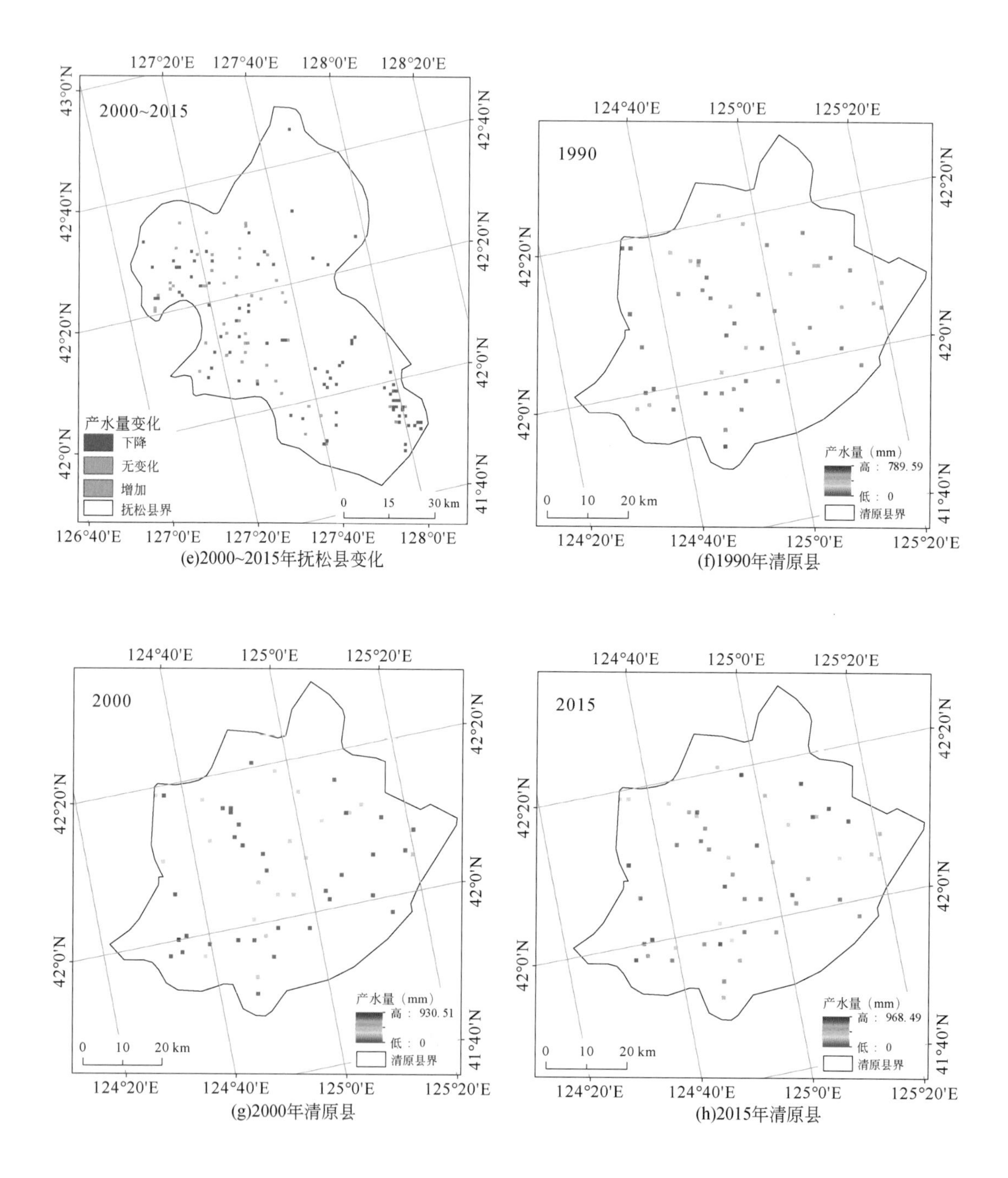

(e)2000~2015年抚松县变化

(f)1990年清原县

(g)2000年清原县

(h)2015年清原县

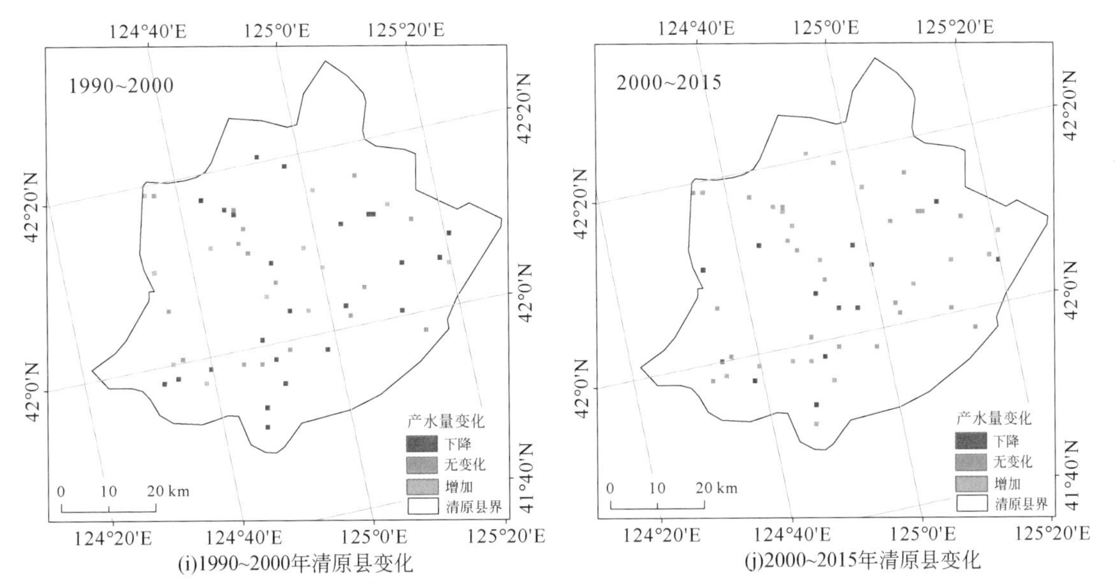

(i)1990~2000年清原县变化　　(j)2000~2015年清原县变化

图 2-55　东部山区典型县域产水量的空间分布与动态变化

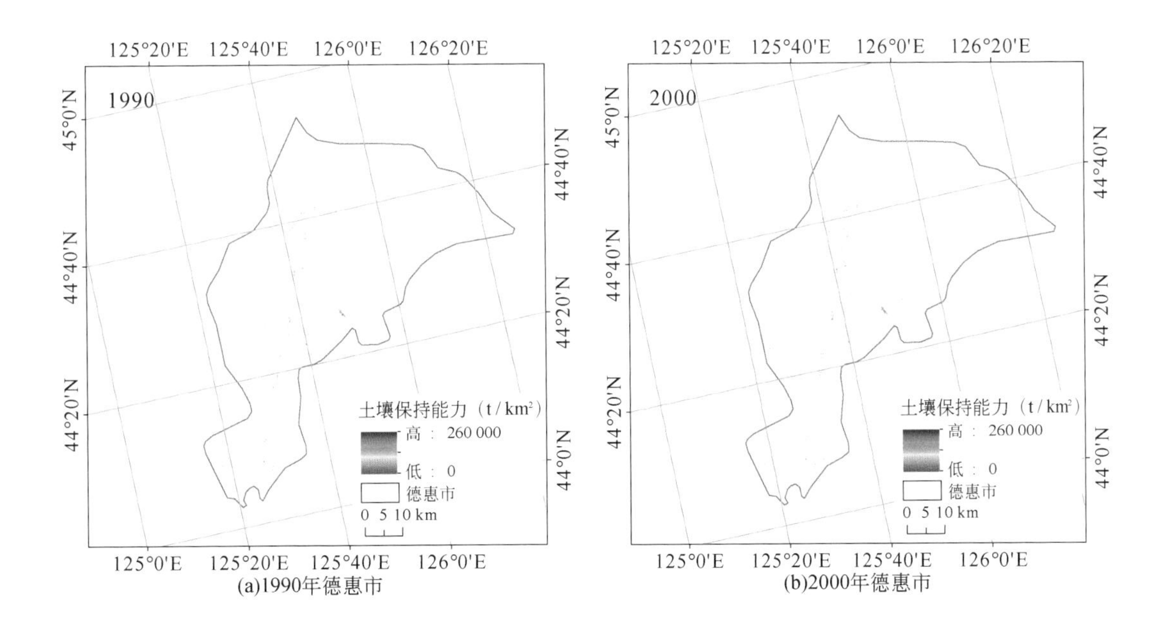

(a)1990年德惠市　　(b)2000年德惠市

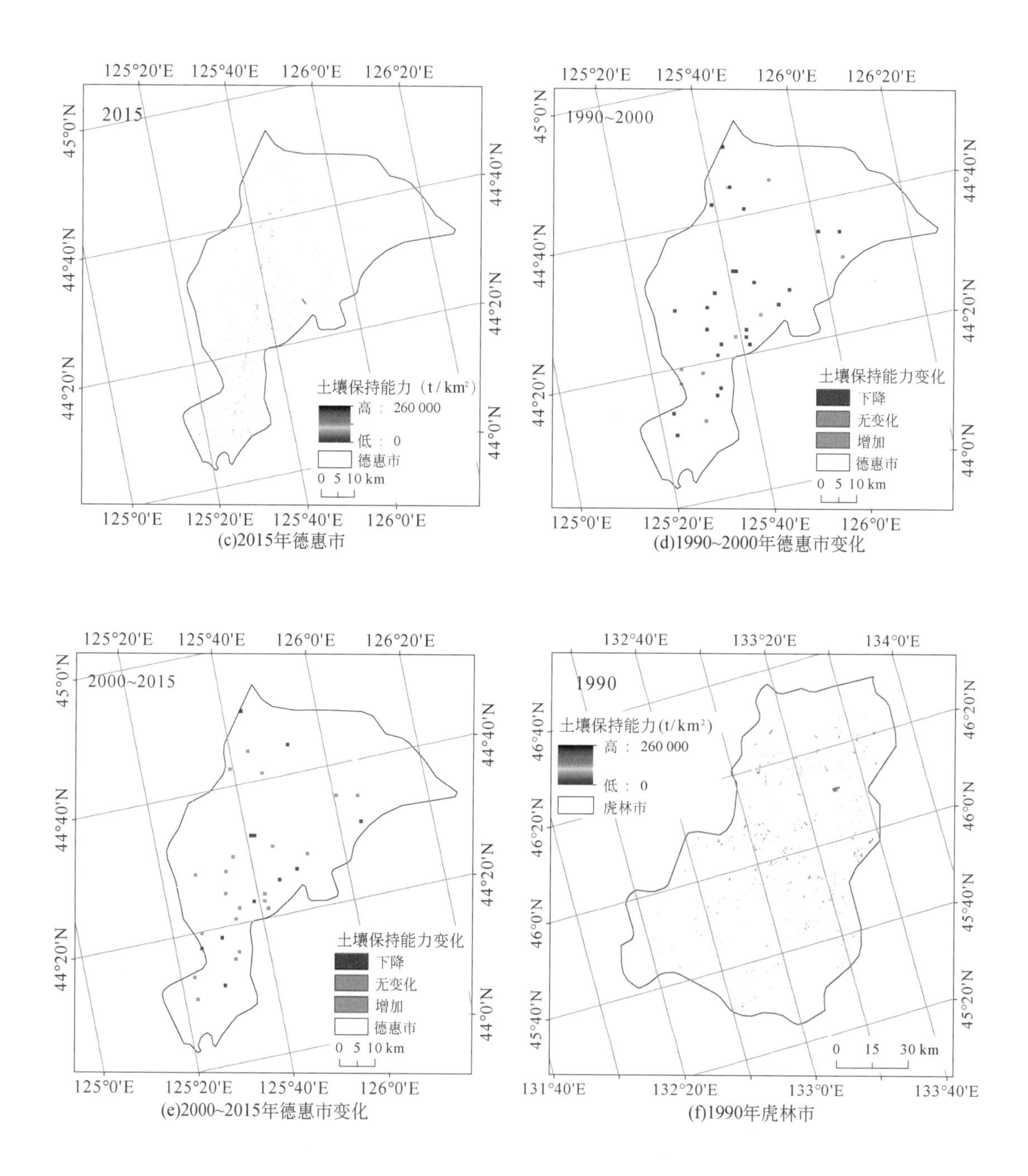

(c)2015年德惠市

(d)1990~2000年德惠市变化

(e)2000~2015年德惠市变化

(f)1990年虎林市

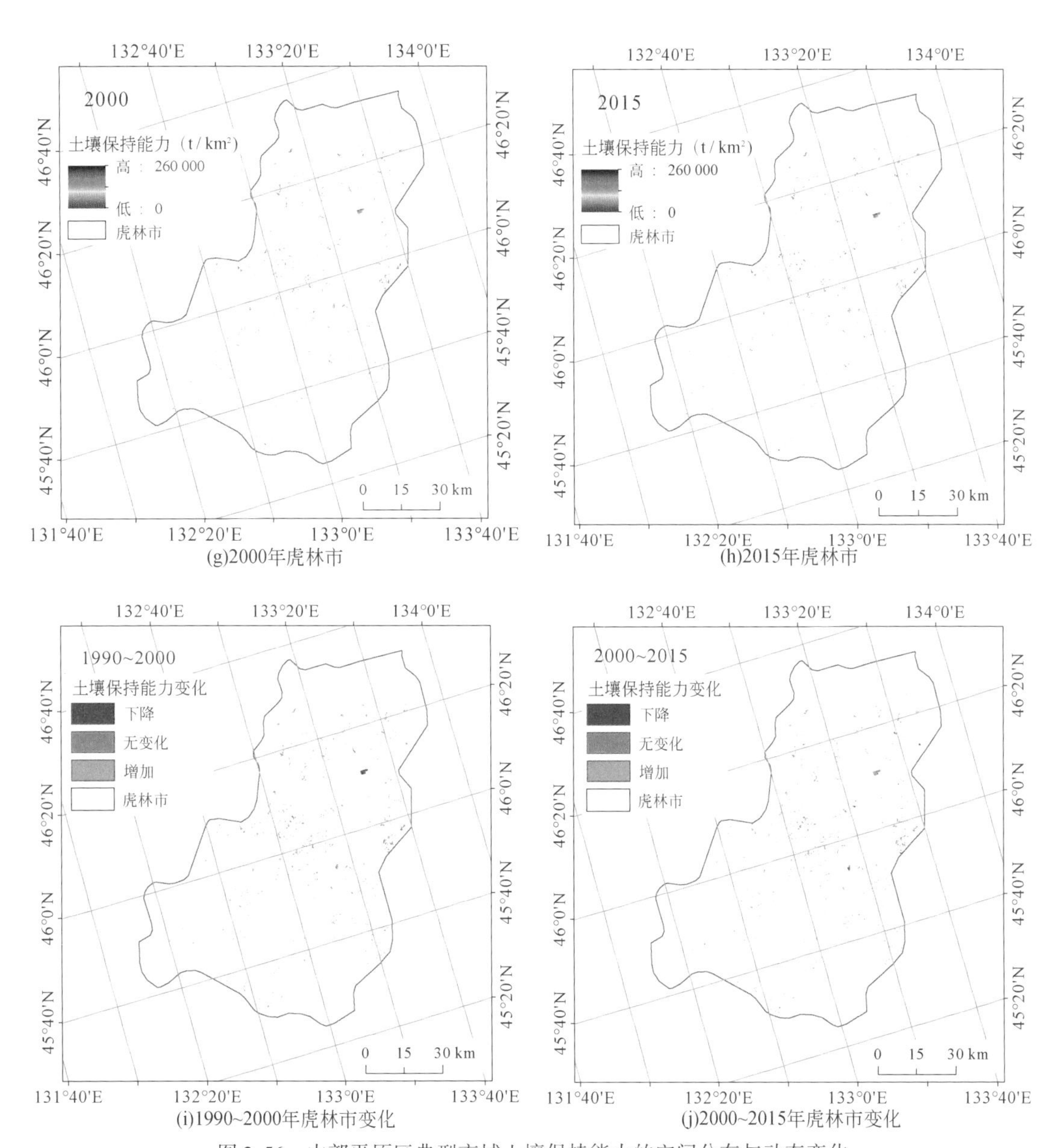

图 2-56 中部平原区典型市域土壤保持能力的空间分布与动态变化

其中，德惠市土壤保持量由 1990 年的 12.90 万 t 增加到 2015 年的 13.10 万 t，土壤保持量增加 0.2 万 t，呈微弱增加趋势，增幅为 0.03%；退耕还林工程实施后，德惠市土壤保持量由 2000 年的 12.89 万 t 增加到 2015 年的 13.10 万 t，土壤保持量增加了 0.21 万 t，增幅为 1.63%，按德惠市总人口（93.48 万人）平均计算，退耕还林工程人均提升土壤保持量 22.47kg。

虎林市土壤保持量由 1990 年的 15.12 万 t 增加到 2015 年的 18.14 万 t，土壤保持量增加了 3.02 万 t，增幅为 19.96%；退耕还林工程实施后，虎林市土壤保持量由 2000 年的 17.17 万 t 增加到 2015 年的 18.14 万 t，土壤保持量增加了 0.97 万 t，增幅为 5.65%，按虎林市总人口（28.11 万人）平均计算，退耕还林工程人均提升土壤保持量 345.34kg。

（三）西部风沙区

扎鲁特旗与科尔沁左翼后旗退耕还林工程实际发生区总面积为 460km²，两旗防风固沙能力呈增加趋势，由 1990 年的 407.49 万 t 下降到 2015 年的 182.43 万 t，防风固沙能力下降 225.06 万 t，降幅为 56.63%；退耕还林工程实施后，下降趋势得到缓解，防风固沙能力由 2000 年的 176.74 万 t 增加到 2015 年的 182.43 万 t，防风固沙能力增加了5.69万 t，增幅为 3.22%，按两旗总人口（70.30 万人）平均计算，退耕还林工程人均提升防风固沙能力 80.92kg（图 2-57）。

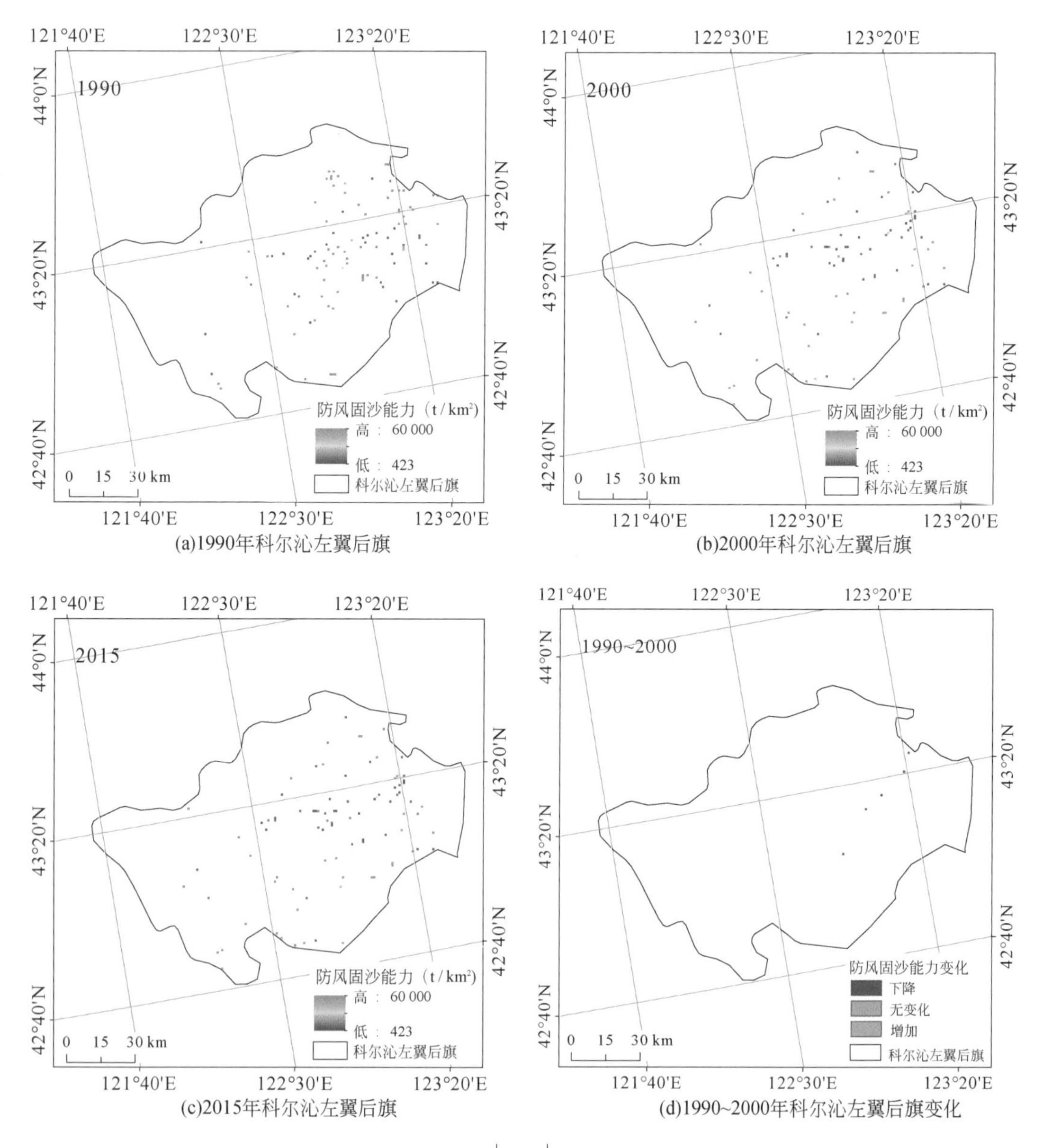

(a)1990年科尔沁左翼后旗
(b)2000年科尔沁左翼后旗
(c)2015年科尔沁左翼后旗
(d)1990~2000年科尔沁左翼后旗变化

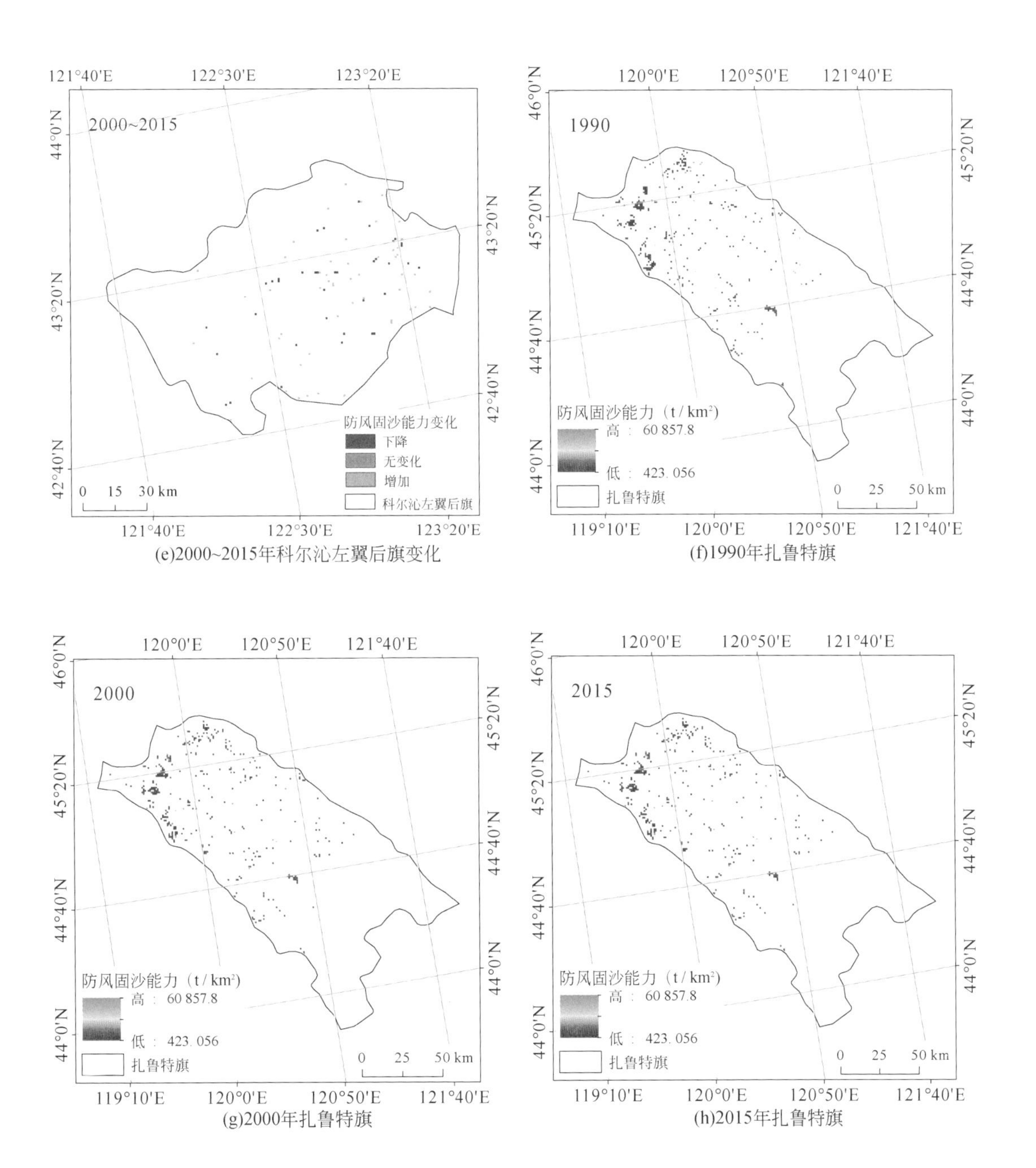

(e)2000~2015年科尔沁左翼后旗变化

(f)1990年扎鲁特旗

(g)2000年扎鲁特旗

(h)2015年扎鲁特旗

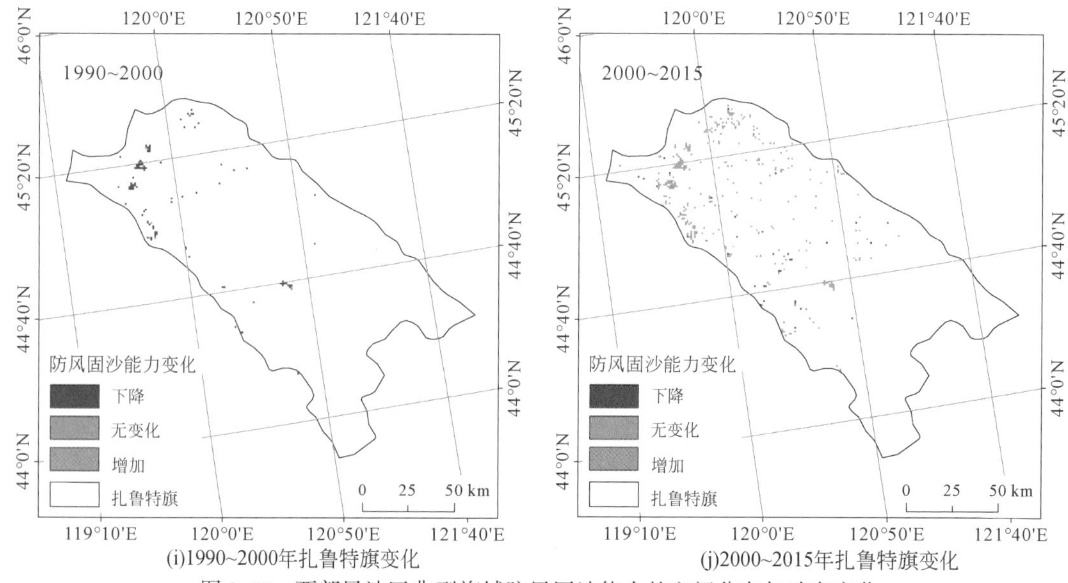

(i)1990~2000年扎鲁特旗变化　　(j)2000~2015年扎鲁特旗变化

图 2-57　西部风沙区典型旗域防风固沙能力的空间分布与动态变化

其中，扎鲁特旗防风固沙能力由 2000 年的 34.36 万 t 增加到 2015 年的 35.21 万 t，防风固沙能力增加了 0.85 万 t，增幅为 2.48%；按扎鲁特旗总人口（30.30 万人）平均计算，退耕还林工程人均提升防风固沙能力 28.08kg。科尔沁左翼后旗防风固沙能力由 2000 年的 142.38 万 t 增加到 2015 年的 147.22 万 t，防风固沙能力增加 4.84 万 t，升幅为 3.40%，防风固沙能力的下降与区域总体植被状况有关。

第五节　东北地区退耕还林工程综合成效、主要问题与对策

一、退耕还林工程执行情况

2000 ~ 2015 年，东北地区共完成退耕还林面积 11 442.45km²，其中退耕地还林面积共有 8186.2km²，荒山荒地造林面积共有 3256.3km²。从空间分布来看，退耕还林工程的实际发生区主要有内蒙古东部三市一盟南部、黑龙江中西部、吉林与辽宁的大部分地区，在内蒙古东部三市一盟北部、黑龙江中西部、北部地区分布较少。从不同土地利用类型的变化情况来看，退耕地还林（农田转为森林）的区域主要发生在吉林大部分地区、辽宁西部与东部、黑龙江东南部、内蒙古东部三市一盟东北部；荒山荒地造林（草地、裸地转为森林）主要发生在内蒙古东部三市一盟中部与南部；此外，内蒙古东部三市一盟有大量农田转为草地。

二、退耕还林工程生态成效总体评估

本研究采用遥感监测与地面观测相结合的方法和手段，发挥多学科交叉、多技术集成

的优势，对东北地区退耕还林工程区 2000 ~ 2015 年实施成效与生态效应进行了科学、客观、相对完整的评估研究，主要评估结论如下。

1）2000 ~ 2015 年，东北地区共完成退耕还林面积 11 442.45km^2，其中退耕地还林面积共有 8186.2km^2，荒山荒地造林面积共有 3256.3km^2。根据评估结果，退耕还林工程主要集中在坡度<15°的区域，占退耕还林总面积的 90.1%。坡度是退耕还林的关键标准，退耕还林工程实际发生区大部分为地势较为平坦的区域，完全符合退耕还林（生态林）坡度标准（15° ~ 25°）的区域仅占全部退耕还林面积的 9.3%。截至 2015 年退耕还林造林类型主要为阔叶林，总面积为 9824.3km^2，占所有退耕还林面积的 87.0%，造林类型比较单一。

2）东北退耕还林工程区生态系统呈向好趋势。退耕还林工程实际发生区的植被覆盖度从 2000 年的 75.12% 增加到 2015 年的 81.56%，年均增量约为 0.006。净初级生产力从 2000 年的 282.26gC/(m^2 · a) 增加到 2015 年的 368.5gC/(m^2 · a)，年均增量约为 3.61gC/(m^2 · a)。总体来看，退耕还林实际发生区的郁闭度与净初级生产力均呈上升趋势，表明退耕还林工程对生态系统质量增加具有积极作用，此外，退耕还林的森林蓄积较低，平均值仅为 34.6m^3/hm^2。造林时间短、林龄较小是蓄积量低的主要原因，退耕还林质量仍有待提高。

3）东北地区退耕还林工程生态效益总体向好。退耕还林工程实际发生区土壤保持能力上升，2000 ~ 2015 年总计增加 18.78×10^{6}t。产水量呈下降趋势，退耕还林工程实际发生区产水量由 2000 年的 103.90mm 下降到 2015 年的 88.33mm。东北两大主要沙区防风固沙能力增幅为 4.47%。碳储量增加趋势明显，工程实施后增加约 4 倍，表明了森林生态系统在碳固持方面的巨大优势。退耕还林工程区生境质量向好的趋势发展，生物的生活环境逐渐提高。退耕还林（退耕地造林）所供给的木材产量为 3724.5 万 m^3，随着林龄增加，木材储备能力将进一步提高。

4）典型县域主要生态服务能力均呈上升趋势。典型县域（清原县与抚松县）产水量由 1990 年的 3564.77 万 m^{3}增加到 2015 年的 3707.43 万 m^3，增幅为 4.00%；退耕还林工程实施前，产水量呈先增加后降低的趋势。中部平原黑土区典型市域（德惠市与虎林市）土壤保持量呈增加趋势，由 1990 年的 28.02 万 t 增加到 2015 年的 31.24 万 t，增幅为 11.51%；退耕还林工程实施后，土壤保持量从 2000 年的 30.64 万 t 增加到 2015 年的 31.24 万 t，增幅为 3.93%。西部风沙区典型旗域（扎鲁特旗与科尔沁左翼后旗）防风固沙能力呈下降趋势，但退耕还林工程实施后下降趋势得到缓解；防风固沙能力由 2000 年的 176.74 万 t 增加到 2015 年的 182.43 万 t，防风固沙能力增加了 5.69 万 t，增幅为 3.22%。

三、主要问题与生态保护建议

（一）退耕林质量问题与保护建议

1. 退耕林质量偏低

评估结果显示，2000 ~ 2015 年退耕还林（退耕地造林）累计蓄积量为 3724.5 万 m^3，其中，常绿针叶林蓄积量 52.0 万 m^3，落叶针叶林蓄积量 96.3 万 m^3，阔叶林蓄积量 3409.0 万 m^3，针阔混交林蓄积量 167.2 万 m^3。退耕还林工程中出现的最突出的问题是林地质量低。根据评估结果，单位面积蓄积量仅为 34.6m^3/hm^2。林地质量低体现在两个方面。

（1）造林结构不合理，多为纯林，树种选择不佳

在造林种树的过程中，林分结构设计与树种的选择是一项最基本的环节，同时是决定造林工作能否取得成功的关键性因素。从现阶段的退耕还林情况分析，并没有对相关的造林条件进行分析，纯林为主要造林模式，树种多为速生的杨树、落叶松，景观稳定性差，存在较高的虫害与火灾风险。这种情况并没有真正对因地制宜的原则进行落实和完善。这将直接导致树木的生长效果不佳；花费了大量的人力、物力和财力，但仍需承担较大的经济损失，挫伤农民的退耕还林积极性。

（2）造林初植密度较大，林分耗水高

东北地区退耕还林存在种植密度偏大的情况，造成这种情况的原因主要是对“适当密植”过分强调，但没有充分考虑造林的树种特征和立地条件，使过于紧密的种植严重影响了树木的正常生长，这种情况在东北沙区（辽西、内蒙古东部）尤为严重；在种植的过程中，试图通过加大造林密度解决造林成活率不高的问题，反而对树木的种植产生更为不利的影响，进而导致林地质量低。

2. 提升退耕林质量的建议

（1）坚持适地适树原则，优先考虑乡土树种

适地适树原则是根据实际立地条件对原生植被的分布情况进行分析，选择更为合适的树种类型。退耕还林政策要求在25°以上的坡度（水源涵养地为15°）进行种植，但是在这种情况下的立地条件较差，土层也相对较薄，因此应选择一些抗旱耐瘠薄的树种，保证林木的存活和健康生长。在一些立地条件较好的地区，应根据土壤、气候条件，以及地区农民生活状况，适当考虑营建经济林。

（2）在水源地（山区），优先考虑营建斑块尺度上的落叶松-阔叶混交林

在东北水源涵养区（主要指东北东部、北部山区），水源涵养、生物多样性维持是其最重要的生态服务功能。目前，该区造林主要类型为落叶松纯林。研究表明（表 2-46），落叶松纯林周边斑块状种植阔叶树与常绿阔叶树，可增加斑块密度和景观多样性指数 10% 以上，提高人工林生态系统的稳定性，降低大面积纯林的生态风险。

表 2-46　塞罕坝机械林场落叶松人工林采伐和造林模拟方案

方案	林龄<40 年择伐（%）	林龄≥40 年皆伐（%）	皆伐地造林
a	0	0	—
b	20	50	落叶松
c1	20	60	落叶松：云杉 7：3
c2	20	50	落叶松：云杉 7：3
c3	20	40	落叶松：云杉 7：3
d1	20	60	落叶松：云杉：樟子松 7：2：1

续表

方案	林龄<40 年择伐（%）	林龄≥40 年皆伐（%）	皆伐地造林
d2	20	50	落叶松：云杉：樟子松 7：2：1
d3	20	40	落叶松：云杉：樟子松 7：2：1
e1	20	60	落叶松：云杉：白桦 7：2：1
e2	20	50	落叶松：云杉：白桦 7：2：1
e3	20	40	落叶松：云杉：白桦 7：2：1

资料来源：国家重点基础研究发展计划（973 计划）项目“我国主要人工林生态系统结构、功能与调控研究”结题报告（2016 年）

（3）在沙地及半干旱区，以水量平衡为原则，合理设计造林密度

水分是沙区限制植物存活和生长的重要因素，因此在东北地区西部降水较低的地区，造林应该科学考虑水量平衡，实现以水定需、以水定林，形成合理的林分密度和景观配置。同时，还要考虑乔灌草的合理配置，坚持宜乔则乔、宜灌则灌、宜草则草，从而保持林木健康成长。

沙地樟子松是东北地区退耕还林工程区半干旱区（辽西北、呼伦贝尔等）的重要造林树种之一。通过计算林分尺度沙地樟子松的耗水情况，确定沙地樟子松固沙林不同年平均气温、不同年均降水量、不同年龄经营密度表（表 2-47）。据此提出相应密度调控方案（朱教君等，2015）。

表 2-47　基于水量平衡的沙地樟子松造林密度表　　（单位：株/hm^2）

年均温度（℃）	年龄（年）	年均降水量（75%～100%）					
		≥500mm	450mm	400mm	350mm	300mm	250mm
≤5	4	3300	3300	3300	3170～3300	1750～2334	330～440
	7	3300	2894～3300	2210～2947	1526～2035	843～1124	159～212
	12	2415～3220	1953～2604	1492～1989	1030～1374	569～758	107～143
	18	1463～1951	1184～1578	904～1205	624～833	345～460	65～87
	22	1123～1497	908～1211	694～925	479～639	265～353	50～67
	26	966～1288	781～1042	597～796	412～549	228～303	43～57
	30	767～1022	620～827	474～631	327～436	181～241	34～45
	35	635～847	514～685	393～523	271～361	150～200	28～38
	38	540～719	436～582	333～444	230～307	127～169	24～32
	42	467～622	377～503	288～384	199～265	110～147	21～28
	45	411～548	332～443	254～339	175～234	97～129	18～24
	48	364～486	295～393	225～300	156～207	86～114	16～22
	51	327～438	265～354	202～271	140～187	77～103	15～19

续表

年均温度（℃）	年龄（年）	年均降水量（75% ~100%）					
		≥500mm	450mm	400mm	350mm	300mm	250mm
0 ~5	3	3300	3300	3300	2081 ~2755	816 ~1088	
	5	3300	2768 ~3300	2008 ~2678	1249 ~1665	489 ~653	
	9	2204 ~2939	1730 ~2306	1255 ~1673	780 ~1041	306 ~408	
	13	1260 ~1679	988 ~1318	717 ~956	446 ~595	175 ~233	
	17	840 ~1120	659 ~879	478 ~638	297 ~396	117 ~155	
	20	593 ~790	465 ~620	338 ~450	210 ~280	82 ~110	
	23	493 ~658	387 ~516	281 ~374	175 ~233	68 ~91	
	27	284 ~379	223 ~298	162 ~216	101 ~134	39 ~53	
	30	236 ~315	185 ~247	134 ~179	84 ~111	33 ~44	
	33	194 ~259	152 ~203	111 ~148	69 ~92	27 ~36	
	36	160 ~213	125 ~167	91 ~121	57 ~75	22 ~30	
	39	134 ~178	105 ~140	76 ~101	47 ~63	19 ~25	
	42	113 ~151	89 ~119	65 ~86	40 ~54	16 ~21	
>5	3	2884 ~3300	2181 ~2909	1479 ~1972	777 ~1036	75 ~100	
	5	1660 ~2283	1256 ~1727	852 ~1171	447 ~615	43 ~59	
	9	1191 ~1588	901 ~1201	611 ~815	321 ~428	31 ~41	
	13	806 ~1074	610 ~813	413 ~551	217 ~289	21 ~28	
	17	645 ~859	488 ~650	331 ~441	174 ~232	17 ~22	
	20	453 ~604	343 ~457	232 ~310	122 ~163	12 ~16	
	23	373 ~497	282 ~376	191 ~255	100 ~134	10 ~13	
	27	216 ~288	163 ~218	111 ~148	58 ~77	6 ~7	
	30	178 ~238	135 ~180	92 ~122	48 ~64	5 ~6	
	33	139 ~185	105 ~140	71 ~95	37 ~50	4 ~5	
	36	111 ~148	84 ~112	57 ~76	30 ~40	3 ~4	
	39	91 ~122	69 ~92	47 ~62	25 ~33	2 ~3	
	42	76 ~101	58 ~77	39 ~52	21 ~27	2 ~3	

资料来源：朱教君等（2015）

（4）种源丰富区可天然恢复植被

在东北主要林区，如长白山、大小兴安岭林区，上述区域森林覆被率高，林木种源丰富，该区退耕地可采取撂荒与封山育林的方法，自然恢复森林植被。

（二）退耕还林坡度标准不适宜东北地区的问题与建议

1. 退耕还林坡度标准不适宜东北地区

根据评估结果，退耕还林工程主要集中在坡度<15°的区域，占退耕还林总面积的90.1%。退耕还林工程实际发生区域大部分为地势较为平坦的区域；完全符合退耕还林坡度标准的区域仅占全部退耕还林面积的9.3%。从评估结果来看，退耕还林工程的标准没有严格执行，但是，从东北地区的区域特点来看，这种低坡度退耕还林仍值得鼓励。

退耕还林工程启动之初，并未充分考虑东北地区的实际情况。全国退耕还林工程区划分为10个类型区，即西南高山峡谷区、川渝鄂湘山地丘陵区、长江中下游低山丘陵区、云贵高原区、琼桂丘陵山地区、长江黄河源头高寒草原草甸区、新疆干旱荒漠区、黄土丘陵沟壑区、华北干旱半干旱区、东北山地及沙地区。根据突出重点、先急后缓的原则，将以下区域列为工程重点区，即黄河上中游地区、长江上游地区、京津风沙源区、重要湖库集水区、红水河流域、黑河流域、塔里木河流域等。这些区域基本涵盖了我国土壤侵蚀、风蚀沙化最严重的地区，但并未聚焦东北地区的主要生态问题。东北黑土区（土壤类型主要为黑土、黑钙土、草甸黑土）是我国重要的商品粮基地，黑土具有深厚的腐殖质层、高肥力、良好的理化性质及生物特性（崔明等，2008）。东北黑土漫岗漫川分布，伴之春季多风、夏季多雨且集中的气候特征，使东北黑土区在坡度很低的情况就发生土壤侵蚀。研究显示，因土质松软，兴凯湖周边地区（密山市西部、兴凯湖北部）坡度在3°时就开始发生轻度土壤侵蚀［侵蚀模数为200～1200t/(km^2·a)］；穆棱市东部、鸡西市东部、鸡西县中部在坡度大于8°时、虎林市西南部在坡度大于15°时发生轻度、中度土壤侵蚀［侵蚀模数为1200～2400t/(km^2·a)］，黑土每年养分大量流失，缓解黑土区水土流失趋势、恢复黑土的高效生产功能是东北粮食主产区农业和经济发展亟须解决的重大生态问题。

2. 制定适合东北地区的退耕还林标准

考虑到东北耕地主要集中在平原区，地势平坦、坡度较小，完全符合退耕还林标准的区域较少，退耕还林标准并不完全适用于东北地区，已经限制了退耕还林在东北地区的实施与成效的发挥。针对东北地区特点，基于本研究评估结果，对东北新一轮退耕还林区域进行如下规划（表2-48，图2-58）：①优先退耕还林区。坡度>15°，耕地面积总计75.07万hm^2，这部分区域与全国退耕还林坡度标准一致，极易发生土壤侵蚀，是新一轮退耕还林首要考虑的区域。②主要退耕还林区。坡度为8°～15°，耕地面积总计392.15万hm^2，这部分区域坡度较大，应尽量退耕还林，体现生态优先原则。③黑土耕地保护区。坡度为3°～8°，耕地面积总计为638.50万hm^2，这部分区域的耕地坡度较为平缓，应根据黑土退化情况，结合坡长、坡位、集水条件等地形条件，设计针对性方案，科学开展退耕还林，减缓黑土区水土流失。

表 2-48　东北地区退耕还林现存耕地面积与坡度

坡度（°）	面积（万 hm²）	比例（%）
<3	1934.93	63.64
3～8	638.50	21.00
8～15	392.15	12.90
>15	75.07	2.47
合计	3040.64	100

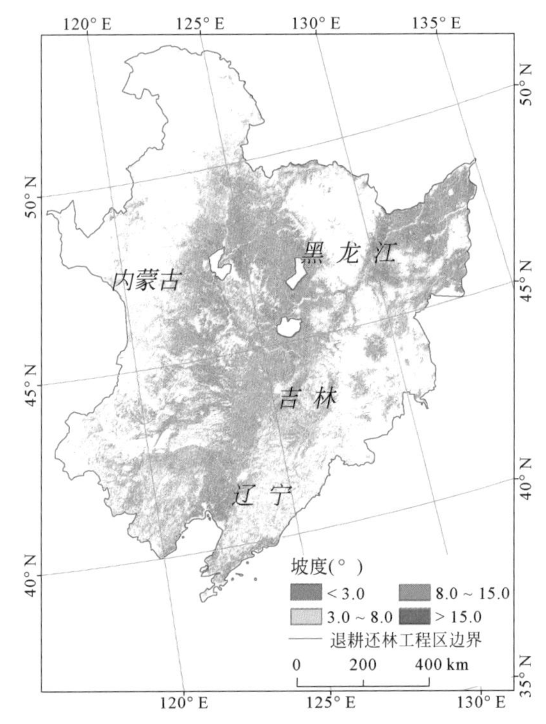

图 2-58　东北地区退耕还林工程区耕地的地形特征

（三）退耕还林工程生态效益监测与评估的问题与建议

1. 退耕还林工程生态效益监测网络不健全

科学、客观、系统地评价退耕还林工程的建设成效是发现退耕还林工程问题、提出对策建议，以指导下一步经营管理、巩固已有成果的重要手段。本研究主要基于遥感影像、模型模拟结果，地面监测数据对于生态效益评估也非常关键。因此，完善退耕还林工程生态效益监测网络至关重要。然而，目前全国仅在 58 个工程县建立了生态效益监测站点（工程共涉及 2279 个县），数量太少且极不相称；监测体系不健全；到目前为止，在退耕还林工程生态效益监测方面尚未建立国家、工程省、工程县等多层次、全方位的监测评估体系。整个工程生态效益监测工作难以进行系统安排，各地在生态效益监测的内容、指标、方法上不相同，使同一个流域分属不同行政区域的监测数据之间可比性不强，多期数据之间缺乏科学的汇总、整理和分析。同时，监测技术存在差异。退耕还林工程生态效益监测工作对相关人员的技术水平、专业知识及监测设备、监测设施、监测方法等方面要求很高。在许多开展工程生态效益监测的省（自治区、直辖市），存在着监测站点布局不均衡、监测内容不全面、监测数据科学性不强等问题，直接影响了监测结果的可靠性和公开发布。在监测科技支撑方面，监测设施和监测队伍参差不齐，软件管理、硬件建设及人员业务水平差距大，影响了监测效果（张鸿文等，2009）。

2. 完善退耕还林工程生态效益监测体系

（1）加速构建生态效益监测体系

监测体系是全面推动退耕还林工程生态效益监测工作的根本前提。应加速构建以县级为基本单元的退耕还林工程生态效益监测网络，形成国家、省、县三级退耕还林工程生态效益监测体系。与此同时，还应加强退耕还林工程生态效益监测专家咨询队伍建设，在技术上充分利用和依托各类科研院所、高校的力量，及时研究解决退耕还林工程生态效益监测体系运行中出现的技术难题。

（2）规范生态效益监测方法

监测方法是全面推动退耕还林工程生态效益监测工作的科学基础。2009 年 2 月发布的《退耕还林工程建设效益监测评价》已成为国家标准，随着国家监测技术的加快，应该对该标准进一步完善，在此基础上，明确国家标准对生态效益监测在监测站设施、监测内容、监测指标、监测频度、监测方法和监测指标计算的新要求，规范和进一步完善监测实施方案。

（3）加快建设数据共享机制

数据共享是全面推动退耕还林工程生态效益监测工作的有效途径。退耕还林工程受多方瞩目，目前，国家有关部门都在开展退耕还林工程生态效益监测的研究项目和相关评价工作，监测内容比较丰富，但共享机制尚有待完善。应该进一步建立完善的共享机制，实现退耕还林生态效益监测数据的多方共享，积极开展合作和交流，充分发挥行业部门、高校与科研院所的优势，充分利用生态效益监测数据，提高退耕还林工程生态效益的监测水平与认可度（张鸿文等，2009）。

（四）退耕还林工程中的农民问题与建议

1. 退耕还林工程中的农民问题

退耕还林工程的农民问题必须得到充分重视。随着退耕还林任务的逐渐减少与政策补助的陆续到期，农民问题也逐渐凸显。

（1）补助停止后对农户收入影响较大

退耕还林工程实施后，政策补助已成为农民收入的重要来源之一，影响农民的生活方式；然而，随着政策补助的陆续到期，农民收入发生变化，农民生活水平可能下降。

（2）复耕可能性较大

为调动农户积极性，退耕还林补助数额一般都超过了农民原有的收入。退耕地区自然条件恶劣，大部分生态林生长周期长，其经营利用方式和强度又受到严格控制，短期内将难以发挥经济效益，退耕后营造的经济林，经营管理水平较低，经济价值不高，这就使得国家一旦停止发放补助，将对退耕农户直接造成不同程度的生活影响。在农产品价格上涨时，农户存在复耕的可能性。

（3）农户重视程度下降

随着退耕还林工程的推进与政策补助的陆续到期，农户对退耕还林工程的重视程度正在逐渐下降。大多数农户重栽轻管，对一些危险性病虫害发生、发展规律和危害情况掌握很少，防治技术比较落后；工程宣传力度不够，农民对退耕还林的重视程度逐渐下降，积极性也开始下降，对退耕还林的成果便缺少了相应的管护。

2. 退耕还林工程中农民问题的建议

（1）适当延长农户的补助期限

在补助到期前，退耕还林对粮食和生活费的补助应按以往政策继续兑现。如果现行退耕还林的粮食和生活费补助期已满，国家应根据有关政策和中央财政安排的资金，继续对退耕农户给予适当的现金补助，解决退耕农户当前生活困难。

（2）调整产业结构，发展农林复合模式

我国目前已经全面禁止天然林商业性采伐，林业定位正以木材生产为主逐渐转向以生态建设为主，林业人口生存与环境保护之间的冲突愈加剧烈。对于退耕还林工程区，利用林下经济改善农民生活方式，提高收入水平，是坚持生态导向、推进生态文明建设的重要手段之一。截至 2015 年，早期的退耕林已超过 15 年，许多已经郁闭成林。发展林下经济与相关后续产业，特别是农林产品加工业，是改变农民增收方式的重要途径。政府需引导形成生态、经济、社会的良性发展模式，确保农民收入得到整体增加，从而走向富裕之路。

（3）增强农民的生态文明意识

农民最关注的是农田产量及生计问题，对于造林的积极性不高。在某种程度上，农民退耕还林的积极性是受补助驱动的。显然，退耕还林的补助是有时效性的，长期补助并不现实；因此，在转变农民生产生活方式的同时，加大生态文明建设的宣传力度，增强农民的生态文明意识，让农民意识到“绿水青山就是金山银山”的现实意义，切实让农民感受到造林的收益，是解决退耕还林工程中农民问题的根本途径。

第三章 东北地区天然林资源保护工程生态成效评估

第一节 东北地区天然林资源保护工程区基本情况与工程概况

一、地理概况

东北地区天然林资源保护工程（简称天保工程）区主要分布于大小兴安岭、长白山脉，总面积约为35.90万km^2；行政范围涉及内蒙古自治区兴安盟、呼伦贝尔市，黑龙江省大兴安岭地区、黑河市、伊春市、绥化市、鹤岗市、佳木斯市、哈尔滨市、双鸭山市、鸡西市及牡丹江市，吉林省延边朝鲜族自治州（简称延边州）、吉林市、白山市及通化市（图3-1）。该区跨寒温带针叶林、温带针阔叶混交林、温带草原三大植被区域，是我国的重点林区，素有“绿色宝库”“天然氧吧”之称，分布着广袤的原始森林，为野生动植物栖息提供了得天独厚的生存环境，并为生物多样性保护提供了良好的生态环境。该区分布有22个国家级自然保护区：辉河国家级自然保护区、南瓮河国家级自然保护区、长白山国家级自然保护区、呼中国家级自然保护区、珲春东北虎国家级自然保护区、松花江三湖国家级自然保护区、额尔古纳国家级自然保护区、饶河东北黑蜂国家级自然保护区、大兴安岭汗马国家级自然保护区、双河国家级自然保护区、五大连池国家级自然保护区、雁鸣湖国家级自然保护区、穆棱东北红豆杉国家级自然保护区、珍宝岛湿地国家级自然保护区、东方红湿地国家级自然保护区、乌伊岭国家级自然保护区、丰林国家级自然保护区、红花尔基樟子松林国家级自然保护区、龙湾国家级自然保护区、大

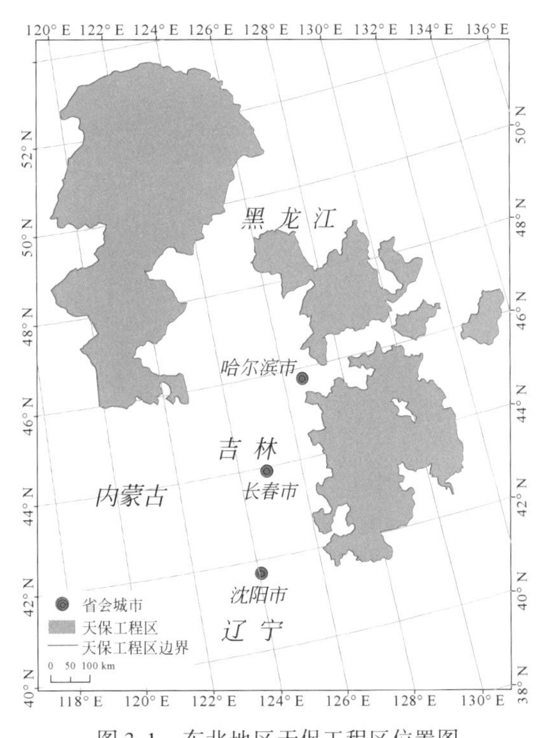

图3-1 东北地区天保工程区位置图

沾河湿地国家级自然保护区、凉水国家级自然保护区、鸭绿江上游国家级自然保护区。

二、地形地貌

本研究考虑的地形因子主要有高程和坡度两个方面。高程对于景观格局影响明显（许倍慎，2012），不同高程范围内，植被类型差异明显。该地区范围内，黑龙江中部、东南部高程较低地区，多为人工种植植被，如玉米、大豆等农作物类型；而其他高程较低地区，主要发育为森林沼泽、灌丛沼泽以及草本沼泽。坡度因子是影响自然环境的重要因子，坡度的大小决定土地利用情况，通常坡度较小的地区，人类利用程度较大，如坡度>25°的地区，是不适宜耕种和建设的。

东北地区天保工程区总体呈中间低、两边高的地势，全区平均海拔为593m，高海拔地区主要位于长白山脉及大、小兴安岭山脉，其中海拔最高点位于长白山脉主峰白云峰（图3-2）。全区的整体坡度<25°，坡度随山体的走向发生变化；山区坡度较高，多为5°~10°；全区仅鄂温克族、五大连池、北安、绥棱、庆安、巴彦、萝北、虎林、五常、延寿、方正等地区坡度较缓，大多为5°以下（图3-3）。全区坡度为5°以上的地区约占全区总面积的52%，但随着坡度的升高，土地面积比例逐渐下降（图3-4）。

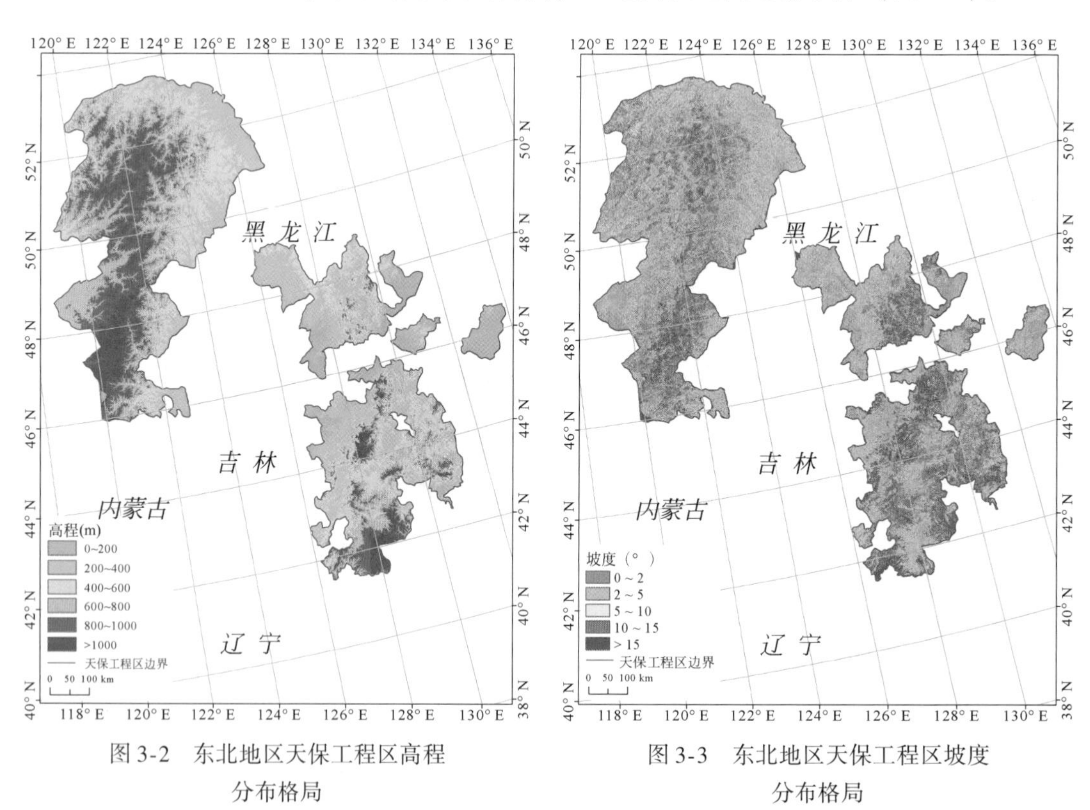

图3-2　东北地区天保工程区高程分布格局

图3-3　东北地区天保工程区坡度分布格局

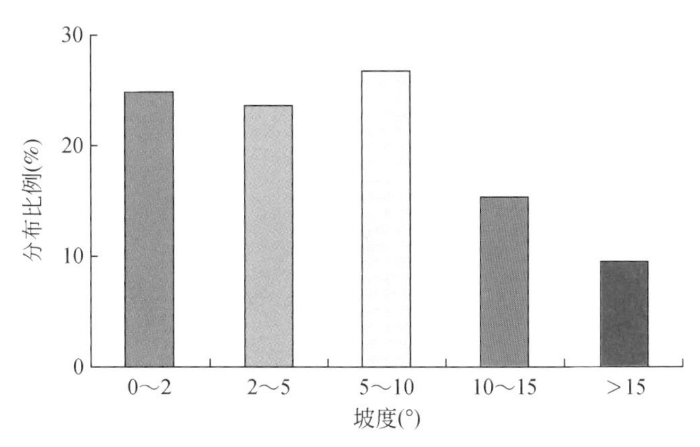

图 3-4　东北地区天保工程区坡度分布比例

东北地区天保工程区地貌类型以山地、平原为主，其中山地面积比例最大，两者占全区总面积的 81.1%；该区地貌状况复杂，山地、丘陵多分布于大小兴安岭及长白山脉地区，台地多发育山地向平原过渡地带，山间谷地多发育低海拔冲积平原，局部发育低海拔冲积扇平原，结合该区降水集中、夏秋的冷湿气侯特征，径流汇集、洪峰突发的河流以及季节性冻融的黏重土质，使山间谷底易积水，形成沼泽水体和沼泽化植被、土壤，构成了独特的沼泽景观。该区山地、平原、丘陵、台地以及湖泊地貌所占比例依次降低，分别占全区总面积的 66.5%、14.6%、10.7%、8.0%、0.2%（图 3-5，图 3-6）。

三、气候条件

东北地区天保工程区以温带大陆性季风气候为主，冬季寒冷干燥，夏季温暖湿润，太阳辐射资源比较丰富，生长季的辐射总量占全年的 55% ~60%。年均气温-2.5 ~6.8℃，年均降水量 310 ~750mm，75% ~85% 集中在 6 ~10 月。雨热同季，适于植被及农作物（尤其是优质水稻、玉米和高油大豆）的生长。另外，大兴安岭林区分布有我国面积最大的原始森林，也是重要的气候分界带，冬季漫长寒冷，夏季温暖短促；东侧降水量较多，超过400mm，西侧降水量较少，少于400mm，呈现由西北向东南增加的趋势。其中，大兴安岭北部属于寒温带大陆性季风气候，中部和南部属于中温带大陆性季风气候。齐乾原始林区位于北部原始森林区，属寒温带大陆性季风气候，为额尔古纳河下游右岸；乌尔旗汗林区位于大兴安岭主脉西侧中段、牙克石市东北处，属寒温带大陆性季风气候半湿润森林气候，有林地达 4698km^2，森林覆盖率为 79.15%；阿尔山林区属寒温带大陆性季风气候，森林面积为 3430km^2。以下主要从气温、降水、平均风速三个方面来描述东北地区天保工程区的气候状况。

（一）气温

东北地区天保工程区年平均气温呈现由北向南、由西向东逐渐增高的趋势，全区年平

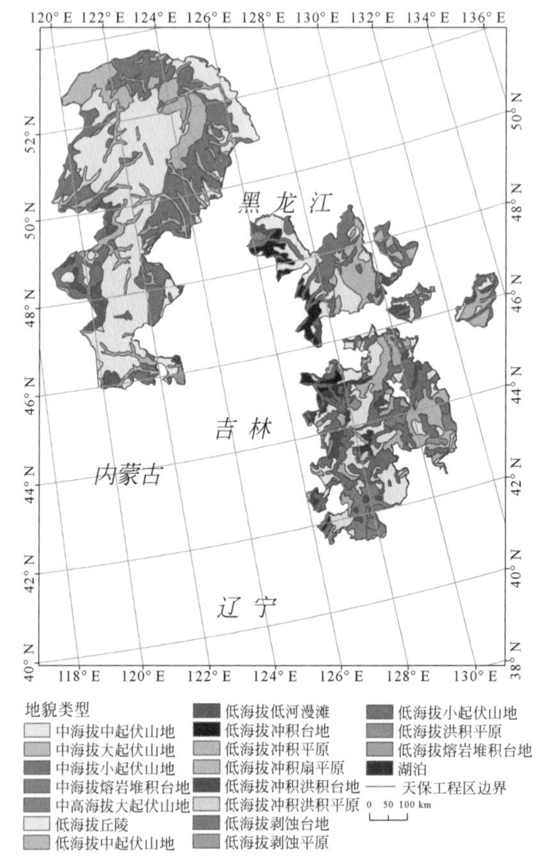

图 3-5　东北地区天保工程区各地貌类型分布格局

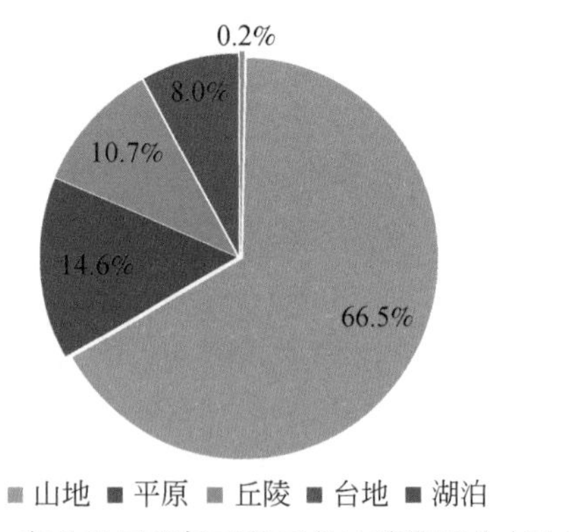

图 3-6　东北地区天保工程区各地貌类型分布比例

均气温为 1.78℃。其中，最高年平均气温出现在兴安盟，达 6.8℃，最低年平均气温出现在呼伦贝尔市与大兴安岭地区交接处，达–2.5℃（图 3-7）。近 60 年，东北地区气温明显升高（任国玉等，2005），气候逐渐向干旱发展（谢安等，2003）。

（二）降水

东北地区天保工程区降水量分布具有明显的空间异质性，总体上呈现由西北向东南递增的趋势（刘志娟等，2009），长白山地区年均降水量最高。全区年平均降水量为552.5mm，全年降水量的60%～70%集中在夏季，最高年平均降水量为748.4mm，出现在白山市；最低年平均降水量为311.2mm，出现于呼伦贝尔市（图3-8）。

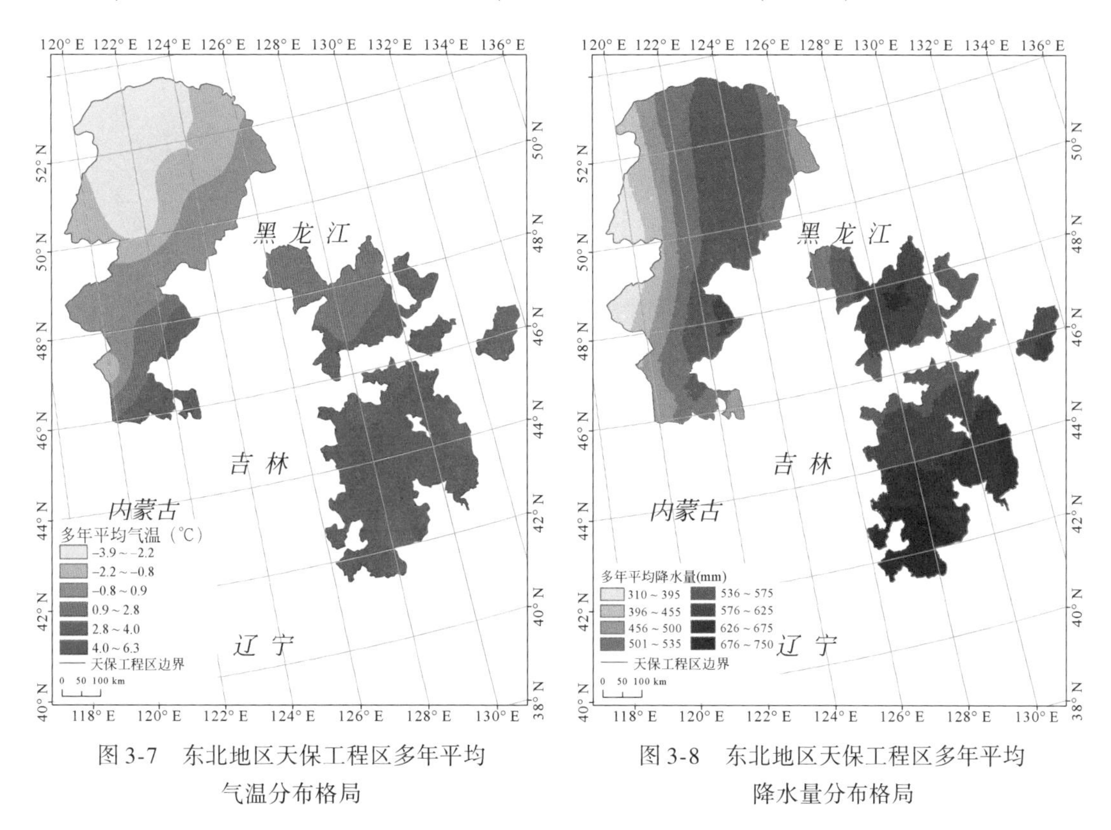

图3-7　东北地区天保工程区多年平均气温分布格局

图3-8　东北地区天保工程区多年平均降水量分布格局

（三）平均风速

东北地区天保工程区风速分布也具有明显的空间异质性，大兴安岭北部及长白山地区风速较低，呼伦贝尔及黑龙江东部风速较高。全区年平均风速为2.39m/s，其中，最大年平均风速为3.41m/s，出现在呼伦贝尔市；最小年平均风速为1.79m/s，出现在大兴安岭北部地区（图3-9）。

四、土壤类型

东北地区天保工程区土壤条件优越，土壤类型丰富。土壤类型主要包括暗棕壤、棕色针叶林土、草甸土、沼泽土、白浆土、黑钙土、灰色森林土、黑土等（图3-10）。各土壤类型的分布明显受到地表岩性和地貌条件的控制，大兴安岭西部地区分布广泛的棕色针叶

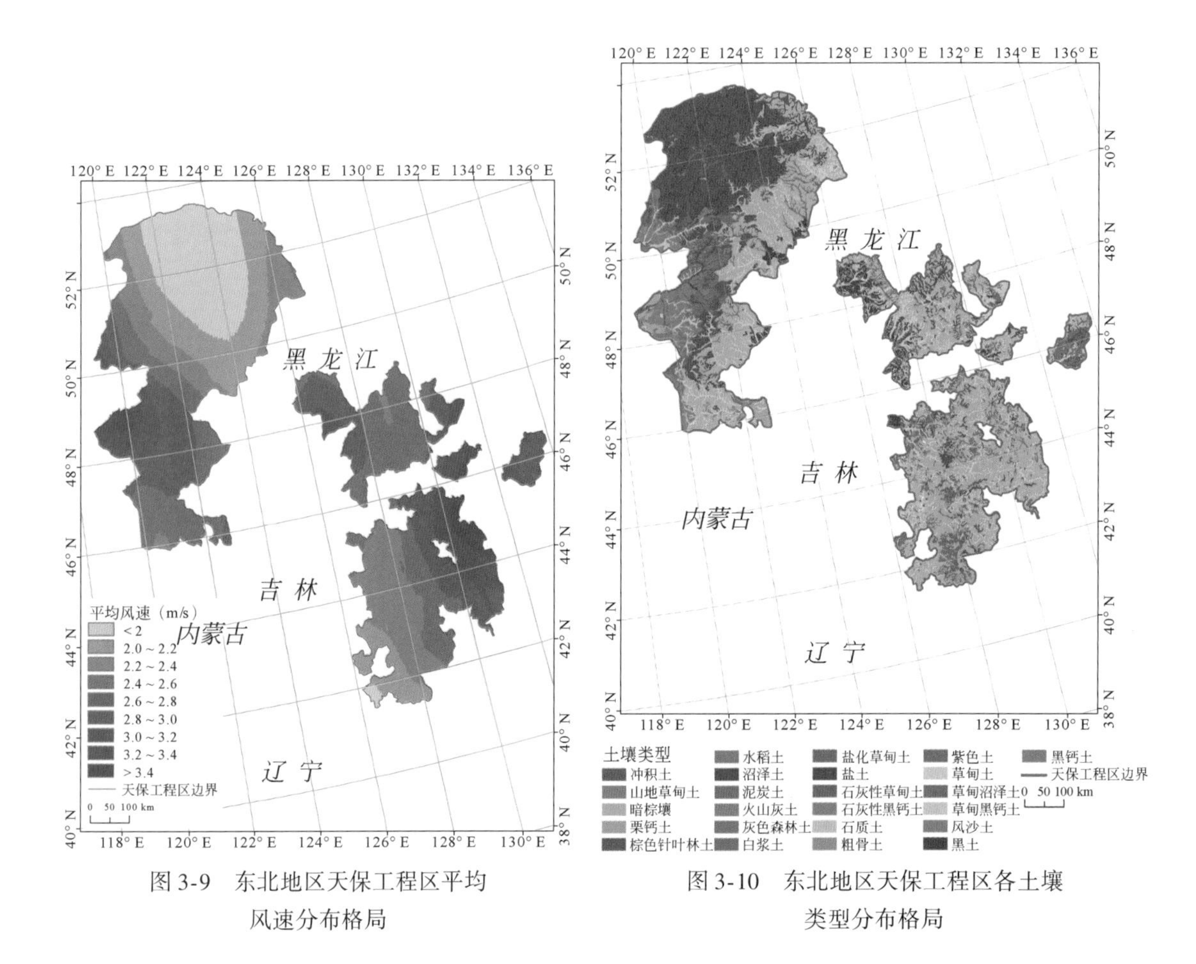

图 3-9　东北地区天保工程区平均风速分布格局

图 3-10　东北地区天保工程区各土壤类型分布格局

林土；暗棕壤主要分布于大兴安岭东北地区以及长白山山脉等山地丘陵地区，地表覆被主要为林地；草甸土、沼泽土多分布于林区地势低洼的沟谷。本区以暗棕壤、棕色针叶林土、草甸土为主，所占比例超过70%（图 3-11）。

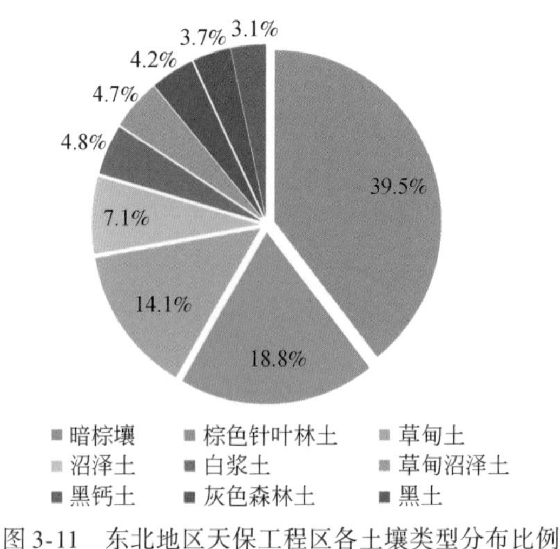

图 3-11　东北地区天保工程区各土壤类型分布比例

五、植被类型

受地形、地貌、土壤、气候等诸多因素的影响，东北地区天保工程区植被类型分布具有明显的地理区域特征。该区植被类型以森林为主，其中大、小兴安岭山脉地区以针叶林、阔叶林以及针阔混交林为主，而长白山脉地区则以阔叶林为主。其中阔叶林类型包括白桦、小叶白杨、紫椴、蒙古栎、色木槭等；针叶林类型包括兴安落叶松、樟子松、红松、云杉等。该区边缘地区山地向平原过渡地带植被类型以农作物为主，一年熟玉米、水稻、大豆均有分布，部分地区分布有少量的春小麦、高粱等经济作物。呼伦贝尔地区有大面积草原分布，是中国保存最完好的草原，生长着碱草、针茅、苜蓿、冰草等120多种营养丰富的牧草，有“牧草王国”之称。森林沼泽、灌丛沼泽及草本沼泽多分布于河漫滩或沟谷，沼泽类型多，主要包括落叶松、灌丛桦、笃斯越桔、杜香、藓类、薹草、泥炭藓沼泽等，大兴安岭沼泽主要分布于河谷、缓坡坡麓和部分分水岭，以淖儿河为界，北段多于南段，东坡多于西坡。小兴安岭沼泽主要分布宽阔平坦的河谷、分水岭附近的沟谷及台地。长白山沼泽主要分布于河谷、坳沟和部分熔岩台地，没有坡地和分水岭沼泽（图3-12）。

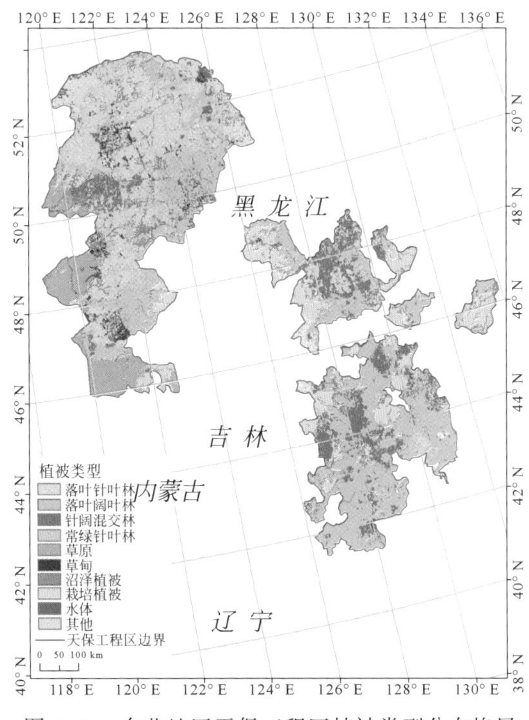

图3-12 东北地区天保工程区植被类型分布格局

六、土地利用

东北地区天保工程区林地覆盖范围最广，截至2015年，该区林地面积达31.2万km^2，占全区总面积的66.95%，主要分布于大、小兴安岭及长白山地区，该区是中国最大的天然林区，被人们誉为“绿色金子的宝库”。耕地面积次之，为7.68万km^2，主要分布于中部山地丘陵向平原过渡地带。湿地主要包括森林沼泽、灌丛沼泽、草本沼泽、河流、湖泊、水库/坑塘等，面积为4.26万km^2。草地主要分布于呼伦贝尔、兴安盟地区，面积为2.78万km^2。城镇扩张明显，面积已达0.62万km^2。其他类型分布较少（图3-13，图3-14）。

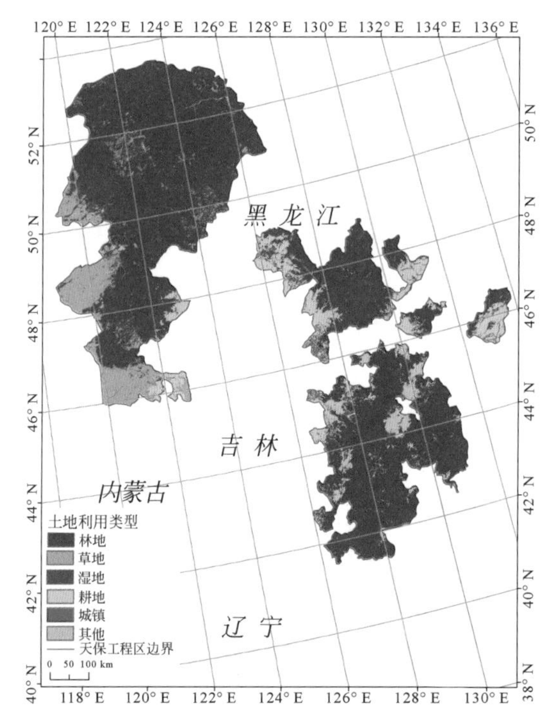

图3-13　2015年东北地区天保工程区土地利用类型分布格局

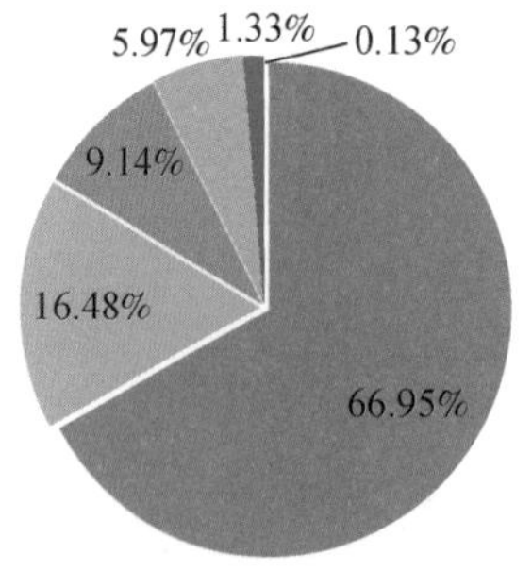

图3-14　东北地区天保工程区土地利用类型分布比例

七、社会经济

（一）人口数量

东北地区天保工程区范围内共涉及吉林省、黑龙江省和内蒙古自治区的16个地级城市，49个县（市、区）。该区1990年、2000年、2010年、2015年总人口数分别为3686.48万人、4244.79万人、4325.86万人、4399.68万人。对四个年份东北地区天保工程区人口数据进行统计，得出1990~2015年人口数量变化折线图（图3-15）。可以看出，1990~2000年研究区人口呈显著的增长趋势，而2000年之后增长趋势较为平缓。

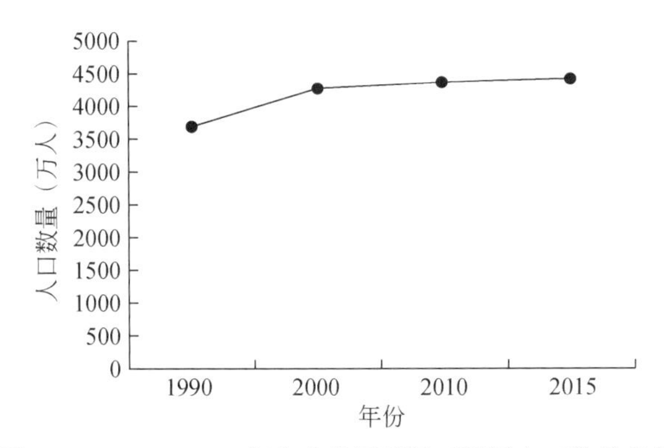

图3-15　1990~2015年东北地区天保工程区人口数量变化

（二）经济发展

对东北地区天保工程区GDP进行统计，得到1990~2015年GDP变化折线图（图3-16）。1990~2015年，东北地区天保工程区GDP呈现上升趋势，从1990年的552.52亿元增长到2015年的18 077.91亿元，其中2000~2010年涨幅巨大，由3109.63亿元增加到11 893.71亿元。截至2015年，东北地区天保工程区内16个地区GDP均超过100亿元，

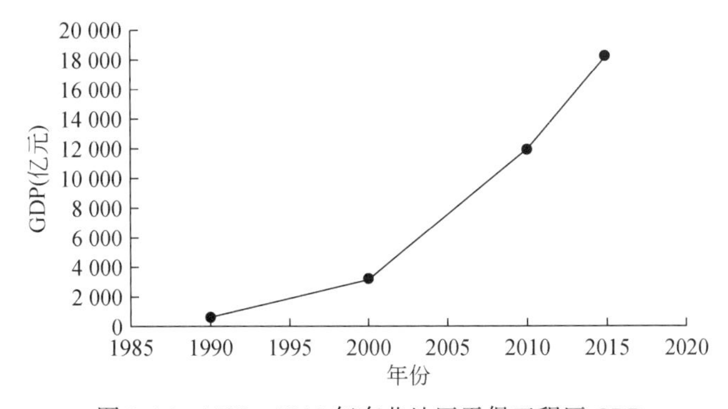

图3-16　1990~2015年东北地区天保工程区GDP

其中，哈尔滨市 GDP 最大，为 5751.20 亿元，吉林市次之。1990 ~ 2015 年，该区各地区 GDP 均有所提升，其中上升幅度最大的为哈尔滨市，增加 5638.93 亿元，其次为吉林市和呼伦贝尔市，分别增加 2385.62 亿元和 1551.30 亿元。

八、天然林资源保护工程概况

（一）工程背景

1998 年党中央、国务院做出了实施天然林资源保护工程（即天保工程一期）重大战略决策，同年开展试点工作。2000 年 10 月国务院批准了《长江上游、黄河上中游地区天然林资源保护工程实施方案》和《东北、内蒙古等重点国有林区天然林资源保护工程实施方案》，天保工程一期期限为 2000 ~ 2010 年。东北、内蒙古等重点国有林区是我国森林工业（简称森工）企业分布最为集中的地区，森林面积占全国森林总面积的 16.03%，活立木总蓄积量占全国活立木总蓄积量的 21.77%，林区地形相对平坦，人口较少，林地资源集中连片，发展林业具有得天独厚的优势条件。同时，这里自然条件优越，珍贵树种多，木材材质好，是我国木材的重要产区和战略资源储备基地；是黑龙江水系的源头，是松花江、嫩江、辽河等重要水系的发源地和涵养地，稳定的森林生态系统为中下游地区提供了宝贵的工农业生产和生活用水，大大降低了洪涝灾害发生的概率，生态地位十分重要；是我国生物多样性的重点地区，该区多样的森林、草原、湿地生态系统，适生各类野生植物近千种、野生动物 300 多种，在国家生态保护总体战略中具有特殊地位；是抵御西伯利亚寒流和内蒙古高原旱风侵袭的天然屏障，大小兴安岭、张广才岭、长白山等山区绵绵不断的广袤森林，使来自东南方的暖湿气流在此停留涡旋，具有调节气候、保持水土的重要功能，为东北平原、华北平原营造了适宜的农牧业生产环境，庇护了全国 1/10 以上的耕地和最大的草原。

东北、内蒙古等重点国有林区不仅是我国北方地区的重要天然屏障，也是我国主要的木材资源战略储备基地，对于维护流域生态平衡、国家粮食和木材资源安全，保证当地经济社会和谐发展具有重要的战略意义。由于东北、内蒙古等重点国有林区森林资源长期超强度采伐，恢复和发展森林资源是一项长期任务，这一林区气候寒冷，森林生长缓慢，森林恢复需要的时间比其他地区更长，应实行长期保护，分期实施，结合国民经济社会发展规划，实施了天保工程二期，实施期限为 2011 ~ 2020 年。

（二）天然林资源保护工程的阶段目标

1. 近期目标（到 2000 年）

以调减天然林木材产量、加强生态公益林建设与保护、妥善安置和分流富余人员等为主要实施内容。全面停止长江、黄河中上游地区划定的生态公益林的森林采伐；调减东北、内蒙古等重点国有林区天然林资源的采伐量，严格控制木材消耗，杜绝超限额采伐。通过森林管护、造林和转产项目建设，安置因木材减产形成的富余人员，将离退休人员全部纳入省级养老保险社会统筹，使现有天然林资源初步得到保护和恢复，缓解生态环境恶化趋势。

2. 中期目标（到2010年）

以生态公益林建设与保护、建设转产项目、培育后备资源、提高木材供给能力、恢复和发展经济为主要实施内容。基本实现木材生产以采伐、利用天然林为主向经营利用人工林方向的转变，人口、环境、资源之间的矛盾基本得到缓解。

3. 远期目标（到2050年）

天然林资源得到根本恢复，基本实现木材生产以利用人工林为主，林区建立起比较完备的林业生态体系和合理的林业产业体系，充分发挥林业在国民经济和社会可持续发展中的重要作用。

（三）东北地区天保工程的实施范围

东北地区天保工程包含了龙江森工（大海林、柴河、海林、东京城、穆棱、八面通、林口、绥阳、迎春、东方红、山河屯、亚布力、苇河、兴隆、方正、清河、绥棱、通北、沾河、桦南、鹤立、双鸭山、鹤北、带岭、双丰、铁力、桃山、朗乡、南岔、金山屯、美溪、翠峦、乌马河、友好、上甘岭、五营、红星、新青、汤旺河、乌伊岭40个国有重点森工及直属企业）、大兴安岭森工（大兴安岭林业集团公司所属松岭、新林、塔河、呼中、阿木尔、图强、西林吉、十八站、韩家园9个国有重点森工林业局和加格达奇1个县级林业局及直属单位）、内蒙古森工（17个国有重点森工，3个营林局，8个地方重点森工，3个旗/市）、吉林森工（18个国有重点森工和4个地方重点森工企业及直属企业）。工程区总面积为35.9万km^2，林业用地面积为33.20万km^2，其中，有林地190.93km^2（其中天然林169.8km^2），疏林地0.15万km^2，灌木林地0.24万km^2，未成林造林地0.59万km^2，无林地1.88万km^2，其他林地1.69万km^2。

（四）东北地区天保工程的主要目标

通过天保工程二期的实施，为建设国家木材战略储备基地和建设我国北方地区生态安全屏障打好基础。实现森林资源从恢复性增长进一步向提高森林质量转变，继续调减木材产量，加强森林培育经营，到2020年，森林面积增加6000km^2，森林蓄积量增加2.9亿m^3，森林碳汇增加1.09亿t；生态状况从逐步好转进一步向明显改善转变，生物多样性明显增加，森林生态功能明显增强；林区经济社会发展由稳步复苏进一步向和谐发展转变，提供林区就业岗位44.32万个，基本解决职工转岗就业问题，民生明显改善，社会保障能力全面提升，林区社会和谐稳定。

第二节　东北地区天然林资源保护工程区生态系统宏观结构变化

一、生态系统构成与空间分布特征

受水热条件及地形影响，东北地区天保工程区生态系统类型众多。自然生态系统主要包括森林生态系统、草地生态系统、湿地生态系统；人工生态系统主要包括农田生态系统及城镇生态系统（图 3-17）。

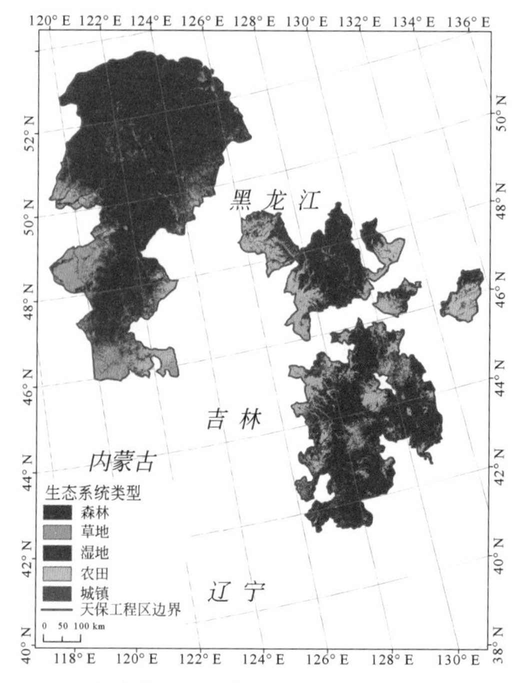

图 3-17　2015 年东北地区天保工程区典型生态系统空间分布图

各生态系统类型 2000～2015 年面积变化趋势各有特点。截至 2015 年，森林、草地、湿地、农田、城镇、裸地依次分别为 311 285km^2、27 805km^2、43 188km^2、76 597km^2、6264km^{2}和 517km^2。自实施天保工程以后（2000～2015 年），森林和城镇的面积呈大幅度增加趋势，森林增加 2259km^2，城镇增加 645km^2；而草地、农田和湿地呈减少趋势，依次分别减少 917km^2、285km^{2}和 1550km^2（表 3-1 和图 3-18）。

表 3-1　东北地区天然林保护工程区不同生态系统类型面积变化情况　　（单位：km^2）

生态系统类型	1990 年	2000 年	2010 年	2015 年	1990～2000 年	2000～2010 年	2010～2015 年	2000～2015 年
森林	310 865	309 026	310 382	311 285	−1 839	1 356	903	2259
草地	30 503	28 722	27 881	27 805	−1 781	−841	−76	−917
湿地	47 550	44 738	44 249	43 188	−2 812	−489	−1 061	−1 550
农田	70 714	76 882	76 717	76 597	6 169	−165	−120	−285
城镇	5 347	5 620	5 945	6 264	273	326	319	645
裸地	591	563	471	517	−28	−92	46	−46

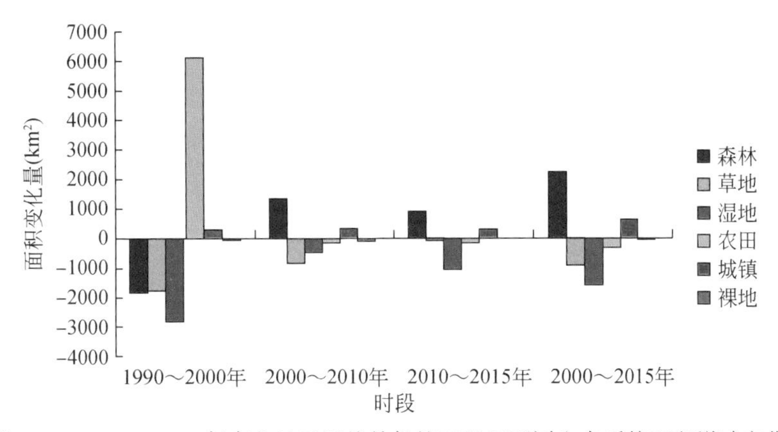

图 3-18　1990 ~ 2015 年东北地区天然林保护工程区不同生态系统面积增减变化

(一) 森林生态系统

森林生态系统是东北地区天保工程区最主要的生态系统类型，分布集中，局部覆盖率极高，多以天然林为主，2000 ~ 2015 年森林生态系统覆盖率持续升高。2000 年森林覆盖率最低，为 66. 36% ，2015 年森林覆盖率最高，达 66. 95% 。主要分布于大小兴安岭山脉及长白山脉地区。其中，大兴安岭北部地区以寒温带针叶林生态系统为主，建群种为针叶乔木，又被称为北方针叶林或泰加林。该区夏季温湿，冬季寒冷而漫长的水热配置为寒温带针叶林生态系统的形成提供了条件。大兴安岭山脉地区由北向南，森林覆盖类型由针叶林逐步向针阔混交林、阔叶林过渡，森林生态系统的分布具有典型的水平地带性特征。小兴安岭山脉地区森林生态系统中地带性典型植被是以红松为主构成的温带针阔混交林，一般称为红松阔叶混交林。长白山脉地区受海拔的影响，自然生态系统有规律地垂直交替，随着海拔的升高，自然带由林带向积雪带逐步过渡。一般将长白山植被由下至上划分为红松阔叶混交林带、暗针叶林带、亚高山岳桦林带及高山冻原带，不同的景观带对应着不同的生态系统类型。以北坡为例，500m 以下为落叶阔叶林，500 ~ 1100m 为红松阔叶混交林带，1100 ~ 1700m 或 1800m 为暗针叶林带，1700 ~ 1900m 或 2000m 为亚高山岳桦林带，1900m 或 2000m 以上为高山冻原带。故长白山脉地区生态系统类型以森林生态系统为主。

(二) 草地生态系统

草地生态系统主要分布于呼伦贝尔市及兴安盟，是我国温带草甸草原分布最集中、最具代表性的地区，东侧与大兴安岭森林区相连，在大兴安岭西麓山前的波状丘陵地貌上，发育了多种类型的草甸草原生态系统。从东到西经由草甸草原逐渐向半干旱气候的典型草原地带过渡，受气候干燥度的影响形成了自东向西递变的植被分布格局。呼伦贝尔草甸草原在典型草原地带与森林带之间形成一个东西宽 50 ~ 60km、南北长超过 300km 的狭长地带，主要群落类型为羊草+杂类草、贝加尔针茅、线叶菊等，是世界著名的天然草原之一，是我国东北地区乃至京津地区重要的生态屏障。2000 ~ 2015 年该区草地生态系统覆盖率持续递减，由 6. 17% 下降到 5. 97% ，草地退化较为严重，气候变化、过度放牧及工业污染是草地退化的原因。为保护草地生态系统，防止草原沙化，实施合理的封育保护，休牧、禁牧和规范矿产资源开采十分必要。

（三）湿地生态系统

湿地生态系统主要分布于大兴安岭山脉地区的河漫滩或沟谷，沼泽类型丰富，林区河网密布，是黑龙江、嫩江的发源地，且森林植被及其凋落物阻碍了地表径流和雨水的蒸发，使地下水冻结层上水资源和冻结层下水资源较为丰富，为该区湿地生态系统的形成提供了条件。大兴安岭山脉南部地区以草本沼泽为主，河谷以蒿柳灌丛沼泽为主，北部以森林沼泽为主，多分布于河流上游的河谷。大兴安岭森林湿地生态系统具有寒温带针叶林区的典型森林湿地代表性，其地理位置、气候特征和冻土条件决定了大兴安岭山脉地区独特的湿地和水生特征（王晓莉等，2014）。大兴安岭湿地生态系统具有多样性的特征，包括森林湿地生态系统、草甸湿地生态系统、沼泽生态系统和水生生态系统等。大兴安岭湿地生态系统还具有稀有性特征，为许多珍稀野生动植物提供栖息和繁育基地。多年冻土的存在是维护大兴安岭寒温带森林生态系统和湿地环境的关键，全球气候变暖和人类活动的增加，导致冻土南缘北退，上限下降，冻土厚度变薄，使其隔水板作用减弱，造成湿地退化，使我国仅有的寒温带明亮针叶林南缘北移，可见大兴安岭湿地的冻土生态环境是十分脆弱的。小兴安岭及长白山脉地区也分布有森林湿地、灌丛湿地及草本湿地，但属温带湿润森林生命地带。2000～2015年该区湿地覆盖率逐年递减，由9.61%下降到9.14%，湿地退化严重，主要转化为农田生态系统，气候变化及人类活动开垦湿地是湿地退化的主要原因。

（四）农田生态系统和城镇生态系统

农田生态系统主要分布于平原或山地向平原过渡地带，包括水田和旱田。该区农田主要位于五大连池、北安、绥棱、庆安、巴彦、五常、宁安、虎林、萝北、桦南等地区，主要作物类型包括玉米、水稻、大豆等。该区城镇生态系统多以地级、县级城市驻地为中心而发展，该区涉及48个县级以上城市驻地。

二、森林时空格局

（一）森林空间分布与时空变化

东北地区天保工程区森林分布集中且最为广泛，覆盖率高，约占全区总面积的66.95%，多以天然林为主，主要分布于大小兴安岭山脉及长白山脉。2000～2015年该区森林面积呈增加趋势，面积增加了2259km^2，主要来源于湿地和农田，草地次之。天保工程实施前，森林面积呈减少趋势；天保工程实施后，森林面积开始增加。受退耕还林工程的影响，2000～2010年有大量农田转化为森林，森林面积不断增加，2010年该区森林面积增加至310 382km^2。2010～2015年该区森林覆盖率继续升高，截至2015年，森林覆盖率达到最大，为66.85%，森林面积为311 285km^2。森林变化主要发生在林地向农田过渡的地带，或沟谷、

缓坡坡麓等处，同时城市扩张及交通建设也会占用一定面积的林地（图 3-19 和图 3-20）。

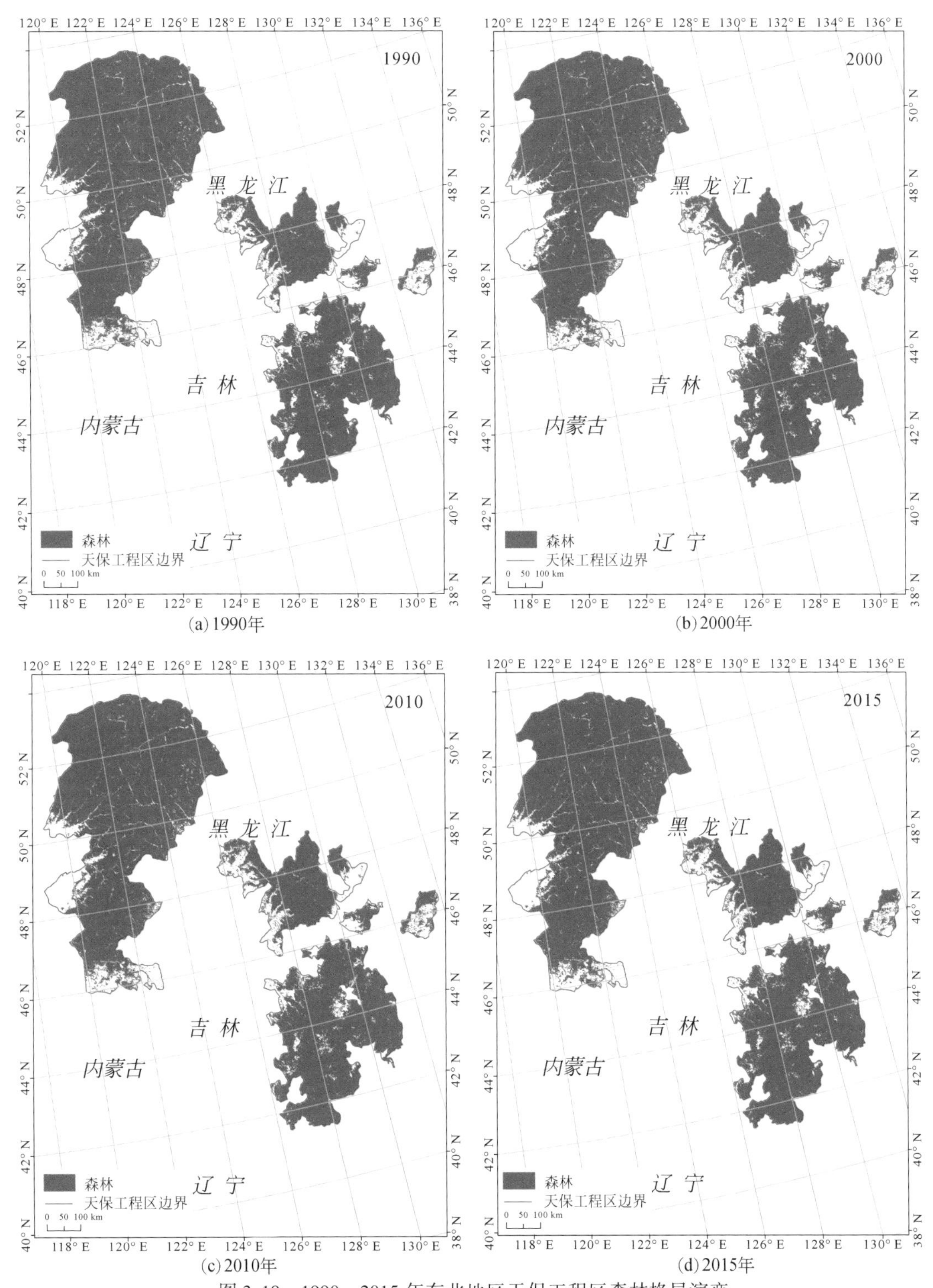

(a) 1990年 (b) 2000年

(c) 2010年 (d) 2015年

图 3-19 1990～2015 年东北地区天保工程区森林格局演变

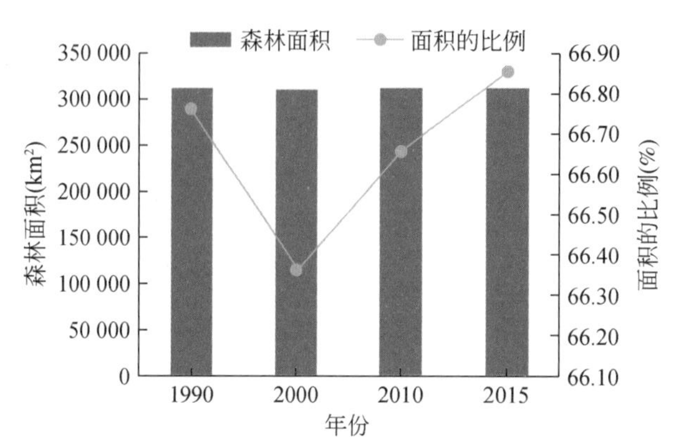

图 3-20　1990～2015 年东北地区天保工程区森林面积变化

1990～2000 年及 2000～2015 年东北地区天保工程区森林转化情况见表 3-2 和表 3-3。1990～2000 年新增的森林主要来源于草地，转化面积为 198.6km^2。1990～2000 年森林转化为农田最多，面积达 2603.6km^2。2000～2015 年各类型转化为森林的面积均大幅度上升，其中农田转化为森林的面积较多，为 2824.2km^2。同时，森林转化为其他类型的面积也有不同程度增加。森林转化为农田的面积最高，为 2647.7km^2，转化为城镇的面积也上升至 264.8km^2。

表 3-2　1990～2000 年东北地区天保工程区森林转化表　　（单位：km^2）

生态系统类型		2000 年					
		农田	湿地	城镇	森林	草地	裸地
1990 年	农田	—	—	—	88.3	—	—
	湿地	—	—	—	—	—	—
	城镇	—	—	—	0.0	—	—
	森林	2603.6	—	66.2	—	154.5	0.0
	草地	—	—	—	198.6	—	—
	裸地	—	—	—	44.1	—	—

表 3-3　2000～2015 年东北地区天保工程区森林转化表　　（单位：km^2）

生态系统类型		2015 年					
		农田	湿地	城镇	森林	草地	裸地
2000 年	农田	—	—	—	2824.2	—	—
	湿地	—	—	—	—	—	—
	城镇	—	—	—	44.1	—	—
	森林	2647.7	—	264.8	—	639.9	22.1
	草地	—	—	—	1213.5	—	—
	裸地	—	—	—	132.4	—	—

根据土地利用转移矩阵，1990～2000 年东北地区天保工程区的森林主要转化为农田。结合该时期的实际情况，1978～1998 年为东北地区森林大规模伐木和开发的时代（Yu et al., 2011）。为了满足人口、土地和粮食不断增加的需求，不断开垦农田、对森林进行大量的乱砍滥伐。森林景观结构变化剧烈，大量林地转变为耕地（Liu et al., 2014）。同时，自 20 世纪 70 年代以来，东北地区进入了持续增温的阶段，尤其是 90 年代以来增温现象非常显著，东北地区气候暖干化趋势明显（孙凤华等，2005）。气候暖干化导致森林火灾发生的风险上升（Hallett and Hills, 2006），也使林木叶片的生物化学成分发生变化，有助于有害幼虫的存活（陈宏伟等，2011）。另外，表 3-2 和表 3-3 中森林向城镇的转化代表了城市扩张对森林造成了一定程度的破坏。在一系列自然和人为因素的综合作用下，森林面积持续减少。

2000～2015 年随着天保工程的实施，保护区内对重点公益林进行了禁伐、封山育林、人工造林；对一般公益林进行了择伐及抚育伐；对商品林进行了集约式经营；对重点生态公益林进行了有针对性的保护体系建设。这一系列措施有效地抑制了森林向农田转化的速度。另外，受退耕还林工程的影响，许多耕地转化为森林，从而使森林面积减少得到控制，并出现面积回升。

（二）景观参数变化

本研究基于斑块类型水平，选取斑块数量、斑块密度、平均斑块面积、景观分割指数和聚合度指数来定量描述森林景观变化情况。

基于 Fragstats 景观分析软件计算 1990～2015 年森林景观的斑块数量、斑块密度、平均斑块面积、景观分割指数和聚合度指数。结果表明，1990～2015 年，森林景观虽然总体上较为集中，但有破碎化趋势。斑块数量及斑块密度均先增加后减少，2010 年达到最大，总体呈增加趋势。从景观分割指数与聚合度指数来看，景观分割指数先增加后减少，而聚合度指数先减少后增加，2000 年达到最低值；故森林景观在 1990～2015 年分布较为集中，但分散程度稍有加强，在 1990～2010 年出现破碎化趋势，2010 年后逐渐好转（表 3-4）。

表 3-4　1990～2015 年东北地区天然林保护工程区森林景观指数变化表

年份	NP（个）	PD（斑块数/100hm²）	AREA_MN（hm²）	DIVISION	AI
1990	10 663	3.29	20.25	0.82	90.43
2000	11 184	3.45	19.19	0.83	90.26
2010	11 240	3.47	19.15	0.83	90.37
2015	10 930	3.38	19.80	0.82	90.44

（三）地级市尺度对比

森林是东北地区天保工程区最主要的土地覆盖类型。截至 2015 年，呼伦贝尔市、大兴安岭地区、延边州、牡丹江市和伊春市是该区森林覆盖面积较大的地区，森林覆盖面积均大于 20 000km²，其中，呼伦贝尔市的森林覆盖面积最大，达 114 199.5km²。伊春市、白山市、延边州、大兴安岭地区是森林面积比例较大的地区，均大于 80%，其中伊春市森林面积比例最大，达 86.7%。1990 ~ 2015 年大兴安岭地区森林增加面积最大，达到 969.8km²，其后依次为呼伦贝尔市、吉林市、哈尔滨市、白山市、兴安盟及通化市，增加面积分别为 787.2km²、265.5km²、165.9km²、57.6km²、51.4km²及 3.2km²（表 3-5）。各地级市的森林面积变化与全区趋势一样，体现为天保工程实施前森林面积减少，天保工程实施后森林面积增加的特点。

表 3-5　1990 ~ 2015 年东北地区天保工程区各地级市森林面积统计结果

地区	1990 年		2000 年		2010 年		2015 年	
	面积（km²）	比例（%）	面积（km²）	比例（%）	面积（km²）	比例（%）	面积（km²）	比例（%）
呼伦贝尔市	113 412.3	68.0	112 942.9	67.7	113 155.3	67.8	114 199.5	68.5
大兴安岭地区	52 774.1	81.6	52 743.1	81.6	53 127.4	82.2	53 743.9	83.1
延边州	31 828.2	83.4	31 742.1	83.2	31 754.0	83.2	31 822.0	83.4
牡丹江市	26 320.2	71.8	25 885.2	70.6	25 909.1	70.6	25 684.0	70.0
伊春市	22 859.0	87.8	22 726.6	87.3	22 734.3	87.3	22 553.1	86.7
白山市	12 322.0	86.1	12 298.4	85.9	12 353.6	86.3	12 379.6	86.5
哈尔滨市	11 649.3	51.7	11 386.3	50.5	11 579.1	51.4	11 815.2	52.4
吉林市	11 328.0	64.9	11 325.4	64.9	11 349.3	65.0	11 593.5	66.4
兴安盟	7 941.5	31.1	7 957.7	31.1	7 957.9	31.1	7 992.9	31.3
黑河市	5 093.2	32.1	4 947.6	31.2	4 951.5	31.2	4 864.5	30.7
绥化市	4 837.4	49.4	4 798.0	49.0	4 800.0	49.0	4 766.4	48.6
鹤岗市	2 807.7	41.9	2 773.6	41.4	2 780.6	41.5	2 778.9	41.5
鸡西市	2 723.4	29.2	2 761.7	29.6	2 829.3	30.4	2 701.9	29.0
佳木斯市	2 842.3	36.2	2 677.2	34.1	2 677.6	34.1	2 675.3	34.1
通化市	1 231.9	53.8	1 234.2	53.9	1 235.4	54.0	1 235.1	54.0
双鸭山市	894.5	58.0	826.4	53.6	827.7	53.7	826.3	53.6

三、植被叶面积指数变化评估

（一）植被叶面积指数变化趋势

植被叶面积指数（LAI）作为表征冠层结构的关键参数，它影响植被光合、呼吸、蒸腾、降水截留、能量交换等诸多生态过程，成为众多模拟区域和全球陆地生态系统与大气间相互作用的生态模型、生物地球化学模型、动态植被模型和陆面过程模型中的重要状态变量或关键输入数据。LAI 已经成为一个重要的植物学参数和评价指标，并在农业、林业、果树业以及生态学领域得到广泛应用（王志慧等，2017；陈巧等，2013；黄玫和季劲钧，2010；靳华安等，2008）。在生态学中，LAI 是生态系统的一个重要结构参数，LAI 越高说明植被生长发育越好、越茂密，LAI 越低说明植被生长发育越差、越稀疏。

根据植被 LAI 公式计算获得东北地区天保工程区各地区的植被 LAI。从 2000 ~ 2015 年东北地区天保工程区植被 LAI 年际变化（图 3-21）可以看出，LAI 总体上呈线性增加趋势，年均增量约为 0.0283。全区多年平均水平为 5.08，平均水平最高值为 5.64，出现在 2015 年，最低值出现在 2009 年，为 4.84。LAI 数值变化趋势反映东北地区天保工程区的植被生长情况越来越好，向越来越茂密的趋势发展。

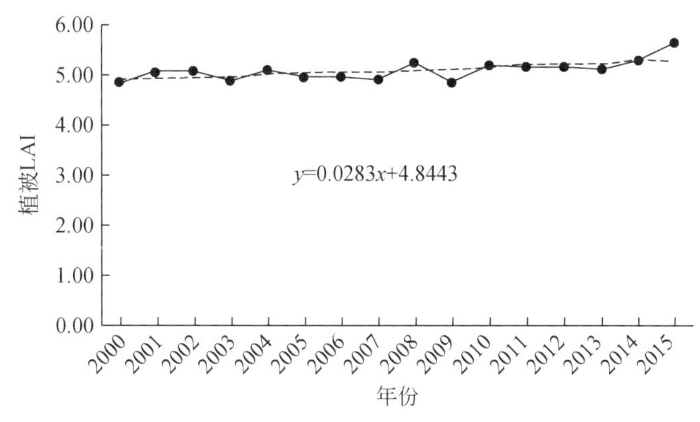

图 3-21　2000 ~ 2015 年东北地区天保工程区植被 LAI 年际变化

从空间分布来看，伊春市、白山市和延边州植被 LAI 多年均值较高，其中，最高的伊春市为 5.90；兴安盟、佳木斯市和鹤岗市植被 LAI 则较低，分别为 3.39、4.64 和 4.70，兴安盟明显低于其他地区。另外，呼伦贝尔市西部的草原地区植被 LAI 也相对较低。从多年变化来看，兴安盟、佳木斯市和黑河市植被 LAI 上升较为明显。其他地区植被 LAI 有增有减，变化幅度不大（图 3-22 和图 3-23，表 3-6）。

表 3-6　2000 ~ 2015 年植被 LAI 变化分级统计

变化趋势	变化范围	面积（km^2）	占比（%）
极显著下降	<-3.0	2 640	0.57
显著下降	-3.0 ~ -1.0	27 091	5.85
无显著变化	-1.0 ~ 1.0	299 709	64.69
显著上升	1.0 ~ 3.0	99 493	21.47
极显著上升	>3.0	34 383	7.42

（二）植被叶面积指数年变异系数

当需要比较两组数据离散程度大小的时候，如果两组数据的测量尺度相差太大，或者数据量纲不同，直接使用标准差来进行比较不合适，此时就应当消除测量尺度和量纲的影响，变异系数可以做到这一点，它是原始数据标准差与原始数据平均数的比值，反映原始数据的差异。计算公式为

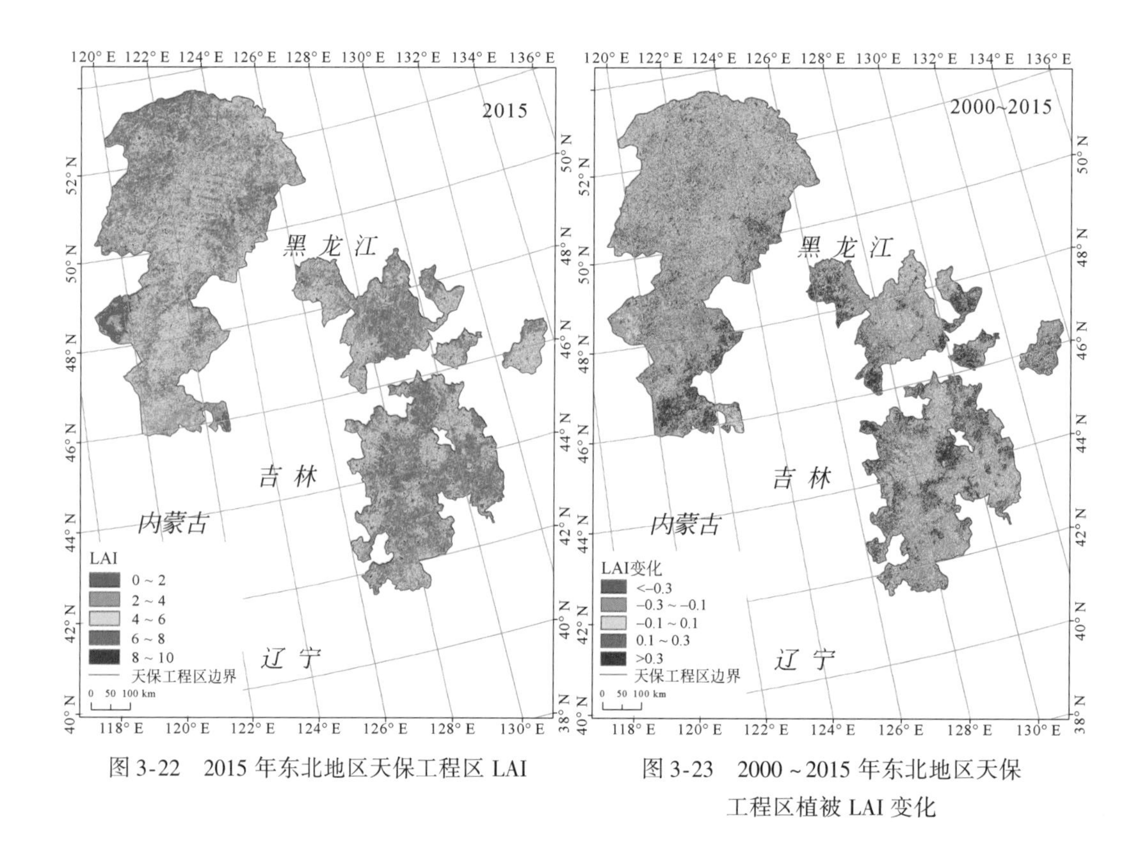

图 3-22　2015 年东北地区天保工程区 LAI

图 3-23　2000 ~ 2015 年东北地区天保工程区植被 LAI 变化

$$CV = (SD/MN) \times 100\% \tag{3-1}$$

式中，CV 为变异系数；SD 为数据的标准差；MN 为数据的平均值。

按照变异系数的计算公式，计算得出东北地区天保工程区各年份与各地区植被 LAI 变异系数（图 3-24 和图 3-25）。横纵向比较植被 LAI 变异系数发现，东北地区天保工程区植被 LAI 变化的离散程度随时间而降低，除 2007 年出现升高外，其余年份均呈下降趋势。在地域变化中，兴安盟、佳木斯市和黑河市的植被 LAI 变异系数较高，兴安盟各年植被 LAI 变化的离散程度明显高于其他地区，代表其植被生长情况年际变化较大。

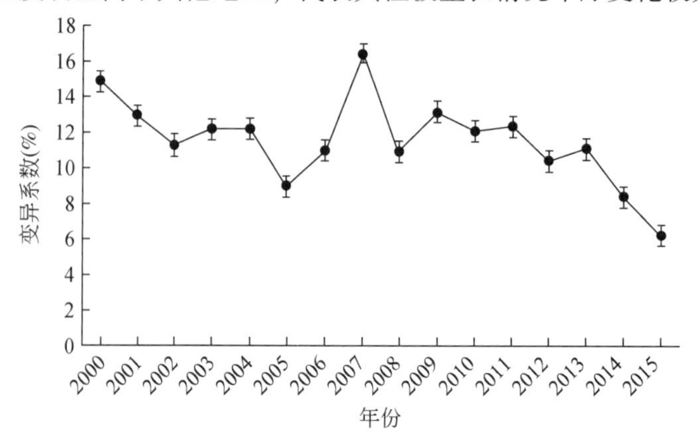

图 3-24　2000 ~ 2015 年东北地区天保工程区植被 LAI 变异系数

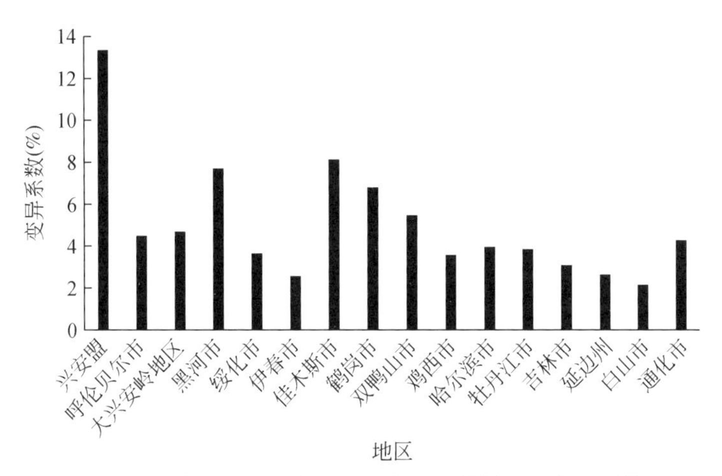

图 3-25 东北地区天保工程区各地区植被 LAI 变异系数

（三）森林生态系统叶面积指数变化分析

通过对比东北地区天保工程区四种典型生态系统的 LAI（表 3-7 和图 3-26）发现，LAI 均随着时间的推移呈上升趋势，且 2015 年的值上升明显。对比 2000 年与 2015 年 LAI 数据，森林生态系统 LAI 增长了 7.93%。

表 3-7 2000～2015 年四种典型生态系统的 LAI

生态系统类型	2000 年	2010 年	2015 年
森林	5.55	5.77	5.99
草地	3.00	3.01	3.82
湿地	4.56	4.91	5.23
农田	3.73	4.21	5.17

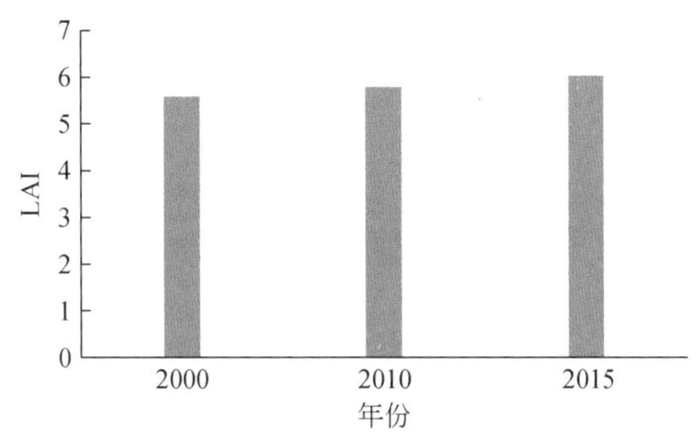

图 3-26 东北地区天保工程区森林生态系统 LAI

第三节　东北地区天然林保护工程区主要生态系统服务能力变化

一、净初级生产力变化评估

（一）净初级生产力变化趋势

植被净初级生产力（NPP）已经成为一个重要的植物学参数和评价指标，并在农业、林业以及生态学领域得到广泛应用。根据植被 NPP 公式计算获得该生态功能区各地区地区 NPP。

通过各地区植被 NPP 计算全区多年平均水平（图 3-27）。统计发现，东北地区天保工程区各地区 NPP 多年平均水平为 349gC/(m^2 · a)。2000～2015 年 NPP 总体呈上升趋势，约上升 3.94gC/(m^2 · a)，代表全区绿色植物在单位面积、单位时间内所累积的有机物数量上升，植物固定和转化光合产物的效率上升，可供异养生物（包括各种动物和人）利用的物质和能量上升。2007 年和 2010 年植被 NPP 值较低且不符合线性升高变化趋势，数值分别为 271gC/(m^2 · a) 和 293gC/(m^2 · a)；最高值出现在 2013 年，为 409gC/(m^2 · a)。

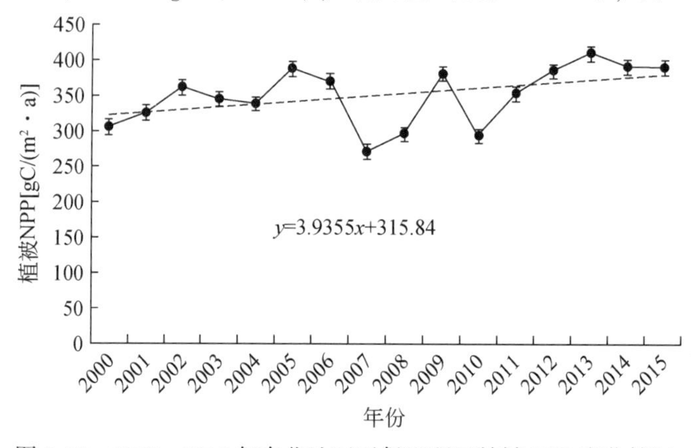

图 3-27　2000～2015 年东北地区天保工程区植被 NPP 变化情况

从地域分布来看，东北地区天保工程区植被 NPP 值呈现东南高、西北低的特点（图 3-28和图 3-29）。植被 NPP 值较高的地区位于白山市、延边州和鹤岗市，其次依次为通化市、鸡西市、牡丹江市和吉林市，均位于东部地区。其中，白山市和延边州的植被 NPP 值较高，分别为 492gC/(m^2 · a) 和 449gC/(m^2 · a)。兴安盟、黑河市、绥化市和呼伦贝尔市的植被 NPP 值较低，均不到 300gC/(m^2 · a)。其他地区植被 NPP 值相对适中，为 300～400gC/(m^2 · a)。通过统计得出，全区多年植被 NPP 水平处于上升趋势。2015 年比 2000 年有 36.42% 的地区呈极显著上升，集中位于天保工程区南部。大兴安岭地区植被 NPP 呈显著下降趋势（表 3-8）。

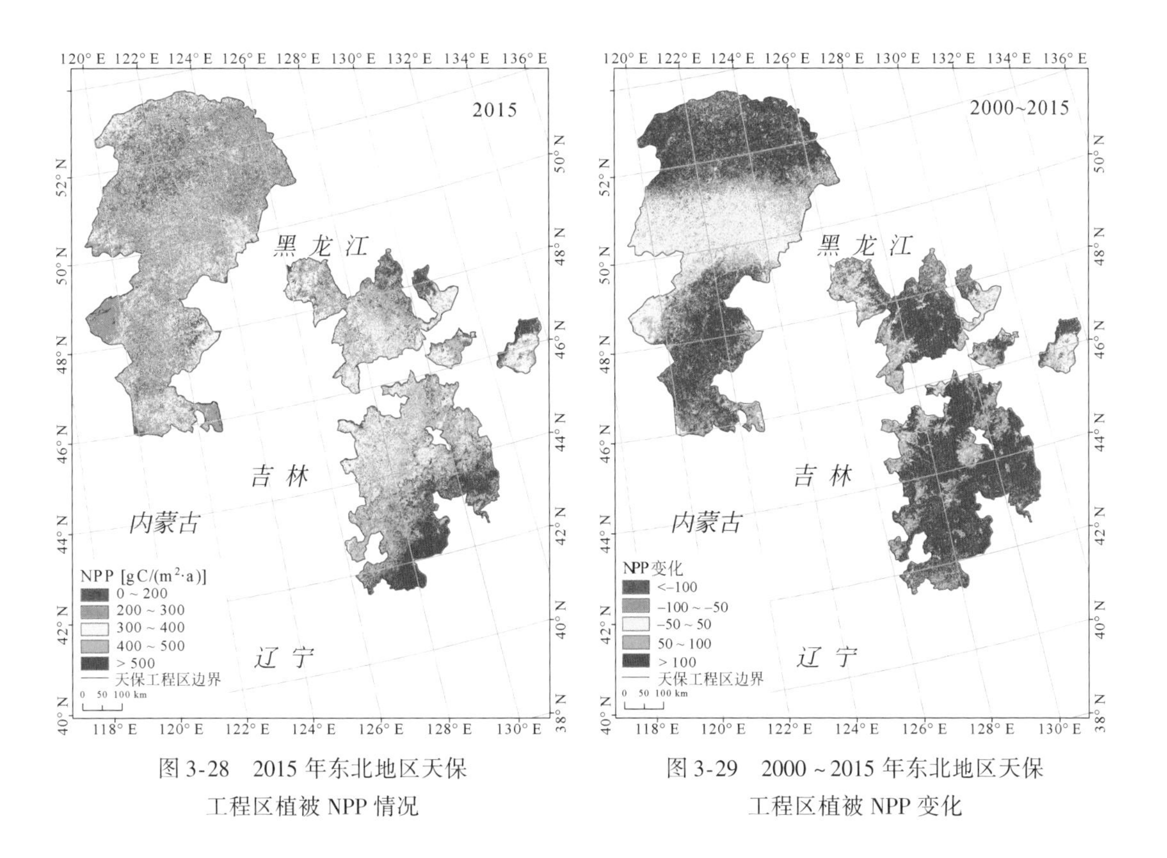

图 3-28　2015 年东北地区天保工程区植被 NPP 情况

图 3-29　2000 ~ 2015 年东北地区天保工程区植被 NPP 变化

表 3-8　2000 ~ 2015 年 NPP 变化分级统计

变化趋势	NPP 变化范围	面积（km^2）	占比（%）
极显著下降	<-100	64 931	13. 94
显著下降	-100 ~ -50	28 152	6. 04
无显著变化	-50 ~ 50	113 997	24. 48
显著上升	50 ~ 100	89 033	19. 12
极显著上升	>100	169 622	36. 42

（二）植被净初级生产力年变异系数

通过计算植被 NPP 年变异系数发现，东北地区天保工程区多年植被 NPP 值离散程度较高，年际变化较大，表现为多年变异系数呈波动状态下降。其中，2008 年离散程度最高，达到了 28. 12%，代表该年各地区植被 NPP 值差异较大。2014 年出现阶段最低值，为 13. 02%，代表该年各地区植被 NPP 值差异较小。东北地区天保工程区植被 NPP 多年整体离散程度趋于减小，代表各地区的植被 NPP 值差异在趋向变小（图 3-30）。

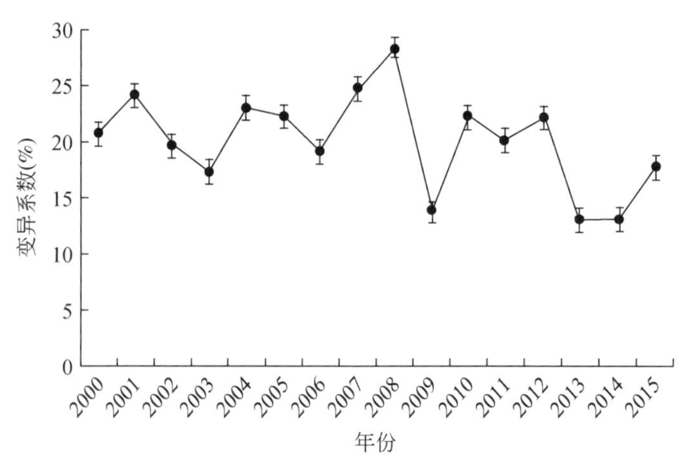

图 3-30　2000～2015 年东北地区天保工程区植被 NPP 变异系数

纵向对比东北地区天保工程区各地区多年植被 NPP 数据发现，呼伦贝尔市、伊春市和绥化市具有较高的 NPP 离散程度，变异系数值均超过 20%。最高的是伊春市，为 20.61%，呼伦贝尔市和绥化市的变异系数分别为 20.45% 和 20.22%，代表这些地区植被 NPP 的年际差异较大。与之相反，鸡西市、鹤岗市和白山市具有较低的 NPP 离散程度，变异系数值均不到 11%，最低的为鸡西市，植被 NPP 值为 8.19%，鹤岗市和白山市的变异系数分别为 10.05% 和 10.40%，代表这些地区的植被 NPP 的年际差异较小。其他地区变异系数适中，为 11%～18%（图 3-31）。

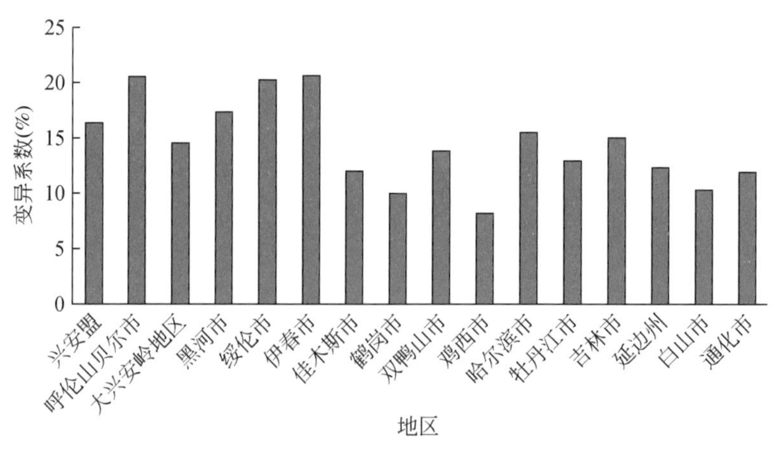

图 3-31　东北地区天保工程区各地区多年植被净生产力变异系数

（三）不同生态系统类型年植被净初级生产力变化分析

通过对比东北地区天保工程区四种典型生态系统的植被 NPP 数据发现（表 3-9 和图 3-32），四种典型生态系统在不同时期具有相同的增减趋势。2000～2010 年，四种典型生态系统 NPP 均表现出下降趋势，2010～2015 年均表现出上升趋势。其中，2000～2010 年湿地生态系统的 NPP 数值下降趋势最为明显，由 308.18gC/(m^2·a) 下降为 249.35gC/(m^2·a)，下降了 19.09%；2010～2015 年森林生态系统的 NPP 数值回升最为明显，由 263.91gC/(m^2·a) 上升为 354.99gC/(m^2·a)，上升了 34.51%。2010 年后，农田生态系统的植被 NPP 数值超过了森林生态系统和湿地生态系统。草地生态系统的植被 NPP 数值始终处于四种类型中的最低水平。自 2010 年后，四种典型生态系统植被 NPP 数值从高到低依次为农田>森林>湿地>草地。

表 3-9　2000～2015 年四种典型生态系统的植被 NPP

[单位：gC/(m^2·a)]

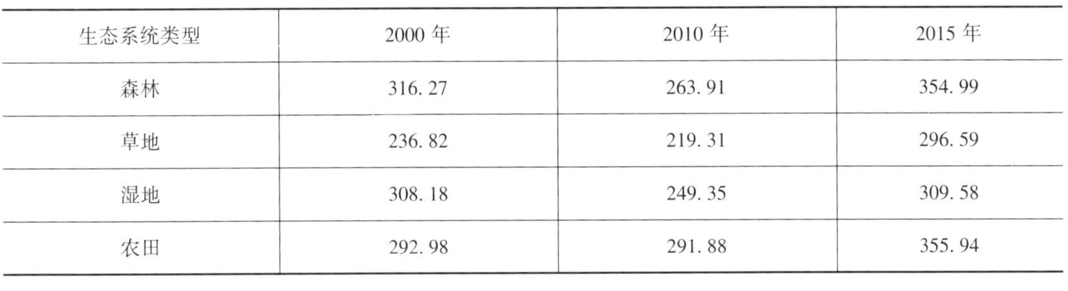

生态系统类型	2000 年	2010 年	2015 年
森林	316.27	263.91	354.99
草地	236.82	219.31	296.59
湿地	308.18	249.35	309.58
农田	292.98	291.88	355.94

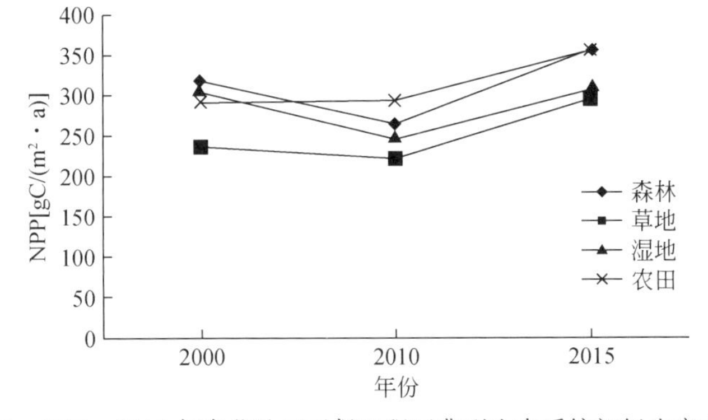

图 3-32　2000～2015 年东北地区天保工程区典型生态系统初级生产力变化

二、森林蓄积量变化评估

森林蓄积量是指一定森林面积上存在着的林木树干部分的总材积。它是反映一个国家或地区森林资源总规模和水平的基本指标之一，也是反映森林资源的丰富程度、衡量森林生态环境优劣的重要依据，在近年来的相关研究中被广泛应用（张超等，2013）。根据森林资源清查数据统计和黄龙生等（2017）发表的研究结果，获得东北地区天保工程区森林的有林地面积从 2000 年实施天保工程初期的 267 342km^2增加到 2015 年的 278 872km^2，总面积增加 11 530km^2，其中幼龄林、成熟林、过熟林面积呈下降趋势，依次分别减少了

267 342km^2、10 864.71km^2 和 1119.86km^2，而中龄林和近熟林面积呈增加趋势，依次分别增加了 27 953.7km^2 和 18 874.62km^2（图 3-33），按照各龄级面积分布来看，东北地区天保工程区的森林以中幼林为主，其中 2000 年中幼林面积占 71.38%，2015 年中幼林面积占 70.09%（图 3-34）。

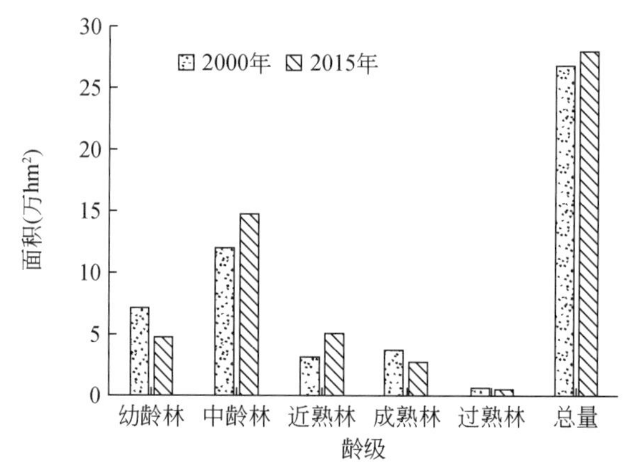

图 3-33 东北地区天保工程区有林地面积变化

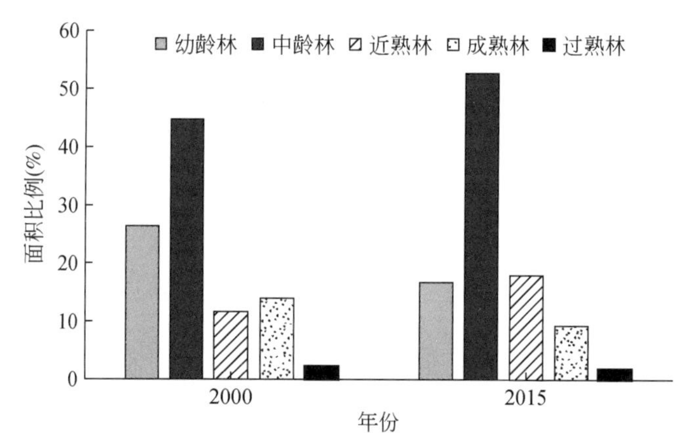

图 3-34 东北地区天保工程区各龄级面积所占总面积的比例

东北地区天保工程区的森林总蓄积量 2000～2015 年呈现上升趋势，森林总蓄积量从 18.96 亿 m^3 增长到 23.30 亿 m^3（图 3-35）。其中，幼龄林、成熟林、过熟林蓄积量减少了 0.78 亿 m^3、0.97 亿 m^3 和 0.27 亿 m^3，而中龄林、近熟林蓄积量增加了 4.20 亿 m^3 和 1.34 亿 m^3（图 3-35）。

森林总蓄积量有所增加，但是单位面积蓄积量较低。东北地区天保工程区单位面积蓄积量呈现出微弱的增加趋势，从 2000 年的 7466m^3/km^2 增加到 2015 年的 8355m^3/km^2（图 3-36）。

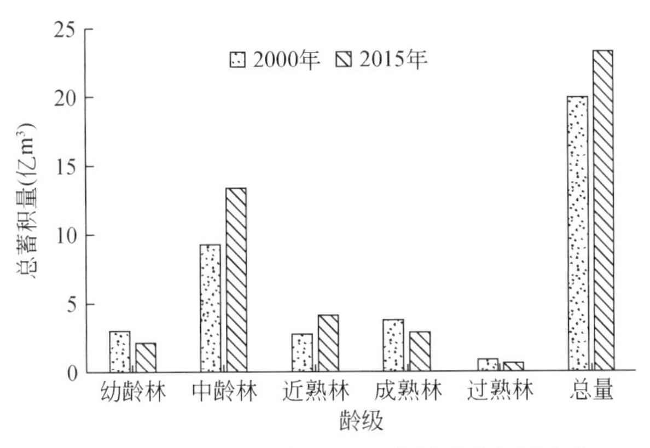

图 3-35　东北地区天保工程区森林总蓄积量变化

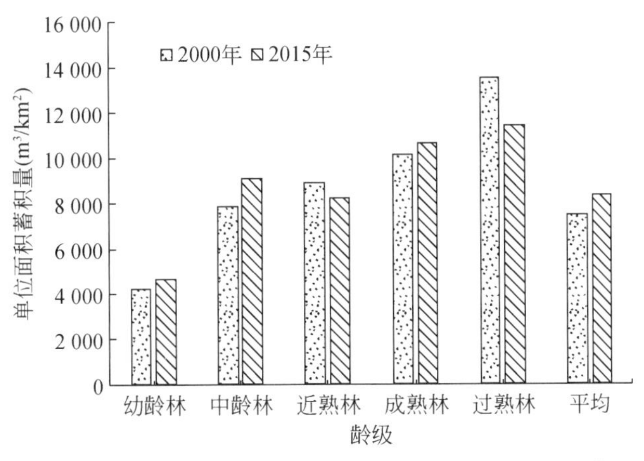

图 3-36　东北地区天保工程区单位面积森林蓄积量变化

三、森林生态系统固碳能力变化评估

（一）森林生态系统碳储量变化

近年来，国内有关碳固定方面的研究逐渐增多（Ouyang et al.，2016；杨安广等，2015；李洁等，2014；魏亚伟等，2014；肖红叶等，2014；高扬等，2013；胡会峰和刘国华，2006）。森林是碳固定研究中被关注最多的生态系统类型，它不仅在保持水土、涵养水源、净化空气、保护生物多样性等方面起着至关重要的作用，而且在全球碳固定上有着举足轻重的地位。人类活动引起大气温室气体浓度增加是导致全球变暖的主要因素。森林作为全球陆地生态系统的主体，同样也是全球最重要的碳汇存库以及重要的吸收汇。毁林是仅次于化石燃料燃烧的全球温室气体排放源。造林、减少毁林、森林管理、植被恢复等林业活动是大气温室气体增汇减排、缓解全球气候变化的重要措施之一。东北地区天保工程作为我国六大林业重点工程之一的一部分，旨在促进东北地区天然林资源的恢复和发展，在全国森林生态系统中占有重要的地位。

东北地区天保工程区主要包括大兴安岭山脉、小兴安岭山脉和长白山脉三个地区。因为每个区域都有自身的特点和生态问题，所以除介绍全区情况外，另将全区分为三个地理单元分别进行统计和对比。

1. 东北地区天然林资源保护工程区

东北地区天保工程区 1990 年、2000 年、2015 年森林碳储量分别为 8974.62Tg、8029.67Tg、8134.89Tg。天保工程实施前，1990～2000 年森林碳储量下降了 944.95Tg；天保工程实施后，森林碳储量下降趋势被扭转，2000～2015 年增加了 105.22Tg。森林单位面积碳储量呈现持续增加的趋势，由 1990 年的 25 516.47t/km^2 增加到 2000 年的 25 940.74t/km^2，再到 2015 年的 25 996.29t/km^2（表 3-10，图 3-37 和图 3-38）。

表 3-10　东北地区天保工程区 1990 年、2000 年、2015 年森林生态系统碳储量

年份	森林单位面积碳储量（t/km^2）	森林碳储量（Tg）
1990	25 516.47	8 974.62
2000	25 940.74	8 029.67
2015	25 996.29	8 134.89

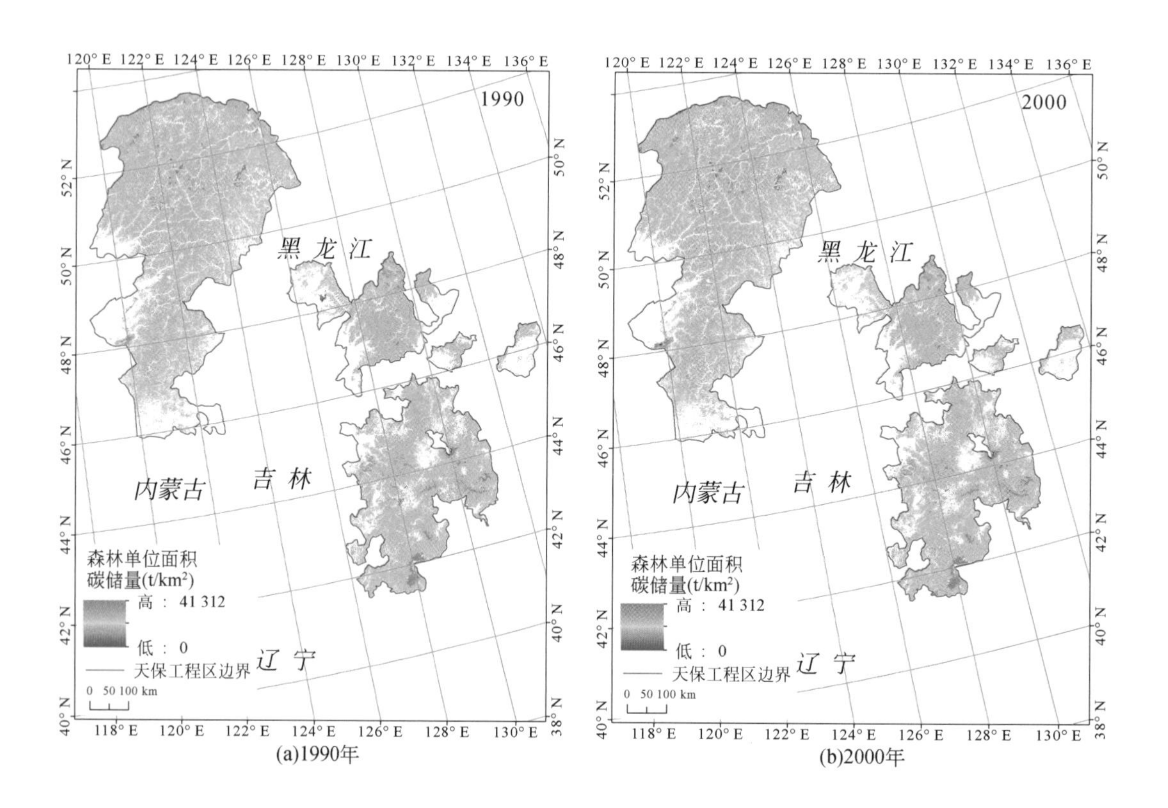

(a)1990年　　(b)2000年

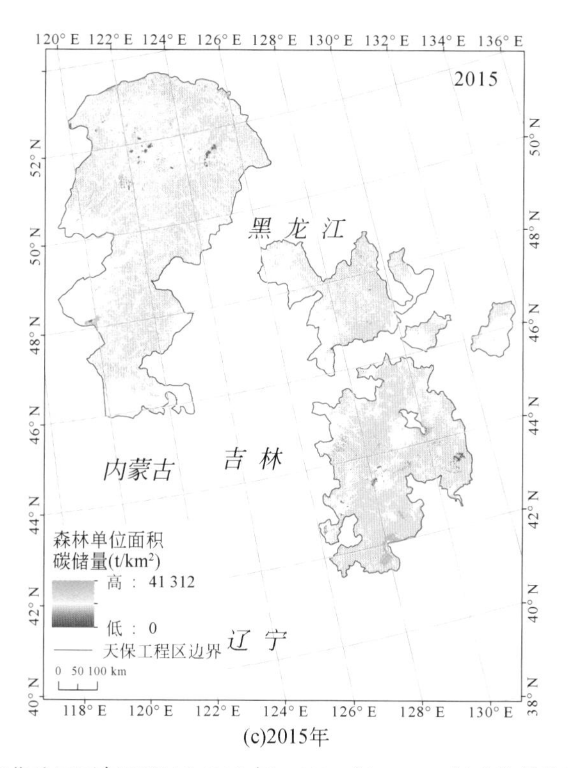

(c)2015年

图 3-37　东北地区天保工程区 1990 年、2000 年、2015 年森林单位面积碳储量

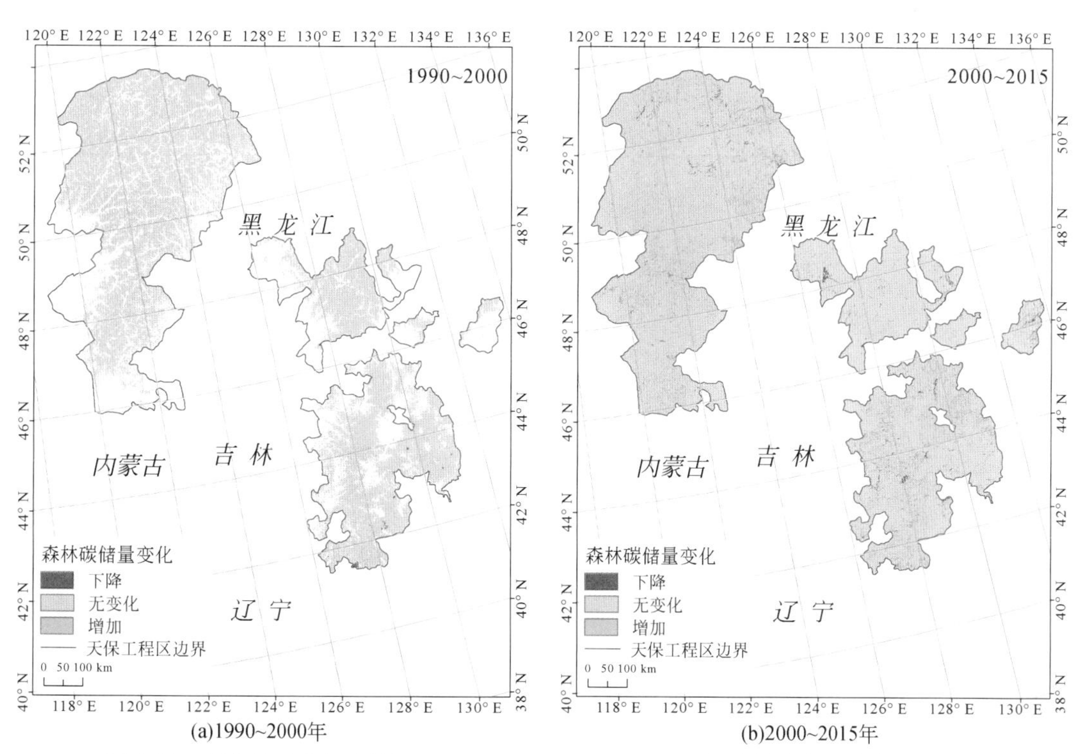

(a)1990~2000年　　(b)2000~2015年

图 3-38　东北地区天保工程区 1990~2000 年、2000~2015 年森林生态系统碳储量变化

从地区分异情况来看，截至2015年，双鸭山市的森林碳储量最低，其次为通化市。其中，双鸭山市的森林碳储量为20.56Tg，通化市的森林碳储量为30.11Tg。呼伦贝尔市的碳储量最高，为2986.56Tg（表3-11和图3-39）。

表3-11　1990年、2000年、2015年东北地区天保工程区各地区森林碳储量

（单位：Tg）

地区	1990年	2000年	2015年
兴安盟	223.08	200.33	205.44
呼伦贝尔市	3281.39	2941.22	2986.56
大兴安岭地区	1566.74	1408.89	1438.33
黑河市	137.91	123.56	122.11
绥化市	138.73	123.67	123.33
伊春市	662.34	592.67	588.89
佳木斯市	79.28	66.89	67.22
哈尔滨市	323.34	284.22	297.22
双鸭山市	24.76	20.44	20.56
吉林市	329.10	295.56	304.56
白山市	362.11	322.33	329.56
牡丹江市	741.96	656.56	655.33
通化市	32.82	29.33	30.11
鸡西市	75.84	69.00	67.89
鹤岗市	81.21	72.11	72.33
延边州	914.00	822.78	825.44
全区	8974.62	8029.67	8134.89

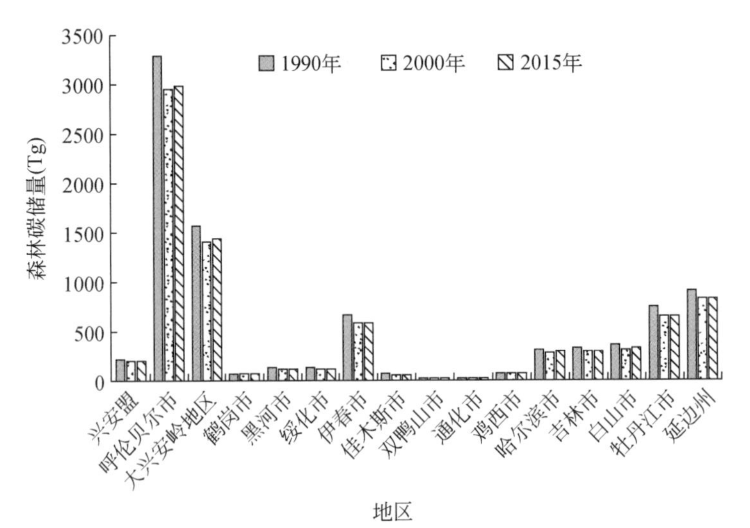

图3-39　东北地区天保工程区1990年、2000年、2015年各地级市森林碳储量变化

从不同地区的阶段变化角度来看，1990～2000 年 16 个地区的森林碳储量都不同程度地下降了。呼伦贝尔市下降最多，下降了 340.16Tg。大兴安岭地区和延边州分别下降了 157.85Tg 和 91.23Tg。通化市下降较少，仅 3.48Tg。2000～2015 年除黑河市、绥化市、伊春市、牡丹江市和鸡西市外，其他地区森林碳储量均呈增加趋势（表 3-12）。黑河市、绥化市、伊春市、牡丹江市和鸡西市森林碳储量下降值均不到 4Tg。在森林碳储量增加的地区中，呼伦贝尔市增加最多，增加了 45.33Tg。其次是大兴安岭地区和哈尔滨市，分别增加了 29.44Tg 和 13.00Tg。其他地区森林碳储量均有不同程度的增加，但增加值都不到 10Tg。

表 3-12　东北地区天保工程区各地区森林碳储量变化统计表　（单位：Tg）

地区	1990～2000 年变化值	2000～2015 年变化值
兴安盟	-22.75	5.11
呼伦贝尔市	-340.16	45.33
大兴安岭地区	-157.85	29.44
黑河市	-14.36	-1.44
绥化市	-15.07	-0.33
伊春市	-69.67	-3.78
佳木斯市	-12.39	0.33
哈尔滨市	-39.11	13.00
双鸭山市	-4.32	0.11
吉林市	-33.54	9.00
白山市	-39.78	7.22
牡丹江市	-85.40	-1.22
通化市	-3.48	0.78
鸡西市	-6.84	-1.11
鹤岗市	-9.10	0.22
延边州	-91.23	2.67
全区	-944.95	105.22

究其变化原因，东北地区天保工程区的森林碳储量变化，受土地利用类型的影响。土地利用变化是影响陆地生态系统碳循环的最大因素之一，是引起土壤碳源/汇变化的重要原因（Watson et al.，2000）。在本研究中，主要体现为受森林生态系统面积变化的影响。1990～2000 年森林碳储量下降主要是由森林面积的大规模减少引起的。从生态系统结构的数据中可以看出，1990～2000 年东北地区天保工程区因自然和人为因素的综合影响，森林生态系统面积从 310 865km^{2}下降到 309 026km^2，共减少了 1839km^2。这直接导致森林碳储量统计基数的下降。2000～2015 年森林碳储量不降反增，导致这种现象的原因主要是森林面积的增加。受东北地区天保工程和退耕还林工程等生态保护工程的影响，森林面积从 2000 年的 309 026km^{2}增加到 2015 年的 311 285km^2，共增加了 2259km^2，使森林碳储量出现回升。从各地区的森林面积变化上也可以看出，森林面积变化对森林碳储量的影响。结合表 3-13 可以发现，天保工程区内 16 个地区的森林碳储量变化的增减趋势和各地区的森

林面积变化增减趋势一致。另外，气温升高也是影响森林碳储量的一个重要自然因素。

表 3-13　东北地区天保工程区土地利用变化对生态系统碳储量的影响（单位：Tg）

时段	生态系统类型	森林	农田	草地	湿地	城镇	总计
1990～2000 年	森林	0.00	-54.24	-2.53	0.89	-1.50	-57.38
	农田	1.88	0.00	0.21	4.80	-0.11	6.78
	草地	3.34	-6.93	0.00	2.94	-0.13	-0.78
	湿地	-1.33	-80.91	-1.76	0.00	-3.63	-87.63
2000～2015 年	森林	0.00	-55.66	-10.74	15.57	-6.20	-57.03
	农田	59.69	0.00	1.13	23.62	-1.25	83.19
	草地	20.23	-2.05	0.00	8.07	-0.45	25.79
	湿地	-25.64	-44.27	-5.87	0.00	-5.87	-81.66

由土地利用类型变化而引起碳储量变化。因为森林和湿地生态系统的单位面积碳储量较高，所以从森林和湿地转为其他类型的地区，碳储量一般会下降，由其他类型转为森林和湿地的地区，碳储量一般会上升。由图中与森林相关的部分可知，1990～2000 年森林碳储量的下降主要是森林转为农田导致的，森林转为草地和城镇也引起部分森林碳储量的减少；2000～2015 年森林碳储量的回升主要是农田转为森林导致的，草地转为农田也使森林碳储量有所增加（表 3-13）。

森林生态系统碳密度的变化主要受林龄的影响。胸径和树高与森林碳密度有着密切的关系（张钥，2013）。研究表明，从幼龄林到过熟林，森林碳密度近乎是逐渐增加的（魏亚伟等，2014）。天保工程实施后，不仅新增了大量人工林，而且保护区内的林木得到了有效的保护，所有林木的年龄逐年变大。目前，东北地区天保工程区的幼龄林、中龄林和近熟林的面积较大，且中龄林和近熟林的面积呈持续增加趋势，林木年龄结构逐渐变好，使全区森林碳密度逐步增加。

2. 大兴安岭地区

大兴安岭天保工程实施区 1990 年、2000 年、2015 年森林生态系统碳储量分别为 5071.21Tg、4550.44Tg 和 4630.33Tg，呈先降后增趋势。1990～2000 年下降了 520.77Tg。2000～2015 年增加了 79.89Tg，相当于增加了 1.76%。随着天保工程的实施，森林单位面积碳储量呈持续增加趋势，由 1990 年的 26 014.99t/km^2 增加到 2000 年的26 200.00t/km^2，又增加到 2015 年的 26 300.00t/km^2（表 3-14，图 3-40 和图 3-41）。

表 3-14　大兴安岭天保工程实施工区 1990 年、2000 年、2015 年森林生态系统碳储量

年份	森林单位面积碳储量（t/km^2）	森林碳储量（Tg）
1990	26 014.99	5 071.21
2000	26 200.00	4 550.44
2015	26 300.00	4 630.33

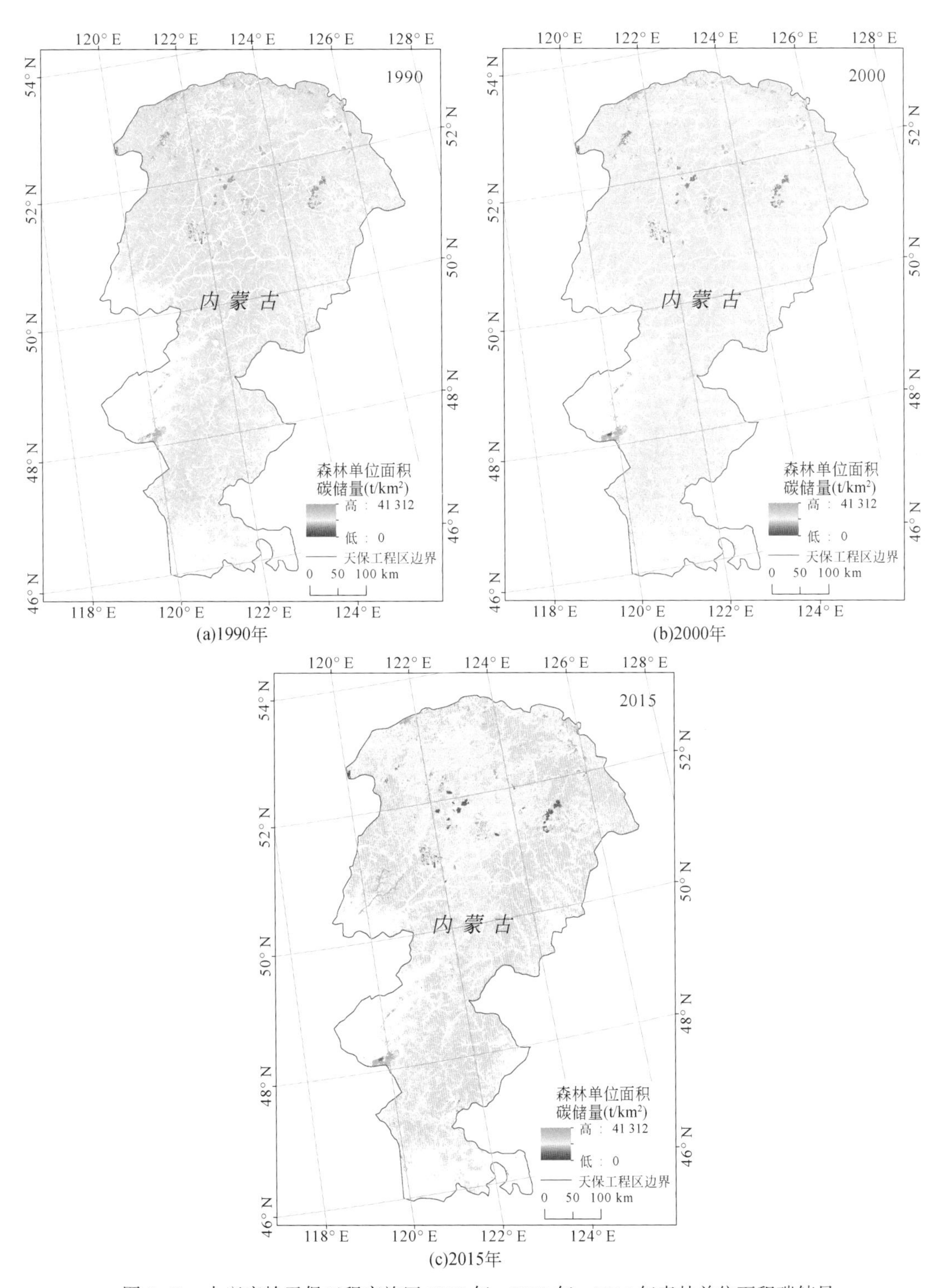

(a)1990年

(b)2000年

(c)2015年

图 3-40 大兴安岭天保工程实施区 1990 年、2000 年、2015 年森林单位面积碳储量

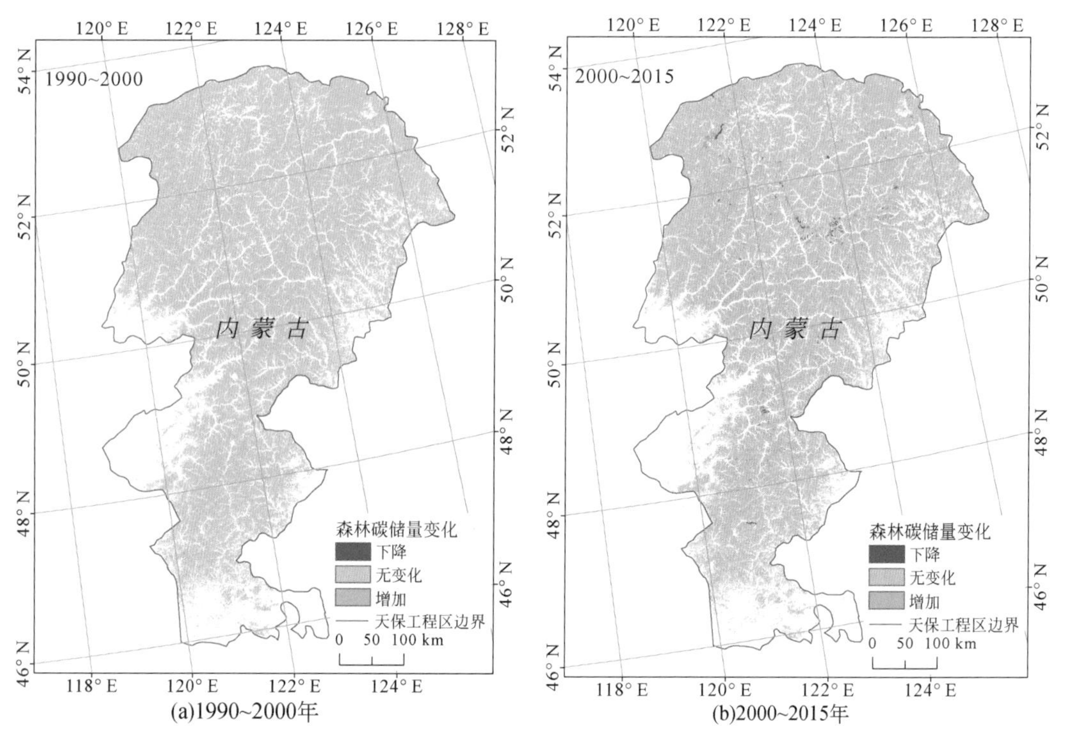

图 3-41　大兴安岭天保工程实施区 1990 ~ 2000 年、2000 ~ 2015 年森林生态系统碳储量变化

从地区分异情况来看，截至 2015 年，兴安盟森林碳储量最低，其次为大兴安岭地区。其中，兴安盟森林碳储量为 205.44Tg，大兴安岭地区森林碳储量为 1438.33Tg。呼伦贝尔市森林碳储量较高，为 2986.56Tg（表 3-15 和图 3-42）。

表 3-15　1990 年、2000 年、2015 年大兴安岭天保工程实施区各地级市森林碳储量（单位：Tg）

地区	1990 年	2000 年	2015 年
兴安盟	233.08	200.33	205.44
呼伦贝尔市	3281.39	2941.22	2986.56
大兴安岭地区	1566.74	1408.89	1438.33
全区	5071.21	4550.44	4630.33

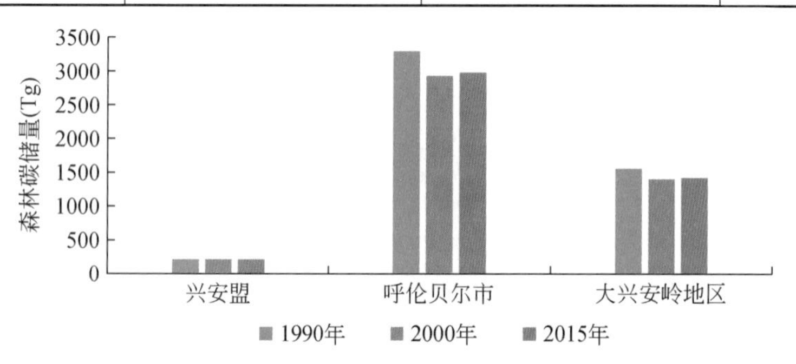

图 3-42　大兴安岭天保工程实施区各地级市森林碳储量变化

从不同地区的阶段变化角度来看，1990～2000 年兴安盟、呼伦贝尔市和大兴安岭地区的森林碳储量均呈下降趋势，分别下降了 32.75Tg、340.17Tg、157.85Tg。2000～2015 年兴安盟、呼伦贝尔市和大兴安岭地区的森林碳储量均呈增加趋势，分别增加了 5.11Tg、45.34Tg 和 29.44Tg（表 3-16）。

表 3-16　大兴安岭天保工程实施区各地级市森林碳储量变化统计表　（单位：Tg）

地区	1990～2000 年变化值	2000～2015 年变化值
兴安盟	-32.75	5.11
呼伦贝尔市	-340.17	45.34
大兴安岭地区	-157.85	29.44

究其变化原因，主要与大兴安岭天保工程实施区的土地利用类型变化有关。自然灾害和人为因素引起的森林面积的增加与减少直接影响了森林碳储量的增减趋势。1990～2000 年森林碳储量的减少与该时期三市森林面积的减少趋势一致，所以该时期大规模开发和乱砍滥伐的现象不仅影响了森林面积，还影响了森林碳储量；2000～2015 年的森林碳储量增加趋势不仅与该时期森林面积的增加有关，还受到天保工程实施后，林木得到有效保护、林龄持续增加、森林单位面积碳储量持续上升的影响。

3. 小兴安岭地区

小兴安岭天保工程实施区森林生态系统碳储量呈下降趋势，从 1990 年的 1124.24Tg 下降到 2015 年的 999.44Tg。2000～2015 年实施天保工程后，森林碳储量下降趋势明显得到控制，2015 年和 2000 年的森林碳储量水平几乎持平（表 3-17，图 3-43 和图 3-44）。

表 3-17　小兴安岭天保工程实施区 1990 年、2000 年、2015 年森林生态系统碳储量

年份	森林单位面积碳储量（t/km^2）	森林碳储量（Tg）
1990	25 389.84	1 124.24
2000	25 888.89	999.44
2015	25 877.78	994.44

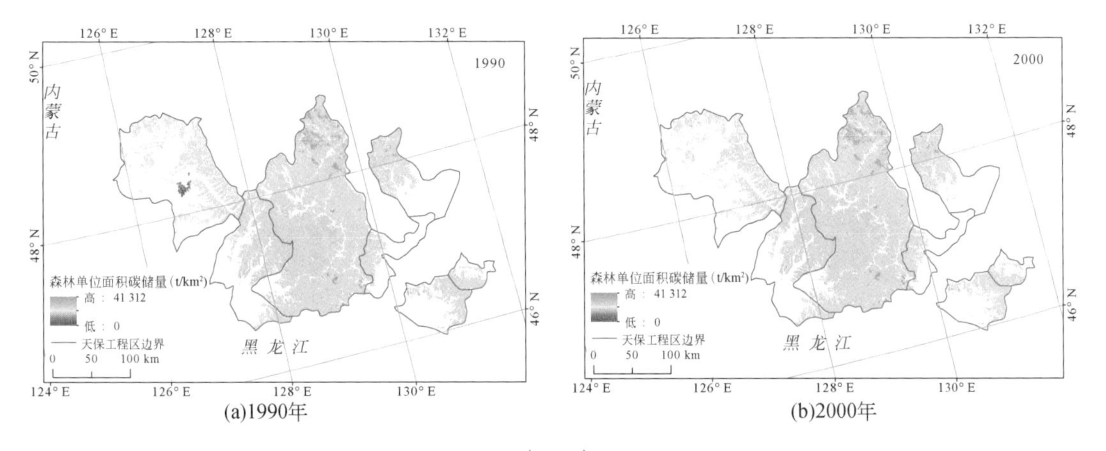

(a)1990年　　(b)2000年

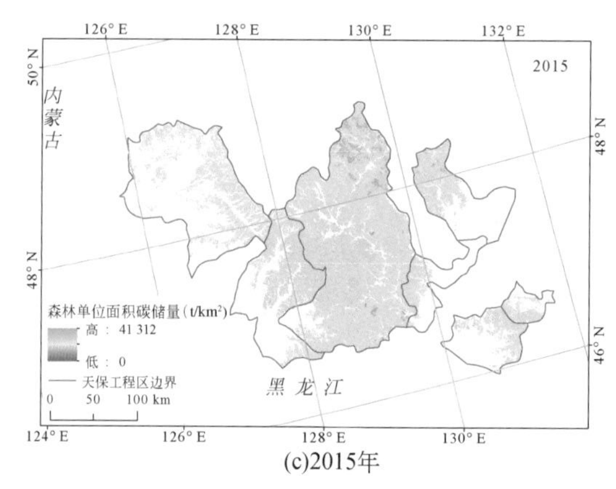

(c)2015年

图 3-43 小兴安岭天保工程实施区 1990 年、2000 年、2015 年森林单位面积碳储量

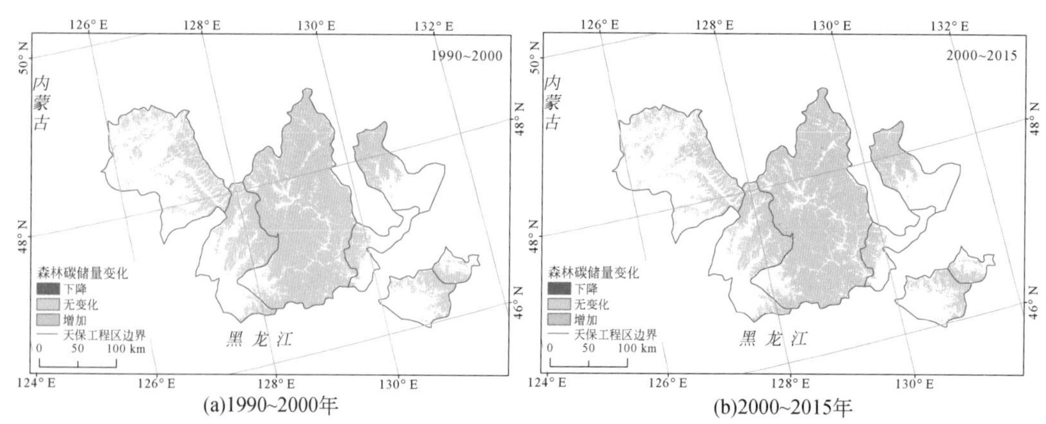

(a)1990~2000年 (b)2000~2015年

图 3-44 小兴安岭天保工程实施区 1990～2000 年、2000～2015 年森林生态系统碳储量变化

从地区分异情况来看，截至 2015 年，双鸭山市的森林碳储量最低，其次为佳木斯市和鹤岗市。三市的森林碳储量均未超过 100Tg，其中，双鸭山市的森林碳储量为 20. 56Tg，佳木斯市的森林碳储量为 67. 22Tg，鹤岗市的森林碳储量为 72. 33Tg。伊春市的森林碳储量最高，为 588. 89Tg。黑河市和绥化市的森林碳储量分别为 122. 11Tg 和 123. 33Tg（表 3-18和图 3-45）。

表 3-18 1900 年、2000 年、2015 年小兴安岭天保工程实施区各地级市森林碳储量 （单位：Tg）

地区	1990 年	2000 年	2015 年
鹤岗市	81. 21	72. 11	72. 33
黑河市	137. 91	123. 56	122. 11
绥化市	138. 73	123. 67	123. 33
伊春市	662. 34	592. 67	588. 89
佳木斯市	79. 28	66. 89	67. 22
双鸭山市	24. 76	20. 44	20. 56
全区	1124. 24	999. 44	994. 44

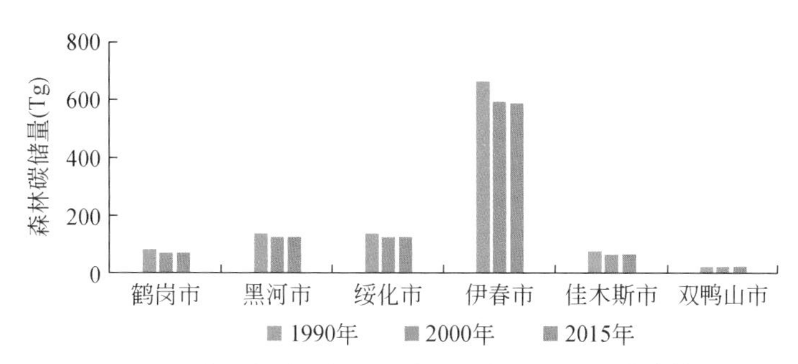

图 3-45　小兴安岭天保工程实施区各地级市森林碳储量

从不同地区的变化角度来看，1990～2000 年小兴安岭天保工程实施区各地级市碳储量均有不同程度下降。其中，伊春市减少最多，为 69.67Tg；双鸭山市减少最少，为 4.32Tg。2000～2015 年小兴安岭地区各地级市森林碳储量有增有减。双鸭山市、佳木斯市和鹤岗市森林碳储量增加，分别增加了 0.11Tg、0.33Tg、0.22Tg。黑河市、绥化市和伊春市森林碳储量下降，分别下降了 1.44Tg、0.33Tg、3.78Tg（表 3-19）。

表 3-19　小兴安岭天保工程实施区各地级市森林碳储量变化统计表　（单位：Tg）

地区	1990～2000 年变化值	2000～2015 年变化值
鹤岗市	-9.10	0.22
黑河市	-14.36	-1.44
绥化市	-15.07	-0.33
伊春市	-69.67	-3.78
佳木斯市	-12.39	0.33
双鸭山市	-4.32	0.11

究其变化原因，森林生态系统的面积对森林碳储量的影响是直接并且是主要的。森林面积的增加与减少直接影响森林碳储量的增减趋势。1990～2000 年森林碳储量的减少与该时期六个地级市森林面积的减少趋势一致。此外，森林碳储量也受到林龄的影响。2000～2015 年鹤岗市、佳木斯市和双鸭山市的碳储量增加趋势不仅与该时期森林面积的增加有关，还受到天保工程实施后，林龄持续增加、森林单位面积碳储量的持续上升的影响。因为从幼龄林到过熟林，森林碳密度是逐渐增加的。黑河市、绥化市和伊春市的森林单位面积碳储量虽然也在逐年上升，但是结合生态系统结构中的森林面积变化可知，这三个地级市的森林面积均有不同程度地减少。统计基数变小对碳储量数值的统计结果的影响是最直接的，导致其森林碳储量的水平略有下降。

4. 长白山地区

长白山天保工程实施区森林生态系统碳储量在 1990～2000 年呈减少趋势，在 2000～

2015 年呈增加趋势。1990 年、2000 年、2015 年森林碳储量分别为 2779. 17Tg、2479. 78Tg 和 2510. 11Tg。1990 ~ 2000 年年下降了 299. 39Tg；1990 ~ 2015 年年增加了 30. 33Tg（表 3-20，图 3-46 和图 3-47）。森林单位面积碳储量由 1990 年的 25 411. 34t/km^2 增加到 2000 年的 25 733. 33t/km^2，又增到 2015 年的 25 811. 11t/km^2，呈持续增加趋势。

表 3-20 长白山天保工程实施区 1990 年、2000 年、2015 年森林生态系统碳储量

年份	森林单位面积碳储量（t/km^2）	森林碳储量（Tg）
1990	25 411. 34	2 779. 17
2000	25 733. 33	2 479. 78
2015	25 811. 11	2 510. 11

从地区分异情况来看，截至 2015 年，通化市的森林碳储量最低，其次为鸡西市，二市的碳储量均未超过 100Tg；其中，通化市的森林碳储量为 30. 11Tg，鸡西市的森林碳储量为 67. 89Tg。延边州和牡丹江市的森林碳储量较高，分别为 825. 44Tg 和 655. 33Tg（表 3-21 和图 3-48）。森林碳储量高低不仅与土地覆被类型有关，还受到天保工程实施面积的影响，面积较大且植被类型有利于碳固定的地区，碳储量一般较高。

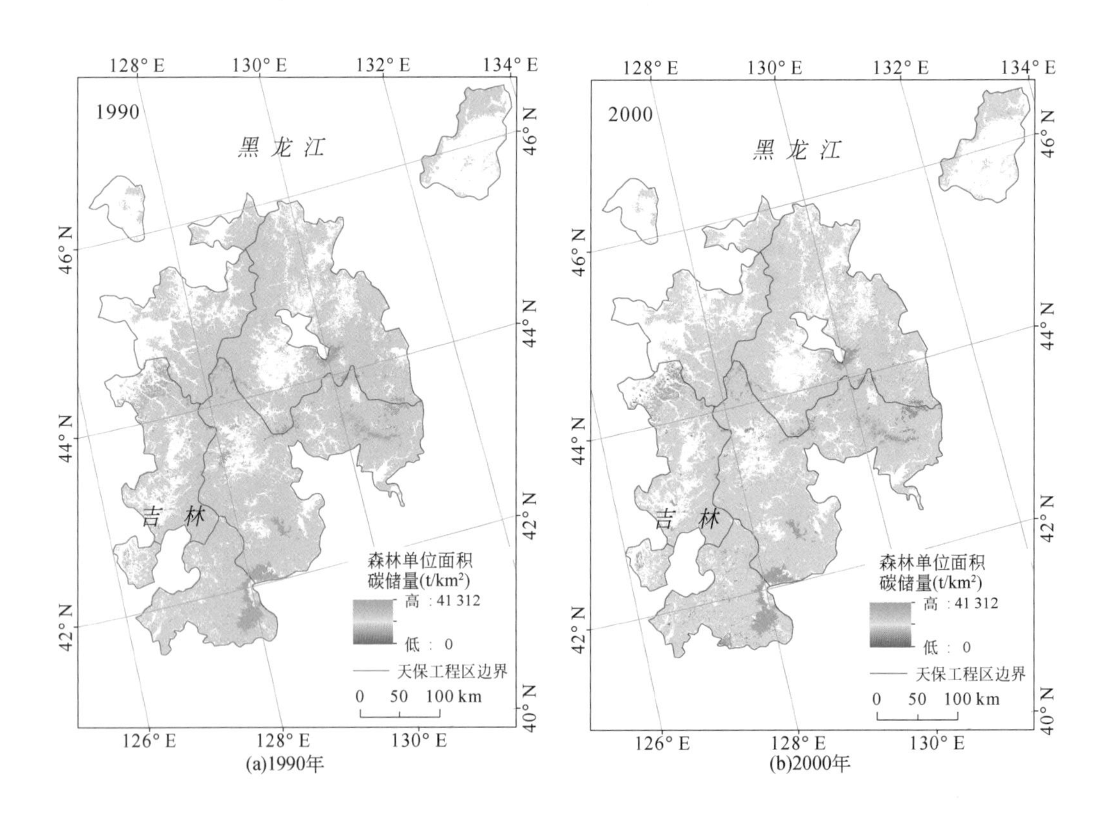

(a)1990年　　(b)2000年

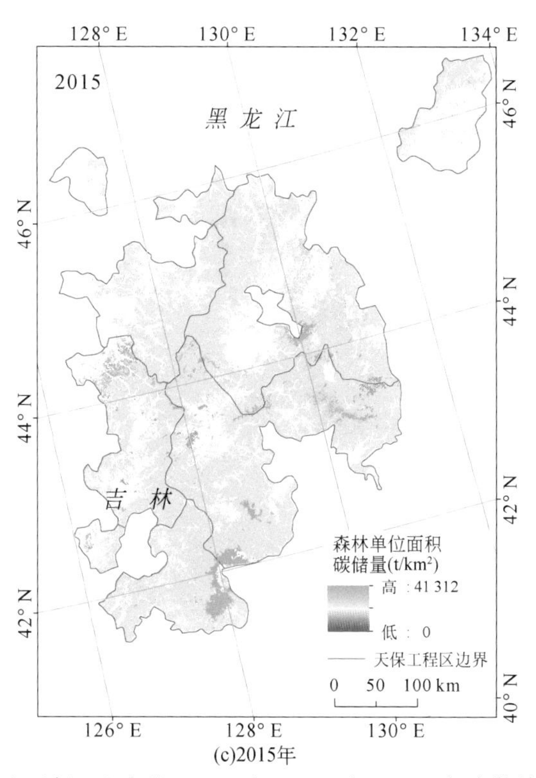

(c)2015年

图 3-46 长白山天保工程实施区 1990 年、2000 年、2015 年森林单位面积碳储量

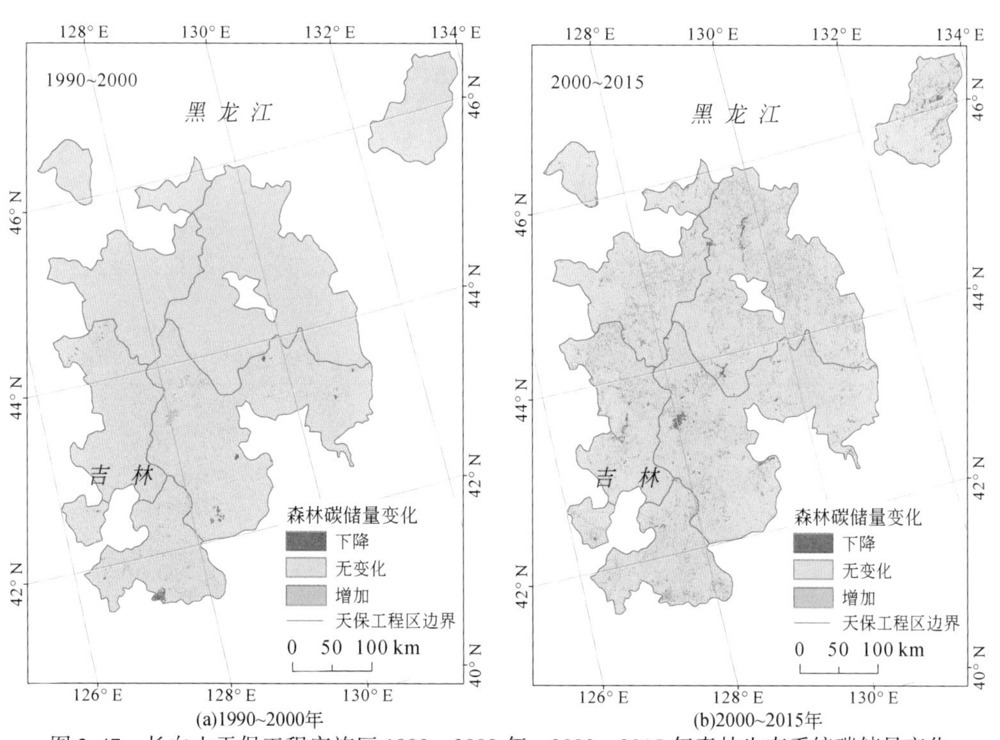

(a)1990~2000年 (b)2000~2015年

图 3-47 长白山天保工程实施区 1990～2000 年、2000～2015 年森林生态系统碳储量变化

表 3-21　1990 年、2000 年、2015 年长白山天保工程实施区各地级市森林碳储量统计表

（单位：Tg）

地区	1990 年	2000 年	2015 年
通化市	32. 82	29. 33	30. 11
鸡西市	75. 84	69. 00	67. 89
哈尔滨市	323. 34	284. 22	297. 22
吉林市	329. 10	295. 56	304. 56
白山市	362. 11	322. 33	329. 56
牡丹江市	741. 96	656. 56	655. 33
延边州	914. 00	822. 78	825. 44
全区	2779. 17	2479. 78	2510. 11

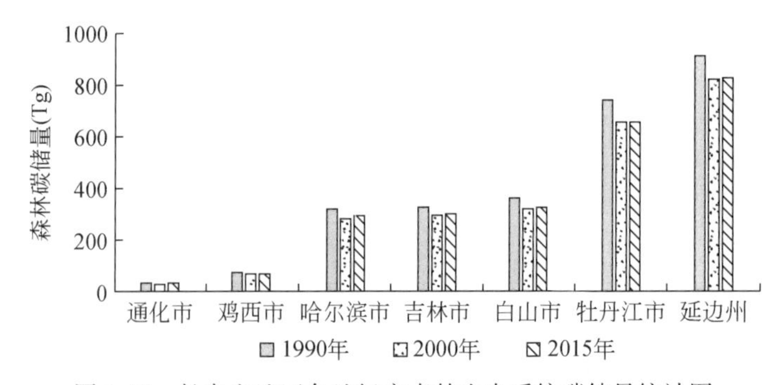

图 3-48　长白山地区各地级市森林生态系统碳储量统计图

从不同地区的阶段变化角度来看，1990 ~ 2000 年长白山地区各地级市均处于下降趋势。延边州下降最多，下降了 91. 23Tg，其次为牡丹江市，下降了 85. 40Tg。2000 ~ 2015 年，长白山地区除牡丹江市和鸡西市外，均处于增长趋势。其中，通化市增加了 0. 78Tg，哈尔滨市增加了 13. 00Tg，吉林市增加了 9. 00Tg，白山市增加了 7. 22Tg，延边州增加了 2. 67Tg；鸡西市和牡丹江市分别下降了 1. 11Tg 和 1. 22Tg（表 3-22）。

表 3-22　长白山天保工程实施区各地级市森林碳储量变化情况统计表　　（单位：Tg）

地级市	1990 ~ 2000 年变化值	2000 ~ 2015 年变化值
通化市	-3. 48	0. 78
鸡西市	-6. 84	-1. 11
哈尔滨市	-39. 11	13. 00
吉林市	-33. 54	9. 00
白山市	-39. 78	7. 22
牡丹江市	-85. 40	-1. 22
延边州	-91. 23	2. 67

森林碳储量的变化受森林面积和林木年龄结构的综合影响。森林面积的增加与减少直接影响森林碳储量的增减趋势。1990～2000年7个地级市森林面积的减少直接导致了森林碳储量的减少。2000～2015年哈尔滨市、吉林市、通化市、白山市和延边州森林的碳储量呈增加趋势，这不仅与该时期各市（自治州）森林面积的增加有关，还受到天保工程实施后，林木得到有效保护、林龄持续增加、森林单位面积碳储量的持续上升的影响。因为从幼龄林到过熟林，森林碳密度近乎是逐渐增加的。牡丹江市和鸡西市的森林单位面积碳储量虽然也在逐年上升，但是其森林面积却在减少，导致其森林碳储量的水平略有下降。同时也说明森林面积变化对森林碳储量的影响是最直接和显著的。

（二）碳储量年变异系数

通过计算森林碳储量年变异系数发现（表3-23），东北地区天保工程区1990～2015年森林碳储量离散程度逐渐增加。2015年森林碳储量离散程度较高，达到了144.93%，代表该年各地区森林碳储量水平差异较大。2000年森林碳储量变异系数数值略小于2015年，为144.59%，代表该年各地区森林碳储量水平差异较大。1990年更低于2000年离散水平。东北地区天保工程区三期整体离散程度增加，代表各地区的森林碳储量差异变大，地域分布不均的特点更加显著。

表3-23　东北地区天保工程区1990年、2000年、2015年森林碳储量年变异系数　（单位：%）

年份	变异系数
1990	144.18
2000	144.59
2015	144.93

纵向对比东北地区天保工程区各地区森林碳储量变异系数发现（表3-24），各地区的森林碳储量变异系数差别不大，数值均处于10%以下，多数集中于5%附近。双鸭山市具有较高的离散程度，森林碳储量变异系数为9.17%，代表该地区森林碳储量的年际差异较大。与之相反，大兴安岭地区具有较低的森林碳储量变异系数，为4.66%，代表该地区森林碳储量年际差异相对较小。

表3-24　东北地区天保工程区各地区森林碳储量变异系数　（单位：%）

地区	变异系数	地区	变异系数
通化市	4.85	伊春市	5.49
鸡西市	4.96	佳木斯市	8.10
鹤岗市	5.63	哈尔滨市	5.39
兴安盟	4.65	双鸭山市	9.17
呼伦贝尔市	4.91	吉林市	4.58
大兴安岭地区	4.66	白山市	5.12
黑河市	5.58	牡丹江市	5.92
绥化市	5.59	延边州	4.96

四、产水量变化评估

（一）东北地区天然林资源保护工程区

水资源是人类社会赖以生存和发展不可替代的资源，是人类社会可持续发展的基本条件之一。东北地区天保工程区内大部分地区是松花江、图们江、鸭绿江、辽河等主要河流的发源地，淡水资源丰富，同时也是我国重要的商品粮生产基地，随着近年来区域农业的快速发展，东北地区面临着巨大的水资源压力（吴健等，2017）。东北地区天保工程区1990年、2000年、2015年产水总量分别为377.62亿m^3、309.05亿m^3和502.33亿m^3，呈先减后增的趋势；同时单位面积产水量分别为81 409m^3/km^2、66 644m^3/km^2和108 211m^3/km^2，也呈先减后增的趋势（表3-25和图3-49）。

表3-25　东北地区天保工程区1990年、2000年、2015年产水总量和单位面积产水量

年份	产水总量（亿m^3）	单位面积产水量（m^3/km^2）
1990	377.62	81 409
2000	309.05	66 644
2015	502.33	108 211

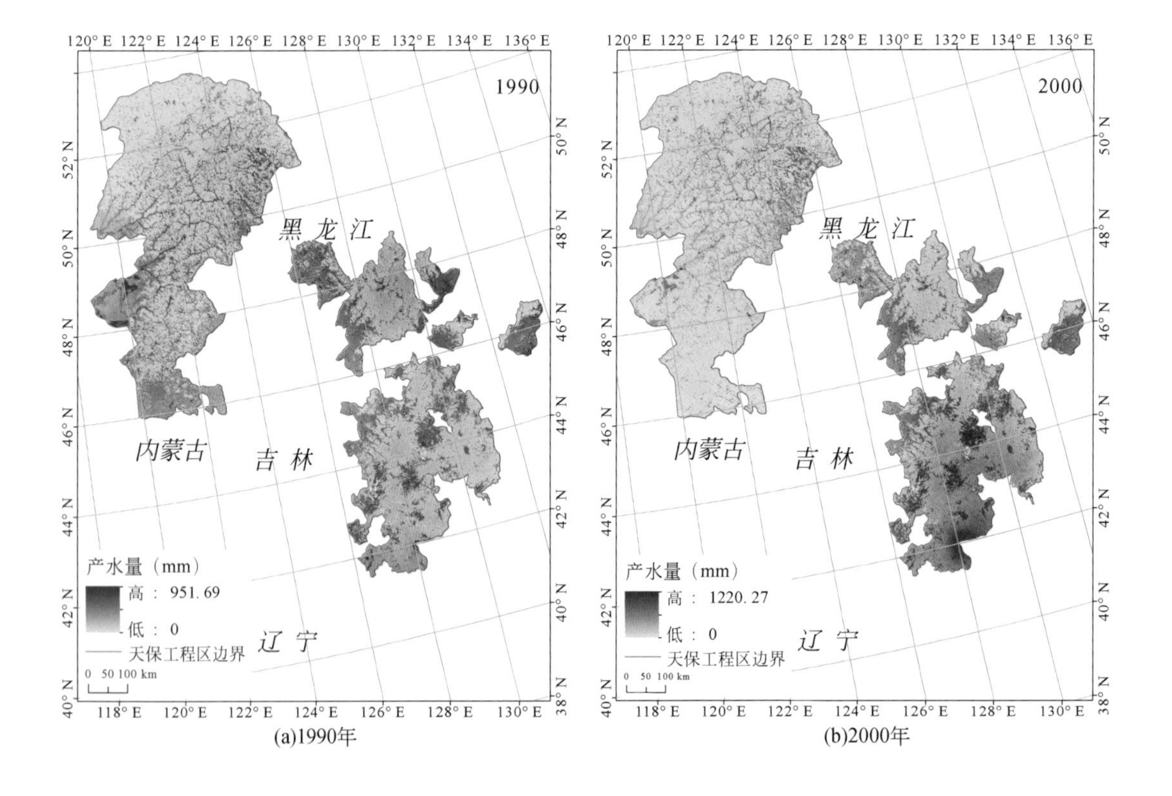

(a)1990年　(b)2000年

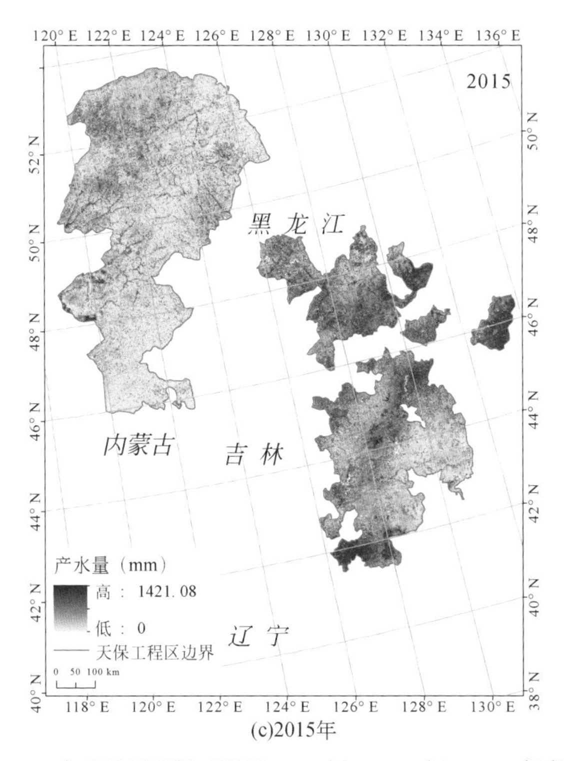

(c)2015年

图 3-49　东北地区天保工程区 1990 年、2000 年、2015 年产水量

2015 年，该区产水总量最高的地区为呼伦贝尔市，产水总量为 119.04 亿 m^3；牡丹江市其次，为 52.83 亿 m^3；通化市最低，仅 3.09 亿 m^3。单位面积产水量鸡西市最高，为 312 851m^3/km^2；兴安盟最低，仅有 30 611m^3/km^2（表 3-26）。

表 3-26　东北地区天保工程区各地区单位面积产水量和产水总量

地区	单位面积产水量（m^3/km^2）			产水总量（亿 m^3）		
	1990 年	2000 年	2015 年	1990 年	2000 年	2015 年
兴安盟	99 850	10 194	30 611	25.46	2.60	7.81
呼伦贝尔市	68 792	31 239	71 433	114.62	52.03	119.04
大兴安岭地区	38 261	35 639	63 299	24.66	22.96	40.85
黑河市	153 529	89 077	171 921	24.25	14.07	27.15
绥化市	115 540	90 874	189 261	11.30	8.89	18.51
伊春市	95 398	57 129	178 157	24.83	14.87	46.37
鹤岗市	157 759	90 084	235 542	10.50	5.99	15.73
佳木斯市	147 496	90 359	218 011	11.53	7.06	17.04
双鸭山市	128 261	108 445	243 291	1.97	1.67	3.74

续表

地区	单位面积产水量（m³/km²）			产水总量（亿 m³）		
	1990 年	2000 年	2015 年	1990 年	2000 年	2015 年
哈尔滨市	88 682	105 068	139 490	19. 84	23. 50	31. 20
牡丹江市	83 054	112 229	144 632	30. 32	40. 97	52. 83
鸡西市	131 021	118 981	312 851	12. 10	10. 98	29. 00
吉林市	93 619	101 268	121 054	16. 08	17. 39	20. 79
延边州	76 190	153 276	89 242	28. 90	58. 14	33. 94
通化市	155 002	136 478	135 151	3. 54	3. 12	3. 09
白山市	125 011	175 013	247 605	17. 73	24. 80	35. 24

从阶段变化角度来看，1990～2000 年东北地区天保工程区产水总量整体呈略下降趋势，但长白山地区呈增加趋势。呼伦贝尔市下降最多，下降数值为 62. 59 亿 m³。2000～2015 年除延边州和通化市外，其他地区产水量均处于增加趋势（表 3-27 和图 3-50）。

表 3-27　东北地区天保工程区各地区 1990～2000 年、2000～2015 年产水总量变化

（单位：亿 m³）

地区	1990～2000 年变化值	2000～2015 年变化值
兴安盟	-22. 87	5. 21
呼伦贝尔市	-62. 59	67. 01
大兴安岭地区	-1. 69	17. 88
黑河市	-10. 18	13. 09
绥化市	-2. 41	9. 62
伊春市	-9. 96	31. 50
鹤岗市	-4. 51	9. 73
佳木斯市	-4. 47	9. 98
双鸭山市	-0. 30	2. 08
哈尔滨市	3. 66	7. 70
牡丹江市	10. 65	11. 86
鸡西市	-1. 11	18. 02
吉林市	1. 31	3. 40
延边州	29. 24	-24. 21
通化市	-0. 42	-0. 03
白山市	7. 07	10. 44

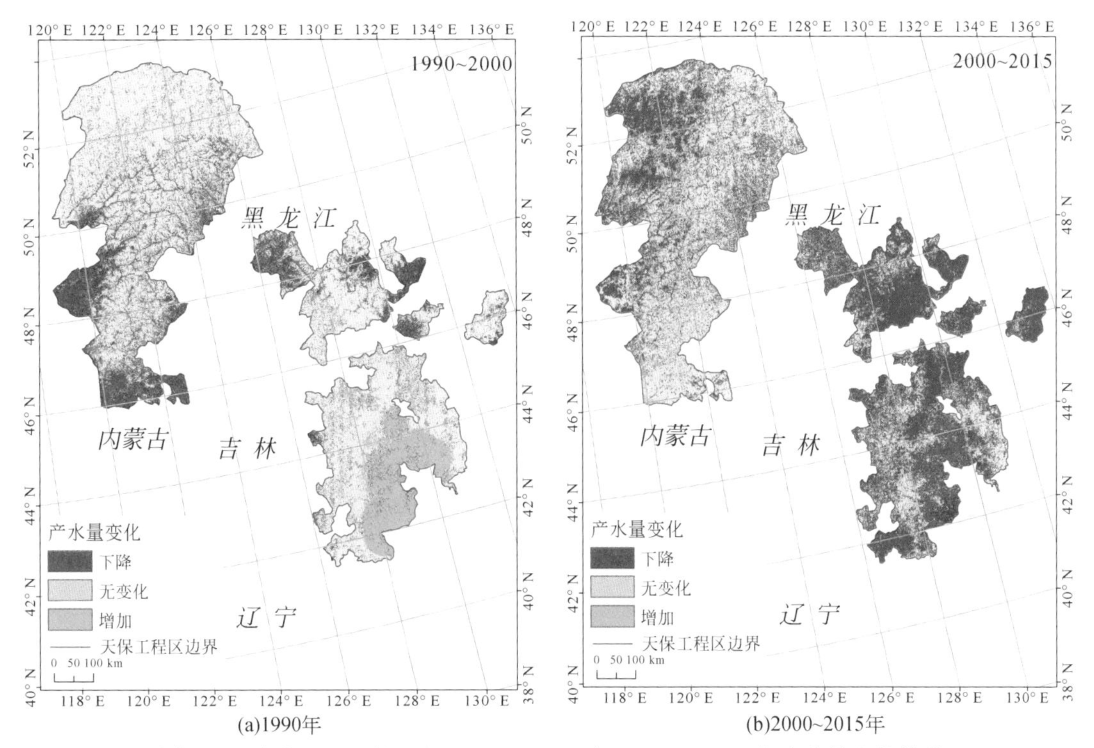

(a)1990年　(b)2000~2015年

图 3-50　东北地区天保工程区 1990 ~ 2000 年、2000 ~ 2015 年产水量变化情况

究其变化原因，主要与土地利用类型的变化和气候、地形等因子的变化有关。结合东北地区天保工程区的实际情况，可以发现，产水量的变化受降水量变化的影响十分明显。产水量的高低与相应年份降水量数值高低一致，并且产水量高低的地域分布也与三期的降水分布趋势一致（图 3-51）。在地形和季风等自然因素的综合作用下，延边州与牡丹江市南部的降水量和年降水日数明显高于天保工程的其他地区。该地区濒临海洋，水汽供应相对充沛，且山区地形动力抬升条件较好，造成了其降水特点与其他地区的差异，进而使产水量与其他地区的变化趋势不一致。

有研究指出，东北地区降水量对该区产水量具有显著正效应，并且土地利用类型变化影响陆面的实际蒸发、土壤理化性质和水分状况，进而影响研究区产水量（吴健等，2017）。另外，海拔和坡度等地理环境与产水量的空间变化呈显著正相关；人口、GDP 等社会经济数据与产水量变化也呈显著正相关，主要原因是城市化的发展，城市建设用地等不透水层的增加，使流域产水量上升（孙小银等，2017）。统计东北地区天保工程区城镇生态系统面积可以发现，1990 ~ 2015 年其面积不断增加，导致不透水层面积不断变大。

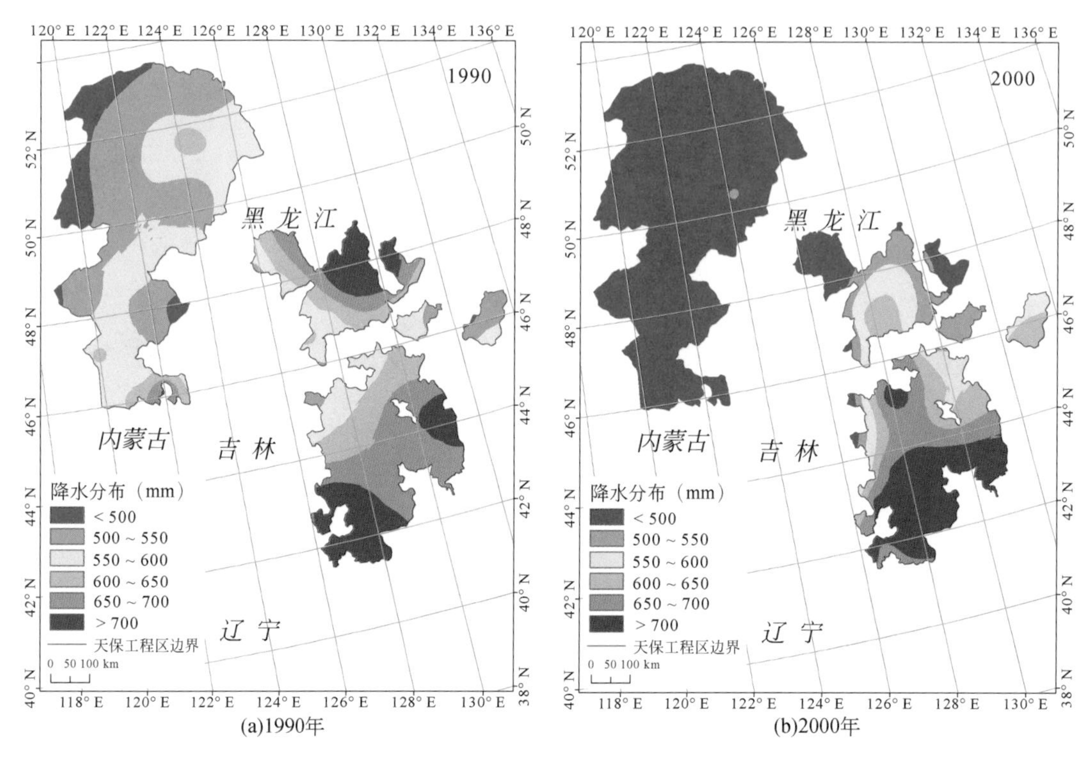

(a)1990年 (b)2000年

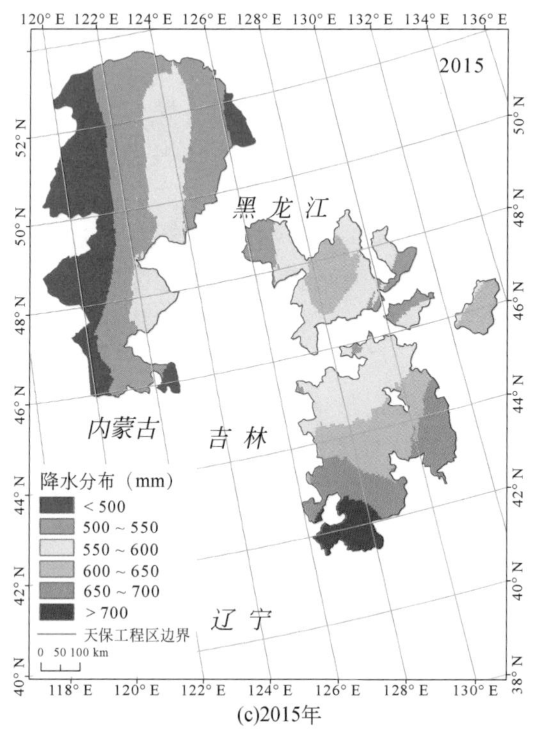

(c)2015年

图 3-51 东北地区天保工程区 1990 年、2000 年、2015 年降水分布

（二）大兴安岭地区

大兴安岭天保工程实施区 1990 年、2000 年和 2015 年产水总量分别为 164.49 亿 m^3、77.51 亿 m^3 和 167.52 亿 m^3。天保工程实施前呈下降趋势，随着天保工程的进程呈增加趋势；1990 年、2000 年和 2015 年单位面积产水量分别为 64 177m^3/km^2、30 256m^3/km^2 和 65 328m^3/km^2，整体呈先降后增趋势（表 3-28 和图 3-52）。

表 3-28 大兴安岭天保工程实施区 1990 年、2000 年、2015 年产水总量和单位面积产水量

年份	产水总量（亿 m^3）	单位面积产水量（m^3/km^2）
1990	164.49	64 177
2000	77.51	30 256
2015	167.52	65 328

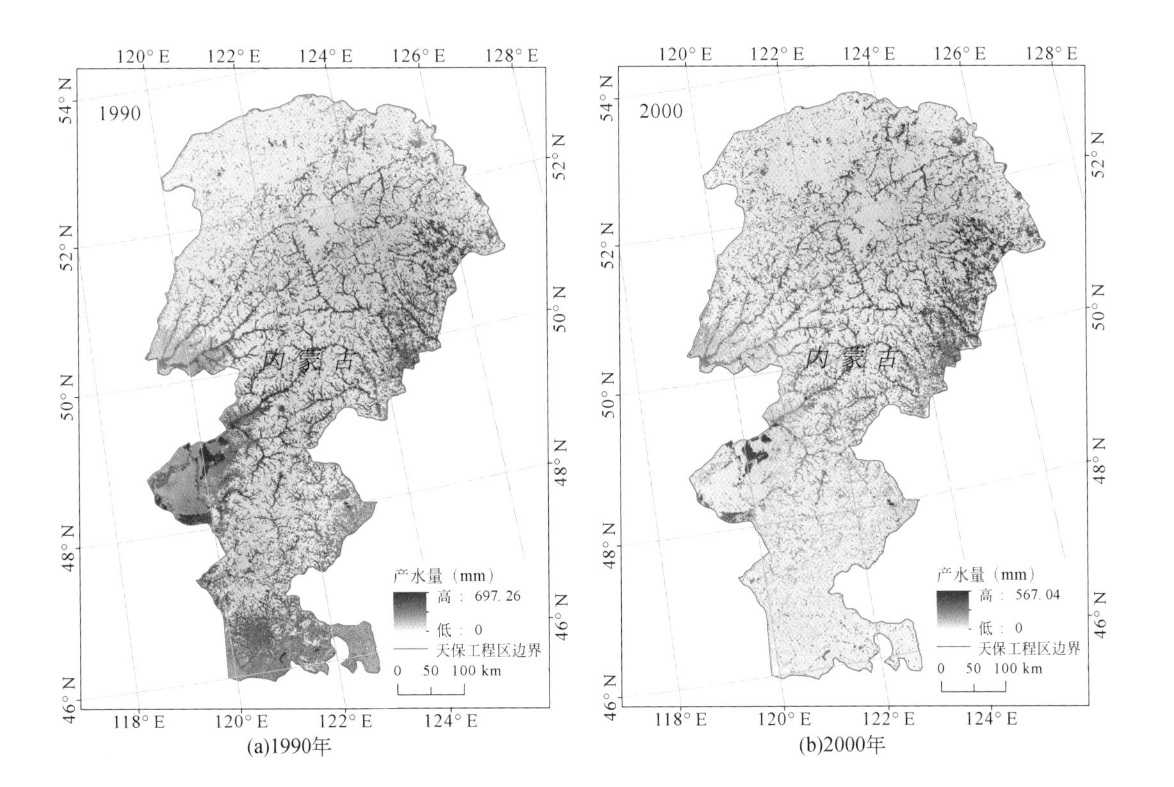

(a)1990年　(b)2000年

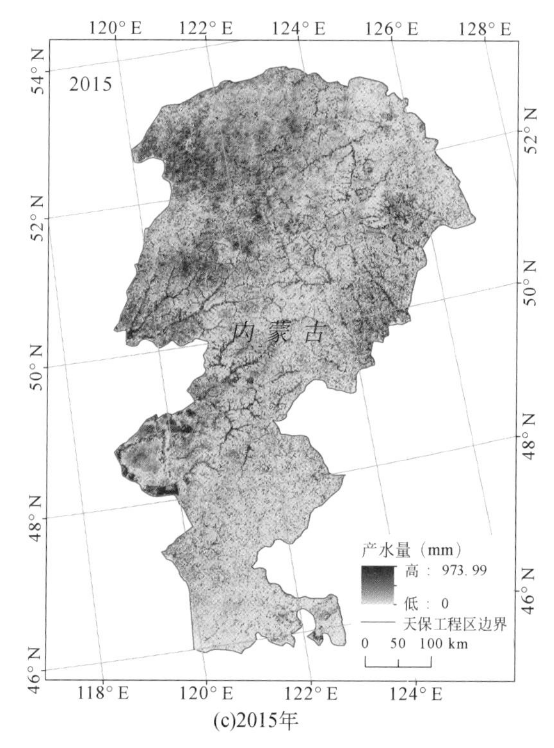

(c)2015年

图 3-52　大兴安岭天保工程实施区 1990 年、2000 年、2015 年产水量

2015 年，该区产水总量较高的地区为呼伦贝尔市，产水总量为 119.04 亿 m^3；大兴安岭地区其次，为 40.85 亿 m^3；兴安盟较低，仅 7.81 亿 m^3。单位面积产水量呼伦贝尔市最高，为 71 433m^3/km^2；其次为大兴安岭地区，为 63 299m^3/km^2；兴安盟较低，仅有 30 611m^3/km^2（表 3-29）。

表 3-29　大兴安岭天保工程实施区各地区单位面积产水量和产水总量

地区	单位面积产水量（m^3/km^2）			产水总量（亿 m^3）		
	1990 年	2000 年	2015 年	1990 年	2000 年	2015 年
兴安盟	99 850	10 194	30 611	25.46	2.60	7.81
呼伦贝尔市	68 792	31 239	71 433	114.62	52.03	119.04
大兴安岭地区	38 261	35 639	63 299	24.66	22.96	40.85

从阶段变化角度来看，1990～2000 年各地区的产水总量均呈下降趋势。呼伦贝尔市下降最多，为 62.59 亿 m^3。兴安盟和大兴安岭地区分别下降了 22.86 亿 m^3 和 1.70 亿 m^3。2000～2015 年各地区的产水总量均呈增加趋势，增加地区主要位于大兴安岭北部和呼伦贝尔市西部；南部的兴安盟增加趋势不明显。兴安盟、呼伦贝尔市和大兴安岭地区分别增加了 5.21 亿 m^3、67.01 亿 m^3 和 17.89 亿 m^3（表 3-30 和图 3-53）。

表 3-30　大兴安岭天保工程实施区各地区 1990 ~ 2000 年、2000 ~ 2015 年产水总量变化

（单位：亿 m^3）

地级市	1990 ~ 2000 年变化值	2000 ~ 2015 年变化值
兴安盟	-22.86	5.21
呼伦贝尔市	-62.59	67.01
大兴安岭地区	-1.70	17.89

究其变化原因，主要与降水量有关。降水量的多少直接影响该年产水量的高低，且影响十分明显。结合降水量数据可以发现，大兴安岭地区 2010 年降水量较其他两期少，使该年产水量也较少。气温升高和气候暖干化使东北地区的蒸发量变大，进而使产水量减少。另外，自然条件和人文条件影响下的土地利用类型的转变也会引起局部产水量的变化。

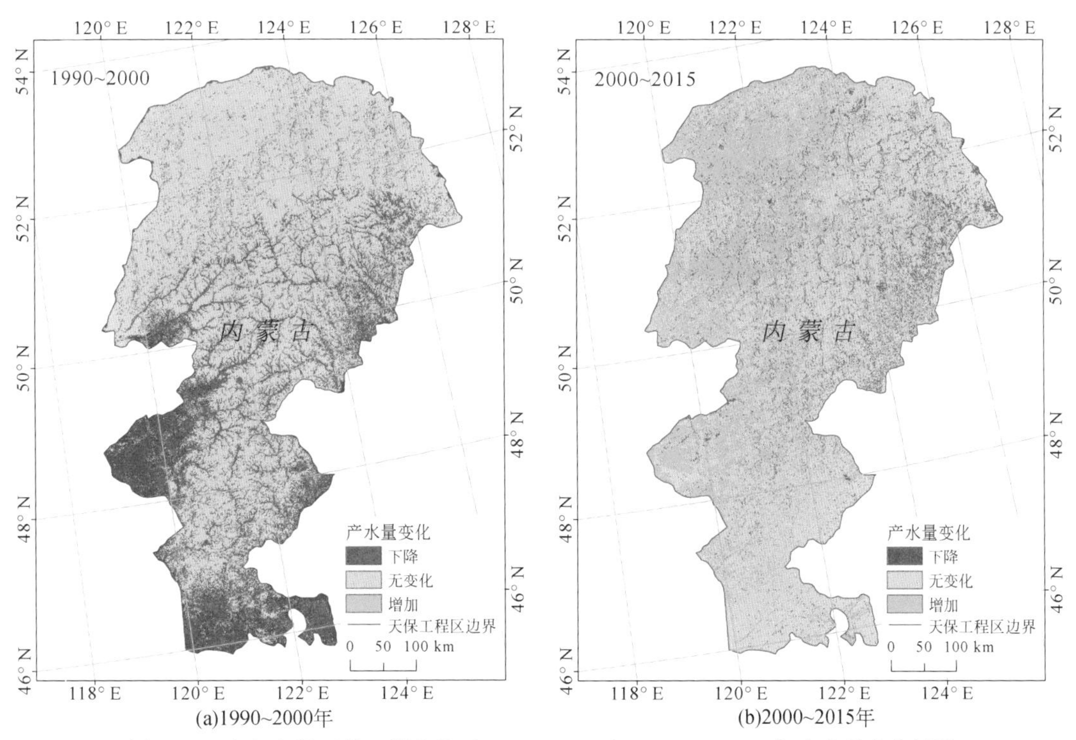

图 3-53　大兴安岭天保工程实施区 1990 ~ 2000 年、2000 ~ 2015 年产水量变化情况

（三）小兴安岭地区

小兴安岭天保工程实施区 1990 年、2000 年和 2015 年产水总量分别为 84.38 亿 m^3、

52.55 亿 m^3 和 128.55 亿 m^3，呈先降后增趋势；单位面积产水量分别为 132 997m^3/km^2、87 661m^3/km^2 和 206 031m^3/km^2，也呈先降后增趋势（表 3-31 和图 3-54）。

表 3-31　小兴安岭天保工程实施区 1990 年、2000 年、2015 年产水总量和单位面积产水量

年份	产水总量（亿 m^3）	单位面积产水量（m^3/km^2）
1990	84.38	132 997
2000	52.55	87 661
2015	128.55	206 031

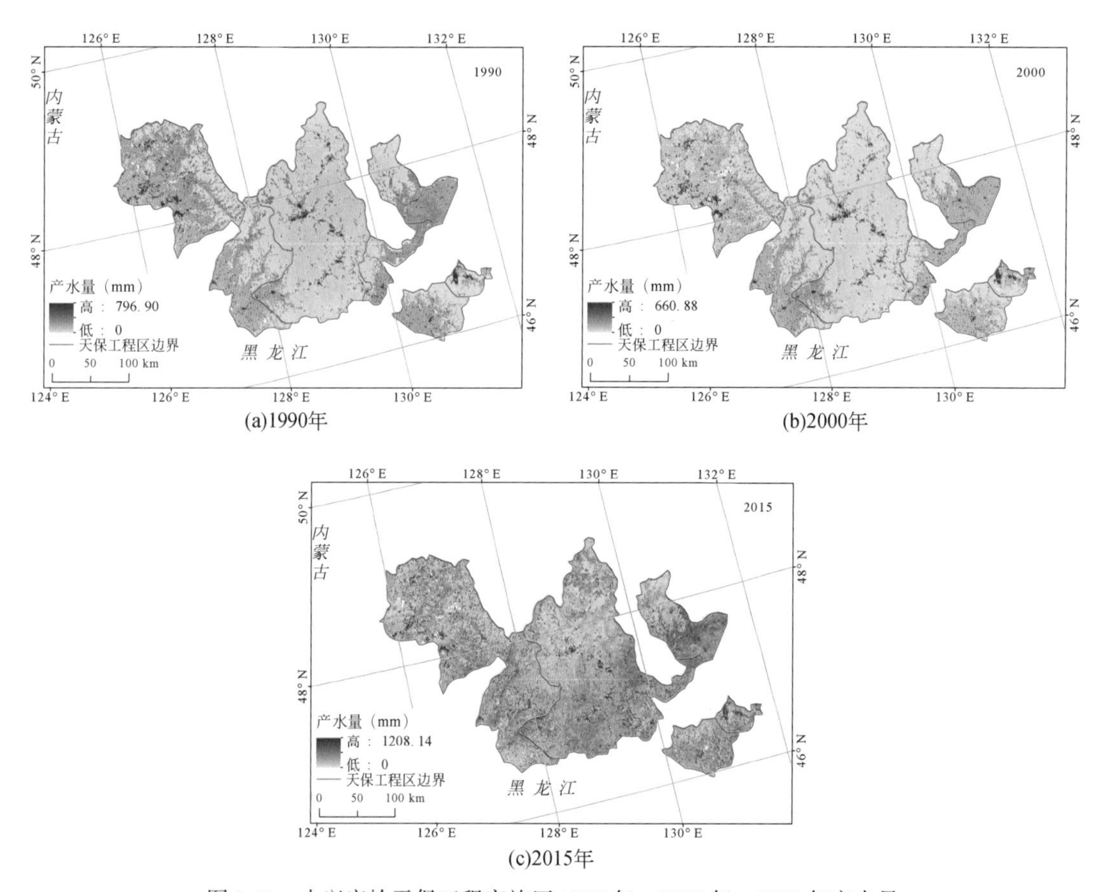

(a)1990年　(b)2000年　(c)2015年

图 3-54　小兴安岭天保工程实施区 1990 年、2000 年、2015 年产水量

2015 年，该区产水总量较高的地区为伊春市，产水总量为 46.37 亿 m^3，黑河市其次，为 27.15 亿 m^3，其他 4 市均未超过 20 亿 m^3。其中，双鸭山市最低，仅 3.74 亿 m^3。单位面积产水量双鸭山市最高，为 243 291m^3/km^2，鹤岗市为 235 542m^3/km^2，佳木斯市为 218 011m^3/km^2，黑河市、伊春市和绥化市单位面积产水量相对较低，分别为

171 921m^3/km^2、178 157m^3/km^{2}和189 261m^3/km^2（表3-32）。

表3-32　小兴安岭地区天保工程实施区各地级市单位面积产水量和产水总量

地区	单位面积产水量（m^3/km^2）			产水总量（亿m^3）		
	1990年	2000年	2015年	1990年	2000年	2015年
黑河市	153 529	89 077	171 921	24.25	14.07	27.15
绥化市	115 540	90 874	189 261	11.30	8.89	18.51
伊春市	95 398	57 129	178 157	24.83	14.87	46.37
鹤岗市	157 759	90 084	235 542	10.50	5.99	15.73
佳木斯市	147 496	90 359	218 011	11.53	7.06	17.04
双鸭山市	128 261	108 445	243 291	1.97	1.67	3.74

从阶段变化来看，小兴安岭天保工程实施区1990～2000年产水总量整体下降。黑河市下降最多，下降了10.18亿m^3。双鸭山市下降最少，下降了0.30亿m^3。2000～2015年产水总量整体增加。伊春市增加最多，增加了31.50亿m^3，黑河市次之，增加了13.08亿m^3，其他四市也呈增加趋势，但增加值均不到10亿m^3（表3-33和图3-55）。究其变化原因，产水量增加与减少的主要原因是降水量的年际变化。通过降水量数据发现，小兴安岭天保工程实施区2000年的降水量明显低于1990年和2015年，造成了2000年产水量也低于1990年和2015年。另外，土地利用类型的变化和蒸发的变化也会引起产水量的分布变化。

表3-33　小兴安岭天保工程实施区各地级市1990～2000年、2000～2015年产水总量变化

（单位：亿m^3）

地区	1990～2000年变化值	2000～2015年变化值
黑河市	-10.18	13.08
绥化市	-2.41	9.62
伊春市	-9.96	31.50
鹤岗市	-4.51	9.74
佳木斯市	-4.47	9.98
双鸭山市	-0.30	2.07

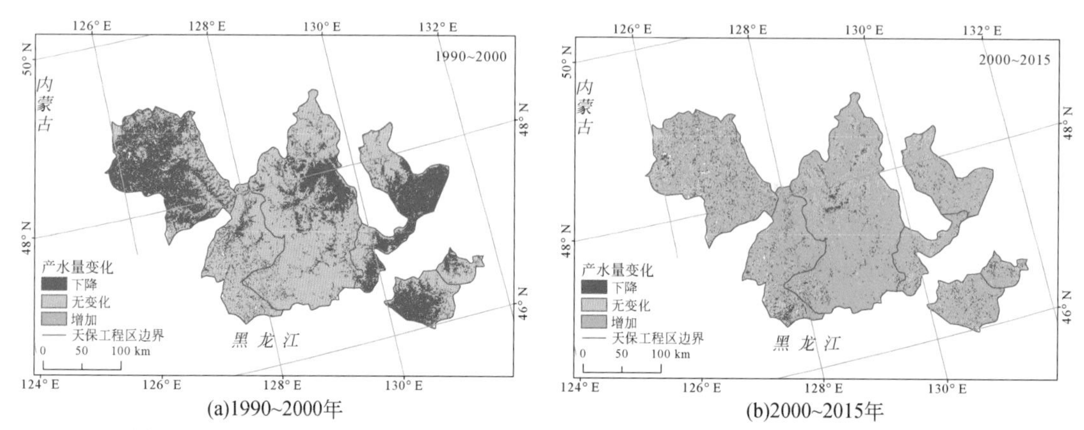

(a)1990~2000年

(b)2000~2015年

图 3-55　小兴安岭天保工程实施区 1990 ~ 2000 年、2000 ~ 2015 年产水量变化情况

（四）长白山地区

长白山天保工程实施区 1990 年、2000 年和 2015 年产水总量分别为 128.51 亿 m^3、178.90 亿 m^3 和 206.08 亿 m^3，呈持续增加趋势；单位面积产水量分别为 107 511m^3/km^2、128 902m^3/km^2 和 170 004m^3/km^2，也呈持续增加趋势（表 3-34 和图 3-56）。

表 3-34　长白山天保工程实施区 1990 年、2000 年、2015 年产水总量和单位面积产水量

年份	产水总量（亿 m^3）	单位面积产水量（m^3/km^2）
1990	128.51	107 511
2000	178.90	128 902
2015	206.08	170 004

2015 年，该区产水总量较高的地区为牡丹江市，产水总量为 52.83 亿 m^3；白山市其次，为 35.24 亿 m^3；延边州第三，为 33.94 亿 m^3；哈尔滨市第四，为 31.20 亿 m^3。其他 3 市均未超过 30 亿 m^3。其中，通化市最低，仅为 3.09 亿 m^3。单位面积产水量鸡西市最高，为 312 851m^3/km^2，白山市为 247 605m^3/km^2，牡丹江市为 144 632m^3/km^2，哈尔滨市为 139 490m^3/km^2，通化市为 135 151m^3/km^2，吉林市为 121 054m^3/km^2，延边州单位面积产水量较低，为 89 242m^3/km^2（表 3-35）。

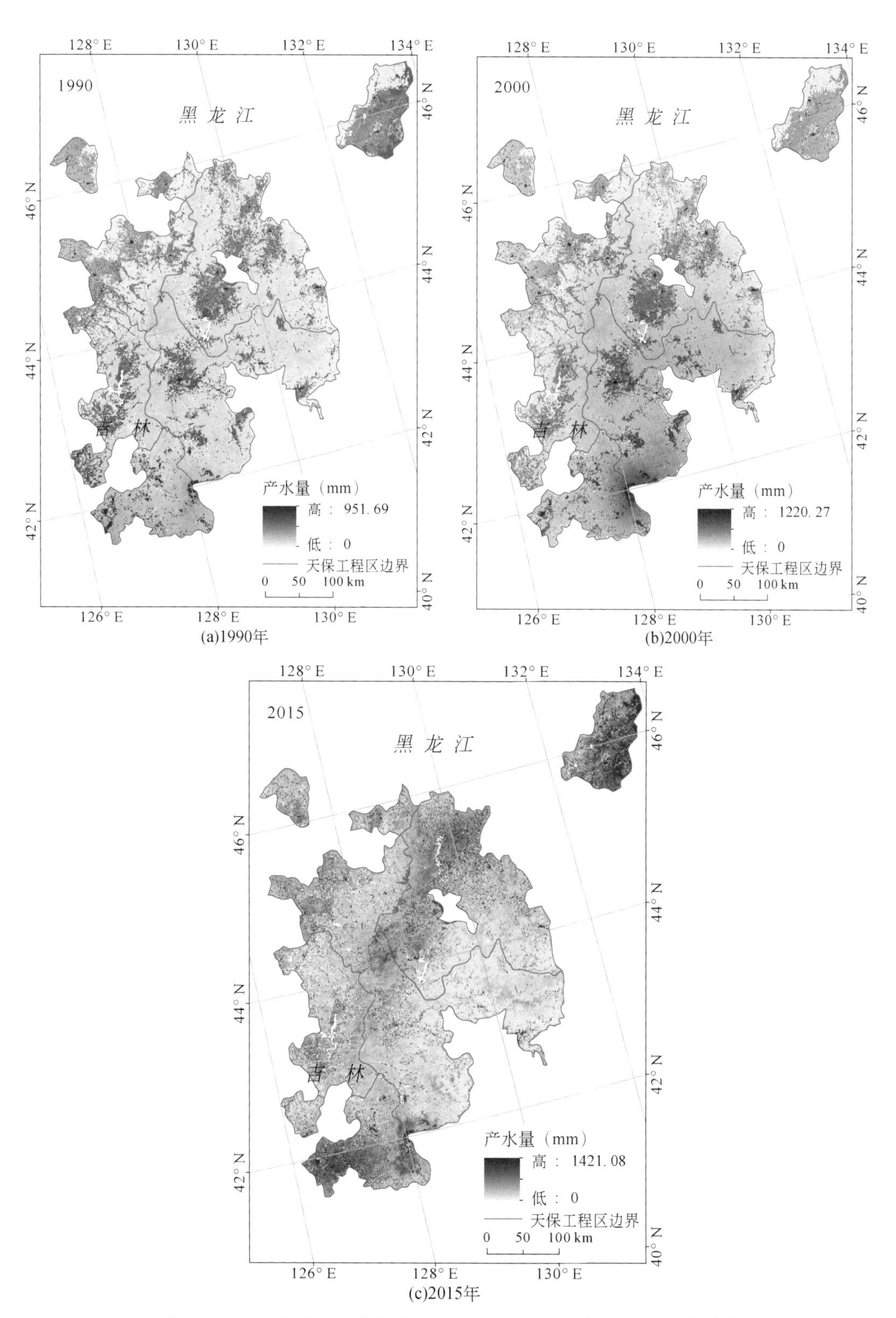

(a)1990年

(b)2000年

(c)2015年

图 3-56　长白山天保工程实施地区 1990 年、2000 年、2015 年产水量

表 3-35　长白山天保工程实施区各地级市单位面积产水量和产水总量

地区	单位面积产水量（m^3/km^2）			产水总量（亿 m^3）		
	1990 年	2000 年	2015 年	1990 年	2000 年	2015 年
哈尔滨市	88 682	105 068	139 490	19.84	23.50	31.20
牡丹江市	83 054	112 229	144 632	30.32	40.97	52.83
鸡西市	131 021	118 981	312 851	12.10	10.98	29.00
吉林市	93 619	101 268	121 054	16.08	17.39	20.79
延边州	76 190	153 276	89 242	28.90	58.14	33.94
通化市	155 002	136 478	135 151	3.54	3.12	3.09
白山市	125 011	175 013	247 605	17.73	24.80	35.24

从阶段变化来看，1990～2000 年全区产水总量呈整体增加趋势，尤其以延边州和牡丹江市增加明显，产水总量分别增加了 29.24 亿 m^3 和 10.65 亿 m^3。鸡西市和通化市略有下降。其他地级市均有不同程度增加。2000～2015 年全区产水总量继续呈整体增加趋势。鸡西市、牡丹江市和白山市的产水总量处于增加趋势，三者分别增加了 18.02 亿 m^3、11.86 亿 m^3 和 10.44 亿 m^3，增加地区主要位于长白山西部和北部；东部的延边州处于下降趋势，2000～2015 年产水总量下降了 24.21 亿 m^3（表 3-36 和图 3-57）。

表 3-36　长白山天保实施工程区各地级市 1990～2000 年、2000～2015 年产水总量变化

（单位：亿 m^3）

地区	1990～2000 年变化值	2000～2015 年变化值
哈尔滨市	3.66	7.70
牡丹江市	10.65	11.86
鸡西市	-1.12	18.02
吉林市	1.31	3.40
延边州	29.24	-24.21
通化市	-0.42	-0.03
白山市	7.07	10.44

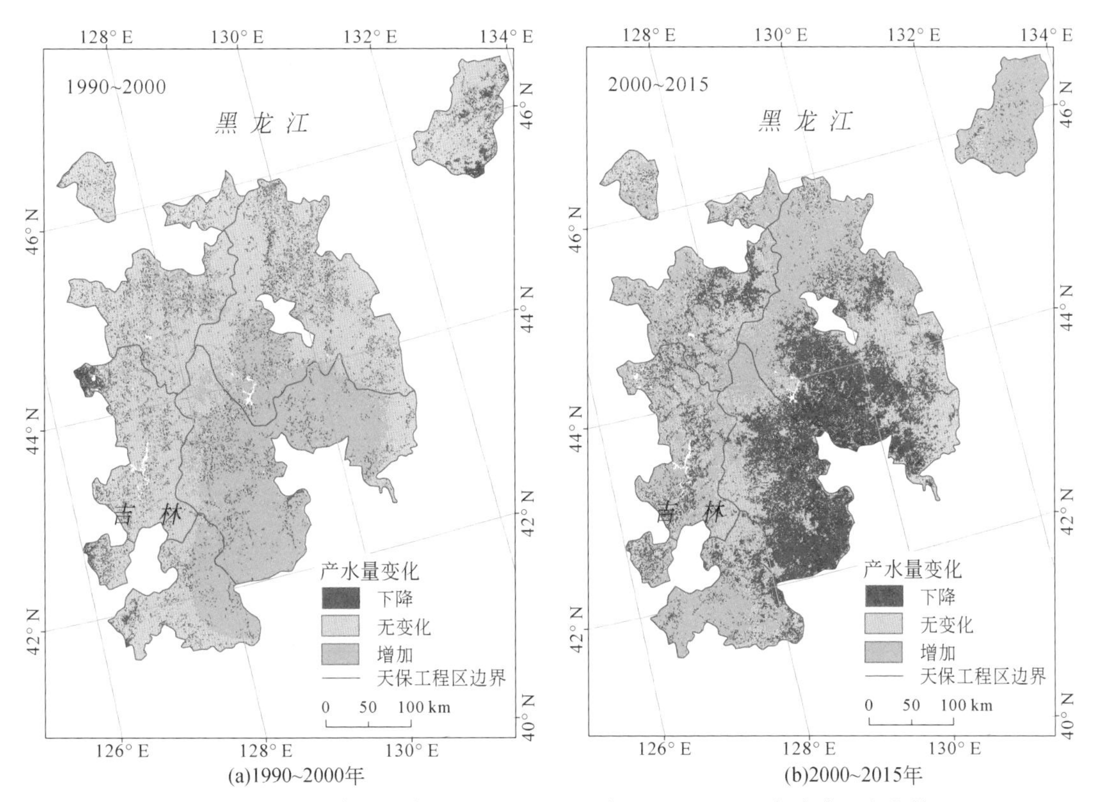

(a)1990~2000年 (b)2000~2015年

图 3-57 长白山天保工程实施区 1990 ~ 2000 年、2000 ~ 2015 年产水量变化情况

究其变化原因，产水量增加与减少的主要原因是降水量的年际变化及地域分布。通过查询长白山地区降水量数据发现，2000 年降水量明显低于 1990 年和 2015 年，造成了该年产水量也低于 1990 年和 2015 年。另外，土地利用类型的变化、年均温的升高和蒸发的变化也会引起产水总量和单位面积产水量的变化。在地形和季风等自然因素的综合作用下，延边州与牡丹江市南部的降水量和年降水日数明显高于天保工程的其他地区。该地区濒临海洋，水汽供应相对充沛，且山区地形动力抬升条件较好，造成了其降水特点与其他地区的差异，进而使产水量与其他地区的变化趋势不一致。

五、生物多样性维持能力变化评估

（一）生境质量变化评价

利用东北地区天保工程区 1990 年、2000 年、2015 年的土地利用及其他相关数据，计算三个地理单元与东北地区天保工程全区的生境质量，从而对 1990 ~ 2015 年东北地区天保工程区生态环境状况进行评价。通过影响生境质量的四类因子权重及生境质量计算公式（董张玉等，2014）计算出东北地区天保工程区生境质量得分。生境质量（分值为 0 ~

100）可以揭示东北地区天保工程区的生境质量整体的好坏。

1. 东北地区天然林资源保护工程区

1990 年东北地区天保工程区生境质量最好与良好的区域面积为 310 717km²，生境质量一般的区域面积为 93 326km²，生境质量差的区域面积为 61 321km²。2000 年生境质量最好与良好的区域面积为 290 092km²，生境质量一般的区域面积为 98 112km²，生境质量差的区域面积为 76 973km²。2015 年生境质量最好与良好的区域面积为 293 342km²，生境质量一般的区域面积为 96 285km²，生境质量差的区域面积为 75 551km²（表 3-37、图 3-58 和图 3-59）。

表 3-37　东北地区天保工程区 1990 年、2000 年、2015 年不同等级生境质量面积统计表

（单位：km²）

年份	最好	良好	一般	差
1990	35 384	275 333	93 326	61 321
2000	33 808	256 284	98 112	76 973
2015	23 006	270 336	96 285	75 551

以生境质量最好和良好的面积之和为标准，评价当期全区生境质量，1990 年东北地区天保工程区生境质量相对 2000 年和 2015 年较好，1990 ~ 2000 年有所下降，2000 ~ 2015 年生境质量基本不变，维持原有水平。

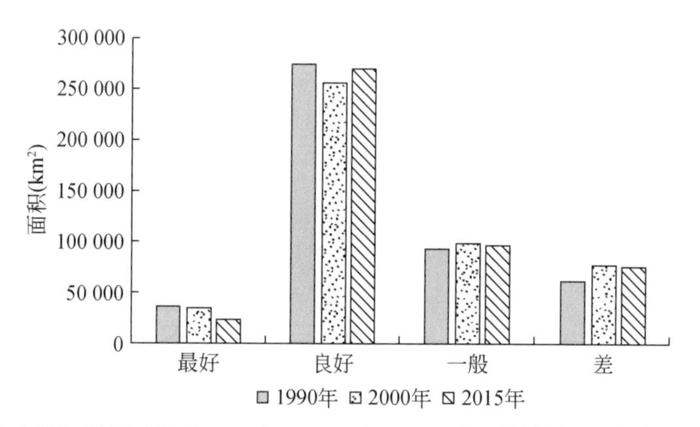

图 3-58　东北地区天保工程区 1990 年、2000 年、2015 年不同等级生境质量面积统计图

通过横纵向对比各地级市不同时期的生境质量平均分发现，1990 ~ 2000 年除吉林市和通化市外，其他地区生境质量平均分都略有下降，其中以兴安盟下降最多。2000 ~ 2015 年生境质量明显好转。其中，佳木斯市、牡丹江市、延边州、伊春市、双鸭山市、白山市的生境质量平均分基本维持原有水平，吉林市和通化市略有下降，其他地区生境质量平均分都有不同程度的上升（表 3-38）。

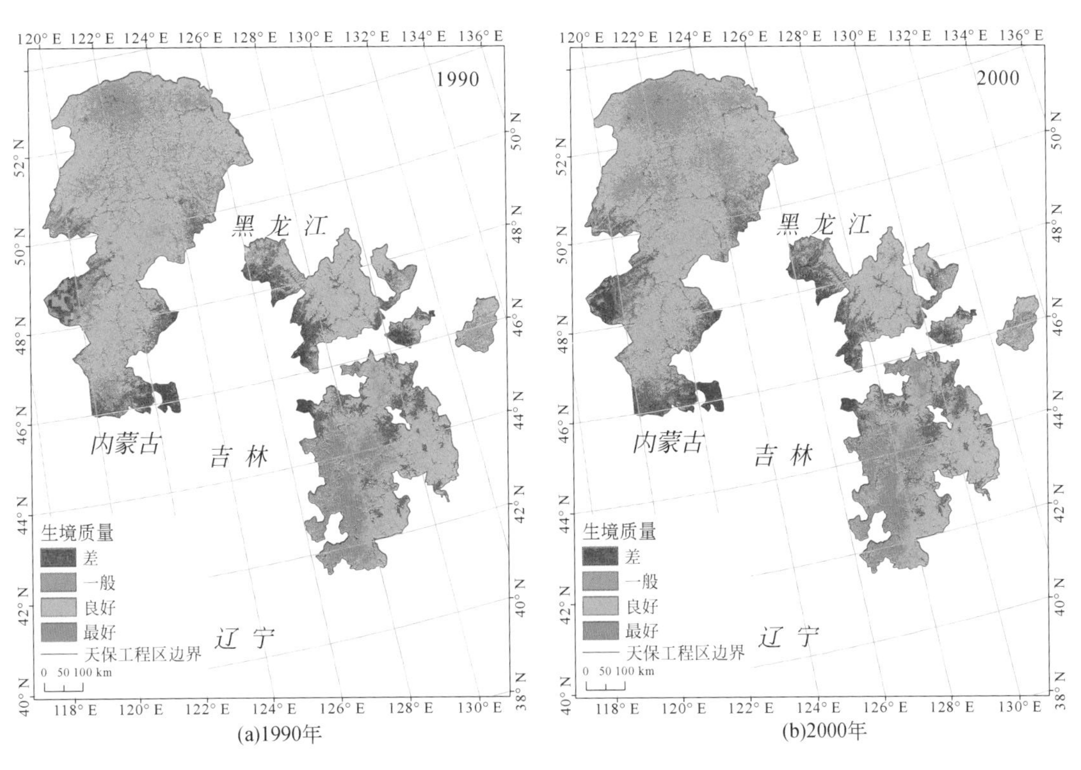

(a)1990年　　(b)2000年

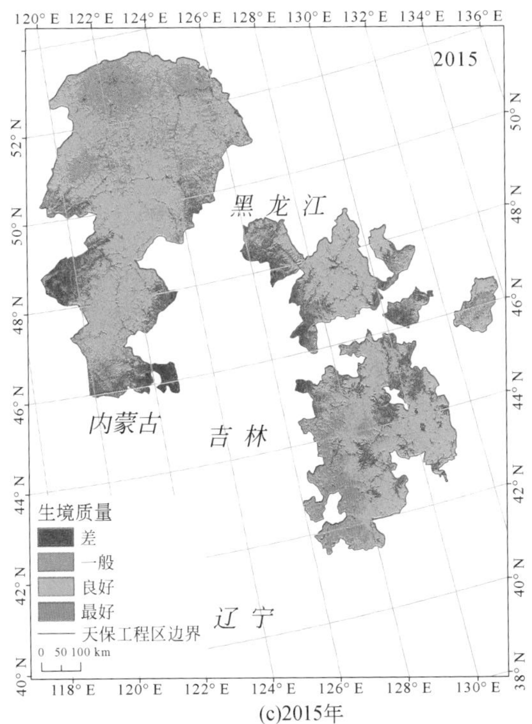

(c)2015年

图 3-59　东北地区天保工程区 1990 年、2000 年、2015 年生境质量分布图

表 3-38　东北地区天保工程区 1990 年、2000 年、2015 年各地区生境质量平均分统计表

（单位：分）

地区	1990 年	2000 年	2015 年	1990 ~ 2000 年变化	2000 ~ 2015 年变化
兴安盟	56.76	54.51	56.11	-2.26	1.61
呼伦贝尔市	60.55	59.66	59.82	-0.89	0.16
大兴安岭地区	60.15	59.60	59.66	-0.55	0.06
鹤岗市	59.56	58.48	59.15	-1.08	0.67
黑河市	57.10	55.52	56.44	-1.58	0.92
绥化市	58.23	57.83	57.88	-0.41	0.05
伊春市	61.64	61.23	60.91	-0.41	-0.32
佳木斯市	56.04	55.62	55.18	-0.42	-0.44
双鸭山市	56.93	55.17	55.08	-1.76	-0.09
哈尔滨市	59.27	58.92	59.07	-0.35	0.15
鸡西市	60.72	59.77	60.02	-0.95	0.25
牡丹江市	60.58	60.26	59.48	-0.32	-0.78
吉林市	63.85	64.41	62.70	0.56	-1.71
通化市	64.79	65.07	63.84	0.28	-1.22
白山市	64.25	63.76	63.62	-0.50	-0.13
延边州	62.27	62.08	61.25	-0.19	-0.83

究其变化原因，生境质量的变化主要与土地利用类型的变化有关。森林、湿地的生境质量明显好于农田、城镇和裸地。1990 ~ 2000 年，森林、湿地、草地面积的减少与农田面积的增加导致了各地区生境质量得分的下降，也导致了生境质量最好与良好的区域面积减少，生境质量一般与差的区域面积增加。而当时土地利用类型的转变，是气候暖干化趋势发展、大面积砍伐树木、无节制开垦湿地、城镇扩张等原因综合造成的。2000 ~ 2015 年，天保工程和退耕还林工程的实施及其对森林资源的保护有效控制了乱砍滥伐和不合理的农田开垦现象，尽管气候暖干化趋势和城镇扩张仍在继续，但是森林面积出现了回升，农田面积有所减少。这些导致天保工程实施后生境质量水平得到维持，不再继续大幅度下降。

2. 大兴安岭地区

大兴安岭天保工程实施区 1990 年生境质量最好的区域面积为 2761km²，生境质量良好的区域面积为 163 918km²，生境质量一般的区域面积为 65 530km²，生境质量差的区域面积为 24 723km²。2000 年生境质量最好的区域面积为 1222km²，生境质量良好的区域面

积最大，为 148 090km²，生境质量一般的区域面积为 71 452km²，生境质量差的区域面积为 36 162km²。2015 年生境质量最好的区域面积为 1482km²，生境质量良好的区域面积为 152 482km²，生境质量一般的区域面积为 69 212km²，生境质量差的区域面积为 33 750km²（表 3-39 和图 3-60）。

表 3-39　大兴安岭天保工程实施区 1990 年、2000 年、2015 年不同等级生境质量面积统计表

（单位：km²）

年份	最好	良好	一般	差
1990	2761	163 918	65 530	24 723
2000	1222	148 090	71 452	36 162
2015	1482	152 482	69 212	33 750

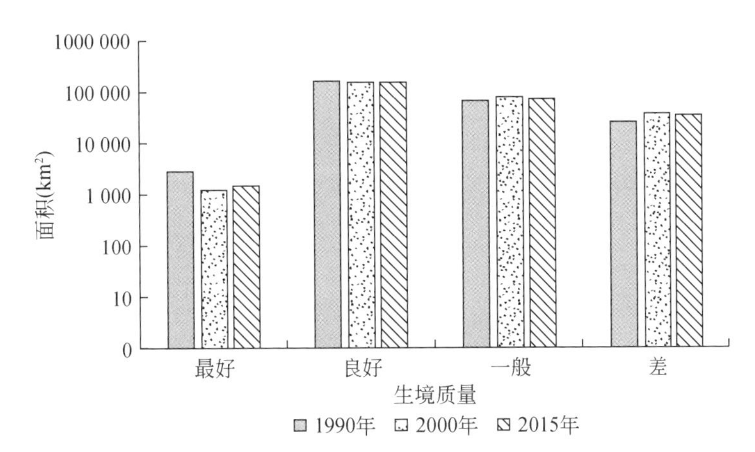

图 3-60　大兴安岭天保工程实施区 1990 年、2000 年、2015 年不同等级生境质量面积统计图

大兴安岭天保工程区 1990 ~ 2000 年生境质量下降，表现为生境质量最好和良好的区域面积减少，生境质量一般和差的区域面积增加；生境质量最好的区域面积减少 1539km²，生境质量良好的区域面积减少 15 828km²，生境质量一般的区域面积增加 5922km²，生境质量差的区域面积增加 11 439km²。2000 ~ 2015 年生境质量稍有改善，表现为生境质量最好和良好的区域面积之和上升，生境质量一般和差的区域面积减少；生境质量最好的区域面积增加 260km²，生境质量良好的区域面积增加 4392km²，生境质量一般的区域面积减少 2240km²，生境质量差的区域面积减少 2412km²。

通过横向对比各地区的生境质量发现，1990 ~ 2000 年，大兴安岭天保工程实施区各地区生境质量整体下降。兴安盟西南部、呼伦贝尔市西部和大兴安岭地区北部的生境质量得分下降明显。2000 ~ 2015 年，大兴安岭天保工程实施区各地区生境质量略有上升。生境质量变好主要是由于大兴安岭地区北端和兴安盟南段的生境质量变好（图 3-61）。

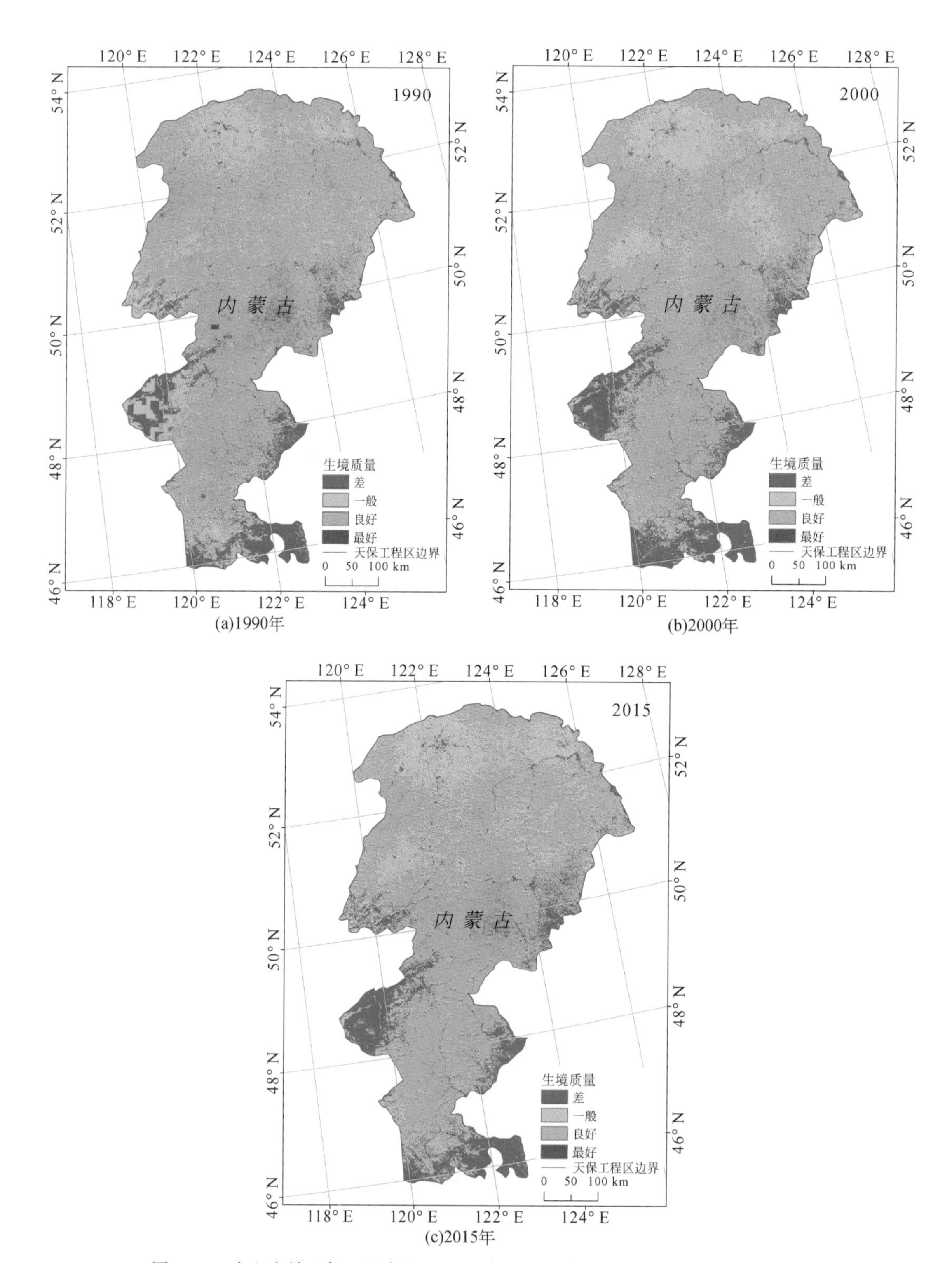

(a)1990年

(b)2000年

(c)2015年

图 3-61　大兴安岭天保工程实施区 1990 年、2000 年、2015 年生境质量分布图

究其变化原因，大兴安岭山脉的森林在 1990 ~ 1998 年经历过一段长期的过量采伐时期。乱砍滥伐、毁林开荒的结果就是森林面积剧烈减少，1990 ~ 1998 年森林面积减少了 $1839km^2$。加上该区森林和草原火灾的频繁发生，极端天气事件增加，多年冻土融化等因素导致了该区具有其他地区不具备的特殊性。森林和草原面积的减少进而引起涵养水源能力减弱、生态功能退化严重和湿地减少。这一系列变化导致野生动物中的兽类、鸟类、鱼类等也大幅度减少（吕英，2009）。2000 ~ 2015 年天保工程实施后，生境质量变差的趋势被遏制。这主要是由于大兴安岭地区、呼伦贝尔市和兴安盟进行了封山育林、人工造林，并且对森林进行了集约式的合理经营等措施。

3. 小兴安岭地区

1990 年小兴安岭天保工程实施区生境质量最好的区域面积为 $387km^2$，生境质量良好的区域面积为 $40\ 844km^2$，生境质量一般的区域面积为 $8451km^2$，生境质量差的区域面积为 $17\ 992km^2$。2000 年生境质量最好的区域面积为 $293km^2$，生境质量良好的区域面积最大，为 $39\ 001km^2$，生境质量一般的区域面积为 $8222km^2$，生境质量差的区域面积为 $20\ 148km^2$。2015 年生境质量最好的区域面积为 $90km^2$，生境质量良好的区域面积为 $39\ 760km^2$，生境质量一般的区域面积为 $9023km^2$，生境质量差的区域面积为 $18\ 789km^2$（表 3-40，图 3-62）。

表 3-40　小兴安岭天保工程实施 1990 年、2000 年、2015 年不同等级生境质量面积统计表

（单位：km^2）

年份	最好	良好	一般	差
1990	387	40 844	8 451	17 992
2000	293	39 001	8 222	20 148
2015	90	39 760	9 023	18 789

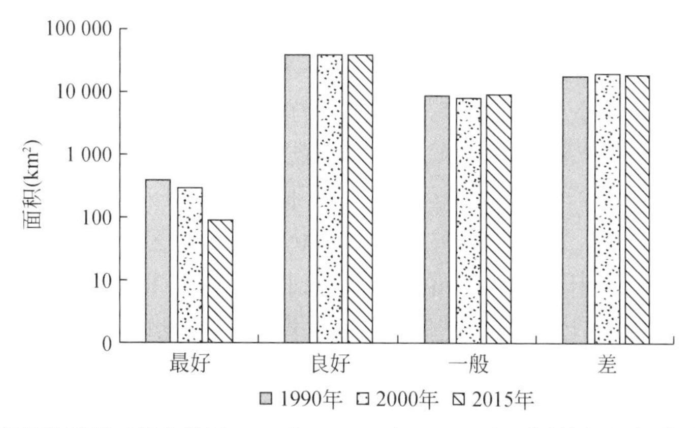

图 3-62　小兴安岭天保工程实施区 1990 年、2000 年、2015 年不同等级生境质量面积统计图

小兴安岭天保工程实施区 1990～2000 年生境质量变差，表现为生境质量最好、良好和一般的区域面积分别下降了 94km^2、1843km^2 和 229km^2，生境质量差的区域面积增加 2156km^2。2000～2015 年生境质量略有好转，表现为生境质量最好和良好的区域面积之和增加了 556km^2，生境质量一般的区域面积增加了 801km^2，生境质量差的区域面积减少了 1359km^2。

通过横向对比各地区的生境质量发现，1990～2000 年，小兴安岭天保工程实施区各地区生境质量均不同程度下降。双鸭山市和黑河市生境质量平均分下降较多。2000～2015 年，黑河市、绥化市和鹤岗市生境质量好转。三市中大面积生境质量差的区域转化为生境质量一般，生境质量一般的区域又大面积转化为生境质量良好（图 3-63）。

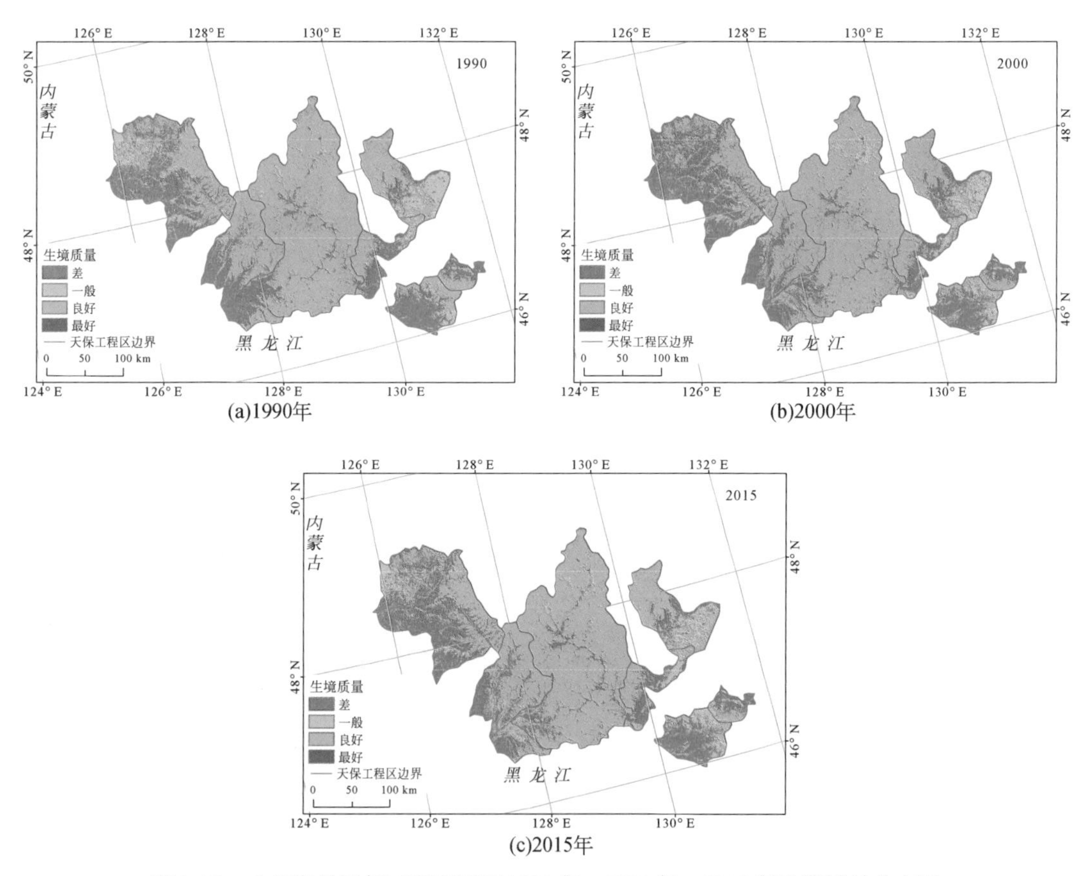

(a)1990年 (b)2000年 (c)2015年

图 3-63 小兴安岭天保工程实施区 1990 年、2000 年、2015 年生境质量分布图

究其变化原因，1990～2000 年随着经济建设和社会的发展，小兴安岭的林木需求量逐渐变大，林区人口的不断增加也导致建筑木材、薪柴和耕地需求的增加。无节制的伐木和开垦导致森林减少和湿地退化。2000 年自天保工程实施后，各地政府、林业管理部门和林区管理人员对森林的保护，有效遏制了森林面积锐减和湿地退化的进程，林区居民的保护意识也有所提升。

4. 长白山地区

1990 年长白山天保工程实施区生境质量最好的区域面积为 32 495km^2，生境质量良好的区域面积为 69 698km^2，生境质量一般的区域面积为 19 824km^2，生境质量差的区域面积为 18 604km^2。2000 年生境质量最好的区域面积为 32 293km^2，生境质量良好的区域面积最大，为 69 193km^2，生境质量一般的区域面积为 18 438km^2，生境质量差的区域面积为 20 663km^2。2015 年生境质量最好的区域面积为 21 434km^2，生境质量良好的区域面积为 78 094km^2，生境质量一般的区域面积为 18 050km^2，生境质量差的区域面积为 23 012km^2（表 3-41 和图 3-64）。

表 3-41　长白山天保工程实施区 1990 年、2000 年、2015 年不同等级生境质量面积统计表

（单位：km^2）

年份	最好	良好	一般	差
1990	32 495	69 698	19 824	18 604
2000	32 293	69 193	18 438	20 663
2015	21 434	78 094	18 050	23 012

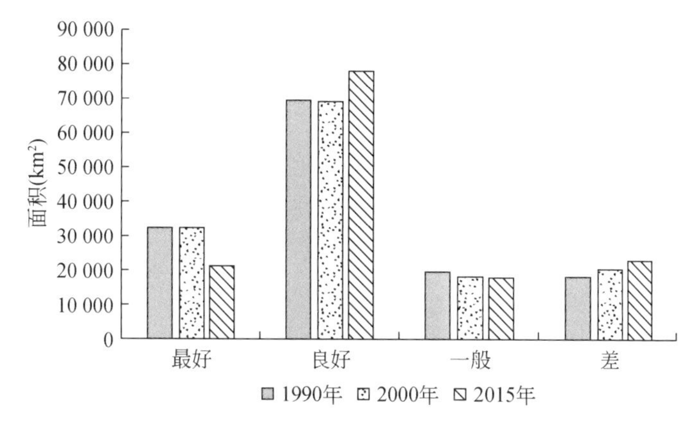

图 3-64　长白山地区 1990 年、2000 年、2015 年不同等级生境质量面积统计图

长白山天保工程实施区 1990 ~ 2000 年生境质量略有下降，表现为生境质量最好和良好的区域面积基本保持同一水平。生境质量一般的区域面积略有减少，生境质量差的区域面积增加了 2059km^2。2000 ~ 2015 年生境质量基本不变，表现为生境质量最好的区域面积下降，但生境质量良好的区域面积增加了 8901km^2，生境质量一般的区域面积减少了 388km^2，生境质量差的区域面积增加了 2349km^2。

通过横向对比各地区的生境质量发现，1990 ~ 2000 年吉林市、通化市生境质量略有上升，但其他地区均有小幅度下降。2000 ~ 2015 年某些地区从生境质量最好下降为生境质量良好，生境质量一般面积变化不大，生境质量差面积略有增加（图 3-65）。

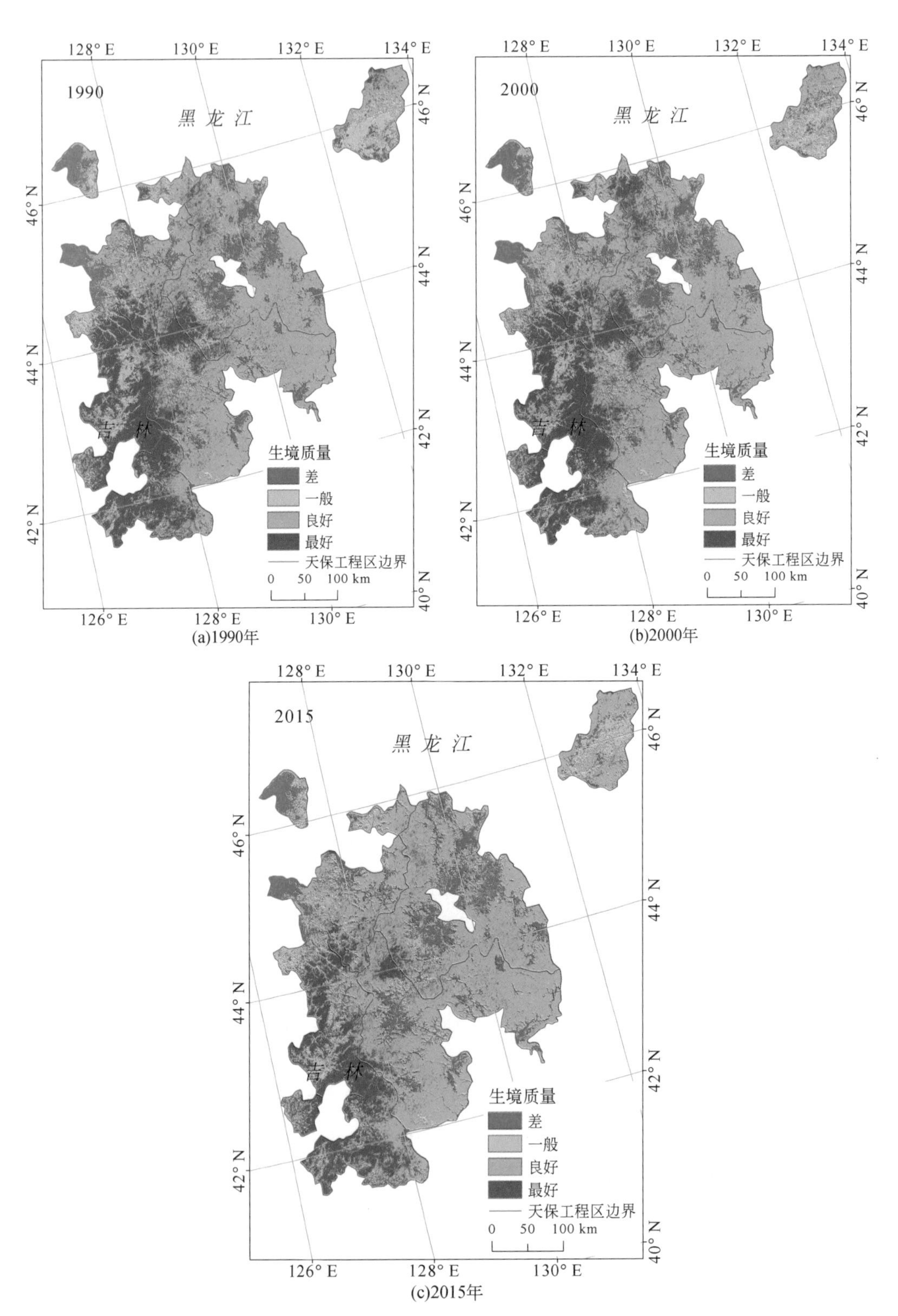

图 3-65 长白山天保工程实施区 1990 年、2000 年、2015 年生境质量分布图

生境质量变差的地区主要分布在长白山脉西侧的吉林市东北部、牡丹江市西南部和哈尔滨市东南部等受人为影响较明显的地方。另外，延边州西部有部分地区从生境质量一般变为生境质量差。结合当期当地的实际情况可以得出，人为开垦田地、城市扩张以及不合理开发导致的森林生态的破坏和湿地退化等原因使得土地利用类型的转变，这些行为是长白山地区 1990 ~ 2000 年生境质量变差的主要原因。因为该区人类的经济、社会、旅游等活动较为频繁，导致其生境变化趋势很难在短时期内被人为改变。2000 ~ 2015 年生境质量最好的区域面积继续减少体现了这一点。但大部分生境质量最好的区域都转化为生境质量良好，并未对长白山整体生境质量产生巨大影响。

（二）生境质量变化驱动因素分析

1. 土地利用变化的影响

土地利用变化是影响生境质量最重要的因素。不同土地利用类型为不同生物提供的生存环境差异较大。森林及湿地是最适宜动植物生存的环境，草地次之。1990 ~ 2000 年，东北地区天保工程区森林、湿地和草地均不同程度减少，导致生境质量最好和良好的区域面积减少。2000 ~ 2015 年，湿地、草地面积继续减少，但森林面积增加了 2259km^2，导致该时期生境质量最好的区域面积下降，但生境质量良好的区域面积增加。从空间来看，生境质量最好和良好的区域与森林及湿地的空间分布有明显的空间一致性，同时，湿地减少的区域与旱田增加的区域有较为明显的空间一致性，所以湿地开垦使生境质量最好和良好的区域面积减少，森林增加使生境质量最好和良好的区域面积增加。

农田的生境质量，比湿地及森林的要差，基本对应生境质量一般和差的区域。在东北地区天保工程区，城镇和裸地的面积比例很小，它们对生境质量的干扰作用被其他生态系统类型弱化，基本包含在生境质量差的区域之内。从农田的空间分布变化来看，1990 ~ 2000 年，东北地区天保工程区农田面积持续增长，使生境质量一般和差的区域面积呈增加趋势。2000 ~ 2015 年农田面积基本不变，从空间分布来看，大部分裸地转化为林地、湿地及草地，促使天保工程区生境质量一般和差的区域面积减少，生境质量基本维持不变。

2. 生境质量计算因子的影响

依据生境质量评价的因子种类，结合 ArcGIS 空间分析进行叠加，得到生存环境控制因子分布图（图 3-66）。影响生境质量的主要因子包括水源状况、干扰因子、遮蔽条件和食物丰富度。

水源状况是影响生境质量的重要指标，东北地区天保工程区东部水源状况好于西部。干扰因子高的地区主要分布于呼伦贝尔市、吉林市和牡丹江市。遮蔽条件差的地区主要分布于黑河市、绥化市和哈尔滨市北部。食物丰富度体现为东部较好、西部较差的特点。

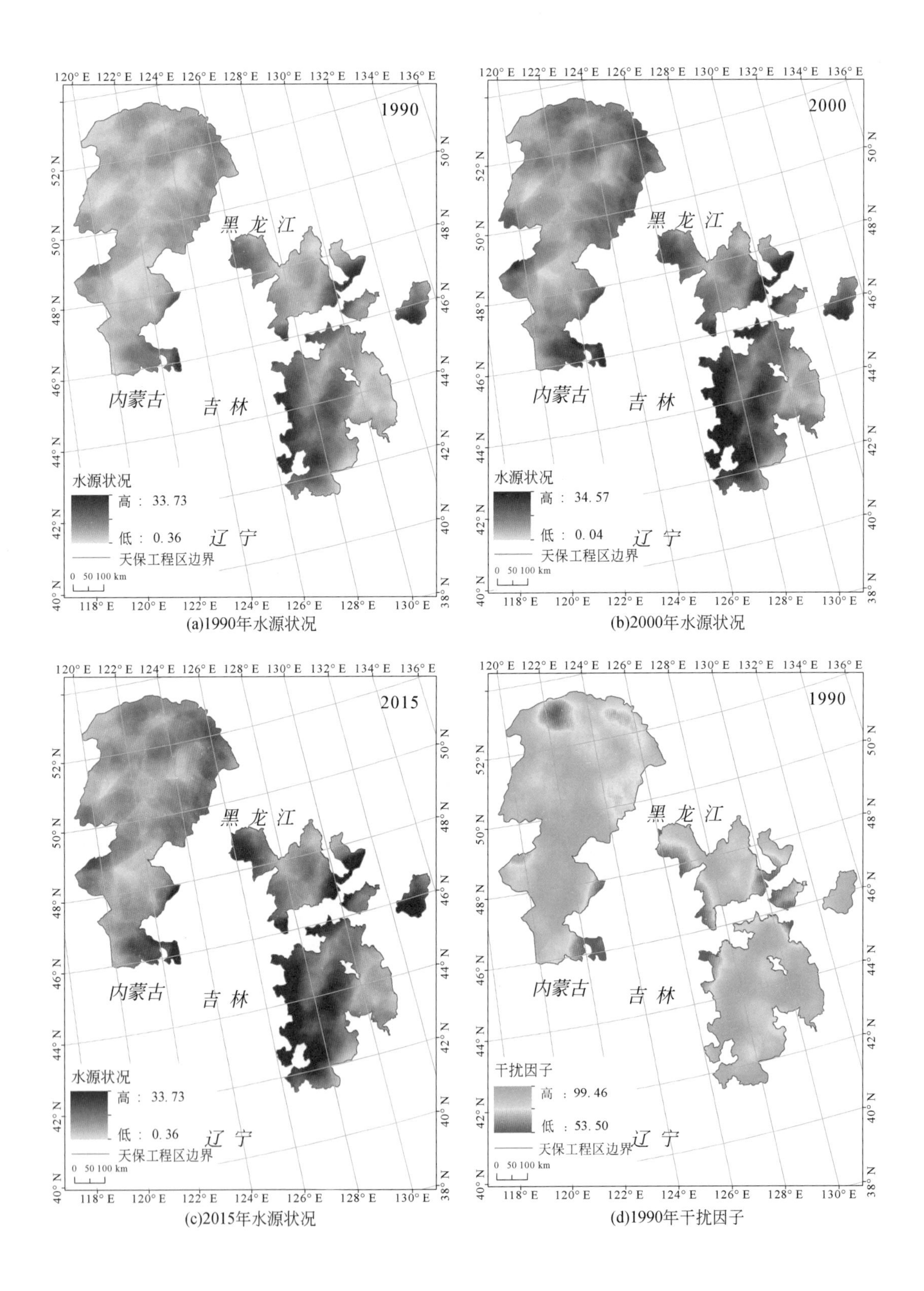

(a)1990年水源状况

(b)2000年水源状况

(c)2015年水源状况

(d)1990年干扰因子

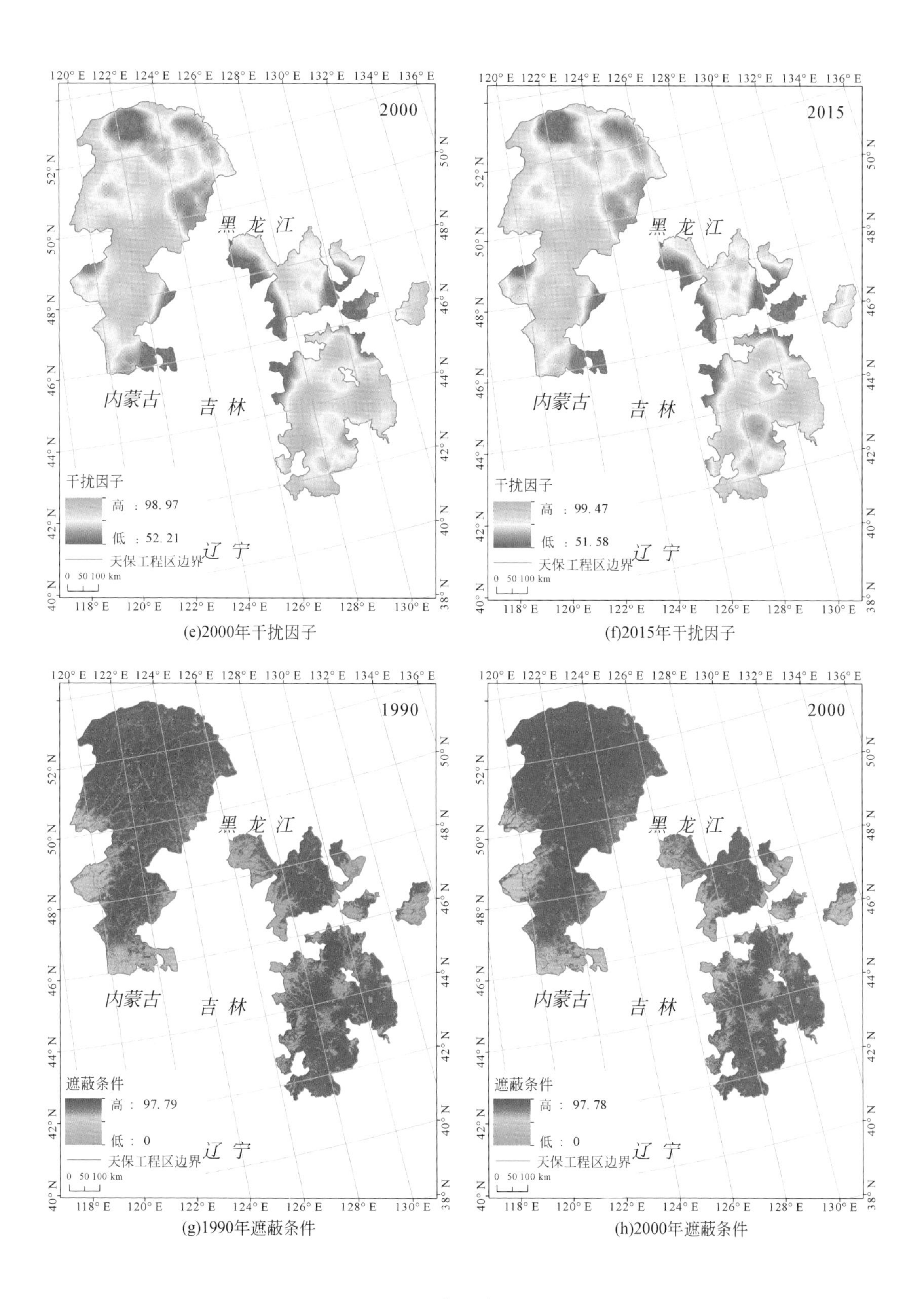

(e)2000年干扰因子

(f)2015年干扰因子

(g)1990年遮蔽条件

(h)2000年遮蔽条件

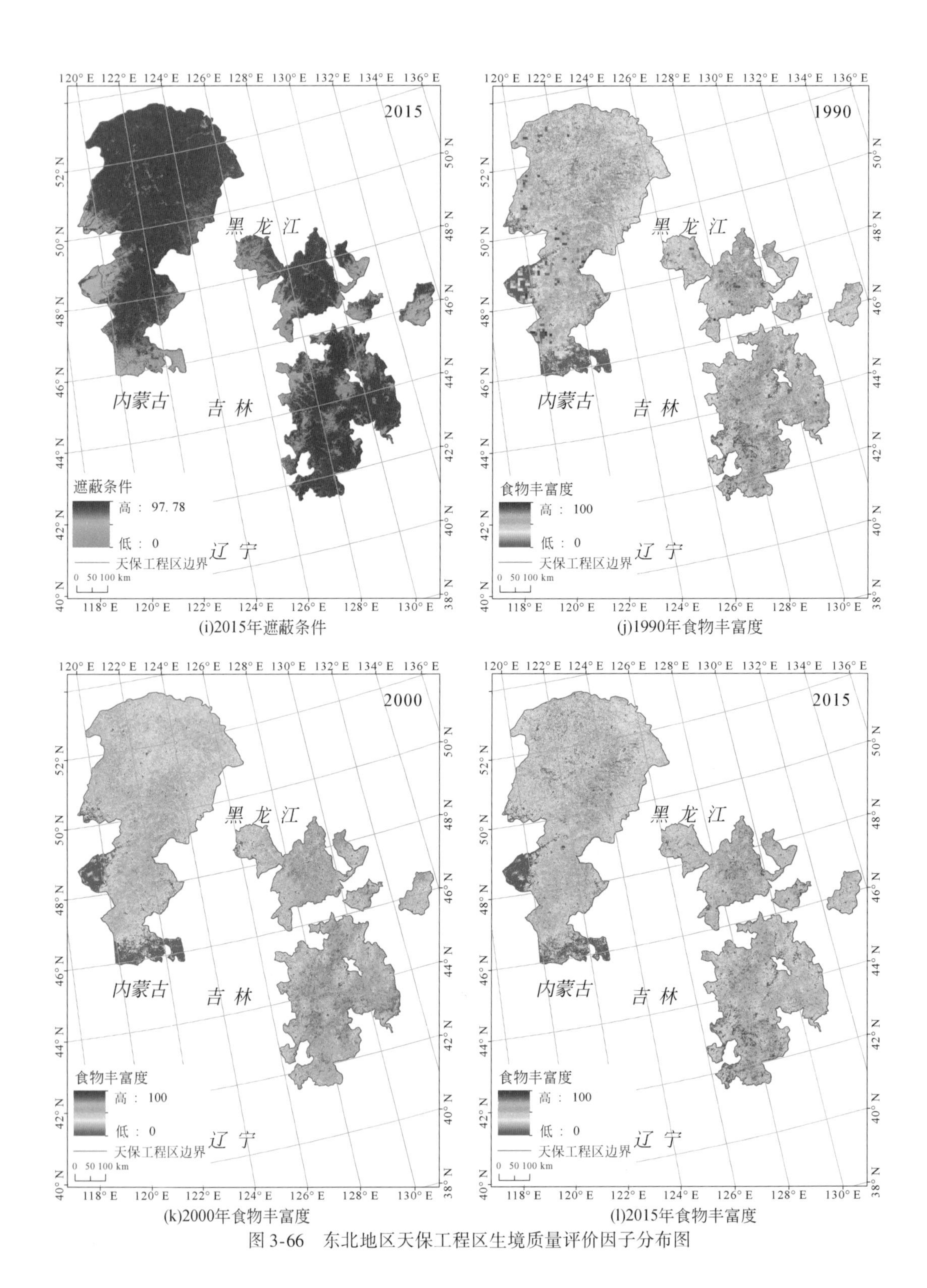

(i)2015年遮蔽条件

(j)1990年食物丰富度

(k)2000年食物丰富度

(l)2015年食物丰富度

图3-66　东北地区天保工程区生境质量评价因子分布图

由前述可知，研究区 1990 ~ 2015 年生境质量变化情况为先变差，后变好。1990 年遮蔽条件和食物因子数值较高，到 2000 年明显变差，导致该时期整体生境质量的下降。2000 ~ 2015 年东北地区天保工程区干扰因子变弱，遮蔽条件变好，但食物丰富度因子继续变差，水源状况变化不明显，导致该时期整体生境质量基本不变。

3. 经济政策因素的影响

作为反映经济发展状况的重要指标，GDP 对生境质量有一定的影响。天保工程区 GDP 呈上升趋势。经济发展加快城市化进程，城市规模及其配套交通网络不断扩增，使生境质量评价系统中干扰条件的作用增加。但是自 1998 年后，天保工程区内多个自然保护区的建立不仅对重要物种进行保护，而且生态环境和生物资源也得到了保护，为当地社会经济发展和居民带来良好的经济效益，并达到永续利用的目的，自然保护区内动植物得到有效保护。随着自然保护区的保护有效性增加，以及天保工程的实施，生境质量总体得以维持。

4. 气候因素变化的影响

水源条件对植被的影响特别重要。东北地区天保工程区的水资源主要来自于大气降水，气候变化通过影响水源状况进而影响该地区的生境质量。天保工程区 1990 ~ 2015 年气温呈波动上升趋势，降水量的波动性较大。年均温高、降水多、平均风速小的地区，一般对应生境质量最好与良好的地区。

（三）物种多样性的变化

东北林区包括我国两个完整的植被区，即寒温带针叶林区和温带针叶落叶阔叶混交林区。寒温带针叶林区，位于我国最北部的大兴安岭山地，地带性植被是以兴安落叶松为单优势树种的落叶针叶林，兴安落叶松林分布面积达 822 万 hm^2，局部地方也有其他针叶树分布，如樟子松、偃松、红皮云杉等。该区植物种类较贫乏，野生维管植物仅 800 余种，以西伯利亚植物区系为主，但深受长白植物区系的影响，还有少量的内蒙古植物区系成分。动物区系中，蹄类最为重要，以驼鹿、马鹿、獐、狍最为普遍，尤以驼鹿为优势种；食肉类以多种鼬、熊、水獭、紫貂等为主；鸟类以榛鸡、黑琴鸡等为主；爬行类和两栖类动物都较少。温带针叶落叶阔叶混交林区，是针叶林向落叶阔叶林的过渡区，包括小兴安岭、完达山和长白山一带山地。地带性植被是以红松为优势种，伴生有多种阔叶树的红松阔叶混交林。与北温带同纬度其他地区的森林相比，红松阔叶混交林以其建群种独特、物种多样性丰富且含有较多的亚热带成分而著称。该区植物种类繁多，仅维管植物就达 2300 余种，是长白植物区系分布区的中心部分。代表性树种有紫椴、水曲柳、胡桃楸、黄波罗、春榆、蒙古栎、多种槭树等珍贵树种，人参为国家一级保护植物，刺人参、对开蕨等为国家二级保护植物，此外还有国家三级保护植物 19 种。红松阔叶混交林是许多珍贵野生动物的栖息地，蹄类动物有马鹿、狍子、梅花鹿、原麝、青羊和野猪等，其中狍子、马鹿和野猪分布最为普遍；食肉类有东北虎、黑熊、紫貂、多种鼬、水獭等；鸟类有苍鹰、花尾榛鸡、黑琴鸡等珍贵物种。东北虎、梅花鹿、紫貂等 10 种为国家一级保护动物，黑熊、水獭、苍鹰、花尾榛鸡等 49 种为国家二级保护动物。

天然次生林是目前东北林区森林的主体，其面积占东北林区有林地面积的近70%，主要由杨桦类、栎类和其他阔叶混交林组成，分别占林分总面积的22.4%、17%和11.2%，而珍贵优质树种水曲柳、胡桃楸、黄波罗林面积仅占林分总面积的1.4%。可以说对东北林区天然林的保护，最终将在很大程度上落到对这些第一代或第二代天然次生林的保护上。对原始林破坏后所形成的各演替阶段的次生林，要充分利用森林的天然更新潜力，辅助以适当的人工促进措施，坚持少投入、多产出、高效益的原则，促进次生林向地带性天然原始林的演替，决不可再走“次生林改造”的老路。要努力在天然林恢复上下功夫，能天然更新的地方尽量利用天然的力量，恢复天然林，因为天然林的损失是难以简单地以营造人工林来补偿的（郝占庆等，1998；王献溥，2006；刘林馨，2012）。随着天保工程的实施，根据黑龙江帽儿山森林生态系统国家野外科学观测研究站监测数据对森林生物多样性的变化情况进行评价①。结果显示，帽儿山森林生态站1997~2012年四个天然次生林的乔木物种数量（图3-67）、Shannon-Wiener指数（图3-68）、Simpson指数（图3-69）呈现波动，不同的林型呈现不同的波动趋势。蒙古栎林乔木物种从1997年的8种增加到2012年的10种，杨桦林和硬阔叶林乔木物种呈现减少的趋势，主要是由群落中的偶见种死亡所致，而杂木林乔木物种数量未变化。而Shannon-Wiener指数和Simpson指数呈现出和乔木物种数量相一致的变化趋势。1997~2012年蒙古栎林、杨桦林、杂木林和硬阔叶林的Shannon-Wiener指数变化依次分别为1.51~1.76、1.99~2.11、1.92~2.11和1.72~1.85；Simpson指数变化依次分别为0.73~0.78、0.81~0.83、0.81~0.82和0.78~0.80。

随着东北地区天保工程的实施，天然次生林森林鸟类种数逐渐增多（图3-70）。依据帽儿山生态站鸟类环志监测数据，1998年天保工程实施以来至2015年，通过春秋季节环志鸟类，鸟类种数从78种增加到101种，此可能主要归因于天保工程的实施，天然林停止破坏，且林区环境得到很好的改善，鸟类、动物的生境逐步发展向好，鸟类种数逐渐增多。

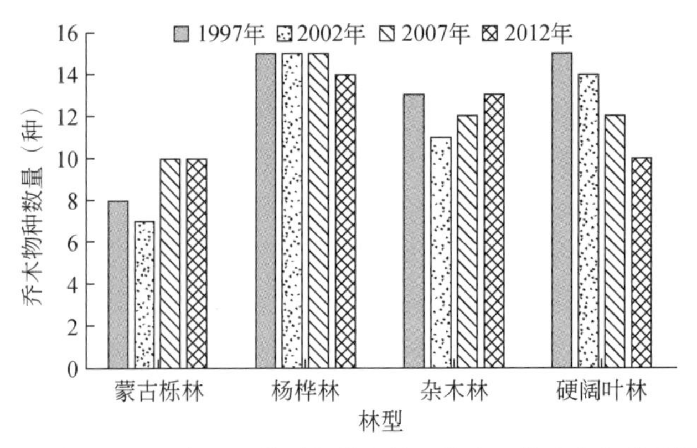

图3-67 东北地区天保工程前后帽儿山站天然次生林乔木物种数量变化

① 数据来源于黑龙江帽儿山森林生态系统国家野外科学观测研究站监测未发表数据（http://mef.cern.ac.cn/meta/metaData），方法详见中华人民共和国国家标准《森林生态系统长期定位观测方法》。

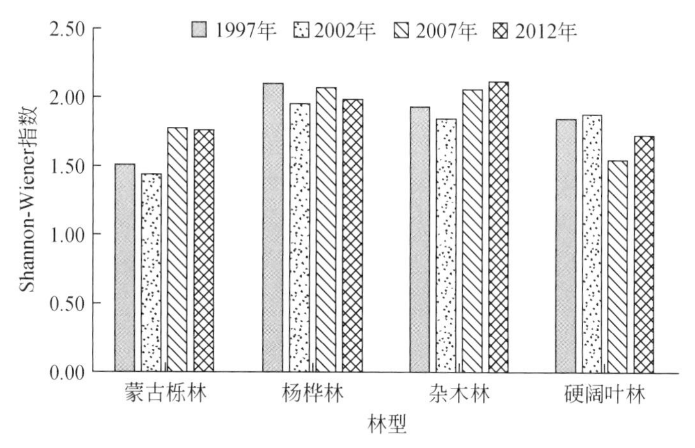

图 3-68　东北地区天保工程前后帽儿山站天然次生林 Shannon-Wiener 指数变化

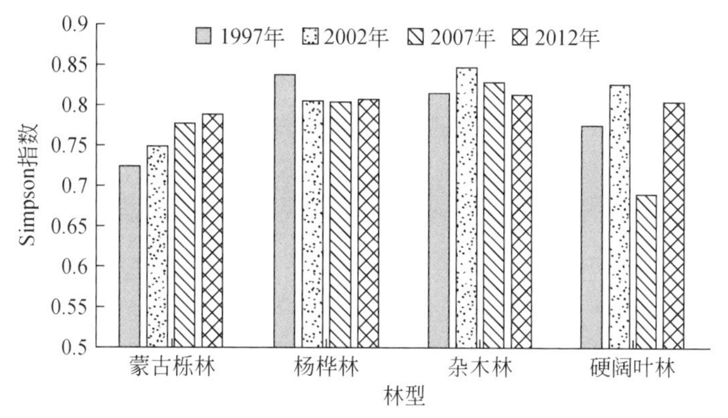

图 3-69　东北地区天保工程前后帽儿山站天然次生林 Simpson 指数变化

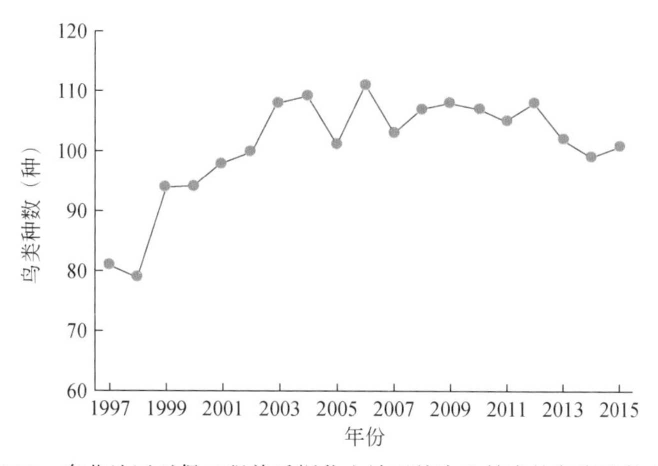

图 3-70　东北地区天保工程前后帽儿山站天然次生林森林鸟类种数变化

东北虎作为东北森林区的关键生态金字塔顶级物种，其数量可以反映出生境的变化情况。随着东北地区天保工程转移林业工人、减少森林采伐量、增加森林蓄积量以及棚户区改造、人兽冲突的生态补偿、反盗猎工作等一系列国家政策的实施，在促进社会和生态发展的同时，东北虎豹种群数量增加是虎豹栖息地面积和生境质量协同效应的结果。自1998年以来，野生东北虎占据总面积达41 200km^2，1999～2014年东北豹占据总面积达10 200km^2。此外，1999～2015年中国境内野生东北虎豹每年栖息地面积都呈线性增长。至2015年，中国境内野生东北虎数量从1999年的14只增加到27只，东北豹的数量从1998年的大约10只增加到42只。随着猎物增加和人为干扰减少，大型猫科动物种群规模和分布范围也随之增加（图3-71）（Jiang et al.，2017）。

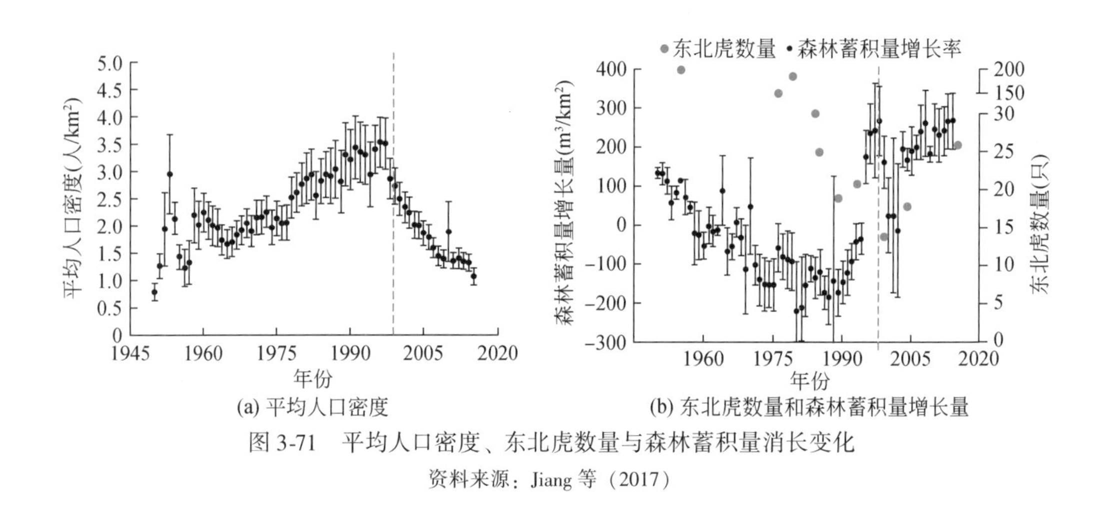

图3-71　平均人口密度、东北虎数量与森林蓄积量消长变化

资料来源：Jiang等（2017）

第四节　东北地区天然林资源保护工程生态成效评估

一、东北地区天然林资源保护工程执行情况

（一）东北地区天然林资源保护工程区资金投入

自东北地区天保工程实施以来，总林业资金投入逐年递增（图3-72）。根据林业统计数据可知，东北地区天保工程总林业资金投入由2003年的8.03亿元增长到2014年的236.75亿元。随着国家经济的发展和国家对生态环境的重视，增长了近30倍。主要用于森林管护、林业职工的五险补助、中幼龄林抚育、停伐补助、补植补造和人工造林等。

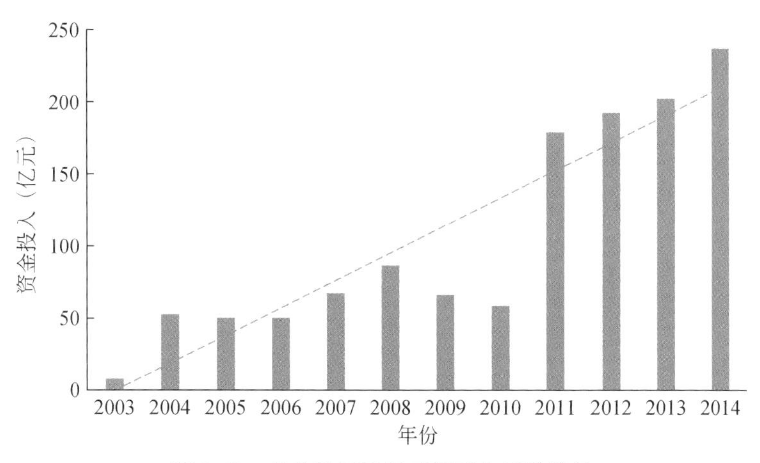

图 3-72　东北地区天保工程区木材采伐量

（二）森林采伐量逐年递减

森林采伐量随着天保工程的实施逐年递减（图 3-73）。为促进东北重点国有林区森林资源休养生息，逐年调减木材产量。根据森林分类经营和资源状况，按照保护、培育和合理利用相结合的要求，为保障森林资源可持续发展，科学确定森林资源的合理承载量。东北地区天保工程区的森林采伐量自 2003 年开始，出现先上升后降低的趋势，由 2003 年的 1359 万 m^3 增长到 2007 年 1923 万 m^3。但在天保工程二期实施后，随着调减量增加，东北重点国有林区森林采伐量显著减少。由 2010 年的 1666 万 m^3 减少到 2014 年的 416 万 m^3。

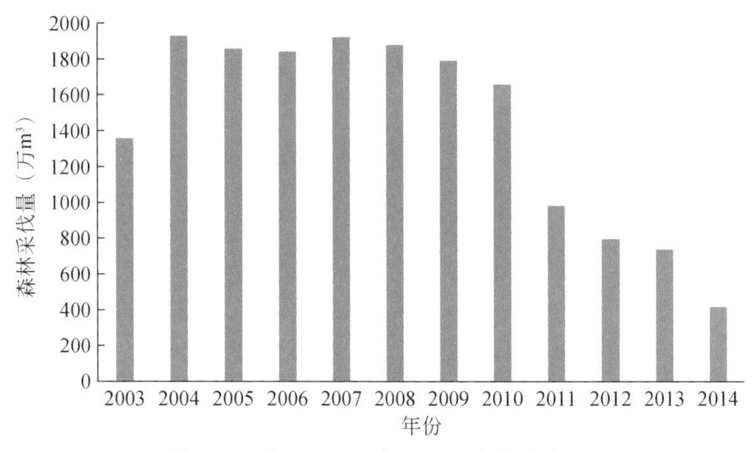

图 3-73　东北地区天保工程区森林采伐量

（三）森林面积

天保工程实施以来，东北地区天保工程区森林面积增加了 11 530 km^2，增加了 4.31%，其中主要以中龄林和近熟林面积增加最为显著，分别增加了 27 953.7 km^2 和 18 874.62 km^2。

（四）保障和改善民生

通过落实政策和工程项目，增加林区就业，提高职工收入，健全职工和林区居民社会保障体系，使职工收入和社会保障接近或达到社会平均水平。截至2014年末，内蒙古森工集团（林管局）共安排森林管护人员21 774人，林区9 664 920 hm^2 林地全部落实了管护责任，管护责任落实率100%，管护面积签约率100%。截至2014年末，内蒙古森工集团（林管局）在册全民职工94 119人，其中，在岗职工54 091人，下岗待安置人员为40 028人。其中，在岗职工主要分布在森林管护岗位（21 774人）、中幼龄林抚育岗位（13 974人）、森林改造培育岗位（1830人）、其他（包括管理等）岗位（16 513人）。东北国有林区，森林专业管护队，每人每年补助10 000元，个体承包管护，每人每年补助2000元。下岗待安置人员基本生活保障费分别为吉林每人每月208元；黑龙江每人每月256元；内蒙古、大兴安岭每人每月284元。职工一次性安置费分别为内蒙古、大兴安岭每人每年8000元（3年2.4万元），黑龙江、吉林每人每年7440元（3年约2.23万元）；基本养老保险费补助分别为吉林按在职职工工资总额5000元的29%，黑龙江按在职职工工资总额5000元的30%，内蒙古按在职职工工资总额5500元的29%，大兴安岭按在职职工工资总额5500元的30%。社会性支出补助分别为医疗卫生经费每人每年补助2500元，公检法司经费每人每年补助15 000元。东北国有林区政府经费以1997年实际支出数为基数。“十二五”期间，森工林区累计完成棚户区改造57.27万户，新建和改造面积2863.5万 m^2，惠及职工群众138万人。完成保障性安居工程配套项目375个、中央投资57.53亿元；新建林区公路1671 km，完成投资7.47亿元。

二、生态成效评估结论

（一）生态系统宏观结构变化较为剧烈，森林和城镇面积增加，但是以损失湿地为代价

随着天保工程的推进，天保工程区生态系统宏观结构发生了较为剧烈的变化。2015年与2000年相比，森林和城镇的面积呈大幅度增加趋势，森林增加2259km^2，城镇增加645km^2；而草地、农田、湿地呈减少趋势，依次分别减少917km^2、285km^2和1550km^2。1990～2015年森林景观虽然面积增加，但总体上较为集中，有破碎化趋势。斑块数量及斑块密度均先增加后减少，2010年达到最大，总体呈增加趋势。

（二）生态系统质量变化逐渐稳步提升

主要表现在以下方面：

1）东北地区天保工程区的叶面积指数逐渐增加，年均增量约为0.0283。2015年达到最高值，为5.64。且地区间变异系数随着天保工程的实施逐渐降低，离散程度减小，表明随着天保工程的实施，森林的生长向好，质量逐渐提升。

2）植被覆盖度逐渐增加，森林覆被度增加最高。

3）东北地区天保工程区的净初级生产力波动式上升，区域间差异逐渐缩小。净初级生产力平均为 349gC/(m^2·a)。2000～2015 年净初级生产力总体呈上升趋势，约上升 3.94gC/(m^2·a)。2015 年与 2000 年相比有 36.42% 的地区呈极显著上升，集中于天保工程区南部，但是大兴安岭地区呈显著下降趋势。

（三）生态系统服务能力得到明显提升

天保工程一期和二期的实施，取得了巨大的生态效益，生态系统服务发生了很大的变化。

1）实施天保工程以来，东北地区森林资源无论是面积还是蓄积量均呈现出逐步增长的趋势，东北地区天保工程区的森林蓄积量在 2000～2015 年呈现上升趋势，森林蓄积量从 18.96 亿 m^{3}增长到 23.30 亿 m^3。其中，以中龄林和近熟林蓄积量增加为主，分别增加了 4.20 亿 m^3 和 1.34 亿 m^3，但是，单位面积蓄积量较低，从 2000 年的 7466 m^3/km^{2}增加到 2015 年的 8355m^3/km^2。这主要是由于天保工程的实施，森林面积增加，以幼龄林和中龄林为主，所占比例超过了 70%。

2）自 2000 年天保工程实施以来，东北区碳储量总体呈增加趋势，全区增加了 105.22Tg。但不同区域变化趋势不同，其中大兴安岭山系和长白山系的碳储量由 2000 年的 4550.44Tg 和 2479.78Tg 增长到 2015 年的 4630.33Tg 和 2510.11Tg，分别增加了 1.76% 和 12%。而小兴安岭山系由 999.44Tg 略减少为 994.44Tg。

3）森林的产水能力存在波动，地区间差异较大，存在不确定性。

4）森林生境质量总体向好发展，但是生境质量最好的面积有所减少。2010～2015 年，天保工程区生境质量良好的面积有明显上升，从 256 284km^{2}上升为 270 336km^2。生境质量一般和生境质量差的面积也在下降，生境质量最好的面积有所下降，可能与旅游等其他产业的过度开发有关。

5）森林植物多样性变化不大，但是由于森林资源面积和生境质量变好，森林鸟类的种类增加，森林大型动物（东北虎豹）数量也逐渐增加。

（四）生态效益和社会效益明显，但林区经济发展相对较缓慢

东北地区实施天保工程以来，天然林得到了很好的休养生息。调减和停止天然林采伐，大力营造人工林，使森林资源得到充分的恢复和发展，森林覆盖率明显提高，森林面积持续增长，森林蓄积量稳步增加，森林质量有所改善。天保工程实施期间，调节水量和固土量分别增加 157.57 亿 t 和 2.38 亿 t，保肥物质量、固碳量、释氧量及林木积累营养物质量分别增加 1717.74 万 t、1573.03 万 t、3808.19 万 t 和 127.83 万 t，吸收污染物（SO_2、HF、NO_x）增加 4.29 亿 kg；天保工程生态效益总价值增加 6366.45 亿元，相当于天保工程总投资的 3.53 倍。东北重点国有林区天保工程的实施，显现出巨大的生态效益和可持

续发展的潜力。天保工程的实施，加速了地区经济多元化发展，第一产业和第三产业得到迅速发展。许多林区正凭借自身的区位优势和自然环境优势，积极地发展新能源开发、生态旅游、林下资源开发利用等项目，既保护了生态，又增加了可持续发展的后劲，还安置了大批职工，培育了后备资源，调整和优化了经济结构，恢复和发展了经济，但是相对于其他区域经济发展缓慢。

三、生态效益评估

（一）物质积累量变化

东北重点国有林区天保工程自2000年实施以来，截至2015年，生态效益增强显著，主要表现在森林的调节水量能力增加157.57亿t，增幅为30.21%；固土量由2000年的11.26亿t，增长到2015年的13.64亿t，增加了2.38亿t，增幅为21.10%（图3-74）。土壤中累积的固氮、固磷、固钾和有机质量分别增加69.82万t、22.85万t、443.88万t和1181.20万t，增幅分别为25.27%、16.01%、24.59%和26.15%（黄龙生等，2017）。

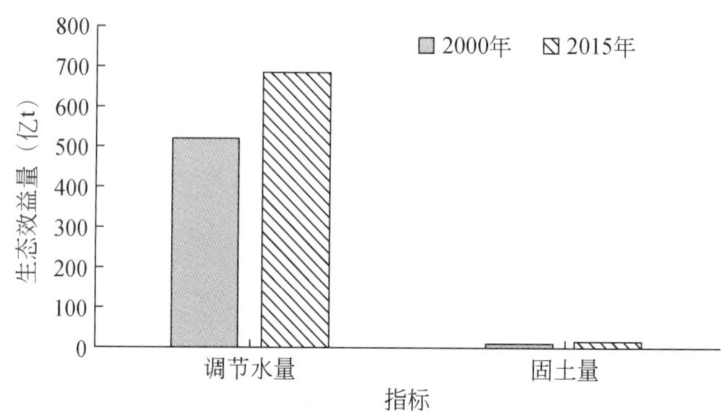

图3-74　东北地区天保工程区森林调节水量和固土量

资料来源：黄龙生等（2017）

森林林木物质积累是森林生态效益的重要指标。2000~2015年，东北地区天保工程实施以来，森林林木的固碳量增加1573.03万t，增幅为26.98%；释氧量增加3808.19万t，增幅为25.34%（图3-75）。林木积累固氮、固磷、固钾量分别增加90.53万t、11.44万t和25.87万t，增幅分别为45.84%、46.20%和26.56%（图3-76）。

森林吸收污染物效益明显。森林吸附SO_2、HF和NO_x量由2000年的33.49亿kg、2.37亿kg和2.37亿kg依次分别增长为2015年的37.37亿kg、2.46亿kg和2.70亿kg（图3-77）；滞尘量增加1473.32亿kg，增幅为21.08%；PM_{10}物质量增加3452.97万t，增幅为35.80%；$PM_{2.5}$物质量增加511.33万t，增幅为18.13%（图3-78）（黄龙生等，2017）。

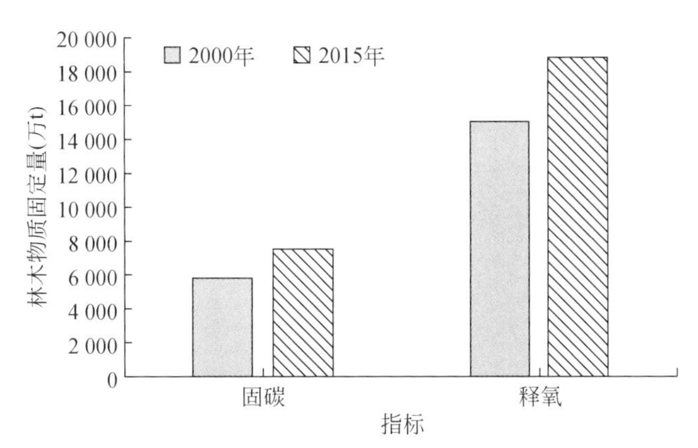

图 3-75　东北地区天保工程区森林林木固碳、释氧量

资料来源：黄龙生等（2017）

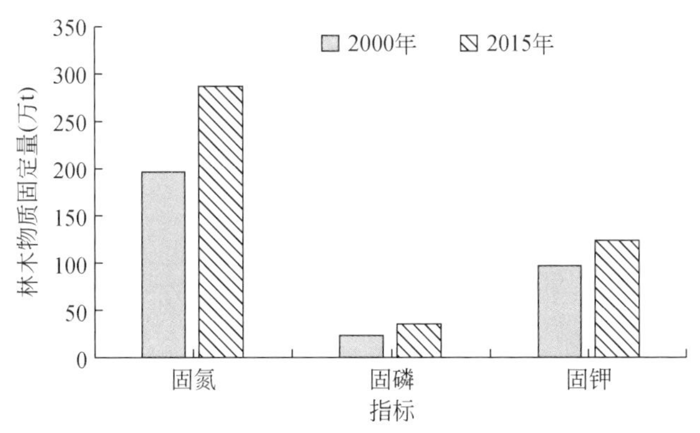

图 3-76　东北地区天保工程区森林林木物质积累生态效益价值量

资料来源：黄龙生等（2017）

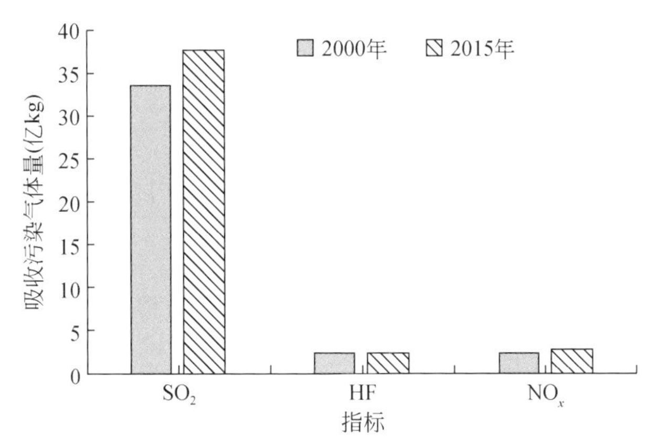

图 3-77　东北天然林保护工程区森林吸收污染气体生态效益

资料来源：黄龙生等（2017）

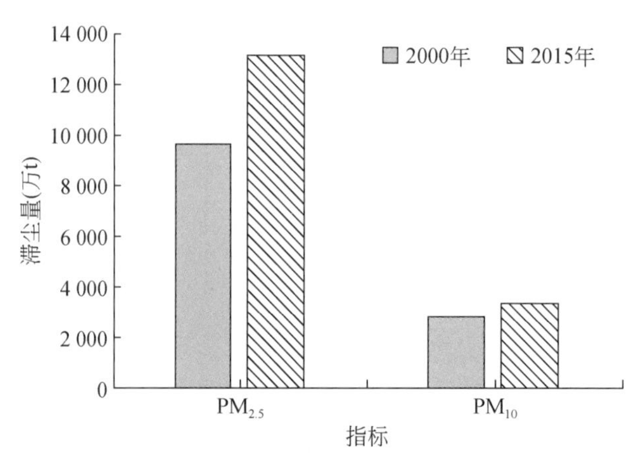

图 3-78 东北天然林保护工程区森林滞尘量

资料来源：黄龙生等（2017）

（二）生态成效评价

东北重点国有林区天保工程实施初期 2000 年的生态效益总价值量为12 282.79 亿元（图 3-79）；天保工程实施至 2015 年的生态效益总价值量为 18 649.24 亿元。其中，涵养水源价值最高，占生态效益总价值量的 28.03%；生物多样性保护价值量次之，占生态效益总价值量的 20.12%；林木积累营养物质价值量最低，仅占 3.70%；天保工程实施后，各项生态功能价值量比例排序同之前基本一致（黄龙生等，2017）。

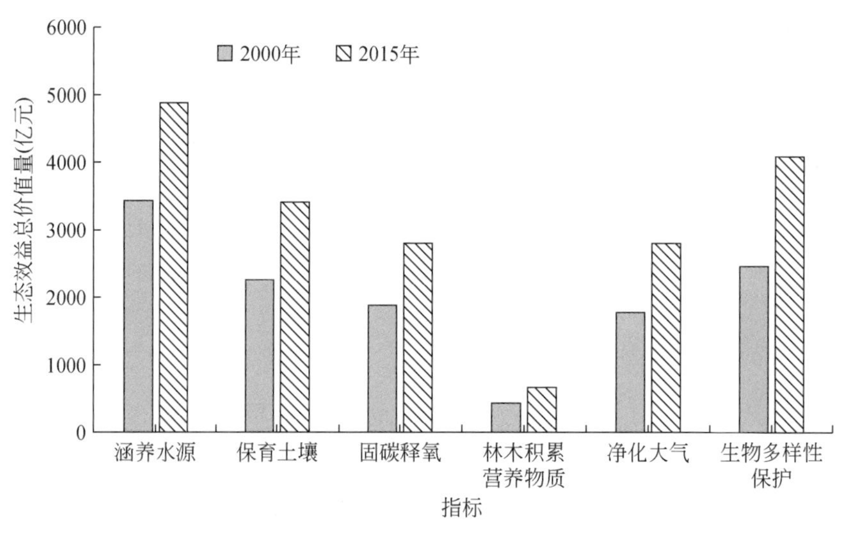

图 3-79 东北地区天保工程区各指标生态效益价值量

资料来源：黄龙生等（2017）

东北地区天保工程明显地提高了生态效益价值量（图 3-80），黑龙江天保工程实施前后生态效益价值量对比，生物多样性保护价值量增加明显。天保工程实施期间，黑龙江生态效益总价值量增加 3433.97 亿元，相当于全省 2015 年 GDP 总量（15 083.70 亿元）的 22.77%，2015 年的生态效益总价值量占全省 GDP 的 68.08%。天保工程实施期间，吉林生态效益总价值量增加 716.81 亿元，相当于全省 2015 年 GDP 总量（14 274.11 亿元）的 5.02%，2015 年的生态效益总价值量占全省 GDP 的 19.54%。天保工程实施期间，内蒙古生态效益总价值量增加 2215.67 亿元，相当于自治区 2015 年 GDP 总量（18 032.79 亿元）的 12.29%，2015 年的生态效益总价值量占自治区 GDP 的 31.01%。综上所述，天保工程的实施，对于各省（自治区）的生态效益提升显著，不同地区的不同生态功能项提升幅度各不相同。从各省（自治区）生态效益总价值量的增幅来看，内蒙古增幅最大，为 65.63%，其次是黑龙江，增幅为 50.24%，吉林增幅较小，为 34.59%（黄龙生等，2017）。

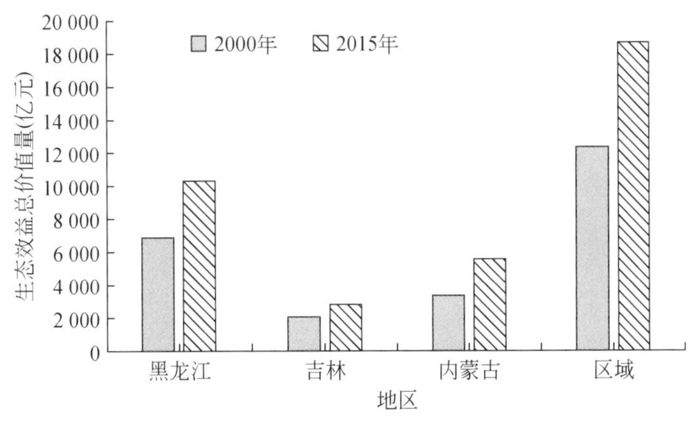

图 3-80　东北地区天保工程区生态效益价值量

资料来源：黄龙生等（2017）

四、经济效益评估

实施天保工程，天保工程区内的林木禁止采伐或限采，当地的土地利用结构发生了根本性的转变。在短期内，虽然由于禁止森林采伐影响了森工企业和林农的收入，但是并没有影响林区经济发展的总体水平，反而由于实施天保工程，改变了天保工程区森工企业传统的经营方式，使林区的经济得到了多元化的发展。

（一）GDP

天保工程实施以来，东北地区天保工程区的 GDP 增长加速，2000 年 GDP 为 3109.63 亿元，2010 年 GDP 增长为 11 893.71 亿元。

（二）林产品效益

根据《中国林业统计年鉴》，木材产量是影响天保工程区经济的主要因素。随着国家对采伐量的限制，2000～2007年木材获益逐渐增加，由2000年的43亿元增加到2004年的71亿元，之后逐年降低，到2014年仅获得经济效益15亿元。总经济收益为759.09亿元（图3-81）。

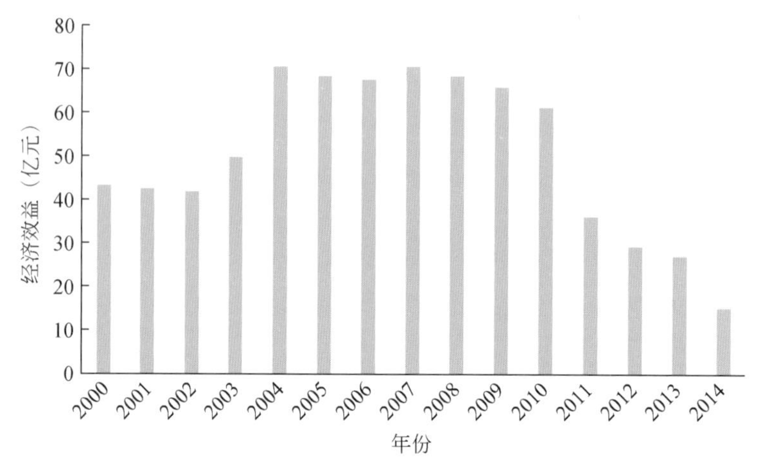

图3-81　东北地区天保工程区木材经济效益

（三）职工年均收入

纵观天保工程实施期，1997年平均工资为0.39万元，2009年为1.30万元，1997～2009年增长近1万元，年平均增长率为10.65%；2011～2013年，年平均工资增长近万元，年平均增长率为18.82%，比地方平均工资增速高出了5.01个百分点；2013年，职工工资为2.45万元，比2012年增加了0.25万元，增长了11.36%，比2010年增加了0.99万元，增长了67.81%。但是与地方平均工资还有一定差距（图3-82）。

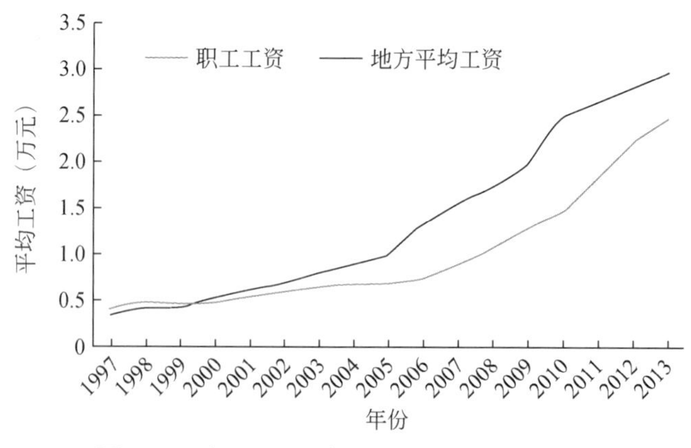

图3-82　东北地区天保工程区职工年平均工资

（四）林区经济

天保工程的实施，对森林区经济和人员就业产生了很大的影响。根据《中国林业统计年鉴》，2013 年企业总产值为 76.76 亿元，比 2000 年增长了 8.58%，比 1997 年增长了 31.65%。产业结构也发生了变化，1997 ~ 2002 年产业结构以第二产业为主，占 56% 以上。自 2002 年后，国家开始产业结构调整，第一产业和第三产业逐渐增加，逐渐以第一产业占主导。截至 2013 年，第一产业、第二产业和第三产业所占比例一次分别为 43.47%、34.25%、22.28%（图 3-83）。

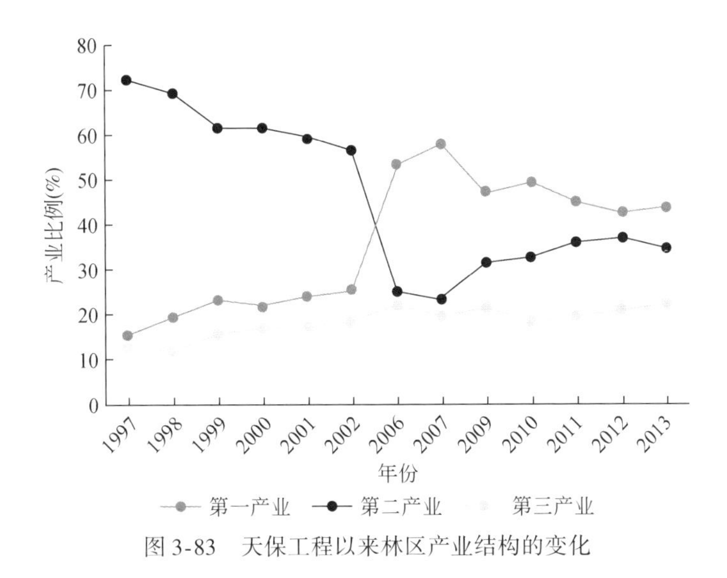

图 3-83　天保工程以来林区产业结构的变化

产业结构转换反映了一个国家或地区一段时期内产业结构的动态变化特征，反映了特定产业部门就业人口、产值规模的变化以及主导产业的更替和不同产业部门之间对比关系的变化，是中期产业结构优化和长期产业演进的基础。利用产业结构转换速度系数和转换方向系数来反映产业结构变化。计算公式如下：

$$V_i = \sqrt{\sum_{i=1}^{n} \frac{(A_i - A_j)^2 \times K_i}{A_j}} \tag{3-2}$$

$$\theta_i = \frac{1 + A_i}{1 + A_j} \tag{3-3}$$

在式（3-2）中，V_i 为特定森工林区第 i 次产业的结构转换速度系数，A_i 和 A_j 分别为第 i 次产业和对应森工林区 j 产业总产值的年均增长率（产业产值同比增长率的算术平均值），K_i 为第 i 次产业占总产值的比例。V_i 值越大，说明森工林区产业结构转换越活跃，各产业的增长速度差异越明显。

在式（3-3）中，θ_i 为特定森工林区第 i 次产业的结构转换方向系数。θ_i 值越大，说明第 i 次产业在研究期内的比例变化越大，反之则越小。进一步以 1 为分界，若 θ_i>1，则

第 i 次产业在研究期内的比例呈上升趋势；若 $\theta_i<1$，则第 i 次产业在研究期内的比例呈下降趋势；若 $\theta_i=1$，则第 i 次产业在研究期内的比例没有变化。本评估中，利用《中国林业统计年鉴》的国有林区 5 个森工林区林业产值数据和全国林业产值数据，计算产业结构转换速度系数和转换方向系数。结果显示，重点国有林区产业结构转换速度普遍较低，且低于全国水平，林区内不同产业的增速差异化特征不显著。近年来林区尚未形成具有较强扩散效应的主导产业和支柱产业，传统林木加工产业出现一定程度萎缩；而新型非林替代产业多数处于起步阶段，布局分散且规模不足。重点国有林区需要继续巩固和扩大以森林旅游、森林食品、特色种养为代表的新型非木替代产业发展，加快培育一批具有较强市场竞争力和产业扩散效应的行业品牌，构建以主导产业为主体的产业结构，通过产业带动与协调提升林区整体多种经营产业体系的发展活力，提高林区产业结构转换速度，在以市场为导向的产业竞争中通过各产业之间的相互作用实现优胜劣汰，推动林区产业结构最终向高效化、合理化方向发展，为林区加快经济转型奠定基础（表 3-42）。

表 3-42　2003～2014 年全国及重点国有林区产业结构转换速度系数和方向系数

林区类别	产业结构转换速度系数（V_i）	产业结构转换方向系数（θ_i）		
		第一产业	第二产业	第三产业
内蒙古森工林区	0.78	0.83	1.05	1.87
吉林森工林区	0.98	1.02	0.72	2.20
延边林区	1.38	1.42	0.76	2.36
龙江森工林区	0.06	0.11	0.99	1.11
黑龙江大兴安岭林区	0.06	0.12	0.96	1.14
重点国有林区	0.28	0.96	0.93	1.31
全国	1.09	0.64	1.47	1.82

五、社会效益评估

自 1998 年天保工程实施以来，截至 2014 年，东北地区天保工程区项目实施单位年末全部在册职工人数为 82.24 万人，其中在岗职工 55.66 万人，离开本单位保留劳动关系人员 26.18 万人，其他从业人员 0.40 万人。在岗职工年平均工资 30 012 元，比 2013 年增长 12.6%。在岗职工参加基本养老保险人员 47.32 万人，在岗职工参加基本医疗保险人员 50.15 万人（图 3-84）。

职工收入明显提高，社会保障不断完善，天保工程缓解了林区经济危困的局面，保障了企业正常运转和林区职工基本生活，企业长期拖欠职工工资和离退休金等影响林区稳定

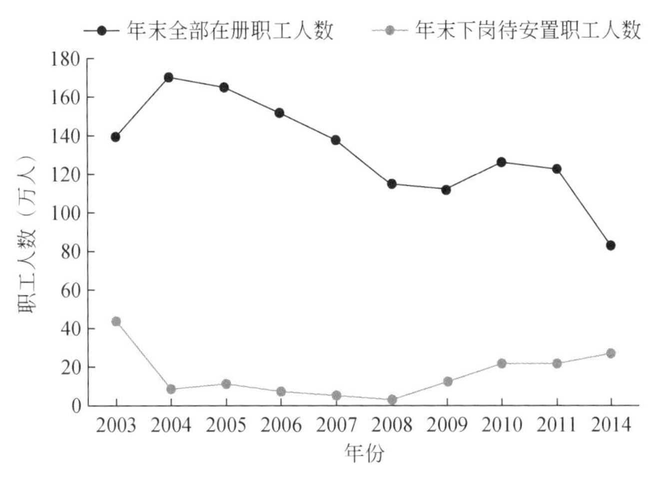

图 3-84　东北地区天保工程区林业职工人数变化

的问题得到较好解决。天保工程投入已成为林业职工收入和社会保障的主渠道。2013 年天保工程区林业职工人均工资 24 500 元，是 1999 年 4000 元的 6 倍左右。林区就业呈现多元化，转岗分流安置富余职工 77.2 万人，其中 16.4 万人参加森林管护，60.8 万人（其中全民职工 35.1 万人）一次性安置，离开原企业灵活就业。林业职工积极开展林果采集、林下种养、森林旅游等多种经营，部分职工家庭实现了一人承包、全家就业。社会保障体系初步建立并不断完善，职工基本养老和医疗保险参保率分别达 99.5% 和 87.7%，初步实现老有所养、病有所医。同时，在国家扩大内需政策的支持下，通过重点国有林区棚户区改造和国有林场危旧房改造等规划的实施，使职工住房、饮水、取暖等生活条件也有了进一步改善。

第五节　东北地区天然林资源保护工程实施存在的主要问题与对策建议

一、东北地区天然林资源保护工程区森林质量的主要问题与建议

（一）存在的主要问题

1. 东北地区天然林资源保护工程区的森林质量尚低

虽然天然林得到有效的保护，森林资源呈显著恢复性增长，生物多样性得到有效的保护，生态状况明显好转，但是森林资源质量，如区域森林蓄积量、区域碳汇潜力等仍然具有很大的发展空间。就森林蓄积量而言，东北地区天保工程区截至 2015 年单位面积蓄积量为 8355m^3/km^2，与长白山地区地带性顶极群落——红松阔叶混交林的最大单位面积蓄

积量 37 500m^3/km^2（吴志军等，2015）、小兴安岭红松阔叶混交林的单位面积蓄积量 55 200m^3/km^2（李俊清和李景文，2003）、大兴安岭兴安落叶松林的单位面积蓄积量 21 700m^3/km^2（孙玉军等，2007）相比较，东北地区天保工程区的单位面积蓄积量还有很大的提升空间，仅仅就东北地区天然林区的固碳潜力仍然巨大，至少还是有当前状态的 3～4 倍，其生态效益也具有很大的潜力。监测到的关键乔木物种数量尚少，较原始林物种丰富度还有一定差距。

2. 局部地区有下降趋势

随着天保工程的实施，虽然森林的质量呈现上升趋势，但是在局部森林质量不同区域森林质量恢复不一致。例如，2015 年大兴安岭北部地区森林净初级生产力较 2000 年有明显降低趋势，降低幅度达 100gC/(m^2·a)，面积多达 64 931km^2。多年森林碳储量的差值可以反映出森林碳源汇强弱和森林固碳能力。

（二）建议和措施

1. 加大天然林保护力度和延长天然林保护期限

天然林是生态功能最强的生态系统。天保工程范围内的天然林分布区，既是松花江、嫩江、黑龙江水系及其主要支流和众多湖库的重要源头与水源涵养区，也是水利枢纽的绿色屏障。目前，东北重点国有林区 70% 以上为中幼林，生态功能很不稳定。由于几十年来天保工程区的森林资源长期过量采伐，可采资源处于枯竭状态。经过天保工程十多年的保护，天然林资源刚刚进入恢复发展阶段，当前森林资源质量仍然不高，中幼林比例大，大量低产低效林需要改造培育。如果天保工程停止下来，将前功尽弃。通过加大保护力度，延长天然林保护期限，不仅可以巩固天然林保护成果，而且可以大幅度提升森林质量和生态功能，对构建东北生态屏障、保障大江大河安全、确保重点水利工程生态安全，具有不可替代的重要作用。以小兴安岭不同林型为例，红松阔叶混交林的总碳密度达 31 500tC/km^2，其中，植被碳密度达 10 140tC/km^2。其余的次生林和人工林均显著低于红松阔叶混交林碳密度。其碳储量恢复还需要较长的时间，且具有较大的碳汇潜力（图 3-85）。

目前，天保工程区以中幼林为主，面积占了 70% 以上。以大兴安岭为例，幼龄林、中龄林、近熟林和成熟林，因树种组成而异。其中，樟子松林、落叶松林和蒙古栎林的幼龄林、中龄林、近熟林和成熟林龄级依次为≤40 年、41～80 年、81～100 年和 101～140 年，而山杨林龄级依次为≤20 年、21～30 年、31～40 年和 41～50 年，白桦林龄级依次为≤30 年、31～50 年、51～60 年和 61～80 年（表 3-43）。以现有林状况，森林的恢复时间可能需要 20～40 年，目前 70% 的大面积中幼林转化为近熟林或成熟林，方可获得较稳定的森林生态效益和经济效益。例如，近熟林的单位面积樟子松林、落叶松林、蒙古栎林、山杨林和白桦林的乔木碳密度分别达到 8709.5tC/km^2、8273tC/km^2、3451tC/km^2、4019tC/km^2 和 3768tC/km^2，即可发挥更大的碳汇效益（图 3-86）。

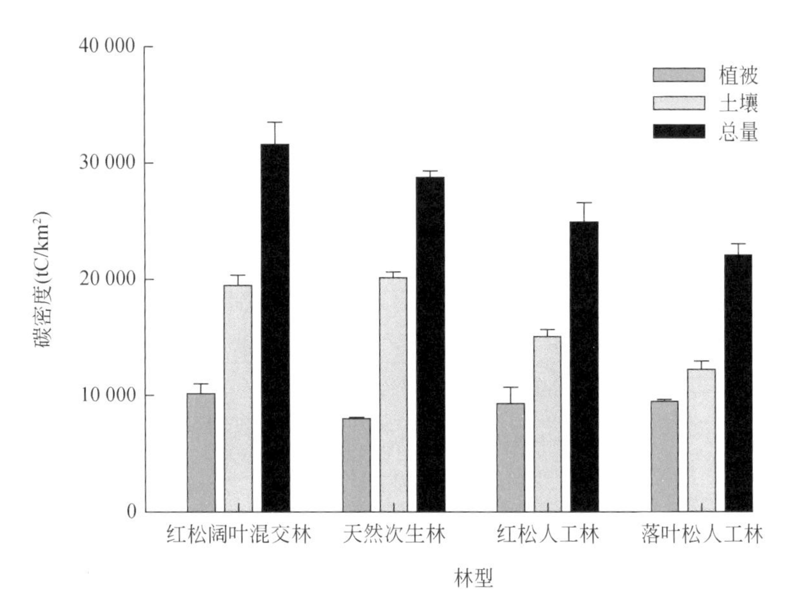

图 3-85 小兴安岭不同林型森林碳储量

资料来源：Cai（2016）

表 3-43 大兴安岭不同林型龄级划分 （单位：年）

林组	兴安落叶松林	樟子松林	蒙古栎林	山杨林	白桦林
幼龄林	≤40	≤40	≤40	≤20	≤30
中龄林	41 ~ 80	41 ~ 80	41 ~ 80	21 ~ 30	31 ~ 50
近熟林	81 ~ 100	81 ~ 100	81 ~ 100	31 ~ 40	51 ~ 60
成熟林	101 ~ 140	101 ~ 140	101 ~ 140	41 ~ 50	61 ~ 80

资料来源：胡海清等（2015）

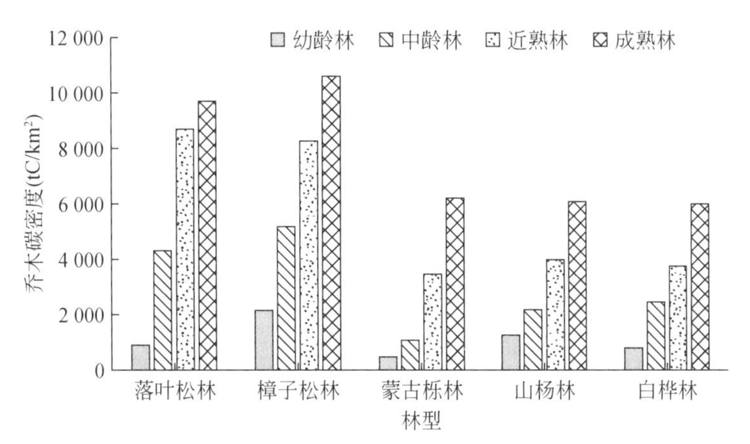

图 3-86 大兴安岭区不同林型森林乔木层碳密度

资料来源：胡海清等（2015）

2. 加大天然林资源保护监管力度，开展多方位多途径监测

截至2015年，虽然天保工程已经实施了近两期，但是森林质量尚较低，且部分区域森林质量，如大兴安岭北部地区未见好转，森林净初级生产力存在下降趋势。可能与森林的采伐或全球变化有关，具体原因有待进一步研究。

3. 增加人工促进天然林恢复，进行低质林改造，提高森林质量和生物多样性

除大兴安岭外，东北地区的小兴安岭、长白山和张广才岭地区，采用“栽针保阔”技术，促进天然林的恢复更新，并结合透光抚育，能提高森林的生物多样性和森林生产力等各项服务功能。研究表明：通过“栽针保阔”技术恢复红松阔叶混交林的过程中，采取不同的上层透光抚育方式，对红松阔叶混交林群落植物多样性的影响存在着较大的差异。从保护物种多样性方面来看，“栽针保阔”红松林上层透光抚育应以中等透光强度（即中等郁闭度）比较理想（表3-44）。

表3-44　帽儿山“栽针保阔”物种丰富度

透光强度	草本层	灌木层	乔木层	群落
弱度透光（郁闭度0.6）	20	6	6	32
中度透光（郁闭度0.4）	21	6	6	33
强度透光（郁闭度0.2）	17	4	3	24

资料来源：刘松春等（2008）

二、东北地区天然林资源保护工程区经济的主要问题和建议

（一）存在的问题和原因

1. 发挥生态效益的长效补助机制尚未健全

东北地区天保工程实施后，在生态方面的影响是正向的，生态恶化的趋势得到初步遏制，生态环境状况得到改善。天保工程的投资拉动了经济的发展，林木价值、林副产品价值、林区职工和当地农民的收入是逐年上升的。而且改变了林业产业结构，林业产业总产值在不断提高。就社会方面的影响而言，在天保工程刚实施时，尽管企业会减产或停产，职工和林农失去就业机会，但是企业经过转产转型、职工和林农通过再就业，改变了就业观念，也提高了生态保护的意识，缓解了林区人口对森林资源的压力。但是，林区的经济较其他地区仍有很大差距。

目前，东北地区天保工程区的资金来源主要是国家专项投入。主要的问题表现在发挥生态效益的长效机制还未建立健全；天保工程实施前，生态恶化、经济困难，带来诸多社会问题。天保工程实施后，生态有了改善，林区经济逐步恢复，社会问题明显好转。但是，生态保护的长效机制若不健全，林区经济发展滞后，林区经济得不到良好的发展，再次出现盗采盗伐，旅游资源过度开发，再次引起森林资源遭受破坏的可能性仍然存在。

2. 天然林资源发展方向不明确、森林分类管理经营不彻底，林区经济发展迟缓

虽然天保工程产生了一定的经济效益，但是经济效益占生态效益比例极低，经济发展迟缓，会制约着生态效益的发挥，经济问题也会导致社会问题发生，因而经济问题是关键。

林区工人的平均工资相对较低，当地的年人均收入为 2.95 万元，而林区工人的年人均收入为 2.45 万元。林区经济结构有了一定的转变和改善，但是第三产业所占的比例仍然较低。天保工程虽然制定了比较详尽的实施方案，但是在实施过程中，如发展方向、政策导向、生态建设目标、产权归属、工作落实等方面，出现了各种问题。天然林资源的管理和今后的经营发展方向仍然不明确。自 2015 年东北重点国有林区全部停伐。这标志着大小兴安岭、长白山林区的天然林全部纳入停伐范围，宣告了 100 多年来向森林过度索取历史的结束，也标志着重点国有林区从开发利用转入全面保护发展的新阶段。对天然林保护的期限是多少年？且随着森林资源的恢复，如何对天然林资源进行可持续的经营和利用。这些问题认识还不明确。

（二）建议和措施

1. 根据区域制定天然林生态保护补偿基线

生态保护补偿基线是测度生态保护补偿额外性的基础。生态保护补偿基线是指一个地区在未进行生态保护补偿项目干预下的生态系统服务供给情况。只有建立生态保护补偿基线，才能比较生态保护补偿干预前后，因生态保护补偿干预而产生的生态系统服务的多少。

2. 健全生态效益补偿机制，引入对渠道生态补偿基金，使生态效益得到经济补偿，促进林区经济健康发展

通过向受益者征收生态效益补偿资金的办法，促进天保工程区经济的发展，使天然林保护得到良好的发展。国家应当建立森林生态效益补偿制度来增加天保工程的资金来源渠道，支持天保工程事业。建立起自我补偿、社会补偿和国家补偿的多层次补偿体系和运行机制。通过森林生态效益补偿制度的建立，充分调动全社会力量保护天然林。

3. 加大天保工程区森林质量和生态效益等的动态监测，并借助互联网，相关部门开发天保工程信息公开平台，提高公信力和公众监督

我国自实施天保工程以来，有关天保工程的监测、长期研究数据和结果的缺乏，开展相关研究的站点较少，给科学评估带来不确定性。例如，本研究中产水量的评估、物种数量的变化、森林碳汇等，这些指标评价的不确定性导致天保工程的生态效益、社会效益和经济效益评价的不确定性和不完整性。长期监测天保工程区生态环境的定位站薄弱，目前在东北天然林区仅有长白山、帽儿山、大兴安岭三个建成的生态站，分布在长白山、完达山、张广才岭和大兴安岭，承担着相关的生态环境监测。因此，建议将天保工程相关投资与国家林业局、中国科学院生态研究网络建设相结合，合理布局建立森林生态多点联网长期定位监测研究。通过相关林业局、根据自身特点，建立森林生态定位监测站，通过立项监测森林生物、森林土壤、森林水分、森林气象，为大区域评估提供物种变化、生境变化、固碳等基础数据，开展天然林保育、封山育林、森林演替、森林健康、森林生态环境变化等效益评估方面的监测研究，为天保工程实施有效管理提供技术支撑。目前，国家林业局已经在天保工程区内建立和批准建立森林生态站 15 个，逐渐完善各项监测。通过建立天保工程信息平台，将各区域、地、市、区、县、林业局的天然林保护相关的资源信息、经济信息、社会效益等向社会公众定期公布，以提升天保工程实施的透明度，增加社会公众监督，为生态效益补偿机制的完善提供依据，为天保工程的有效发展提供保障。

4. 根据天保工程区的森林特征加强天然林资源分类经营，大力发展替代林业经济

根据森林分类经营的思想，将林业分为林业生态和林业产业两大体系。近年来，我国以生态经济学的理论为指导，提出了实行林业分类经营的营林机制，把森林按其主要承担的任务和发挥的主要功能分为公益林和商品林两大部分经营。发达的林业产业体系能够增强林业自身发展实力、缓解我国林产品供需矛盾、促进从资源经济向产业经济转变、协调好生态与经济可持续发展关系，而且对劳动力的合理布局、促进就业也很重要。从国民经济和社会发展的大局出发，调整林业产业发展格局，制定并实施区域林业经济政策，协调好总体布局与发挥区域优势的关系，平衡好林业发展与区域经济的关系，根据区域的资源优势，确立区域经济发展的方向，逐步形成区域分工、优势突出、整体协调的林区建设格局。加快天然林从以木材利用为主向生态利用为主转移的步伐，实现天然林资源有效保护与合理利用的良性循环。对天然林资源加强管护，通过封山育林、人工造林等措施，大力恢复天然林生态系统。加强产业结构调整，如延边林区的产业结构转换速度最快，这与其 2008 年以后积极构建和发展包括林木、林地、特产、矿产、旅游等在内的多种经营产业体系有关。丰富的产业类型和森工企业坚持“产业股份化”的改革思路也为林区产业发展提供了开放的内外环境，客观上进一步加快了林区的产业结构转换速度。加强生态旅游区和野生动植物驯养繁殖基地建设，带动林区第三产业发展，培植大径级珍贵木材后备资源，大力发展森林药材、食品等非木质林产品，适度开发利用林内资源。保护和合理利用，实现天然林资源的可持续经营。健全完善保育体系，实现林区生物多样性日益丰富、森林生态系统的良性循环和生态产业的健康发展，也实现生产资源的可持续经营。使天然林生态系统在稳定、持续地发挥生态环境功能的同时，满足人类的多样化需求。实现天保工程区第一、第二、第三产业结构的比例协调，既有利于林区经济的发展，又有利于劳动力就业，实现产业结构的优化，真正实现林区生态、经济、社会的可持续发展，既满足当代人的需要，又不危及后代人的发展和需求。

第四章 三江平原湿地保护工程生态成效评估

第一节 三江平原基本情况与湿地保护工程概况

一、地理概况

三江平原地处中国东北边陲，是由黑龙江、松花江、乌苏里江冲积形成的低平原，该区西起小兴安岭，东至乌苏里江，北起黑龙江，南抵兴凯湖，与俄罗斯隔江相望，土地总面积为10.89万km^2。空间范围位于45°01′N～48°19′N，130°13′E～135°19′E。行政范围包括佳木斯市、鹤岗市、双鸭山市、七台河市、鸡西市所属的21个县（市）和牡丹江市所属的穆棱市、哈尔滨市所属的依兰县（图4-1）。各县（市、区）内有宝泉岭、红兴隆、

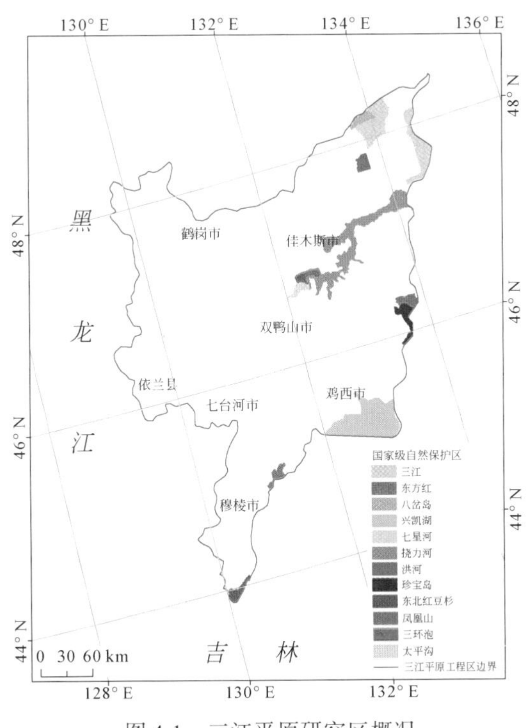

图4-1　三江平原研究区概况

建三江、牡丹江农场管理局所属的54个国有农场以及8个森林工业局。该区西南高东北低，广阔的冲积低平原和河流形成阶地，河漫滩上广泛发育着沼泽和沼泽化草甸，是我国最大的淡水沼泽湿地分布区，其独特的江河型湿地系统是一个有着重要代表性和国际意义的湿地生态系统。

三江平原共建立国家级自然保护区14个、国际重要湿地6个。国家级自然保护区包括八岔岛国家级自然保护区、三江国家级自然保护区（同时为国际重要湿地）、洪河国家级自然保护区（同时为国际重要湿地）、挠力河国家级自然保护区、东方红湿地国家级自然保护区（同时为国际重要湿地）、珍宝岛湿地国家级自然保护区（同时为国际重要湿地）、兴凯湖国家级自然保护区（同时为国际重要湿地）、宝清七星河国家级自然保护区（同时为国际重要湿地）、三环泡国家级自然保护区、太平沟国家级自然保护区、牡丹峰国家级自然保护区、穆棱东北红豆杉国家级自然保护区、黑龙江凤凰山国家级自然保护区、饶河东北黑蜂国家级自然保护区。

二、地形地貌

本研究考虑的地形因子主要有高程和坡度两个方面。高程对于土地景观格局影响明显（许倍慎，2012），不同高程范围内，植被类型差异明显。高程相对较低的地区，多为人工种植植被，如玉米、大豆和水田等农作物类型，人工育林的杨树、白桦等森林植被。高程相对较高的地区，多为自然生长植被。坡度因子是影响自然环境的重要因子，坡度的大小决定土地利用情况，通常坡度较小的地区，人类利用程度较大，而坡度较大的地区，如坡度>25°的地区，是不适合耕种和建设的。

三江平原总体上呈现南高、北低的地势，全区海拔为29～1190m，平均海拔为90m。该区的坡度空间特征同高程分布类似，坡度随山体的走向发生变化；南部地区坡度较高，多在8°以上；北部地区坡度较缓，大多在3°以下。全区坡度在3°以下地区约占全区面积的60%，随着坡度的升高，土地面积比例逐渐下降（图4-2和图4-3）。

三江平原地貌类型以低海拔冲积平原、冲积扇平原为主。该区地势南高北低，西高东低，南部张广才岭、老爷岭和西部的小兴安岭，以及中东部的完达山脉是森林覆盖的主要山区，其余区域主要是广阔的冲积平原、阶地、河漫滩、沼泽地以及沼泽化的草甸区。该区降水集中夏秋的冷湿气侯特征，径流缓慢、洪峰突发的河流以及季节性冻融的黏重土质，使地表长期过湿，积水过多，易形成大面积沼泽水体和沼泽化植被、土壤，构成了独特的沼泽景观（周立青，2015）。该区平原、山地、丘陵、台地以及湖泊地貌分别占总面积的50.5%、29.0%、10.1%、9.5%、0.9%（图4-4和图4-5）。

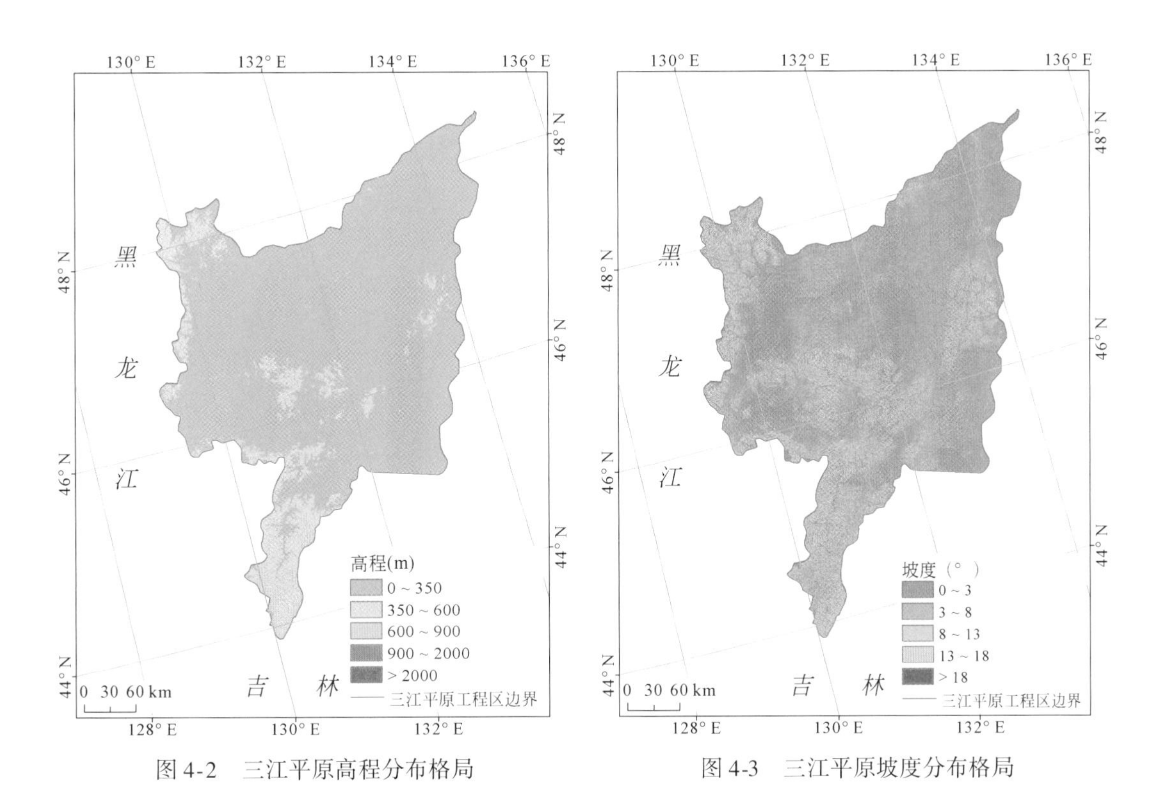

图 4-2　三江平原高程分布格局

图 4-3　三江平原坡度分布格局

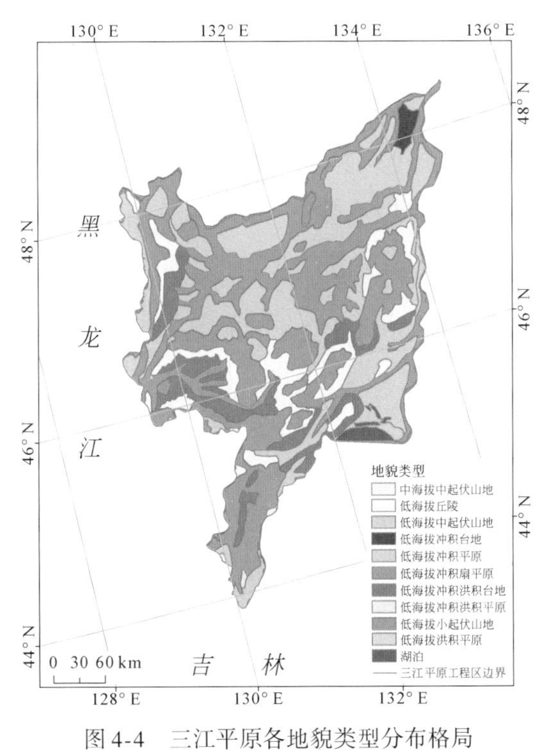

图 4-4　三江平原各地貌类型分布格局

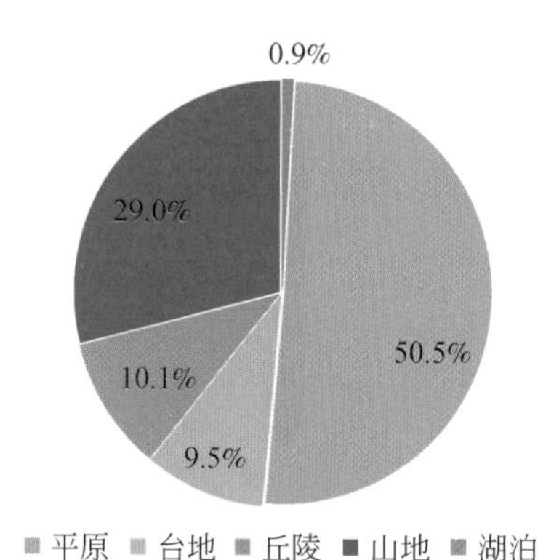

图 4-5　三江平原各地貌类型分布比例

三、气候条件

三江平原属温带湿润半湿润大陆性季风气候，具有冬季严寒干燥，夏季炎热湿润，春季短暂升温快、大风多，秋季降温急剧的气候特点。据气象资料统计，三江平原年平均气温为 1.4 ~ 4.3℃，极端最高气温为 37.6℃，全年有 7 个月平均气温在 0℃以上；1 月平均气温为−20℃，7 月平均气温平原地区在 22℃以上，其他地区在 21℃左右。年降水量为 550 ~ 650 mm，主要集中在 5 ~ 9 月的植物生长季内，约占全年降水总量的 80%，雨热同期，年水面蒸发量为 750 ~ 850 mm，陆面蒸发量为 550 ~ 650 mm，≥10℃积温为 2300 ~ 2500℃，无霜期为 120 ~ 140 天，热量状况相对优越，但因积温和生长期的年际变化较大，部分年份还有低温冷害（刘兴土和马学慧，2002），以下主要从气温、降水、平均风速、日照时数四个方面来描述三江平原的气候状况。

（一）气温

三江平原年平均气温呈现由北向南逐渐增高的趋势（图 4-6），全区年平均气温为 3.9℃。1990 ~ 2015 年，年平均气温呈现明显的上升趋势，最高年平均气温出现在 2007 年穆棱市西部地区，为 6.02℃；最低年平均气温出现在 1996 年鸡西市东部地区，为 1.53℃。

（二）降水

三江平原降水量分布具有明显的空间异质性（图 4-7），总体上呈现中部向四周递增的趋势，鹤岗市西部年平均降水量最高。全区 1990 ~ 2015 年的年平均降水量为 548.2 mm，全年降水量的 60% ~ 70% 集中在夏季，1990 ~ 2015 年总体上呈现轻度下降趋势。最高年降水量为 890.1 mm，出现在 1994 年依兰县；最低年降水量为 294 mm，出现在 2003 年双鸭山地区中部。

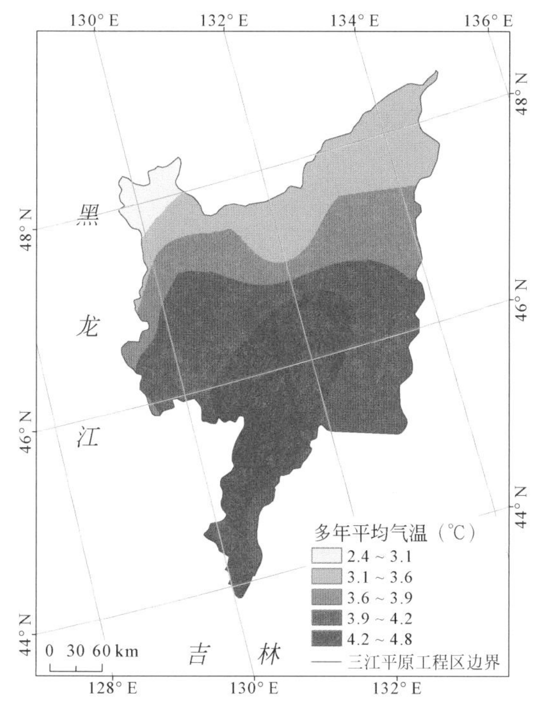

图 4-6　三江平原多年平均气温分布格局

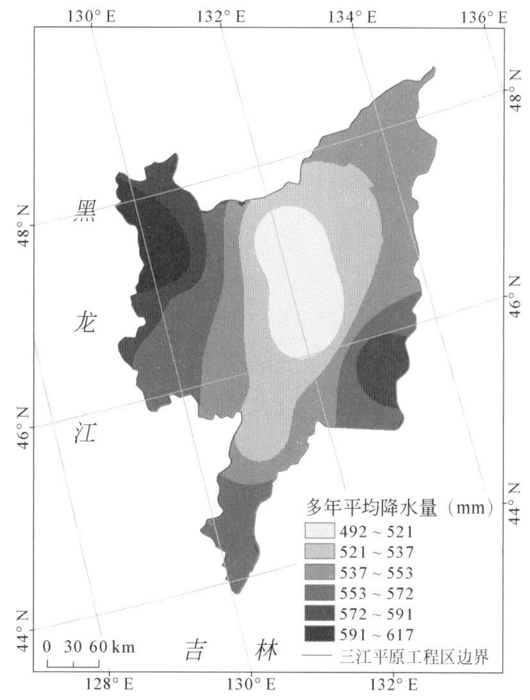

图 4-7　三江平原多年平均降水量分布格局

（三）平均风速

三江平原经常受南高北低的气压形势影响，全年最多主导风向为偏南风，占全年总频率的 39%，其次以偏西风居多。春季和夏季多南风，夏秋阴雨天有东风，冬季多西风或西北风。年平均风速为 2. 88 m/s。最大年平均风速为 3. 28 m/s，出现在鸡西市西部地区；最小年平均风速为 2. 48 m/s，出现在鹤岗市西部地区（图 4-8）。

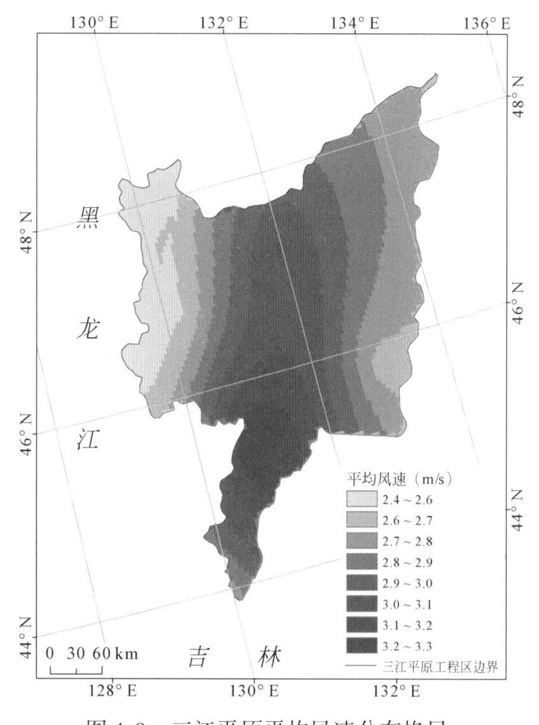

图 4-8　三江平原平均风速分布格局

（四）日照时数

三江平原 1990 ~ 2015 年的平均年日照时数为 2017. 1h，最大日照时数出现在 2000 年鸡西市西部，全年累计日照时数为 2088. 34h；最小日照时数出现在 2013 年依兰县，全年累计日照时数为 1912. 47h（图 4-9）。

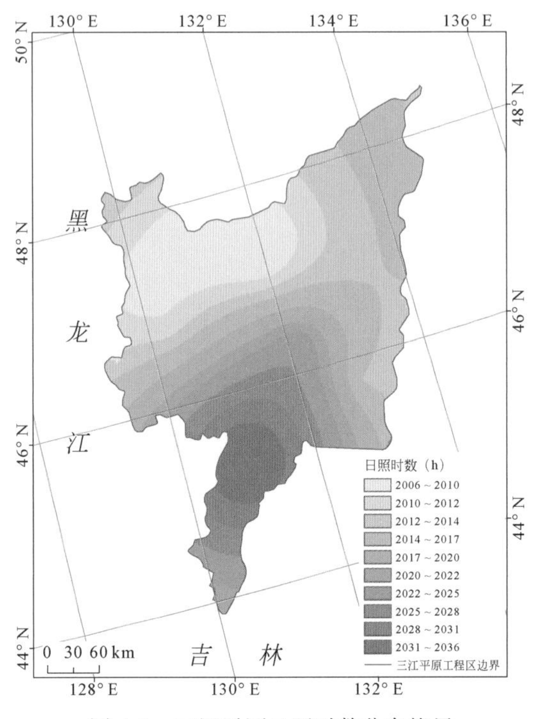

图 4-9　三江平原日照时数分布格局

四、土壤类型

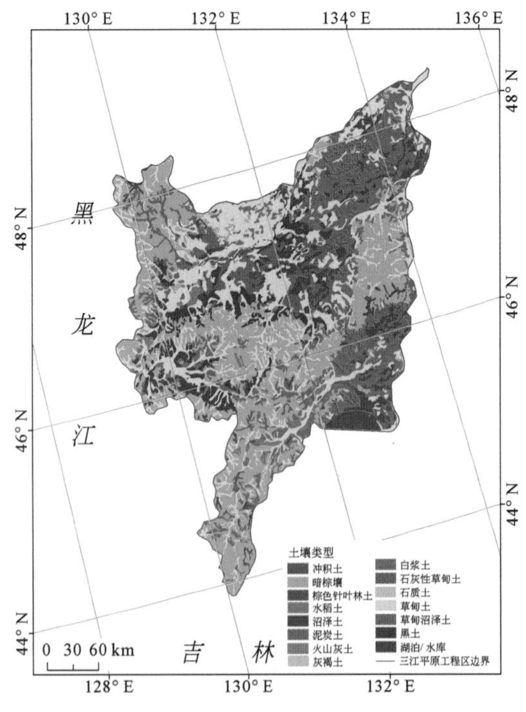

图 4-10　三江平原各土壤类型分布格局

三江平原土壤成土母质多为黏土或亚黏土，在土壤形成过程中广泛发育了暗棕壤、黑土、白浆土、草甸土、沼泽土、泥炭土、石质土、新积土和水稻土等类型（图 4-10）。从土壤分布面积来看（图 4-11），三江平原土壤以暗棕壤、草甸土、白浆土和沼泽土为主，土地的自然肥力较高。沼泽湿地多发育沼泽土壤，沼泽土又可根据有机质的累积状况和潜育程度，划分为草甸沼泽土、腐殖质沼泽土、泥炭腐殖质沼泽土、泥炭沼泽土和泥炭土 5 个亚类。典型沼泽土由泥炭层和潜育层组成，泥炭层含有很高的有机质，潜育层一般为壤土或黏土，土体紧实，有机质含量很低。水稻土是在长期灌溉和种植水稻的条件下由其他土壤演变而形成的一种特殊土

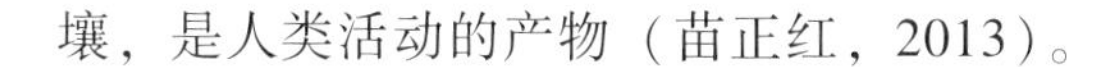
壤，是人类活动的产物（苗正红，2013）。

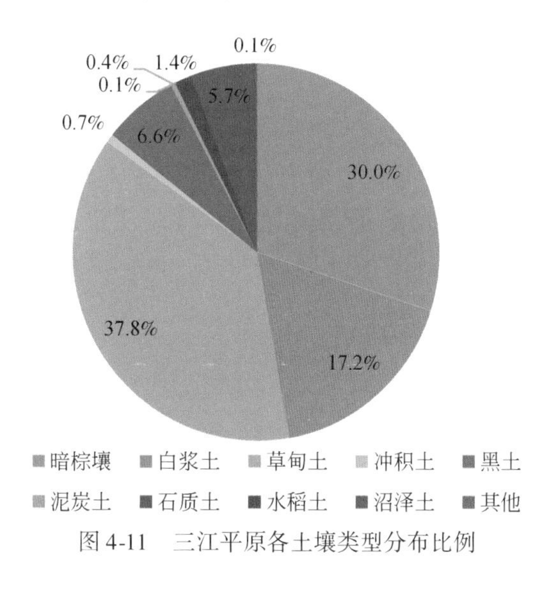

图 4-11　三江平原各土壤类型分布比例

五、植被类型

三江平原植被种类组成属于长白植物区系，植物种类组成丰富。植物种类超过1000种，约占东北植物种类的1/3，植被类型包括森林、灌草丛、草甸、沼泽四大类型。其中森林有红松林、云冷杉林、红松云杉混交林、赤松林、针阔叶混交林、落叶松林、蒙古栎林、杨桦林、阔叶混交林、灌木林等类型；草本多以禾本科和菊科为主（孟焕，2016）。受地区地貌和组成物质的影响，天然湿地的分布有明显的不均衡性。西部和中部的丘陵处，多发育森林植被类型，在平原内部较高处的阶地上常出现小片分布的岛状林（图 4-12）。除典型湿地和森林植被外，还有中生草甸植被，是湿地和森林植被之间的过渡类型，多分布在地势稍高处较为干旱的地貌部位（苗正红，2013）。

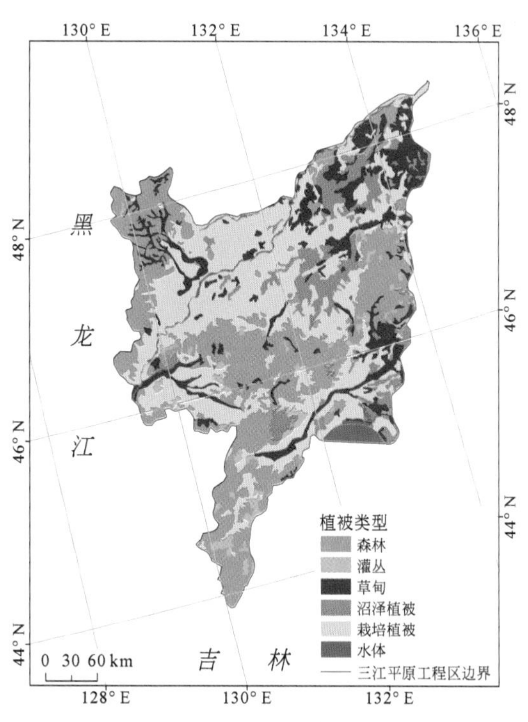

图 4-12　三江平原植被类型分布格局

六、土地利用

受自然因素、人类活动两方面因素的影响，三江平原土地利用变化强度较大，截至2015年，研究区内农田分布最为广泛，面积达61 507.9km^2，占整个研究区面积的56.58%，主要分布于平原地带，该区已发展成为我国重要的商品粮种植基地。林地面积次之，为33 754.8km^2，主要分布于山地丘陵地带。湿地主要包括河流、湖泊、草本沼泽、水库/坑塘等，面积为10 070.5km^2。城镇扩张明显，面积已达3238.03km^2。草地及其他类型分布较少（图4-13和图4-14）。

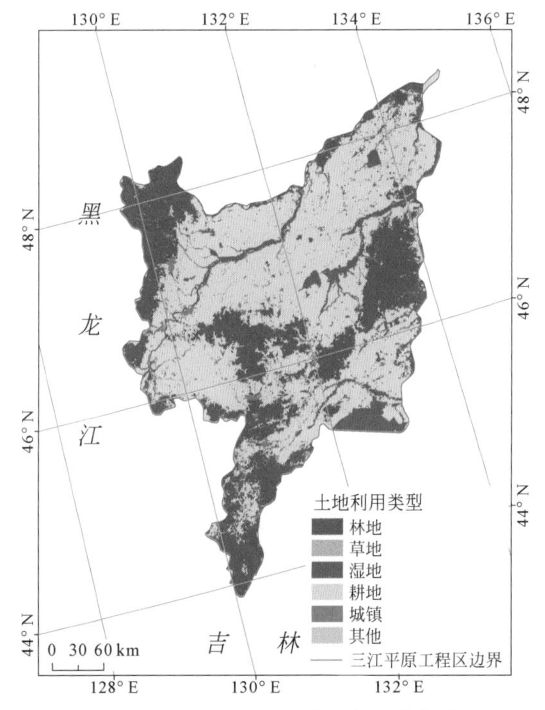

图4-13　三江平原土地利用类型分布格局

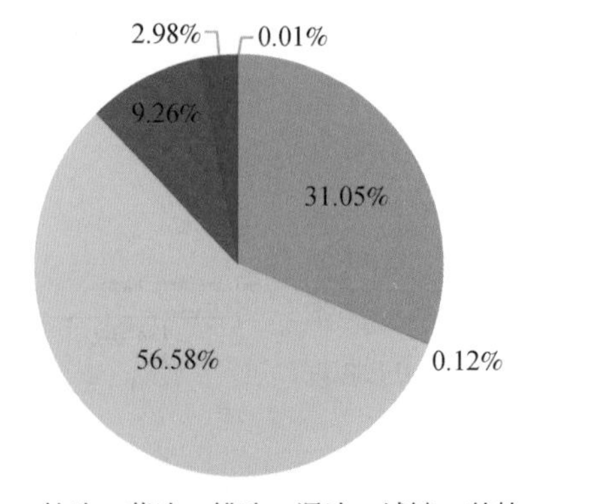

图4-14　三江平原土地利用类型分布比例

七、社会经济

三江平原经济区地处东北亚的中心地带，在战略上是通向太平洋的“大陆桥”、走向世界的“金三角”，在对俄罗斯、日本、韩国开展国际贸易和经济技术合作方面，都具有得天独厚的区位优势。随着社会经济的发展，人类干扰对湿地的影响逐渐增大，湿地退化日趋严重，如今，如何协调湿地资源的开发与保护已成为影响三江平原可持续发展的主要问题（刘晓黎等，2010）。

（一）人口增长

三江平原研究区范围包含佳木斯市、鹤岗市、双鸭山市、七台河市、鸡西市以及牡丹江市所属的穆棱市、哈尔滨市所属的依兰县。1990 ~ 2010 年，总人口数量整体呈增加趋势，由 1990 年的 525. 58 万人增加到 2010 年的 865. 57 万人。2010 ~ 2015 年，总人口数量整体呈减少趋势，减少到 2015 年的 814. 81 万人。其中除鸡西市、鹤岗市、穆棱市于 2000 ~ 2010 年总人口数量降低外，其他各市（县）在 1990 ~ 2010 年总人口数量呈增长趋势，2010 ~ 2015 年总人口数量有所下降。鸡西市于 2000 年人口数量增至最高，达 196 万人，双鸭山市于 2000 年人口数量增至 100 万人以上，佳木斯市于 2000 年人口数量增至 200 万人以上，鹤岗市、七台河市、依兰县和穆棱市人口数量在 1990 ~ 2015 年浮动数均不超过 10 万人（图 4-15）。从研究区人口数量上看，人口增长趋势显著，至 2010 年前后，已经达到基本稳定状态。

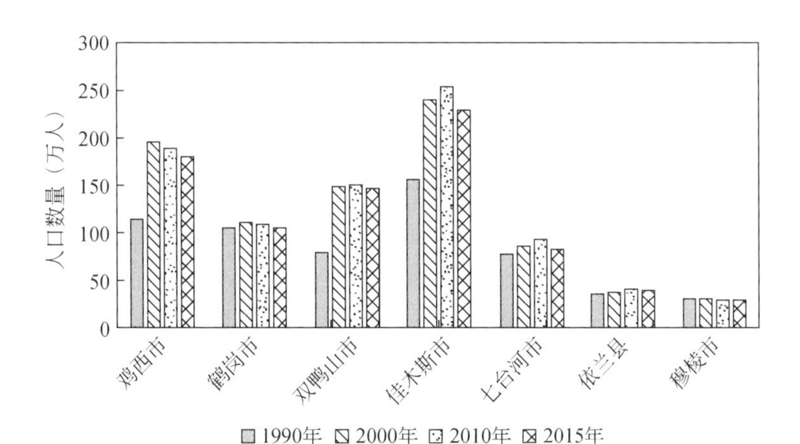

图 4-15　三江平原各市（县）总人口变化趋势

（二）经济发展

1990 ~ 2015 年，三江平原 GDP 呈现快速增长趋势，由 116. 73 亿元增加到 2594. 9 亿元；其中，2000～2010年涨幅最大。除七台河市于2010～2015年GDP降低外，其他各市（县）在1990～2015年GDP均呈增长趋势。截至2015年，佳木斯市GDP最大，达到810.2亿元，鸡西市次之，达到514.7亿元，双鸭山市、鹤岗市、七台河市、穆棱市、依兰县依次降低，其中依兰县和穆棱市也均超过100亿元（图4-16）。

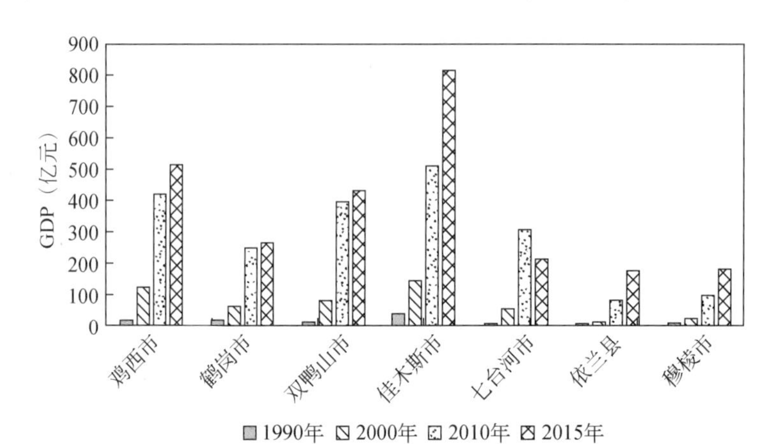

图4-16　三江平原各市（县）GDP变化趋势

八、三江平原湿地保护工程概况

（一）《全国湿地保护工程规划（2002—2030年）》制定的背景

湿地与人类的生存、繁衍、发展息息相关，是自然界最富生物多样性的生态景观和人类最重要的生存环境之一，被誉为“地球之肾”，受到全世界范围的广泛关注。但是，农业用地的扩张和湿地的不合理开发利用，使湿地面积日渐减少，湿地功能和效益下降，湿地生物多样性逐渐丧失。

20世纪50年代以来，我国天然湿地大面积减少、植被丧失、淤积严重、污染加剧、生物多样性受到极大威胁。鉴于我国湿地保护面临着的严峻挑战，自1992年加入《湿地公约》以来，我国采取了一系列措施保护和恢复湿地。党中央、国务院给予了高度重视，《中共中央关于制定国民经济和社会发展第十个五年计划的建议》中明确指出，要加强野生动植物保护、自然保护区建设和湿地保护。2000年，国务院等17个部门联合颁布了《中国湿地保护行动计划》，明确了湿地保护的指导思想和战略任务。2002年，国家林业局会同多部委编制了《全国湿地保护工程规划（2002—2030年）》（简称《规划》），并于2003年由国务院批准通过。《规划》的总体目标为：通过湿地及其生物多样性的保护与管理、湿地自然保护区建设、污染控制等措施，全面维护湿地生态系统的生态特性和基本功能，使我国天然湿地的下降趋势得以遏制。通过加强对水资源的合理调配和管理、对退化湿地的全面恢复和治理，使丧失的湿地面积得到较大恢复，使湿地生态系统进入一种良性状态。同时，通过湿地资源可持续利用示范以及加强湿地资源监测、宣传培训、科学研究、管理体系等方面的能力建设，全面提高我国湿地保护、管理和合理利用水平，从而使我国的湿地保护和合理利用进入良性循环，保持和最大限度地发挥湿地生态系统的各种功能和效益，实现湿地资源的可持续利用。2004 年，国务院办公厅印发了《关于加强湿地保护管理的通知》，提出对自然湿地进行抢救性保护的要求。

（二）三江平原湿地景观变化与湿地保护工程规划

20 世纪以来，三江平原原生沼泽湿地发生了巨大变化。1954 年沼泽湿地面积为 35 270km^2，占区域总面积的 1/3，农田面积为 14 613km^2（Wang et al.，2011）。但随着大面积开荒，人类活动加剧，该区农田面积逐步增加，而沼泽湿地迅速减少（刘兴土和马学慧，2002）。半个多世纪以来，三江平原的面貌发生了明显变化，如果不加以控制，这些仅存的沼泽湿地也将消失殆尽。根据《全国生态功能区划》的指导方案，三江平原的主导生态调节功能为生物多样性保护和洪水调蓄，并以生物多样性保护为主。此外，在湿地保护的同时，三江平原同样在产品提供方面发挥着重要作用，属于农产品提供工程区。由此可见，在三江平原同时实现湿地保护以及农产品供应，提供湿地生态系统恢复和合理利用模式是当前社会经济和生态环境发展的重要议题。

《规划》对三江平原的湿地保护也进行了重点部署，针对此类农业开发区域，全面监测评估该区农田开发导致的天然湿地丧失及湿地生态系统功能变化情况；通过湿地保护与恢复及生态农业等方面的示范工程，建立湿地保护和合理利用示范区，提供湿地生态系统恢复和合理利用模式。为了更好地贯彻落实《规划》，国家林业局先后制定了《全国湿地保护工程实施规划（2005—2010 年）》（简称《实施规划（2005—2010 年）》）以及《全国湿地保护工程实施规划（2011—2015 年）》（简称《实施规划（2011—2015 年）》）。《实施规划（2005—2010 年）》拟在三江平原开展湿地保护区建设工程项目 10 个，涉及国家级自然保护区 4 个，省级 6 个；湿地恢复工程项目 2 个，分别为黑龙江洪河国家级自然保护区水源调控工程和三江平原退耕还泽工程；湿地可持续利用示范工程项目 1 个，即三江平原农垦区农（牧、渔）业综合利用示范区，并在该区重点进行宣传教育培训体系建设，其中兴凯湖国家级自然保护区以及东方红湿地国家级自然保护区进入了野外培训基地建设名单。《实施规划（2011—2015 年）》总结了《实施规划（2005—2010 年）》的经验与不足，拟在三江平原开展湿地保护区建设项目 24 个，涉及国家级自然保护区 7 个，省级 17 个；国家湿地公园保护恢复项目 3 个，分别为富锦国家湿地公园、安邦河国家湿地公园和塔头湖河国家湿地公园；重点湿地恢复与综合治理项目 5 个，总面积 6000 hm^2 以上；湿地可持续利用示范项工程项目 1 个，实施规模 800 hm^2，涉及三江国家级自然保护区和挠力河国家级自然保护区，并选取社区进行湿地合理利用扶植；在三江平原开展湿地调查监测工程，并构建宣传培训体系以及科学研究和科技支撑体系。

第二节　三江平原生态系统宏观结构变化

一、生态系统构成与空间分布特征

从三江平原生态系统类型的空间分布格局来看（图 4-17），农田、森林和湿地是该区优势生态系统类型。湿地主要分布于黑龙江、松花江、七星河、挠力河、乌苏里江和穆棱河，以及兴凯湖及其沿岸区域。1990 ~ 2015 年三江平原北部佳木斯市和鹤岗市、松花江流域等湿地显著萎缩，南部兴凯湖周围的湿地也明显萎缩。森林集中分布于研究区西北部、东中部及南部，1990 ~ 2015 年森林面积减少。研究区内仅有少量草地，主要分布在鸡西市，在 1990 ~ 2015 年三江平原的草地损失了 50%。

由表 4-1 可知，1990 ~ 2000 年湿地面积变化极为显著，1990 年湿地面积为 20 399.7km^2，到 2000 年为 12 899.3 km^2，共减少了 7500.4km^2，年均减少 750.1km^2，减少率达到 36.8%。1990 ~ 2000 年森林面积减少 1344.0km^2，年均减少 134.4km^2。1990 ~ 2000 年草地面积增加 62.0km^2，年均增加 6.2km^2。2000 ~ 2010 年湿地继续减少，减少了 1872.0km^2，年均减少 187.2km^2，减少率为 14.5%。森林在 2000 ~ 2010 年面积略有增加，面积增加了 1%，共增加了 347.9km^2。草地在 2000 ~ 2010 年面积减少幅度非常大，减少了 55.6%，裸地在 2000 ~ 2010 年面积略有增加。2010 ~ 2015 年湿地面积持续减少，共减

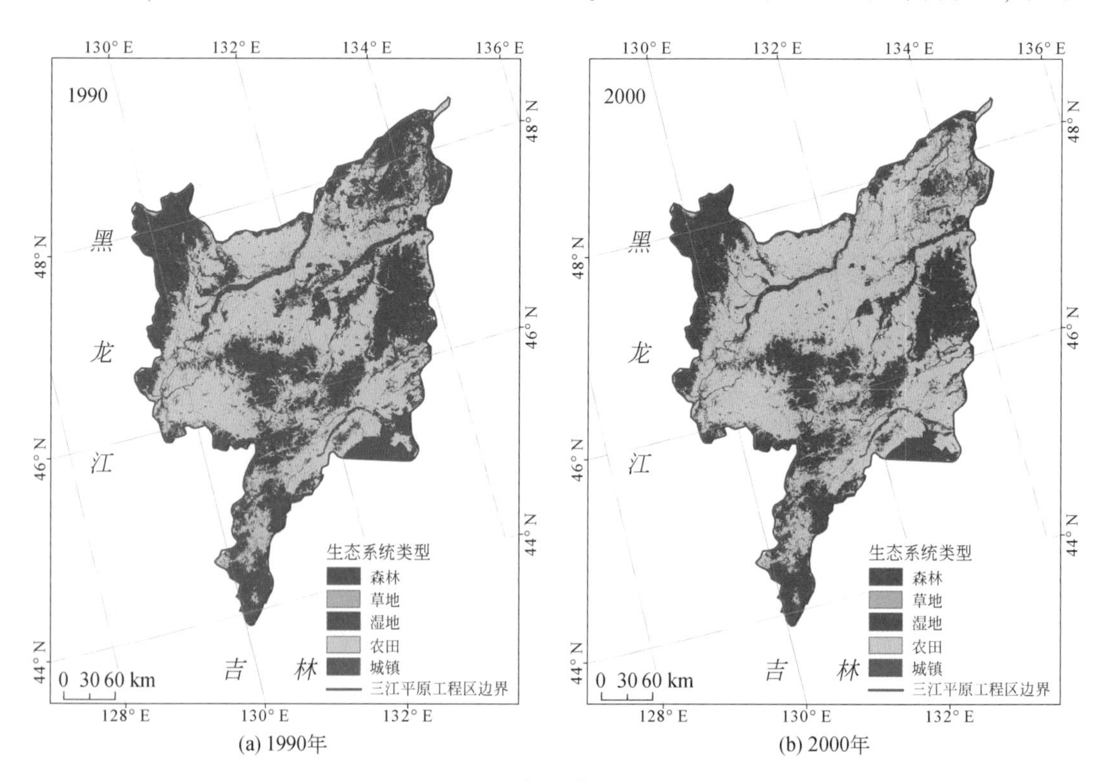

(a) 1990年　　(b) 2000年

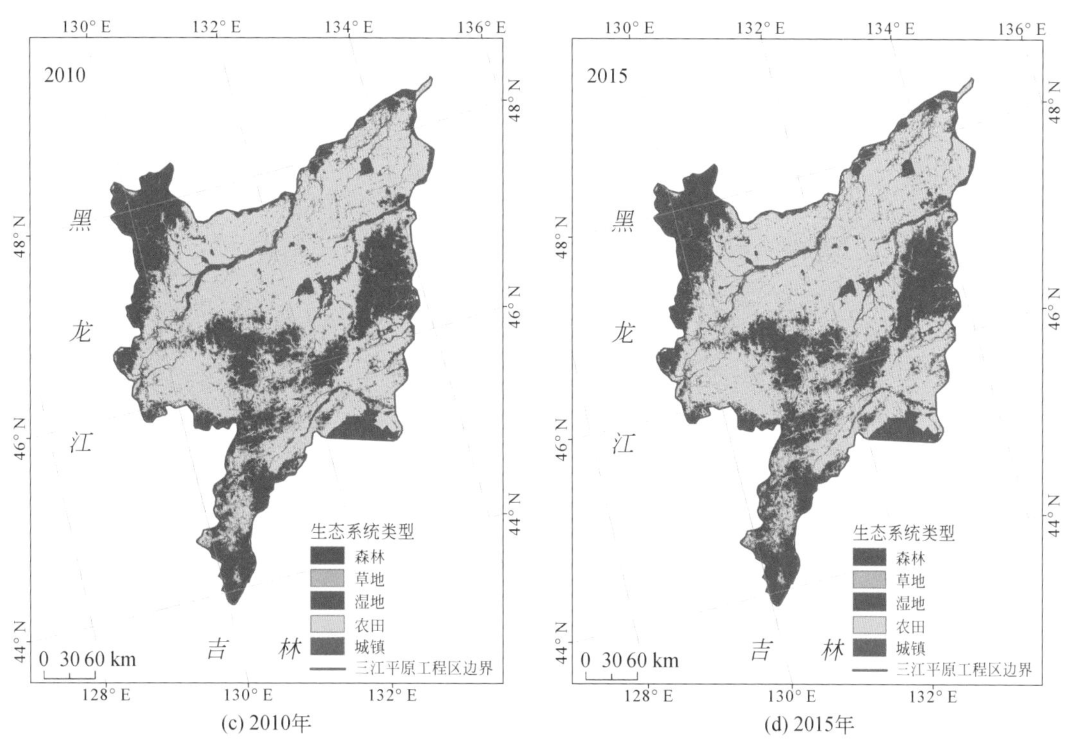

(c) 2010年

(d) 2015年

图 4-17 三江平原生态系统空间分布图

少了 956.8km²，年均减少 191.4km²，减少率为 8.7%。森林在 2010～2015 年面积持微弱的增加趋势。草地和裸地在 2010～2015 年面积继续减少，分别减少了 22.2km²、0.6km²。

表 4-1 三江平原生态系统类型面积及其变化 （单位：km²）

生态系统类型	1990 年	2000 年	2010 年	2015 年	1990～2000 年	2000～2010 年	2010～2015 年	1990～2015 年
湿地	20 399.7	12 899.3	11 027.3	10 070.5	-7 500.4	-1 872.0	-956.8	-10 329.2
森林	34 693.8	33 349.8	33 697.7	33 754.8	-1 344.0	347.9	57.1	-939.0
草地	273.1	335.1	148.7	126.5	62.0	-186.4	-22.2	-146.6
裸地	41.7	11.9	12.8	12.2	-29.7	0.9	-0.6	-29.5
农田	50 743.0	59 388.7	60 952.5	61 507.9	8 645.7	1 563.8	555.4	10 764.9
城镇	2 558.7	2 725.2	2 870.8	3 238.0	166.5	145.6	367.2	679.3

1990 年农田主要分布于三江平原地势平坦区域，经过 1990～2015 年的扩张，农田逐渐成为该区主导生态系统类型，广泛分布于整个区域。1990～2000 年，农田变化显著，由 1990 年的 50 743.0km² 扩展到 2000 年的 59 388.7km²，增加了 8645.7km²，年均增加

864.6km²，年增长率达到 17.0%。2000 ~ 2010 年，农田面积持续增加，增加了 1563.8km²。2010 ~ 2015 年，农田面积继续增加，增加了 555.4km²，年均增长 111.1km²。三江平原城镇主要分布于各县（市）城中心交通便利的区域，经过 1990 ~ 2015 年的扩张，城镇面积已达 3238.0km²（2015 年）。1990 ~ 2000 年，城镇面积变化明显，由 1990 年的 2558.7km² 增加到 2000 年的 2725.2km²，增加了 166.5km²，年均增加 16.7km²。2000 ~ 2010 年，城镇面积持续增加，增加了 145.6km²。2010 ~ 2015 年，城镇面积持续增加，增加了 367.2km²，增长速度达到最快。

综合以上分析，1990 ~ 2015 年湿地、森林、草地、裸地呈减少趋势，分别减少了 10 329.2km²、939.0km²、146.6km²、29.5km²，减少率分别为 50.6%、2.7%、53.7%、70.7%。农田和城镇呈增加趋势，分别增加了 10 764.9km² 和 679.3km²，增加率分别为 21.2% 和 26.5%。

二、湿地时空格局

（一）湿地面积动态

1. 湿地空间分布现状

三江平原河流水系发达，主要有黑龙江、松花江、七星河、挠力河、乌苏里江和穆棱河，以及兴凯湖等湖泊，为湿地的发育提供充足的水分条件。该区湿地分布于水系沿岸，与水系分布具有高度的空间一致性。在自然条件和人为因素双重作用下，1990 ~ 2015 年三江平原湿地总面积呈逐年萎缩趋势，减少的湿地主要转化为农田（图 4-18）。

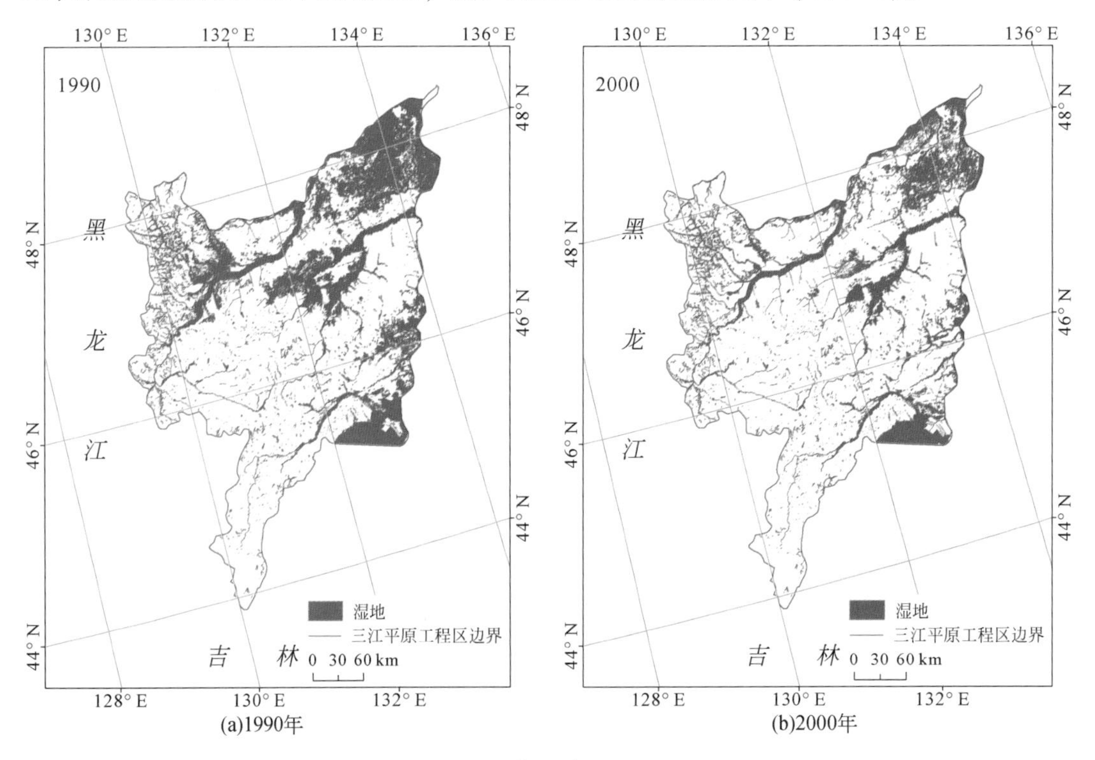

(a)1990年 (b)2000年

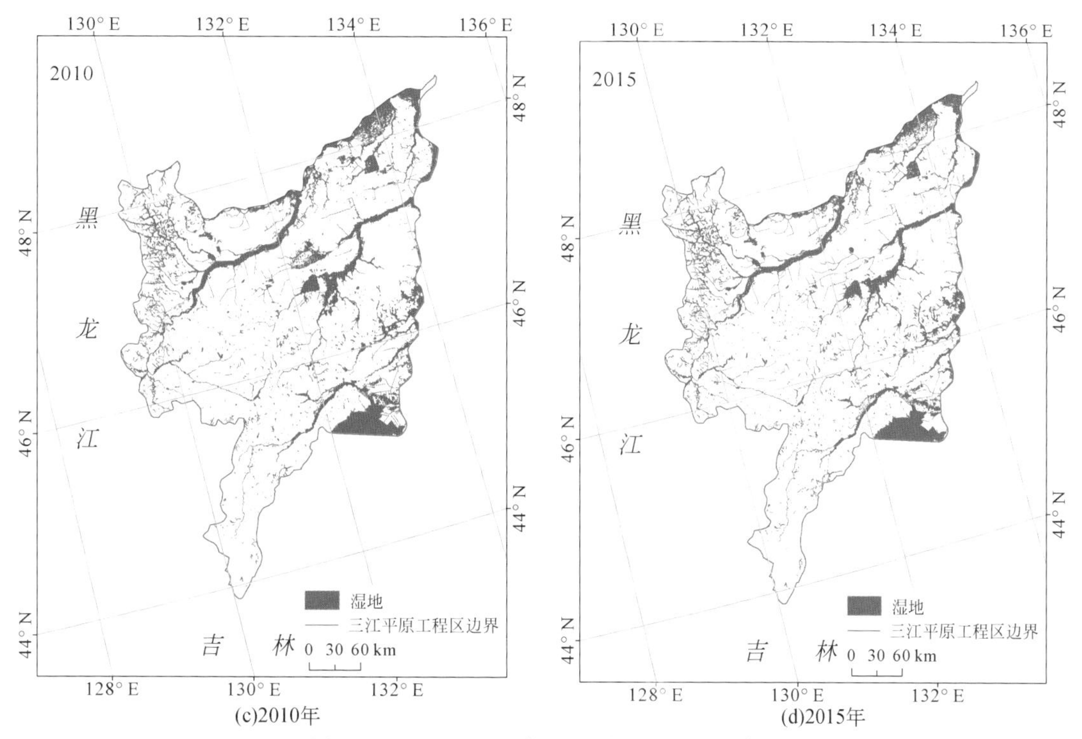

(c)2010年　(d)2015年

图 4-18　1990 ~ 2015 年三江平原湿地格局演变

2. 湿地时空变化

1990 年三江平原湿地面积约为 20 399. 7km²，占该区总面积的 18. 76%；2000 年三江平原湿地面积约为 12 899. 3km²，占该区总面积的 11. 87%，与 1990 年相比减少了 7500. 4km²；2010 年三江平原湿地面积约为 11 027. 3km²，占该区总面积的 10. 14%，与 2000 年相比减少了 1872. 0km²；2015 年三江平原湿地面积约为 10 070. 5km²，占该区总面积的 9. 26%。概括来看，1990 ~ 2015 年，三江平原湿地面积减少了 10 329. 2km²。可以看出，1990 ~ 2000 年湿地面积减少最为剧烈，主要集中发生在三江平原北部；2010 ~ 2015 年湿地面积的损失较小，一方面因为可开垦湿地越来越少，另一方面因于湿地生态系统得到了有效的保护（图 4-19）。

1990 ~ 2000 年（表 4-2），三江平原湿地面积呈现剧烈减少的趋势，共有 7442. 37km² 湿地转移为其他生态系统类型，主要转化为农田，转化面积为 7395. 11km²；2000 ~ 2015 年（表 4-3），三江平原湿地面积呈现减少的趋势，共有 3302. 85km² 湿地转移为其他生态系统类型，主要转化为农田，转化面积分别为 3238km²，转化面积明显小于 1990 ~ 2000 年的转化面积。1990 ~ 2015 年，共有 10 745. 22km² 湿地转化为其他生态系统类型，同时也有 699. 53km² 其他生态系统类型土地转化为湿地。湿地开垦、城镇扩张占用天然湿地是湿地减少的主要动因。随着湿地研究的深入和湿地重要性的宣传，湿地保护意识有了很大程度的提高，该区建立了多个以湿地为保护对象的国家级自然保护区。未来应大力开展湿地恢

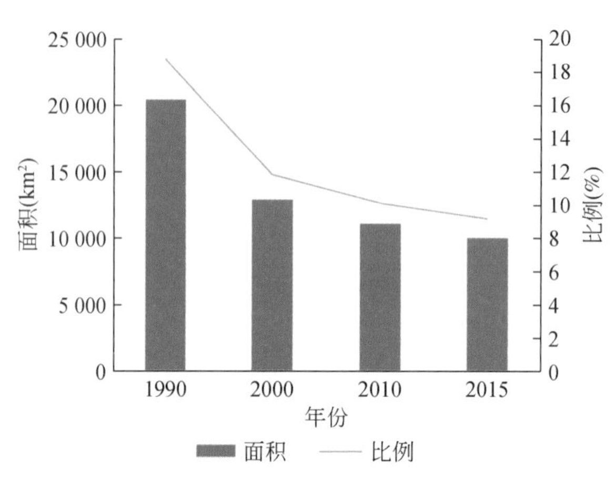

图 4-19　1990 ~ 2015 年三江平原湿地面积变化

复，减缓湿地退化；加强宣传教育力度，强化民众湿地保护意识；在保护湿地的前提下，合理利用湿地，制定科学合理的土地利用和生态保护政策，引导湿地资源合理开发和有效保护。

表 4-2　1990 ~ 2000 年三江平原湿地转化表　（单位：km²）

生态系统类型		2000 年					
		草地	农田	森林	裸地	城镇	湿地
1990 年	草地	—	—	—	—	—	—
	农田	—	—	—	—	—	176. 82
	森林	—	—	—	—	—	—
	裸地	—	—	—	—	—	30. 04
	城镇	—	—	—	—	—	—
	湿地	—	7395. 11	—	1. 40	45. 86	—

表 4-3　2000 ~ 2015 年三江平原湿地转化表　（单位：km²）

生态系统类型		2015 年					
		草地	农田	森林	裸地	城镇	湿地
2000 年	草地	—	—	—	—	—	—
	农田	—	—	—	—	—	490. 2
	森林	—	—	—	—	—	—
	裸地	—	—	—	—	—	2. 47
	城镇	—	—	—	—	—	—
	湿地	—	3238	—	0. 14	64. 71	—

3. 县市尺度对比

三江平原各县（市）湿地面积及占各县（市）面积比例见表4-4，1990年鹤岗市湿地面积约为2309.1km^2，湿地面积比例达15.8%；鸡西市、佳木斯市湿地面积比例更高，分别为21.8%和32.1%，主要是因为兴凯湖国家级自然保护区位于鸡西市内，三江国家级自然保护区、八岔岛国家级自然保护区和洪河国家级自然保护区位于佳木斯市；双鸭山市拥有宝清七星河国家级自然保护区。1990~2015年，该区各县（市）湿地面积呈大规模减少趋势，自然因素为湿地退化提供了内在原因，而人为因素则加速了这种变化，人为因素叠加在自然因素上，对湿地的退化产生放大作用。人们对湿地保护工作的意义认识不够，湿地面积减少、生态环境退化、生物多样性降低等问题仍很严重。其中，佳木斯市湿地损失现象最为严峻，2015年湿地面积与1990年相比，减少了7025.9km^2，湿地面积比例下降了21.6%。

1990~2000年，该区除七台河市和依兰县外，所有县（市）湿地面积比例均呈现下降趋势，其中，下降最剧烈的为佳木斯市，鸡西市次之，下降最缓的为穆棱市。2000~2010年，该区除鸡西市外所有县（市）湿地面积比例均呈现下降趋势，其中，下降最剧烈的为佳木斯市，双鸭山市次之，下降最缓的为穆棱市，湿地面积比例基本不变。2010~2015年，该区有5个县（市）湿地面积比例呈现下降趋势，分别为鹤岗市、鸡西市、佳木斯市、双鸭山市和依兰县，下降剧烈的仍为佳木斯市，双鸭山市次之，下降最缓的为七台河市；穆棱市湿地面积比例略有上升。

表4-4　三江平原各县（市）湿地面积及占县（市）面积比例

县（市）	1990年		2000年		2010年		2015年	
	面积（km^2）	比例（%）	面积（km^2）	比例（%）	面积（km^2）	比例（%）	面积（km^2）	比例（%）
鹤岗市	2 309.1	15.8	1 584.8	10.8	1 475.8	10.1	1 371.0	9.4
鸡西市	4 875.0	21.8	3 533.3	15.8	3 549.6	15.9	3 420.3	15.3
佳木斯市	10 448.4	32.1	5 537.7	17.0	3 996.8	12.3	3 422.5	10.5
穆棱市	39.7	0.6	39.3	0.6	37.0	0.6	45.0	0.7
七台河市	120.1	2.0	120.2	2.0	115.9	1.9	117.3	1.9
双鸭山市	2 387.8	10.9	1 864.2	8.5	1 637.2	7.5	1 486.6	6.8
依兰县	219.7	4.8	219.8	4.8	214.9	4.6	207.8	4.5
三江平原	20 399.7	18.8	12 899.3	11.9	11 027.3	10.2	10 070.5	9.3

（二）湿地景观参数变化

本研究选取表4-5中的景观指数定量描述湿地景观变化情况。

表4-5　各景观指数名称及生态意义表

景观指数	景观指数全称	单位	公式描述	生态意义
NP	斑块数量	个	在类型级别上表示某类斑块总数量	NP反映景观的空间格局，能够描述景观的异质性，其值大小与景观破碎程度呈正相关
PD	斑块密度	斑块数/100 hm^2	单位面积斑块数量比	能够反映景观的破碎程度，斑块密度越大，斑块面积越小，破碎化程度越高
AI	聚合度指数	—	相应类型的相似邻接数量除以当类型最大程度上丛生为一个斑块时的最大值	反映景观区域中景观类型之间的空间格局聚散程度，或者是景观类型中斑块之间的聚散程度
DIVISION	景观分割指数	—	DIVISION等于1减去斑块面积除以整个景观面积的平方和	DIVISION基于累积的斑块面积分布。当景观分割度指数为0时，景观由一个斑块组成；越接近1，说明景观分割程度越严重，如在栅格数据中，每个像元细胞即为一个斑块类型

从三江平原湿地景观指数变化表（表4-6）可见：1990～2000年，三江平原湿地斑块数量和斑块密度递增，表明三江平原湿地景观破碎化程度加剧；湿地景观分割指数升高，表明三江平原湿地聚集程度降低，破碎化程度加剧。聚合度指数下降，表明湿地镶嵌体连通性降低，也表明人类干扰强度明显增加，湿地稳定性下降。2000～2010年，三江平原湿地斑块数量和斑块密度减少，表明景观破碎化程度减轻；湿地景观分割指数略微升高，表明三江平原湿地聚集程度降低。聚合度指数上升，表明湿地镶嵌体连通性升高，破碎化程度略有减轻，也表明人类干扰强度略有减轻，湿地稳定性增加。2010～2015年，三江平原湿地斑块数量和斑块密度增加，表明景观破碎化程度增加；湿地景观分割指数略微升高，表明三江平原湿地聚集程度降低。聚合度指数降低，表明湿地镶嵌体连通性降低，破碎化程度略有增加，也表明人类干扰强度又增强，总体来看，湿地破碎度先增加后减小又缓慢增加。

表4-6　三江平原湿地景观指数变化表

年份	NP（个）	PD（斑块数/100hm^2）	DIVISION	AI
1990	13 975	0. 1286	0. 9863	90. 7553
2000	14 444	0. 1329	0. 9966	87. 9806
2010	12 877	0. 1185	0. 998	88. 1564
2015	13 929	0. 1281	0. 9986	86. 5839

（三）国家级湿地自然保护区湿地时空格局

1. 国家级湿地自然保护区湿地面积变化

三江平原范围内共有9个国家级湿地自然保护区，总面积约为8193.2km²，约占三江平原总面积的7.5%。1990年保护区湿地面积约为6284.2km²，占总面积的76.7%；2000年保护区湿地面积约为4633.5km²，占总面积的56.6%，与1990年相比减少了1650.7km²；2010年保护区湿地面积约为4332.3km²，占总面积的52.9%，与2000年相比减少了301.2km²；2015年保护区湿地面积约为4136.3km²，占总面积的50.5%。概括来看，1990～2015年，保护区湿地面积减少了2147.9km²。分时段对比可以看出，1990～2000年湿地面积减少较为剧烈，2000～2010年湿地面积的损失较小，2010～2015年湿地面积的损失最小。相比之下，这三个时段9个国家级湿地自然保护区湿地面积减少比例及减少速率均低于三江平原整体湿地减少比例，说明9个国家级湿地保护区的建立对湿地保护起到了重要作用（图4-20和表4-7）。

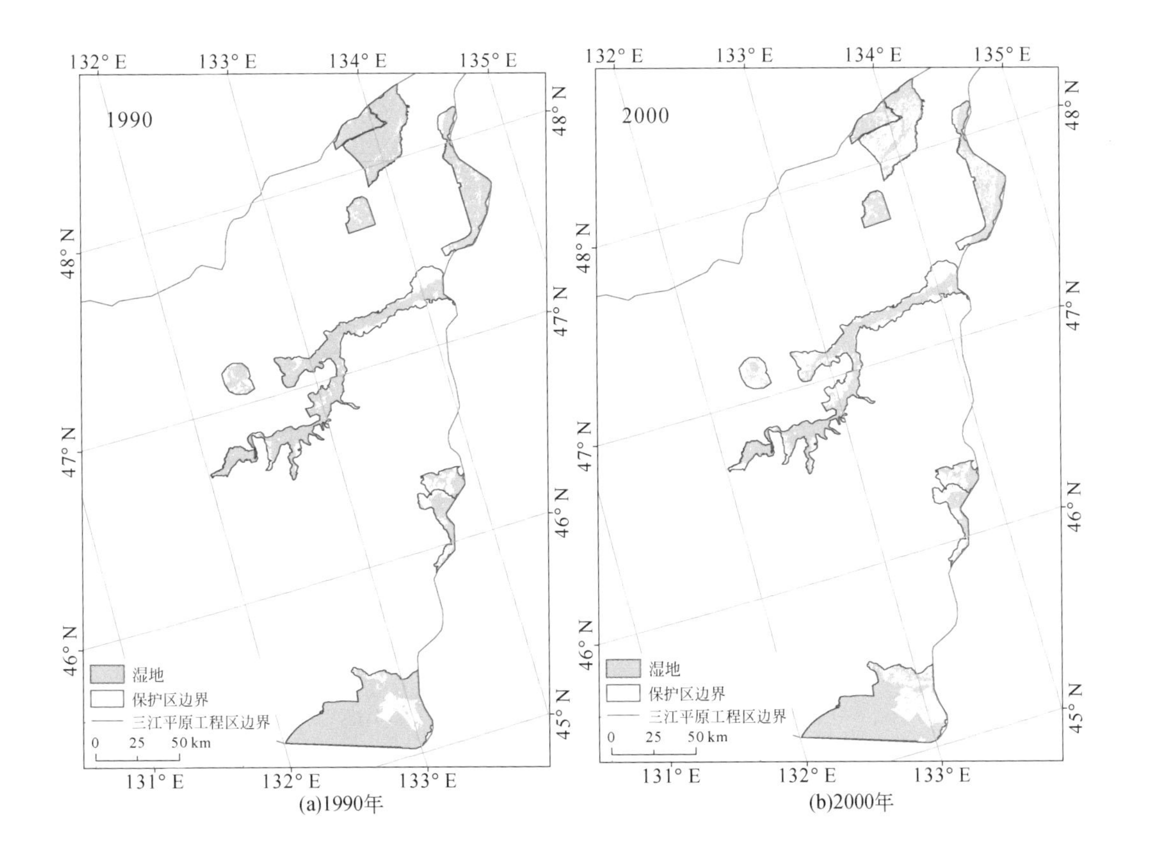

(a)1990年　(b)2000年

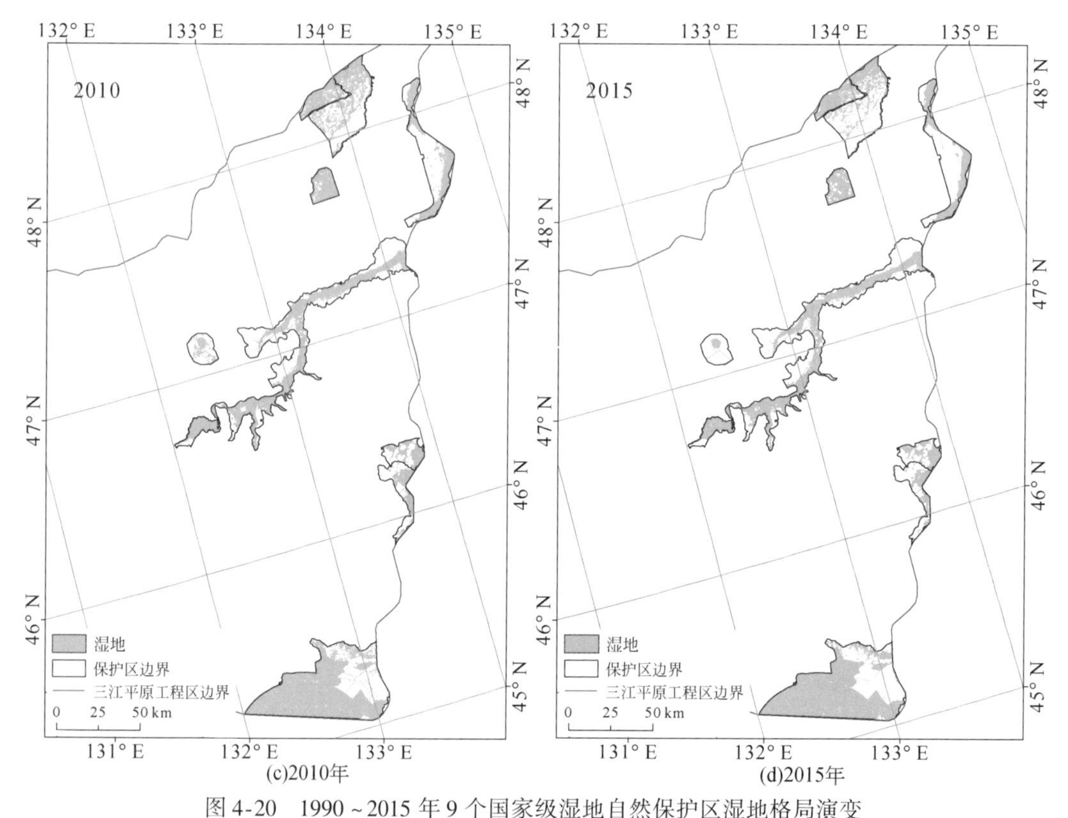

图 4-20　1990～2015 年 9 个国家级湿地自然保护区湿地格局演变

表 4-7　1990～2015 年 9 个国家级湿地自然保护区与三江平原湿地面积减少对比

地区	1990～2000 年		2000～2010 年		2010～2015 年	
	比例（%）	速率（%/a）	比例（%）	速率（%/a）	比例（%）	速率（%/a）
9 个国家级湿地自然保护区	26.27	2.63	6.50	0.65	4.52	0.90
三江平原	36.77	3.68	14.51	1.45	8.68	1.74

2. 湿地与其他生态系统类型之间的面积转化

1990～2000 年，9 个国家级湿地自然保护区湿地面积呈现剧烈减少的趋势，共有 1558.91km^{2}湿地转化为其他生态系统类型，主要转化为农田，转化面积为 1551.88km^2，同时有 23.01km^{2}农田转化为湿地；2000～2015 年，9 个国家级湿地自然保护区湿地面积呈现减少的趋势，共有 571.98km^{2}湿地转化为其他生态系统类型，主要转化为农田，转化面积为 567.27km^2，转化面积明显小于 1990～2000 年的转化面积，同时有 88.55km^{2}农田转化为湿地，转化面积明显多于 1990～2000 年的转化面积（图 4-21，表 4-8和表 4-9）。

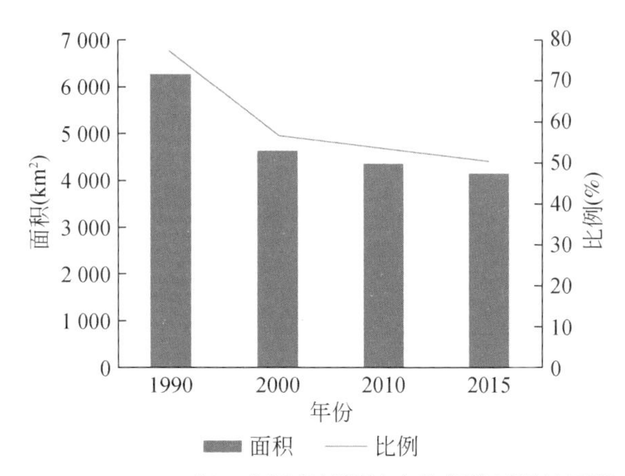

图 4-21　1990～2015 年 9 个国家级湿地自然保护区湿地面积变化

表 4-8　1990～2000 年 9 个国家级湿地自然保护区湿地和其他生态系统类型的面积转化表

（单位：km^2）

生态系统类型		2000 年					
		草地	农田	森林	裸地	城镇	湿地
1990 年	草地	—	—	—	—	—	—
	农田	—	—	—	—	—	23.01
	森林	—	—	—	—	—	—
	裸地	—	—	—	—	—	0
	城镇	—	—	—	—	—	—
	湿地	—	1551.88	—	0	7.03	—

表 4-9　2000～2015 年 9 个国家级湿地自然保护区湿地和其他生态系统类型的面积转化表

（单位：km^2）

生态系统类型		2015 年					
		草地	农田	森林	裸地	城镇	湿地
2000 年	草地	—	—	—	—	—	—
	农田	—	—	—	—	—	88.55
	森林	—	—	—	—	—	—
	裸地	—	—	—	—	—	0.31
	城镇	—	—	—	—	—	—
	湿地	—	567.27	—	0	4.71	—

通过对比 9 个国家级湿地自然保护区与三江平原整个区域发现，1990～2000 年及 2000～2015 年两个时段 9 个国家级湿地自然保护区内湿地转化为农田的比例均显著低于三江平原整个区域，其中 2000～2015 年这个趋势更为显著，而在这两个时段 9 个国家级湿

地自然保护区内农田转化为湿地的比例显著高于整个三江平原区域（表4-10）。

表4-10　1990～2015年9个国家级湿地保护区与三江平原湿地与农田相互转化比例对比

（单位：%）

地区	湿地转农田		农田转湿地	
	1990～2000年	2000～2015年	1990～2000年	2000～2015
9个国家级湿地自然保护区	24.69	9.03	1.80	3.13
三江平原	36.25	25.10	0.35	0.82

三、农田时空格局

（一）农田面积动态

1. 农田空间分布现状

农田是三江平原最具优势的生态系统类型，分布广泛，除饶河县、鹤岗市西北部和密山市外，其他县（市）均有大量分布（图4-22）。1990～2015年三江平原农田面积稳步增长；1990～2000年为了满足农业的发展，森林和湿地遭受了不同程度的破坏，大量森林和湿地转化为农田；2000年以后，随着退耕还林工程的实行，一定数量的农田转化为森林和湿地；随着城镇化和工业化进程加快，居民地扩张和工业用地修建也占用了大量农田。

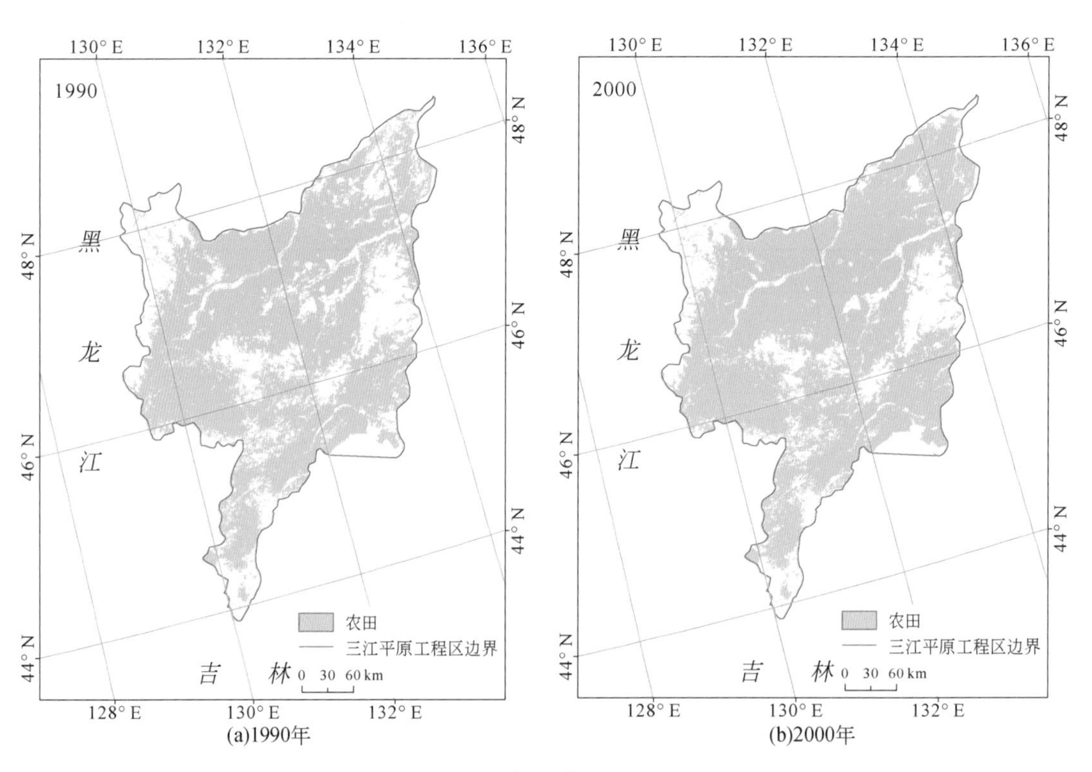

(a)1990年　　(b)2000年

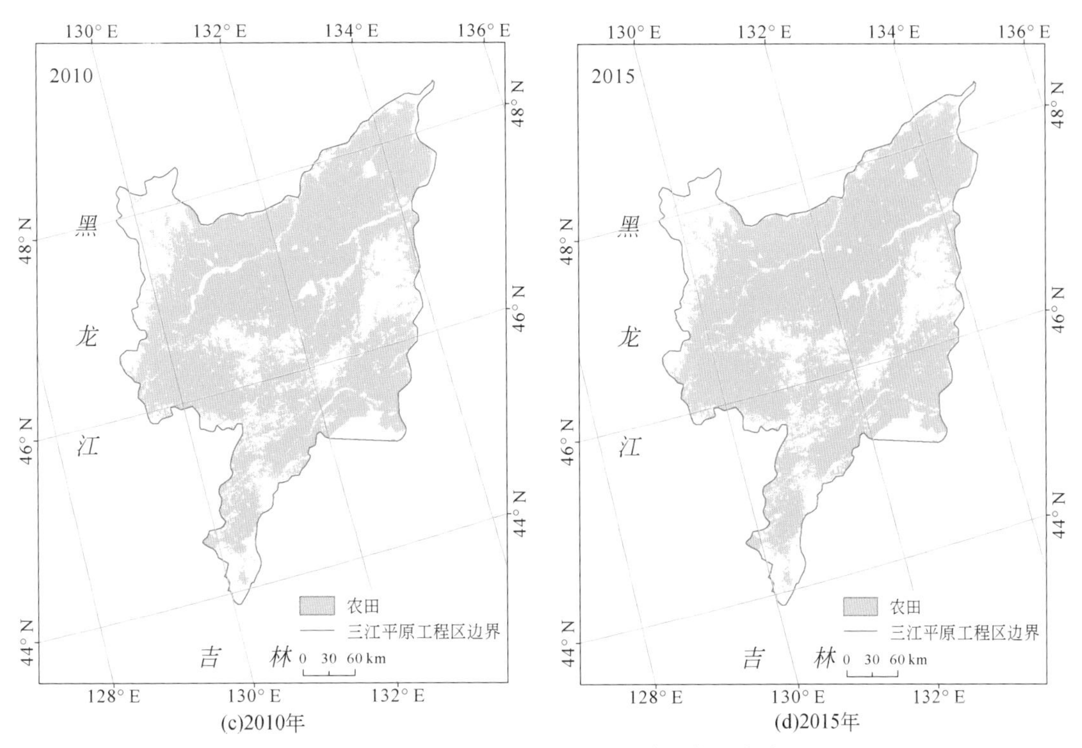

(c)2010年　　(d)2015年

图 4-22　1990 ~ 2015 年三江平原农田格局演变

2. 农田时空变化

1990 年三江平原农田面积达 50 743.0km²，占该区总面积的 46.7%；2000 年三江平原农田面积增加到 59 388.7km²，占该区总面积的 54.6%，与 1990 年相比增加了 8645.7km²，主要来源于林地和湿地的开垦；2010 年三江平原农田面积为 60 952.5km²，占该区总面积的 56.1%，比 2000 年增加了 1563.8km²；2015 年三江平原农田面积为 61 507.9km²，占该区总面积的 56.6%。农田增加最剧烈的时段为 1990 ~ 2000 年，农田增加的区域主要集中在三江平原的北部和中部（图 4-23）。

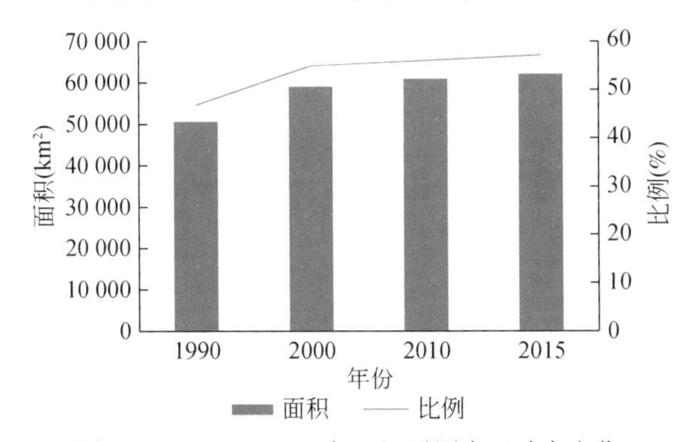

图 4-23　1990 ~ 2015 年三江平原农田动态变化

1990 ~ 2015 年三江平原农田面积稳步增长，面积增加了 10 764.9km²，增加率为 21.2%。其中，1990 ~ 2000 年农田面积增加量最大，2000 ~ 2015 年农田面积仍然在增加，但是增加趋势变缓。

1990 ~ 2000 年增加的农田主要来源于对湿地的开垦，其中有 7395.11km² 的湿地转化为农田，森林对农田增加的贡献率仅次于湿地，共有 1633.59km² 的森林转化为农田。减少的农田主要转化为森林、城镇和湿地，转化量分别为 101.21km²、102.22km² 和 176.82km²；2000 ~ 2015 年增加的农田仍主要来源于对湿地的开垦，其中有 3238km² 的湿地转化为农田，森林对农田增加的贡献率仅次于湿地，有 292.6km² 的森林转化为农田。2000 ~ 2015 年较 1990 ~ 2000 年农田增长幅度减小（表 4-11 和表 4-12）。

表 4-11　1990 ~ 2000 年三江平原农田转化表　（单位：km²）

生态系统类型		2000 年					
		草地	农田	森林	其他	城镇	湿地
1990 年	草地	—	2.97	—	—	—	—
	农田	7.55	—	101.21	0.00	102.22	176.82
	森林	—	1633.59	—	—	—	—
	其他	—	1.37	—	—	—	—
	城镇	—	—	—	—	—	—
	湿地	—	7395.11	—	—	—	—

表 4-12　2000 ~ 2015 年三江平原农田转化表　（单位：km²）

生态系统类型		2015 年					
		草地	农田	森林	其他	城镇	湿地
2000 年	草地	—	96.3	—	—	—	—
	农田	1.39	—	596.6	4.12	474.62	490.2
	森林	—	292.6	—	—	—	—
	其他	—	0.85	—	—	—	—
	城镇	—	—	—	—	—	—
	湿地	—	3238	—	—	—	—

3. 县（市）尺度对比

农田作为三江平原最主要的生态系统类型，在数量和结构上都占据明显优势。该区内各县（市）（依兰县除外）农田面积比例均在增加，截至 2015 年，鸡西市、佳木斯市和七台河市、双鸭山市和依兰县农田面积比例均大于 50%，其中，佳木斯市农田面积比例为全区最大，为 72.5%。1990 年，各县（市）农田面积比例仅有佳木斯市和依兰县大于 50%。2000 年，各县（市）中有 5 个县（市）农田面积比例在 50% 以上，分别为鸡西市、佳木斯市、七台河市、双鸭山市和依兰县。2010 年，各县（市）中仍有 5 个县（市）农田面积比例在 50% 以上，分别为鸡西市、佳木斯市、七台河市、双鸭山市和依兰县，各县

(市) 农田面积比例较2000年变化不大。总体而言，1990～2000年三江平原各县(市)农田增加幅度大于2000～2015年农田增加幅度(表4-13)。

表4-13　三江平原农田面积及占县(市)面积比例

县(市)	1990年		2000年		2010年		2015年	
	面积(km^2)	比例(%)	面积(km^2)	比例(%)	面积(km^2)	比例(%)	面积(km^2)	比例(%)
鹤岗市	6 009.6	41.0	6 776.2	46.3	6 841.5	46.7	6 891.6	47.0
鸡西市	9 874.6	44.1	11 299.5	50.5	11 233.6	50.2	11 379.9	50.8
佳木斯市	16 955.1	52.0	21 878.6	67.2	23 306.7	71.5	23 641.3	72.5
穆棱市	1 628.0	25.4	1 731.7	27.0	1 726.7	27.0	1 713.3	26.7
七台河市	2 968.0	49.1	3190.0	52.7	3 187.2	52.7	3 172.4	52.4
双鸭山市	10 520.2	48.2	11 732.1	53.7	11 880.6	54.4	11 948.7	54.7
依兰县	2 787.5	60.3	2 780.6	60.2	2 776.2	60.1	2 760.7	59.7
三江平原	50 743.0	46.8	59 388.7	54.7	60 952.5	56.2	61 507.9	57.1

4. 水田时空变化分析

1990年三江平原水田面积仅为6447.9km^2，仅占该区总面积的5.9%；2000年三江平原水田面积增加到11 076.8km^2，占该区总面积的10.2%，比1990年增加了4628.9km^2，主要来源于林地和湿地的开垦；2010年三江平原水田面积为22 752.0km^2，占该区总面积的21%，比2000年增加了11 675.2km^2；2015年三江平原水田面积持续增加，为26 961.8km^2，占该区总面积的24.8%，比2010年增加了4209.8km^2。1990～2015年，三江平原水田面积共增加了20 513.9km^2，增加了3.18倍。水田增加最剧烈的时段为2000～2010年，水田增加的区域主要集中在同江市、绥滨县和抚远县(表4-14和图4-24)。

表4-14　三江平原水田面积及占县(市)面积比例

县(市)	1990年		2000年		2010年		2015年	
	面积(km^2)	比例(%)	面积(km^2)	比例(%)	面积(km^2)	比例(%)	面积(km^2)	比例(%)
鹤岗市	1 021.4	7.0	1 792.1	12.2	2 615.1	17.9	3 531.4	24.1
鸡西市	1 282.9	5.7	2 744.0	12.3	4 966.2	22.2	5 870.3	26.2
佳木斯市	2 695.7	8.3	4 237.4	13.0	11 454.7	35.2	12 998.0	39.9
穆棱市	76.5	1.2	73.8	1.2	67.9	1.1	84.8	1.3
七台河市	200.0	3.3	222.9	3.7	222.8	3.7	251.2	4.2
双鸭山市	814.8	3.7	1 573.3	7.2	2 952.8	13.5	3 726.6	17.1
依兰县	356.6	7.7	466.3	10.1	472.5	10.2	499.5	10.8
三江平原	6 447.9	5.9	11 076.8	10.2	22 752.0	21.0	26 961.8	24.8

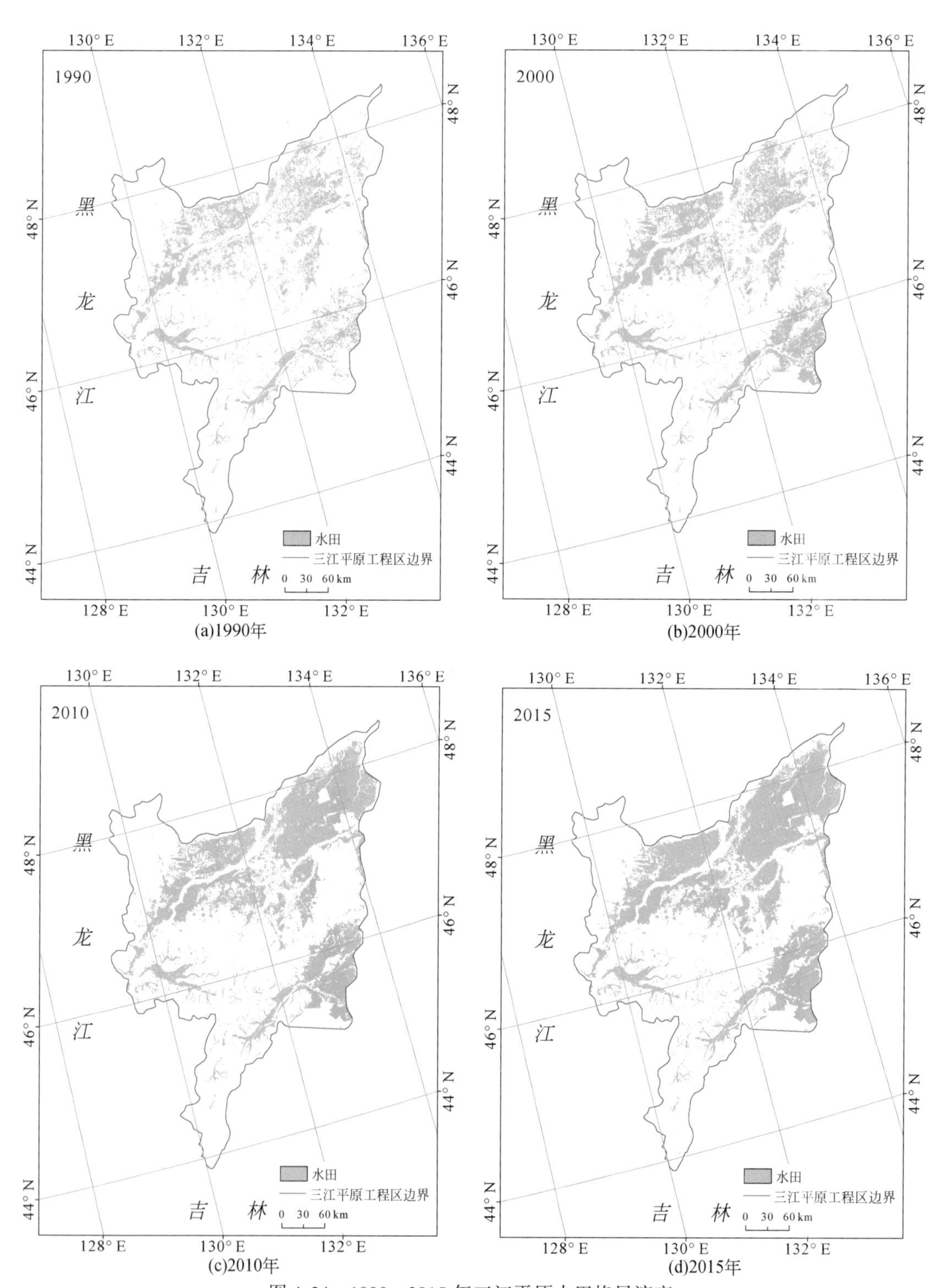

(a)1990年 (b)2000年 (c)2010年 (d)2015年

图 4-24 1990 ~ 2015 年三江平原水田格局演变

（二）农田景观参数变化

从三江平原农田景观指数变化表（表4-15）可见：1990～2000年，三江平原农田斑块数量和斑块密度减少，表明景观破碎化程度减轻，农田面积集中；农田景观分割指数降低，表明三江平原农田聚集程度增高；聚合度指数上升，表明农田镶嵌体连通性升高。2000～2010年，三江平原农田斑块数量和斑块密度持续减少，表明景观破碎化程度减轻，农田面积集中；农田景观分割指数降低，表明三江平原农田聚集程度增高；聚合度指数上升，表明农田镶嵌体连通性升高。2010～2015年，三江平原农田斑块数量和斑块密度减少，表明农田景观破碎化程度持续减轻，但减少幅度小于2000～2010年，表明农田面积增加速度减慢；农田景观分割指数降低，表明三江平原农田聚集程度增高；聚合度指数下降，表明农田镶嵌体连通性降低。

表4-15　三江平原农田景观指数变化表

年份	NP（个）	PD（斑块数/100hm^2）	DIVISION	AI
1990	25 092	0.1333	0.9669	96.9659
2000	15 700	0.0834	0.9525	97.3918
2010	15 312	0.0814	0.9445	97.5188
2015	15 022	0.0798	0.9409	97.4888

四、森林、草地和裸地及城镇时空格局

（一）森林时空格局

1. 森林面积动态

（1）森林空间分布现状

三江平原森林分布集中，森林覆盖率较高，多以天然林为主。1990～2015年三江平原森林面积呈先减少后增加的趋势，总体呈现减少趋势，减少面积为939.0km^2，主要转化为农田、湿地和城镇。森林损失和退化造成森林群落逆行演替，森林生态服务功能下降，生态稳定性降低。

三江平原地势南高北低，西高东低，南部张广才岭、老爷岭和西部的小兴安岭，以及中东部的完达山脉是森林覆盖的主要山区。森林多集中于山区，仅少量防护林零散分布于湿地和农田。森林主要分布于鹤岗市西部、双鸭山市饶河东北黑蜂国家级自然保护区和鸡西市，面积分别为5929.9km^2、7839.1km^2和6934km^2（2015年），占该区森林总面积的61.4%。此外，还有大量田间防护林分布于该区优质农业种植区内，对于保护农田、降低风速、保障作物稳产和高产等方面有重要作用（图4-25）。

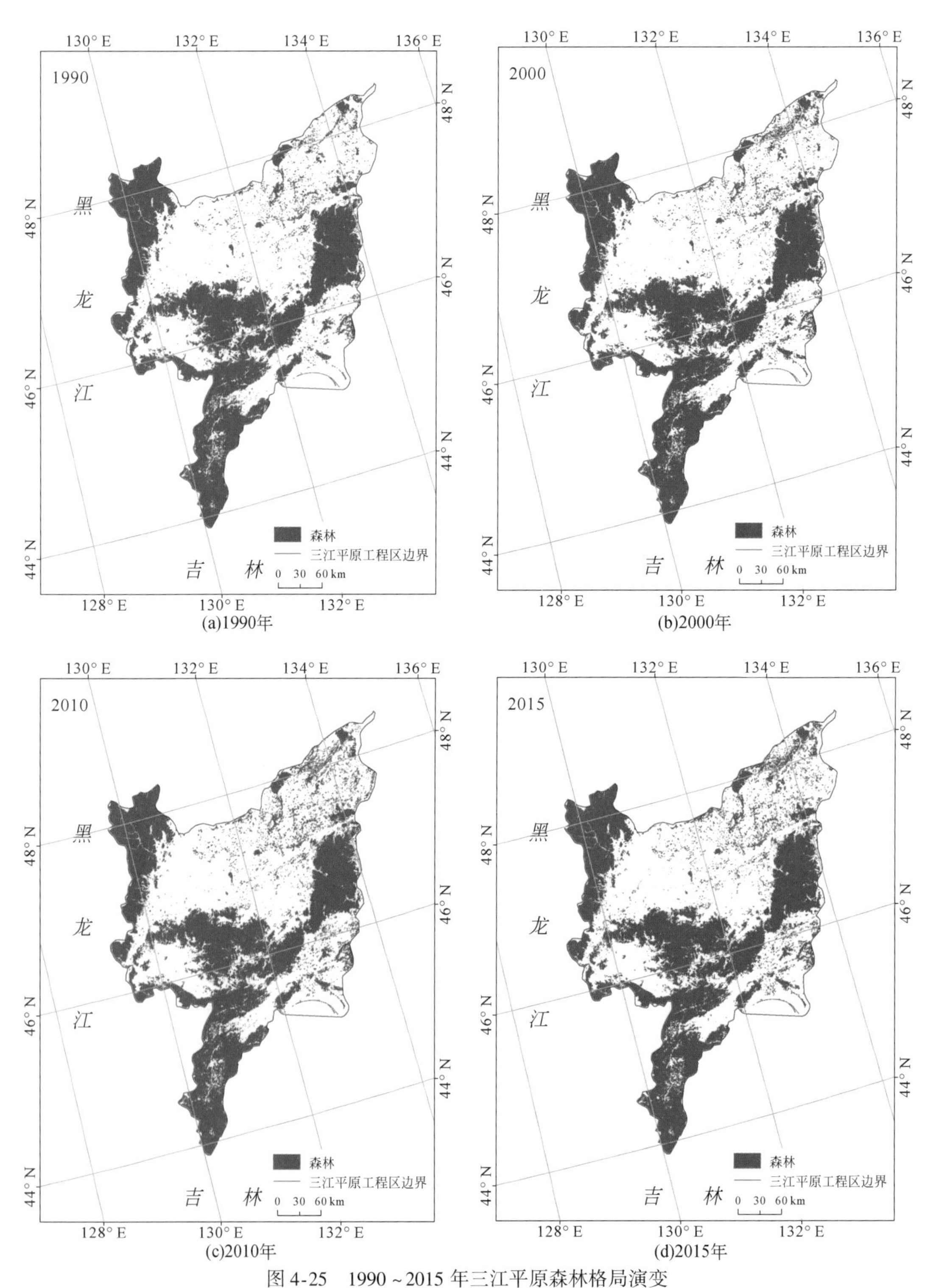

(a)1990年

(b)2000年

(c)2010年

(d)2015年

图 4-25　1990 ~ 2015 年三江平原森林格局演变

（2）森林时空变化

1990 年三江平原森林面积比例为各期数据中最高，达 31.9%，面积约为 34 693.8km²；2000 年该区森林面积比例下降至 30.7%，面积约为 33 349.8km²，与 1990 年相比，减少了 1344.0km²，森林减少速率为各期最快，减幅最大。2010 年该区森林面积增加至 33 697.7km²，2015 年该区森林面积比例略微上升，为 31.1%，面积约为 33 754.8km²（图 4-26）。

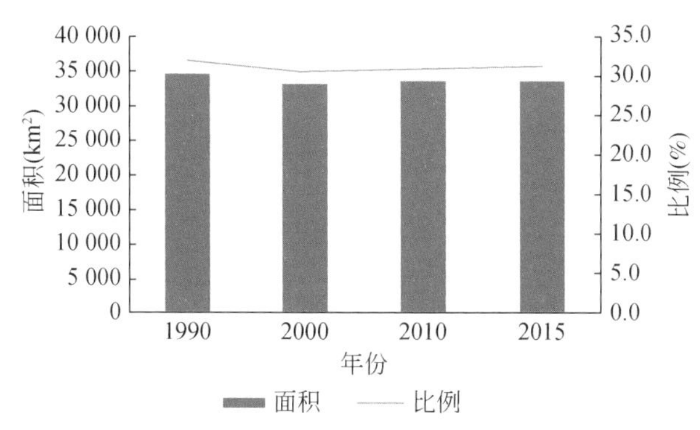

图 4-26　1990～2015 年三江平原森林动态变化

（3）县（市）尺度对比

森林是三江平原第二大优势生态系统（2015 年）。1990 年，穆棱市森林面积比例高达 72.2%，面积为 4619.4km²。鹤岗市、鸡西市及双鸭山市森林面积超过 5000km²，分别为 5932.7km²、7004.6km² 和 8488.8km²。1990～2015 年各县（市）中有 2 个县（市）森林面积比例增大，为佳木斯市和依兰县，4 个市森林面积比例减少，分别为鸡西市、穆棱市、七台河市和双鸭山市，分别减少 0.3%、1.5%、3.6% 和 3.0%。1990～2000 年伊兰县除外的其他县（市）森林面积比例均呈现下降趋势，其中，下降剧烈的为七台河市，下降 4.1%。2000～2010 年全区各县（市）森林面积比例呈现上升趋势，其中，上升剧烈的为七台河市。2010～2015 年全区有 4 个县（市）森林面积比例呈现上升趋势，分别为鹤岗市、佳木斯市、穆棱市和依兰县，其中，上升剧烈的为佳木斯市；有 3 个市森林面积比例呈现下降趋势，分别为鸡西市、七台河市和双鸭山市，其中，下降剧烈的为鸡西市（表 4-16）。

表 4-16　1990～2015 年三江平原各县（市）森林面积及占县（市）面积比例

县（市）	1990 年		2000 年		2010 年		2015 年	
	面积（km²）	比例（%）	面积（km²）	比例（%）	面积（km²）	比例（%）	面积（km²）	比例（%）
鹤岗市	5 932.7	40.5	5 885.0	40.2	5 909.0	40.3	5 929.9	40.5
鸡西市	7 004.6	31.3	6 863.1	30.7	6 989.5	31.2	6 934.0	31.0
佳木斯市	4 491.2	13.8	4 416.2	13.6	4 483.3	13.8	4 592.2	14.1
穆棱市	4 619.4	72.2	4 510.0	70.4	4 514.2	70.5	4 527.8	70.7

续表

县（市）	1990年		2000年		2010年		2015年	
	面积（km^2）	比例（%）	面积（km^2）	比例（%）	面积（km^2）	比例（%）	面积（km^2）	比例（%）
七台河市	2 678.1	44.3	2 429.5	40.2	2 464.8	40.7	2 461.2	40.7
双鸭山市	8 488.8	38.9	7 766.3	35.6	7 857.1	36.0	7 839.1	35.9
依兰县	1 479.0	32.0	1 479.7	32.0	1 479.8	32.0	1 491.2	32.3
三江平原	36 683.8	33.8	33 349.8	32.6	33 697.7	32.9	33 754.8	30.6

2. 森林景观参数变化

从三江平原森林景观指数变化表（表4-17）可见：1990～2000年，三江平原森林斑块数量和斑块密度递增，表明景观破碎化程度加剧；森林景观分割指数升高，表明三江平原森林聚集程度降低。聚合度指数下降，说明森林镶嵌体连通性降低，破碎化程度略有增加，也说明了人类干扰强度明显增加，森林稳定性下降。2000～2010年，三江平原森林斑块数量和斑块密度持续递增，表明景观破碎化程度持续加剧；森林景观分割指数降低，表明三江平原森林聚集程度增大。聚合度指数下降，说明森林镶嵌体连通性降低，破碎化程度略有增加，也说明人类干扰强度明显增加，森林稳定性下降。2010～2015年，三江平原森林斑块数量和斑块密度开始减少，表明景观破碎化程度减轻；森林景观分割指数升高，表明三江平原森林聚集程度降低。聚合度指数下降，说明森林镶嵌体连通性略微降低，较2010年森林稳定性有所增强。

表4-17　三江平原森林景观指数变化表

年份	NP（个）	PD（斑块数/100hm^2）	DIVISION	AI
1990	12 367	0.1138	0.9876	93.7418
2000	14 711	0.1353	0.9901	92.7610
2010	16 663	0.1533	0.9899	92.5280
2015	15 271	0.1405	0.9902	92.4738

（二）草地和裸地时空格局

1990年三江平原草地和裸地面积之和为314.8km^2，占该区总面积的0.28%；2000年三江平原草地和裸地面积增加到347.0km^2，占该区总面积的0.31%，与1990年相比增加了32.2km^2；2010年三江平原草地和裸地面积为161.5km^2，占该区总面积的0.15%，比2000年减少了185.5km^2。2015年三江平原草地和裸地面积为138.7km^2，占该区总面积的0.13%。1990～2015年草地和裸地总面积呈减少趋势，减少了176.1km^2，减少的时段为2000～2015年，减少的区域主要集中在三江平原北部（图4-27和表4-18）。

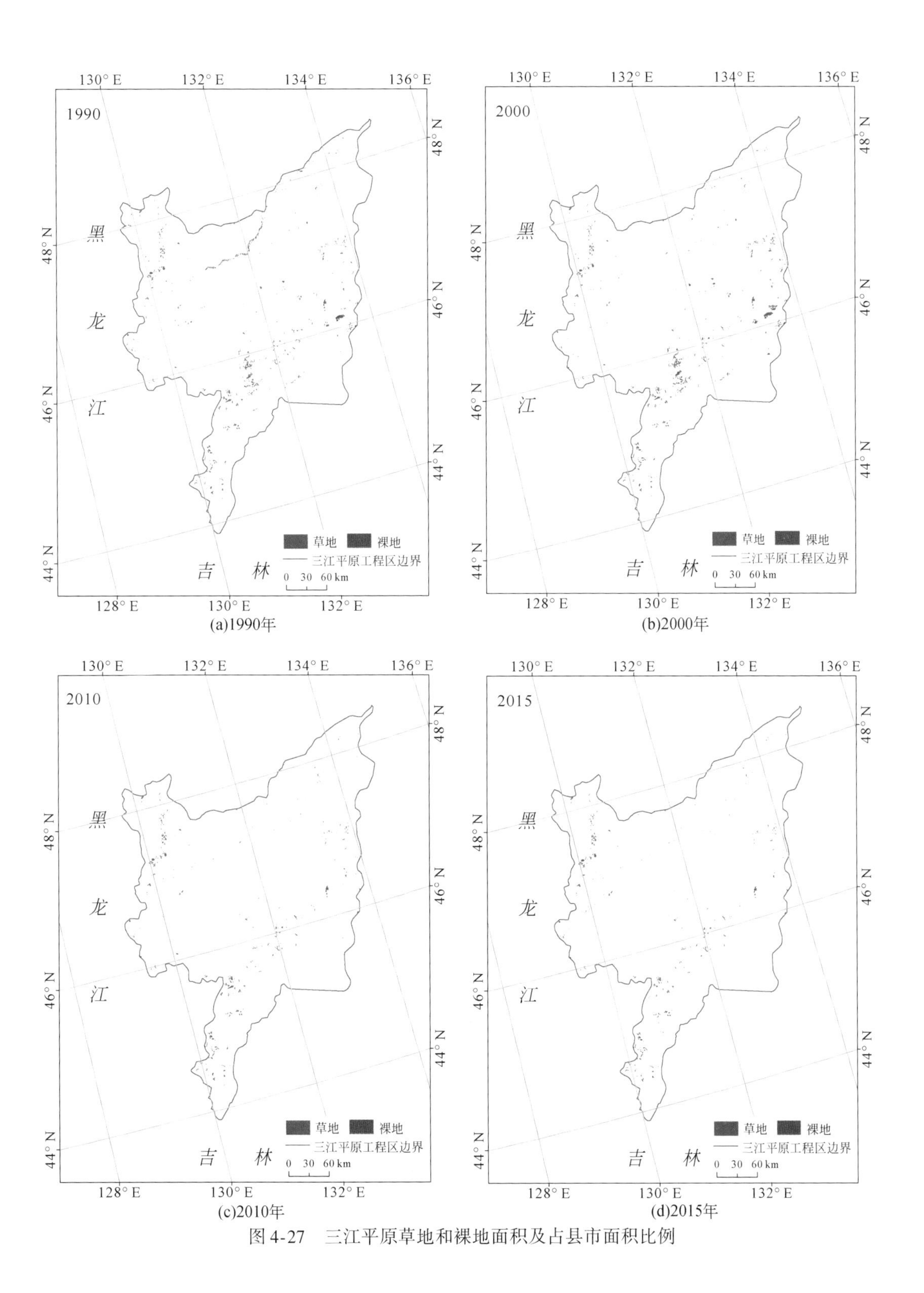

(a)1990年

(b)2000年

(c)2010年

(d)2015年

图 4-27 三江平原草地和裸地面积及占县市面积比例

表 4-18　三江平原草地和裸地面积及占县（市）面积比例

县（市）	1990 年		2000 年		2010 年		2015 年	
	面积（km^2）	比例（%）	面积（km^2）	比例（%）	面积（km^2）	比例（%）	面积（km^2）	比例（%）
鹤岗市	53.99	0.37	41.09	0.28	39.91	0.27	39.53	0.27
鸡西市	131.98	0.59	164.13	0.73	49.58	0.22	35.90	0.16
佳木斯市	33.69	0.10	21.18	0.07	12.25	0.04	11.71	0.04
穆棱市	23.84	0.37	25.00	0.39	25.12	0.39	21.25	0.33
七台河市	25.30	0.42	40.68	0.67	5.11	0.08	5.21	0.09
双鸭山市	35.59	0.16	45.81	0.21	17.15	0.08	14.91	0.07
依兰县	10.35	0.22	9.08	0.20	12.43	0.27	10.19	0.22
三江平原	314.74	0.28	346.97	0.31	161.55	0.15	138.70	0.13

（三）城镇时空格局

1. 城镇时空变化

1990 年三江平原城镇面积为 2558.7km^2。2000 年城镇面积上升到 2725.2km^2，与 1990 年相比增加了 166.5km^2，年均增加 16.5km^2，年增长率达到 6.5%。2010 年城镇面积持续扩大，达 2870.8km^2。2015 年城镇面积达 3238.0km^2。1990 ~ 2015 年共增加城镇面积 679.3km^2，主要来源于占用的农田、湿地和森林。其中，城镇化占用的农田约 539.1km^2，占转化面积的 70.8%。建设用地面积扩张也占用了相当数量的湿地，1990 ~ 2015 年共有 132.2km^2湿地转化为城镇用地（图 4-28 和图 4-29）。

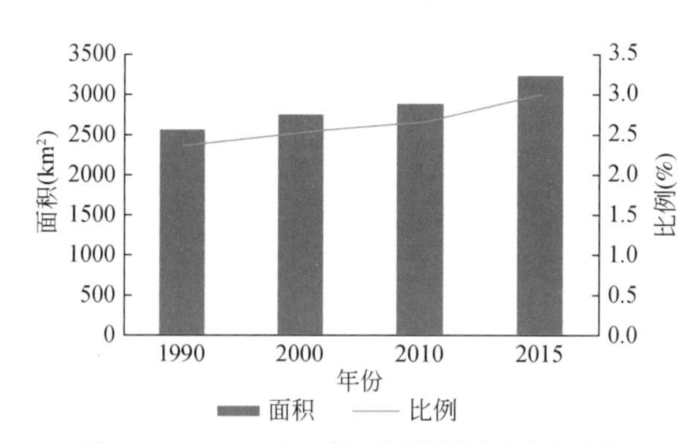

图 4-28　1990 ~ 2015 年三江平原城镇动态变化

1990 ~ 2000 年，三江平原城镇面积呈现增加趋势，共有 168.07km^2的其他生态系统类型转化为城镇，主要为农田和湿地，转化面积分别为 102.22km^2和 45.86km^2；2000 ~ 2015 年三江平原城镇面积仍呈剧烈增加趋势，共有 607.52km^2其他生态系统类型转化为城镇，由农田和森林转化的较多，分别为 474.62km^2和 66.74km^2，转化面积明显高于 1990 ~ 2000 年的转化面积。1990 ~ 2015 年，共有 761.02km^2其他生态系统类型转化为城镇（表 4-19 和表 4-20）。

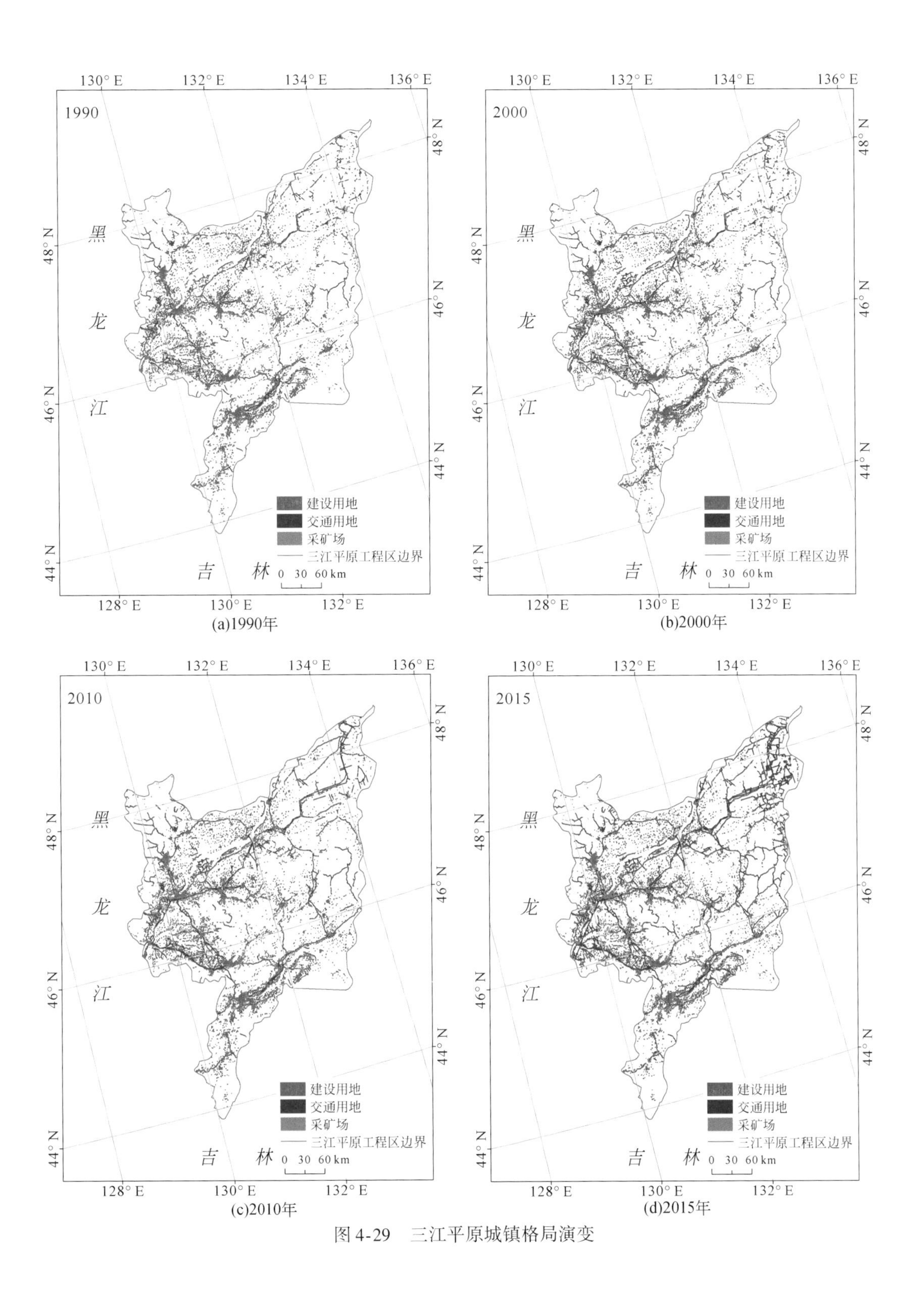

(a)1990年

(b)2000年

(c)2010年

(d)2015年

图 4-29　三江平原城镇格局演变

表 4-19 1990 ~ 2000 年三江平原城镇面积转化表 （单位：km^2）

生态系统类型		2000 年					
		草地	农田	森林	其他	城镇	湿地
1990 年	草地	—	—	—	—	0.25	—
	农田	—	—	—	—	102.22	—
	森林	—	—	—	—	19.72	—
	其他	—	—	—	—	0.02	—
	城镇	—	—	—	—	—	—
	湿地	—	—	—	—	45.86	—

表 4-20 2000 ~ 2015 年三江平原城镇转化表 （单位：km^2）

生态系统类型		2015 年					
		草地	农田	森林	其他	城镇	湿地
2000 年	草地	—	—	—	—	1.38	—
	农田	—	—	—	—	474.62	—
	森林	—	—	—	—	66.74	—
	其他	—	—	—	—	0.07	—
	城镇	—	—	—	—	—	—
	湿地	—	—	—	—	64.71	—

2. 各类型对比

三江平原城镇用地主要包括建设用地、交通用地和采矿场。建设用地包括工业用地和居民地，城镇居民地相对集中，面积较大，主要分布在各县（市）政府所在的城市区域；农村居民地则零星分布于农田之中，交通用地与居民地呈连接态势。

由图 4-30 可知，1990 ~ 2015 年三江平原建设用地扩张显著，建设用地面积大幅度增加，交通设施不断兴修。1990 ~ 2015 年对于不同类型的城镇用地而言，建设用地、交通用地和采矿场的面积均为增加趋势。1990 ~ 2000 年、2000 ~ 2010 年和 2010 ~ 2015 年三个时段建设用地面积分别增加 90.8km^2、69.8km^2 和 69.0km^2，平均每年增加 9.1km^2、7km^2 和 13.8km^2，增加幅度分别为 4.2%、3.1%、2.9%；三个时段交通用地面积分别增加 70.7km^2、70.1km^2 和 268.9km^2，平均每年增加 7.1km^2、7.0km^2 和 53.8km^2，增加幅度分别为 26.4%、20.7% 和 65.9%。对比发现，除 1990 ~ 2015 年外，所有时段交通用地扩张速度均高于建设用地扩张速度。

综上分析可知，1990 ~ 2015 年三江平原建设用地、交通用地和采矿场不断扩张，建设用地、交通用地和采矿场分别增加了 229.6km^2、409.7km^2 和 40km^2，平均每年增加 9.2km^2、16.3km^2、1.6km^2。交通用地扩张速度比居民地快。由图 4-29 可见，居民地的扩张方式主要是以居民地为中心向四周扩张，交通用地的扩张方式是原有交通用地的延长和新交通用地的建立。

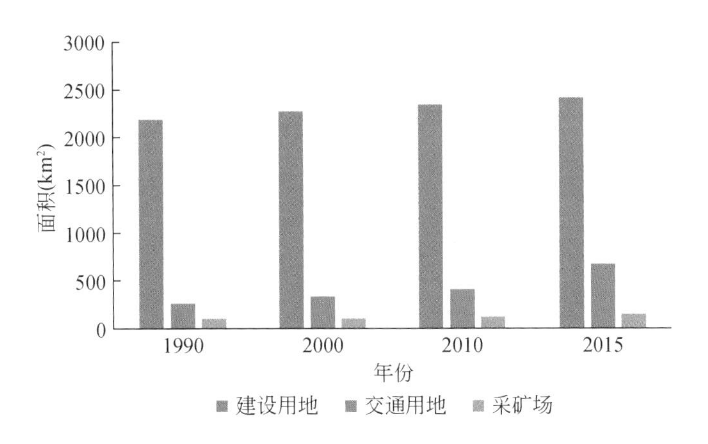

图 4-30　1990～2015 年三江平原城镇面积变化

3. 县（市）尺度对比

1990～2015 年，三江平原除穆棱市外，其他县（市）城镇用地占有率呈现上升趋势，上升最显著的为佳木斯市，上升 0.91%，上升最缓的为鹤岗市，上升 0.42%。1990～2000 年，三江平原所有县（市）城镇面积比例呈现上升趋势，其中，上升最显著的为佳木斯市，上升 0.23%，上升最缓的为穆棱县，上升 0.08%。2000～2010 年，三江平原各县（市）城镇用地占有率呈现上升趋势，其中，上升最显著的为鸡西市和佳木斯市，上升 0.16%，上升最缓的为穆棱县，上升 0.04%。2010～2015 年，三江平原除穆棱市外，其他县（市）城镇占有率呈现上升趋势，上升最显著的为佳木斯市，上升 0.52%，上升最缓的为鹤岗市，上升 0.14%（表 4-21）。

表 4-21　三江平原各县（市）不同时期城镇面积及面积比例

县（市）	1990 年		2000 年		2010 年		2015 年	
	面积（km^2）	比例（%）	面积（km^2）	比例（%）	面积（km^2）	比例（%）	面积（km^2）	比例（%）
鹤岗市	340.1	2.32	359.6	2.46	380.1	2.60	401.3	2.74
鸡西市	568.3	2.54	593.1	2.65	629.2	2.81	679.3	3.03
佳木斯市	712.3	2.19	787.0	2.42	840.6	2.58	1008.3	3.10
穆棱县	87.7	1.37	92.7	1.45	95.6	1.49	83.6	1.31
七台河市	257.7	4.26	268.7	4.44	276.2	4.57	294.8	4.87
双鸭山市	466.6	2.14	490.6	2.25	509.9	2.33	608.0	2.78
依兰县	126.0	2.72	133.5	2.89	139.2	3.01	162.8	3.52
三江平原	2558.7	2.36	2725.2	2.51	2870.8	2.65	3238.0	2.98

第三节　三江平原主要生态系统服务能力变化

一、生物多样性保护功能

（一）生境质量评价

1. 生境适宜性评价因子

对生境质量具有直接影响的生存环境控制因子，包括水源状况（湖泊密度和河流密度）、干扰因子（居民地密度和道路密度）、遮蔽条件（土地覆被类型和坡度）和食物丰富度（NDVI）见图4-31。

2. 生境适宜性动态监测

基于生境适宜性评价系统和环境因子数据集，获取三江平原生境适宜性空间分布特征和不同适宜性级别的面积及比例。可以看出，三江平原生境适宜性最好的区域与湿地空间分布、保护区空间分布较为一致，主要分布于黑龙江、挠力河、乌苏里江和穆棱河沿岸、兴凯湖沿岸区域以及饶河东北黑蜂国家级自然保护区。适宜性良好的区域广泛分布于鹤岗市、虎林市、绥滨县、抚远县、同江市。适宜性一般的区域分布较零散，各个县（市）均有分布。适宜性差的区域集中分布于兴凯湖、鹤岗市中部、七台河市西部、佳木斯市北部、鸡西市东北部（图4-32）。

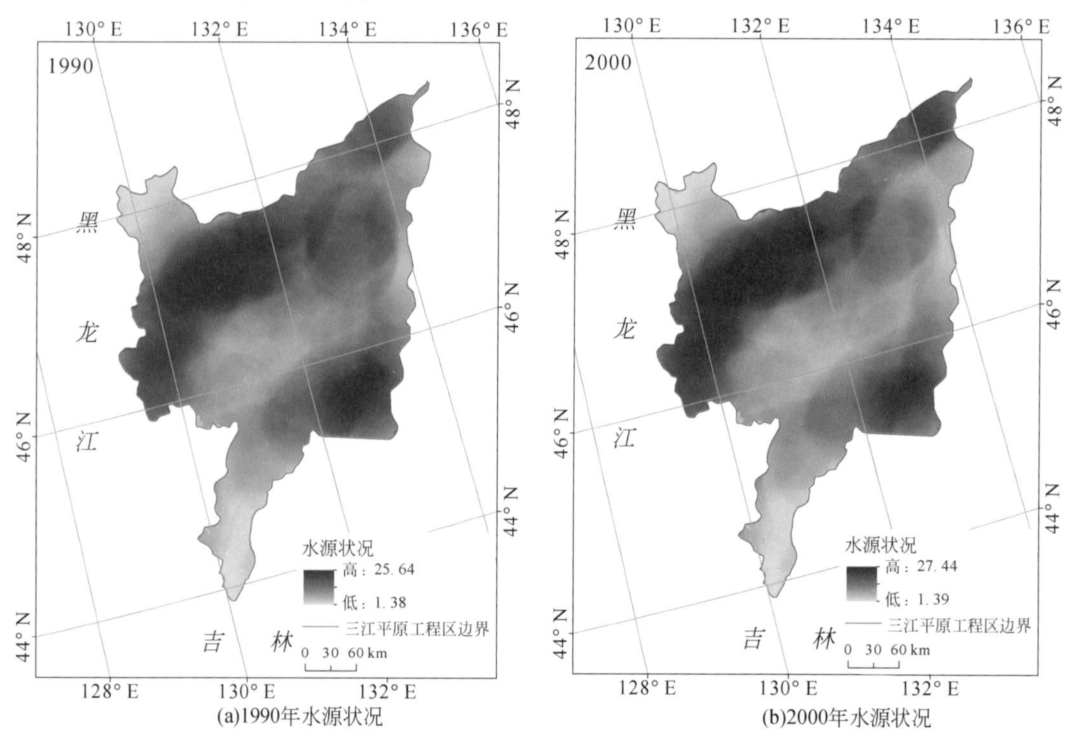

(a)1990年水源状况　(b)2000年水源状况

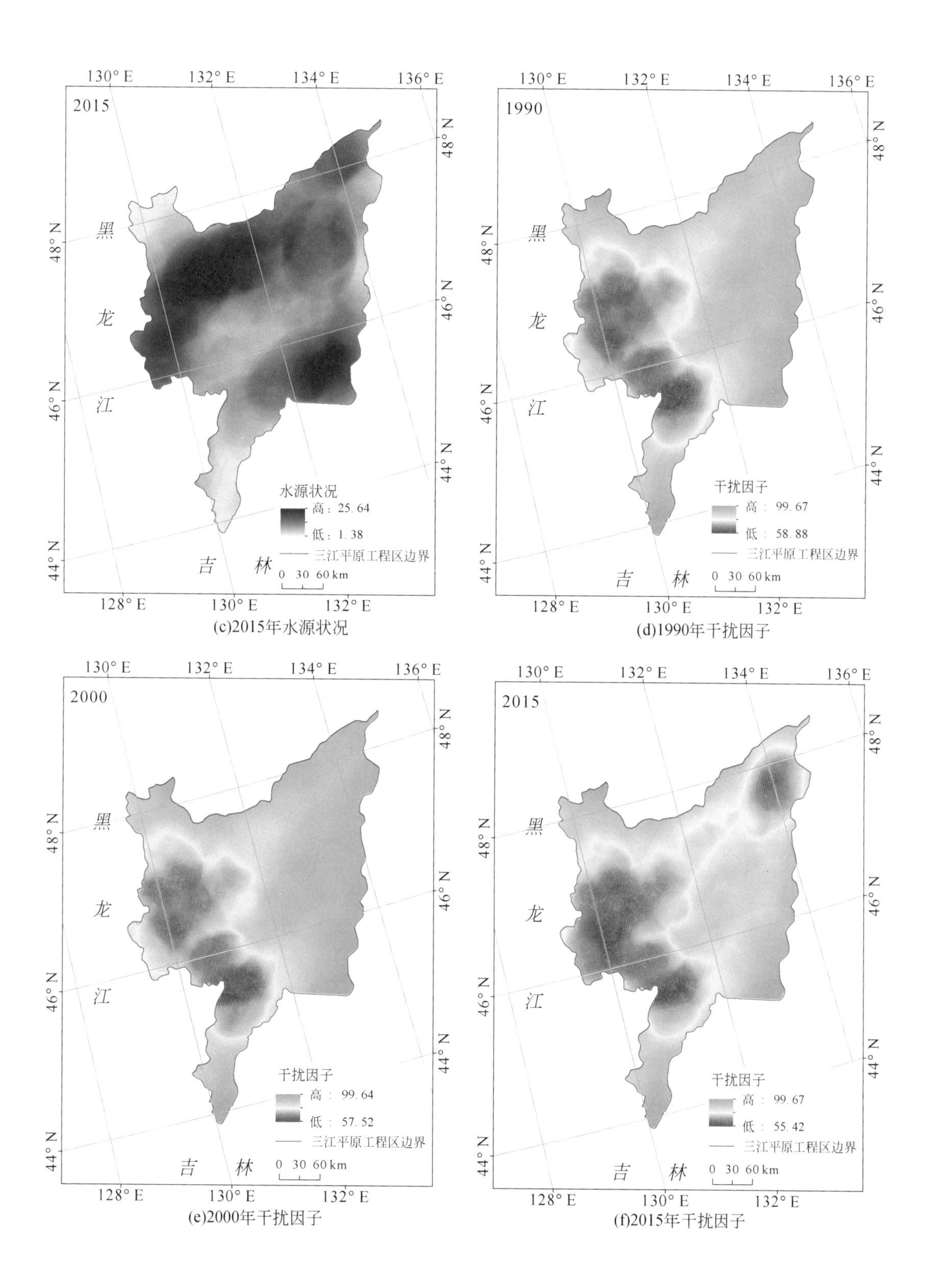

(c)2015年水源状况

(d)1990年干扰因子

(e)2000年干扰因子

(f)2015年干扰因子

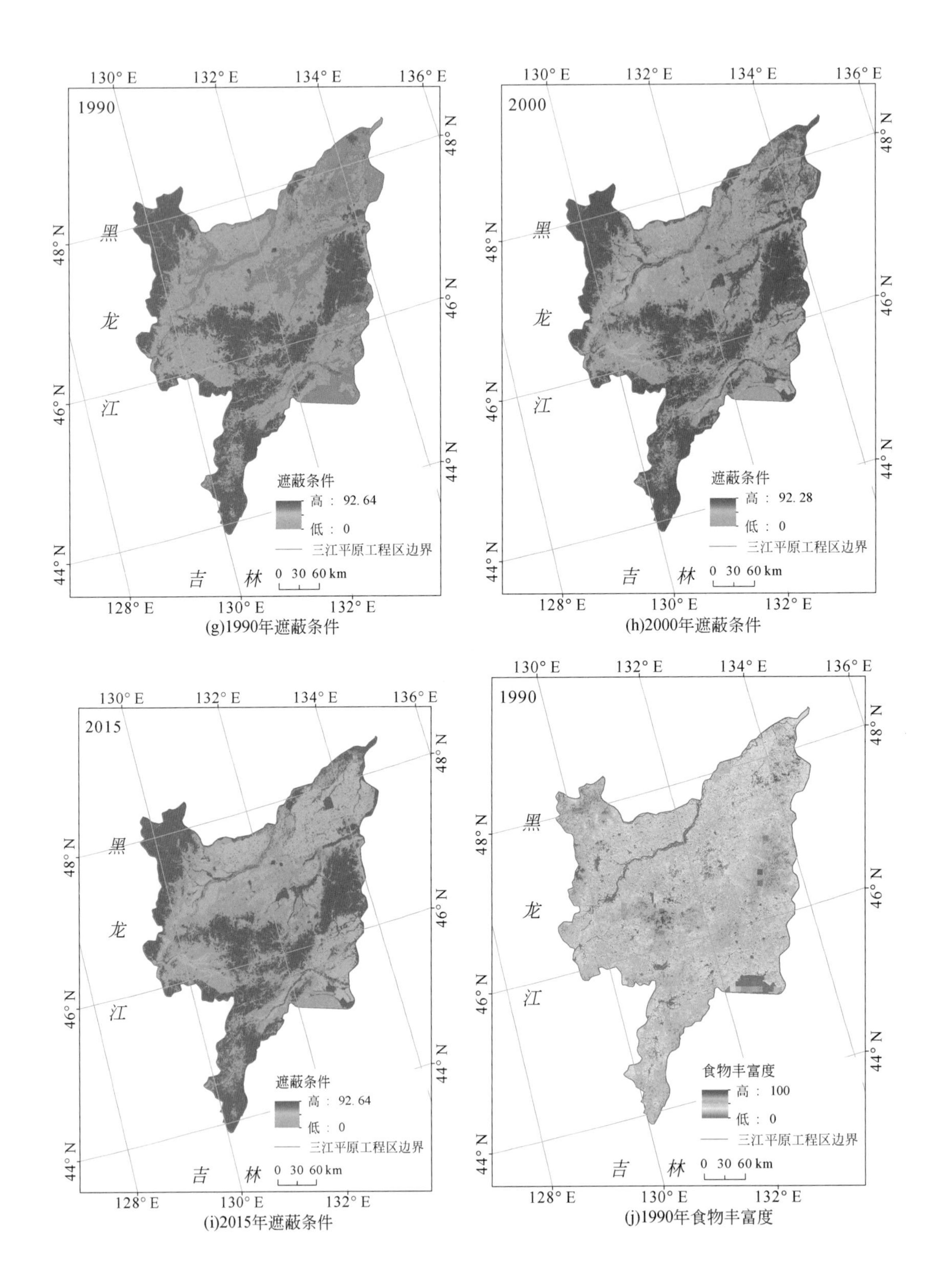

(g)1990年遮蔽条件

(h)2000年遮蔽条件

(i)2015年遮蔽条件

(j)1990年食物丰富度

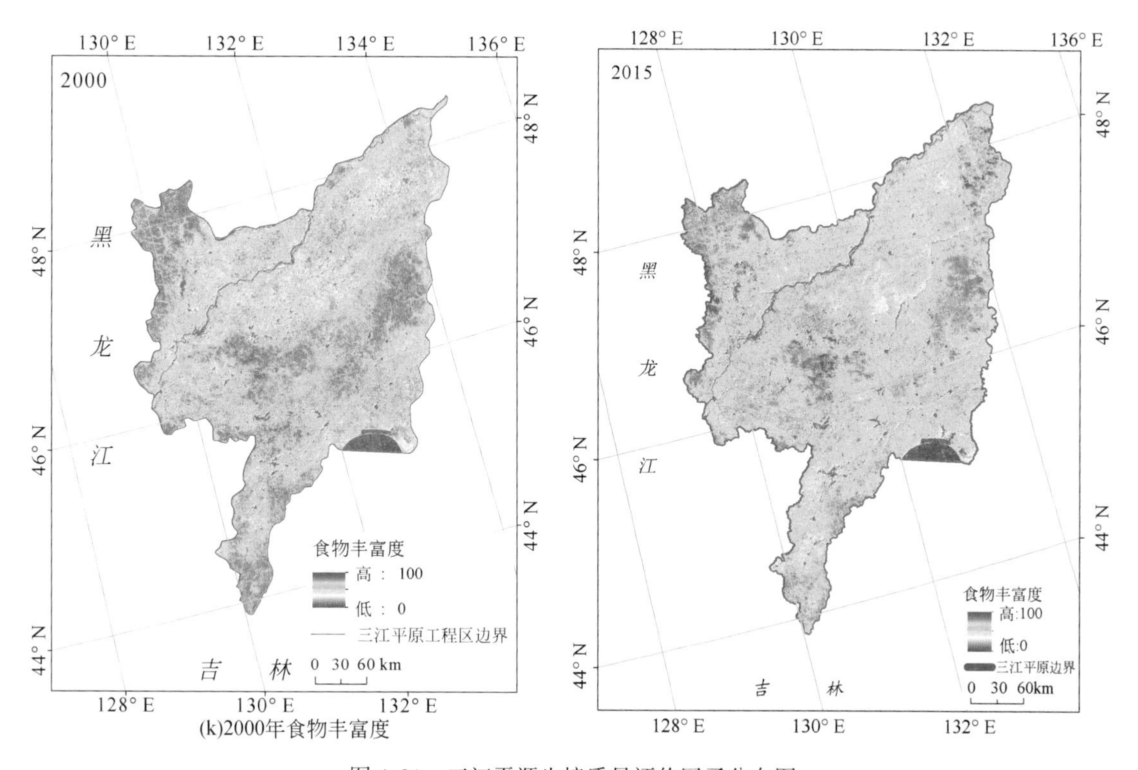

(k)2000年食物丰富度

图 4-31 三江平源生境质量评价因子分布图

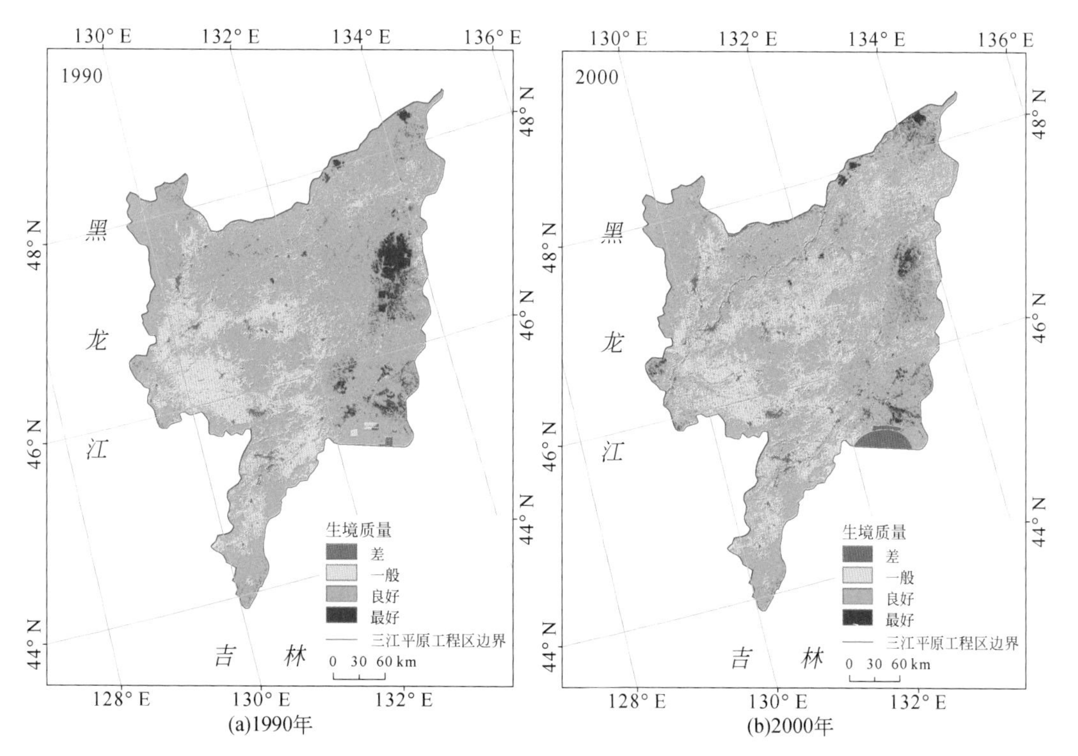

(a)1990年

(b)2000年

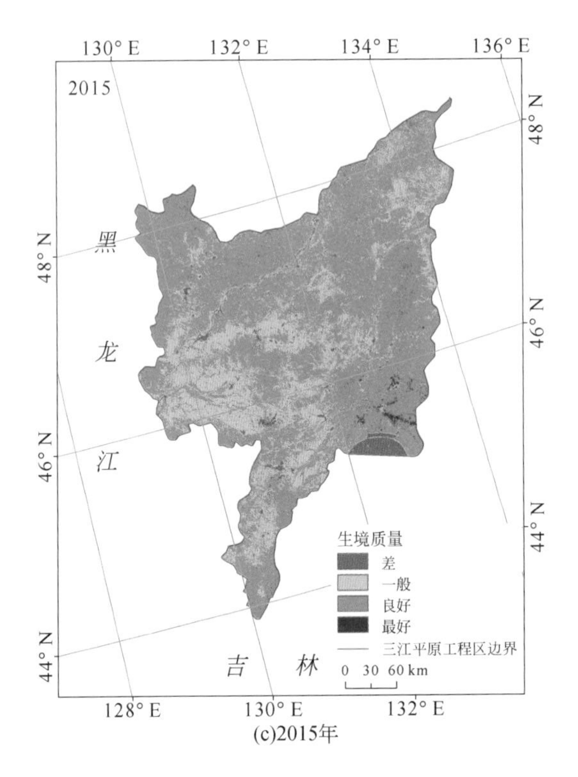

(c)2015年

图 4-32 三江平原生境适宜性分布图

三江平原生境适宜性最好的区域面积在 1990 ~ 2000 年呈减少趋势（减少了 41.01%），2000 ~ 2015 年仍呈减少趋势（减少了 77.47%）。适宜性良好的区域面积在 1990 ~ 2000 年呈减少趋势（减少了 11.2%），但在 2000 ~ 2015 年呈增加趋势（增加了 9.76%）。适宜性一般的区域面积在 1990 ~ 2000 年呈增加趋势（增加了 32.48%），但在 2000 ~ 2015 年呈减少趋势（减少了 13.07%）。适宜性差的区域面积在 1990 ~ 2000 年呈增加趋势（增加了 143.48%），但在 2000 ~ 2015 年呈减少趋势（减少了 19.6%）。

总体而言，1990 ~ 2000 年，生境适宜性最好和良好的区域面积呈减少趋势，面积减少了 10 363.94km^2，而 2000 ~ 2015 年，生境适宜性最好和良好的区域面积呈增加趋势，增加了 5056.10km^2，说明 2000 年以后生境质量变好。1990 ~ 2000 年，生境质量差的区域面积呈增加趋势，增加了 2337.8km^2，但在 2000 ~ 2015 年呈逐渐减少的趋势，减少了 777.71km^2，说明 2000 年以后，生境质量差的区域有所控制，生态得到有效保护（表 4-22）。

表 4-22 三江平原生境适宜性等级面积 （单位：km^2）

年份	最好	良好	一般	差
1990	3 827.36	78 544.10	24 709.04	1 629.39
2000	2 257.72	69 749.80	32 735.19	3 967.19
2015	508.56	76 555.06	28 456.80	3 189.48

3. 生境变化的驱动因素分析

（1）土地利用变化的影响

土地利用变化是影响生境质量的最重要因素，不同生态系统类型为动物提供的生存环境差异较大，而湿地是最适宜水禽栖息生存的环境。1990 ~ 2000 年，湿地减少了 7500.4km²，2000 ~ 2015 年，湿地减少了 2828.8km²；从空间上看，生境适宜性最好的区域与湿地的空间分布有明显的空间一致性，湿地面积的减少导致生境质量最好的区域面积持续减少。同时，湿地减少的区域与旱田增加的区域有较为明显的空间一致性，所以湿地开垦成旱田是导致生境适宜性最好的区域面积减少的主要原因。另外，森林是生境适宜性良好的生存环境，在 1990 ~ 2000 年森林面积减少了 1344km²，2000 ~ 2015 年森林面积增加了 405km²，对于生境适宜性良好的区域面积变化有一定的贡献。

（2）人文因素的影响

人口作为一种外界压力，对生境适宜性变化起着重要作用，人类活动通过改变土地利用与土地覆盖间接影响生境适宜性。三江平原 1990 ~ 2015 年总人口数量呈增长趋势，从 599 万人增加到 814.8 万人，人口的增长直接促进粮食需求增长和生存生活必需基础设施与场所的规模扩大，导致生境适宜性一般的旱田快速扩张，占用生境适宜性最好的湿地，使三江平原生境适宜性最好的面积降低。

作为反映经济发展状况的重要指标，GDP 对生境质量有一定的影响。1990 ~ 2015 年各县（市）经济涨幅最大，从 116.73 亿元增加到 2594.9 亿元。经济发展加快城市化进程，城市规模及其配套交通网络不断扩增，使生境适宜性评价系统中干扰条件的作用增加。在比较利益的驱动下，大规模旱田转为水田，三江平原 2015 年水田面积是 1990 年的 4.2 倍，使三江平原生境适宜性最好和良好的区域面积呈增加趋势。

自然保护区的建立不仅可以对重要物种进行保护，而且生态环境和生物资源也得到了保护，为当地社会经济发展和居民带来良好的经济效益，并达到永续利用的目的。自 1994 年以来，三江平原建立了 14 个国家级自然保护区、国际重要湿地 6 个。自然保护区内生境得到有效保护。随着自然保护区的保护有效性增加，生境适宜性变差的趋势逐渐放缓。

（二）国家级湿地自然保护区生境质量评价

自然保护区生存环境控制因子包括水源状况（湖泊和河流密度）、干扰因子（居民地和道路密度）、遮蔽条件（土地覆被类型和坡度）和食物丰富度（NDVI），如图 4-33 所示。

1990 ~ 2000 年，生境适宜性最好和良好的区域面积呈减少趋势，面积减少了 1817.66km²；2000 ~ 2015 年，生境适宜性最好和良好的区域面积呈增加趋势，增加了 175.34km²。1990 ~ 2000 年，生境适宜性一般的区域面积呈增加趋势，增加了 669.34km²；2000 ~ 2015 年，生境适宜性一般的区域面积呈减少趋势，减少了 124.45km²。1990 ~ 2000 年，生境适宜性差的区域面积呈增加趋势，增加了 1148.32km²；而 2000 ~ 2015 年减少了 50.89km²（图 4-34 和表 4-23）。

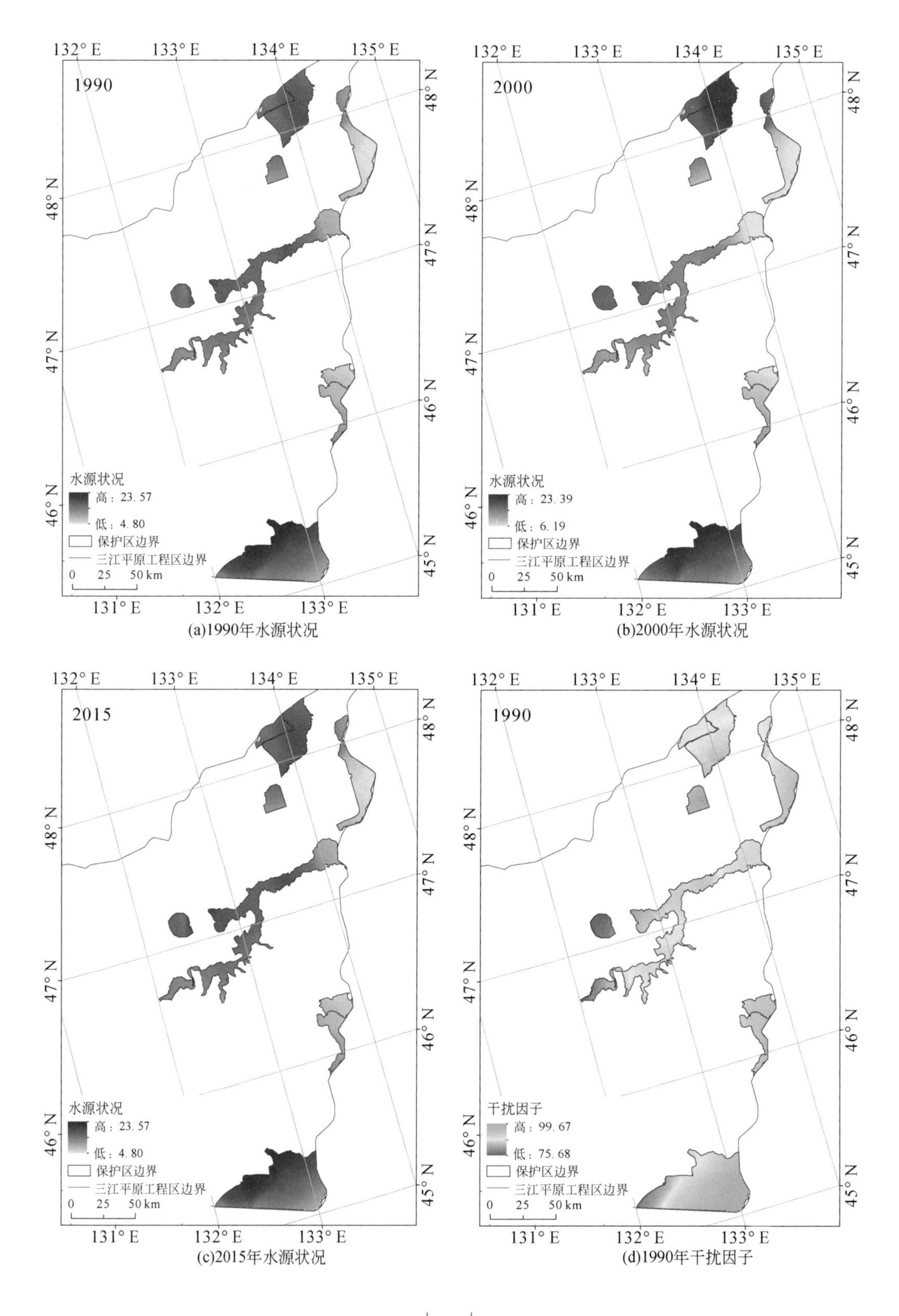

(a)1990年水源状况 (b)2000年水源状况

(c)2015年水源状况 (d)1990年干扰因子

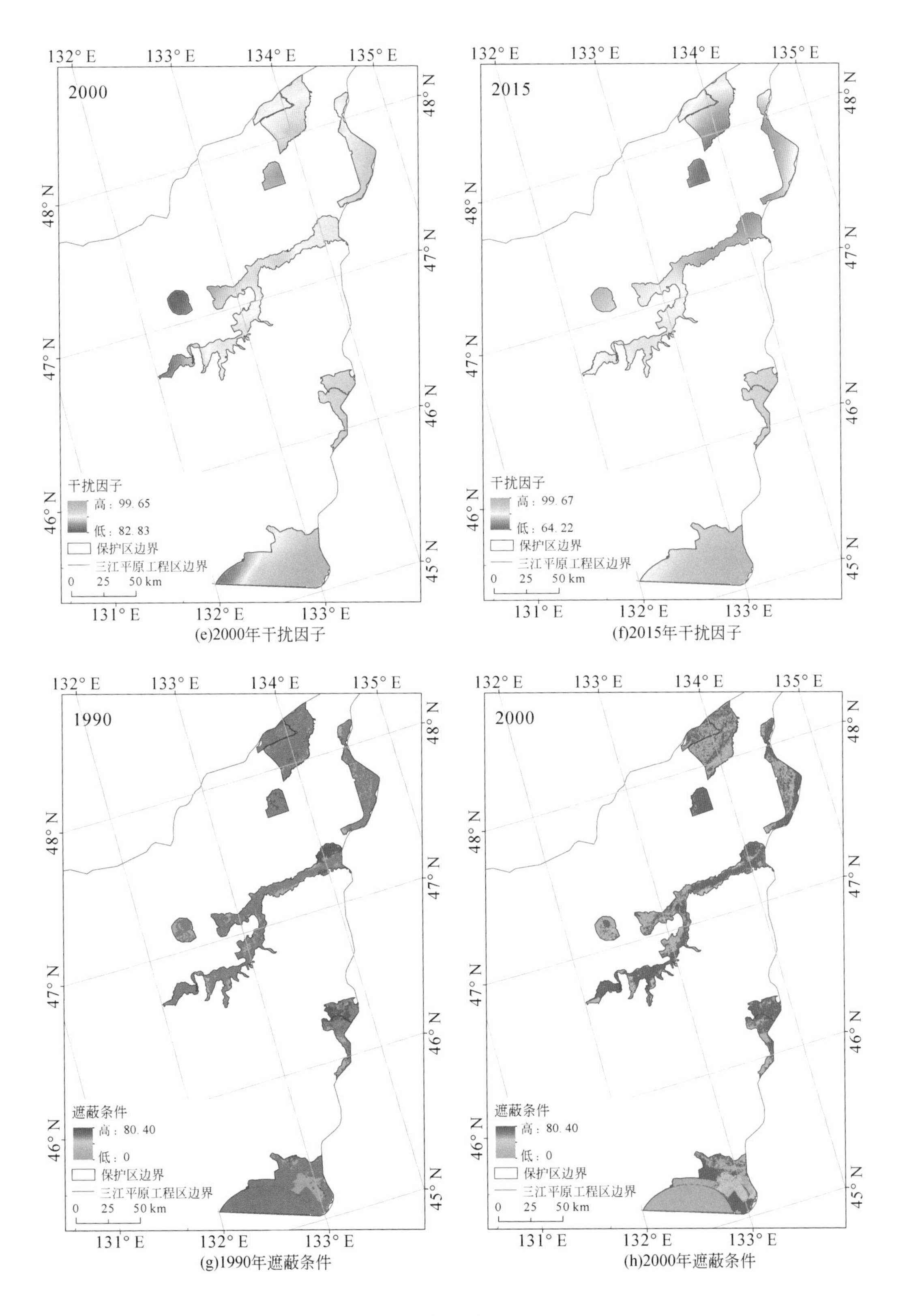

(e)2000年干扰因子

(f)2015年干扰因子

(g)1990年遮蔽条件

(h)2000年遮蔽条件

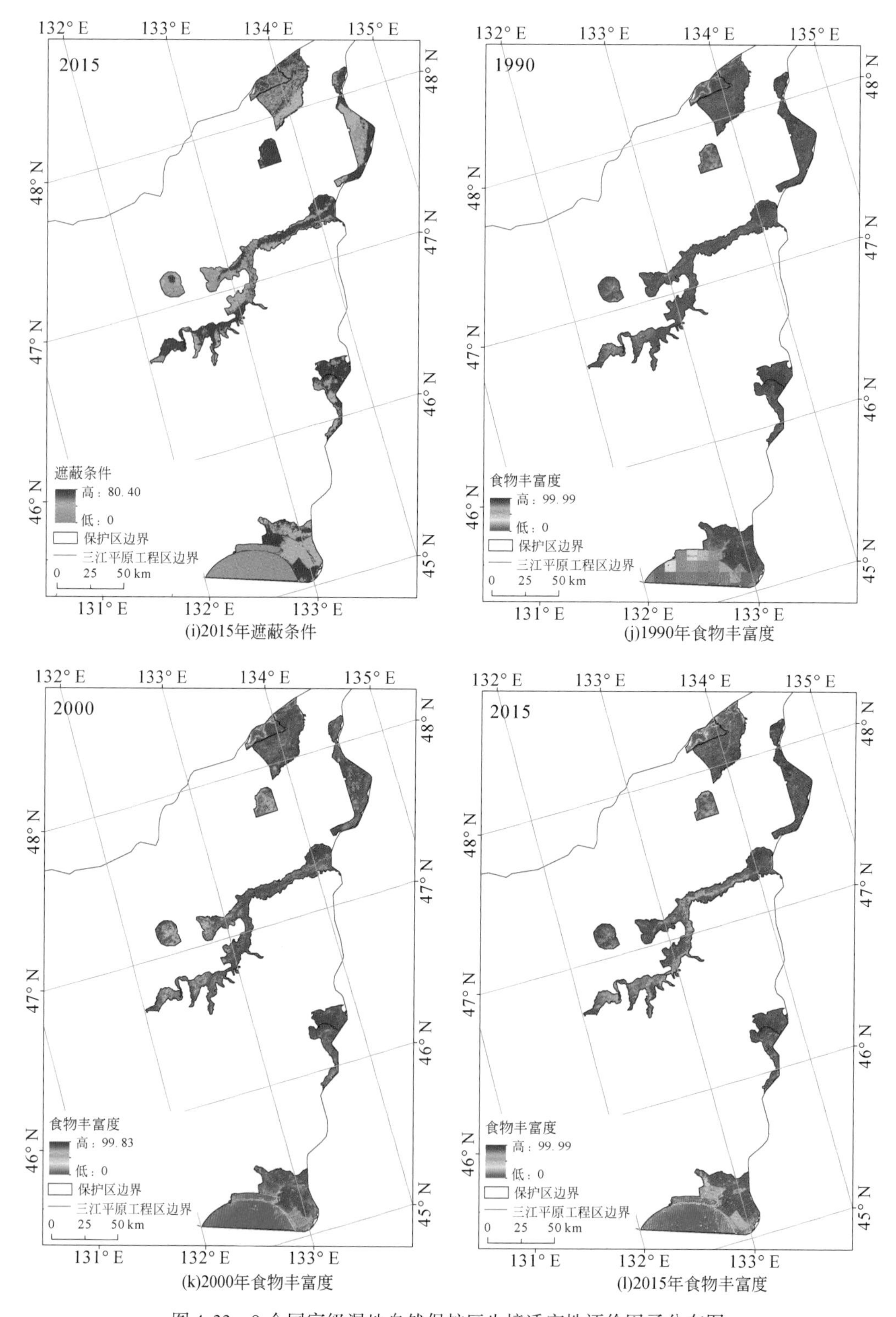

(i)2015年遮蔽条件

(j)1990年食物丰富度

(k)2000年食物丰富度

(l)2015年食物丰富度

图 4-33 9 个国家级湿地自然保护区生境适宜性评价因子分布图

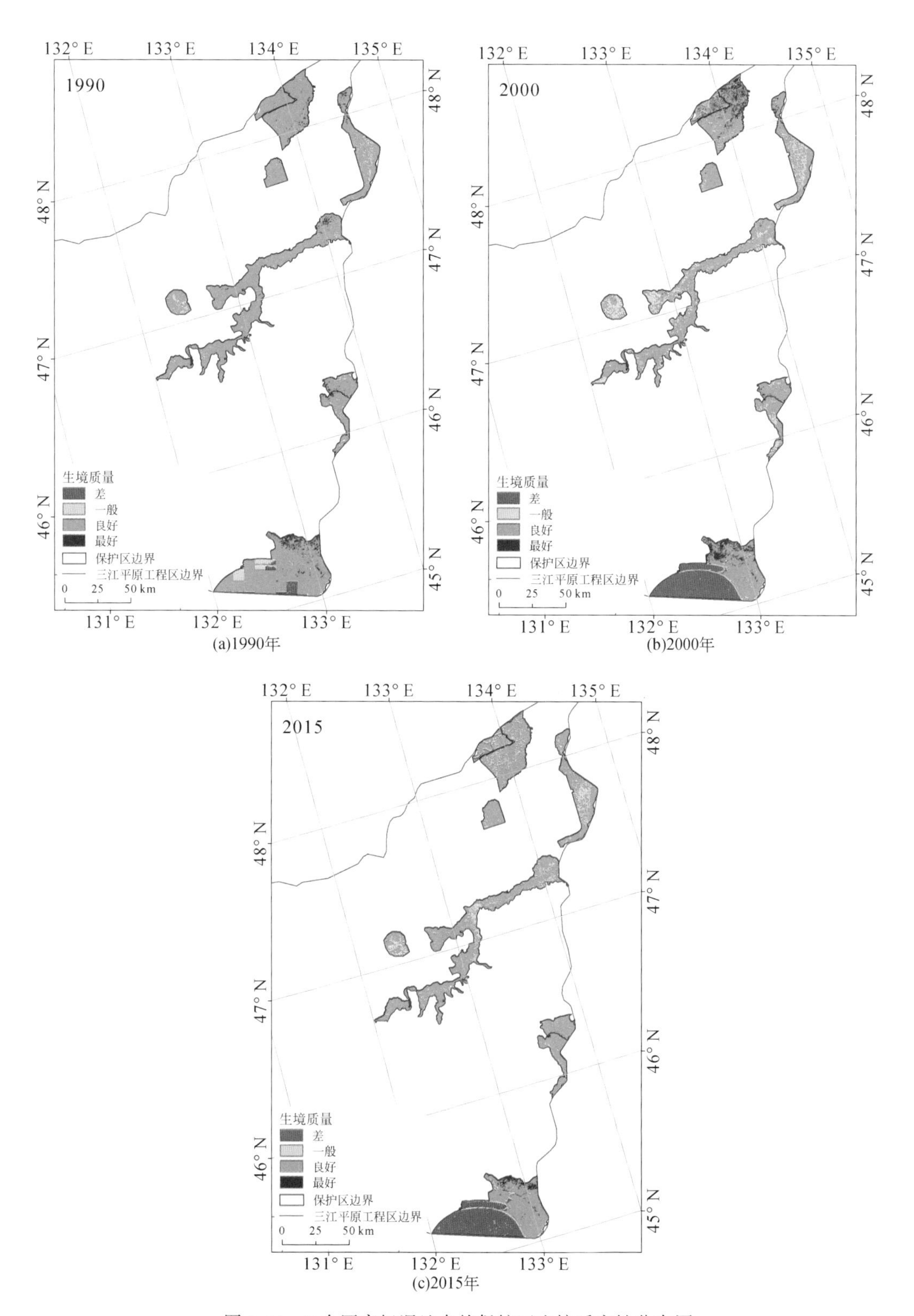

(a)1990年

(b)2000年

(c)2015年

图 4-34 9 个国家级湿地自然保护区生境适宜性分布图

表 4-23　9 个国家级湿地自然保护区生境适宜性等级面积　　(单位：km^2)

年份	最好	良好	一般	差
1990	193.69	7621.97	341.28	127.61
2000	395.08	5602.92	1010.62	1275.93
2015	96.93	6076.41	886.17	1225.04

总体而言，2000～2015 年，生境适宜性良好的区域面积呈增加趋势，生境质量一般和差的区域面积呈减少的趋势，说明 2000 年以后，国家级湿地自然保护区的建立对湿地保护起到重要的作用，且国家级湿地自然保护区的生境质量变化趋势与整个三江平原生境质量变化趋势一致。

（三）三江平原湿地植物群落结构变化分析

1. 三江平原湿地植物群落长期动态变化与农业活动的影响

（1）三江平原沼泽湿地植物群落动态

总体来看（表 4-24），三江平原沼泽湿地群落物种丰富度随时间呈增加趋势。位于低位沼泽的毛薹草群落每样方中的物种丰富度从 1973 年的 6.71±0.31 增加到了 2012 年的 8.26±0.24；位于中位沼泽的灰脉薹草群落每样方中的物种丰富度从 1973 年的 7.62±0.46 增加到了 2012 年的 9.15±0.53；位于高位沼泽的小叶章群落每样方中的物种丰富度呈微弱增加趋势。而且，长期来看，物种周转比较明显。

表 4-24　1973～2012 年三江平原沼泽植物群落物种丰富度变化

群落类型	每样方中的物种丰富度		总物种数			
	1973 年	2012 年	1973 年	2012 年	新出现物种	丢失的物种
毛薹草 *Carex lasiocarpa*	6.71±0.31	8.26±0.24	31	39	15	7
灰脉薹草 *Carex appendiculata*	7.62±0.46	9.15±0.53	48	54	20	14
小叶章 *Deyeuxia angustifolia*	5.65±0.31	5.92±0.37	40	47	15	8

资料来源：Lou 等（2015）

从三江平原沼泽湿地主要植物群落各指示物种长期变化趋势来看（表 4-25），位于低位沼泽的毛薹草群落包括 13 个指示种，其中毛薹草、细叶狸藻、驴蹄草和燕子花 4 个物种的相对丰富度呈降低趋势，而球尾花、漂筏薹草、睡菜、越桔柳、沼委陵菜、小叶章、毛水苏、地耳草、东北拉拉藤 9 个物种的相对频度和相对丰富度都呈增加趋势；位于中位沼泽的灰脉薹草群落包括 6 个指示种，除越桔柳相对频度和相对丰富度降低外，其他指示种的相对频度和相对丰富度都呈增加趋势；位于高位沼泽的小叶章群落，仅有 1 个指示种驴蹄草，呈降低趋势。

表 4-25　1973 ~ 2012 年三江平原沼泽主要植物群落各指示物种长期变化趋势　（单位:%）

群落类型	物种	相对频度			相对丰富度		
		1973 年	2012 年	变化	1973 年	2012 年	变化
毛薹草群落（低位沼泽）	毛薹草 *Carex lasiocarpa*	100	100	0	53	47	-6
	细叶狸藻 *Utricularia minor*	45	0	-45	100	0	-100
	燕子花 *Iris laevigata*	55	21	-34	78	22	-56
	驴蹄草 *Caltha palustris*	67	36	-31	62	38	-24
	球尾花 *Lysimachia thyrsiflora*	45	74	29	43	57	14
	漂筏薹草 *Carex pseudo-curaica*	40	67	27	39	61	22
	睡菜 *Menyanthes trifoliata*	31	43	12	26	74	48
	越桔柳 *Salix myrtilloides*	26	48	22	27	73	46
	沼委陵菜 *Comarum palustre*	14	40	26	25	75	50
	小叶章 *Deyeuxia angustifolia*	10	24	14	15	85	70
	毛水苏 *Stachys baicalensis*	5	26	21	11	89	78
	地耳草 *Hypericum japonicum*	2	21	19	6	94	88
	东北拉拉藤 *Galium manshuricum*	5	71	66	5	95	90
灰脉薹草群落（中位沼泽）	越桔柳 *Salix myrtilloides*	46	12	-34	81	19	-62
	小叶章 *Deyeuxia angustifolia*	46	73	27	36	64	28
	东北拉拉藤 *Galium manshuricum*	15	42	27	24	76	52
	漂筏薹草 *Carex pseudo-curaica*	12	46	34	20	80	60
	毛水苏 *Stachys baicalensis*	8	50	42	10	90	80
	毛山黧豆 *Lathyrus palustris* var. pilosus	4	27	23	12	88	76
小叶章群落（高位沼泽）	驴蹄草 *Caltha palustris*	42	15	-27	73	27	-46

资料来源：Lou 等（2015）

可以看出，1973 ~ 2012 年三江平原沼泽湿地植被向旱生方向演替，位于低位沼泽的毛薹草群落的物种组成变化最大，位于高位沼泽的小叶章群落的物种组成变化最小；喜湿物种的频度和盖度呈降低趋势，而杂类草和非沼泽物种的频度和盖度呈增加趋势。

（2）不同农业垦殖强度下湿地植物多样性和物种组成变化

从表 4-26 中可以看出，随着开垦强度的增大，湿地植物群落物种的丰富度呈先增加后降低的趋势。轻度开垦区物种丰富度达最大值 55，而在重度开垦区物种丰富度达最小值 36；多样性指数的计算结果表明，无论是 Shannon-Wiener 指数还是 Simpson 指数，均表明轻度开垦区具有最高的多样性；其余各开垦区多样性指数相近，差异不显著。此外，随着干扰强度的增大，湿地植物群落多样性同丰富度一样，呈先增加后降低的趋势，而 Pielou 均匀度指数则无显著变化。

表 4-26　不同开垦强度对湿地植物群落多样性指数的影响

开垦强度	沟渠密度（km/km^2）	物种丰富度	Shannon-Wiener 指数	Simpson 指数	Pielou 均匀度指数
天然湿地	0～0.6	42	1.724[a]	0.784[ab]	0.898[a]
轻度开垦区	0.6～1.2	55	1.937[b]	0.819[a]	0.914[a]
中度开垦区	1.2～1.8	37	1.581[a]	0.758[b]	0.909[a]
重度开垦区	1.8～2.4	36	1.621[a]	0.762[b]	0.898[a]

注：相同列的不同小写字母表示在 0.05 显著水平下差异显著

资料来源：卢涛等（2008）

随着开垦强度的增大，植物生态类群功能群组成中，湿生植物分布密度显著降低，而中湿生、中生植物分布则明显扩大。例如，漂筏薹草和睡菜都仅在未开垦的天然湿地处有较多的分布；而小叶章和黄花蒿则多出现在中度和重度开垦地带。且随着农业开垦强度的增大，优势群落的种类组成表现出明显的逆向演替现象，即随着渠道密度增大、水分条件减少的梯度，群落基本沿薹草群落—甜茅群落—野青茅群落—小叶章群落的序列演化（表 4-27）。

表 4-27　三江平原最常见的 10 种物种在不同开垦强度下分布密度的比较　（单位:%）

物种	天然湿地	轻度开垦区	中度开垦区	重度开垦区
漂筏薹草 *Carex pseudo-curaica*	31.95	13.25	3.72	1.03
狭叶甜茅 *Glyceria spiculosa*	26.65	20.09	3.67	5.18
毛薹草 *Carex lasiocarpa*	18.24	23.05	0.30	0.23
小花野青茅 *Deyeuxia neglecta*	16.88	29.46	14.29	3.93
睡菜 *Menyanthes trifoliata*	14.80	0.76	0.20	0.00
小叶章 *Deyeuxia angustifolia*	0.71	2.19	53.16	42.24
灰脉薹草 *Carex appendiculata*	0.00	8.57	27.62	0.00
黄花蒿 *Artemisia annua*	0.00	0.00	10.16	23.66
小白花地榆 *Sanguisorba teriuifolia*	0.00	0.37	1.27	1.47
驴蹄草 *Caltha palustris*	0.00	0.00	0.40	1.55

资料来源：卢涛等（2008）

（3）不同开垦年限下湿地土壤种子库变化

随着开垦年限的增加，天然湿地与开垦 1 年、3 年、10 年、20 年湿地平均种子库萌发物种数分别为 12 种、20 种、10 种、6 种、3 种。秋翻湿地（开垦 1 年）平均种子库萌发物种数最多，明显多于其他类型，其次为天然湿地与开垦 3 年湿地，显著多于开垦 20 年湿地。随着开垦年限的增加，天然湿地与开垦 1 年、3 年、10 年和 20 年湿地的种子萌发密度分别为 7624 粒/m^2、9836 粒/m^2、4336 粒/m^2、4872 粒/m^2 和 432 粒/m^2。秋翻湿地（开垦 1 年）种子萌发密度最大，显著多于开垦 3 年和开垦 10 年湿地；开垦 20 年湿地最少，显著低于其他类型，而天然湿地与开垦 1 年、3 年、10 年湿地，以及开垦 3 年和开垦 10 年湿地之间无显著差异。可以看出，农业开垦年限显著影响三江平原天然湿地种子库的规模，天然湿地一经开垦，种子萌发密度显著降低，开垦 20 年后湿地种子萌发密度降至最低；而且，随着开垦年限的增加，天然湿地种子库萌发物种数也显著降低，也就是说，长期的农田开垦可以导致湿地物种逐渐消失，湿地开垦 20 年后，生物多样性显著下降到很低的水平。因此，利用土壤种子库进行湿地恢复存在一个开垦阈值，即 10～20 年；当开垦超过 20 年后，仅依靠湿地土壤种子库难以达到湿地植被恢复的效果，植被恢复的难度则加大（图 4-35）。

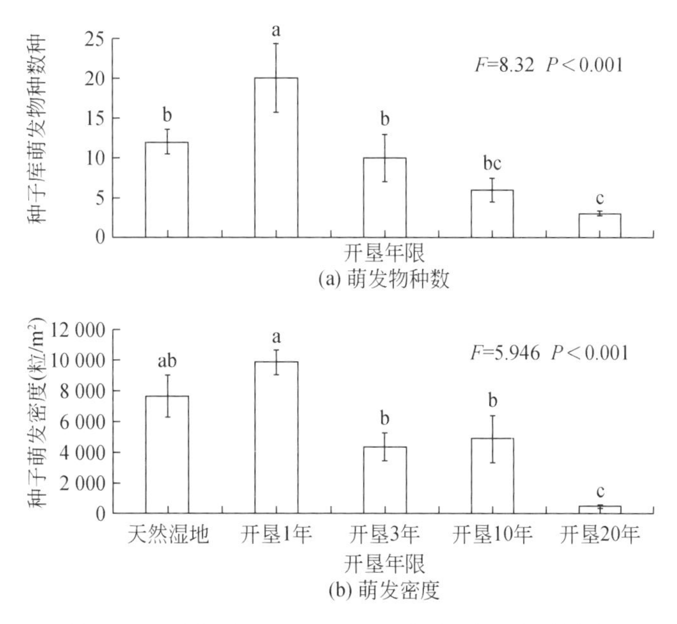

图 4-35　开垦年限对三江平原天然湿地种子库的影响

资料来源：王国栋等（2013）

（4）化肥施用对三江平原天然湿地植物群落结构的影响

由表 4-28 可以看出，化肥施用显著改变了植物群落中物种的优势度。在天然沼泽化草甸中，小叶章为优势种，其优势度达到 59.25%；狭叶甜茅、乌拉草和毛薹草为次优势种，优势度分别为 12.39%、13.96% 和 8.15%。当施加氮肥 3 年后，小叶章的优势度从 59.25% 增加到了 73.97%，而狭叶甜茅、乌拉草和毛薹草的优势度都呈现不同程度的降低，分别下降了 3.06%、3.53% 和 5.47%。当施加磷肥 3 年后，小叶章和乌拉草的优势度分别从 59.25% 和 13.96% 增加到了 60.18% 和 19.09%，而狭叶甜茅和毛薹草的优势度分别下降了 5.83% 和 1.32%。同样，在氮磷同时施加 3 年后，小叶章优势度的增加幅度最大，优势度从 59.25% 增加到了 76.28%，而狭叶甜茅、乌拉草和毛薹草的优势度分别下降了 6.55%、3.27% 和 5.66%。

表 4-28　化肥施用对三江平原天然湿地物种优势度的影响　　（单位:%）

物种分类	物种	优势度			
		沼泽化草甸	施加氮肥 3 年	施加磷肥 3 年	氮磷同时施加 3 年
禾本科植物	小叶章 *Deyeuxia angustifolia*	59.25	73.97	60.18	76.28
	狭叶甜茅 *Glyceria spiculosa*	12.39	9.33	6.56	5.84
莎草科植物	乌拉草 *Carex meyeriana*	13.96	10.43	19.09	10.69
	湿薹草 *Carex humida*	3.46	3.24	5.03	4.03
	毛薹草 *Carex lasiocarpa*	8.15	2.68	6.83	2.49
	其他	1.72	0.06	1.20	0.12
其他科植物	问荆 *Equisetum arvense*	0.20	0	0.14	0.21
	龙胆 *Gentiana scabra*	0.70	0.23	0.39	0.25
	球尾花 *Lysimachia thyrsiflora*	0.09	0.22	0.39	0.25
	地笋 *Lycopus lucidus*	0.09	0	0.07	0
	拉拉藤 *Humulus japonicus*	0.08	0	0	0.02
	贵州金丝桃 *Hypericum kouytchense*	0	0	0.32	0.08
	毛水苏 *Stachys baicalensis*	0	0	0.06	0

资料来源：陈慧敏等（2016）

施加氮肥 3 年后物种丰富度降低、Simpson 指数、Shannon-Wienner 指数和 Pielou 均匀度指数显著下降。然而，施加磷肥 3 年后对物种丰富度、Simpson 指数、Shannon-Wienner 指数和 Pielou 均匀度指数均没有造成显著影响。尽管在氮磷同时施加 3 年后对物种多样性指数没有产生显著的交互作用，但氮磷同时施加降低了 Simpson 指数、Shannon-Wienner 性指数和 Pielou 均匀度指数（表 4-29）。

表 4-29　化肥施用对三江平原天然沼泽化草甸湿地多样性和生物量的影响

不同施肥阶段	物种丰富度指数	Simpson 指数	Shannon-Wiener 多样性指数	Pielou 均匀度指数	地上部分生物量（g/m^2）
天然沼泽化草甸	8.00(1.00)^{ab}	0.61(0.01)^{a}	1.28(0.01)^{a}	0.63(0.04)^{a}	460(24)^{b}
施加氮肥 3 年后	6.33(0.33)^{b}	0.43(0.01)^{b}	0.91(0.02)^{b}	0.49(0.02)^{bc}	749(30)^{a}
施加磷肥 3 年后	9.33(0.88)^{a}	0.59(0.02)^{a}	1.24(0.05)^{a}	0.56(0.04)^{ab}	457(9)^{b}
氮磷同时施加 3 年后	7.33(0.67)^{ab}	0.40(0.01)^{b}	0.87(0.03)^{b}	0.44(0.01)^{c}	737(25)^{a}

注：括号中数据为标准误（n=3）。不同小写字母表示处理间差异显著

资料来源：陈慧敏等（2016）

2. 湿地保护工程对退化湿地植被演替的影响

（1）开垦小叶章湿地植物群落结构的自然恢复

随着恢复时间的增加，小叶章的重要值略有升高，而宽叶山蒿的重要值则略有下降，恢复 5 年湿地中小叶章与宽叶山蒿的重要值比为 1∶2.16；恢复 8 年湿地中小叶章与宽叶

山蒿的重要值比为3.54∶1；恢复12年湿地中小叶章与宽叶山蒿的重要值比为4.96∶1。可以看出，恢复5年湿地形成了以宽叶山蒿为优势种、小叶章为亚优势种的植被群落，其中伴生有地笋和小白花地榆；恢复8年湿地以小叶章为优势种、宽叶山蒿为亚优势种，控制着群落的结构；而恢复12年湿地只以小叶章为优势种，已经形成了以小叶章为绝对优势的纯群落。由此可知，不同恢复年限下湿地植被在组成结构和物种分布格局上存在明显差异。恢复12年湿地形成以小叶章为绝对优势的纯群落的调查结果与前人在三江平原天然小叶章草甸湿地中的调查结果相同（娄彦景等，2006）（表4-30）。

表4-30　不同恢复年限开垦小叶章湿地的主要物种重要值变化

物种	重要值			
	恢复5年湿地	恢复8年湿地	恢复12年湿地	天然小叶章草甸湿地
小叶章 *Deyeuxia angustifolia*	0.116	0.428	0.441	0.508
小白花地榆 *Sanguisorba teriuifolia*	0.045	0.048	—	0.019
宽叶山蒿 *Artemisia stolonifera*	0.251	0.121	0.089	—
地笋 *Lycopus lucidus*	0.070	—	—	—
猪毛蒿 *Artemisia scoparia*	0.028	—	—	—
柳叶蒿 *Artemisia integrifolia*	—	0.055	—	—
野火球 *Trifolium lupinaster*	—	—	0.034	—
山黧豆 *Lathyrus palustris*	—	0.054	0.037	0.011

资料来源：娄彦景等（2006）；王雪宏等（2009）

（2）开垦小叶章湿地土壤种子库自然恢复特征

从表4-31可以看出，随着次生演替恢复的进行，退化湿地的种子库结构和规模均呈扩大趋势。恢复7年湿地、恢复14年湿地、天然小章叶湿地种子库萌发物种数分别为24种、29种、39种，种子萌发密度分别为（5376±1042）粒/m^2、（7625±1213）粒/m^2和（8632±1526）粒/m^2。

表4-31　不同恢复阶段开垦小叶章湿地种子库萌发特征

不同恢复阶段	种子库萌发物种数（种）	种子萌发密度（粒/m^2）
开垦小叶章湿地	8	432±51
恢复7年湿地	24	5376±1042
恢复14年湿地	29	7625±1213
天然小叶章湿地	39	8632±1526

资料来源：王国栋等（2012）

而随着次生演替恢复的进行，恢复7年湿地和恢复14年湿地的植被物种数均为21种，已经超过天然小叶章湿地植被物种数（14种）。其中，分布于天然小叶章湿地中的物种，如小叶章、宽叶山蒿、垂穗粉花地榆、芦苇、粉花绣线菊、地笋、野火球、赛繁缕、草莓、越桔柳、长裂苦苣菜、兴安拉拉藤、沼地早熟禾、毛薹草14种物种，大多在恢复7

年湿地和恢复14年湿地中出现（表4-32）。

表4-32　不同恢复阶段开垦小叶章湿地植被物种组成及重要值

物种	恢复7年湿地	恢复14年湿地	天然小叶章湿地
小叶章 *Deyeuxia angustifolia*[P]	0.518	1.482	1.882
宽叶山蒿 *Artemisia stolonifer*[P]	0.672	0.421	0.173
垂穗粉花地榆 *Sanguisorba tenuifolia*[P]			0.087
芦苇 *Phragmites communis*[P]	0.239	0.052	0.085
粉花绣线菊 *Spiraea japonica*[P]	0.241		0.06
地笋 *Lycopus lucidus*[P]			0.042
野火球 *Trifolium lupinaster*[P]			0.039
赛繁缕 *Stellaria neglecta*[a]	0.041	0.011	0.036
草莓 *Fragaria×ananassa*[P]	0.038	0.057	0.033
越桔柳 *Salix myrtilloides*[P]			0.033
长裂苦苣菜 *Sonchus brachyotus*[P]	0.032		0.028
兴安拉拉藤 *Galium dahuricum*[P]	0.003		0.027
沼地早熟禾 *Poa palustris*[P]	0.215	0.172	0.02
毛薹草 *Carex lasiocarpa*[P]		0.072	0.03
球尾花 *Lysimachia thyrsiflora*[P]	0.007	0.003	
山杨 *Populus davidiana*[P]	0.152	0.172	
毒芹 *Cicuta virosa*[P]	0.007	0.013	
千屈菜 *Lythrum salicaria*[P]	0.203	0.132	
山酢浆草 *Oxalis acetosella*[P]	0.003		
细叶沼柳 *Salix rosmarinifolia*[P]	0.083	0.152	
东北鼠麹草 *Gnaphalium mandshuricum*[a]	0.01	0.013	
灰绿藜 *Chenopodium glaucum*[a]	0.003	0.006	
黄莲花 *Lysimachia davurica*[P]	0.007		
泽芹 *Sium suave*[P]	0.003	0.003	
问荆 *Equisetum arvense*[P]	0.054	0.003	
狭叶黄芩 *Scutellaria regeliana*[P]	0.008	0.025	
五脉山黧豆 *Lathyrus quinquenervius*[P]		0.113	
野大豆 *Glycine soja*[a]		0.004	
柳叶蒿 *Artemisia integrifolia*[P]		0.007	
老鹳草 *Geranium wilfordii*[P]		0.015	

注：a 一年生物种；P 多年生物种

资料来源：王国栋等（2012）

从表4-33可以看出，随着次生演替恢复阶段的进行，恢复湿地种子库与天然小叶章湿地的相似性逐渐增加，其中恢复14年湿地与天然小叶章湿地相似性最高。同时，恢复湿地植被与天然小叶章湿地的相似性也逐渐增加，但仍以恢复7年湿地与恢复14年湿地两者相似性最高。

表4-33 天然湿地与恢复湿地的植被物种及种子库的相似性系数

不同恢复阶段	植被			种子库		
	恢复7年湿地	恢复14年湿地	天然小叶章湿地	恢复7年湿地	恢复14年湿地	天然小叶章湿地
恢复7年湿地	1	0.53	0.35	1	0.47	0.43
恢复14年湿地		1	0.39		1	0.62
天然小叶章湿地			1			1

资料来源：王国栋等（2012）

（四）三江平原湿地重要水禽种群动态分析

1. 三江平原湿地鸟类组成特征及丧失情况

（1）三江平原湿地鸟类群系组成及季节性动态

2006年春季对三江平原国家级自然保护区的鸟类群落结构进行了研究，共记录到鸟类82种，隶属于14目33科。各目由多到少依次为雀形目（35种）、雁形目（17种）、鸻形目（5种）、隼形目（5种）、鹤形目（3种）、鹳形目（4种）、鸥形目（3种）、鸊鷉目（2种）、鸮形目（2种）、佛法僧目（2种）、鹃形目（1种）、鸽形目（1种）、鸫形目（1种）、鸡形目（1种）。其中，雀形目种类占总数的42.68%，非雀形目种类占总数的57.32%；从数量上来看，雁形目数量最多占77.25%，其次是雀形目占15.96%（表4-34）。

表4-34 三江自然保护区各目鸟类种类和数量比较

指标	鸊鷉目	鸫形目	鹤形目	雁形目	隼形目	鸡形目	鹳形目	鸻形目	鸥形目	鸽形目	鹃形目	佛法僧目	鸮形目	雀形目	合计
种类（种）	2	1	3	17	5	1	4	5	3	1	1	2	2	35	82
种类比例（%）	2.44	1.22	3.66	20.73	6.10	1.22	4.88	6.10	3.66	1.22	1.22	2.44	2.44	42.68	
数量（只）	15	33	57	5509	10	5	31	225	72	18	1	9	8	1138	7131
数量比例（%）	0.21	0.46	0.80	77.25	0.14	0.07	0.43	3.16	1.01	0.25	0.01	0.13	0.11	15.96	

资料来源：吕宪国等（2009）

从居留型统计来看（表4-35），夏候鸟种类最多，占总数的58.53%；其次是旅鸟，占总数的29.27%；而冬候鸟和留鸟非常少，前者仅有1种。这说明该区在4、5月，冬候鸟已经基本离境，而夏候鸟也已经大部分迁到。另外，从数量比例来看，旅鸟最高，说明该区在东北亚鸟类迁徙路线上的重要作用。

表 4-35　三江自然保护区春季鸟类居留型统计表

居留型	种类（种）	种类比例（%）	数量（只）	数量比例（%）
夏候鸟	48	58.53	2992	41.96
冬候鸟	1	1.22	3	0.04
留鸟	9	10.98	311	4.36
旅鸟	24	29.27	3825	53.64

资料来源：吕宪国等（2009）

在我国北方，绝大部分鸟类为季节性动物，不同季节、不同时间，鸟类的种类及数量表现出极大的差异。1995 年对洪河国家级自然保护区调查显示，该区春秋迁徙季节鸟类种类及数量均较大；夏季因处于繁殖季节，鸟类活动性差，隐蔽性强，活动分散，观察到的种类及数量相对较少；而冬季因天气寒冷，气温较低，绝大部分鸟类迁徙至南方越冬，仅少数留鸟及冬候鸟在此活动，因此统计到的种类及数量均很低（图 4-36）。

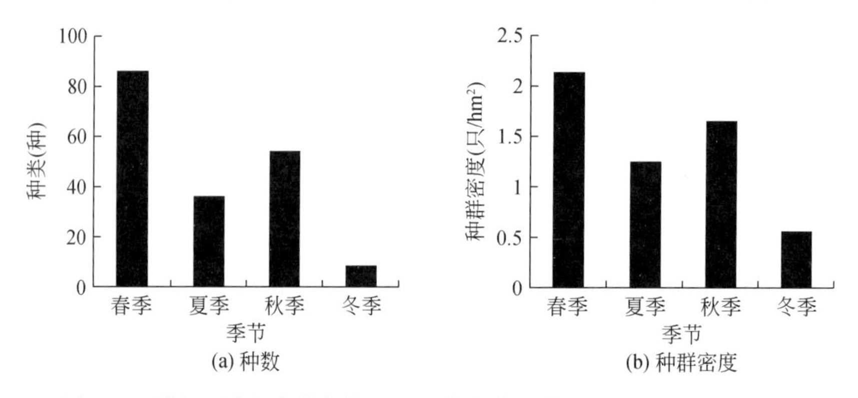

图 4-36　洪河国家级自然保护区 1995 年鸟类种数和种群密度的季节变化

资料来源：吕宪国等（2009）

（2）三江平原不同生境鸟类多样性差异

群落中物种多样性指数高低取决于群落的丰富度和均匀度，而二者从根本来说取决于一定生境中气候、食物及隐蔽性。调查发现，浓江河湿地生态廊道区不同的生境中，鸟类的种类及数量有明显的不同。浓江河湿地生态廊道区鸟类 Shannon-Wiener 指数较高，生境以沼泽湿地为主，不同栖息生境中鸟类 Shannon-Wiener 指数表现为沼泽（1.2601）>水域（1.2488）>居民区（0.9031）>农田（0.8728）>林地（0.8716）；Pielou 均匀度指数表现为水域（0.1823）>农田（0.1646）>林地（0.1429）>沼泽（0.1105）>居民区（0）。

沼泽鸟类 Shannon-Wiener 指数最高，这是由于浓江河湿地生态廊道区有大面积的薹草湿地，食物丰富，是涉禽的主要觅食地；水域鸟类 Shannon-Wiener 指数仅略低于沼泽，其主要原因是该区鸟类数量大；居民区房屋多为砖瓦结构的平房，为在居民区生活的燕类和雀类提供了较好的栖息生境，Shannon-Wiener 指数较丰富，但 Pielou 均匀度指数为 0；农田鸟类 Shannon-Wiener 指数仅比林地高，在浓江河边虽然有大面积的农田，但春季农田区庄稼尚未播种，食物较少，且在该区活动的雀形目鸟类尚未全部迁回，因此导致该区鸟类多样性较低；浓江河湿地生态廊道区由大面积的沼泽构成，林地面积极少，鸟类数量少，且多集群活动，因此 Pielou 均匀度指数也较低（表 4-36）。

表 4-36　2008 年春季浓江河湿地生态廊道区及其周边鸟类群落物种多样性差异

指标	水域	沼泽	农田	林地	居民区	廊道区及周边
种类（种）	30	37	16	17	8	68
数量（只）	2191	631	98	155	145	3220
Shannon-Wiener 指数	1. 2488	1. 2601	0. 8728	0. 8716	0. 9031	1. 4699
Pielou 均匀度指数	0. 1823	0. 1105	0. 1646	0. 1429	0	0. 0596

资料来源：朱宝光等（2009）

（3）洪河国家级自然保护区 1995 ~2004 年鸟类多样性变化

1995 年和 2004 年分别对三江平原洪河国家级自然保护区春、秋季节不同生境类型（林地、灌丛、草甸）鸟类多样性进行了统计和分析（表 4-37）。2004 年统计到的鸟类数量较 1995 年少 1664 只，鸟类种数少了 5 种，平均种群密度降低了 0. 6777 只/hm^2。将不同年份不同季节鸟类多样性进行比较，发现 1995 ~2004 年鸟类多样性发生了较大的变化，1995 年调查区鸟类 Shannon-Wiener 指数为 3. 9464，而 2004 年 Shannon-Wiener 指数为 3. 5724，较 1995 年减少了 0. 3740。鸟类种群数量、平均种群密度和 Shannon-Wiener 指数的降低主要是农业开垦导致 1995 ~2004 年洪河国家级自然保护区大量缺水，使保护区的湿地面积越来越小，并急剧向原生演替，鸟类栖息生境发生变化。此外，鸟类 Pielou 均匀度指数显示，2004 年鸟类分布均匀性较 1995 年高 0. 0226，其主要原因是：2004 年统计到的鸟类数量为 2151 只，是 1995 年统计数量的 56. 7%，但是 2004 年统计到的种类是 1995 年的 70. 83%，因此，表现出较高的均匀度。

表 4-37　洪河国家级自然保护区 1995 ~2004 年鸟类多样性变化

年份	种数（种）	种群数量（只）	平均种群密度（只/hm^2）	Shannon-Wiener 指数	Pielou 均匀度指数
1995	94	3815	1. 5622	3. 9464	0. 7769
2004	89	2151	0. 8845	3. 5724	0. 7995
变化	-5	-1664	-0. 6777	-0. 374	0. 0226

资料来源：吕宪国等（2009）

2. 三江平原鸟类多样性恢复情况

（1）安邦河湿地不同恢复阶段鸟类组成变化

黑龙江安邦河湿地省级自然保护区位于三江平原腹地的集贤县北部，是典型的芦苇湿地为主的湿地类型自然保护区，保护区总面积为 10 295hm^2。由于大面积开垦，到保护区建立时，湿地面积仅余 2000 多公顷。自 2001 年保护区建立后，开始了大规模的退耕还湿工作，目前已经退耕还湿超过 2000hm^2，并成为国家林业局退耕还湿示范区。2009 年和 2010 年春季和秋季对安邦河湿地不同恢复阶段（农田、恢复初期湿地、恢复中后期湿地和原始湿地）鸟类多样性进行了调查（表 4-38）。

表 4-38　安邦河湿地不同恢复阶段鸟类数量分布　　（单位：只）

物种	不同恢复阶段			
	农田	恢复初期湿地	恢复中后期湿地	原始湿地
小䴙䴘 *Tachybaptus ruficollis*			32	
凤头䴙䴘 *Podiceps cristatus*		16	237	243
普通鸬鹚 *Phalacrocorax carbo*			11	26
苍鹭 *Ardea cinerea*	2	10	13	99
草鹭 *Ardea purpurea*	2	8	21	30
夜鹭 *Nycticorax nyclicorax*				2
大白鹭 *Egrelta alba*	3	20	19	868
紫背苇鳽 *Ixobrychus eurhythmus*				8
大麻鳽 *Botaurus stellaris*		1	6	1
东方白鹳 *Ciconia boyciana*			1	2
白琵鹭 *Platalea leucorodia*		4		392
鸿雁 *Anser cygnoides*			17	9
针尾鸭 *Anas acuta*			6	14
绿翅鸭 *Anas crecca*				30
花脸鸭 *Anas formosa*			35	
罗纹鸭 *Anas faleate*				5
绿头鸭 *Anas platyrhynchos*	13	18	91	115
斑嘴鸭 *Anas poecilorhyncha*	1	1	247	326
赤膀鸭 *Anas strepera*		8	147	20
赤颈鸭 *Anas penelope*			19	
白眉鸭 *Anas querquedula*		2	93	20
琵嘴鸭 *Anasc clypealar*		2	108	42
红头潜鸭 *Aythya ferina*			112	51
凤头潜鸭 *Aythya fuligula*			26	44
鸳鸯 *Aix galericulata*			2	2

续表

物种	不同恢复阶段			
	农田	恢复初期湿地	恢复中后期湿地	原始湿地
斑脸海番鸭 *Melanitta fusca*			2	4
苍鹰 *Accipiter gentilis*				7
白腹鹞 *Circus spilenotus*	8	7		33
白尾鹞 *Cireus cyaneus*			3	2
鹊鹞 *Circu melanoleucos*				1
红脚隼 *Falco amurensis*				2
环颈雉 *Phasianus colchicus*				10
白枕鹤 *Grus vipio*				32
黑水鸡 *Gallinula chloropus*			6	6
骨顶鸡 *Fulico atra*		161	3676	3600
凤头麦鸡 *Vanellus vanellus*			1	100
金眶鸻 *Charadrius dubius*			7	
环颈鸻 *Charadrius alexandrinus*			1	2
鹤鹬 *Tringa erythropus*				20
红脚鹬 *Tringa totanus*			6	
白腰草鹬 *Tringa ochropus*			3	470
矶鹬 *Tringa hypoleucos*				142
针尾沙锥 *Gallinago stenura*			1	
黑翅长脚鹬 *Himantopus himantopus*			14	234
银鸥 *Larus argentatus*			15	25
红嘴鸥 *Larus ridibundus*	11	10	85	338
须浮鸥 *Chlidonias hybrida*		1	3	65
白翅浮鸥 *Chlidonias leuecoptera*				180
普通燕鸥 *Stema hirundo*				8
山斑鸿 *Atreptopelia orientalis*		14	38	99
四声杜鹃 *Cuculus micropterus*				2
大杜鹃 *Cuculus canorus*			2	1
普通翠鸟 *Alcedo atthis*			1	

续表

物种	不同恢复阶段			
	农田	恢复初期湿地	恢复中后期湿地	原始湿地
蓝翡翠 *Halcron pileata*			1	3
家燕 *Hirundo rustica*		163	150	
金腰燕 *Hirundo daurica*		2		
黄鹡鸰 *Motacilla flava*	7	9	42	77
白鹡鸰 *Motacilla alba*		22	44	
红尾伯劳 *Lanius cristatus*				4
黑枕黄鹂 *Oriolus chinensis*	10	2	23	
喜鹊 *Pica pica*	4	3	10	
大嘴乌鸦 *Corvus macrorhychos*			12	
红喉歌鸲 *Erithacus calliope*			1	3
蓝歌鸲 *Erithacus cyane*	2	12	9	
红胁蓝尾鸲 *Erithacus cyanurus*				1
震旦鸦雀 *Paradoxornis heudei*		5	2	
东方大苇莺 *Acrocephalus orienlalis*	2	48	26	3
黑眉苇莺 *Acrocephalus bistrigiceps*	6	4		
黄眉柳莺 *Phylloscopus inornatus*			1	
极北柳莺 *Phylloscopus borealis*			1	2
麻雀 *Passer montanus*	67	113	357	1
黄喉鹀 *Emberiza elegans*		8	3	
三道眉草鹀 *Emberiza cia*		8		
合计	138	682	5789	7826

资料来源：刘志伟（2011）

（2）安邦河湿地不同恢复阶段鸟类群落多样性变化

鸟类群落多样性统计（表4-39），春季鸟类群落 Shannon-Wiener 指数从大到小依次为原始湿地（1.78）>恢复中后期湿地（1.73）>恢复初期湿地（0.63）>农田（0.18）；秋季鸟类群落 Shannon-Wiener 指数从大到小依次为原始湿地（1.38）>恢复中后期湿地（1.00）>恢复初期湿地（0.22）>农田（0.08）。恢复中后期湿地的鸟类群落多样性与原始湿地之间差异较小，恢复初期湿地的鸟类群落多样性与恢复中后期及原始湿地之间仍有较大差别。

表 4-39 不同恢复阶段鸟类群落多样性

不同恢复阶段	Shannon-Wiener 指数		Pielou 均匀度指数		密度（只/hm^2）		优势度	
	春季	秋季	春季	秋季	春季	秋季	春季	秋季
农田	0. 18	0. 08	0. 07	0. 03	0. 62	3. 95	0. 03	0. 01
恢复初期湿地	0. 63	0. 22	0. 18	0. 07	4. 86	14. 25	0. 13	0. 04
恢复中后期湿地	1. 73	1. 00	0. 44	0. 28	14. 75	19. 29	0. 79	0. 40
原始湿地	1. 78	1. 38	0. 48	0. 37	28. 83	14. 75	0. 52	0. 54

资料来源：刘志伟（2011）

从表 4-40 可以看出，恢复初期的鸟类群落规模在春季与恢复中后期湿地具有较高的相似度（0. 66），但是有一定的差别，但恢复初期的群落规模还不能达到或接近原始湿地的水平和规模，恢复中后期湿地的鸟类群落在季节上（0. 71，0. 55）与原始湿地比较接近，具有较高相似度。说明恢复中后期湿地的恢复成果是比较明显的，恢复初期湿地也在一定程度上体现了恢复的趋势，但是，在水鸟群落组成以及规模上，恢复初期和恢复中后期并未体现出与处于核心区的原始湿地有较大的相似度，这也说明，处于恢复期湿地与原始湿地在某种意义还是有一定的差别。

表 4-40 不同恢复阶段鸟类群落相似性比较

不同恢复阶段	季节	恢复中后期湿地		原始湿地	
		春季	秋季	春季	秋季
恢复初期湿地	春季	0. 66		0. 47	
	秋季		0. 47		0. 33
恢复中后期湿地	春季	1		0. 71	
	秋季		1		0. 55
原始湿地	春季	0. 71		1	
	秋季		0. 55		1

资料来源：刘志伟（2011）

（3）三江平原东方白鹳人工招引情况

为了恢复我国东方白鹳种群数量，我国科学家开始尝试利用人工巢对东方白鹳进行人工招引工作。在三江平原湿地保护工程的推动下，三江平原 6 个国家级自然保护区开始实施了东方白鹳人工招引工作（表 4-41）。例如，2008 年共计搭建人工巢 61 个，被成功利用 12 个。其中，洪河国家级自然保护区搭建人工巢 10 个，被成功利用 4 个，招引成功率为 40%；兴凯湖国家级自然保护区搭建人工巢 15 个，被成功利用 8 个，招引成功率为 53. 33%；其他 4 个国家级自然保护区搭建人工巢 36 个，没有招引成功。截至 2008 年，洪河国家级自然保护区累计搭建人工巢 110 多个，其中有 60 余个人工巢先后被东方白鹳使用，每年在该保护区繁殖的东方白鹳数量达到 20 多巢，成为我国东方白鹳的繁殖中心。由此可见，人工巢搭建对珍稀水禽来说是一种非常有效的保护措施。

表 4-41　三江平原 2008 年东方白鹳人工招引情况

国家级自然保护区	人工巢类型	巢材种类	人工巢数量（个）	成功利用情况（个）
洪河	三脚架	松木杆	10	4
兴凯湖	三脚架/树巢	松木杆	15	8
宝清七星河	三脚架	松木杆	8	0
挠力河	三脚架	松木杆	13	0
大沾河湿地	三脚架	松木杆	5	0
珍宝岛湿地	三脚架	松木杆	10	0
合计			61	12

资料来源：张希国（2011）

（4）湿地保护策略对东方白鹳的适宜生境保护效应

近期研究表明，当前气候条件下，三江平原东方白鹳不适宜生境面积达到 96 854km^2，比例为 89.3%，而适宜性生境面积仅为 11 669km^2，比例为 10.7%。通过物种分布最大熵模型（MaxEnt）预测发现，退耕还湿是最有效的恢复和保护濒危鸟类栖息生境的适应性对策，其可以使三江平原东方白鹳适宜性生境面积提高 10 倍以上；建立自然保护区可以提高三江平原东方白鹳生境适宜性生境面积 6 倍以上；人工筑巢可以提高三江平原东方白鹳适宜性生境面积 2 倍以上；而当联合实施退耕还湿、建立自然保护区和人工筑巢三种湿地生境保护工程后，可使三江平原东方白鹳适宜性生境面积从 11 669km^2 增加到 21 388km^2，增加 83.3%（表 4-42）。

表 4-42　湿地保护策略对三江平原东方白鹳适宜性生境的影响

气候/湿地保护策略情景条件	不适宜性生境		轻度适宜性生境		中度适宜性生境		高度适宜性生境	
	面积（km^2）	比例（%）	面积（km^2）	比例（%）	面积（km^2）	比例（%）	面积（km^2）	比例（%）
当前气候条件下	96 854	89.3	8 657	7.98	2 946	2.71	66	0.06
TCLR 气候情景下退耕还湿	93 001	87.5	12 633	11.64	3 143	2.90	42	0.04
TCLR 气候情景下建立自然保护区	97 418	89.8	10 573	9.74	829	0.76	2	—
TCLR 气候情景下人工筑巢	104 042	95.9	4 401	4.06	377	0.35	2	—
TCLR 气候情景下三种联合	87 432	80.6	17 750	16.36	3 595	3.31	43	0.04

资料来源：Zheng 等（2016）

二、生态系统碳储量变化

（一）碳储量变化

1. 碳储量空间分布及时空变化

在全球环境变化的背景下，陆地生态系统的格局和过程受到了极大影响，生态系统的结构和功能也随之发生较大变化（傅伯杰等，2005）。碳储量是陆地生态系统为人类提供调节服务的重要方面，它在全球碳平衡中发挥着重要的作用（王棣等，2014）。碳储量可以调节 CO_2 等温室气体在大气中的浓度，对于调节全球气候变化具有至关重要的作用（周德成等，2010）。土地利用/覆被变化是造成全球碳循环不平衡的重要原因之一，人类活动通过改变土地利用/覆被方式影响着陆地生态系统的碳储量。三江平原是我国沼泽湿地的集中分布区，也是沼泽湿地因被开垦而丧失最严重的区域，这势必会引起三江平原碳储量的变化，本节利用 InVEST 模型分析 1990～2015 年土地利用变化对三江平原碳储量的影响，为该区环境保护提供科学依据。

三江平原 1990～2015 年碳储量总量呈现减少的趋势，由 1791.23Tg 减少到 1398.23Tg，减少了 393.0Tg，减少了 21.94%；单位面积碳储量的变化与碳储量总量的变化保持一致，1990～2015 年由 16 477.19t/km² 减少到 12 862.04t/km²，减少了 21.94%。其中，1990～2000 年碳储量总量减少率为 16.85%，而 2000～2015 年为 6.12%，可以看出，虽然两个时间段碳储量总量都在减少，但 2000 年以后减少率明显下降（图 4-37 和表 4-43）。

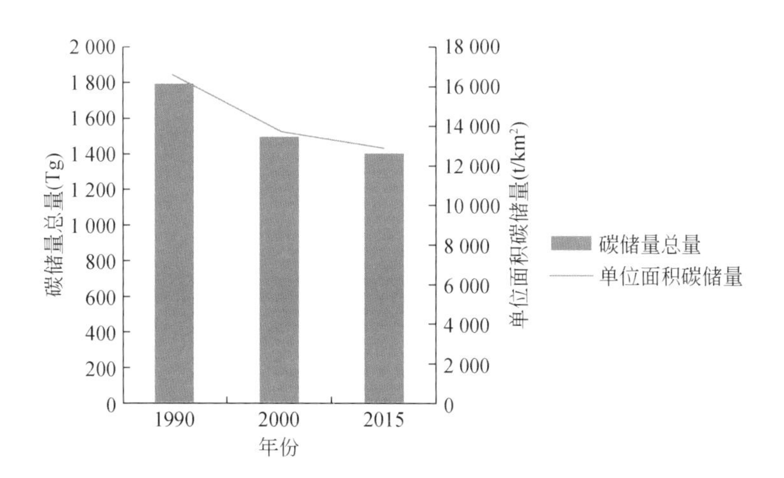

图 4-37　1990～2015 年三江平原碳储量现状图

表 4-43　1990～2015 年三江平原碳储量变化

指标	1990 年	2000 年	2015 年	1990～2000 年变化	2000～2015 年变化
碳储量总量（Tg）	1 791. 23	1 489. 40	1 398. 23	-301. 83	-91. 17
单位面积碳储量（t/km²）	16 477. 19	13 700. 66	12 862. 04	-2 776. 53	-838. 62

1990～2015 年，三江平原碳储量减少的区域主要集中在佳木斯北部（图 4-38），大量沼泽湿地转化为农田，导致碳储量的减少；碳储量增加的区域零散分布在三江平原内，主要是森林的增加导致碳储量的增加。

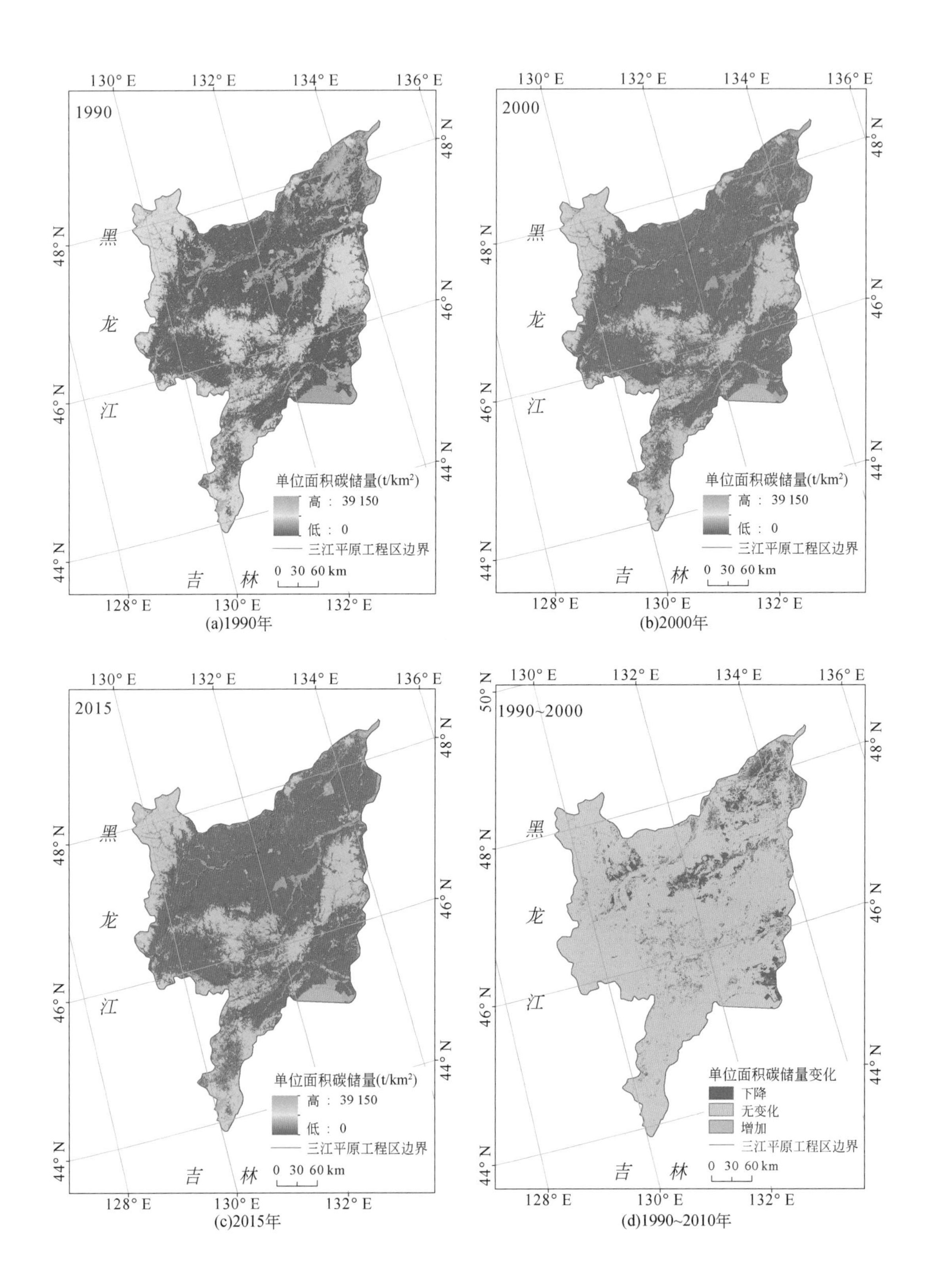

(a)1990年
(b)2000年
(c)2015年
(d)1990~2010年

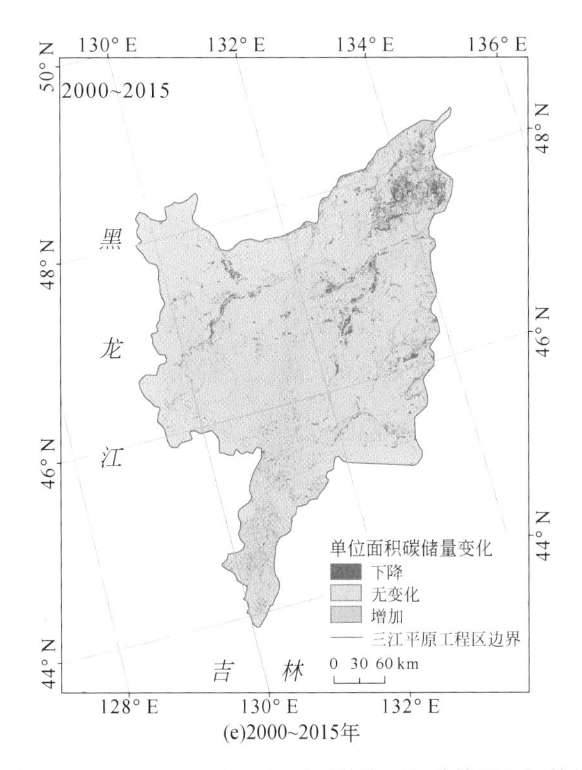

(e)2000~2015年

图 4-38 1990 ~ 2015 年三江平原单位面积碳储量空间特征

2. 各土地覆被类型碳储量变化

由表 4-44 可知，1990 ~ 2000 年草地、农田的碳储量总量呈增加趋势，增加比例分别为 11.39%、17.04%，湿地和森林的碳储量总量显著减少，分别减少了 43.36%、3.79%；2000 ~ 2015 年森林、农田的碳储量总量呈增加趋势，增加比例分别为 1.20%、3.57%。湿地和草地的碳储量总量显著减少，分别减少了 27.36%、43.78%。整体上，三江平原碳储量总量呈减少趋势，1990 ~ 2015 年共减少了 393.0Tg，减少比例为 21.94%。从各生态系统类型碳储量总量的变化可以看出，三江平原开垦湿地导致的碳储量减少显著（图 4-39）。

表 4-44 1990 ~ 2015 年三江平原各生态系统类型碳储量变化

生态系统类型	1990 年 (Tg)	2000 年 (Tg)	2015 年 (Tg)	1990 ~ 2000 年变化 (Tg)	变化比例 (%)	2000 ~ 2015 年变化 (Tg)	变化比例 (%)
森林	898.80	864.75	875.13	-34.05	-3.79	10.38	1.20
农田	193.64	226.63	234.71	32.99	17.04	8.08	3.57
草地	4.04	4.50	2.53	0.46	11.39	-1.97	-43.78
湿地	694.76	393.53	285.86	-301.23	-43.36	-107.67	-27.36
碳储量总量	1791.23	1489.40	1398.23	-301.83	-16.85	-91.17	-6.12

3. 土地覆被变化对碳储量的影响

三江平原各土地覆被类型变化均导致碳储量的变化，其中林地和湿地面积变化导致

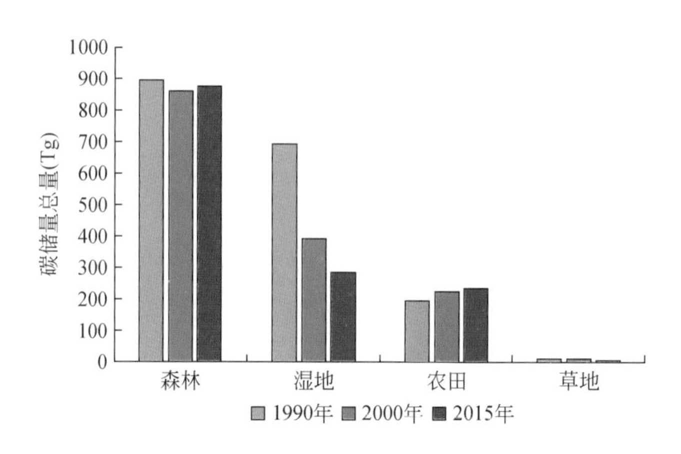

图 4-39　1990～2015 年三江平原主要生态系统类型碳储量变化

的碳储量变化最大。1990～2000 年，林地净转化为耕地的面积为 1532km²，导致林地碳储量减少 38.83Tg，占碳储量总减少量的 96.7%，同样导致耕地碳储量增加 5.85Tg，占耕地碳储量总增加量的 17.5%。湿地净转化为耕地的面积为 7218km²，导致湿地碳储量减少 289.90Tg，占湿地碳储量总减少量的 95.87%，耕地碳储量增加 27.55Tg，占耕地碳储量总增加量的 82.48%。2000～2015 年，湿地转化为林地的面积为 72km²，导致湿地碳储量减少 2.74Tg，湿地转化为耕地的面积为 2748km²，导致湿地碳储量减少 104.57Tg，占湿地碳储量总减少量的 96%。湿地转为人工表面的面积为 41km²，导致湿地碳储量减少 1.56Tg。同期，草地和裸地转变为的湿地面积导致湿地碳储量增加 1.22Tg。林地碳储量的增加，65.75% 来自耕地，导致林地碳储量增加 7.79Tg，18% 来自草地，导致林地碳储量增加 2.18Tg。耕地碳储量的增加，97% 来自湿地，湿地转变为耕地的面积为 2748km²，导致耕地碳储量增加 10.49Tg。草地碳储量的减少，主要是草地转化为耕地，导致草地碳储量减少 0.9Tg，占草地碳储量总减少量的 45.25%（图 4-40 和表 4-45）。

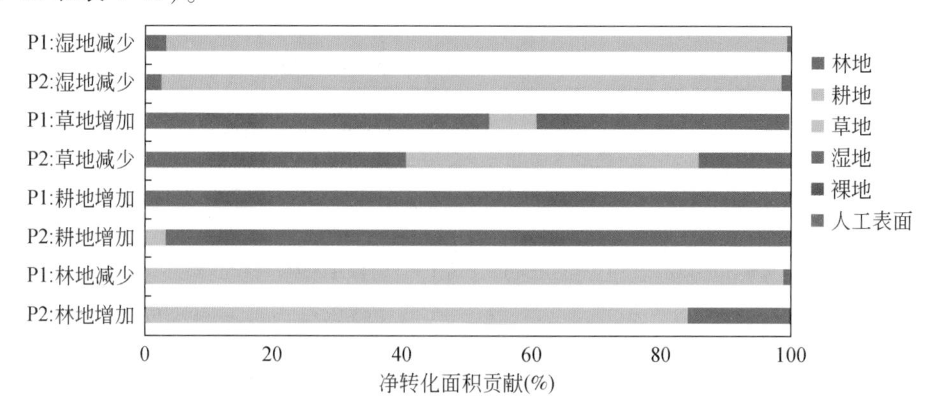

图 4-40　1990～2015 年三江平原主要土地覆被类型面积变化

P1：1990～2000 年；P2：2000～2015 年

表 4-45　1990～2015 年三江平原土地覆被类型变化对碳储量的影响　（单位：Tg）

时段	土地覆被类型变化	土地覆被变化转移情况					
		林地	耕地	草地	湿地	裸地	人工表面
1990～2000 年	林地		-38.83	-0.84	6.10	-0.01	-0.48
	耕地	5.85		-0.02	27.55	0.01	-0.39
	草地	0.25	0.03		0.18	0.00	0.00
	湿地	-9.67	-289.90	-0.98		1.15	-1.84
2000～2015 年	林地		7.79	2.18	1.84	0.03	-1.47
	耕地	-1.16		0.36	10.49	-0.01	-1.59
	草地	-0.80	-0.90		-0.28	0.00	0.01
	湿地	-2.74	-104.57	1.13		0.09	-1.56

注：正值为转入，碳储量增加，负值为转出，碳储量减少

（二）国家级湿地自然保护区碳储量变化

三江平原国家级湿地自然保护区 1990～2015 年碳储量总量呈减少趋势，由 224.03Tg 减少到 150.95Tg，减少了 73.08Tg，下降率为 32.62%；单位面积碳储量的变化与碳储量总量的变化一致，1990～2015 年呈下降趋势，由 27 360.43t/km^2 减少到 18 434.63t/km^2，下降了 32.62%。1990～2000 年碳储量总量减少了 26.48%，2000～2015 年减少了 8.35%，可以看出，虽然两个时段碳储量都在减少，但 2000 年以后减少率明显下降，说明国家级湿地自然保护区的建立对生态保护有重要作用（图 4-41 和表 4-46）。

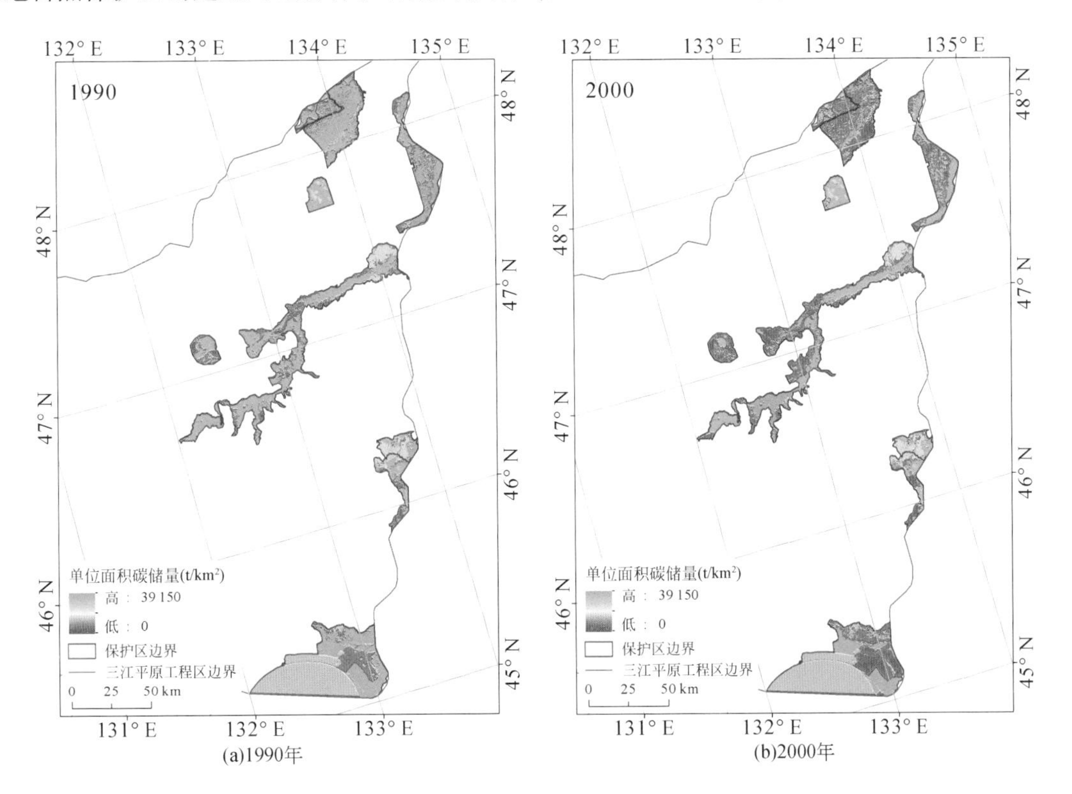

(a)1990年　(b)2000年

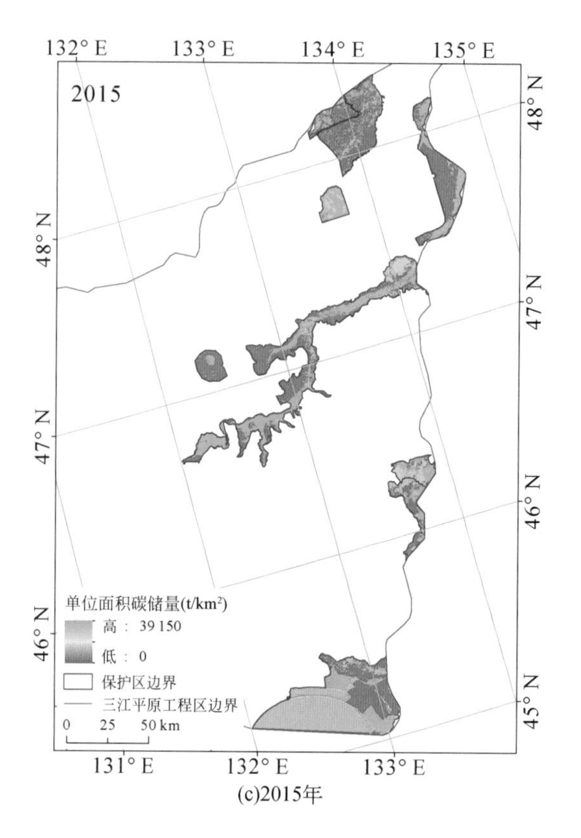

(c)2015年

图 4-41　1990～2015 年 9 个国家级湿地自然保护区单位面积碳储量空间特征

表 4-46　1990～2015 年 9 个国家级湿地自然保护区碳储量变化

指标	1990 年	2000 年	2015 年	1990～2000 年变化	2000～2015 年变化
碳储量总量（Tg）	224.03	164.71	150.95	-59.32	-13.76
单位面积碳储量（t/km^2）	27 360.43	20 115.09	18 434.63	-7 245.34	-1 680.46

通过对比 9 个国家级湿地自然保护区与三江平原湿地碳储量变化比例发现，1990～2015 年保护区内湿地碳储量总量减少比例显著低于整个三江平原，这表明了湿地保护区建设在三江平原碳储量能力保护方面的重要贡献。

（三）三江平原湿地生态系统固碳功能变化分析

1. 三江平原湿地开垦对土壤有机碳库的影响

（1）沼泽湿地开垦对土壤有机碳含量的影响

沼泽湿地垦殖前后土壤有机碳含量变化较大，0～15cm 土壤有机碳含量表现为毛薹草沼泽（常年积水）>小叶章草甸（季节性积水）>垦殖 8 年旱田>垦殖 7 年水田>垦殖 15 年旱田（图 4-42）。

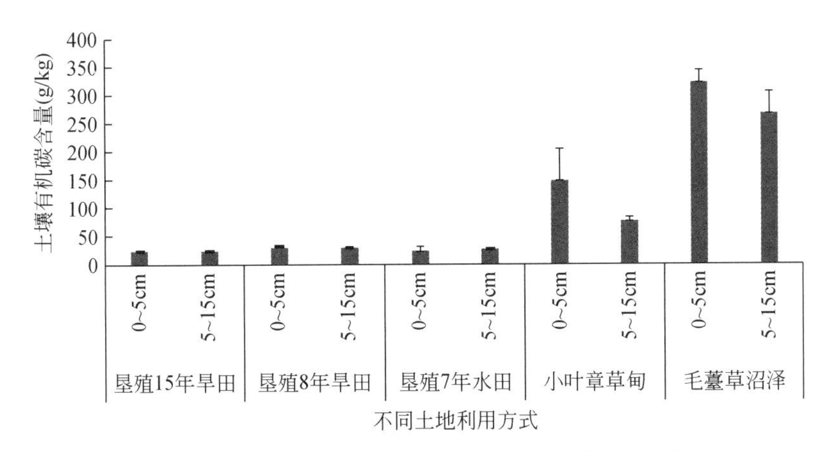

图 4-42　沼泽湿地及垦殖后农田土壤有机碳含量变化

资料来源：宋长春等（2005）

（2）沼泽湿地开垦对生态系统碳通量的影响

三江平原沼泽湿地开垦后，土壤呼吸通量明显增加。对比分析发现（图 4-43），毛薹草沼泽土壤呼吸通量最小，垦殖 8 年旱田土壤呼吸通量最大，随垦殖年限的增加土壤呼吸通量明显减小。对于小叶章草甸，8 月中旬以后由于季节性积水消失，而植物生物量较大、土壤有机质含量较高，土壤呼吸通量明显高于常年积水沼泽湿地和垦殖 15 年旱田。

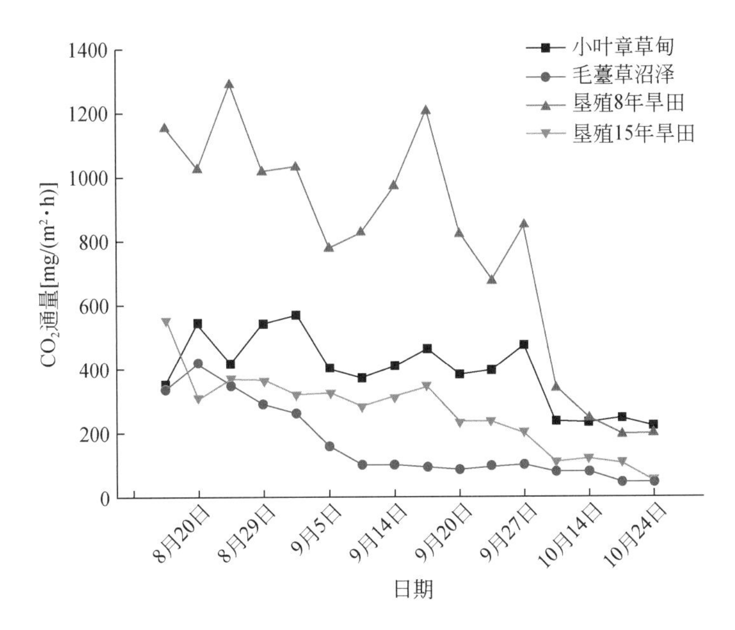

图 4-43　沼泽垦殖前后土壤 CO_2 通量变化

资料来源：宋长春等（2005）

沼泽湿地土壤通量以 CH_4 排放为主，而垦殖后农田土壤以吸收为主，即湿地土壤为大气 CH_4 的源，湿地垦殖后，土壤关于 CH_4 的源/汇关系发生了根本变化，成为 CH_4 的汇。产生这种变化的主要原因是沼泽湿地开垦前后土壤水分条件的变化，表现为湿地垦殖后，土壤水分由过饱和状态变化为非饱和状态，土壤环境由厌氧环境转变为需氧环境，土壤以有机质分解为主，不利于 CH_4 的产生。不同类型沼泽湿地的土壤 CH_4 通量存在显著差异，8～10 月，小叶章草甸土壤 CH_4 通量［(15.36±7.77)mg/(m^2·h)］大于毛薹草沼泽土壤［(8.69±5.50)mg/(m^2·h)］，且通量值 8～10 月呈减小趋势。不同垦殖年限土壤 CH_4 通量有一定的变化，垦殖 8 年旱田土壤 CH_4 通量［(-0.047±0.042)mg/(m^2·h)］稍小于垦殖 15 年旱田土壤［(-0.020±0.028)mg/(m^2·h)］，其季节性变化规律并不明显，同时在 8～9 月也出现几次 CH_4 排放的情况，农田土壤 CH_4 吸收还是排放主要受降水条件影响，CH_4 排放多出现在较强降水过后（图 4-44）。

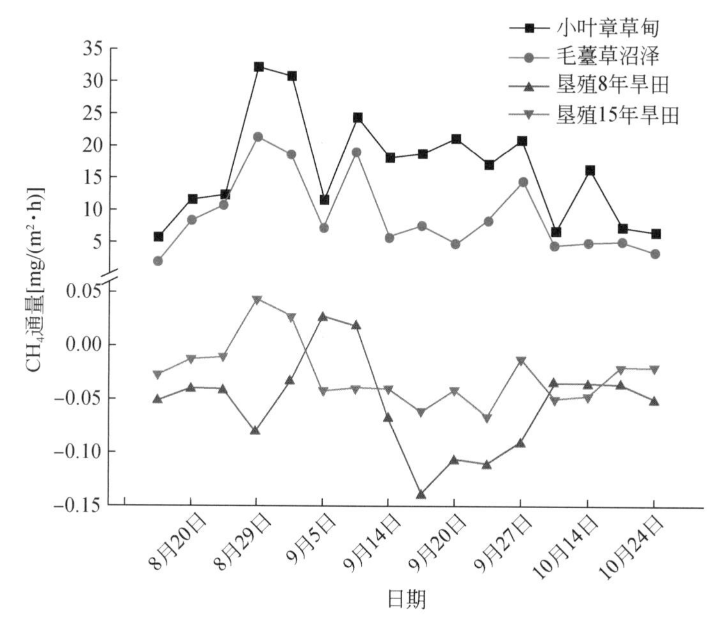

图 4-44　沼泽垦殖前后土壤 CH_4 通量变化

资料来源：宋长春等（2005）

（3）沼泽湿地开垦对土壤有机碳储量的影响

三江平原沼泽湿地面积变化分析表明（图 4-45），1949～2010 年三江平原沼泽湿地面积从 489.8 万 hm^2 减少到 63.34 万 hm^2（包括潜育沼泽等其他类型湿地），湿地丧失严重，约有 87% 的沼泽湿地丧失。

由图 4-46 可知，2010 年三江平原沼泽湿地土壤表层 0～30cm 碳储量减少至 71.26 (52.63～99.38)万 t。可以看出，随着沼泽湿地面积的丧失以及泥炭沼泽退化，三江平原沼泽湿地土壤有机碳损失巨大。

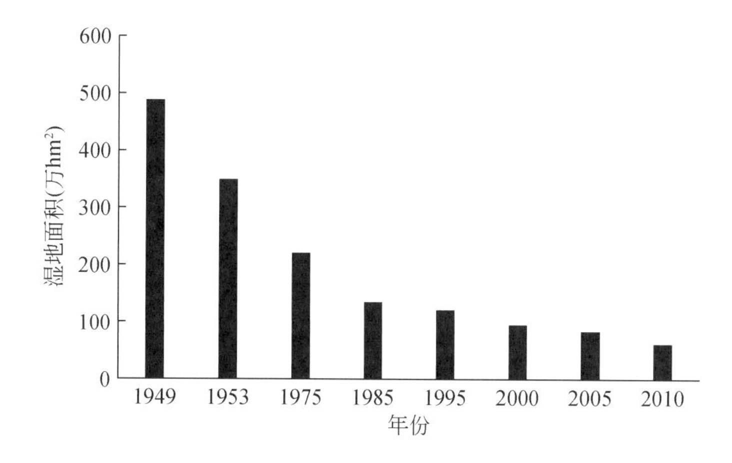

图 4-45　三江平原沼泽湿地面积变化

资料来源：商丽娜（2015）

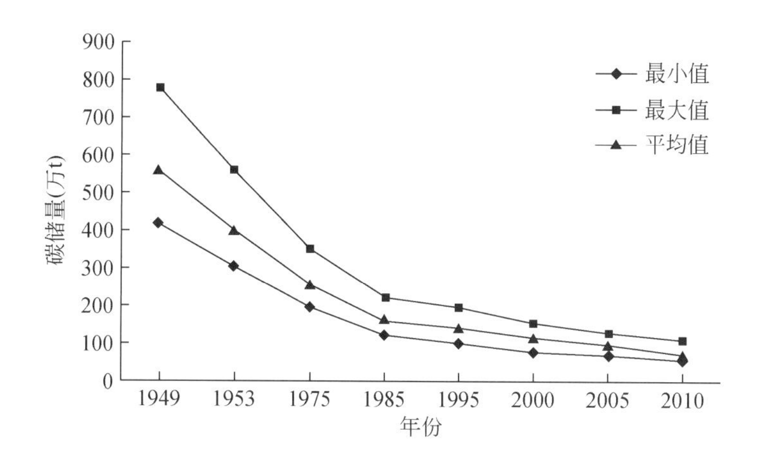

图 4-46　三江平原沼泽湿地土壤表层 0 ~ 30cm 碳储量变化

资料来源：商丽娜（2015）

1980 ~ 2010 年三江平原沼泽湿地和农田 0 ~ 100cm 土层和表层（0 ~ 30cm）土壤有机碳变化见图 4-47，可以看出，三江平原 1980 年沼泽湿地的 0 ~ 100cm 土层的土壤有机碳总储量为 388. 72Tg，1980 年沼泽湿地表层土壤有机碳储量为 189. 56Tg，约占 0 ~ 100cm 土层的农田土壤有面碳总储量 50%，三江平原 1980 年 0 ~ 100cm 土层的农田土壤有机碳总储量为 1169. 18Tg，其中旱地的土壤有机碳储量较大，为 883. 10Tg；到 2010 年，沼泽湿地 0 ~ 100cm 土层的土壤有机碳储量减少到 160. 85Tg。

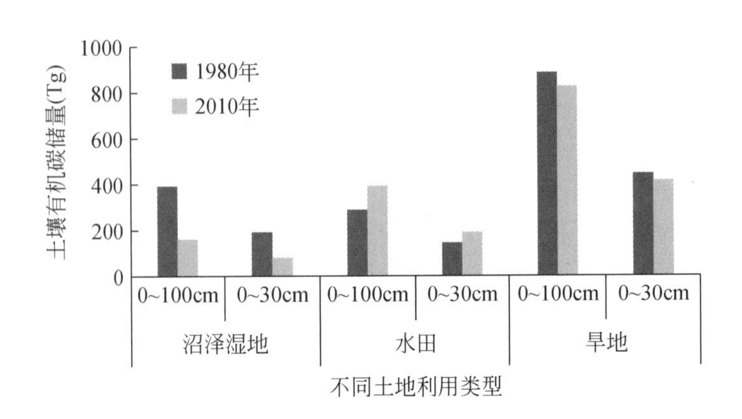

图 4-47 沼泽湿地开垦对三江平原土壤有机碳储量的影响

资料来源：苗正红（2013）

1980～2010 年三江平原由湿地开垦导致损失的土壤有机碳储量为 66.84Tg，表层土壤有机碳损失量为 38.75Tg，这说明湿地开垦对表层土壤有机碳储量影响较大。1980～2010 年三江平原大部分土壤有机碳损失量来源于沼泽湿地转变为旱田，其 0～100cm 土层损失的土壤有机碳量为 51.30Tg，表层损失的土壤有机碳量为 40.65Tg。沼泽湿地转变为水田导致损失的土壤有机碳量为 15.54Tg，表层损失的土壤有机碳量为 8.09Tg。研究表明，湿地开垦后，水田的土壤有机碳要明显高于旱地。

2. 三江平原退耕还湿对土壤有机碳库的影响

（1）退耕还湿对土壤有机碳含量的影响

0～5cm 土层土壤有机碳含量的顺序为：退耕还湿 10 年的芦苇湿地>退耕还湿 10 年的小叶章湿地>天然芦苇湿地>退耕还湿 5 年的小叶章湿地>农田；5～10cm 土层土壤有机碳含量的顺序为：退耕还湿 10 年的芦苇湿地>退耕还湿 5 年的小叶章湿地>农田>退耕还湿 10 年的小叶章湿地>天然芦苇湿地；10～15cm 土层土壤有机碳含量的顺序为：退耕还湿 10 年的芦苇湿地>农田>退耕还湿 5 年的小叶章湿地>天然芦苇湿地>退耕还湿 10 年的小叶章湿地（图 4-48）。植被的生物量较高，其有机碳含量往往也相应较高。该研究表明，退耕还湿有利于有机碳的积累。

（2）退耕还湿对土壤有机碳储量的影响

1980～2010 年，三江平原退耕还湿的面积为 610.47km^2，其中旱地转化成沼泽湿地的面积为 523.67km^2，占农田转化成沼泽湿地面积的 85.78%，而水田转化成沼泽湿地的面积只有 86.80km^2，不到农田转化成沼泽湿地面积的 15%，这说明三江平原退耕还湿主要发生在旱地（表 4-47）。

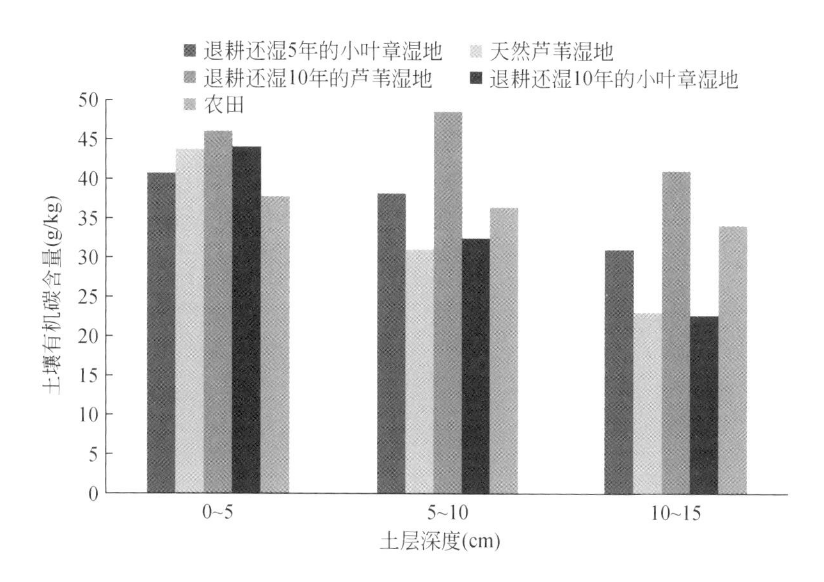

图 4-48 退耕还湿对土壤有机碳含量的影响

资料来源：惠若男等（2013）

表 4-47 1980 ~ 2010 年三江平原农田转化成沼泽湿地面积统计

指标	农田—沼泽湿地		
	旱地—湿地	水田—湿地	合计
面积（km^2）	523.67	86.80	610.47
比例（%）	85.78	14.22	100

资料来源：苗正红（2013）

1980 ~ 2010 年，退耕还湿引起三江平原表层（0 ~ 30cm）和 0 ~ 100cm 土层土壤有机碳储量显著变化。从图 4-49 中可以看出，1980 ~ 2010 年三江平原农田转化成沼

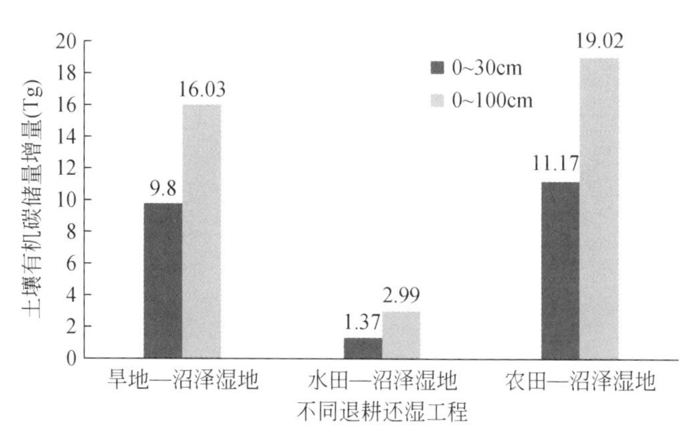

图 4-49 1980 ~ 2010 年三江平原退耕还湿导致土壤有机碳储量变化图

资料来源：苗正红（2013）

泽湿地导致 0～100cm 土层土壤有机碳储量增加 19.02Tg，旱地转化成沼泽湿地导致 0～100cm 土层土壤有机碳储量增加 16.03Tg，占农田转化成沼泽湿地增加的碳储量的 84%。这说明退耕还湿地工程在三江平原的实施可以增加土壤有机碳储量，对区域固碳能力的提升有重要作用。1980～2010 年三江平原农田转化成沼泽湿地导致 0～30cm 土层土壤有机碳储量增加 11.17Tg，占 0～100cm 土层的 58.73%，表明退耕还湿后土壤有机碳增加主要体现在表层。

三、产水量服务评估

（一）产水量变化评估

1. 产水量评估参数因子

根据黑龙江及周边 40 个气象站点，使用反距离权重插值法（何红艳等，2005）获得研究区 1990 年、2000 年、2015 年年均降水量空间分布数据（图 4-50）；通过 Modified-Hargreaves 法公式（孙兴齐，2017）计算 1990 年、2000 年、2015 年年均潜在蒸散量（图 4-51）；土壤厚度泛指土层中植物可以生长的厚度，即因物理或化学特性的影响而强烈阻碍根系穿透时的土壤深度，该数据来自于全国第二次土壤普查数据集（图 4-52）；植被可利用水一般是指可以被植物根系所吸收的土壤中的那部分水分，与土壤的质地构成、有机质含量、土壤结构、土壤容重等因子相关，该数据基于土壤数据计算（张恒玮，2016）（图 4-53）。Zhang 系数是表征降水特征的常数，适用于降水具有明显的季节变化的区域，本研究选取 Zhang 系数为 3.2 时，产水量模拟效果最好。植被蒸发系数、植物根深数据参考相关文献。

2. 产水量变化动态监测

1990 年三江平原单位面积产水量为 152.7mm（单位面积产水量 152 700m^3/km^2），占年均降水量的 23.8%，区域产水总量达到 163.77 亿 m^3；2000 年三江平原单位面积产水量为 120.2mm（单位面积产水量 120 200m^3/km^2），占年均降水量的 20.7%，区域产水总量达到 128.84 亿 m^3；2015 年三江平原单位面积产水量为 137.8mm（单位面积产水量 137 800m^3/km^2），占年均降水量的 22.2%，区域产水总量达到 147.81 亿 m^3（表 4-48）。产水量在市域内表现出明显的空间差异，较高的行政市域有两个：其一为佳木斯市，包括抚远县、汤原县、富锦市等，多年平均产水量为 129.3～188.9mm；其二为鸡西市，多年平均产水量为 147.5～174.4mm。穆棱市产水量较低，多年平均产水量为 58.6～94.7mm（图 4-54）。

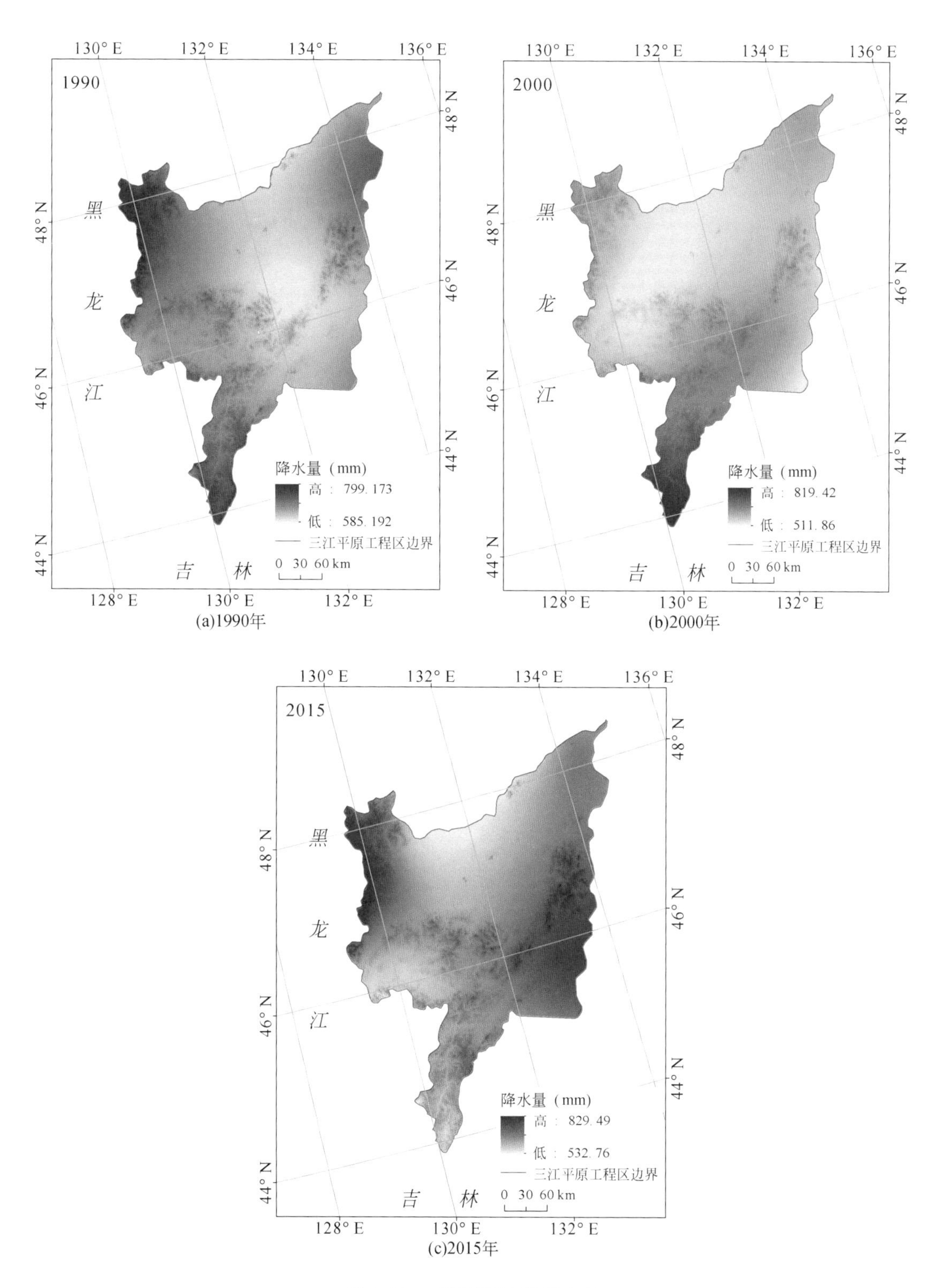

(a)1990年

(b)2000年

(c)2015年

图 4-50　三江平原年均降水量

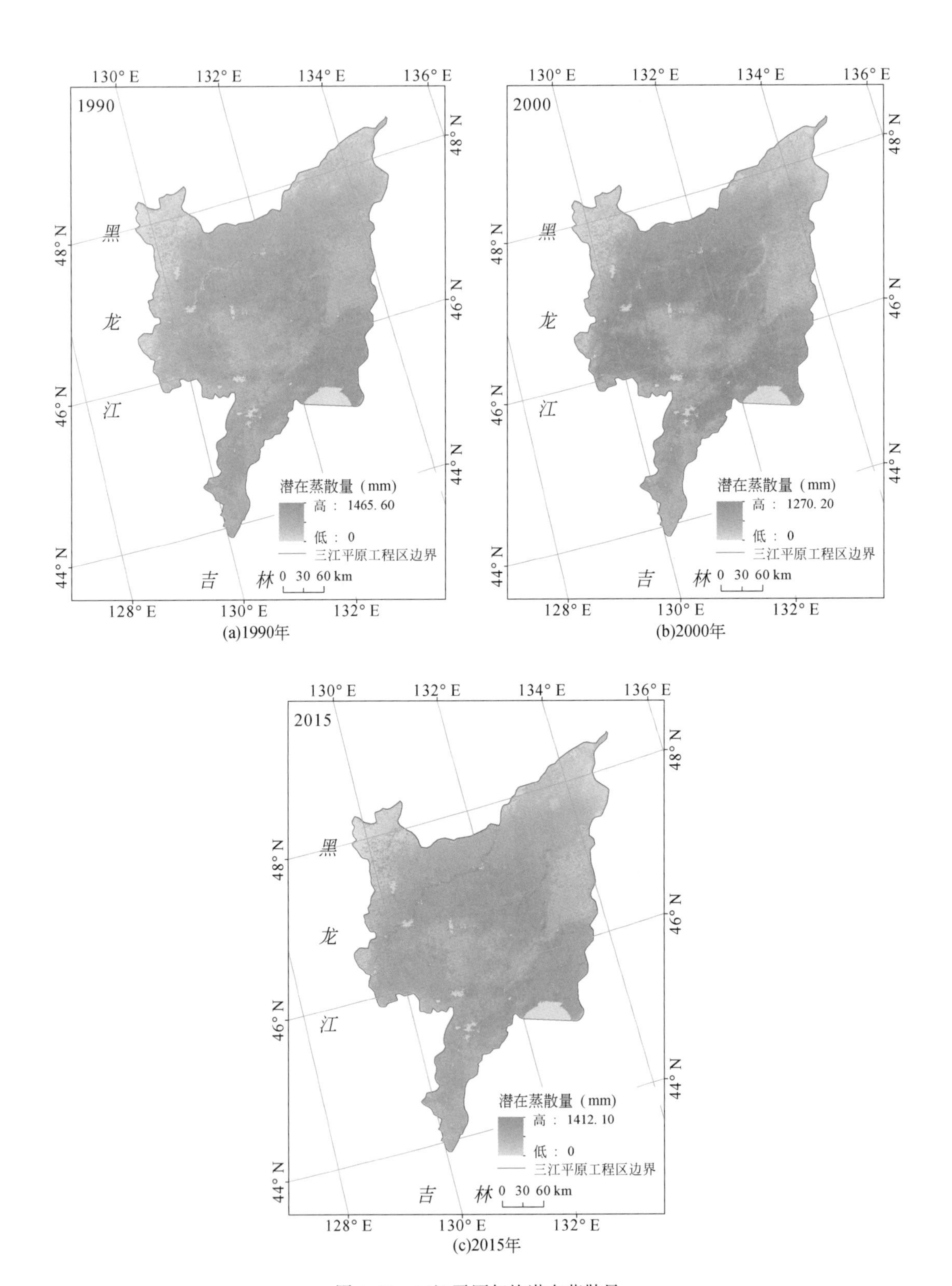

(a)1990年

(b)2000年

(c)2015年

图 4-51　三江平原年均潜在蒸散量

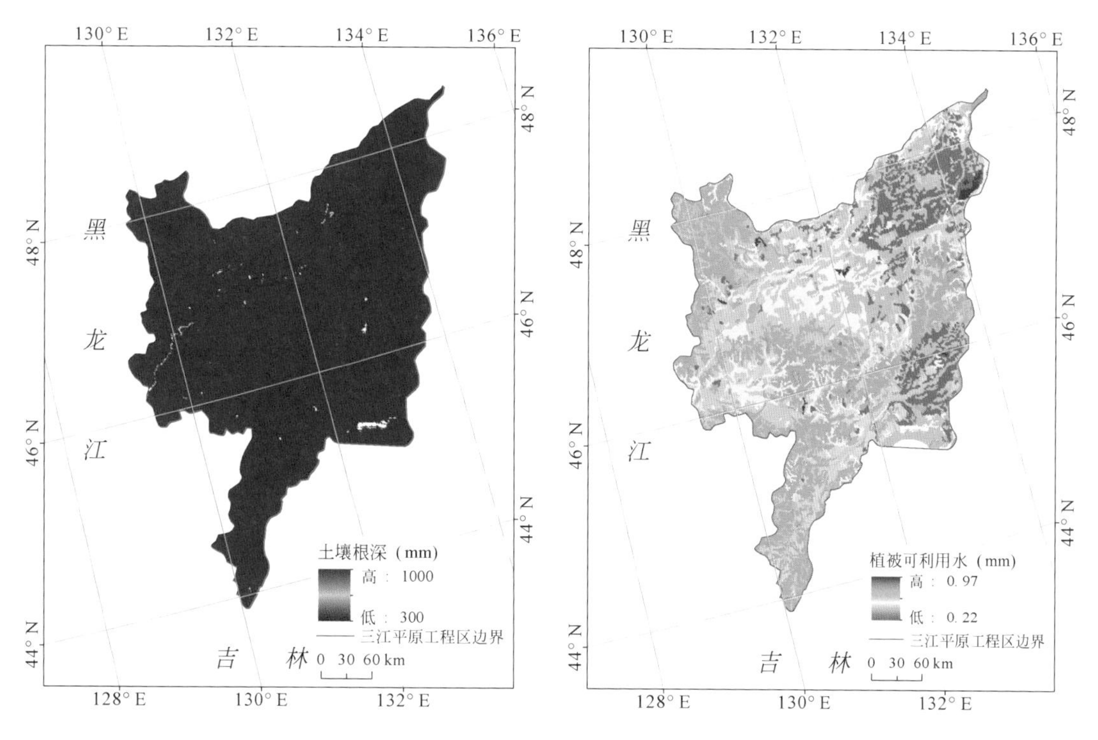

图 4-52　三江平原土壤根深

图 4-53　三江平原植被可利用水

表 4-48　1990～2015 年三江平原产水量变化

指标	1990 年	2000 年	2015 年	1990～2010 年变化	2000～2015 年变化
区域产水总量（亿 m^3）	163.77	128.84	147.81	-34.93	18.97
单位面积产水量（mm）	152.7	120.2	137.8	-32.5	17.6

运用 ArcGIS 栅格计算器对三江平原 1990 年、2000 年和 2015 年的产水量进行空间运算，得到了三江平原 1990～2000 年、2000～2015 年产水量空间变化情况（图 4-55），然后按照显著下降（变化量≤-30mm）、下降（-30mm<变化量≤-10mm）、持平（-10mm<变化量≤10mm）、增加（10mm≤变化量<30mm）、显著增加（变化量>30mm）进行分类。

由分类结果可知（表 4-49），1990～2000 年，三江平原的产水量显著下降、下降、持平、增加、显著增加主要区域从三江平原的西北部向东南部按顺序分布，通过分区统计计算，面积依次为 53 260.90km^2、15 084.37km^2、22 823.35km^2、7202.35km^2、10 338.93km^2，分别占三江平原总面积的 48.99%、13.88%、20.99%、6.63%、9.51%。2000～2015 年，三江平原的产水量显著下降、下降、持平、增加、显著增加主要区域从三江平原的南部向北部、东部和西部按顺序分布，通过分区统计计算，面积依次为 15 141.60km^2、7806.15km^2、22 640.37km^2、28 562.70km^2、34 559.08km^2，分别占三江平原总面积的 13.93%、7.18%、20.83%、26.27%、31.79%。

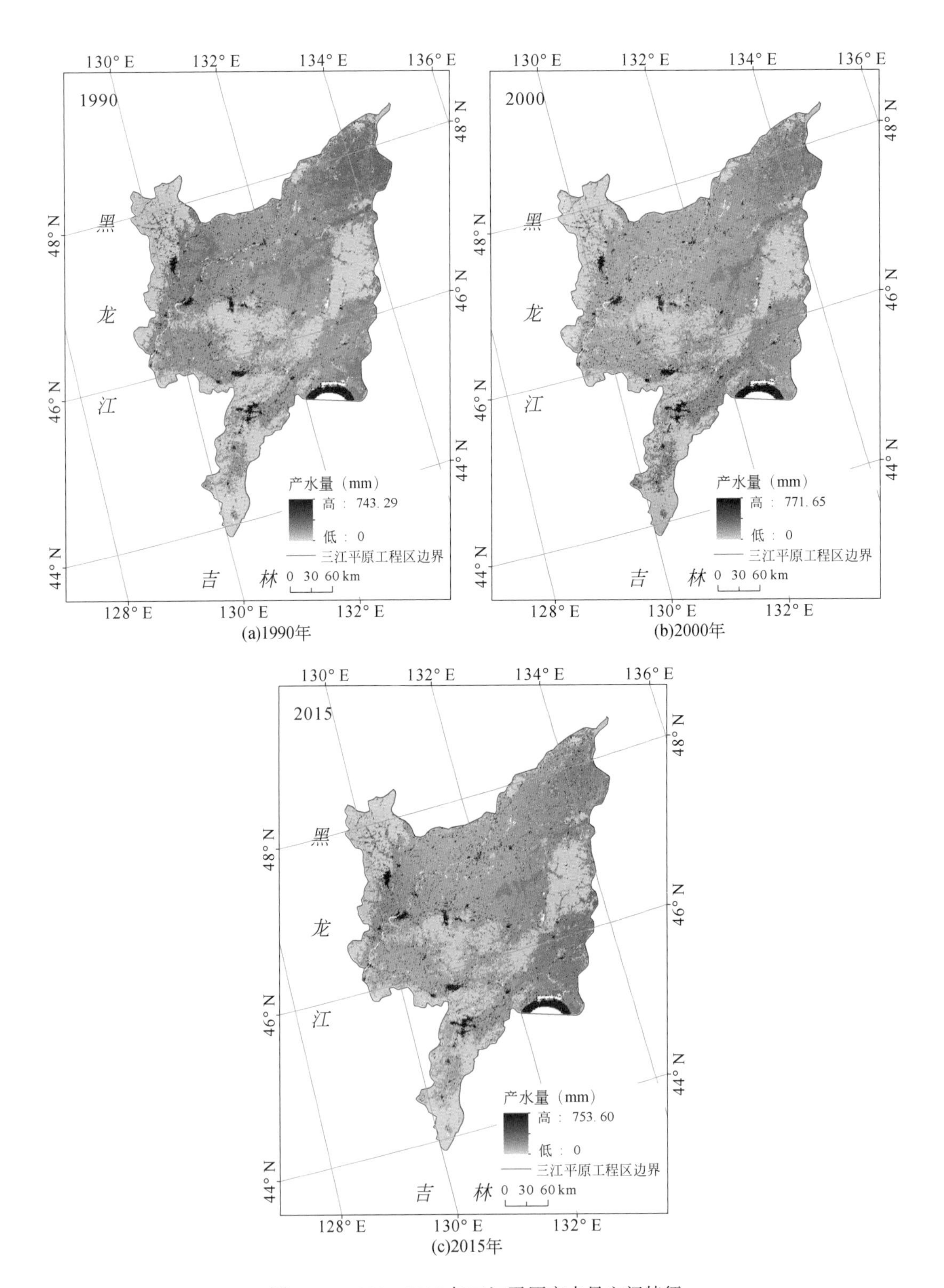

(a)1990年

(b)2000年

(c)2015年

图 4-54　1990 ~ 2015 年三江平原产水量空间特征

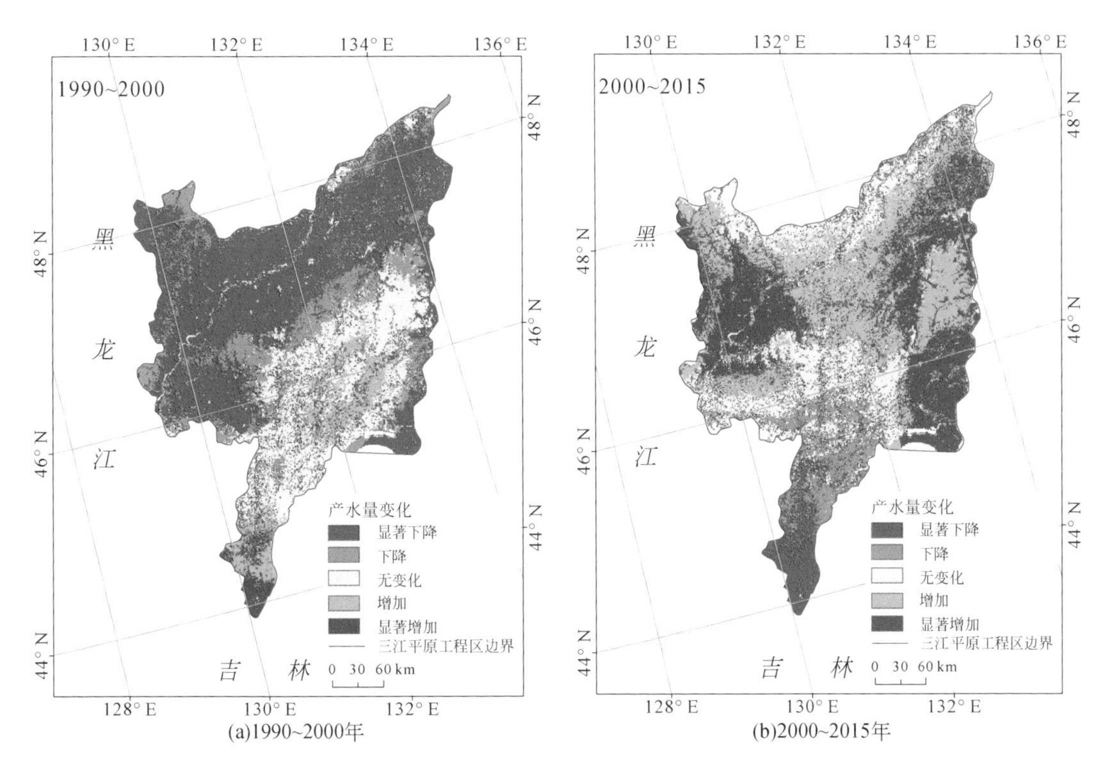

(a)1990~2000年 (b)2000~2015年

图 4-55 1990～2015 年三江平原产水量空间变化

表 4-49 1990～2015 年三江平原产水量空间变化

变化趋势	变化范围（mm）	1990～2000 年		2000～2015 年	
		面积（km^2）	占比（%）	面积（km^2）	占比（%）
显著下降	变化量≤-30	53 260.90	48.99	15 141.60	13.93
下降	-30<变化量≤-10	15 084.37	13.88	7 806.15	7.18
持平	-10<变化量≤10	22 823.35	20.99	22 640.37	20.83
增加	10<变化量≤30	7 202.35	6.63	28 562.70	26.27
显著增加	变化量>30	10 338.93	9.51	34 559.08	31.79

3. 各土地覆被类型产水量变化

1990 年，三江平原产水量最大的植被类型是耕地，产水量为 88.91 亿 m^3，占比高达 54.29%；其次为湿地，占比为 27.45%；林地次之，占比 12.6%；人工表面占比为 5.34%；草地和其他用地最小。2000 年，各土地覆被类型产水量由高到低顺序不变，依然是耕地最大。2015 年，耕地产水量依然最大，但林地的产水量高于湿地的产水量（表 4-50）。由此可见，耕地、湿地和林地是三江平原产水量的主要贡献者，因此，维护耕地、湿地和森林等生态系统的稳定与健康，对三江平原的生态环境建设与社会经济发展具有非常重要的作用。

表 4-50　1990 ~ 2015 年三江平原各土地覆被类型产水量变化

土地覆被类型	1990 年		2000 年		2015 年		1990 ~ 2000 年	2000 ~ 2015 年
	总量（亿 m^3）	占比（%）	总量（亿 m^3）	占比（%）	总量（亿 m^3）	占比（%）	变化量（亿 m^3）	变化量（亿 m^3）
林地	20.64	12.60	17.35	13.47	19.45	13.16	-3.29	2.10
耕地	88.91	54.29	81.07	62.92	98.69	66.77	-7.84	17.62
湿地	44.95	27.45	21.81	16.93	19.25	13.03	-23.14	-2.56
人工表面	8.75	5.34	8.14	6.32	9.98	6.75	-0.61	1.84
草地	0.42	0.26	0.45	0.35	0.28	0.19	0.03	-0.16
其他	0.11	0.06	0.02	0.01	0.15	0.10	-0.09	0.13
总量	163.78	100	128.84	100	147.80	100	-34.94	18.97

4. 产水量变化驱动因素分析

1990 ~ 2000 年产水量呈现减少趋势，2000 ~ 2015 年产水量呈现增加趋势，但总体来看 1990 ~ 2015 年产水量呈减少趋势，减少量为 15.98 亿 m^3。2000 年的产水量出现大幅度下降，相比 1990 年产水量减少 34.94 亿 m^3，减少了约 21%，这种变化是受到降水量和土地利用变化等因素共同的影响。

1990 年、2000 年和 2015 年三江平原平均降水量分别为 640.4mm、581.1mm 和 620.3mm，与三期平均产水量做相关分析，在 0.01 水平（单侧）上显著相关，相关系数为 0.99，说明降水量是影响产水量变化的主要因素。

土地利用变化影响陆面的实际蒸发、土壤理化性质和水分状况，进而影响研究区产水量。1990 ~ 2015 年，三江平原林地、湿地、草地和其他用地面积减少。1990 年、2000 年和 2015 年森林覆盖率分别为 31.9%、30.7% 和 31.1%，森林覆盖率与产水量呈正相关关系，相关系数为 0.975；湿地覆盖率分别为 18.77%、11.87% 和 9.26%，湿地覆盖率与产水量呈正相关关系，相关系数为 0.667；耕地覆盖率分别为 46.68%、54.63% 和 56.58%，耕地覆盖率与产水量呈负相关关系，相关系数为-0.73。湿地面积在 2000 ~ 2015 年的变化速率明显低于 1990 ~ 2000 年的变化速率，相对来说，湿地产水量的变化速率 2000 ~ 2015 年低于 1990 ~ 2000 年。

通过分析整个研究期的产水量变化和土地覆被变化，表明流域产水量主要受降水量、林地和湿地的综合影响，其中产水量受降水量影响最大，并对林地、湿地和耕地类型的变更尤为敏感。

（二）国家级湿地自然保护区产水量变化评估

三江平原国家级湿地自然保护区 1990 ~ 2000 年区域产水总量呈现下降的趋势，由 20.8 亿 m^3 下降到 16.0 亿 m^3，下降了约 4.8 亿 m^3，下降率为 23.08%；2000 ~ 2015 年区域产水总量呈现增加趋势，由 16.0 亿 m^3 增加到 18.9 亿 m^3，增加了 2.9 亿 m^3，上升率为 18.13%。单位面积产水量的变化与区域产水总量的变化保持一致，1990 ~ 2000 年呈现下降的趋势，由 253 812m^3/km^2 下降到 195 260m^3/km^2，下降了 23.07%；2000 ~ 2015 年呈现增加趋势，2015 年增加至 230 234m^3/km^2，增加了 17.91%（图 4-56 和表 4-51）。

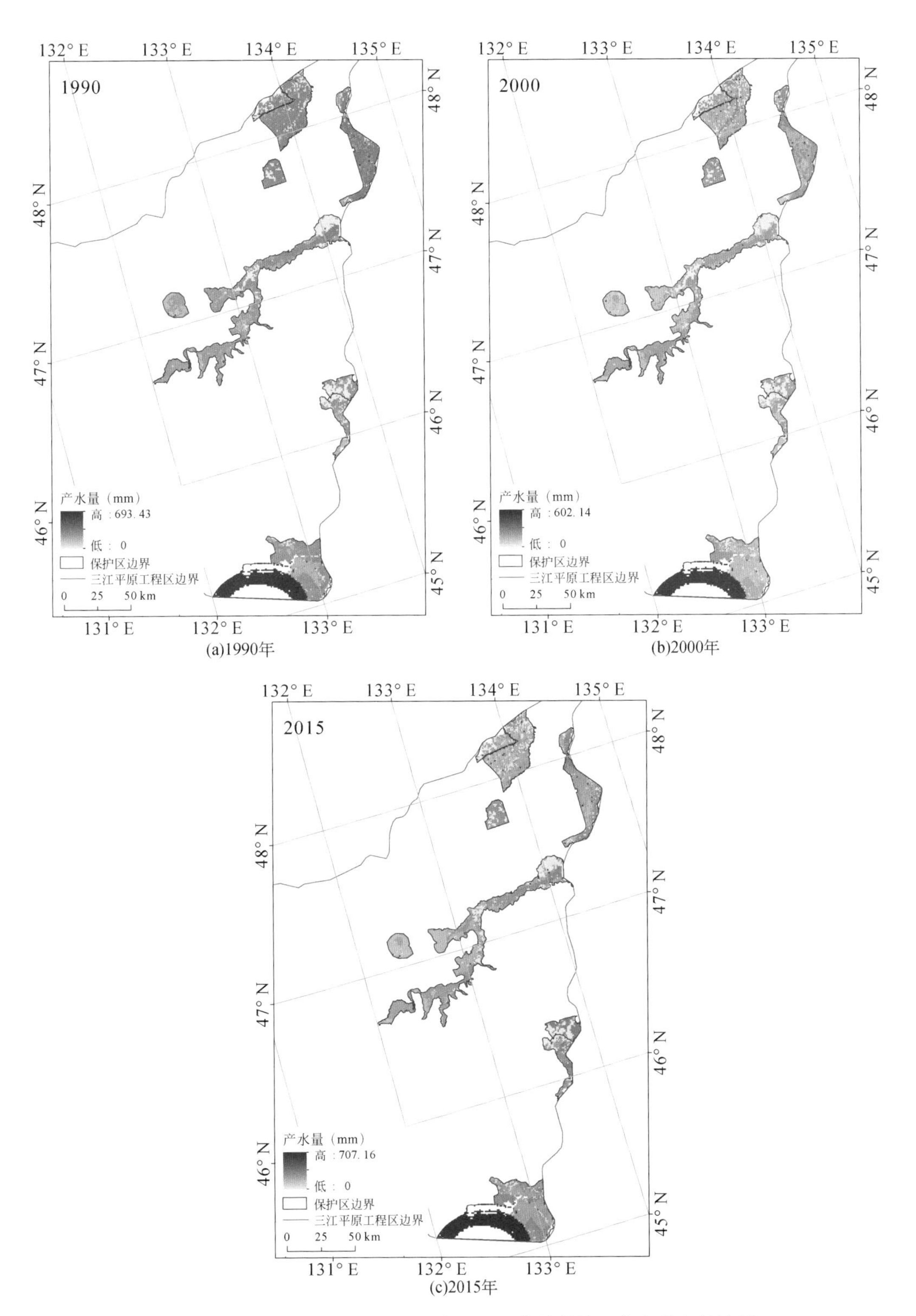

图4-56　1990～2015年9个国家级湿地自然保护区产水量空间特征

表 4-51　1990 ~ 2015 年 9 个国家级湿地自然保护区产水量变化

指标	1990 年	2000 年	2015 年	1990 ~ 2000 年变化	2000 ~ 2015 年变化
区域产水总量（亿 m^3）	20. 8	16. 0	18. 9	-4. 8	2. 9
单位面积产水量（m^3/km^2）	253 812	195 260	230 234	-58 552	34 974

通过对比国家级湿地自然保护区与三江平原产水量变化比例发现（表 4-52），1990 ~ 2000 年保护区内区域产水总量及单位面积产水量的减少比例均高于三江平原整体，但湿地保护工程实施后，2000 ~ 2015 年保护区内区域产水总量及单位面积产水量的增加比例均高于三江平原整体，这表明了保护区建设在产水量服务方面的贡献。

表 4-52　1990 ~ 2015 年 9 个国家级湿地自然保护区与三江平原产水量变化比例对比（单位:%）

地区	区域产水总量		单位面积产水量	
	1990 ~ 2000 年	2000 ~ 2015 年	1990 ~ 2000 年	2000 ~ 2015 年
9 个国家级湿地自然保护区	-23. 08	18. 13	-23. 07	17. 91
三江平原	-21. 33	14. 72	-21. 28	14. 64

四、食物生产能力变化评估

（一）三江平原粮食产量变化

粮食生产是国民经济发展和社会稳定的重大战略问题。近年来我国高度重视粮食生产，科技进步、政策扶持、气候条件等因素为我国粮食实现增产提供了有利条件。我国粮食生产重心不断北移，粮食生产格局不断集中，粮食主产区逐渐向优势地区集中（李志斌等，2010）。三江平原地域辽阔，资源丰富，发展商品农业和现代农业的潜力巨大。中华人民共和国成立以来，因经济建设发展和国家对粮食的需求，三江平原经历了几次开荒高潮，使该区农田面积急剧增加，成为国家重要的商品粮基地。

三江平原主要粮食作物有水稻、小麦、玉米、大豆。1990 年，三江平原主要粮食产量为 337. 5 万 t，包括水稻 78. 4 万 t、小麦 66. 0 万 t、玉米 127. 0 万 t、大豆 66. 1 万 t；2000 年，三江平原主要粮食产量为 504. 5 万 t，包括水稻 228. 5 万 t、小麦 11. 4 万 t、玉米 166. 1 万 t、大豆 98. 5 万 t；2015 年三江平原主要粮食产量为 3291. 87 万 t，包括水稻 573. 5 万 t、小麦 0. 18 万 t、玉米 2660. 7 万 t、大豆 57. 49 万 t。可以看出，2000 ~ 2015 年，三江平原主要粮食产量大幅度增加，增加量为 2787. 37 万 t（表 4-53 和图 4-57）。

表 4-53　1990 ~ 2015 年三江平原粮食产量变化　　（单位：万 t）

种类	1990 年	2000 年	2015 年	1990 ~ 2000 年变化	2000 ~ 2015 年变化
水稻	78. 4	228. 5	573. 5	150. 1	345
小麦	66. 0	11. 4	0. 18	-54. 6	-11. 2

续表

种类	1990 年	2000 年	2015 年	1990 ~ 2000 年变化	2000 ~ 2015 年变化
玉米	127.0	166.1	2660.7	39.1	2494.6
大豆	66.1	98.5	57.49	32.4	-41.01
总产量	337.5	504.5	3291.87	167	2787.37

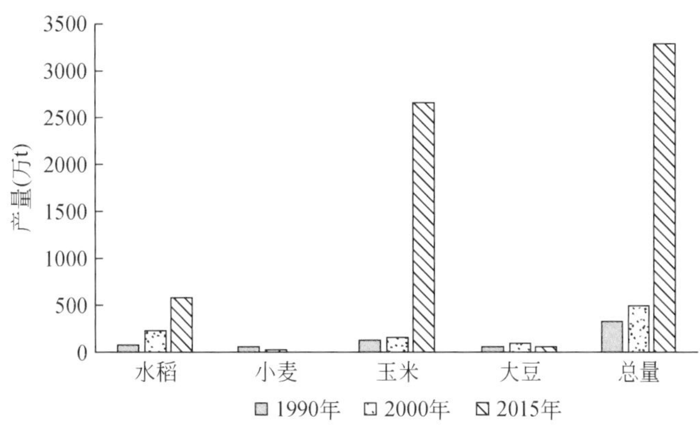

图 4-57　三江平原主要粮食产量变化图

(二) 各县 (市) 主要粮食产量分布

1. 三江平原水稻产量变化

三江平原 1990 年水稻产量为 78.4 万 t，2000 年水稻产量为 228.5 万 t，2015 年水稻产量大幅度增长，高达 573.5 万 t。在分析三江平原水稻生产变化的基础上，对三江平原水稻生产的空间格局进行研究，对比三江平原不同时期、不同县（市）水稻生产的空间分布情况。以 1990 年、2000 年、2015 年为时间节点，采用自然断点的方法，对三江平原各县（市）水稻生产进行划分，得出不同时期水稻生产的空间格局（图 4-58）。

1990 年，三江平原有 14 个县（市）水稻产量小于 5 万 t，9 个县（市）水稻产量在 5 万 ~ 10 万 t；2000 年，三江平原有 8 个县（市）水稻产量小于 5 万 t，有 6 个县（市）水稻产量在 5 万 ~ 10 万 t，水稻产量在 10 万 ~ 15 万 t、15 万 ~ 20 万 t、20 万 ~ 30 万 t 的分别各有 3 个县（市），可见 2000 年水稻产量大多都在 10 万 t 以下；2015 年，三江平原有 2 个县（市）水稻产量小于 5 万 t，有 1 个县（市）水稻产量在 5 万 ~ 10 万 t，有 4 个县（市）水稻产量在 10 万 ~ 15 万 t，水稻产量在 15 万 ~ 20 万 t、20 万 ~ 30 万 t 的分别各有 1 个县（市），水稻产量在 30 万 ~ 50 万 t 的有 7 个县（市），还有 3 个县（市）在 50 万 ~ 100 万 t，4 个县（市）在 100 万 ~ 400 万 t，相比于 2000 年，水稻产量大幅度提高（图 4-59）。2000 ~ 2015 年除穆棱市（减少 1.31 万 t）和鸡东县（减少 2.03 万 t）外，各县（市）水稻产量均呈增加趋势，其中佳木斯市增加最多，增加了 197.23 万 t（表 4-54）。

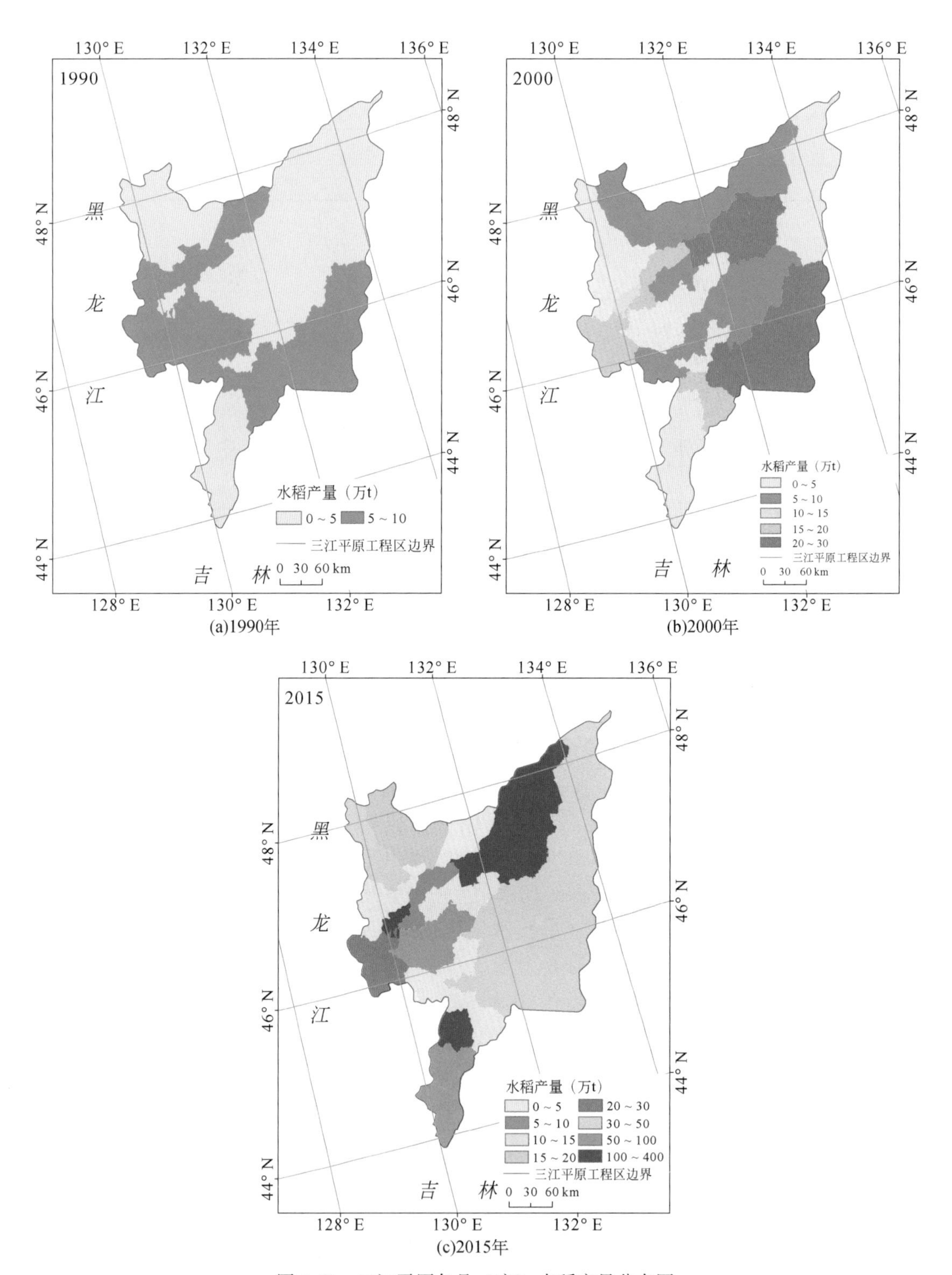

(a)1990年

(b)2000年

(c)2015年

图 4-58　三江平原各县（市）水稻产量分布图

表 4-54　三江平原各县（市）水稻产量　（单位：万 t）

县（市）	1990 年	2000 年	2015 年	1990 ~ 2000 年	2000 ~ 2015 年
鸡西市	7.80	62.00	120.15	54.20	58.15
鹤岗市	8.10	20.90	54.33	12.80	33.43
双鸭山市	3.80	19.00	50.06	15.20	31.06
佳木斯市	43.20	97.30	294.53	54.10	197.23
七台河市	5.40	8.60	11.68	3.20	3.08
依兰县	7.46	17.00	40.33	9.54	23.33
穆棱市	2.67	3.75	2.45	1.08	-1.31

2. 三江平原小麦产量变化

1990 ~ 2015 年三江平原小麦产量较低，不是主要的粮食作物。1990 年三江平原小麦产量为 66.0 万 t，2000 年三江平原小麦产量为 11.4 万 t，2015 年仅为 0.18 万 t。1990 年，三江平原有 18 个县（市）小麦产量小于 5 万 t，有 5 个县（市）小麦产量在 5 万 ~ 10 万 t；2000 年，三江平原有 5 个县（市）小麦产量为 0，有 1 个市（富锦市）小麦产量在 5 万 ~ 10 万 t，其余各县（市）小麦产量均小于 5 万 t；2015 年，三江平原有 7 个县（市）小麦产量小于 5 万 t，其余各县（市）小麦产量为 0，相比于 2000 年，小麦产量大幅度降低（表 4-55 和图 4-59）。

表 4-55　三江平原各县（市）小麦产量　（单位：万 t）

县（市）	1990 年	2000 年	2015 年	1990 ~ 2000 年变化	2000 ~ 2015 年变化
鸡西市	0.90	0.30	0.03	-0.60	-0.27
鹤岗市	4.70	0.80	0.00	-3.90	-0.80
双鸭山市	5.00	0.90	0.02	-4.10	-0.88
佳木斯市	43.30	8.70	0.04	-34.60	-8.66
七台河市	4.10	0.30	0.00	-3.80	-0.30
依兰县	5.59	0.00	0.00	-5.59	0.00
穆棱市	2.43	0.44	0.09	-2.00	-0.35

3. 三江平原玉米产量变化

1990 年三江平原玉米产量为 127.0 万 t，2000 年三江平原玉米产量为 166.1 万 t，2015 年三江平原玉米产量达 2660.7 万 t。玉米已成为三江平原最主要的粮食作物。1990 年，三江平原有 12 个县（市）玉米产量小于 5 万 t，有 6 个县（市）玉米产量在 5 万 ~ 10 万 t，有 4 个县（市）玉米产量在 10 万 ~ 15 万 t，有 1 个县（市）玉米产量在 15 万 ~ 20 万 t；2000 年，三江平原有 11 个县（市）玉米产量小于 5 万 t，有 6 个县（市）玉米产量在 5 万 ~ 10 万 t，玉米产量在 10 万 ~ 15 万 t、15 万 ~ 20 万 t、20 万 ~ 30 万 t 的分别各有 3 个、1 个、2 个县（市），可见 2000 年玉米产量大多在 10 万 t 以下；2015 年，三江平原有 1 个县（市）玉米产量小于 5 万 t，有 1 个县（市）玉米产量在 10 万 ~ 15 万 t，有 3 个县（市）玉米产量在 20 万 ~ 30 万 t，玉米产量在 30 万 ~ 50 万 t 的有 5 个县（市），还有 9 个县（市）为 50 万 ~ 100 万 t，6 个县（市）在 100 万 ~ 400 万 t，相比于 2000 年，玉米产量大幅度提高。2000 ~ 2015 年各县（市）玉米产量均呈增加趋势，其中宝清县增加最多，增加了 852.89 万 t（图 4-60 和表 4-56）。

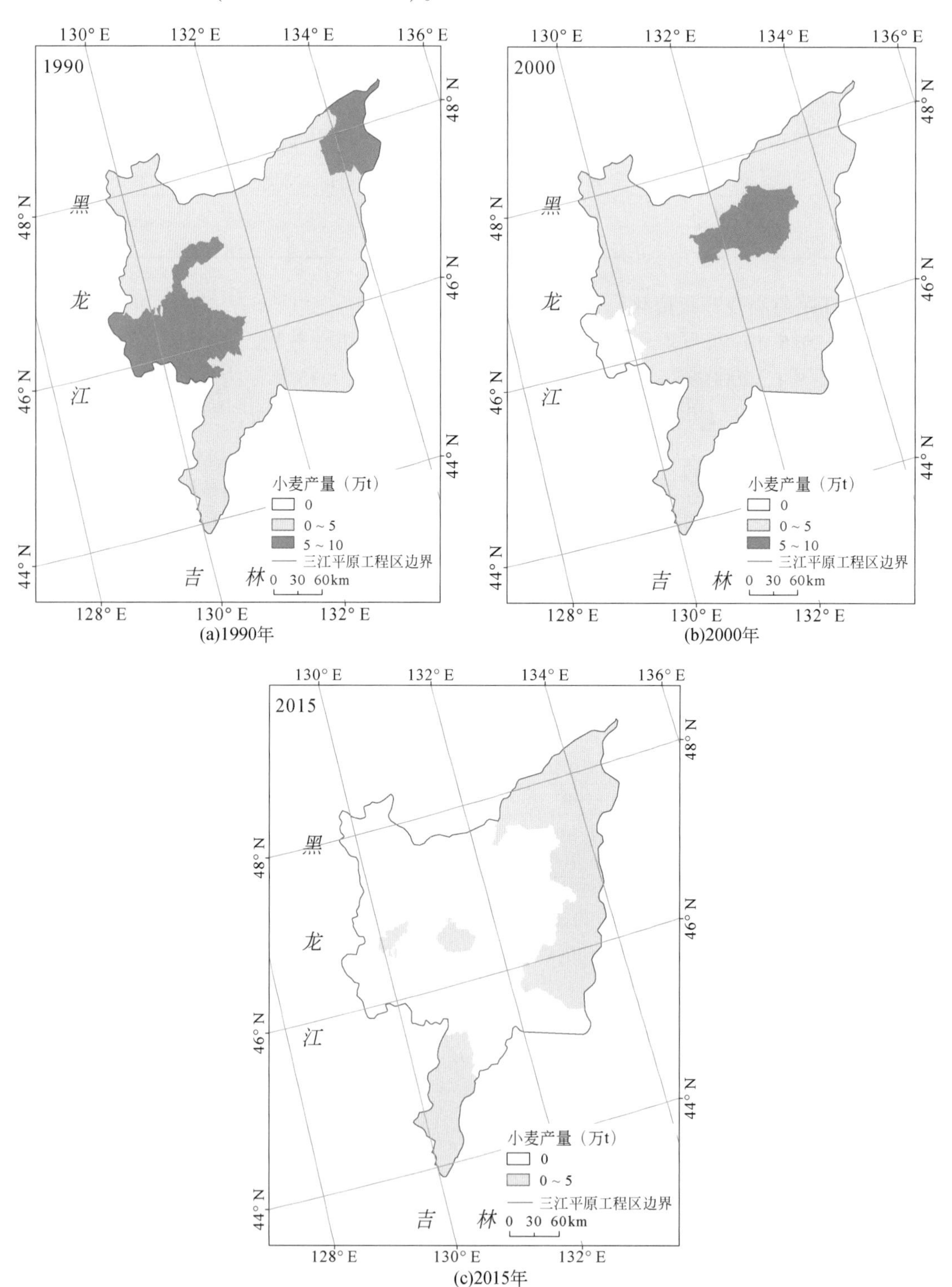

(a)1990年
(b)2000年
(c)2015年

图 4-59　三江平原各县（市）小麦产量分布图

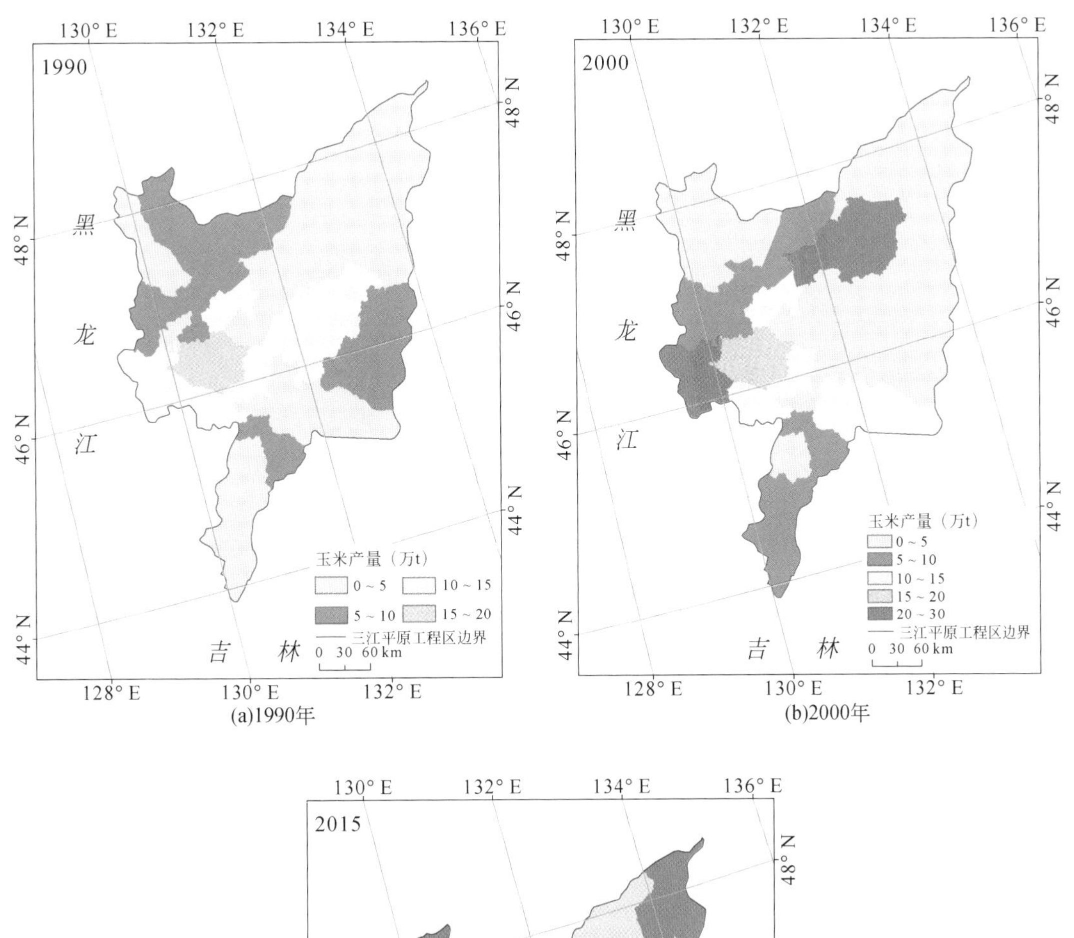

(a)1990年　　(b)2000年

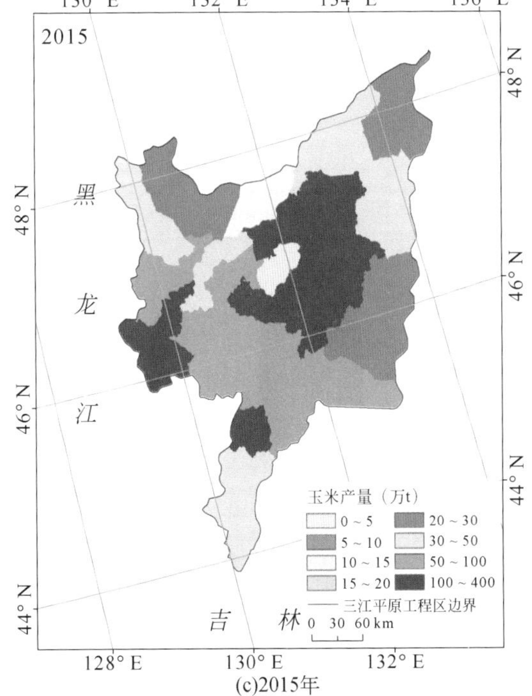

(c)2015年

图 4-60　三江平原各县（市）玉米产量分布图

表 4-56　三江平原各县（市）玉米产量　　（单位：万 t）

县（市）	1990 年	2000 年	2015 年	1990～2000 年变化	2000～2015 年变化
鸡西市	8.90	24.30	341.25	15.40	316.95
鹤岗市	7.60	9.00	79.84	1.40	70.84
双鸭山市	11.60	18.40	1199.12	6.80	1180.72
佳木斯市	67.50	64.40	768.24	-3.10	703.84
七台河市	14.10	14.40	131.99	0.30	117.59
依兰县	12.09	27.22	108.47	15.13	81.25
穆棱市	5.20	8.39	31.76	3.20	23.37

4. 三江平原大豆产量变化

1990 年三江平原大豆产量为 66.1 万 t，2000 年三江平原大豆产量为 98.5 万 t，2000～2015 年大豆产量呈减少趋势，2015 年大豆产量仅为 57.49 万 t。1990 年三江平原共有 19 个县（市）大豆产量小于 5 万 t，有 5 个县（市）大豆产量在 5 万～10 万 t。2000 年三江平原有 16 个县（市）大豆产量小于 5 万 t，有 6 个县（市）大豆产量在 5 万～10 万 t，大豆产量在 15 万～20 万 t 的有 1 个市（富锦市），可见 2000 年大豆产量大多在 10 万 t 以下。2015 年，三江平原有 15 个县（市）大豆产量小于 5 万 t，有 7 个县（市）大豆产量在 5 万～10 万 t，有 1 个县（市）大豆产量在 30 万～50 万 t，相比于 2000 年，大豆产量略微下降。2000～2015 年有 10 个县（市）大豆产量呈增加趋势，有 13 个县（市）大豆产量呈减少趋势，其中富锦市减少最剧烈，减少了 19.78 万 t（图 4-61 和表 4-57）。

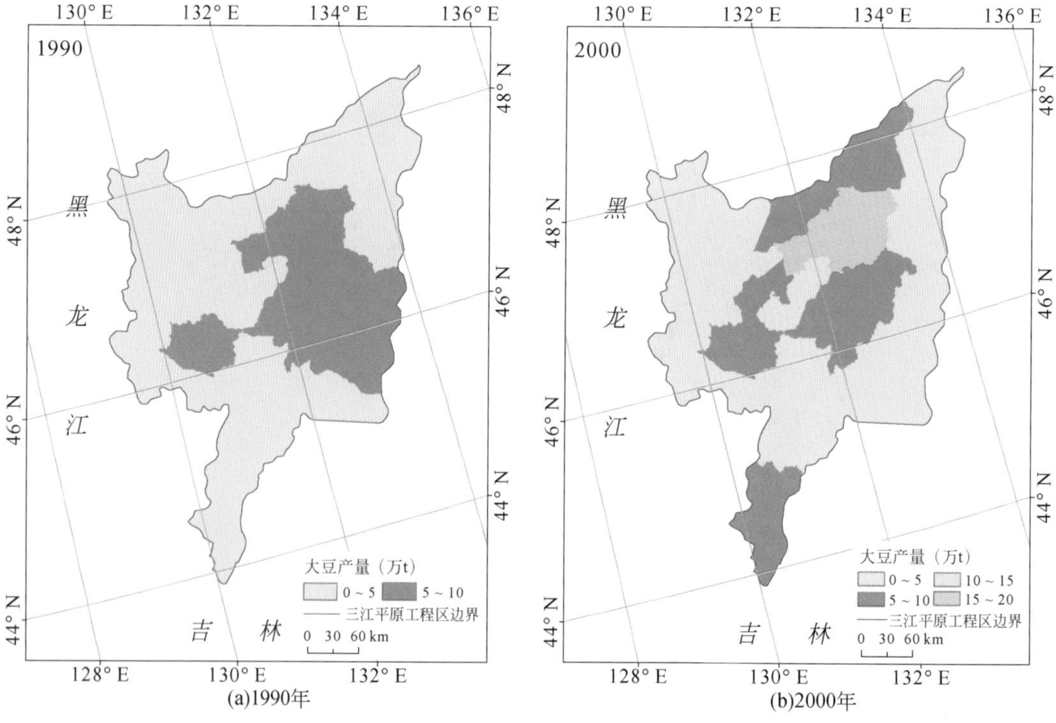

(a)1990年

(b)2000年

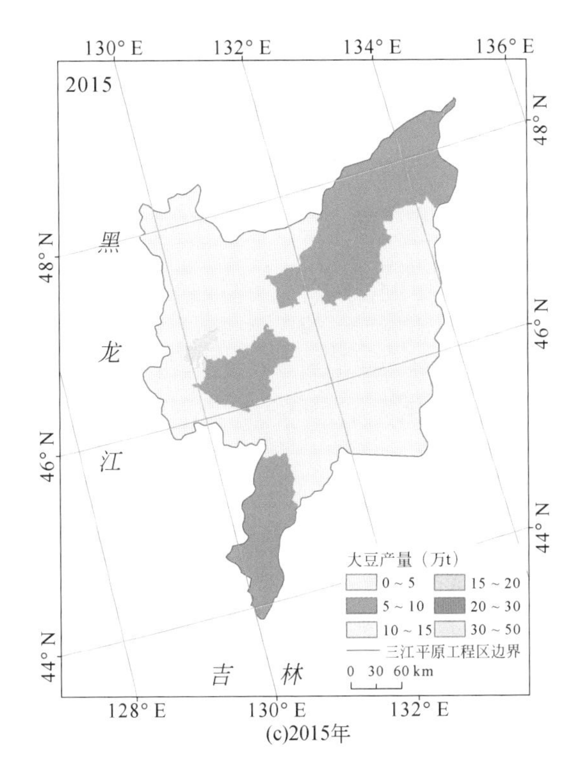

(c)2015年

图 4-61　三江平原各县（市）大豆产量分布图

表 4-57　三江平原各县（市）大豆产量　　（单位：万 t）

县（市）	1990 年	2000 年	2015 年	1990 ~ 2000 年	2000 ~ 2015 年
鸡西市	3.90	11.40	9.06	7.50	-2.34
鹤岗市	6.20	9.40	2.91	3.20	-6.49
双鸭山市	4.50	17.00	6.89	12.50	-10.11
佳木斯市	37.90	43.90	27.07	6.00	-16.83
七台河市	3.90	6.50	3.11	2.60	-3.39
依兰县	6.67	4.92	1.70	-1.75	-3.22
穆棱市	3.01	5.40	6.75	2.39	1.35

第四节　三江平原湿地保护工程成效综合评估

一、湿地保护工程执行情况

“十一五”和“十二五”期间，根据《规划》与《实施规划（2005—2010 年）》和

《实施规划（2011—2015年）》，三江平原实施了一大批湿地保护工程，湿地保护体系建设进一步完善，一批国际和国家重要湿地得到了抢救性的保护，湿地保护管理能力明显增强，湿地保护和合理利用的成功经验和做法得到推广，显著提高了履行《湿地公约》国际义务的能力。

（一）国际重要湿地和湿地自然保护区建设

截至2015年底，三江平原新增国际重要湿地3个，分别为黑龙江宝清七星河国家级自然保护区、黑龙江珍宝岛国家级自然保护区和黑龙江东方红湿地国家级自然保护区，至此三江平原地区的湿地在国际重要湿地名录中增加至6个，占我国总数的12%。三江平原国家级湿地自然保护区增加4个（新建或升级），分别为黑龙江八岔岛国家级自然保护区（升级）、黑龙江东方红湿地国家级自然保护区（升级）、黑龙江珍宝岛国家级自然保护区（升级）和黑龙江三环泡国家级自然保护区（升级），至此三江平原国家级湿地自然保护区增加至9个。另外，省级湿地自然保护区增加14个（升级或新建），分别为黑龙江嘟噜河湿地自然保护区（升级）、黑龙江勤得利鲟鳇鱼自然保护区（新建）、黑龙江富锦沿江湿地自然保护区（升级）、黑龙江黑鱼泡湿地自然保护区（新建）、黑龙江桦川湿地省级自然保护区（新建）、黑龙江佳木斯沿江湿地自然保护区（新建）、黑龙江大佳河自然保护区（新建）、黑龙江宝清东升自然保护区（新建）、黑龙江倭肯河自然保护区（新建）、黑龙江细鳞河自然保护区（升级）、黑龙江安兴湿地自然保护区（升级）、黑龙江水莲自然保护区（新建）、黑龙江乌苏里江自然保护区（新建）和黑龙江绥滨两江湿地自然保护区（新建），至此三江平原省级湿地自然保护区增加至21个。另外，许多湿地自然保护区的人才队伍也逐渐健全，管理体系也日趋完善。自然保护区积极开展员工培训和岗位认证，着重引进人才，优化人员结构，协调各部门之间通力合作，提升自然保护区管理能力的软实力。

（二）湿地公园建设

自2005年国家林业局公布第一批国家湿地公园试点单位开始，全国范围内湿地公园如雨后春笋般涌现，在湿地保护、合理利用和宣传教育等诸多方面发挥着重要作用。三江平原地区是湿地公园建设的重点区域，截至2015年底，国家级湿地公园已达13个，已超额完成《规划》和《实施规划（2011—2015年）》任务。截至2015年，三江平原的国家级湿地公园有黑龙江富锦国家湿地公园、黑龙江安邦河国家湿地公园、黑龙江密山塔头湖河国家湿地公园、黑龙江同江三江口国家湿地公园、黑龙江黑瞎子岛国家湿地公园、黑龙江白桦川国家湿地公园、黑龙江鹤岗十里河国家湿地公园、黑龙江虎林国家湿地公园、黑龙江七台河桃山湖国家湿地公园、黑龙江饶河乌苏里江国家湿地公园、黑龙江东宁绥芬河国家湿地公园、黑龙江牡丹江沿江湿地公园和黑龙江牡丹江市海浪河国家湿地公园。

（三）湿地保护区工程建设

在《规划》实施之前，三江平原许多湿地保护区周围农业开发综合影响较大，管护基础设施薄弱，湿地萎缩和生态质量降低，导致湿地生态系统的逆向演替或丧失，严重影响区域内珍稀野生动植物的生存环境，并且在科教宣传方面的能力非常薄弱，这些不足限制了湿地保护和科学管理，影响了区域生态安全。因此，《实施规划（2005—2010 年）》和《实施规划（2011—2015 年）》针对这些问题，选取多个国家级和省级自然保护区进行湿地保护工程建设，以恢复和重建被破坏的湿地，从而保护水资源、维持生态平衡和促进生态文明建设。概括来看，《实施规划（2015—2010 年）》和《实施规划（2011—2015 年）》重点包括退耕还湿（及其耕地补偿）、植被恢复、生态移民、保护站和道路建设、科研监测设施、蓄水和补水设施等。目前，《实施规划（2005—2010 年）》和《实施规划（2011—2015 年）》的许多建设项目都取得了突出成绩。例如：①截至 2015 年，受退耕还湿工程影响，三江平原已实现 48 919hm^2 的耕地转化为湿地，还有 26 291hm^2 的森林转化为湿地，其中黑龙江三江国家级自然保护区核心区已完成退耕还湿面积 600hm^2 以上，黑龙江珍宝岛国家级自然保护区退耕还湿面积已达 900hm^2 以上，黑龙江宝清七星河国家级自然保护区退耕还湿面积达 500hm^2 以上，黑龙江安邦河自然保护区退耕还湿面积 1000hm^2 以上，黑龙江兴凯湖国家级自然保护区退耕还湿面积也接近 1000hm^2。②黑龙江黑瞎子岛自然保护区、富锦沿江湿地自然保护区、黑鱼泡自然保护区、勤得利自然保护区和水莲自然保护区等都完成了保护区管理局办公楼以及管护站等的建设项目，黑龙江珍宝岛国家级自然保护区科研监测管护平台也已于 2011 年顺利完成建设，这些管护设施的建设显著提高了保护区的管理能力，应对突发情况（如火灾）的能力也显著增强。③黑龙江细鳞河湿地自然保护区、黑龙江宝清嘟噜河湿地自然保护区和黑龙江宝清东升自然保护区的道路和管理站建设已顺利完成。④黑龙江兴凯湖国家级自然保护区和珍宝岛国家级自然保护区都进行了候鸟迁徙通道优化建设。总体来看，《实施规划（2005—2010 年）》的保护区建设工程项目执行情况良好，而《实施规划（2011—2015 年）》的多数保护区建设工程项目也已超额完成，部分保护区建设工程项目也在继续完善之中。

（四）宣教培训体系建设

依据《规划》的指导思想，《实施规划（2005—2010 年）》和《实施规划（2011—2015 年）》拟在三江平原开展湿地宣教培训体系建设，而相关建设内容得到了积极推进。三江平原湿地宣教馆已于 2009 年 12 月建成并投入使用，总投资 3800 万元，当年被国家确定为黑龙江省唯一、北方最大、全国湿地整体展示效果最好，集展示、宣传、教育、科研为一体的专业生态展馆，被中国野生动物保护协会命名为全国野生动物保护科普教育基地。三江平原湿地宣教馆由概览厅、景观厅、生物多样性厅、功能与保护厅四个主题展厅组成，展出的动物标本分别为鸟类、兽类、鱼类、昆虫类、爬行类等。该馆通过典型湿地复原，采用电子翻书、触摸屏、幻影成像等高科技多媒体，生动地展示了三江平原湿地重要的生态系统功能及丰富的生物多样性、独特的自然景观。另外，所有国家级和多数省级自然保护区均设立了科研宣教科，建设了标本馆，并配套了相关基础设施和电教仪器设备等。其中，黑龙江兴凯湖国家级自然保护区和黑龙江东方红湿地国家级自然保护区成为野外培训基地，建设有报告厅、标本室、野外湿地动植物展示区和水鸟观测台等，并配套了相应的仪器设备。为了提高管理者、公众的湿地保护意识，普及相关知识，目前已依托湿地保护区和培训基地组织相关教育培训超过 5 万人次，主要内容包括湿地保护与管理、国际交流、野生动植物保护、法律法规、病虫害防治、信息系统和社区发展等。为了加大对黑龙江湿地资源的保护力度，提升湿地保护管理的决策、治理能力，黑龙江湿地培训中心于 2016 年底成立，实现了湿地宣教培训能力质的飞跃。

二、生态成效评估与原因分析

（一）湿地保护工程生态成效评估

以 1990 年、2000 年和 2015 年为时间节点，评估湿地保护工程在生态系统宏观结构变化以及主要生态系统服务能力变化两个方面取得的生态成效，主要结论包括以下几方面内容。

1）1990 ~ 2015 年湿地面积持续减少，破碎化加剧，而农田和城镇面积持续增加，其中水田面积增加尤为显著。

在自然因素和人为因素双重作用下，1990 ~ 2015 年三江平原湿地总面积呈逐年萎缩趋势，共减少 10 329. 2km^2，减少率为 50. 6%。而与此同时，农田和城镇总面积呈增加趋势，分别增加 10 764. 9km^2 和 679. 3km^2，增加率分别为 21. 2% 和 26. 5%。其中，水田面积增加尤为显著，1990 年三江平原水田面积仅为 6447. 9km^2，仅占该区总面积的 6%，但 2015 年水田已增加至 26 961. 8km^2，1990 ~ 2015 年面积增加 20 513. 9km^2，增加了 3. 18 倍。

2）湿地保护工程延缓了湿地退化及农田扩张的趋势。

1990 ~ 2000 年三江平原湿地减少极为显著，面积减少 7500. 4km^2，减少比例为 36. 8%，但在湿地保护工程实施后，2000 ~ 2015 年三江平原湿地面积减少幅度显著降低（2828. 8km^2），减少比例下降为 21. 9%。湿地景观分析表明，1990 ~ 2000 年，三江平原湿地破碎化程度加剧，湿地稳定性变差；而 2000 ~ 2015 年，三江平原湿地景观破碎化程度减轻，湿地稳定性增加。另外，1990 ~ 2000 年，三江平原农田面积增加迅速，增加量为 8645. 7km^2，而 2000 ~ 2015 年，随着退耕还林、退耕还湿政策的实行，一定数量的农田转化为森林和湿地，农田面积增加速率减缓，增加量为 2119. 2km^2。

3）湿地保护工程实施以来，生境质量、产水量、食物生产能力显著提升，固碳功能下降趋势得到有效控制。

在生物多样性保护功能方面，1990 ~ 2000 年三江平原生境适宜性最好和良好的区域面积减少了 10 363. 94km^2，生境质量差的区域面积增加了 2337. 8km^2，但在 2000 ~ 2015 年三江平原生境质量最好和良好的区域面积增加了 5056. 10km^2，生境质量差的区域面积减少了 777. 71km^2。在产水量方面，1990 ~ 2000 年三江平原产水量总量减少 34. 93 亿 m^3，减少率为 21. 33%，但 2000 ~ 2015 年三江平原产水量总量呈现增加的趋势，增加了约 18. 97 亿 m^3，增加率为 14. 72%。在食物生产能力方面，1990 ~ 2000 年三江平原主要粮食的总产量增加 167 万 t，但在 2000 ~ 2015 年增加 2787. 37 万 t。在生态系统固碳功能方面，1990 ~ 2000 年三江平原碳储量总量减少 16. 85%，但 2000 ~ 2015 年减少 6. 12%，趋势有所放缓。

4）湿地自然保护区在湿地保护中发挥着重要作用。

2000 年以来国家级自然保护区内湿地面积减少比例（10.7%）显著低于整个三江平原区域（21.9%），湿地转化为农田的比例（9.03%）亦显著低于整个三江平原区域（25.10%），而农田转化为湿地的比例（3.13%）显著高于整个三江平原区域（0.82%）。另外，国家级自然保护区内湿地碳储量总量减少比例（12.04%）显著低于整个三江平原（27.36%），产水量增长率（15.34%）显著高于整个三江平原区域（14.72%）。

（二）湿地保护工程案例

1. 东方红湿地国家级自然保护区

（1）湿地格局分布

东方红湿地国家级自然保护区位于黑龙江省虎林市，是 2001 年 8 月经国家林业局和省政府批准建立的。东方红湿地国家级自然保护区位于长白山系老爷岭余脉，1990 ~ 2000 年，保护区内湿地面积略微减少，由 130km^2 减少到 127km^2，减少了 3km^2。2000 ~ 2015 年，保护区内湿地面积保持不变，湿地得到有效保护。对东方红湿地国家级自然保护区外 6km 做缓冲区，缓冲区内湿地面积在 1990 ~ 2010 年呈持续下降趋势，2000 ~ 2015 年湿地面积减少幅度变缓，湿地减少得到有效控制（图 4-62，表 4-58 和表 4-59）。

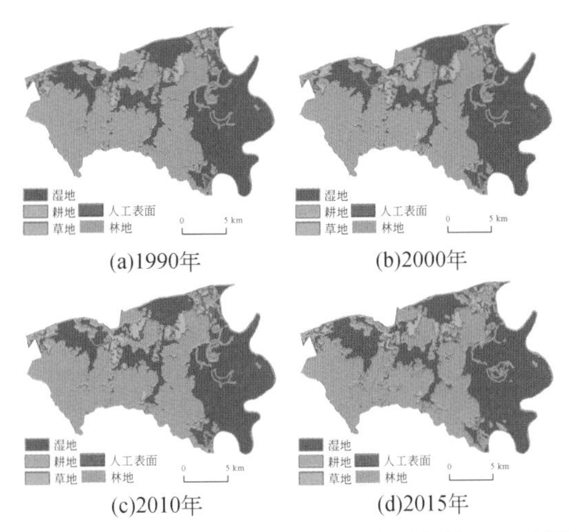

图 4-62　1990 ~ 2015 年东方红湿地国家级自然保护区土地覆被分类图

表 4-58　1990 ~ 2015 年东方红湿地国家级自然保护区内各类型面积　（单位：km^2）

土地覆被类型	1990 年	2000 年	2010 年	2015 年
林地	126	125	126	127
草地	2	2	1	1
湿地	130	127	127	127
耕地	18	21	21	21
人工表面	1	1	1	1
水体	6	6	6	6

表 4-59　1990 ~ 2015 年东方红湿地国家级自然保护区外 6km 缓冲区　（单位：km^2）

土地覆被类型	1990 年	2000 年	2010 年	2015 年
林地	178	182	182	183
草地	0	0	0	0
湿地	147	124	120	116
耕地	19	39	42	46
人工表面	2	2	2	2
水体	11	11	11	11

（2）生态系统服务能力变化评估

东方红湿地国家级自然保护区 1990 ~ 2000 年碳储量总量呈现减少的趋势，由 9. 51Tg 减少到 9. 36Tg，减少了 0. 15Tg，减少率为 2%；单位面积碳储量的变化与碳储量总量的变化保持一致，1990 ~ 2000 年呈现减少的趋势，由 30 159. 56t/km^2 减少到 29 662. 22t/km^2，减少了 2%。2000 ~ 2015 年碳储量总量增加了 0. 02Tg，单位面积碳储量的变化与碳储量总量的变化保持一致，2000 ~ 2015 年由 29 662t/km^2 增加到 29 716t/km^2。结果表明，湿地保护工程实施后，保护区内生态系统固碳功能下降趋势得到了有效控制（图 4-63 和图 4-64）。

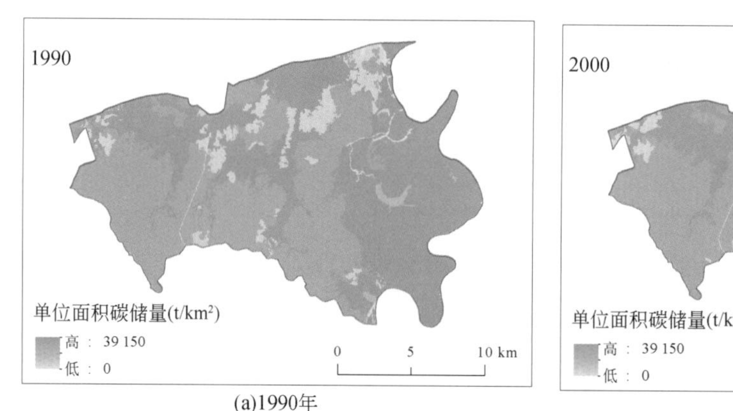

(a)1990年

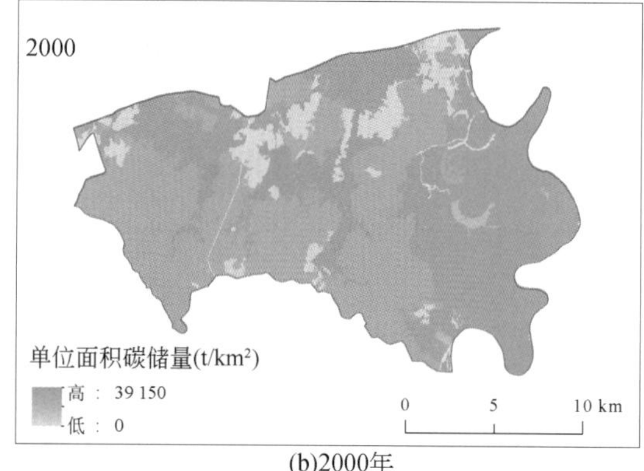

(b)2000年

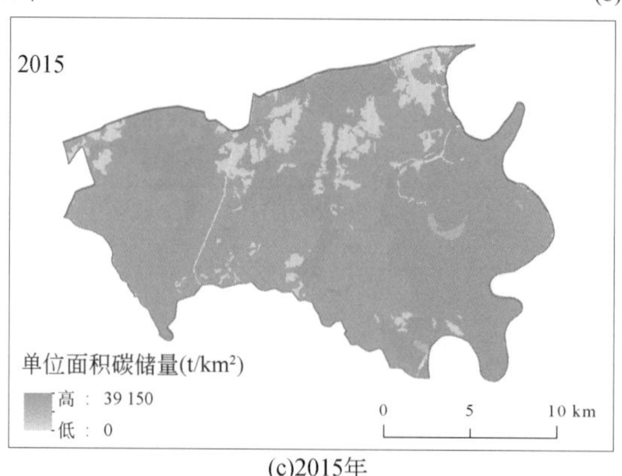

(c)2015年

图 4-63　1990 ~ 2015 年东方红湿地国家级自然保护区单位面积碳储量空间特征

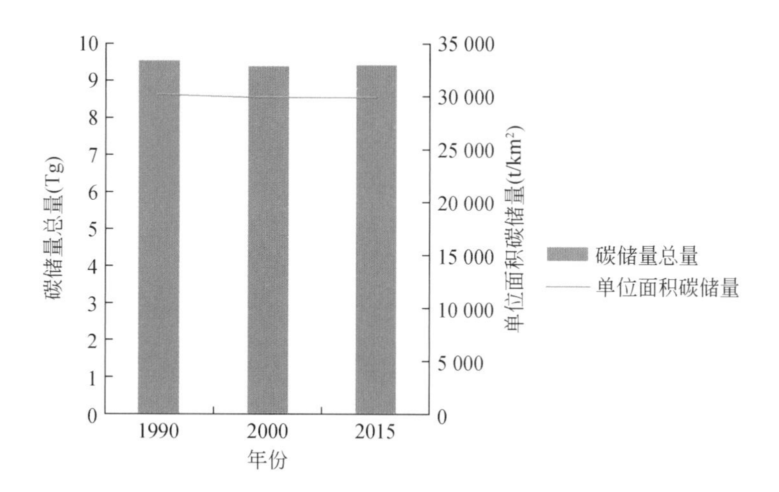

图 4-64　1990～2015 年东方红湿地国家级自然保护区碳储量变化

2. 八岔岛国家级自然保护区

（1）湿地格局分布

2003 年 6 月 6 日国务院批准八岔岛自然保护区为国家级自然保护区。八岔岛国家级自然保护区位于黑龙江省同江市东北部八岔乡境内西部 2km 处，1990～2000 年，保护区内湿地面积大幅度减少，由 168km² 减少到 86km²，减少了 50.1%。2000～2010 年，保护区内湿地面积不变。2010～2015 年保护区内湿地面积略微增加，增加了 9km²。对八岔岛国家级自然保护区外 8km 做缓冲区，缓冲区内湿地面积在 1990～2000 年呈大幅度下降趋势，2000～2015 年湿地面积略微增加，湿地得到了有效保护（图 4-65，表 4-60 和表 4-61）。

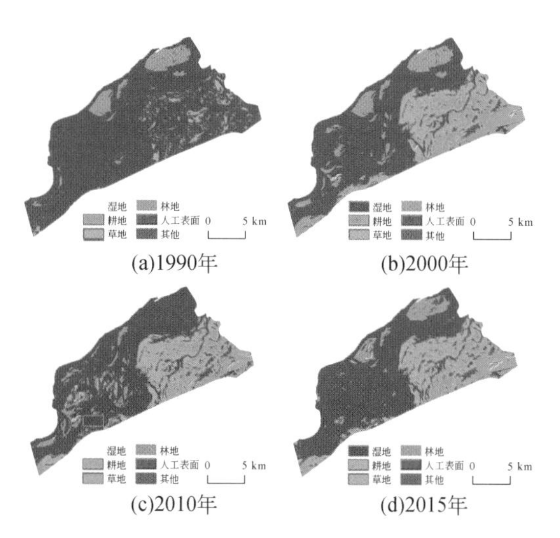

图 4-65　1990～2015 年八岔岛国家级自然保护区土地覆被分类图

表 4-60　1990～2015 年八岔岛国家级自然保护区内各类型面积　（单位：km^2）

土地覆被类型	1990 年	2000 年	2010 年	2015 年
林地	5	13	15	15
草地	0	0	0	0
湿地	168	86	86	95
耕地	27	85	92	93
人工表面	1	2	2	2
水体	63	78	69	60

表 4-61　1990～2015 年八岔岛国家级自然保护区外 8km 缓冲区　（单位：km^2）

土地覆被类型	1990 年	2000 年	2010 年	2015 年
林地	1	16	10	10
草地	0	0	0	0
湿地	285	70	88	91
耕地	40	229	221	222
人工表面	1	3	2	2
水体	7	16	12	8

（2）生态系统服务能力变化评估

八岔岛国家级自然保护区 1990～2000 年碳储量总量呈减少趋势，由 7.32Tg 减少到 4.54Tg，减少了 2.78Tg，减少率为 38%；单位面积碳储量的变化与碳储量总量的变化保持一致，1990～2000 年呈现减少的趋势，由 24 683.87t/km^2 减少到 15 331.11t/km^2，减少了 38%。2000～2015 年碳储量总量呈现增加的趋势，由 2000 年的 4.54Tg 增加到 2015 的 5.25Tg，增加了约 0.71Tg，上升率为 15.64%；单位面积碳储量的变化与碳储量总量的变化保持一致，2000～2015 年呈现增加的趋势，由 15331.11t/km^2 增加到 17723.33t/km^2，增加了 15.60%（图 4-66，图 4-67）。

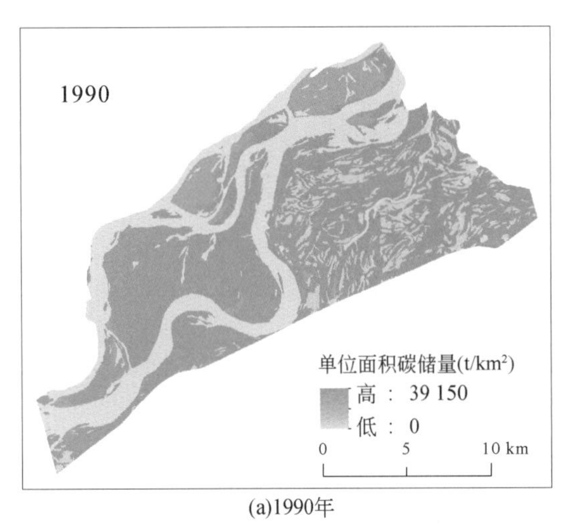

(a)1990年

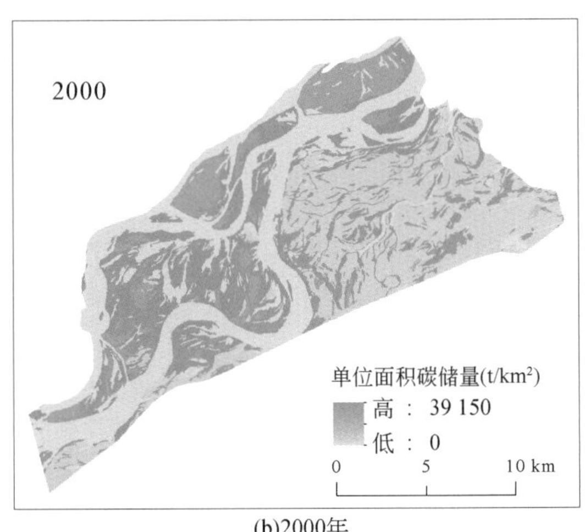

(b)2000年

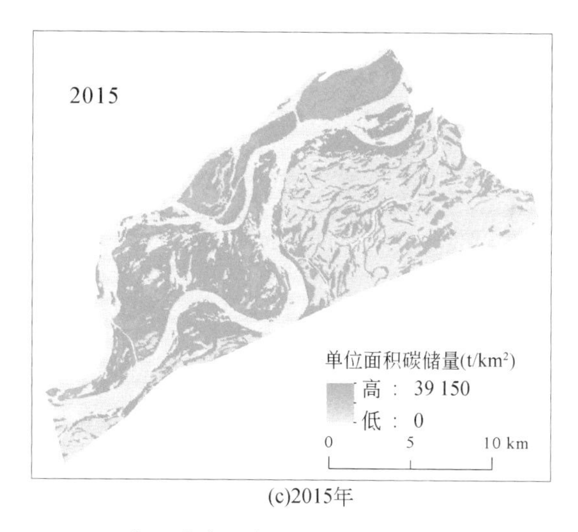

(c)2015年

图 4-66　1990 ~ 2015 年八岔岛国家级自然保护区单位面积碳储量空间特征

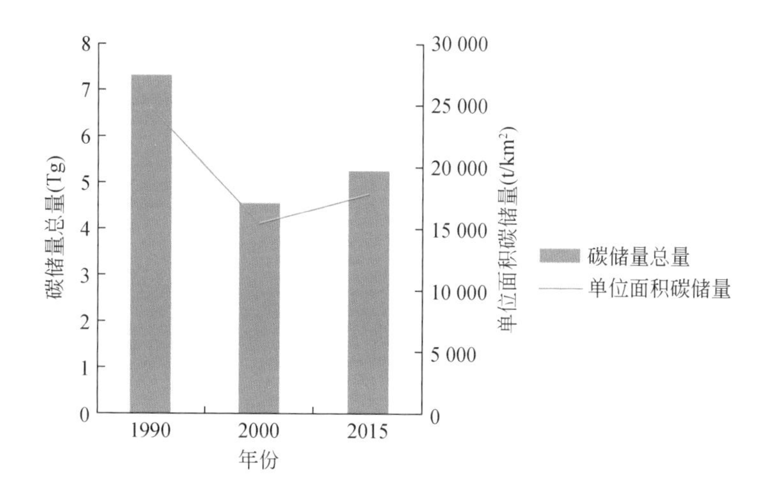

图 4-67　1990 ~ 2015 年八岔岛国家级自然保护区碳储量变化

3. 富锦国家湿地公园

（1）湿地格局分布

富锦国家湿地公园地处三江平原腹地，是在佳木斯市级湿地自然保护区的基础上规划建设的，总面积约 $22km^2$，该公园于 2009 年开园，在该公园内开展的湿地保护工程主要集中于 2009 年以后。1990 ~ 2000 年，公园内湿地面积减少，由 $21.3km^2$ 减少到 $14.34km^2$，减少了 $6.96km^2$。2000 ~ 2010 年，公园内湿地面积持续减少，减少了 $4.33km^2$。2010 ~ 2015 年，公园内湿地面积略微增加，增加了 $1.90km^2$，湿地退化得到有效控制（图 4-68 和表 4-62）。

（2）生态系统服务能力变化评估

2000 ~ 2010 年，富锦国家湿地公园碳储量总量由 0.67Tg 减少到 0.44Tg，下降率为

34.33%；2010年后，碳储量总量显著上升，2015年为0.54Tg，上升率为22.73%（图4-69）。

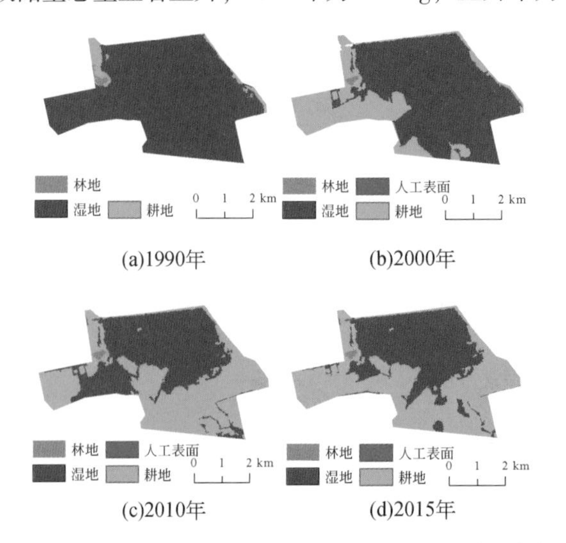

图4-68 1990～2015年富锦国家湿地公园土地覆被分类图

表4-62 1990～2015年富锦国家湿地公园内各类型面积 （单位：km^2）

土地覆被类型	1990年	2000年	2010年	2015年
耕地	0.97	7.94	12.26	10.36
林地	0.15	0.09	0.09	0.09
湿地	21.30	14.34	10.01	11.91
人工表面		0.05	0.05	0.05

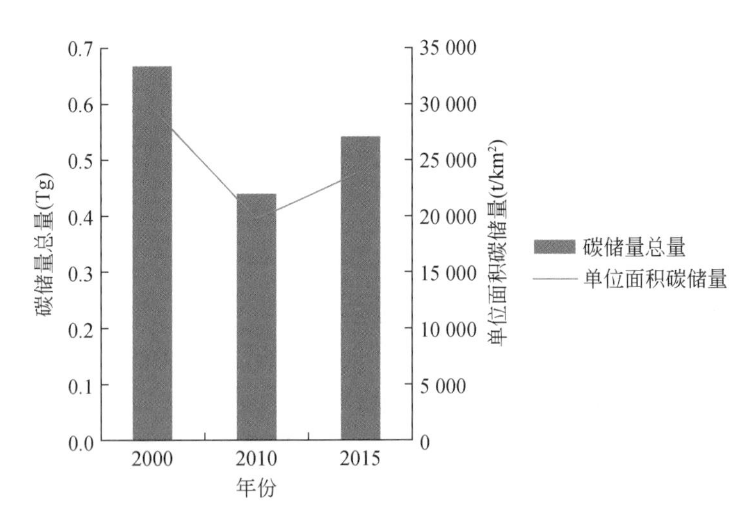

图4-69 2000～2015年富锦国家湿地公园碳储量总量及单位面积碳储量变化

2000～2015年（图4-70），富锦国家湿地公园区域内单位面积产水量持续上升。其中，2000～2010 年上升较慢，由 217 351m^3/km^2 上升至 222 246m^3/km^2，上升率为 2.25%；而 2010 年后上升较快，2015 年为 244 803m^3/km^2，较 2010 年上升率为 10.15%。公园产水总量也由 2000 年的 487.26 万 m^3 上升至 2015 年的 548.80 万 m^3。

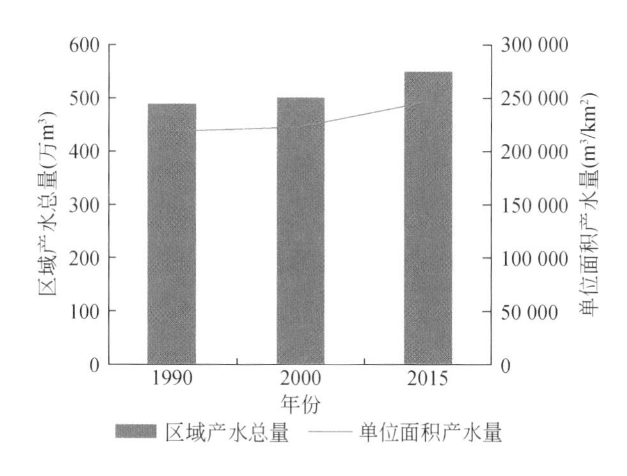

图 4-70　2000～2015 年富锦国家湿地公园区域产水总量及单位面积产水量变化

（三）湿地保护工程生态成效原因分析

自 2004 年以来，三江平原湿地保护工程尽管仍然存在很多不足，但总体来看已经取得了一定的成效。分析取得成效的原因，主要包括以下几个方面。

1）三江平原是全国湿地保护工程的重点区域。根据《全国生态功能区划》的指导方案，三江平原的主导生态调节功能为生物多样性保护和洪水调蓄，并以生物多样性保护为主。此外，在湿地保护的同时，三江平原同样在产品提供方面发挥着重要作用，属于农产品提供工程区。针对该农业开发区域，各级部门通过湿地保护与恢复及生态农业等方面的示范，提供湿地生态系统保护、恢复和合理利用模式，并在三江平原的农田与湿地交错区实施农区湿地污染物源头控制、农区湿地生态恢复工程、农区湿地可持续利用工程。以兴凯湖国家级自然保护区为例，鸡西市建成多个污水处理厂、垃圾处理厂、秸秆气化站和固化加工厂，完成了煤矿矿井水治理、洗煤与石墨废水闭路循环、焦化与啤酒厂废水治理等 19 项工程，并实施了畜禽污染防治、垃圾填埋、生活污水处理等农村环保综合整治项目，以实现污染物的源头控制和综合利用。另外，兴凯湖国家级自然保护区实施了许多生态治理工程，通过建设拦污闸减少垃圾、坡水对大兴凯湖的污染，通过建设排水闸定期给小兴凯湖西侧湿地补水，减少小兴凯湖蓝藻发生，通过建设湿地污水降解带以减少污染物的直接排放。

2）湿地保护区建设是湿地保护的关键。目前来看，建立湿地保护区对湿地资源进行抢救性保护仍然是现阶段湿地保护的最有效手段。截至 2015 年底，三江平原国家级湿地自然保护区增加 3 个（新建或升级），分别为黑龙江东方红湿地国家级自然保护区、黑龙江珍宝岛湿地国家级自然保护区和黑龙江三环泡国家级自然保护区，至此三江平原国家级湿地自然保护区增加至 9 个。另外，省级湿地自然保护区增加 14 个（升级或新建），分别为黑龙江嘟噜河湿地自然保护区、黑龙江勤得利鲟鳇鱼自然保护区、黑龙江富锦沿江湿地自然保护区、黑龙江黑鱼泡湿地自然保护区、黑龙江桦川湿地省级自然保护区、黑龙江佳木斯沿江湿地自然保护区、黑龙江大佳河自然保护区、黑龙江宝清东升自然保护区、黑龙江倭肯河自然保护区、黑龙江细鳞河自然保护区、黑龙江安兴湿地自然保护区、黑龙江水莲自然保护区、黑龙江乌苏里江自然保护区和黑龙江绥滨两江湿地自然保护区，至此三江平原省级湿地自然保护区增加至21个。湿地保护工程实施以来，湿地保护区内的湿地受到了良好的保护，总面积有所增加，而消失和退化的湿地主要发生于湿地保护区之外，由此可见湿地保护区建设对湿地保护的意义。另外，截至2015年底，三江平原国家级湿地公园已达13个。湿地公园的建设，在湿地保护、合理利用和宣传教育等诸多方面发挥着重要作用。

3）退耕还湿是湿地保护和恢复的有效途径。在《规划》实施之前，三江平原许多湿地保护区周围农业开发综合影响较大，管护基础设施薄弱，湿地萎缩和生态质量降低，导致湿地生态系统的逆向演替或丧失，严重影响区域内珍稀野生动植物的生存环境，这些不足限制了湿地保护和科学管理，影响了区域生态安全。《实施规划（2005—2010年）》和《实施规划（2011—2015年）》针对这些问题，选取多个自然保护区进行湿地保护工程建设，以恢复和重建被破坏的湿地，从而保护水资源、维持生态平衡和促进生态文明建设。截至2015年，三江平原已经实现退耕还湿43 790hm^2。例如，黑龙江三江国家级自然保护区核心区已完成退耕还湿600hm^{2}以上，黑龙江珍宝岛国家级自然保护区退耕还湿面积已达900hm^{2}以上，黑龙江宝清七星河国家级自然保护区退耕还湿面积达500hm^{2}以上，黑龙江三环泡国家级自然保护区和黑龙江安邦河自然保护区退耕还湿面积均在1000hm^{2}以上，黑龙江兴凯湖国家级自然保护区退耕还湿面积也接近1000hm^2，另外洪河和挠力河等国家级自然保护区在退耕还湿工作中也取得了突出成绩。此外，黑龙江东方红湿地国家级自然保护区由于农业过度开发的影响，湿地萎缩和生态质量降低，但自2009年升级为国家级自然保护区以来，积极推进废弃农田退耕还湿以及低产农田湿地植被恢复，通过水土保持、植被恢复、调节水位和控制污染等措施恢复湿地功能。

4）洪水资源的安全利用是促进退化湿地恢复的有效手段。对于湿地的形成和分布来说，水分的聚集是十分关键的因素，水分的聚集和消耗达到平衡或略有积累的状态是湿地发育的理想条件。在季节性大量水输入时，湿地和高地之间的水文联系常以地表径流为主。天然条件下，湿地在汛期滞蓄大量洪水资源，在干旱季节通过蒸发和地下水转化等作用调节和维持局部气候及局部生态系统。对于季节性积水的湿地系统，经过旱季土壤水分的亏损为随后的汛期洪水腾出了有效的蓄滞空间，因此对洪水季节的径流具有较大的缓冲作用。湿地与洪水的相互作用关系可以看作大自然将洪水转化为资源水的过程，历史上的大洪水在制造灾难的同时也为后人滋养了宝贵的湿地资源。2013年，中国东北地区的降水来得比较早，而且持续时间很长。至8月，黑龙江流域很多地方都出现了河湖水库决堤垮坝的现象，造成大面积的农田植被和人类生活用地淹没。洪水虽然造成了比较严重的洪涝灾害，但也为黑龙江流域退化湿地的恢复提供了宝贵的水资源。

5）湿地保护管理能力提升。首先，各保护区基础设施逐步完善。2005年以来，各保护区根据《规划》的要求，在原有基础管护设施的基础上，进行了修建和保养，包括道路、桥梁、瞭望塔、防火设施和管护站等。这些管护设施的建设显著提高了保护区的管理能力，应对突发情况（如火灾）的能力也显著增强。其次，湿地保护区人才队伍也逐渐健全，管理体系也日趋完善。随着《实施规划（2005—2010 年）》和《实施规划（2011—2015 年）》的推行，许多湿地保护区积极开展员工培训和岗位认证，着重引进人才，优化人员结构，协调各部门之间通力合作，提升保护区管理能力的软实力。最后，法律法规逐步健全。许多新的法律法规的制定和实施，确定了各级部门的职责，也提高了湿地保护工作的管理能力。例如，2013 年国家林业局颁布了《湿地保护管理规定》，确定了对湿地实行保护优先、科学恢复、合理利用和持续发展的方针。2015 年 10 月黑龙江省第十二届人民代表大会常务委员会第二十二次会议通过了《黑龙江省湿地保护条例》，以规范辖区内与湿地有关的活动，明确各级湿地管理机构的职责。《国家湿地公园管理办法》也于 2010 年 12 月颁布实施，规范了国家湿地公园建设和管理，以促进国家湿地公园健康发展。

6）湿地宣教培训能力提升。依据《规划》的指导思想，《实施规划（2005—2010 年）》和《实施规划（2011—2015 年）》在三江平原重点进行湿地宣教培训中心能力建设，普及湿地知识，提升公众湿地保护意识，增进公众对湿地保护的认可和参与程度。在“十一五”和“十二五”期间，相关建设内容得到了积极推进，三江平原湿地宣教馆已于 2009 年 12 月建成并投入使用，是集展示、宣传、教育、科研为一体的专业生态展馆，被中国野生动物保护协会命名为全国野生动物保护科普教育基地。另外，所有国家级和多数省级自然保护区均设立了科研宣教科，建设了标本馆，并配套了相关基础设施和电教仪器设备等。例如，黑龙江兴凯湖国家级自然保护区和东方红湿地国家级自然保护区成为了野外培训基地，建设有报告厅、标本室、野外湿地动植物展示区和水鸟观测台等，并配套了相应的仪器设备。为了提高管理者、公众的湿地保护意识，普及相关知识，截至 2015 年已依托湿地保护区和培训基地组织相关教育培训超过 5 万人次。为了加大对黑龙江湿地资源的保护力度，提升湿地保护管理的决策、治理能力，黑龙江湿地培训中心于 2016 年底成立，实现了湿地宣教培训能力质的飞跃。中国野生动物保护协会于 2012 年对三江平原湿地调研时发现，在湿地保护工程实施之初，许多农户对湿地保护的政策和意义认识不足，会人为阻挠保护区开展退耕还湿工程，但部分农户的意识逐渐转变，已经能够认识到保护湿地的重要性。

三、经济效益分析

（一）直接经济效益

《规划》的实施，有效遏制了湿地的过度利用，引导湿地利用走上合理开发、协调发展的轨道，实现了资源开发与环境保护的同步发展。在湿地保护的前提下，合理利用湿地的水资源、生物资源等，发展生态种植、生态养殖、生态旅游等特色产业，有助于提高社区居民的生活水平，改善民生，促进三江平原区域经济的可持续发展。

1. 农林牧渔产业高速发展

长期以来，三江平原农业发展一直秉承“扩大耕地面积要粮食要效益”的发展模式。在“五荒”（水荒、电荒、气荒、煤荒和油荒）开荒时期家庭农场及外来户加急开垦的河流沿岸湿地、低洼地以及泡泽，耕地质量差，农作物产量不稳定，并不能带来可观的经济收益。湿地保护工程实施以来，各级部门积极推进此类低产田的退耕还湿，确定了“打生态牌、走特色路、发展质量效益农业”的思路，积极扶持自营经济和生态农业的发展，显著提高了经济效益。根据《佳木斯经济统计年鉴》，佳木斯2004年农林牧渔产值为78亿元，而2016年为431亿元，年增长率均值为10.58%，同时人均消费水平也以平均每年11.2%的速率增长。以洪河农场为例，已拥有“中国东方白鹳之乡”“老张头”“东方佳粮”“国臻有稻”“阳光小厨”“大江生态农业”等农业品牌10余个，品牌农业体系的雏形初现。并且，该农场的自营经济创业户有1480户，从业人口占全场人数的48.2%，年创产值为8700万元，户均收入为4.9万元，年收入达20万元的自营经济创业户达30户，自营经济发展模式成为大众创业的新途径。例如，闫静祥养殖大鹅、獭兔等超过3000余只，纯利润12万元；张景德利用168亩人工林作为养鸡场，饲养“溜达鸡鸭鹅”等家禽1.7万余只，并注册了“老张头”品牌，该养鸡场已升级为“德福生态园”，连续两年营业额超过100万元，纯利润突破50万元；廖仁春进行珍珠鸡、贵妃鸡的特色林下养殖，年产值75万余元，纯利润超过40万元；黄秀章兄弟创办的“双晟肉牛养殖场”现有肉牛存栏400余头，其在进行肉牛养殖、屠宰的同时还进行品种改良、青贮饲料种植与配方研发，基地固定资产现达到500万余元；卢伟军充分利用闲置的5亩水塘，养殖了1万尾水蛭，3年后水蛭可繁殖到5万尾，产值达400万余元；冯大平连续两年进行“盘锦稻田蟹”的养殖，每年收获成蟹3万余斤，产值90万余元，纯利润45万元；第八管理区二次利用育秧大棚，种植以黑豆为代表的特色有机杂粮，通过电子商务平台对外销售，效益可观；夏树文利用自制饲料和肥料进行的“新资源食物”的尝试已拿到了认证文件，注册了“α-亚麻酸”为品牌的“新资源农产品”，已进驻大庆“庆客隆”超市，售价为普通同类食品的3～5倍，供不应求。

2. 生态旅游异军突起

湿地是大自然赋予人类的宝贵财富，因其特有的水体、自然风光、动植物和民俗风情日趋成为人们旅游休憩的主要目的地。湿地保护工程实施以来，随着湿地生态环境的恢复，宣教水平的提高，湿地保护意识的逐渐增强，以及人们对于健康生活的向往，湿地生态旅游获得了快速发展。同时，湿地旅游的发展也为经济发展带来重要契机，湿地旅游能够通过餐饮、交通和住宿等为当地财政和居民带来可观的直接经济收入。另外，湿地旅游有助于形成良好的招商引资环境，依托旅游业实现产业优化升级和产业格局调整，湿地旅游还可以发展为新的经济增长极、扩散极，带动生态工业、生态农业、交通运输业、餐饮娱乐业、房地产开发等产业的发展。目前，以湿地旅游为核心的三江平原地区旅游业正呈现出强劲的发展势头，并逐渐成为该地区新的经济增长引擎。例如，以兴凯湖旅游为龙头的鸡西市旅游业在2013年创造了31.6亿元的总收入，成为了鸡西市增长势头最迅猛的产业，使鸡西市逐渐呈现出从资源鸡西向旅游鸡西方向转变的局面；佳木斯努力将旅游业培养成城市发展的支柱产业，而以三江湿地旅游为核心的旅游品牌打造正在为拉动区域经济发展、推动城市功能的完善和城市规模的扩大贡献力量；以赫哲族民族风情、大江界、大湿地为特色的湿地旅游为同江迎来了难得的发展机遇，不但促进了同江旅游业的快速发展，也推动了城市的基础设施建设和生态环境改善，2011 年同江湿地旅游创收 1. 82 亿元，同比增长 21. 7%，成为带动经济增长的新亮点；双鸭山依托于湿地资源优势，努力打造以湿地生态旅游为精品的文化旅游产业，在双鸭山产业经济发展中呈现出了异军突起的态势。近年来，三江平原地区依托于湿地资源优势吸引了一系列以湿地农家乐、度假山庄、水上体验和冰雪乐园等为主题的招商引资项目，如兴凯湖 5S 级滑雪场建设项目、兴凯湖大型游船游乐项目、东湖温泉旅游度假村建设项目、萝北名山温泉度假村建设项目、赫哲民族文化村整体开发项目等，招商引资为三江平原地区的固定资产形成、先进技术引用、生产投入扩大、产业结构调整、政府职能转变等诸多方面提供了便捷途径，也为三江平原地区的经济发展发挥了重要的支撑作用。综合来看，许多湿地保护区（如黑龙江三江国家级自然保护区、黑龙江黑瞎子岛自然保护区、黑龙江挠力河国家级自然保护区和黑龙江国家级兴凯湖自然保护区等）已走在了生态旅游的前列，许多旅游配套设施也在逐步完善，旅游辅助产业也获得了蓬勃发展，旅游产业集群化日渐形成，产生了良好的经济效益，提高了当地居民的经济收益，充分发挥了先进典型示范和带动作用。

（二）间接经济效益

湿地保护工程不仅有着较大的直接经济效益，潜在的间接经济效益更是不可估量的。首先，湿地保护保障了湿地生态系统调蓄功能的正常发挥，大大减少了洪涝灾害造成的损失，如湿地通过提供水源和养分，对区域粮食生产起到了积极的促进作用，实现旱涝保收。其次，生态效益和社会效益会转化为间接经济效益，主要体现在湿地的蓄洪防旱、调节气候、控制土壤侵蚀、促淤造陆、降解环境污染等带来的间接经济效益。最后，遗传资源本身具有极其巨大的潜在经济价值，保护生物多样性也就保护了未来的发展基础，通过湿地野生动植物资源的就地保护和人工培育，它们的价值将日益得到挖掘和开发。

例如，湿地在均化洪水方面具有重要价值。湿地削减洪峰流量的功能多发生在平水年、枯水年和前期偏旱的年份，其原因在于这些年份的大部分沼泽地表无积水，或草根层、泥炭层含水不饱和，潜水位不高，存在可供蓄水的库容。湿地对洪水产生的均化效应可以一直持续到湿地产生表面流，即当沼泽湿地含水量达到饱和，潜水位升至沼泽表面时。表面流产生之前，大部分洪水会储存于草根层与泥炭层，而另一部分会以表层流侧面渗透的方式流出，而在此过程中，则一直发挥着削减洪峰和均化洪水的功能。以挠力河流域为例，龙头桥水库的单位削减成本为 1.06×10^{7} 元，通过替代成本法计算挠力河流域单位面积湿地的均化洪水价值为 1390 ~ 4645 元/hm^2，相应地，挠力河流域湿地生态系统的均化洪水总价值为 2. 42 亿 ~ 8. 08 亿元。由此可见，湿地保护和恢复在调洪蓄水方面能为国民经济带来巨额间接经济收益（表 4-63）。

表 4-63　挠力河流域湿地的均化洪水效应

指标	最大削减效应	最小削减效应
宝清站（m^3/s）	414	164.5
菜咀子站（m^3/s）	98.5	127
削减量（m^3/s）	315.5	37.5
削减率（%）	76.2	22.8
2010 年湿地面积（万 hm^2）	17.4	

资料来源：魏强（2015）

四、社会效益分析

湿地是一种重要的生态资源，湿地保护工程的实施在产生生态效益和经济效益的同时，也产生了显著的社会效益，促进了社会和谐与稳定，主要表现为以下几个方面。

1）湿地生态功能的恢复，提高了该地区应对洪涝和干旱灾害的能力，保障了社会安定。例如，2013 年黑龙江遭遇百年一遇的洪水，该地区大面积的湿地使洪水对农业安全和人民财产安全的危害显著下降。

2）湿地保护区和湿地公园的建设显著改善了区域生态环境和自然景观，净化了区域水源和空气，改善了居民的生存环境，也为广大居民提供了休闲和锻炼的场所，可以愉悦身心，并且有助于提高区域知名度，促进当地经济和文化的综合发展。例如，“中国白枕鹤之乡”——富锦市、“中国东方白鹳之乡”——农垦建三江管理局、“中国白琵鹭之乡”——宝清县已经成为三江平原的重要“生态名片”。

3）湿地生态旅游在增加经济收入的同时，也有助于增加就业，促进区域产业调整和发展。例如，2010 年双鸭山市旅游业吸纳就业 2.5 万人，间接就业 10 万人。湿地旅游的发展进一步提高了三江平原地区的开放程度，促进了人流、物流、资金流和信息流的流动，加快了社会的进步步伐。在旅游业的带动下，各地区的商品流通业、交通运输业、邮电通讯业、餐饮业、旅馆业、文化娱乐业、金融保险业、房地产业、信息咨询业均得到了一定程度的发展，同时也推动了第一、第二产业的调整和升级。

4）湿地宣教水平的提高，使人们更多地了解湿地及其重要的功能，增强了人们湿地保护的意识和公众道德文化素养，有助于形成热爱湿地、保护湿地的环境和氛围，从而能够使更多的人积极参与和支持湿地保护工作，促进社会精神文明建设。例如，位于富锦市的三江平原湿地宣教馆拥有概览厅、景观厅、生物多样性厅和功能与保护厅四个主题展厅，很好地展示了三江平原湿地重要的生态系统功能、丰富的生物多样性和独特的自然景观，人们在参观过程中可以清晰地感受和学习湿地对于区域水安全、粮食安全和生态安全的重要作用，有助于提高公众认知和保护湿地的责任感。

5）湿地保护工程不仅是生态工程，还是民生工程。林业部门妥善处理湿地保护与农民利益之间的矛盾，实现双赢。例如，三环泡国家级自然保护区雇用退耕还湿的农户，支付农户工费 100 元/天。解决农户生计的同时，使当地居民融入湿地保护工作，自觉自愿地保护湿地；安邦河国家湿地公园周围修建了湿地大道，为当地农户的出行带来了便利，农闲时间雇用农户在公园工作，在一定程度上增加农闲时间农民的收入。

6）湿地保护工程的实施，促进了湿地生态系统生态功能的恢复，从而更好地发挥其科研和科普基地功能，培养了一批湿地科学人才。目前，三江平原有两所国家级湿地研究站——中国科学院三江平原沼泽湿地生态试验站（建于 1986 年）和黑龙江三江平原湿地生态系统国家定位观测研究站（建于 2009 年），以及一所省部级湿地研究站——中国科学院兴凯湖湿地生态研究站（建于 2011 年），这些野外台站为许多科研院所（如中国科学院东北地理与农业生态研究所、中国科学院南京土壤研究所和黑龙江省科学院自然与生态研究所等）和高校（东北林业大学、吉林大学和首都师范大学等）提供了良好的科学研究平台，成为重要的研究和实习基地。

第五节　三江平原主要生态环境问题与生态保护建议

一、农田面积增加为水资源带来挑战

（一）农田面积增加带来的水资源问题

本研究发现，农田已逐渐成为三江平原最主要的生态系统类型。1990 ~ 2000 年，农田变化显著，由 1990 年的 50 743. 0km² 扩展到 2000 年的 59 388. 7km²，增加了 8645. 7km²，年均增加 864. 6km²，年增长率达到 17. 0%。2000 ~ 2010 年，农田面积持续增加，增加了 1563. 8km²。2010 ~ 2015 年，农田面积继续增加，增加了 555. 4km²，年均增长 111. 1km²。三江平原农田面积变化中最为显著的是水田的变化，1990 年三江平原水田面积仅为 6447. 9km²，仅占该区总面积的 6%。2000 年三江平原水田面积增加到 11 076. 8km²，占该区总面积的 10%。2010 年三江平原水田面积为 22 751. 9km²，占该区总面积的 21%。2015 年三江平原水田面积持续增加，约为 26 962. 0km²，占该区总面积的 25%。1990 ~ 2015 年三江平原水田面积共增长了 20 513. 9km²，增加了 3. 18 倍（图 4-71）。

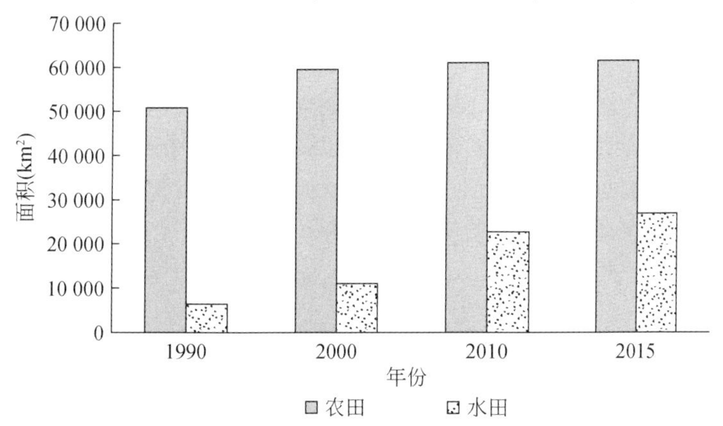

图 4-71　三江平原 1990 ~ 2015 年农田和水田面积变化

水资源是农业发展的重要物质基础，尤其是在水田灌区更是无法替代的部分可再生资源，农田面积的持续增加使三江平原的水资源短缺更为严重。1990 年以来，特别是进入 21 世纪以来，随着水田面积的大幅度增加，乌苏里江流域 70% ~80% 的灌溉用水来自地下水，地下水的循环条件变得相对复杂，开采量的增加导致地下水位迅速下降，进而改变了河流与地下水之间的交换量及降水入渗量和地下水的蒸发量。由于灌溉水田面积迅速增加，地下水资源开采量明显增加，现状比 20 世纪 50 ~60 年代增加了 27 亿 m^3/a，补给排泄差额增加到了 -1.24 亿 m^3/a，地下水处于负均衡状态。从整个三江平原来看，地下水资源的水量补给由 1954 年的 126.93 亿 m^3 减少到 2005 年的 29.16 亿 m^3（图 4-72），水田灌溉的成本增加 6 ~10 倍。由此可见，在农田面积持续扩张的背景下，三江平原地下水资源承受着巨大的压力。

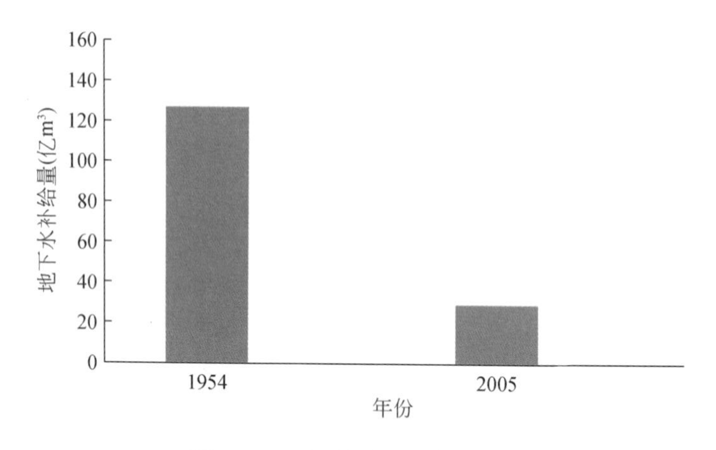

图 4-72　三江平原地下水补给量

在三江平原农田（尤其是水田）面积持续增加的同时，我国还面临着严峻的粮食安全问题。《国家粮食安全中长期规划纲要（2008—2020 年）》指出，由于农田减少、水资源短缺、气候变化等对粮食生产的约束日益突出，我国粮食的供需将长期处于紧平衡状态，粮食安全面临严峻挑战，而为农田尤其是灌溉农田提供持续的、充分的水资源保障，是应对这一挑战的关键所在。作为我国粮食增产潜力最大的东北黑龙江流域，担负着我国主要商品粮生产和未来国家粮食安全的重任，按照《全国新增 1000 亿斤粮食生产能力规划（2009—2020 年）》，黑龙江省承担 100 亿 kg 的粮食增产任务。三江平原是我国粳稻的主产区，也是黑龙江省最为重要的粮食基地，在国家粮食安全中有着重要地位。在温度逐渐升高、地表水资源补给逐渐降低的情况下，作为东北最重要的商品粮基地，三江平原水资源（尤其是地下水量）能否满足增产计划的基本灌溉需求，粮食生产的经济成本能否得到有效控制，前景非常令人担忧。

（二）建议措施

1. 兴修水利工程，利用过境水发展灌溉和补充水源

三江平原三大江水资源丰富、水质优良，但取水工程数量少，每年约超过 2700 亿 m^3

的宝贵过境水资源利用率很低。在该地区水资源日趋紧张的情况下，加强过境水利用是该地区水资源开发的主要工程措施之一。引提过境水可用于：①发展渠灌。目前全区总体灌溉率低，沿江及湖边有条件的灌区，应通过兴修引提工程，发展渠灌，扩大灌溉面积。②引水补源，弥补地下水之不足。由于井灌一般集中连片，易形成降深漏斗，在以井灌为主的灌区，地下水不足，可利用地形和河势条件，引江补源。③向湿地补水。沿江、湖周边地带分布有诸多湿地，应兴建补水工程，保证保护区用水。在工程规划上，可考虑补水与灌水相结合，如海青灌区和乌苏镇灌区利用非灌溉期给三江湿地补水；兴凯湖灌区或穆兴分洪道给兴凯湖湿地补水；乌苏里江灌区利用非灌溉期给乌苏里江湿地补水等。

三江平原正在开展的垦区灌区项目全部建成后，预计可新增或改善水田灌溉面积1062万亩，在稳定现有粮食产量的基础上，每年还可增产粮食2.7亿kg，提升粮食品质1～2个等级，职工群众每年可在现有的基础上增收9.77亿元。工程每年可引进利用过境水资源53亿m^3，减少地下水开采22亿m^3，有效缓解三江平原地区地下水局部超采问题，保证大规模水田种植的可持续发展，还可为三江湿地进行应急补水和通过入渗回补涵养水源，具有很大的经济、社会和生态效益。

2. 拦蓄洪水及排水补给地下水

大量调查研究表明，三江平原含水层深厚（200m以上），地表被7～20m的黏性土覆盖，透水性差，严重影响降水对地下水的垂直补给，所以三江平原水田大规模开发已造成地下水位每年以30～50cm的速度持续下降，给区域农业的可持续发展带来严重威胁。研究发现，平原周边分布有黑龙江、松花江、乌苏里江、挠力河、外七星河等大江大河及其古河道，河道宽、水深大，河床切穿了弱透水的表层黏土层，可能是地下水补给的天然通道（天窗）；长期定位观测也发现，丰水年和丰水季后，三江平原地下水位回升快、水位高，河道近岸井位在河水水位上涨后几小时即有响应。因此，推断三江平原河水与地下水联系密切，河水是区域地下水稳定的横向补给水源，在河水水位高的洪水时这种补给应该更强烈，三江平原四周天然的地下水通道可能是三江平原内部地下水补给的主要途径。

针对目前地下水持续下降的问题，有必要从资源水利的角度出发，把洪水及排水作为资源对待，对不同的排水干渠进行仔细研究和分析，在现有的排水工程上建设适当的水利设施，如增加闸门等，拓宽渠道功能，使之能排能灌。通过闸门的调节，在需要的情况下既可以正常排水，也可以用来蓄水、引水灌溉。同时，还考虑在有条件的地区建立洪水和排水的储蓄工程，开展洪水与排水的资源化试验和研究，改变过去只排不蓄的单一模式，探讨排灌结合、排蓄结合的途径，保证水资源的充分利用（魏强，2015）。

3. 发展节水农业

三江平原一方面供水能力低于需求，地下水超采，另一方面用水浪费。渠灌的灌溉水利用系数是0.45，而部分井灌区的灌溉水利用系数可达0.7～0.8。三江平原地下可开采水资源量已经达到极限，如何解决水资源的供需矛盾，是三江平原农业可持续发展亟待解决的紧迫问题，也是三江平原面临的重要战略问题。从区域可持续发展的角度、湿地保护的角度以及未来灌溉成本考虑，发展节水增产灌溉农业将是未来的方向。

发展节水型灌溉农业，是保障枯水年地下水资源稳定、粮食稳产、保障枯水年湿地基本生态用水的重要手段。大量研究表明，三江平原地区的水稻灌溉模式具有巨大的节水空间，节水的同时可促进水稻高产（聂晓，2012）。司振江等（2015）针对该区寒地稻田水分交换过程、蒸发以及稻田热量平衡进行了系统的研究，并针对寒地稻作区农业的春季稻田土壤增温缓慢及三江平原井灌水稻灌溉水温偏低，致使田间温度和土壤温度过低，影响水稻正常发育的问题，开展了适合三江平原寒地稻田的高效节水增产的水分调控模式的探索。根据表 4-64 可知，该区不同水稻灌溉方式下耗水量相差巨大，传统浅湿型灌溉方式全生育期总耗水量为 637. 3mm，而采用最经济的节水灌溉模式（控制灌溉 Ⅰ）可将全生育期总耗水量减至 416. 3mm，节水灌溉方式最多可节水 221mm，水分生产效率有明显提高。按此计算，采用此节水灌溉模式，可节约三江平原 1/3 的年均降水量，或减少近 1/3 的地下水开采量。因此，全面改进水稻灌溉模式，带动调整水稻种植技术，实现水稻种植的高水分利用效率和稳产、增产相结合的最佳生态目标和农业生产目标，在技术上仍有巨大提升空间，全面实施后将显著缓解三江平原地下水位持续降低和枯水期河流径流减少等湿地生态问题。

表 4-64　节水灌溉模式详解及总耗水量对比表

方式	指标	返青期	分蘖期	拔节孕穗期	抽穗开花期	灌浆期	乳熟期	总耗水量（mm）
控制灌溉 Ⅰ	上限	100%	100%	100%	100%	100%	100%	416. 3
	下限	80%	70% ~80%	80%	80%	80%	80%	
控制灌溉 Ⅱ	上限	30cm	0 ~20cm	20cm	20cm	20cm	20cm	462. 7
	下限	80%	85%	60% ~80%	85%	85%	70%	
浅湿型灌溉	上限	30cm	30cm	30cm	20cm	20cm	20cm	637. 3
	下限	100%	100%	100%	100%	100%	100%	
水直播	上限	30cm	0 ~20cm	20cm	20cm	20cm	20cm	468. 0
	下限	80%	60% ~85%	85%	85%	85%	70%	
旱直播	上限	30cm	0 ~20cm	20cm	20cm	20cm	20cm	459. 6
	下限	80%	60% ~85%	85%	85%	85%	70%	

注：表中% 是指在无水层情况下土壤相对饱和含水率（体积含水量），没有% 的数字为田面水层厚度

资料来源：司振江等（2015）

二、湿地保护与恢复

（一）湿地保护与恢复中存在的问题

1. 退耕还湿比例低

与 1990 ~2000 年相比，2000 ~2015 年湿地转化为农田的面积及比例均显著降低，同时农田转化为湿地的面积及比例显著增加，这表明湿地保护工程在湿地保护与恢复中已经取得了一定成效。尽管如此，2000 ~2015 年仍然有 3238km^2 的湿地转化为农田，占湿地面

积的25.10%，而退耕还湿的面积却仅占2000年农田总面积的0.82%（表4-65）。由此可见，湿地保护任重而道远，退耕还湿政策推行困难。而困难的背后，则是生态补偿这一全国性难题。

表4-65　2000～2015年三江平原湿地与农田面积相互变化

指标	1990～2000年		2000～2015年	
	面积（km^2）	比例（%）	面积（km^2）	比例（%）
湿地转农田	7395.11	36.25	3238	25.10
农田转湿地	176.82	0.35	490.2	0.82

湿地生态补偿实施过程存在的困难主要包括：①缺乏专门性的生态补偿基本法律，生态补偿政策不具延续性。目前，国内尚未建成一套行之有效且有针对性的生态补偿法律政策体系和补偿机制，只是散见于地方性的生态补偿立法。②对于湿地生态补偿给付主体的规定过于单一，对于具体补偿机关的规定也存在着不明确的成分。现有不同位阶的相关法律、法规、规章对生态补偿给付主体及具体补偿机关的职能划分有不同程度的涉及，如《中华人民共和国水污染防治法》《中华人民共和国防沙治沙法》《野生动物保护法》等规定补偿给付主体为国家，但补偿具体机关规定不具体。③湿地生态补偿方式是以政府补偿为主导，而市场补偿滞后。④生态补偿标准过低，受偿者得不到足额补偿。

除生态补偿机制外，替代生计模式也关系到退耕还湿等湿地保护政策能否顺利执行。目前，三江平原地区的产业结构仍然比较简单，除种植业外的产业不发达，农民经济来源过于单一，仍以传统的农业种植为主，对现有发展模式改变的思考并不多，无法形成有效的市场引导机制，并未形成一种自下而上的有效替代生计模式，从而限制了湿地保护工程的实施及成效。例如，在针对三江国家级自然保护区湿地保护和退耕还湿政策的研究中，农民支持（认为非常有必要和有必要）湿地保护的比例为75.17%，远远高于认为没有必要湿地保护的比例（10.97%），这表明农民湿地保护的意识已经大大提高，但农民对退耕还湿的支持仅为56.13%，不支持为29.68%，原因在于耕地仍然是他们生活的主要经济来源，与其利益息息相关（张春丽等，2008a）。由此可见，广大农民已经逐步具备了湿地保护的意识，但他们最关心的仍然是自身经济利益的最大化，其次才是生态效益，只有在不影响其经济利益的时候，农民对湿地保护才是支持的。这表明，湿地保护和退耕还湿必须在不损害农民利益前提下进行，在没有合理的补偿措施和替代生计模式条件下无法得到农民的支持。

农民退耕还湿意愿较低还有一个重要原因在于，三江平原目前开展的科普宣传难以深入基层群众。自湿地保护工程实施以来，三江平原的科教宣传能力稳步提高（图4-73），但目前科教基础设施建设主要在城镇和保护区进行，因此科教宣传更多的是面向城镇人口，很难深入到保护区周围的群众中去，特别是从事农业生产的基层群众，而他们往往是湿地开垦等湿地破坏行为的直接参与者。其主要原因在以下几个方面：①在基层开展的湿地科普活动较少，难以普及所有群众；②许多群众忙于生计，并无足够的时间和意愿去主动接受科普教育；③许多从事农业活动的群众知识层次较低，难以获取理解湿地保护常识；④尽管许多群众有湿地保护的意愿，但并不知道如何参与湿地保护，往往不经意间做出破坏湿地的行为（如捡食野鸭蛋等）。

图 4-73　中国科学院三江站开展湿地保护公众参与意识社会调查活动

2. 湿地保护区内湿地垦殖现象依然存在

生态评估表明（表 4-66），各保护区对湿地保护的成效不尽相同，有的保护区设立之后湿地开垦现象就基本得到了遏制，如洪河国家级自然保护区、东方红湿地国家级自然保护区等，但有的保护区（尤其是缓冲区内）开垦现象依然严重，且农田面积增加较快，如三江国家级自然保护区，2000 年湿地和农田面积分别为 903km^2 和 973km^2，但 2015 年湿地面积下降至 670km^2，减少比例为 25. 8%，而农田面积增加至 1134km^2。综合所有国家级湿地自然保护区来看，2000 ~ 2015 年，农田面积仍在增多，而湿地面积却持续减少。其原因主要有以下两个方面：第一，许多耕地在保护区建立之前就已经存在，而这些土地的使用权却并不属于保护区，在保护区建立后未能很好地解决耕地置换问题；第二，保护区经费不足，各保护区存在不同程度的以地养区现象，即保护区通过保护区内土地租赁费用补充其管护费用。总体来看，这些问题给湿地保护和管理带来了困难，一定程度上限制了保护区的湿地保护功能。

表 4-66　1990 ~ 2015 年 9 个国家级湿地自然保护区湿地与农田面积变化

（单位：km^2）

国家级自然保护区	位置	类型	1990 年	2000 年	2010 年	2015 年
洪河	核心区	湿地	211	196	205	187
		农田	1	7	7	6
	缓冲区	湿地	235	129	31	31
		农田	100	203	291	290

续表

国家级自然保护区	位置	类型	1990 年	2000 年	2010 年	2015 年
三江	核心区	湿地	1682	903	772	670
		农田	276	973	1117	1134
	缓冲区	湿地	2370	1242	566	545
		农田	1403	2430	3089	3096
东方红湿地	核心区	湿地	130	127	127	127
		农田	18	21	21	21
	缓冲区	湿地	147	124	120	116
		农田	19	39	42	46
兴凯湖	核心区	湿地	2097	1747	1748	1734
		农田	380	660	650	640
	缓冲区	湿地	606	169	166	171
		农田	2004	2428	2406	2396
挠力河	核心区	湿地	1425	1127	943	901
		农田	419	736	915	1020
	缓冲区	湿地	606	446	360	346
		农田	2571	2875	2929	2927
八岔岛	核心区	湿地	168	86	86	95
		农田	27	85	92	93
	缓冲区	湿地	285	70	88	91
		农田	40	229	221	222
珍宝岛	核心区	湿地	243	189	184	156
		农田	72	109	111	113
	缓冲区	湿地	305	152	157	156
		农田	209	347	346	345
七星河	核心区	湿地	186	162	163	162
		农田	7	31	30	31
	缓冲区	湿地	233	122	121	117
		农田	378	480	481	485
三环泡	核心区	湿地	142	96	105	105
		农田	110	191	191	219
	缓冲区	湿地	132	121	103	95
		农田	130	156	165	167

续表

国家级自然保护区	位置	类型	1990 年	2000 年	2010 年	2015 年
合计	核心区	湿地	6284	4634	4332	4136
		农田	1310	2813	3134	3277
	缓冲区	湿地	4919	2575	1712	1668
		农田	6854	9187	9970	9974

（二）建议措施

1. 因地制宜，合理保护湿地和退耕还湿

对于三江平原的现存湿地与农田应进行科学评估，在保护湿地的同时保障农业生产，才是长久之计。

1）长期以来，三江平原农业发展一直秉承“扩大耕地面积要粮食要效益”的发展模式。在“五荒”开荒时期家庭农场及外来户加急开垦的河流沿岸湿地、低洼地与泡泽，耕地质量差，农作物产量不稳定，并不能带来可观的经济收益。对于这部分耕地，应坚决实施退耕还湿和生态移民政策。由于耕作时间较长，湿地植被恢复较慢，应根据植物多样性维持机制与自然湿地中湿地植物的分布模式，采用人工种植及移栽的方式，尽快恢复退化湿地的种子库及芽库。

2）三江平原是我国粳稻的主产区，也是黑龙江省最为重要的粮食基地，在国家粮食安全中有着重要地位，因此对于农业生产价值高、退耕还湿难度大且恢复意义不大的耕地也要予以保护和利用，这对于退耕还湿政策的稳步推进具有重要意义。

3）根据国家林业局 2013 年颁布的《湿地保护管理规定》，对于重点湿地坚决予以保护，避免继续开垦占用或随意改变用途，禁止排放生活污水、工业废水，严厉打击破坏野生动物栖息地、鱼类洄游通道以及采挖野生植物或猎捕野生动物的行为，以发挥其水源涵养、调节气候、调蓄洪水、生物多样性保护等方面的生态功能。

2. 探索生态补偿机制

重点在国际和国家重要湿地开展生态补偿，并逐步将湿地自然保护区、国家湿地公园纳入补偿范围，在加强政府投入的同时，应把保护性补偿和限制发展机会补偿作为重点，动员社会各界力量参与湿地保护，加大湿地保护的深度和广度，探索建立湿地生态效益补偿的长效机制。

目前，应根据研究区生态系统的功能与特点，综合考虑生态保护的成本、发展成本和生态系统的服务价值，将具体原则和操作方式细化，制定严格透明、科学合理的生态补偿标准。在生态系统的总体价值评估的基础上，结合生态环境动态监测体系和生态破坏程度，利用成本费用核算原则，得出损益核算体系，以此来量化生态补偿的费用。健全三江平原湿地生态补偿制度应该包括：①明确生态补偿的目的。②生态补偿的原则。包括污染破坏者和受益者分担补偿原则，国家集中收入补偿为主和社会分散补偿为辅原则，保护地区和受益地区共同发展原则，生态效益和经济效益相结合原则。③建立生态补偿评估体系。包括资源的生态价值的技术评估体系和生态文明建设的考核评估体系。生态补偿技术评估体系包括环境效益的计量、环境资源的核算等技术层面的问题，决定着生态环境的补偿标准。生态文明考核评估体系包括考核办法、奖惩机制。④健全不同领域生态补偿配套的法律制度。⑤提高生态补偿标准。根据各领域、不同类型地区的特点，分别制定生态补偿标准，逐步提高补偿标准。⑥强化生态补偿责任追究制度。将生态补偿的基本原则、重点领域、补偿范围、补偿对象、资金来源、补偿标准、相关利益主体间的权利义务、责任追究等内容以法律法规的形式固定下来，促进生态补偿工作走上规范化、法制化轨道。

3. 发展替代生计模式

替代生计的实施可以为湿地保护提供保障和支持，可以消除湿地保护所产生的负面影响，解决社会经济问题；替代生计的方案选择涉及许多方面的因素，如资源条件、知识、能力、权利等，综合评价可供选择的生计方式，寻求与自然和谐的湿地资源保护与永续利用模式，是湿地生态环境系统与周边的社会经济系统形成良性互动关系的关键，是保证湿地保护工程目标得以实现的关键。湿地保护与替代生计的关系如图 4-74 所示。

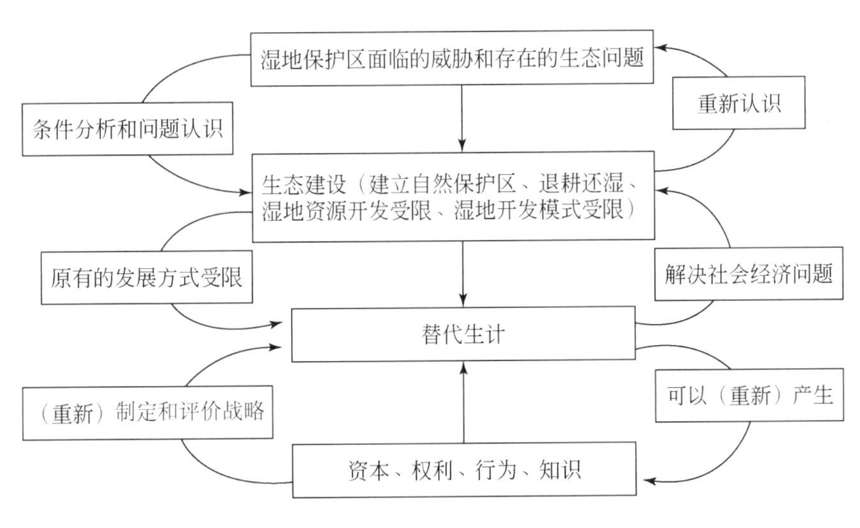

图 4-74　湿地保护与替代生计关系

资料来源：张春丽等（2008b）

根据保护区内当地区域环境背景、经济发展水平和农民的发展意愿差异，可参考以下退耕还湿过程中的替代生计发展模式。

1）生态移民型发展模式。该模式主要针对保护区核心区边缘生产生活的村民，该区域是湿地保护区建立和保护的重点地区，是严格控制人类活动的地区，而目前其内部的村民活动对动物资源栖息繁殖产生的影响却很大。可以分为以下三类替代生计引导模式，一是部分退耕且仍有足够农田的村民，可以引导其将退耕资金补助用于改善耕种质量和调整种植结构；二是退耕且不想从事农业生产的村民，可以在保护区附近从事湿地生态旅游相关行业，或者通过培训引导其在城镇就业；三是退耕且想继续从事农业生产的村民，可以通过集体土地分配和引导其承包或购买他人土地而从事农业经营。

2）传统农业改造型发展模式。该模式主要适宜在保护区缓冲区内实施。在该区域实施传统农业改造模式的原因包括三个方面，一是保护区建立以前，缓冲区就有大量的农田存在，对这些农田完全的退耕还湿短期内难以实现；二是从各类产业发展来看，与湿地保护冲突最小的是农业发展；三是现有的农业发展模式结构单一，抵御自然灾害能力较差，在单产不足的情况下容易促使农民通过围湿造田来增加收入，从而破坏湿地。因此，在替代生计发展上，政府要引导农民增加耕种科技含量、加快产业调整进程、改造中低产田、发展生态农业和生态农业示范区，积极探讨农业与湿地结合较好的环境友好型农业模式。例如，①地势较高、水资源不足地区实行种植业与畜牧业相结合的模式；②在地势低洼、水资源充沛地区可以实行种植业与渔业相结合的模式；③筛选湿地蜜源植物及生物质能源植物并引导实现产业化，为广大农民提供转业机会，实现湿地保护与利用的结合，使广大农民积极参与到湿地保护的行动中来。

4. 加强生态宣传，深入基层群众

应通过以下措施加强生态宣传，让湿地保护的观念深入到基层群众中。

1）政府部门依照公众参与原则，利用“世界湿地日”、“爱鸟周”和“野生动物保护月”等时机，委托高校、科研院所及保护区在广场、文化宫等人口活动密集区域开展形式多样、内容丰富的科普宣传活动，以图片展示、影像播放和画册发放的形式向各文化层次的群众宣传湿地常识以及湿地保护的意义，使广大群众自觉地参与到湿地保护行动中来。

2）湿地保护从娃娃抓起，科普活动进入中小学。在过去的几年中，中国科学院三江平原沼泽湿地生态试验站和中国科学院兴凯湖湿地生态研究站分别在洪河农场学校和密山市连珠山镇中心学校开展了主题为“和湿地握手、与生态拥抱”和“走进科学院，走近科学家”的科普活动（图 4-75），广大中小学生纷纷表示会做湿地保护志愿者，向其父母及其他亲人传递湿地保护常识。

图 4-75　中国科学院开展中小学湿地科普活动

3）保护区发挥地域优势，推进基层科普宣传。各保护区对当地的湿地资源及人民群众的基本情况非常了解，应积极引导当地群众游览湿地风光，展示湿地珍稀动植物标本，并借机宣传湿地保护的意义，使广大群众以第一视角了解湿地常识及保护湿地的重要性。

4）基层政府上门宣传教育。对已经出现的湿地破坏行为，基层政府应主动上门对相关人员进行批评教育，使他们能够认识到自身行为的危害，快速树立湿地保护的意识。

三、湿地景观格局

（一）湿地景观格局存在的问题

本研究发现，自湿地保护工程实施以来，三江平原的湿地退化速度有所减缓，但湿地景观分析显示景观分割度指数持续增高，而聚合度指数持续下降（表 4-67）。该分析结果表明，三江平原的湿地破碎化依然在加剧，而镶嵌体连通性依然在下降。

表 4-67　三江平原湿地景观类型指数

年份	斑块密度（斑块数/100hm^2）	景观分割度指数	聚合度指数
1990	0.1286	0.9863	90.7553
2000	0.1329	0.9966	87.9806
2010	0.1185	0.998	88.1564
2015	0.1281	0.9986	86.5839

保护区外零星湿地未得到有效保护。与整个三江平原相比，保护区内湿地保护成效更高（图 4-76）。目前来看，一些大面积的相对完整的湿地已经建立保护区而得到保护，但在保护区外仍有一部分零碎、小面积的湿地存在，主要位于农田、林地中间的低洼地带、河岸带、古河道带等地带，这些湿地对维持生物多样性、净化农田面源污染、提供动植物生境起着重要作用，但这些湿地并未得到有效的保护，已经逐渐被耕地所蚕食。而这些保护区外湿地的破坏，恰恰是三江平原湿地景观破碎化的重要原因。

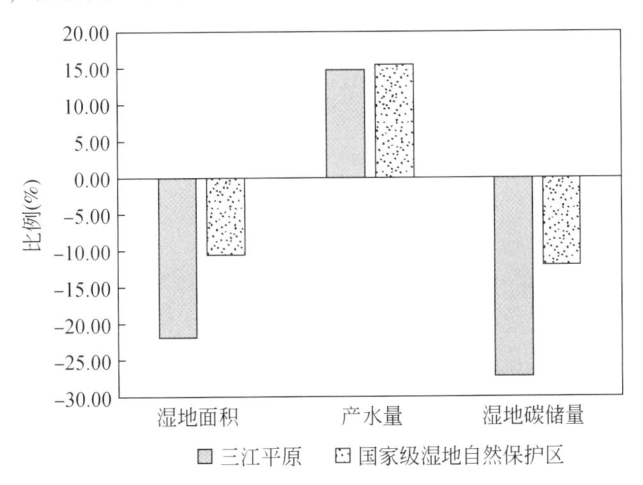

图 4-76　2000～2015 年 9 个国家级湿地自然保护区与三江平原变化比例对比

（二）建议措施

湿地生态廊道是位于湿地区域之间的通道，它能使湿地中基因流动，具有重要的栖息地、传输、过滤和阻抑及物质源汇等功能。保护区就如同一个个保存着物种资源的岛屿，处在人类干扰的汪洋中。按照岛屿生物地理学原理，保护区的面积当然是越大越好，最好整个地球就是一个大的保护区，当然这也是不现实的。于是，生态廊道就成为解决这一问题的重要途径，可以通过生态廊道建成一个整体的保护网络，在广泛的时空尺度上保护生态过程和生物多样性各组成成分，对于湿地生态功能的维持更有意义。传统的条带状生态廊道具有良好的连接功能，如三江平原洪河国家级自然保护区与三江国家级自然保护区之间的浓江生态廊道（图 4-77），但湿地保护区间的廊道更加倚重水系，许多保护区间并不具备相应的条件，因此往往难以建立，生态廊道也就成为少见诸于实际的空中楼阁。不过随着景观生态学理论的发展，生态廊道的建设又有了新的生机。景观生态学研究的主要内容之一就是景观的异质性，也就是景观的斑块、廊道和基质之间的空间格局与过程。经过几十年的发展，景观生态学中的廊道理论已经比较完备，其中的踏脚石原理对保护区的生态廊道设计具有指导意义。

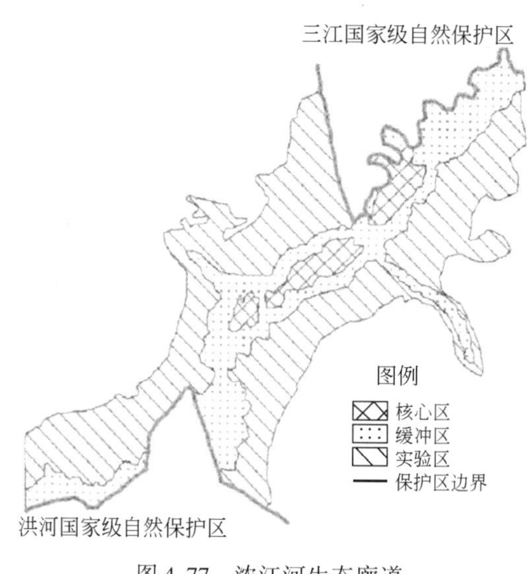

图 4-77　浓江河生态廊道

资料来源：姜明等（2009）

位于大型湿地斑块之间由一连串的小型湿地斑块组成的生态廊道，即踏脚石系统（图 4-78）。踏脚石原理实际上就是关于生态廊道和连接度的理论，主要包括以下四个原理：①踏脚石连接度原理。在不相连的斑块间或具异质性的斑块内部，加设一行踏脚石（小斑块生境）可增加景观的连接度，并可增加内部种在斑块生境间的流动（扩散）。②踏脚石间距原理。具视力的动物在踏脚石间移动时，其有效移动距离往往由对相邻踏脚石的视觉能力来决定。③踏脚石消失原理。作为踏脚石的小斑块生境消失后，会抑制物种在斑块间的运动（扩散），并增加斑块的隔离程度。④踏脚石群原理。在大斑块生境间的小斑块踏脚石的最佳分布格局是所有踏脚石作为群体形成连接生境斑块的多条相互有联系的直通道。这四条原理和景观生态学中其他的廊道理论一起，成为设计保护区生态廊道的基本理论。

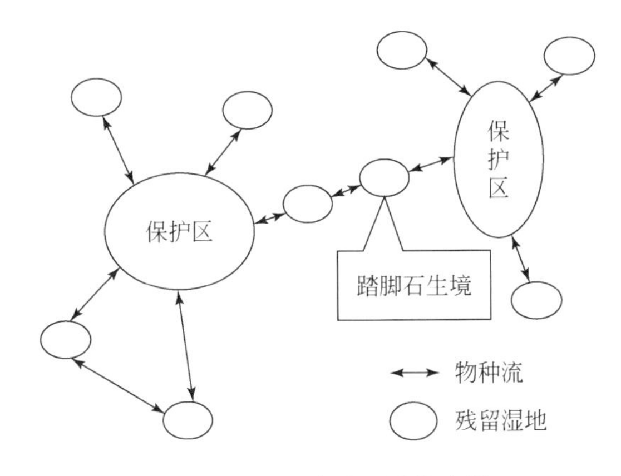

图 4-78　湿地脚踏石系统廊道

资料来源：姜明等（2009）

由此可见，这些残存的零星湿地并非毫无用处，而是天然的踏脚石生境，具有非常重要的生态功能，一旦破坏，许多大的湿地斑块之间将会失去联系，不利于物种的基因交流和保护。因此，应将所有零星湿地均登记在册，并记录这些湿地的植被特征、水文特征、水鸟状况以及详细的边界，坚决制止非法排污、捕捞、围垦、侵占湿地岸线等行为，对违法行为做到早发现、早制止、早处理。对于已经出现的湿地退化，通过人工干预尽快恢复，如根据植物多样性维持机制与自然湿地中湿地植物的分布模式，采用人工种植及移栽的方式恢复湿地植被，从而尽快形成自然湿地景观。

通过对比发现，踏脚石系统廊道更符合三江平原的自然情况，操作性更强。这些踏脚石小版块生境可以增加相邻自然保护区之间的景观连接度，增加景观的均质性，相应地减少生境的破碎化程度，有助于形成自然保护区网络，对于野生水鸟的保护尤为重要。由此可见，基于零星湿地建设踏脚石系统生态廊道是自然保护区外零星湿地保护和合理利用的重要手段。

参考文献

包玉斌．2015. 基于InVEST模型的陕北黄土高原生态服务功能时空变化研究．西安：西北大学硕士学位论文．

蔡崇法，丁树文，史志华，等．2000. 应用USLE模型与地理信息系统IDRISI预测小流域土壤侵蚀量的研究．水土保持学报，14（2）：19-24.

曹扬，陈云明，晋蓓，等．2014. 陕西省森林植被碳储量、碳密度及其空间分布格局．干旱区资源与环境，28（9）：69-73.

陈宏伟，胡远满，常禹，等．2011. 我国大兴安岭林区落叶松毛虫综合研究进展．西北林学院学报，26（1）：119-127.

陈慧敏，石福习，杨桂生，等．2016. 养分添加对三江平原沼泽化草甸植物群落组成和地上生物量的影响. 生态学杂志，35（6）：1440-1446.

陈巧，陈永富，鞠洪波．2013. 基于3S技术的天保区植被变化监测方法研究．林业科学研究，26（6）：736-743.

崔明，张旭东，蔡强国，等．2008. 东北典型黑土区气候、地貌演化与黑土发育关系．地理研究，27（3）：527-535.

丁杨．2015. 东北三省退耕还林工程生态效益评价．北京：北京林业大学硕士学位论文．

董张玉，刘殿伟，王宗明，等．2014. 遥感与GIS支持下的盘锦湿地水禽栖息地适宜性评价．生态学报，34（6）：1503-1511.

方精云，杨元合，马文红，等．2010. 中国草地生态系统碳库及其变化．中国科学：生命科学，（7）：566-576.

方精云，刘国华，徐嵩龄．1996. 我国森林植被的生物量和净生产量．生态学报，16（5）：497-508.

傅斌，徐佩，王玉宽，等．2013. 都江堰市水源涵养功能空间格局．生态学报，33（3）：789-797.

傅伯杰，牛栋，赵士洞．2005. 全球变化与陆地生态系统研究：回顾与展望．地球科学进展，20（5）：556-560.

高扬，何念鹏，汪亚峰．2013. 生态系统固碳特征及其研究进展．自然资源学报，28（7）：1264-1274.

龚诗涵，肖洋，郑华，等．2017. 中国生态系统水源涵养空间特征及其影响因素．生态学报，37（7）：2455-2462.

国家林业局．2015. 中国林业统计年鉴2015. 北京：中国林业出版社．

国志兴，王宗明，张柏，等．2008. 2000年～2006年东北地区植被NPP的时空特征及影响因素分析．资源科学，30（8）：1226-1235.

韩佶兴．2012. 2000-2011年东北亚地区植被覆盖度变化研究．长春：中国科学院研究生院（东北地理与农业生态研究所）硕士学位论文．

韩永伟，拓学森，高吉喜，等．2011. 黑河下游重要生态功能区植被防风固沙功能及其价值初步评估．自然资源学报，26（1）：58-65.

郝占庆，王庆礼，代力民．1998. 天然林保护工程在东北林区生物多样性保护中的意义．昆明：第三届全国生物多样性保护与持续利用研讨会．

何红艳，郭志华，肖文发．2005. 降水空间插值技术的研究进展．生态学杂志，24（10）：1187-1191.

侯光良，李继由，张谊光．1993. 中国农业气候资源．北京：中国人民大学出版社．

胡会峰，刘国华．2006. 中国天然林保护工程的固碳能力估算．生态学报，26（1）：291-296.

胡海清，罗碧珍，魏书精，等. 2015. 大兴安岭 5 种典型林型森林生物碳储量. 生态学报，35（17）：5745-5760.
黄慧萍. 2003. 面向对象影像分析中的尺度问题研究. 北京：中国科学院遥感应用研究所.
黄龙生，王兵，牛香，等. 2017. 东北和内蒙古重点国有林区天然林保护工程生态效益分析. 中国水土保持科学，15（1）：89-96.
黄玫，季劲钧. 2010. 中国区域植被叶面积指数时空分布——机理模型模拟与遥感反演比较. 生态学报，30（11）：3057-3064.
惠若男，于洪贤，姚允龙，等. 2013. 退耕还湿对三江平原七星河湿地土壤有机碳累积的影响. 安徽农业科学，41（31）：12311-12313.
贾坤，姚云军，魏香琴，等. 2013. 植被覆盖度遥感估算研究进展. 地球科学进展，28（7）：774-782.
贾明明. 2014. 1973～2013 年中国红树林动态变化遥感分析. 长春：中国科学院研究生院（东北地理与农业生态研究所）博士学位论文.
贾明明，刘殿伟，宋开山，等. 2010. 基于 MODIS 时序数据的澳大利亚土地利用/覆被分类与验证. 遥感技术与应用，25（3）：379-386.
贾云，杨余侠，王卫，等. 2010. 辽东山地不同退耕还林模式的生态效应. 林业科学，46（3）：44-51.
江凌，肖燚，饶恩明，等. 2016. 内蒙古土地利用变化对生态系统防风固沙功能的影响. 生态学报，36（12）：3734-3747.
姜明，武海涛，吕宪国，等. 2009. 湿地生态廊道设计的理论、模式及实践——以三江平原浓江河湿地生态廊道为例. 湿地科学，7（2）：99-105.
靳华安，刘殿伟，王宗明，等. 2008. 三江平原湿地植被叶面积指数遥感估算模型. 生态学杂志，27（5）：803-808.
孔博，张树清，张柏，等. 2008. 遥感和 GIS 技术的水禽栖息地适宜性评价中的应用. 遥感学报，12（6）：1001-1009.
李桂芳，郑粉莉，卢嘉，等. 2015. 降雨和地形因子对黑土坡面土壤侵蚀过程的影响. 农业机械学报，6（4）：147-154.
李洁，张远东，顾峰雪，等. 2014. 中国东北地区近 50 年净生态系统生产力的时空动态. 生态学报，34（6）：1490-1502.
李俊清，李景文. 2003. 中国东北小兴安岭阔叶红松林更新及其恢复研究. 生态学报，23（7）：1268-1277.
李振旺，唐欢，吴琼，等. 2015. 呼伦贝尔草甸草原 MODIS/LAI 产品验证. 遥感技术与应用，30（3）：557-564.
李志斌，陈佑启，姚艳敏，等. 2010. 基于 GIS 的粮食生产安全预警研究——以东北三省为例. 测绘科学，35（4）：43-45.
梁守真，施平，邢前国. 2011. MODIS NDVI 时间序列数据的去云算法比较. 国土资源遥感，23（1）：33-36.
刘松春，牟长城，屈红军. 2008. 不同抚育强度对“栽针保阔”红松林植物多样性的影响. 东北林业大学学报，36（11）：32-35.
刘宝元，阎百兴，沈波，等. 2008. 东北黑土区农地水土流失现状与综合治理对策. 中国水土保持科学，6（1）：1-8.
刘洪柱，毛晓曦，王树涛. 2017. 滨海生态脆弱区土地景观格局动态变化分析——以黄骅市为例. 江苏农业科学，45（5）：245-251.

刘林馨 . 2012. 小兴安岭森林生态系统植物多样性及生态服务功能价值研究 . 哈尔滨：东北林业大学博士学位论文 .

刘那日苏 . 2005. 退耕还林还草与内蒙古农村牧区经济可持续发展研究 . 呼和浩特：内蒙古大学硕士学位论文 .

刘晓黎，于玲，曹琳 . 2010. 三江平原区域经济协调发展的思考 . 内蒙古农业大学学报（社会科学版），52（4）：102-104.

刘晓英，李玉中，王庆锁 . 2006. 几种基于温度的参考作物蒸散量计算方法的评价 . 农业工程学报，22（6）：12-18.

刘兴土，马学慧 . 2002. 三江平原自然环境变化与生态保育 . 北京：科学出版社 .

刘志娟，杨晓光，王文峰，等 . 2009. 气候变化背景下我国东北三省农业气候资源变化特征 . 应用生态学报，20（9）：2199-2206.

刘志伟 . 2011. 安邦河湿地不同恢复阶段鸟类群落多样性研究 . 哈尔滨：东北林业大学硕士学位论文 .

娄彦景，赵魁义，胡金明 . 2006. 三江平原湿地典型植物群落物种多样性研究 . 生态学杂志，25（4）：364-368.

卢涛，马克明，倪红伟，等 . 2008. 三江平原不同强度干扰下湿地植物群落的物种组成和多样性变化 . 生态学报，28（5）：1893-1900.

陆传豪，代富强，刘刚才 . 2017. 基于 GIS 和 RUSLE 模型的万州区土壤保持服务功能空间分布特征 . 长江流域资源与环境，26（8）：1228-1236.

路春燕 . 2015. 综合利用雷达影像和光学影像的泥炭沼泽（peatlands）分布遥感分类研究 . 长春：中国科学院研究生院（东北地理与农业生态研究所）博士学位论文 .

罗玲，王宗明，毛德华，等 . 2011. 松嫩平原西部草地净初级生产力遥感估算与验证 . 中国草地学报，33（6）：21-29.

吕宪国，等 . 2009. 三江平原湿地生物多样性变化及可持续利用 . 北京：科学出版社 .

吕英 . 2009. 大兴安岭林区生态可持续发展问题研究 . 北京：中国农业科学院研究生院硕士学位论文 .

毛德华 . 2014. 定量评价人类活动对东北地区沼泽湿地植被 NPP 的影响 . 长春：中国科学院研究生院（东北地理与农业生态研究所）博士学位论文 .

毛德华，王宗明，罗玲，等 . 2012. 1982—2009 年东北多年冻土区植被净初级生产力动态及其对全球变化的响应 . 应用生态学报，23（6）：1511-1519.

孟焕 . 2016. 气候变化对三江平原沼泽湿地分布的影响及其风险评估研究 . 长春：中国科学院东北地理与农业生态研究所硕士学位论文 .

米楠，卜晓燕，米文宝 . 2013. 宁夏旱区湿地生态系统碳汇功能研究 . 干旱区资源与环境，27（7）：52-55.

苗正红 . 2013. 1980-2010 年三江平原土壤有机碳储量动态变化 . 长春：中国科学院东北地理与农业生态研究所博士学位论文 .

牟长城，王彪，卢慧翠，等 . 2013. 大兴安岭天然沼泽湿地生态系统碳储量 . 生态学报，33（16）：4956-4965.

聂晓 . 2012. 三江平原寒地稻田水热过程及节水增温灌溉模式研究 . 长春：中国科学院东北地理与农业生态研究所博士学位论文 .

朴世龙，方精云，贺金生，等 . 2004. 中国草地植被生物量及其空间分布格局 . 植物生态学报，28（4）：491-498.

任国玉，郭军，徐铭志，等 . 2005. 近 50 年中国地面气候变化基本特征 . 气象学报，63（6）：942-956.
商丽娜 . 2015. 东北地区典型泥炭沼泽土壤固碳潜力研究 . 长春：中国科学院东北地理与农业生态研究所博士学位论文 .
邵霜霜，师庆东 . 2015. 基于 FVC 的新疆植被覆盖度时空变化 . 林业科学，51（10）：35-42.
申陆，田美荣，高吉喜，等 . 2016. 浑善达克沙漠化防治生态功能区防风固沙功能的时空变化及驱动力 . 应用生态学报，27（1）：73-82.
石兆勇，王发园，苗艳芳 . 2012. 不同菌根类型的森林净初级生产力对气温变化的响应 . 植物生态学报，36（11）：1165-1171.
司振江，庄德续，黄彦，等 . 2015. 自动称重式蒸渗仪在水稻需水规律研究中的应用 . 水利天地，10（1）：24-26，47.
宋长春，王毅勇，王跃思，等 . 2005. 沼泽垦殖前后土壤呼吸与 CH_4 通量变化 . 土壤通报，36（1）：45-49.
孙晨曦，刘良云，关琳琳 . 2013. 内蒙古锡林浩特草原 GLASS LAI 产品的真实性检验 . 遥感技术与应用，28（6）：949-954.
孙凤华，杨素英，陈鹏狮 . 2005. 东北地区近 44 年的气候暖干化趋势分析及可能影响 . 生态学杂志，24（7）：751-755.
孙小银，郭洪伟，廉丽姝，等 . 2017. 南四湖流域产水量空间格局与驱动因素分析，自然资源学报，32（4）：669-679.
孙兴齐 . 2017. 基于 InVEST 模型的香格里拉市生态系统服务功能评估 . 昆明：云南师范大学硕士学位论文 .
孙玉军，张俊，韩爱惠，等 . 2007. 兴安落叶松（*Larix gmelini*）幼中龄林的生物量与碳汇功能 . 生态学报，27（5）：1756-1762.
王非，朱震锋，曹玉昆 . 2016. 基于结构转换视角的中国重点国有林区经济转型发展路径分析 . 世界林业研究，29（2）：60-64.
王棣，佘雕，张帆，等 . 2014. 森林生态系统碳储量研究进展 . 西北林学院学报，29（2）：85-91.
王国栋，吕宪国，姜明，等 . 2012. 三江平原恢复湿地土壤种子库特征及其与植被的关系 . 植物生态学报，36（8）：763-773.
王国栋，Beth A Middleton，吕宪国，等 . 2013. 农田开垦对三江平原湿地土壤种子库影响及湿地恢复潜力. 生态学报，33（1）：205-213.
王献溥 . 2006. 我国天然林保护工程项目建立的意义和展望 . 长春：第七届全国生物多样性保护与持续利用研讨会 .
王晓莉，常禹，陈宏伟，等 . 2014. 黑龙江省大兴安岭主要森林生态系统生物量分配特征 . 生态学杂志，33（6）：1437-1444.
王雪宏，吕宪国，暴晓，等 . 2009. 开垦小叶章湿地植物物种多样性的自然恢复 . 生态学杂志，28（9）：1808-1812.
王志慧，姚文艺，汤秋鸿，等 . 2017. 2000—2014 年黄土高原植被叶面积指数时空变化特征 . 中国水土保持科学，15（1）：71-80.
王治良 . 2016. 嫩江流域湿地自然保护区空缺（GAP）分析 . 长春：中国科学院研究生院（东北地理与农业生态研究所）博士学位论文 .
王宗明，国志兴，宋开山，等 . 2009. 2000 ~ 2005 年三江平原土地利用/覆被变化对植被净初级生产力的影响研究 . 自然资源学报，24（1）：136-146.

魏强 . 2015. 三江平原湿地生态系统服务与社会福祉关系研究 . 长春：中国科学院东北地理与农业生态研究所博士学位论文 .
魏亚伟，周旺明，于大炮，等 . 2014. 我国东北天然林保护工程区森林植被的碳储量 . 生态学报，34（20）：5696-5705.
吴炳方 . 2017. 中国土地覆被 . 北京：科学出版社 .
吴健，李英花，黄利亚，等 . 2017. 东北地区产水量时空分布格局及其驱动因素 . 生态学杂志，36（11）：3216-3223.
吴迎霞 . 2013. 海河流域生态服务功能空间格局及其驱动机制 . 武汉：武汉理工大学博士学位论文 .
吴志军，苏东凯，牛丽君，等 . 2015. 阔叶红松林森林资源可持续利用方案 . 生态学报，35（1）：24-30.
吴宏安，蒋建军，张海龙，等 . 2006. 比值居民地指数在城镇信息提取中的应用 . 南京师大学报（自然科学版），（3）：118-121.
肖红叶，张明祥，肖蓉 . 2014. 莫莫格湿地主要生态服务功能动态评价 . 湿地科学，12（4）：451-458.
谢安，孙永罡，白人海 . 2003. 中国东北近 50 年干旱发展及对全球气候变暖的响应 . 地理学报，58（增）：75-82.
谢晨，王佳男，彭伟，等 . 2016. 新一轮退耕还林还草工程：政策改进与执行智慧——基于 2015 年退耕还林社会经济效益检测结果的分析 . 林业经济，（3）：47-55.
许倍慎 . 2012. 江汉平原土地利用景观格局演变及生态安全评价 . 武汉：华中师范大学博士学位论文 .
杨安广，苗正红，邱发富，等 . 2015. 基于 GIS 的三江平原表层土壤有机碳储量估算及空间分布研究 . 水土保持通报，5（2）：155-158.
于贵瑞，王秋凤，刘迎春，等 . 2011. 区域尺度陆地生态系统固碳速率和增汇潜力概念框架及其定量认证科学基础 . 地理科学进展，30（7）：771-787.
张超，彭道黎，党永峰 . 2013. 三峡库区森林蓄积量遥感监测及其动态变化分析 . 东北林业大学学报，41（11）：46-50.
张春丽，佟连军，刘继斌 . 2008a. 湿地退耕还湿与替代生计选择的农民响应研究——以三江自然保护区为例 . 自然资源学报，23（4）：568-574.
张春丽，佟连军，刘继斌 . 2008b. 三江自然保护区生态建设与替代生计选择研究 . 农业系统科学与综合研究，24（4）：420-423.
张恒玮 . 2016. 基于 InVEST 模型的石羊河流域生态系统服务评估 . 兰州：西北师范大学硕士学位论文 .
张鸿文，杜纪山，李芳芳，等 . 2009. 退耕还林工程生态效益监测探讨 . 林业经济，（9）：38-40.
张晶 . 2016. 内蒙古东部地区草地生产力时空格局与影响因素 . 长春：吉林大学硕士学位论文 .
张希国 . 2011. 黑龙江省东方白鹳现状及种群恢复 . 野生动物，32（3）：164-166.
张新时 . 1989. 植被的 PE（可能蒸散）指标与植被-气候分类（二）——几种主要方法与 PEP 程序介绍. 植物生态学与地植物学学报，13（3）：197-207.
张钥 . 2013. 基于 GIS 的黑河市森林碳储量空间分布特征研究 . 哈尔滨：东北林业大学博士学位论文
张媛媛 . 2012. 1980-2005 年三江源区水源涵养生态系统服务功能评估分析 . 北京：首都师范大学硕士学位论文 .
赵志平，吴晓莆，李果等 . 2015. 2009—2011 年我国西南地区旱灾程度及其对植被净初级生产力的影响 . 生态学报，35（1）：350-360.
赵国帅，王军邦，范文义，等 . 2011. 2000-2008 年中国东北地区植被净初级生产力的模拟及季节变化 . 应用生态学报，22（3）：621-630.
赵英时 . 2003. 遥感应用分析原理与方法 . 北京：科学出版社 .

周春艳，王萍，张振勇，等 . 2008. 基于面向对象信息提取技术的城市用地分类 . 遥感技术与应用，23（1）：31-35.

周德成，罗格平，许文强，等 . 2010. 1960—2008 年阿克苏河流域生态系统服务价值动态 . 应用生态学报，21（2）：399-408.

周广胜，张新时 . 1995. 自然植被净第一性生产力模型初探 . 植物生态学报，19（3）：193-200.

周广胜，张新时 . 1996. 全球气候变化的中国自然植被的净第一性生产力研究 . 植物生态学报，20（1）：11-19.

周立青 . 2015. 三江平原耕地资源变化及其对粮食生产的影响 . 长春：中国科学院东北地理与农业生态研究所硕士学位论文 .

周文佐，刘高焕，潘剑君 . 2003. 土壤有效含水量的经验估算研究——以东北黑土为例 . 干旱区资源与环境，17（4）：88-95.

朱宝光，李晓民，姜明，等 . 2009. 三江平原浓江河湿地生态廊道区及其周边春季鸟类多样性研究 . 湿地科学，7（3）：191-196.

朱教君，郑晓，闫巧玲，等 . 2015. 三北防护林工程生态环境效应遥感监测与评估研究，北京：科学出版社 .

朱天龙 . 2015. 草原旅游发展与生态保护研究 . 呼和浩特：内蒙古师范大学硕士学位论文 .

朱文泉，潘耀忠，何浩，等 . 2006. 中国典型植被最大光利用率模拟 . 科学通报，51（6）：700-706.

朱耀军 . 2010. 基于多数据源的广州市城市森林景观格局研究 . 北京：中国林业科学研究院博士学位论文 .

Allen R G，Pereira L S，Raes D，et al. 1998. Crop Evapotranspiration：Guidelines for Computing Crop Water Requirements（FAO irrigation and drainage paper 56）. Rome：Food and Agriculture Organization of the United Nations.

Baatz M，Schäpe A. 2000. Multiresolution Segmentation- An Optimization Approach for High Quality Multi- scale Image Segmentation. Angewandte Geographische Information Sverarbeitung XII. Heidelberg：Wichmann- Verlag：12-23.

Cai H Y，Di X Y，Chang S X，et al. 2016. Carbon storage，net primary production，and net ecosystem production in four major temperate forest types in northeastern China. Canadian Journal of Forest Research，46：143-151.

Chen J，Jönsson P，Tamura M. 2004. A simple method for reconstructing a high-quality NDVI time-series data set based on the Savitzky-Golay filter. Remote Sensing of Environment，91（3）：332-344.

Ding Y，Ge Y，Hu M，et al. 2014. Comparison of spatial sampling strategies for ground sampling and validation of MODIS LAI products. International Journal of Remote Sensing，35（20）：7230-7244.

Dong Z，Wang Z，Liu D，et al. 2013. Assessment of habitat suitability for waterbirds in the West Songnen Plain，China，using remote sensing and GIS. Ecological Engineering，55：94-100.

Foody G M. 2009. Sample size determination for image classification accuracy assessment and comparison. International Journal of Remote Sensing，30（20）：5273-5291.

Frohn R C，Autrey B C，Lane C R，et al. 2011. Segmentation and object- oriented classification of wetlands in a karst florida landscape using multi- season Landsat-7 ETM+imagery. International Journal of Remote Sensing，32（5-6）：1471-1489.

Hallett D，Hills L. 2006. Holocene Vegetation Dynamics，Fire History，Lake Level and Climate Change in the Kootenay Valley，Southeastern British Columbia，Canada. Journal of Paleolimnology，35（2）：351-371.

Jiang W G, Deng Y, Tang Z H, et al. 2017. Modelling the potential impacts of urban ecosystem changes on carbon storage under different scenarios by linking the CLUE-S and the InVEST models. Ecological Modelling, 345: 30-40.

Li X S, Ji C C, Zeng Y, et al. 2009. Dynamics of water and soil loss based on remote sensing and GIS: a case study in Chicheng County of Hebei Province. Chinese Journal of Ecology, 28 (9): 1723-1729.

Liu J, Kuang W, Zhang Z, et al. 2014. Spatiotemporal characteristics, patterns, and causes of land-use changes in China since the late 1980s. Journal of Geographical Sciences, 24 (2): 195-210.

Lou Y J, Zhao K Y, Wang G P, et al. 2015. Long-term changes in marsh vegetation in Sanjiang Plain, northeast China. Journal of Vegetation Science, 26: 643-650.

Ouyang Z Y, Hua Z, Xiao Y, et al. 2016. Improvements in ecosystem services from investments in natural capital. Science, 352 (6292): 1455-1459.

Potter C S, Randerson J T, Field C B, et al. 1993. Terrestrial ecosystem production: a process model based on global satellite and surface data. Global Biogeochemical Cycles, 7: 811-841.

Renard K G, Foster G R, Weesies G A, et al. 1997. Predicting Soil Erosion by Water: A Guide to Conservation Planning with the Revised Universal Soil Loss Equation (RUSLE). Agriculture Handbook. Washington D. C.: USDA.

Seaquist J W, Olsson L, Ardo J. 2003. A remote sensing-based primary production model for grassland biomes. Ecological Modelling, 169 (1): 131-155.

Sharp R, Tallis H T, Ricketts T, et al. 2015. InVEST 3. 2. 0 User's Guide. Stanford: The Natural Capital Project, Stanford University, University of Minnesota, the Nature Conservancy, and World Wildlife Fund.

Shi S, Han P. 2014. Estimating the soil carbon sequestration potential of China's Grain for Green Project. Global Biogeochemical Cycles, 28: 1279-1294.

Tallis H, Ricketts T, Guerry A, et al. 2011. InVEST 2. 2. 4 User´s Guide. Stanford: The Natural Capital Project.

Tang X, Li H, Xu X, et al. 2016. Changing land use and its impact on the habitat suitability for wintering Anseriformes in China's Poyang Lake region. Science of the Total Environment, 557-558: 296-306.

Wang Z M, Mao D H, Li L, et al. 2015. Quantifying changes in multiple ecosystem services during 1992-2012 in the Sanjiang Plain of China. The Science of the Total Environment, 514: 119-130.

Wang Z M, Song K S, Ma W H, et al. 2011. Loss and fragmentation of marshes in the Sanjiang Plain, Northeast China, 1954-2005. Wetlands, 31: 945-954.

Waston R T, Noble I R, Bolin B, et al. 2000. Land Use, Land Use Change and Foresty. A Special Report of the Intergovernmental Panel on Climate Change. Cambridge: Cambridge University Press.

Weiers S, Bock M, Wissen M, et al. 2004. Mapping and indicator approaches for the assessment of habitats at different scales using remote sensing and GIS methods. Landscape and Urban Planning, 67: 43-65.

Williams J R, Jones C A, Dyke P T. 1984. Modeling approach to determining the relationship between erosion and soil productivity. Transactions of the American Society of Agricultural Engineers, 27 (1): 129-144.

Wischmeier W H, Smith D D. 1958. Rainfall energy and its relationship to soil loss. Transaction American Geophysical Union, 39 (2): 285-291.

Wu X, Wang S, Fu B, et al. 2018. Land use optimization based on ecosystem service assessment: a case study in the Yanhe watershed. Land Use Policy, 72: 303-312.

Yang F, Sun J, Fang H, et al. 2012. Comparison of different methods for corn LAI estimation over northeastern China. International Journal of Applied Earth Observation and Geoinformation, 18 (18): 462-471.

Yu D, Zhou L, Zhou W, et al. 2011. Forest management in northeast China: history, problems, and challenges. Environmental Management, 48 (6): 1122-1135.

Zhang L, Walker G. 2001. Response of mean annual evapotranspiratiori to vegetation changes at catchment scale. Water Resources Research, 37 (3): 701-708.

Zheng H F, Shen G Q, Shang L Y, et al. 2016. Efficacy of conservation strategies for endangered oriental white storks (*Ciconia boyciana*) under climate change in Northeast China. Biological Conservation, 204: 367-377.